U0298097

黄土高原数字地形分析探索与实践

汤国安　李发源　杨　昕　熊礼阳 等　著

科 学 出 版 社

北　京

内 容 简 介

本书是南京师范大学虚拟地理环境教育部重点实验室 DEM 课题组多年以来对黄土高原数字地形分析研究的成果总结。课题组通过多次野外实地考察与计算机模拟相结合、典型样区研究与整体研究相结合、微观分析与宏观分析相结合、理论研究与应用拓展相结合等一系列研究方法，提出了一系列有关基于 DEM 的黄土高原数字地形分析的新理论与新方法，取得了一批有影响的研究成果。本书以专题为线索组织内容，从 DEM 构建、尺度、地形信息图谱、地形特征要素提取、地形演化模拟等方面对已有成果做了较为全面的介绍。

本书可供地理、地质、地貌、测绘、环保等专业的研究人员和专业技术人员阅读参考。

图书在版编目（CIP）数据

黄土高原数字地形分析探索与实践/汤国安等著．—北京：科学出版社，2015．3

ISBN 978-7-03-043034-2

Ⅰ．①黄…　Ⅱ．①汤…　Ⅲ．①数字技术-应用-黄土高原-形态分析-研究　Ⅳ．①P942．407．4-39

中国版本图书馆 CIP 数据核字（2015）第 009466 号

责任编辑：朱海燕　李秋艳／责任校对：张小霞　赵桂芬

责任印制：徐晓晨／封面设计：王　浩

科学出版社出版

北京东黄城根北街 16 号

邮政编码：100717

http://www.sciencep.com

北京教图印刷有限公司 印刷

科学出版社发行　各地新华书店经销

*

2015 年 3 月第　一　版　开本：787×1092　1/16

2018 年 5 月第三次印刷　印张：23 3/4

字数：563 000

定价：198.00 元

（如有印装质量问题，我社负责调换）

序

我国黄土高原所发育的黄土地貌，在新生代以来全球变化的深广背景中，以其厚大的黄土堆积、富于变化的黄土地貌类型、触目的土壤侵蚀，以及自然-人类活动交互作用下所造就的独特地貌景观而闻名于世，被誉为全球最具有地学研究价值的地理区域之一，也是我国地球科学工作者做出国际一流研究成果的重要舞台与基础。目前，我国在黄土成因、黄土高原古地理环境、黄土微观物质特性、黄土土壤学特征与土壤侵蚀特征等多方面的研究都已处于世界的前列。在黄土地貌的研究上，也已取得了丰硕的成果。近年来，现代地理信息科学与技术的形成与发展，给传统的地学分析方法带来了一场革命性的变革。其中数字地形分析技术研发与应用，基于数字高程模型（DEM）已可实现对各类坡面地形因子、特征地形要素的自动提取与分析，从而为进行深层次地学知识发现奠定了新基础和开辟了道路，从根本上改变了传统的基于地形图的地形分析方法。同时，我国基础地形数据库的建立，也为开展黄土高原地区多尺度的数字地形分析研究提供了极好的条件。

以汤国安教授为带头人的数字地形分析课题研究组，近20年来一直潜心于数字高程模型及数字地形分析的理论与方法研究。21世纪初，他在西北大学地质系从事博士后研究期间，就已首先提出了黄土地貌坡谱分析的新方法。近年来，他在国家自然科学基金重点项目、国家863计划重点课题等研究项目的支持下，对黄土高原数字高程模型的构建，以及黄土高原数字地形分析方法进行了更深入系统的探索。在综合分析黄土高原地形与地貌、微观与宏观、定性与定量、解析与综合、表象与机理诸多问题的基础上，进一步提出了一整套黄土地貌量化研究的新方法。特别是在黄土高原高保真DEM及信息特征、黄土高原数字地形分析的尺度效应、黄土高原地形特征要素提取与分析、黄土高原地形信息图谱分析方法等方面，取得了重要的理论创新与方法突破。本专著《黄土高原数字地形分析探索与实践》就是对以往部分研究成果的凝练与概括总结，由科学出版社出版。作者一直采用通过野外实地调查与虚拟实验相结合、典型样区剖析与区域差异性研究相结合、理论研究与应用拓展相结合等一系列综合研究方法，对黄土地貌的微观形态、宏观分异格局、地貌演化机理等做了深入的调研、分析与探索，深化了对黄土高原地貌及发育规律的认识，为该黄土区水土流失治理与生态修复重建工程的实施提供了科学依据。本专著也是基于基础地理数据和GIS空间分析方法对深层次地学问题进行探索研究的成果，可望充实和发展地球系统科学的理论与方法体系。

目前，以数字地形分析为基础发展形成的地貌计量学(Geomorphometry)已成为地貌学的重要分支学科。在已经召开的四届国际地貌计量学大会中，有两届都由汤国安任大会主席在南京师范大学召开，显示我国在该领域的研究已得到国际同行的认可。我希望作者能始终抓住黄土高原这个富有特色的重点区域不放，紧扣学科前沿和国家重大需求，锐意进取，积极推进数字地形分析乃至地貌计量学研究向深度和广度拓展，进一步提升我国科学家在黄土高原研究上的国际领先地位，为GIS能够真正扎根、服务并发展地球系统科学做出我国科学家应有的贡献。

中国科学院院士

2015年2月1日

Foreword

Loess landform in the Loess Plateau of China is famous for its thick loess deposits, variouslandscape types, serious soil erosion and unique geomorphology formed by human-nature interaction under the background of globe change during the Cenozoic Period. Therefore, the Loess Plateau is hailed as one of the most valuable areas for earth science research of the world, it is also been regarded as the important stage for Chinese earth science researchers to make world-leading research achievements, which can be exemplified as formation and micro properties of loess, paleo environment of the Loess Plateau, pedology characteristics of loess and loess geomorphic features. At the same time, outstanding achievements have been made in loess geomorphology research. In recent years, the formation and development of modern geographical information science and technology has brought a revolutionary change in traditional geo-science analytical methods. All kinds of land surface derivatives and terrain features can be derived automatically using the technology of digital terrain analysis (DTA) based on digital elevation model (DEM) . Thus, it laid the foundation and opened a new way for in-depth knowledge discovery in geo-science, which fundamentally changes the traditional methods of terrain analysis based on topographic maps. Meanwhile, the establishment of national basic terrain topographic database also provides advantageous conditions for multi-scale digital terrain analysis in the Loess Plateau.

The researchteam led by Professor Tang Guoan has been studying the theory and methods of digital elevation model and digital terrain analysis in the past 20 years. In the beginning of this century, he had taken the lead to propose a slope spectrum analysis method for the investigation of loess landform, when he was a postdoctoral fellow in the Department of Geology, Northwest University. In recent years, under the support by projects of the National Natural Science Foundation of China, National High Technology Research and Development Program of China (863) etc. , he has made more deeply and systematically explorations in the construction of DEM and method of DTA for the study of the Chinese Loess Plateau. The group has made important theoretical innovation and methodological breakthroughs, especially in the high fidelity DEM, scale effect on DTA, extraction and analysis of topographical features and terrain information spectrum in loess landform. This monograph, *Exploration and Practice of digital terrain analysis in the Loess Plateau* is the summary of previous research results, and will be published by Science Press. The authors have been exploring and investigating loess landform spatial variation from micro to macro scale as well as the landform evolution, through a combination method of field surveys and virtual experiments, typical sample area and regional differences, theoretical research and applicable extension. This study has deepen the understanding of loess landform formation and evolution in the Loess Plateau of China, and provided a scientific basis for the implementation of the loess soil erosion conservation and ecological reconstruction. This monograph is also an important study of earth scientific issues based on basic geographic data and GIS spatial analysis, and is expected to enrich the theory and methodology of earth system science.

Nowadays, Geomorphometry, developed on the basis of digital terrain analysis, has been an important sub-discipline of geomorphology. Among the total 4 times of Geomorphometry International Conference, 2 of them were hosted by Prof. Tang Guo'an and his research team in Nanjing Normal University, which shows the research achievements in the Geomorphometry field are accepted by the international experts. I hope the authors can focus on the Loess Plateau, keep up closely with academic frontiers and national major demands, actively promote digital terrain analysis and Geomorphometry, in order to enhance our research leading position of the Loess Plateau in the world and make due contributions to a well combination between GIS and earth system science.

Zhang GuoWei

Feb 1st, 2015

前言

我国的黄土高原被誉为全球最具有地学研究价值的独特地理区域之一。它是中华民族的摇篮、华夏文明的发祥地。它以连续分布的巨厚黄土地层、典型的黄土地貌、严重的水土流失、独特的自然地理景观和光辉灿烂的文化历史而闻名于世界。对黄土的研究也是当代地理学研究的热点之一。一个多世纪以来，各国学者在黄土成因、黄土高原古地理环境、黄土微观物质特性、黄土土壤学特征与土壤侵蚀特征等方面的研究都取得了许多重要成果，凸显了在世界地学研究中的重要地位。黄土地貌是经过200余万年黄土搬运和堆积，在风力和水力交互作用下，在承袭下伏岩层的古地貌基础之上，按特有的发育模式形成了当今复杂多样且有序分异的地貌形态组合。由于第四纪以来黄土高原新构造运动总体表现为内部大面积整体、间歇性抬升，而其四周的坳陷或地堑则在不断下沉，更由于黄土物质及降雨侵蚀力在南北向的有序分异，以致黄土地貌呈现明显的空间分异。黄土高原地貌形态空间格局的研究对于揭示物质、能量在塑造地面形态中的作用，揭示黄土地貌的形成与土壤侵蚀的内在机理，指导黄土高原生态修复与区域可持续发展，都具有重要的意义。

自20世纪50年代以来，人们对黄土地貌的研究进行了长期探索。从构造、侵蚀、形态特征等不同的角度在定性或半定量层次探讨了黄土地貌的分类与分区；根据综合成因分类和形态分类的原则，完善了黄土地貌的分类系统，编制了多种比例尺尺度的黄土高原地貌类型图，明确了黄土地貌发育的基本模式，从定性的角度，分析了黄土地貌的组合特征及区域分布规律，提出了黄土地貌定量研究的基本方法，建立了划分流域地貌系统发育阶段的理论模型，对流域侵蚀强度随流域地貌演化而变化的规律展开了详细的剖析。

以遥感和地理信息系统为主要标志的现代空间信息技术的发展，为黄土高原的研究揭开了崭新的一页。特别是近年来不同空间尺度数字高程模型（DEM）数据源的建立与数字地形分析应用中技术方法的不断完善与提高，为开展黄土高原数字地形分析，深入揭示黄土地貌的空间分异规律奠定了坚实的基础。DEM概念于1958年由Miller首次提出，经过几十年的发展，DEM的诸多基础理论问题包括DEM数据模型构建、数字地形分析的方法、数字地形分析的精度与尺度问题等，均得到了深入研究，基于DEM的数字地形分析理论与技术方法正逐步走向成熟。

南京师范大学地理科学学院多年来一直致力于基于DEM的黄土高原数字地形分析工作，早在20世纪90年代，就致力于基于DEM的黄土沟沿线、黄土沟头等方面的研究。21世纪以来，研究团队进一步凝聚了来自全国从事数字地形分析的研究力量，在多项国家自然科学基金项目及国家863项目的支持下，在数字地形模型构建与不确定性分析、特别是黄土高原数字地形分析的理论与方法上进行了深入的探索，凝练了地形因子提取、特征要素提取、地形统计分析及地学模型分析四类主要的数字地形分析方法。在复杂黄土地貌条件下高保真DEM的构建、黄土特征地形要素高精度提取与不确定性、基于地形信息图谱的黄土地貌分析等方面进行了重要的探索，取得了重要的研究结果。

然而，由于DEM本质上是不同采样方式的离散点记录地面海拔高程表示的数据集合，所反映的地貌特征也仅仅是地面形态及其空间变化。能否基于DEM数据，通过创新的数字地形分析方法，研究黄土地貌成因机理特征及深层次的地貌学科学问题，是摆在我们面前的难题。特别是，现有的数字地形分析方法，大多为基于栅格分析窗口的计算法。如何突破这种“近视眼”分析法，真正实现面向区域尺度的宏观黄土地貌的分析，是摆在我们面前的难点问题。为解决以上问题，2009年在国家自然科学基金重点项目《基于DEM的黄土高原地貌形态空间格局研究》支持下进行了深入的研究，提出了黄土地貌核心地形因子体系、坡谱分析法、地形特征点簇分析法、地形纹理分析法、坡面景观分析法、面积高程积分分析法、地貌继承性分析法等全新的黄土地貌数字地形分析方法。在一个全新的视野下揭示了黄土地貌的空间格局及成因机理特征。

本书通过对已发表的主要研究论文的系统整理，以期对近年来上述研究工作做较全面的总结。全书的编撰工作由汤国安、李发源、杨昕、熊礼阳完成，其中各章的编撰工作人员如下，第一章：汤国安、李发源；第二章：李发源、杨昕；第三章：王春、董有福、张婷、詹蕾、赵卫东、祝士杰、江岭、熊礼阳；第四章：汤国安、杨昕；第五章：汤国安、李发源、王春、张维、陶旸、刘凯；第六章：李发源、朱红春、罗明良、熊礼阳、周毅、宋效东、晏实江、张磊；第七章：袁宝印、熊礼阳、曹敏、王春、祝士杰。

本书的完成特别感谢中国科学院地质与地球物理研究所袁宝印研究员、中国科学院生态环境研究中心陆中臣研究员、中国科学院地理科学与资源研究所周成虎研究员、西北大学杨勤科教授和李昭淑教授、奥地利萨尔茨堡大学Josef Strobl教授、陕西师范大学甘枝茂教授、长江水利委员会张平仓研究员，他们给予研究团队诸多具体的指导与帮助。本书还得到了黄河中上游管理局、绥德水土保持试验站、西峰水土保持试验站等单位的大力支持，使我们的野外工作得以顺利开展。南京师范大学虚拟地理环境教育部重点实验室闾国年教授、谢志仁教授、黄家柱教授、刘学军教授、韦玉春教授、龙毅教授都给予了诸多帮助，在此一并致谢。

汤国安

2014年7月于南京师范大学仙林

Preface

The Loess Plateau of China has been regarded as one of the most unique geographic region for geo-research in the world. It is the cradle of the Chinese nation and the birthplace of Chinese civilization. The Loess Plateau is famous for its continuous distributed and thick loess strata, typical loess landforms, severe soil erosion and brilliant history. The loess research also arouses wide interest in modern geographical research. For more than a century, researchers from all over the world have achieved many important results, such as loess origin, paleogeographic environment of the plateau, micro-material properties of loess, pedogenic environment of loess and the characteristic of soil erosion. After more than two million years of loess deposition and sculptured by water and wind erosion forces, the loess landform, with complex and diverse landscape as well as specific spatial distribution pattern, has been formed on the basis of the inheriting of the underlying palaeotopography. During the Quaternary period, the tectonic activity within the Loess Plateau performed integrated and intermittent uplift in the middle, but ongoing depression on the edge, and the spatial variance of soil erosion condition from north to south, which contribute together to the unique and specific loess landform combination. The research on the spatial pattern of loess landform has important theoretical significance and broad application prospects in revealing how the material and energy shaped the landscape, the spatial variance of loess terrain characteristics and the inner mechanism of the formation and soil erosion process of loess landform. This research also plays an important role in guiding the ecological restoration and regional sustainable development on Loess Plateau.

Since the 1950s, many scholars have been engaging in the loess landform research. Loess landform classification has been investigated qualitatively or semi-quantitatively from the perspective of tectonic, erosive, morphological characteristics. On a basis of the loess landform genes and its morphology, the classification system of loess landform has been improved and perfected, geomorphic maps with multiple scales have been compiled, and the development pattern of loess landform has been cleared. They also analyzed the combination and distribution of loess landform, proposed the basis methods of loess landform research quantitatively, established a theoretical model to classify the developmental stage of watershed landform, and studied how erosion intensity changes accompany with the evolution of watershed landform.

With the development of RS and GIS, the researches on the Loess Plateau opened a brand new page. Especially in recent years, the establishment of DEM dataset with different scale and the continuous improvement of DTA methods laid a solid foundation on revealing the spatial regulation and distribution of the landform in the Loess Plateau. The concept of DEM was put forward by Miller for the first time in 1958. After decades of development, many basic theoretical issues such as the DEM data model, the method of digital terrain analysis, theaccuracy and scale problems of digital terrain analysis were studied thoroughly. The theories and methods of digital terrain analysis based on DEM become gradually mature.

The school of Geographical Sciences in Nanjing Normal University has been engaged in the research of DEM based digital terrain analysis in the Loess Plateau of China. Back in the 1990s, our research team has already done the research of the loess shoulder lines and loess gully heads. Since the 21st century, the team has attracted scholars majored in digital terrain analysis from the country. With the support of a number of National Natural Science Foundation and the National 863 Project, the team carried on a deep research on digital terrain model construction and uncertainty analysis, especially the exploration of the theory and methods of digital terrain analysis used in the Loess Plateau of China. And finally, the team summarized four major digital terrain analysis method including terrain derivatives extraction, terrain feature extraction, terrain geo-statistical analysis and geo-modeling. The research team also made several significant achievements like fidelity DEM building in a complicate loess terrain, accuracy and uncertainty of loess terrain feature extraction, loess landform analysis based on terrain information TUPUet al.

However, the DEM is essentially a discrete point cluster with different sampling methods to record the elevation of surface. The geomorphologic features showed from DEM can only represent the surface morphology and spatial variation. It is a clear and difficult problem that whether we can on a basis of DEM data and innovative digital terrain analysis method, to investigate the loess landform formation mechanism and the scientific problems fluvial geomorphology. In particular, the existing digital terrain analysis methods are mostly based on the calculation method of 3 by 3 grid window analysis. It is a difficult problem in front of us to break this "myopia" analysis method and implement a macro loess landform analysis method for regional scale. To solve aforementioned problem, under the support of the key project of National Natural Science of China named "DEM based research on the spatial pattern of loess landform in the Loess Plateau", we has made a further study on the DTA method used in loess landform. We have proposed a list of new DTA methods, such as keyterrain derivatives system in loess landform, slope spectrum analysis, terrain feature point cluster analysis, terrain texture analysis, slope-landscape analysis, hypsometric integral analysis, landform inheritance. We try to reveal the spatial pattern and genetic mechanism of loess landform under a new vision.

This book is a comprehensive summary of the research work composed of a list of published papers in recent years. This entire book is compiled by Tang Guoan, Li

Fayuan, Yang Xin and Xiong Liyang. The compilers of each chapter are as follows: the first chapter are Tang Guoan and Li Fayuan; the second chapter are Li Fayuan and Yang Xin; the third chapter are Wang Chun, Dong Youfu, Zhang Ting, Zhan Lei, Zhao Weidong, Zhu Shijie, Jiang Ling and Xiong Liyang; the fourth chapter are Tang Guoan and Yang Xin; the fifth chapter are Tang Guoan, Li Fayuan, Wang Chun, Zhang Wei, Tao Yang and Liu Kai; the sixth chapter are Li Fayuan, Zhu Hongchun, Luo Mingliang, Xiong Liyang, Zhou Yi, Song Xiaodong, Yan Shijiang and Zhang Lei; the seventh chapter are Yuan Baoyin, Xiong Liyang, Cao Min, Wang Chun and Zhu Shijie.

Finally, we would like to express our gratitude to all those who gave our team a lot of specific guidance and help during the writing of this book. They are Prof. Yuan Baoyin from the Institute of Geology and Geophysics, Chinese Academy of Sciences; Prof. Lu Zhongchen from the Research Center for Eco-Environmental Sciences, Chinese Academy of Sciences; Prof. Zhou Chenhu from the Institute of Geographic Sciences and Natural Resources Research, Chinese Academy of Sciences; Prof. Yang Qinke and Li Zhaoshu from the Northwestern University; Prof. Josef STROBL from the University of Salzburg; Prof. Gan Zhimao from the Shanxi Normal University; Prof. Zhang Pingcang from the Yangtze River Water Resources Commission; Prof. Lv Guonian, Xie Zhiren, Huang Jiazhu, Liu Xuejun, Wei Yuchun and Long Yi from the Virtual Geographic Environment of Nanjing Normal University. We also thanks to the field work support from Upper and Middle Yellow River Bureau, Suide Soil and Water Conservation Experimental Station and Xifeng Soil and Water Conservation Experimental Station.

Tang Guoan

July 2014

目　录

Contents

图目录

List of Figures

表 目 录

List of Tables

第1章 概　　论

数字地形分析（Digital Terrain Analysis，DTA）是在数字高程模型（Digital Elevation Models，DEM）上进行地形属性计算和特征提取的数字地形信息处理技术，它是进行各种与地形因素相关的空间模拟的基础技术。数字地形分析，通过各种地形因子和特征地形要素的自动提取与定量分析、地学建模与多维呈现，实现地貌学研究从定性向定量的历史性跨越、从微观地形到宏观地貌的多尺度结合，进而实现地貌演化及其空间变异规律的深层次探讨。伴随DEM数据的不断丰富以及各类地学方法的不断渗入，数字地形分析集技术、方法、理论于一体，在现代地貌学中独树一帜，成为当今地理学界，特别是地貌学与地理信息科学的研究热点。与此同时，数字地形分析方法兼具研究性和服务性价值，也越来越广泛地应用于测绘与制图、水土保持、水文地质灾害监测、土地利用规划与管理等社会实践中。

黄土高原被誉为全球最具有地学研究价值的独特地理区域之一，黄土地貌的量化分析及演化过程模拟是黄土高原研究的重要内容之一。自上世纪50年代以来，人们对黄土地貌的分类分区、形态及组合特征、空间分布与发育演化规律等问题进行了长期探索，完成了多种比例尺黄土高原地貌类型图的编制工作，提出了黄土地貌形态与分异规律的定量研究基本方法，建立了划分流域地貌系统发育阶段的理论模型，明确了黄土地貌发育的基本模式。然而，一直以来，由于黄土高原自身的地貌复杂性及研究数据的限制，对黄土高原地形地貌的研究多集中于定性或半定量层次，且定量研究局限在流域范围内，未能扩展到区域上。以遥感和地理信息系统为主要标志的现代空间信息技术的发展，为黄土高原的研究带来新的契机，开拓了新的思路与方向。特别是近年来不同空间尺度数字高程模型（DEM）数据源的建立与数字地形分析技术方法的不断完善与提高，为开展黄土高原数字地形分析、深入揭示黄土地貌的空间分异规律奠定了坚实基础。而黄土高原地形地貌空间分异的复杂性、有序性与规律性，使之成为基于DEM数字地形分析极佳的研究区域。经过科学家们对黄土高原数字地形分析的探索与实践，黄土高原数字地形分析取得了丰硕成果，不仅在黄土地貌研究中独具亮点，同时为数字地形分析理论与方法体系的形成与发展做出了重要贡献。

1.1 黄土高原数字地形分析的方法体系

南京师范大学虚拟地理环境教育部重点实验室数字地形分析课题组，自2000年开始在多项国家自然科学基金的资助下，基于DEM对黄土高原的基本地形特征展开了全面深入的探索，对黄土地貌特征及其空间分异形成了新的认识。尤其是近年来，在国家自然科学基金重点项目“基于DEM的黄土高原地貌形态空间格局研究”的支持下，对黄土高原数字地形分析的基本方法做了全面的梳理，基本形成了从DEM坡面地形因子提取、DEM特征地形要素提取、DEM的地形统计分析到基于DEM的地学模型分析的基本理论方法体系，建立并实践了一整套面向对象的地形分析模式，以全新视野揭示了黄土地貌的空间格局及成因机理特征。

1.1.1 坡面地形因子分析

各种地貌都是由不同的坡面组成，地貌的变化实际上可完全导源于坡面的变化（邹豹君，1985）。因此，坡面地形因子，作为有效研究与表达地貌形态特征的具有一定意义的参数与指标（包括坡面姿态因子、坡形因子、坡长因子、坡位因子及坡面复杂度因子等），是地貌形态特征分析与描述的最基本途径。

DEM作为地形的数字化表达，为坡面地形因子研究提供了良好的数据源。基于DEM的坡面地形因子提取也是一个复杂过程，针对不同的因子有不同的提取算法，甚至对同一种地形因子也会有多种不同的提取算法。如最常见的坡度因子，主要提取算法就有二阶差分、三阶不带权差分、三阶反距离平方权差分、三阶反距离权差分、简单差分、Frame差分等。刘学军（2002）、Tang（2000）等从误差分析、精度分析、统计分析的角度，通过标准数学曲面对比分析了以上各种坡度坡向算法的计算结果。针对坡形因子、坡长因子、坡位因子、坡面粗糙度因子的提取及应用也有大量的研究（Florinsky，1998）。

随着研究的深入和应用的拓展，一些新的地形因子被提出。张茜（2006）提出了地形信息容量，分析了不同尺度DEM地形信息含量，并建立了其与坡度、曲率、沟壑密度等信息的对应关系和尺度损失关系；王雷（2004）提出了地形复杂度指数，采用空间二面角方法建立了描述不同尺度地形复杂程度的指标；Li等（2006）提出了反映地形与土壤侵蚀之间的关系的地形动力因子；杨勤科（2009）、焦超卫（2006）等提出了反映区域水土流失的地形因子。这些研究开拓了DEM的应用领域，丰富了地形因子分类体系。

1.1.2 特征地形要素分析

特征地形要素，是指地形在地表的空间分布特征具有控制作用的点、线或面状要素，包括地形特征点、山脊、山谷线、沟沿线、水系、流域等，现已形成了针对不同特征地形要素提取的方法体系，成为揭示黄土地貌形态组合规律的重要依据。

在特征地形点方面，Wood（1996）提出了六种特征点要素，并给出了各类特征点要素的数学定义和提取方法。罗明良（2008）从地形特征点的空间组合关系——格局入手，在提取上述特征点的基础上，使用规则构建特征点簇，为基于特征点簇的黄土地貌类型划分提供了依据。

地形特征线在特征地形要素分析研究中成果颇多。其中，基于GIS技术自动提取山脊线和山谷线的研究尤为活跃，发展了基于不同原理的提取算法，包括图像处理技术原理（曲均浩等，2007；杨簇桥等，2005）、地形表面几何形态分析原理（吴艳兰等，2006），地形表面流水物理模拟分析原理（刘学军等，2006），以及地形表面几何形态分析和流水物理模拟分析相结合的原理（艾延华等，2003）。水系和沟谷网络的提取效率在 DEM 支持下得到有效提高。迄今为止，在格网 DEM 上已提出了各种路径算法，如 O' Callaghan 和 Mark 的 D8 算法、Costa－Cabral 和 Burges 的 DEMON 算法、Tarboton 的 Dinf 算法、Freeman、Quinn 等的多流向算法、Fairfield 和 Leymarie 的随机 8 方向算法、Meisels 等的多级骨架化算法、Pilesjö 等的曲面形态算法等。刘学军等（2008）对以上 5 种路径算法进行了详细的比较和分析，给出了每种算法的适用性。

沟沿线是黄土高原地区一条重要的地貌特征线，它将坡面划分成其上部的沟间地与下部的沟坡地、沟底地，是明显的土壤侵蚀类型和土地利用分界线，从而黄土沟沿线提取成为一直以来黄土丘陵沟壑区进行水文计算与土壤侵蚀建模的关键。众多学者从不同的角度，用不同的方法研究了沟沿线自动提取方法，如坡度变率法、坡度变异法、基于汇流路径坡度变化特征法、形态学方法等（朱红春等，2003；刘鹏举等，2006；肖晨超等，2007；Song 等，2013；宋效东等，2013；周毅等，2013；李小曼等，2008）。但是，沟沿线提取问题尚未得到很好的解决，基于 DEM 准确高效地提取沟沿线仍是一个重要课题。

1.1.3 面向对象的地形分析方法体系

地形结构特征（点、线、面）是区域地形的骨架特征。针对黄土地貌的典型地形特征，我们提出并实践了一整套面向对象的数字地形分析方法，在黄土地貌量化描述及地貌形态空间格局的研究中取得了重要进展。各种分析方法的适用性如表 1.1 所示。

表 1.1 各种分析方法的适用性一览

分析方法		适用性
点对象分析	沟谷特征点簇分析法	分析黄土小流域内沟壑发育及空间分异特征
线对象分析	沟沿线分析法	分析负地形对正地形的蚕食作用及对地貌系统发育的影响，通常与正、负地形的研究结合
	流域剖面分析法	综合分析正地形与负地形在流域不同发育阶段的空间关系特征
面对象分析	正、负地形分析法	与沟沿线的研究密切结合
	地形纹理分析法	宏观地形的区域差异性
	面积高程积分分析法	流域地貌发育阶段
	坡谱分析法	分析不同地貌类型区的坡度组合及空间分异特征
	坡面景观分析法	揭示坡面地形变化特征

面向点要素的地形分析主要以流域负地形中最具代表性的地形点所构成的点簇为切入点，通过研究点簇在流域空间的分布格局特征以及发展变化特征，揭示黄土沟谷地貌形态及其发育变化。面向线要素的地形分析是以各类地形特征线如沟沿线、流域剖面线、沟谷网络为对象，探索黄土地貌的形态特征及空间分异规律。面对象分析通过对黄土正负地形、坡面景观、地形纹理等地形特征的提取及量化分析来揭示黄土地貌的形态特征及空间格局。

1.2 黄土高原数字地形分析的研究内容

纵观黄土高原数字地形分析的研究历程，其研究内容主要涉及以下几个方面，黄土高原 DEM 精细建模及信息特征分析、黄土高原地形特征要素提取与分析、黄土高原地形信息图谱研究、黄土地貌继承性与演化机理等。

1.2.1 黄土高原 DEM 精细建模

黄土高原 DEM 建模是黄土高原数字地形分析的重要基础和研究内容。规则格网、不规则三角网、等高线等传统 DEM 数据模型在一定程度上满足了数字地形分析的研究和应用需求，然而在数据模型构建方法上，上述 DEM 其在黄土高原自然突变地形和人工修整地形的表达上存在显著失真问题，在表达河网水系关系时也存在不完全正确的情况。顾及地形特征要素的 DEM 建模方法因此得到重视，出现了水文关系正确 DEM (HC-DEM)（杨勤科，2007）、特征嵌入式 DEM（王春，2009）、梯田地形 DEM（高毅平，2010；祝士杰，2011）等新的 DEM 数据模型，这些成果都在相当程度上提高了地形数字化描述的保真性与实用性。另一方面，在数据精度上，现有各尺度 DEM 数据在黄土高原侵蚀沟谷的表达方面还存在不足，尚难以实现侵蚀变化迅速的细沟、浅沟表达，大范围、高精度顾及地形特征的 DEM 精细建模问题亟待解决。上述研究得到了 863 课题“高保真数字高程模型构建关键技术研究”和国家自然科学基金“不同空间尺度数字高程模型地形信息容量与转换图谱”等课题的支持。

1.2.2 黄土高原地形特征要素提取与分析

黄土高原地形特征要素研究，是通过基于 DEM 的关键地形特征要素的提取与分析，来揭示黄土高原地貌形态组合特征及分异规律。在国家自然科学基金“基于 DEM 的黄土高原地面坡谱研究”、“基于 DEM 的黄土坡面景观结构及其空间分异研究”、“基于 DEM 的黄土高原流域边界谱研究”、“基于 DEM 的沟谷特征点簇研究”、“基于 DEM 的黄土地貌沟沿线研究”、“基于 DEM 的黄土沟壑种群特征及其空间分异研究”等课题的支持下，我们对黄土高原的地形特征点（山顶点、鞍部点、径流节点、沟头点等）、特征线（沟沿线、流域剖面线、沟谷网络等）、特征面（正负地形、坡面景观等）展开了较为深入的探索，形成了一套面向对象的数字地形分析方法，深化了对黄土地貌形态及其空间格局的认识。

1.2.3 黄土高原地形信息图谱研究

黄土高原地形信息图谱是基于图谱理论方法与手段，实现地貌形态时空分异特征的表达与地貌发育演化过程的模拟。地理现象具有复杂性、不确定性和模糊性，难以预测。陈述彭等将图谱引入到地学研究中，提出了地学信息图谱，即借助于图的形象表达能力，将大量数据进行归类合并，从而通过图形运算对地理过程进行模拟，该理论方法在景观学、地貌学等多学科广泛应用。坡谱理论是汤国安在长期从事黄土高原数字地形分析研究的基础上，经过多年积累与沉淀后提出的。该理论认为，对一个特定的研究区域，坡谱主要由该区的地貌类型和微观地貌形态所决定，坡谱采样面积的大小、采样区域形态的展布对坡谱的形态有很大影响，但当采样面积扩大到一定的范围之后，坡谱形态才会趋于稳定（汤国安，2003）。黄土高原坡谱研究表明，坡谱形态在黄土高原南北剖面上呈有规律的空间变异，一定的坡谱对应着一定的地貌类型。坡谱已被认为是利用微观地形定量指标来反映宏观地形特征的有效方法。

随着研究的深入，坡谱理论得到进一步拓展。由于流域边界线的确定性、稳定性以及与黄土塬、梁、峁等正地形特征的对应性，提出了流域边界剖面谱，研究了剖面谱的图形特征、量化指标的空间分异规律以及与地貌的映射关系（曲木威振，2008；贾旖旎，2010）。由于流域边界剖面线可以区分黄土塬、梁、峁等地貌，但不能反映流域内部的形态特征，进而提出了集成沟沿线剖面线、主沟谷剖面线的流域剖面谱（张维，2011）。剖面谱是将流域内主要的地形特征线通过一定的方式集成起来，以立面视角对地形地貌进行新的解析，其在陕北黄土高原空间分异的研究，揭示了土壤侵蚀和地貌发育的关系。

地貌的变化可以视作坡面特征和组合关系的变化，在自然界的坡面上，不同的坡位（如坡肩、坡背、坡脚等）和坡形（如凹形坡、凸形坡、直形坡等）由于其特殊的地貌特征而导致土壤、水文、地貌等许多地理过程以及相关的人地系统呈现出不同的特征。景观生态学的景观格局分析方法为不同坡面的组合关系研究提供了有效途径。Zhao（2012）、孙京禄等（2011）探讨了黄土高原不同地貌类型区黄土坡面的空间结构特征。以坡面景观为切入点来研究黄土地貌形态，是数字地形分析与景观生态学的研究方法有机结合的一次有益实践，加深了对黄土坡面空间结构的认识。上述研究得到了国家自然科学基金“基于 DEM 的黄土高原地面坡谱研究”、“基于 DEM 的黄土高原流域边界谱研究”、“基于 DEM 的黄土坡面景观结构及其空间分异研究”、“基于 DEM 的黄土沟壑种群特征及其空间分异研究”等的支持。

1.2.4 基于 DEM 的黄土地貌发育机理研究

黄土地貌发育的机理涉及黄土的搬运、堆积与侵蚀等过程，是黄土地貌研究的难点。基于 DEM 探索黄土地貌发育的机理，需要从表面形态过渡到过程模拟。因此，本研究采用室内了人工降雨条件下的黄土模拟小流域和黄土下伏地层的模拟为切入点，试图从不同的侧面来研究黄土地貌演化的机理。

流域地貌模拟试验方法能抓住主要影响因素，忽略次要因素，可控制程度高，能在较短的时间内复演某一地貌的发育过程、发育趋势，从而有效弥补时间和空间尺度的不足。一些学者进行了人工降雨实验模拟研究，在室内小流域模型上进行了人工降雨试验，实时观测了模型流域各沟道的产流过程（屈丽琴等，2008）；进行小流域降雨侵蚀中地面坡度的空间变异分析（王春等，2005）；定量研究黄土小流域地貌形态发育过程，分析流域侵蚀产沙与水系发育过程间非线性关系（金德生，1995）；利用稀土元素示踪法研究小流域泥沙来源，分析人工降雨条件下小流域侵蚀产沙过程（石辉等，1996）；利用近景摄影测量和GIS技术，对流域模型不同空间部位的侵蚀强度及其随流域所处发育阶段的动态变化进行了研究（崔灵周等，2006；肖学年等，2004）。曹敏等（2012）、张芳（2013）采用元胞自动机的理论与方法，通过人工降雨实验、数据挖掘和GIS等多技术手段融合，对黄土小流域的沟谷发育过程进行深入研究，初步揭示了黄土小流域正负地形演化的机制。

现代黄土高原的地貌形态，具有很大的继承性，它继承了第四纪以前复杂多样的格式（刘东生，1985；陕西省地质矿产局第二水文地质队，1986）。然而，对现代黄土地貌形态与下伏古地形之间的关系仍存在分歧，一种观点是黄土堆积前的古地形特征，决定了黄土能否沉积，沉积厚度以及黄土地貌形态（袁宝印等，1987，2007；乔彦松等，2006；邓成龙等，2001）；另一种观点认为现在地形和下伏古地形之间并不存在显著的继承性（郭力宇，2002；桑广书等，2003，2007）。随着地质钻孔、探地雷达等对地下信息获取手段的丰富，以及数字地形分析理论与方法的不断发展，有学者以多源数据为基础，利用GIS相关分析方法来分析黄土高原地貌演化的继承性特征（程彦培等，2010；熊礼阳等，2014）。我们认为，随着数据信息的不断丰富，对这一问题的解答有望取得更客观、更深层次的成果。上述研究得到了国家自然科学基金“基于DEM的黄土高原地貌形态空间格局研究”等课题的支持。

1.3 研究展望

经过十余年的探索与实践，我们在黄土高原数字地形分析领域已取得了初步的研究成果，深化了对黄土地貌的认识，但总体来讲，黄土高原数字地形分析的发展还处于初级阶段，许多理论和技术问题有待进一步探索，着重表现在黄土地貌演化过程及机理、DEM地学分析的机理等方面。

1）DEM属性单一在很大程度上限制了其应用，因此，亟须发展新型的多属性DEM以丰富DEM蕴涵的地形信息，并拓展其应用范围。其次，还需要研究更简洁的、高性能、高精度DEM数据采集与建模方法，以满足现代地学分析实时动态模拟的要求。

2）以地面形态研究为切入点，深入研究黄土高原地貌及其空间分异的成因与发展态势，可望在当前黄土高原古环境研究已达到很高水平的基础上，取得新的研究成果。正如刘东生院士所指出的：“黄土地貌的形态序列应当和黄土沉积序列一样有一个时间的排列，……在黄土高原如何进一步地进行‘高分辨率’的地貌认识和划分，是当务之急”。通过对黄土地貌形态的“高分辨率”刻画以及黄土地貌演化过程的“高分辨率”认知，最终构建起“形”、“数”、“理”一体化黄土高原地貌形态空间格局认知模型，对黄土高原水土保持、生态环境恢复与可持续发展都具有重要的科学价值和实践指导意义。

3）数字高程模型作为一种反映地面高程的信息源，现已能完成一般的地图制图、三维模拟与简单的地形要素提取，今后可望通过数据挖掘，获得能反映基本地理规律的深层次的地学信息。经过半个世纪的发展，DEM已不仅仅是一种数据，更代表了一类

GIS 空间分析方法。DEM 自身包含的高程数据及派生数据蕴涵了丰富的地学信息，通过数字地形分析的解译算法可以充分挖掘这些地学信息，进而揭示某些基本地理规律，使基于 DEM 的数字地形分析成为地貌学研究由形态深入到机理的重要手段和切入点之一。

4）黄土地貌形态的量化研究已经取得了重要的进展，但黄土地貌演化机理的认识还亟待深入。如何基于 DEM，在诸如地理元胞机、复杂系统、自组织等新的地理模拟方法的支持下，深入对黄土地貌演化机理的探索，是后续研究的重要方向。在数据获取方法日益发展的今天，高精度、高密度数据的获取已不是主要问题，且各种新的地理模拟方法已显示了其在地貌研究中的作用及优势，因此，如何将传统的数字地形分析方法与这些新方法有机结合起来，将是揭示黄土地貌演化机理的重要问题。

参考文献

艾廷华，祝国瑞，张根寿. 2003. 基于 Delaunay 三角网模型的等高线地形特征提取及谷地树结构化组织. 遥感学报，(04)：292-298＋339

曹敏，汤国安，张芳，等. 2012. 基于元胞自动机的黄土小流域地形演变模拟. 农业工程学报，22：149-155＋294

程彦培，石建省，杨振京，等. 2010. 古地形对黄土区岩土侵蚀趋势的控制作用. 干旱区地理，33：334-339

崔灵周，李占斌，朱永清，郭彦彪，肖学年. 2006. 流域侵蚀强度空间分异及动态变化模拟研究. 农业工程学报，12：17-22

邓成龙，袁宝印. 2001. 末次间冰期以来黄河中游黄土高原沟谷侵蚀堆积过程初探. 地理学报，56：92-98

郭力宇. 2002. 陕北黄土地貌南北纵向分异与基底古样式及水土流失构造因子研究. 西安：陕西师范大学博士学位论文

高毅平. 2010. 平原河网地区数字高程模型构建方法研究. 南京：南京师范大学.

贾旖旎. 2010. 基于 DEM 的黄土高原流域边界剖面谱研究. 南京：南京师范大学博士学位论文

金德生. 1995. 地貌实验与模拟. 北京：地震出版社.

焦超卫，赵牡丹，曹颖. 2006. 区域水土流失地形因子的研究与展望. 人民黄河，28（4）：58-60.

李小曼，王刚，李锐. 2008. 基于 DEM 的沟缘线和坡脚线提取方法研究. 水土保持通报，(1)：69-72

刘东生. 1985. 黄土与环境. 北京：科学出版社

刘学军，晋蓓，王彦芳. 2008. DEM 流径算法的相似性分析. 地理研究，27：1347-1357

刘学军，卢华兴，卞璐，等. 2006. 基于 DEM 的河网提取算法的比较. 水利学报，37（9)：1134-1141

刘学军. 2002. 基于规则格网数字高程模型解译算法误差分析与评价. 武汉：武汉大学博士学位论文

刘鹏举，朱清科，吴东亮，等. 2006. 基于栅格 DEM 与水流路径的黄土区沟缘线自动提取技术研究. 北京林业大学学报，28（4)：72-76

罗明良. 2008. 基于 DEM 的地形特征点簇研究. 成都：中国科学院研究生院博士学位论文

乔彦松，郭正堂，郝青振，等. 2006. 中新世黄土-古土壤序列的粒度特征及其对成因的指示意义. 中国科学（D 辑)：36：646-653

屈丽琴，雷廷武，赵军，等. 2008. 室内小流域降雨产流过程试验. 12：25-30

曲木威震. 2008. 基于 DEM 的流域边界谱及空间分异研究——以黄土地貌的实验为例. 西安：西北大学硕士学位论文

曲均浩，程久龙，崔先国. 2007. 垂直剖面法自动提取山脊线和山谷线. 测绘科学，05：30-31＋93

+201
桑广书，甘枝茂，岳大鹏. 2003. 元代以来黄土塬区沟谷发育与土壤侵蚀. 干旱区地理，26：355-360
桑广书，陈雄，陈小宁，等. 2007. 黄土丘陵地貌形成模式与地貌演变. 干旱区地理，30：375-380
石辉，田均良，刘普灵，等. 1996. 利用REE示踪法研究小流域泥沙来源. 中国科学（E辑），26（5）：474-480.
陕西省地质矿产局第二水文地质队. 1986. 黄河中游区域工程地质. 北京：地质出版社
宋效东，汤国安，周毅，等. 2013 基于并行GVF Snake模型的黄土地貌沟沿线提取. 中国矿业大学学报，(1)：134-140
孙京禄. 2008. 基于DEM的黄土坡面景观结构研究. 南京师范大学硕士论文，南京，2011
汤国安，赵牡丹，李天文，等. 2003. DEM提取黄土高原地面坡度的不确定性. 地理学报，58（6）：824-830.
王雷，汤国安，刘学军，等. 2004. DEM地形复杂度指数及提取方法研究. 水土保持通报，24（4）：55-58
王春，汤国安，张婷，等. 2005. 黄土模拟小流域降雨侵蚀中地面坡度的空间变异. 地理科学，(06)：6683-6689
王春，汤国安，刘学军，等. 2009. 特征嵌入式数字高程模型研究. 武汉大学学报：信息科学版，34（10)：1149-1154
吴艳兰，胡鹏，王乐辉. 2006. 基于地图代数的山脊线和山谷线提取方法. 测绘信息与工程，31（2)：15-17
肖晨超，汤国安. 2007. 黄土地貌沟沿线类型划分. 干旱区地理，05：646-653
肖学年，崔灵周，王春. 2004. 模拟流域地貌发育过程的空间数据获取与分析. 地理科学，24（4)：439-443
熊礼阳，汤国安，袁宝印，等. 2014. 基于DEM的黄土高原（重点流失区）地貌演化的继承性研究. 中国科学：地球科学，(2)：313-321
杨簇桥，郭庆胜，牛冀平，等. 2005. DEM多尺度表达与地形结构线提取研究. 测绘学报，34（2)：30-33
杨勤科，师维娟，McVicar T R. 2007. 水文地貌关系正确DEM的建立方法. 中国水土保持科学，5（4)：1-6.
杨勤科，赵牡丹，刘咏梅，等. 2009. DEM与区域土壤侵蚀地形因子研究. 地理信息世界，7（1)：25-31.
袁宝印，巴特尔，崔久旭，等. 1987. 黄土区沟谷发育与气候变化的关系（以洛川黄土塬区为例）. 地理学报，42：328-227
袁宝印，郭正堂，郝青振，等. 2007. 天水-秦安一带中新世黄土堆积区沉积-地貌演化. 第四纪研究，(2)：161-171
张芳，汤国安，曹敏，阳建逸. 2013. 基于ANN-CA模型的黄土小流域正负地形演化模拟. 地理与地理信息科学，01：28-31+1
张维. 2011. 基于DEM的陕北黄土高原流域剖面谱研究. 南京：南京师范大学硕士学位论文
张茜. 2006. 黄土高原不同空间尺度DEM的地形信息量研究. 西安：西北大学硕士学位论文
周毅，汤国安，习羽，等. 2013. 引入改进Snake模型的黄土地形沟沿线连接算法. 武汉大学学报：信息科学版，(1)：82-85
邹豹君. 1985. 小地貌学原理. 北京：商务印书馆
朱红春，汤国安，张友顺，等. 2003. 基于DEM提取黄土丘陵区沟沿线. 水土保持通报，23（5)：43-45
祝士杰，汤国安，张维 等. 2011. 梯田DEM快速构建方法研究. 测绘通报，4：68-70

Florinsky I V. 1998. Accuracy of local topographic variables derived from digital elevation models. INT. J. Geographical Information Science, 12 (1): 47-61

Li Fayuan, Tang Guoan. 2006. DEM based research on the terrain driving force of soil erosion in the Loess Plateau. in Geoinformatics 2006: Geospatial Information Science, edited by Jianya Gong, Jingxiong Zhang, Proc. of SPIE Vol. 6420, 64201W

Song X D, Tang G A, Li F Y, et al. 2013. Extraction of loess shoulder-line based on the parallel GVF snake model in the loess hilly area of China. Computers & Geosciences, 52: 11-20

Tang G A. 2000. A Research on the Accuracy of Digital Elevation Models. New York: Science Press

Wood J D. 1996. The geomorphological characterisation of digital elevation model, PhD Thesis, University of Leicester

Zhao M W, Li F Y, Tang G A. 2012. Optimal Scale Selection for DEM Based Slope Segmentation in the Loess Plateau. International Journal of Geosciences, 3 (1): 37-43

第2章　研究样区与实验数据

不同类型的地形、地貌数据是从事黄土地貌研究不可或缺的基本资料。随着国家基础地理数据建设的开展及现代空间数据采集方式的不断丰富，反映黄土高原地区不同分辨率的DEM数据已日趋丰富，这为研究工作的开展奠定了重要的基础。本章介绍了研究所选取的实验样区地理特征，以及实验采用的主要DEM数据特征。

2.1　黄土高原地貌基本特征

黄土高原东起太行山，西至乌鞘岭和日月山，南到秦岭北坡，北达长城沿线，面积约60余万平方千米，是我国四大高原之一。黄土高原以连续分布的巨厚黄土地层、典型的黄土地貌、严重的水土流失、独特的自然地理景观和光辉灿烂的文化历史而闻名于世。它是一个以黄土地貌为主体的区域地貌单元，既非单一的黄土地貌，又非各种地貌均占有同等地位。在地貌发育过程中，既有较明显的内营力作用的影响，也有强烈的外营力作用的遗迹（陈永宗，1983；郭力宇，2002）。同时，黄土高原是一个生态环境、地貌环境相当脆弱的地区，也是一个资源丰富（矿产资源、土地资源等）、亟待开发的地区。黄土高原又是一个完整的区域综合体，在这个区域综合体中，一方面存在着许多差异（陈传康，1956；何建邦等，1988；黄河上中游管理局，2012）；另一方面必然有许多共同之处，无论其成因（刘东生，1985）、地貌形态特征（陆中臣，1991）、侵蚀规律（罗来兴和祁延年，1953；金争平等，1992；景可等，1997；蒋定生，1997）等，都具有很多的共性（甘枝茂，1989）。

1）地貌发育过程的相似性。特别是新近纪末以来，在差异性上升、下降运动的影响下，形成一系列的山地和盆地，并经历了黄土的堆积与侵蚀，形成今天的地貌轮廓与各种地貌类型。

2）地貌形态的连续性。第四纪以来广泛地接受了黄土堆积，黄土分布广泛，一般厚度为100～200m，并且有一定的连续性。

3）在自然物质组成上以黄土为主。

4）具有一定的区域地貌的完整性。

5）具有高原地貌的形态。由于黄土高原地处我国地形的第二阶梯，海拔高度变化较大，但波状的高原面基本上在海拔1000～2500m，自西向东呈波浪式下降。

6）现代地貌作用过程一般较强烈，而且以侵蚀剥蚀为主，水土流失严重。

本书所涉及的区域主要为陕北部分的黄土高原，这里是黄土高原的核心地区之一。整个陕北高原黄土覆盖面积广，厚度大（一般为100～200m，最大厚度可达300m），第四纪地层发育完整（从早更新世到全新世黄土）（邓成龙和袁宝印，2001；Xiong et al.，2014a，2014b）。地貌类型以黄土地貌为主，高原中部分布有石质山岭，北部为风沙地貌区。黄土塬、梁、峁及沟壑、黄土喀斯特等地貌发育十分典型，基本涵盖了黄土高原大部分的地貌组合及景观形态。同时，陕北黄土高原的地貌类型的空间分异规律也十分明显（Tang et al.，2008）。从北向南，地貌类型从沙盖黄土低丘地貌过渡到峁状丘陵沟壑地貌、再向南渐变为峁梁状丘陵沟壑地貌，到延安一带主要为梁峁状丘陵沟壑地貌，再向南以梁状丘陵沟壑地貌为主，至洛川、黄陵一带为黄土残塬地貌，铜川以南，黄土台塬占主导地位，再往南就是渭河河谷阶地（张宗祜等，1986）。因此，选择陕北黄土高原作为本书的研究区域，能充分顾及黄土地貌发育过程中物质、能量的空间变异及相互关系，局部的特征也能较好地体现总体的特征。

2.2 实验样区

实验样区选择的好坏，直接影响到实验结果的稳定性和可靠性，因此在实验样区的选择上，应遵循以下四个基本原则。

1）科学性原则：实验样区的选择应充分体现地形学与地貌学的已有研究成果，符合其基本规律特征。

2）典型性原则：实验样区的选择应充分体现样区所属地貌类型区域的总体特征，实现个性与共性的统一、典型性与普遍性的统一。

3）数据的可获取性与完整性原则：数据获取的完整与否直接影响着实验结果的可靠性。因此，要求选取的样区基本资料充分、准确、现势性好。

4）实用性原则：科学研究的最终目的是为应用而服务的。因此，实验样区的选择应能确保其研究成果可以进一步应用于实践。

结合本书对不同区域研究的详细程度、研究重点及掌握资料的差异，对样区进行了以下三个层次的划分。

（1）详细研究的重点样区

详细研究的重点样区包括神木、绥德、延川、甘泉、宜君和淳化6个样区，它们位

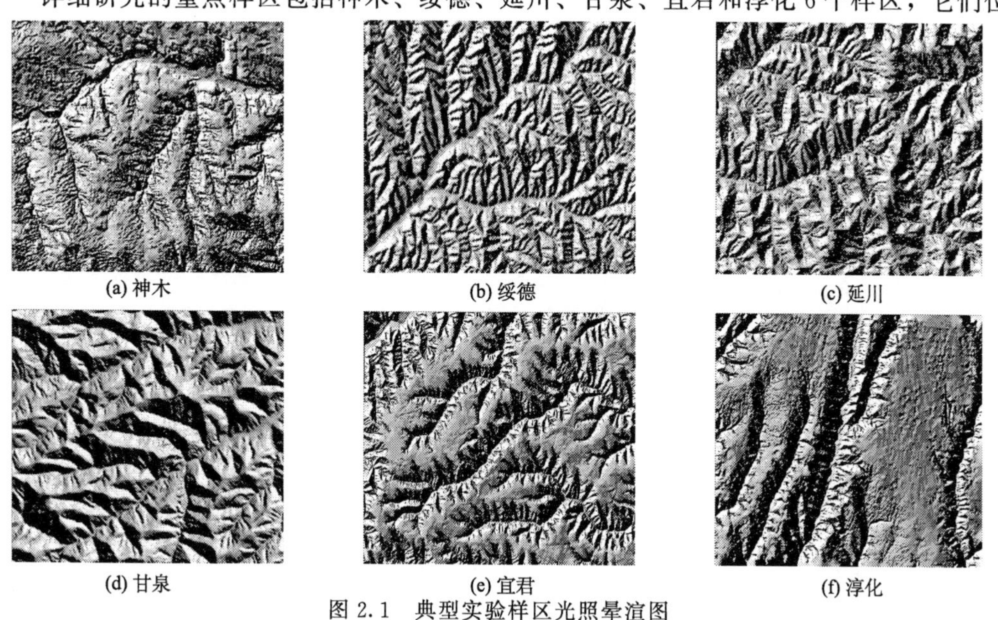

(a) 神木　(b) 绥德　(c) 延川

(d) 甘泉　(e) 宜君　(f) 淳化

图2.1　典型实验样区光照晕渲图

于黄土高原最为典型的地貌类型区内，代表的地貌类型分别为沙盖黄土低丘、黄土峁状丘陵沟壑、黄土梁峁状丘陵沟壑、黄土梁状丘陵沟壑、黄土长梁残塬沟壑和黄土塬(Song et al.，2013；Xiong et al.，2014c；Yang et al.，2011)；本书多个章节的研究内容都是以这6个样区为重点展开的，研究使用的数据为5m分辨率的DEMs。图2.1和表2.1是6个样区概况。

表2.1 典型实验样区概况

地理坐标	样区	地貌类型	基本自然状况
110°15′00″E～110°22′30″E；38°50′00″N～38°55′00″N	神木	沙盖黄土低丘	位于陕西省神木县城西北部野窑河中游支流，有连片的低丘分布，其上覆盖有薄层片沙和低缓沙丘，海拔1005～1322m，相对高差317m，地面平均坡度9°，沟壑密度3.40km/km²
110°15′00″E～110°22′30″E；37°32′30″N～37°37′30″N	绥德	黄土峁状丘陵沟壑	位于陕西省绥德县无定河中游，区内丘陵起伏，沟壑纵横，土壤侵蚀极为剧烈，海拔814～1188m，相对高差374m，地面平均坡度29°，沟壑密度6.52km/km²
109°52′30″E～110°00′00″E；36°42′30″N～36°47′30″N	延川	黄土梁峁状丘陵沟壑	位于陕西省延川县城西南部延河中游地区，相对切割深度150～200m，梁状坡面细沟、浅沟发育，面状、线状侵蚀剧烈，梁峁以下，冲沟、干沟和河沟深切。地面平均坡度31°，沟壑密度6.78km/km²
109°30′00″E～109°37′30″E；36°10′00″N～36°15′00″N	甘泉	黄土梁状丘陵沟壑	位于陕西省甘泉县城东南部洛河中游地区，梁坡上面蚀、细沟和切沟侵蚀处于加速阶段。梁地间的冲沟、河沟下切强烈，相对切割深度70～200m，海拔1145～1458m，相对高差313m，地面平均坡度26°，沟壑密度5.6km/km²
109°18′45″E～109°26′15″E；35°25′00″N～35°30′00″N	宜君	黄土长梁残塬沟壑	位于陕西省宜君县城东北部洛河中下游地区，沟谷溯源侵蚀强烈，重力侵蚀活跃，相对切割深度100～200m，海拔761～1158m，相对高差397m，地面平均坡度19°，沟壑密度4.2km/km²
108°22′30″E～108°30′00″E；34°50′00″N～34°55′00″N	淳化	黄土塬	位于陕西省淳化县城西北部泾河中游地区，黄土塬及残塬为主要地貌类型，塬面地形平缓，但被诸多大沟深切割裂，海拔768～1188m，相对高差420m，地面平均坡度12°，沟壑密度3.13km/km²

(2) 重点研究样区

重点研究样区包括以上6个样区在内的48个样区，均匀分布于陕北黄土高原，是黄土地貌空间分异及其机理研究的主要对象，研究使用的数据主要为5m分辨率的

DEMs；48个样区的地貌类型见表2.2。

表2.2 重点研究样区地貌类型

序号	样区代表图号	地貌类型	序号	样区代表图号	地貌类型
1	长武	黄土塬	25	J-49-54-13	蚀余黄河峡谷丘陵
2	I-48-46-1	黄土覆盖中山	26	J-49-64-3	风沙河谷
3	I-48-48-5	黄土残塬	27	J-49-77-5	蚀余黄河峡谷丘陵
4	I-48-46-51	黄土覆盖中山	28	J-49-74-39	沙丘草滩
5	I-48-47-55	黄土破碎塬沟壑	29	J-49-75-39	黄土梁峁状丘陵沟壑
6	I-49-3-2	黄土梁峁状丘陵沟壑	30	J-49-76-39	黄土峁状丘陵沟壑
7	I-49-4-5	黄土破碎塬沟壑	31	绥德	黄土峁状丘陵沟壑
8	I-49-5-51	石质低山丘陵沟壑	32	J-49-85-45	黄土梁峒
9	I-49-14-45	黄土覆盖中山	33	J-49-87-55	黄土梁峁状丘陵沟壑
10	宜君	黄土长梁残塬	34	J-49-98-18	黄土梁状丘陵沟壑
11	I-49-17-33	石质低山丘陵沟壑	35	J-49-99-17	黄土梁状丘陵沟壑
12	I-49-27-9	黄土残塬	36	J-49-100-21	黄土峁状丘陵沟壑
13	I-49-25-47	黄土台塬	37	J-49-97-43	黄土梁状丘陵沟壑
14	I-49-26-46	黄土残塬	38	J-49-101-53	蚀余黄河峡谷丘陵
15	I-49-28-38	黄土台塬	39	J-49-110-5	黄土梁峁状丘陵沟壑
16	淳化	黄土台塬	40	J-49-112-1	黄土梁峁状丘陵沟壑
17	J-48-96-23	草滩盆地	41	J-49-109-53	黄土梁状丘陵沟壑
18	J-48-119-14	黄土残塬沟壑	42	J-49-111-41	黄土梁峁状丘陵沟壑
19	J-49-18-38	片沙黄土梁峁	43	延川	黄土梁峁状丘陵沟壑
20	J-49-29-23	风沙河谷	44	J-49-123-23	黄土梁峁状丘陵沟壑
21	神木	黄土低丘	45	J-49-122-35	黄土梁状丘陵沟壑
22	J-49-42-6	蚀余黄河峡谷丘陵	46	J-49-134-7	黄土梁峁状丘陵沟壑
23	J-49-52-1	风沙河谷	47	甘泉	黄土梁状丘陵沟壑
24	J-49-53-15	片沙黄土梁峁	48	J-49-137-3	黄土破碎塬

(3) 一般研究样区

一般研究样区均匀分布于整个黄土高原592个样区，其中分布于陕北黄土高原的437个样区几乎覆盖了整个陕北地区，主要用于陕北黄土高原地貌类型区的划分及区域土壤侵蚀地形因子的研究；在山西、河南、甘肃、宁夏等省（自治区）根据地貌类型及样区密度选择了155个样区，与陕北的样区配合探讨坡谱在黄土高原的分异特征。该部分研究使用的数据主要为25m分辨率的DEMs。

样区的分布如图2.2所示。

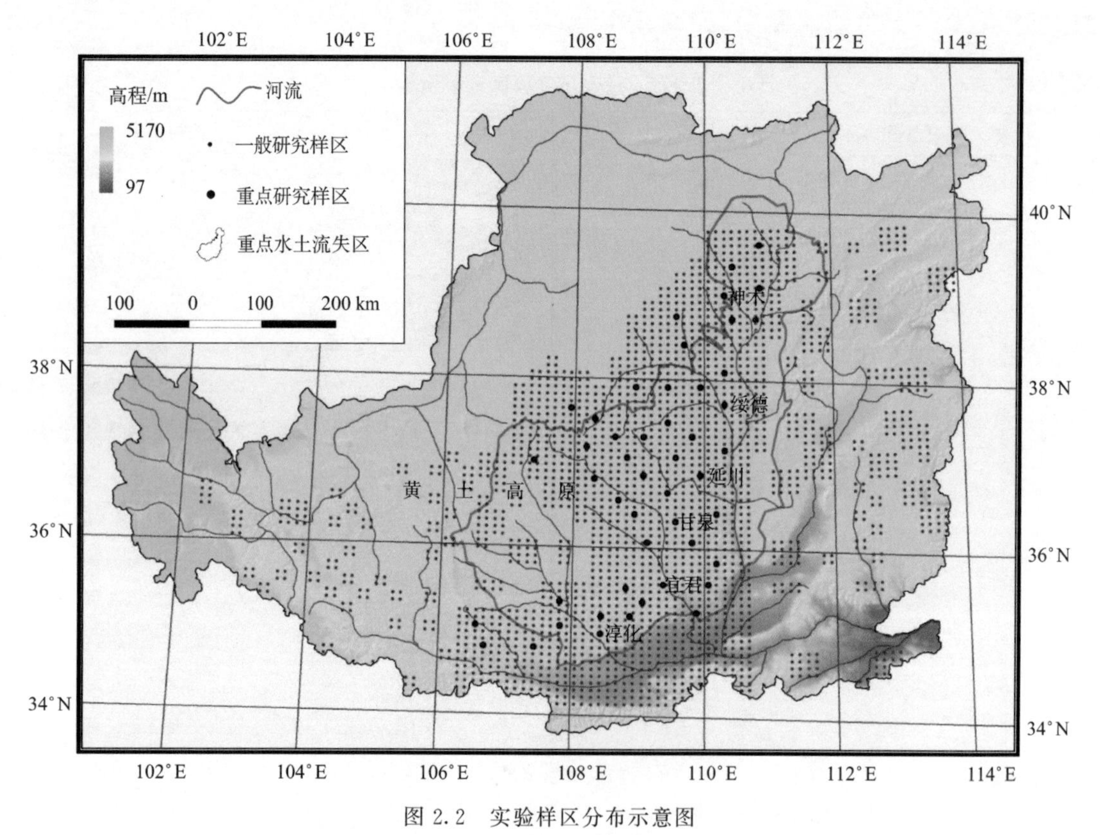

图 2.2 实验样区分布示意图

注：本书中的研究样区如未有特殊说明，均是取自以上样区的部分或全部

2.3 模拟小流域

地貌发育是漫长的历史过程，我们无法直接跟踪这一过程的变化。为了在有限的时间段内观察黄土地貌的演化并对其进行量化模拟，本书建立了以黄土为主要填充物质的小流域模型（崔灵周，2002；Cao et al.，2013），针对降雨驱动下流域不同发育阶段的侵蚀地貌演化特征展开分析。因为模拟试验具有其独特的优势，如可大大缩短时间和空间尺度，不受天然降雨条件在时间及强度等方面的限制，可设计更多的边界条件，可获得在野外无法观察到的地貌发育与侵蚀产沙的内在微观过程等。

模拟小流域模型大小为 6m×9m，呈叶片状（图 2.3）。试验从 2001 年 2 月中旬开始，于 2001 年 12 月中旬结束，历时 10 个月。整个试验主要经过了试验方案设计、流域模型建立、预备试验、近景摄影测量及 DEM 数据建立 5 个阶段。近景摄影测量在正式试验阶段进行，相邻两次拍摄间隔时间为一周左右，降雨为 2～5 场，共拍摄 9 次，降雨场次和近景摄影测量的具体对应内容见表 2.3。

表 2.3 模拟试验降雨特征及摄影统计表

降雨场次（摄影期次）	降雨日期（摄影日期）	设计雨强 /(mm/min)	测定雨强 /(mm/min)	降雨历时 /min	降雨总量 /mm
（第 1 期）	(2001.07.29)	均值：0.00	均值：0.00	累计：0.00	累计：0.000
1	2001.07.30	0.50	0.54	90.50	48.915
2	2001.08.01	0.50	0.52	89.50	46.540
3	2001.08.03	0.50	0.49	89.50	63.939
4	2001.08.05	1.00	1.18	47.52	65.050
5	2001.08.08	1.00	1.21	45.86	73.580
（第 2 期）	(2001.08.13)	均值：0.70	均值：0.79	累计：362.88	累计：298.024
6	2001.08.14	2.00	2.41	30.53	53.750
7	2001.08.17	1.00	1.19	46.17	51.528
（第 3 期）	(2001.08.19)	均值：1.50	均值：1.80	累计：76.80	累计：105.278
8	2001.08.20	0.50	0.57	90.18	36.167
9	2001.08.22	0.50	0.59	61.95	55.704
（第 4 期）	(2001.08.27)	均值：0.50	均值：0.58	累计：152.13	累计：91.871
10	2001.08.28	1.00	1.20	47.92	65.360
11	2001.08.31	2.00	2.15	31.17	65.360
（第 5 期）	(2001.09.01)	均值：1.50	均值：1.78	累计：79.09	累计：130.720
12	2001.09.03	0.50	0.52	62.94	31.896
13	2001.09.05	0.50	0.58	61.53	35.960
14	2001.09.07	0.50	0.56	60.83	34.290
（第 6 期）	(2001.09.21)	均值：0.50	均值：0.55	累计：185.30	累计：102.146
15	2001.09.11	1.00	1.12	46.82	52.438
16	2001.09.14	1.00	1.08	45.83	49.896
17	2001.09.17	1.00	0.98	47.02	45.256
18	2001.09.20	1.00	1.04	45.37	47.180
（第 7 期）	(2001.09.21)	均值：1.00	均值：1.04	累计：185.04	累计：194.770
19	2001.09.24	2.00	2.12	30.37	64.384
20	2001.09.27	2.00	1.98	34.35	67.736
（第 8 期）	(2001.09.28)	均值：2.00	均值：2.05	累计：64.72	累计：132.120
21	2001.09.30	0.50	0.53	91.27	48.373
22	2001.10.09	0.50	0.55	90.60	49.83
23	2001.10.11	0.50	0.60	89.72	53.832
（第 9 期）	(2001.10.12)	均值：0.50	均值：0.56	累计：271.59	累计：152.035

资料来源：崔灵周，2002

模型的设计充分吸收和借鉴了前人的相关研究成果，并结合研究区域特点和有关专家的论证建议，依据黄土丘陵区小流域地貌概化模型设计要求，通过对黄土丘陵区小流域地貌特征的统计、概化和抽象，制作出黄土丘陵区小流域地貌发育初期的概化模型，主要几何形态特征指标见表 2.4。试验雨型的雨强、历时及频数主要参照黄土高原的侵蚀性降雨特征选定，其中雨强 0.5mm/min 的降雨 11 场，历时 878.52min；雨强 1.0mm/min 的降雨 8 场，历时 372.51min；雨强 2.0mm/min 的降雨 4 场，历时 126.42min。

表 2.4 模拟小流域几何形态特征指标

投影面积/m²	流域长度/m	流域最大宽度/m	流域周长/m	流域高差/m	流域纵比降/%	平均坡度/(°)	沟网级别	沟网分支比
31.49	9.1	5.8	23.3	2.57	28.24	15	2级	4

资料来源：崔灵周，2002

利用近景摄影测量对流域地貌发育过程进行动态监测，获取高分辨率的流域不同侵蚀阶段的DEM，一共获取了9期DEM数据，DEM格网大小为10mm，高程中误差≤2mm（图2.3）。模拟小流域每一阶段的侵蚀量由实测得到（表2.5）。

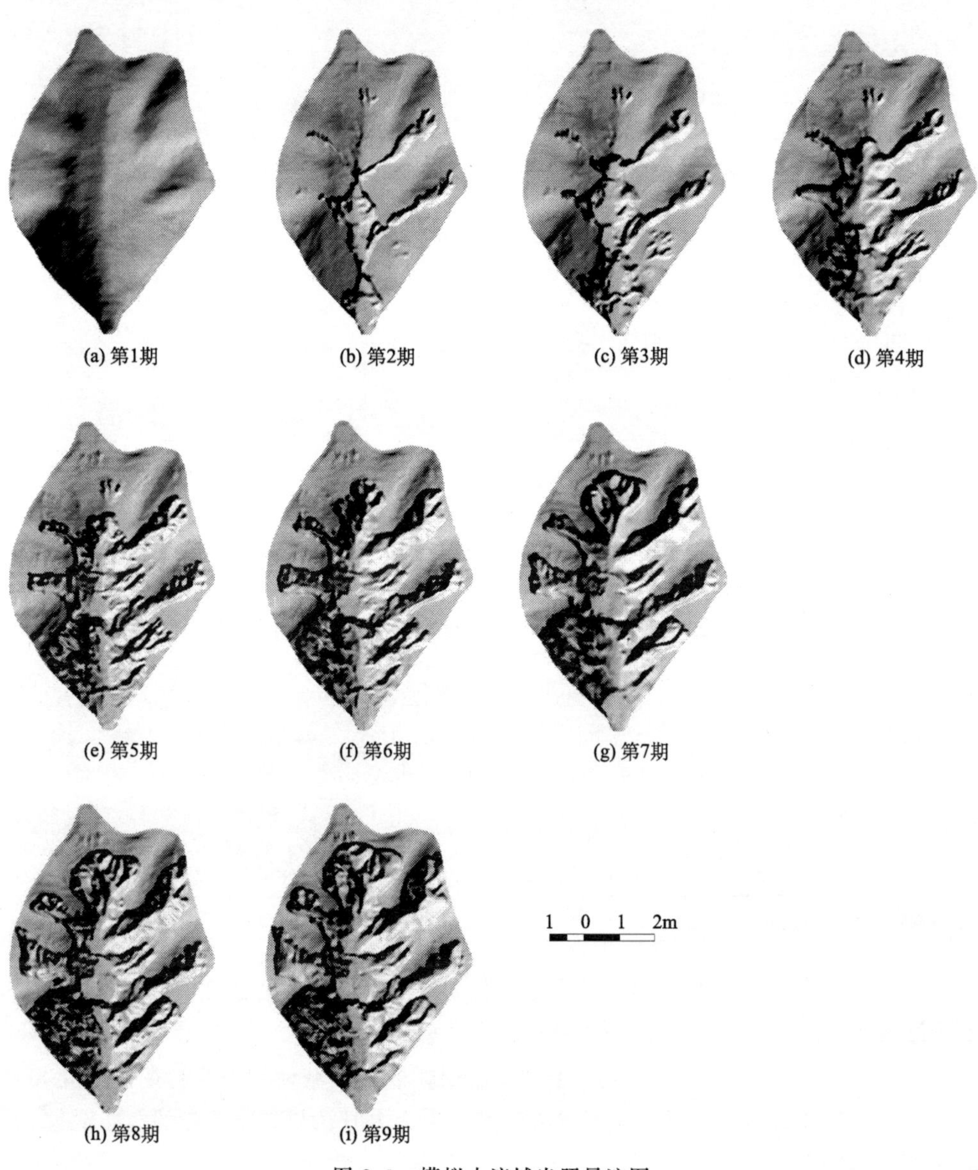

图 2.3 模拟小流域光照晕渲图

表 2.5　模拟小流域不同侵蚀阶段的侵蚀量及沟壑密度

期数	1	2	3	4	5	6	7	8	9
侵蚀量/kg	—	1355.2	1461.3	1423.4	1881.7	979.7	1597.7	965.4	777.8

参 考 文 献

陈传康. 1956. 陇东东南部黄土地形类型及其发育规律. 地理学报，22（3）：223-231

陈永宗. 1983. 黄土高原沟道流域产沙过程的初步分析. 地理研究，2（1）：35-47

崔灵周. 2002. 流域降雨侵蚀产沙与地貌形态特征耦合关系研究. 杨凌：西北农林科技大学博士学位论文

邓成龙，袁宝印. 2001. 末次间冰期以来黄河中游黄土高原沟谷侵蚀-堆积过程初探. 地理学报，56（1）:92-98

甘枝茂. 1989. 黄土高原地貌与土壤侵蚀研究. 西安：陕西人民出版社

郭力宇. 2002. 陕北黄土地貌南北纵向分异与基底古样式及水土流失构造因子研究. 西安：陕西师范大学博士学位论文

何建邦，吴健康，杜道生，等. 1988. 黄土高原（重点产沙区）信息系统研究. 北京：测绘出版社

黄河上中游管理局. 2012. 黄河流域水土保持图集. 北京：地震出版社

蒋定生. 1997. 黄土高原水土流失与治理模式. 北京：中国水利水电出版社

金争平，史培军，侯福昌. 1992. 黄河皇甫川流域土壤侵蚀系统模型和治理模式. 北京：海洋出版社

景可，卢金发，梁季阳. 1997. 黄河中游侵蚀环境特征和变化趋势. 郑州：黄河水利出版社

刘东生. 1985. 黄土与环境. 北京：科学出版社

陆中臣. 1991. 流域地貌系统. 大连：大连出版社

罗来兴，祁延年. 1953. 黄土邱陵区沟壑发育与侵蚀量计算的实例——陕北绥德韭园沟流域. 地理学报，19（2）：187-193

张宗祜等. 1986. 中国黄土高原地貌类型图（1∶50万）及说明书. 北京：地质出版社

Cao Min，Tang Guoan，Zhang Fang，et al. 2013. A cellular automata model for simulating the evolution of positive-negative terrains in a small loess watershed. International Journal of Geographical Information Science，27（7），1349-1363

Song Xiaodong，Tang Guoan，Li Fayuan，et al. 2013. Extraction of Loess shoulder-line based on the parallel GVF snake model in the loess hilly area of China. Computers & Geosciences，52：11-20

Tang Guoan，Li Fayuan，Liu Xuejun，et al. 2008. Research on the Slope Spectrum of the Loess Plateau. Science in China（E），51（1）：175-185

Xiong Liyang，Tang Guoan，Li Fayuan，et al. 2014a. Modeling the Evolution of Loess Landforms Using DEMs of Underlying Bedrock Terrain in the Loess Plateau of China. Geomorphology，209：18-26

Xiong Liyang，Tang Guoan，Yuan Baoyin，et al. 2014b. Geomorphological Inheritance for Loess Landform Evolution in a severe soil erosion region of Loess Plateau of China Based on Digital Elevation Models. Science China Earth Sciences 2014，doi：10. 1007/s11430-014-4833-4

Xiong Liyang，Tang Guoan，Yan Shijiang，et al. 2014c. Landform-oriented flow-routing algorithm for the dual-structure loess terrain based on digital elevation models. Hydrological Processes，28（4）：1756-1766.

Yang Xin，Tang Guoan，Xiao Chenchao，et al. 2011. The scaling method of specific catchment area from DEMs. Journal of Geographical Science，21（4）：689-704

第3章　黄土高原DEM构建及信息特征研究

格网DEM适合反映渐变地形起伏特征，但在描述黄土地貌中的突变地形，如沟沿线、坡脚线及梯田、水坝等地形地物时，便会产生程度不等的地形描述失真。本章介绍了栅格与矢量有机融合的特征嵌入式数字高程模型（F-DEM），以及梯田DEM快速构建方法；研究了DEM地形模拟的保真性及度量方法；提出了DEM地形信息强度的概念、量化表达及在地形简化中的应用；对面向黄土地貌研究的地形因子进行了较系统的分类整合及关联性研究。

3.1　特征嵌入式数字高程模型研究

3.1.1　引言

DEM的技术优势得到人们的普遍认可，尤其是规则格网DEM，其应用遍布测绘、交通、军事、水利、农业、环境、资源管理、规划与旅游等众多领域。目前世界上许多发达国家，如美国、英国、日本等不仅建立了覆盖本国的多种尺度的DEM，同时也开始推进高精度、高分辨率DEM，以及全球尺度SRTM（Shuttle Radar Topogrphy Mission，航天飞机雷达地形测绘使命）DEM的建设，DEM成为国家经济发展、全球战略实施的核心支持系统。我国也已经完成国家范围1∶1 000 000、1∶500 000、1∶250 000、1∶50 000和部分地区1∶10 000 DEM的建设，在国民经济建设和科学研究中发挥着日益重要的作用。然而大量应用实例表明，这些格网DEM虽能较好地反映山地和丘陵地区的地形自然起伏特征，但由于其规则格网结构自身的特点，使得其在复杂突变地形的精细表达上具有很大局限。对于自然突变地形和人工修整地形等地形的模拟存在显著的区域性失真问题，集中表现在空间位置的失真、局地形态的失真、地貌特征的失真、空间关系的失真和多尺度表达的失真（王春等，2008），这些失真严重制约了DEM的广泛应用和自身价值的有效发挥。

格网DEM数据结构自身的局限是造成其地形模拟出现区域性失真的主要原因之一。邹豹君（1985）指出，大小地貌，无论平原、谷底、高山都是由单一的坡面组成，地貌的变化完全导源于坡面的变化。地面形态的变化是地形信息的根源。地形形态的变化部位在空间的分布是多种多样的，很少出现严格的规则格网分布，而格网DEM是按严格的规则格网进行地形采样，这就直接导致对地形变化部位描述的非精确性，不仅造成削峰填谷、地形特征移位、变形等，而且随着DEM格网的增大，会不可避免地产生地形描述误差（汤国安等，2001）。事实上，对于格网DEM数据结构的局限性，在DEM应用初期人们就给予了很多关注。

Ebner（1988）提出在一般地区采用规则格网DEM结构，沿地形特征处附加TIN数据结构的格网-三角网（Grid-TIN）混合结构。随后，许多学者对矢栅混合结构或矢栅一体化结构展开广泛研究，出现了一些具有重要影响的研究成果（李德仁，1997；龚健雅，1997；常燕卿和刘纪平，1998；朱庆等，2006；李清泉等，2007），遗憾的是，Grid-TIN结构的数据组织、维护和应用中的一些关键技术至今没有得到有效解决，还难以应用到大规模地形建模。龚健雅（1993）以格网数据模型为基础，提出多级格网数据结构，该模型利用在粗格网上进一步进行格网细分技术，实现对局部精细地形的描述，通过线性四叉树实现对多级格网数据的高效索引。多级格网数据结构对于二维平面信息的表达具有显著优势。德国斯图加特大学的斯图加特等高线程序（Stuttgart Contour Program，SCOP）将断裂线引入了格网DEM，实现了格网DEM对地形突变部位形态的精细描述（Kraus and Otepka，2005），但其使用的数据结构、数据组织方式、数字地形分析模型及应用情况均鲜有资料可参阅，因此该模型鲜有应用于实际DEM建设的案例。

总体来讲，DEM新型数据结构的研究，在设计层面上融入了许多先进思想，为实现地形的高保真模拟奠定了一定的技术基础，但由于部分关键技术的限制，还难以作为标准化的DEM数据结构进行工程化建设，因此尽管常规格网DEM有着难以克服的结构局限性，依然是当前DEM的主流数据结构。因此，非常有必要采用新的视角构建DEM数据结构，在保证全局高效的前提下，实现地形的高保真数字化模拟，促进DEM的社会化和产业化发展，为国民经济建设和科学研究提供更为优良的基础地形数据。

3.1.2 F-DEM的提出

地形是最为复杂的地理对象，在形态特征上是场与对象的集合体，是在广域的场（整体的连续起伏）内嵌入了多姿多彩的对象（特征地形）。在现有的GIS系统中，通常采用单一数据模型（场模型或对象模型）模拟地形。大量实践表明，虽然单一模型具有各自的优势，但都难以完整地实现地形的简洁、高效、高保真模拟。

Grid-TIN结构试图通过把TIN和格网DEM的优势融为一体，实现地形的高保真模拟，为实现地形的高保真模拟揭开了序幕，然而由于一些关键技术的制约，还难以应用于大规模地形建模。如图3.1所示，Grid-TIN以规则格网为基础，在需要进行精细地形表达的地方嵌入不规则三角网，并充分顾及精细地形的特征点、特征线和特征面，确定三角形的大小和形状，实现对各类复杂地形进行细部刻画。在数据组织上，Grid-TIN把地形的矢量描述（TIN）和栅格描述（格网DEM）混合在一起，以独立特征地形或连片特征地形为局部TIN的基本地形单元，优点是能方便快速地检索特征地形，缺点是必须进行两种不同地形描述机理之间信息的协调与共享问题，这就不得不打破原有格网DEM数据

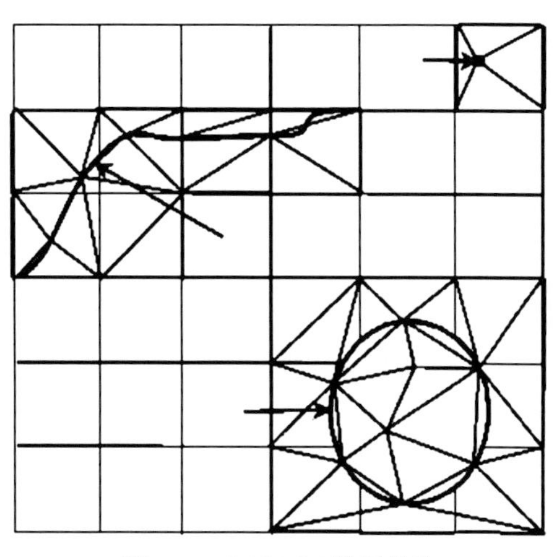

图3.1 Grid-TIN数据结构

结构的完整性和简洁性，给全局数据的高效组织与处理带来很大困难。

是否存在一种更为有效的视角审视地形形态呢？实际上，地形的对象特征不仅表现在连续起伏地形表面嵌有大量多姿多彩的特征地形，而且任意形状平面区域的局部地形也具有完整的对象特征。具体的表现就是把地形曲面分成一系列局地面片，每一个局地面片都会保持自身形态的独立性与稳定性，当再次把它们拼接在一起时，它们又会重新再现原始整体地形。地形形态的这一独特特征给新型 DEM 数据结构设计提供了一个重要信息，这就是可以把整体地形分割为一系列规则格网的局地对象，每一个局地对象用 GIS 矢量数据进行精细描述，而在全局数据组织上可以采用栅格数据结构，事实上，这就是本节提出的特征嵌入式数字高程模型（Features Preserved-DEM，F-DEM）的基本思想。

如图 3.2 所示，F-DEM 把 DEM 格网 4 个角点围成的矩形区域和其内的特征地形聚集为格网局地地形对象，采用面向类对象技术，按“格网局地”进行地形形态的管理和处理，不仅简化了地形在总体形态上的复杂多样性，同时实现了格网局地地形的矢量化精细表达和全局地形的栅格化高效组织，为实现大范围地形精细描述与高效数据组织与分析奠定了坚实基础。简单来讲，F-DEM 通过“矢量化描述，栅格化组织”技术，实现数字地形的高保真模拟和数据高效组织与处理。矢量化描述指在格网局地内对地形进行矢量点、线、面的精细重构。栅格化组织指把地形分割为相互独立的规则格网，借助局地地形的形态自组织特性实现整体地形的高保真重构。在这一点上，F-DEM 可以看作是扩展型栅格数据，与传统 DEM 不同的是，传统 DEM 格网点存储的是单一类型的数值型信息，F-DEM 格网存储的是格网局地地形对象信息。

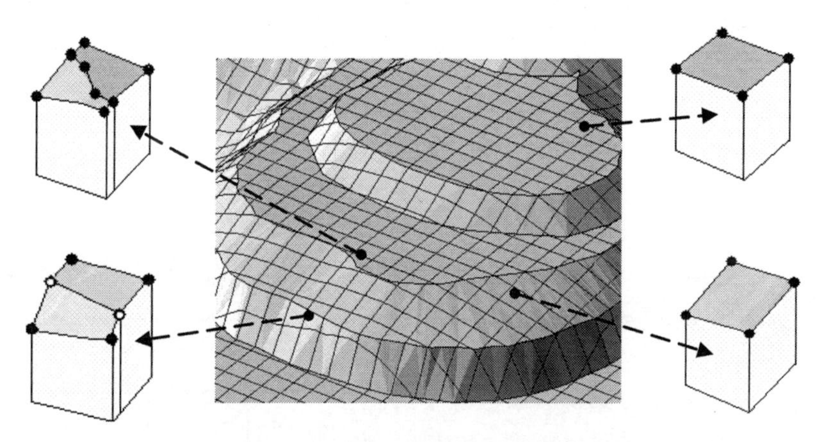

图 3.2　F-DEM 格网局地地形对象

3.1.3　特征地形的类对象表达

特征地形指对地形形态描述具有重要意义的点、线、面（Points，Lines and Areas，PLA）。在不同的地貌类型，PLA 的具体内容有所不同，如在黄土残塬地形，沟沿线是典型的特征地形；在黄土丘陵地形，沟谷网络是其典型的特征地形；在平原地区，围堰、塘坝、导水渠等是其典型的地貌特征。F-DEM 是地形形态的数字化模拟，关心的主要是 PLA 的形态特征，因此，单纯在形体特征上，PLA 可以概括为点、线、面 3 种类型。

(1) 点状 PLA

点状 PLA 可以抽象为数学点的地形特征。主要包括地貌特征点，如山顶点、洼地点、鞍部点等；局部地形特征点，如极大值点、极小值点、拐点等；以及测绘控制点，如三角点、水准点等。

(2) 线状 PLA

在空间呈线条状分布的普通线状地形特征或规则几何线状特征地形。普通线状地形特征又分为三维线状 PLA 和等高线状 PLA。三维线状 PLA 的节点的高程可以是不同的值，如山脊线、山谷线、陡崖线等。等高线状 PLA 的所有节点是同一个高程值，主要出现在一些人工修整的地形，如边坡线、水渠沿等。

规则几何 PLA 存在明显的主线（简称基线）、其他边线（简称对线）和基线具有相同的形态特征，可以用简单的几何参数进行表达，如形状规则的围堰、稻田田埂、导水

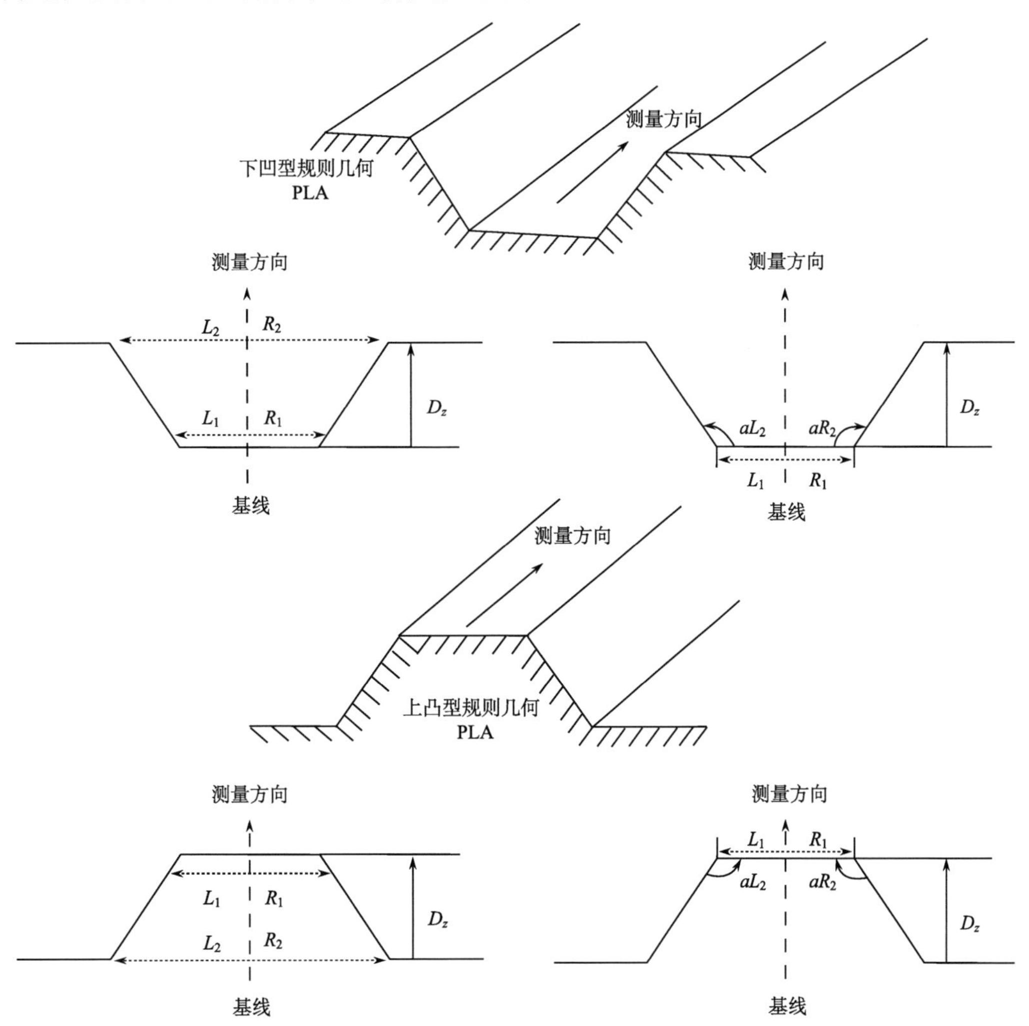

图 3.3 规则几何 PLA 形态特征与描述参数

渠等。如图 3.3 所示，规则几何 PLA 横断面通常呈上凸梯形或下凹梯形。通过对边与基线的几何关系推算对边的空间位置与形态。规则几何 PLA 按其基线节点的高程取值分为三维规则几何 PLA 和等高规则几何 PLA。三维规则几何 PLA 三维线状 PLA 的节点的高程可以是不同的值，等高规则几何 PLA 的所有节点是同一个高程值。

规则几何的形态信息描述有以下两种方式。

1）通过对线与基线的相对距离关系，参数主要是 L_1、R_1、L_2、R_2 和 D_z；

2）通过与基线共水平面的对线与基线的相对距离关系及边坡与基线平面的夹角，参数主要是 L_1、R_1、aL_2、aR_2。

(3) 面状 PLA

面状 PLA 指以完整平直面状形态分布的区域性地块。随着人类平田整地、城市建设、道路建设、水利建设等的大规模发展，平直面状地形越来越多地存在于地形表面，它们是地形的独特景观，对它们形态的准确描述具有重要的实际意义。面状 PLA 主要类型有水平面状 PLA、倾斜面状 PLA 和垂直面状 PLA。水平面状 PLA 的坡度等于 0°，倾斜面状 PLA 的坡度大于 0°小于 90°，垂直面状 PLA 与水平面垂直。

垂直面状 PLA 从其形态特征来看，又分为普通垂面 PLA（PLA 的上下边界线都是三维线）、平行垂面 PLA（PLA 的上下边界线平行）、等高垂面 PLA（PLA 的对线高程是同一个值）和等高平行垂面 PLA（PLA 的基线、对线的高程是一个常数值）。

表 3.1 是 PLA 空间位置与形态数据的分类记录格式。

表 3.1　PLA 空间位置与形态数据的分类记录格式

类别	名称	坐标格式
点状 PLA	所有点状 PLA	$\{x, y, z\}$
线状 PLA	三维线状 PLA	$\{x_1, y_1, z_1, x_2, y_2, z_2, \cdots, x_n, y_n, z_n\}$
	等高线状 PLA	$\{x_1, y_1, x_2, y_2, \cdots, x_n, y_n\}\ \{z\}$
	三维规则几何 PLA	$\{x_1, y_1, z_1, x_2, y_2, z_2, \cdots, x_n, y_n, z_n\}\ \{L_1, R_1, L_2, R_2, D_z\}$ 或者 $\{x_1, y_1, z_1, x_2, y_2, z_2, \cdots, x_n, y_n, z_n\}\ \{L_1, R_1, aL_2, aR_2\}$
	等高规则几何 PLA	$\{x_1, y_1, x_2, y_2, \cdots, x_n, y_n\}\ \{z, L_1, R_1, L_2, R_2, D_z\}$ 或者 $\{x_1, y_1, x_2, y_2, \cdots, x_n, y_n\}\ \{z, L_1, R_1, aL_2, aR_2\}$
面状 PLA	三维边线水平面状 PLA	$\{x_1, y_1, z_1, x_2, y_2, z_2, \cdots, x_n, y_n, z_n\}\ \{z\}$
	等高边线水平面状 PLA	$\{x_1, y_1, x_2, y_2, \cdots, x_n, y_n\}\ \{z_1, z_2\}$
	倾斜面状 PLA	$\{x_1, y_1, x_2, y_2, \cdots, x_1, y_1\}\ \{z_1, z_2, z_3, z_4\}$
	普通垂面 PLA	$\{x_1, y_1, z_{11}, z_{21}, x_2, y_2, z_{12}, z_{22}, \cdots, x_n, y_n, z_{1n}, z_{2n}\}$
	平行垂面 PLA	$\{x_1, y_1, z_1, x_2, y_2, z_2, \cdots, x_n, y_n, z_n\}\ \{D_z\}$
	等高垂面 PLA	$\{x_1, y_1, z_1, x_2, y_2, z_2, \cdots, x_n, y_n, z_n\}\ \{z_2\}$
	等高平行垂面 PLA	$\{x_1, y_1, x_2, y_2, \cdots, x_n, y_n\}\ \{z_1, z_2\}$

虽然各类 PLA 的空间坐标的实际记录格式不同，但仔细观察可以发现它们具有很大的相似性，可以抽象成以下格式：

$$\{x_1, y_1, x_2, y_2, \cdots, x_n, y_n\}\{z_{1i}\}\{v_{2i}\} \tag{3.1}$$

式中，$\{x_1, y_1, x_2, y_2, \cdots, x_n, y_n\}$ 为基线节点平面坐标；点状 PLA 视为节点数等于 1 的线状 PLA；$\{z_{1i}\}$ 为基线高程信息，根据基线类别取不同长度的值；$\{v_{2i}\}$ 为对线的高程或参数信息，没有对线的取空集 $\{\}$。

表 3.2 是基于式（3.1）格式的 PLA 空间位置与形态数据的统一记录格式。

表 3.2　PLA 空间位置与形态数据的统一记录格式

类别	名称	坐标格式
点状 PLA	所有点状 PLA	$\{x, y\}\{z\}\{\}$
线状 PLA	三维线状 PLA	$\{x_1, y_1, x_2, y_2, \cdots, x_n, y_n\}\{z_1, z_2, \cdots, z_n\}\{\}$
	等高线状 PLA	$\{x_1, y_1, x_2, y_2, \cdots, x_n, y_n\}\{z\}\{\}$
	三维规则几何 PLA	$\{x_1, y_1, x_2, y_2, \cdots, x_n, y_n\}\{z_1, z_2, \cdots, z_n\}\{L_1, R_1, L_2, R_2, D_z\}$ 或者 $\{x_1, y_1, x_2, y_2, \cdots, x_n, y_n\}\{z_1, z_2, \cdots, z_n\}\{L_1, R_1, aL_2, aR_2\}$
	等高规则几何 PLA	$\{x_1, y_1, x_2, y_2, \cdots, x_n, y_n\}\{z\}\{L_1, R_1, L_2, R_2, D_z\}$ 或者 $\{x_1, y_1, x_2, y_2, \cdots, x_n, y_n\}\{z\}\{L_1, R_1, aL_2, aR_2\}$
面状 PLA	三维边线水平面状 PLA	$\{x_1, y_1, x_2, y_2, \cdots, x_1, y_1\}\{z_1, z_2, \cdots, z_n\}\{z\}$
	等高边线水平面状 PLA	$\{x_1, y_1, x_2, y_2, \cdots, x_1, y_1\}\{z_1\}\{z_2\}$
	倾斜面状 PLA	$\{x_1, y_1, x_2, y_2, \cdots, x_1, y_1\}\{x_1, y_1, z_1, \cdots, x_4, y_4, z_4\}\{\}$
	普通垂面 PLA	$\{x_1, y_1, x_2, y_2, \cdots, x_n, y_n\}\{z_{11}, z_{12}, \cdots, z_{1n}\}\{z_{21}, z_{22}, \cdots, z_{2n}\}$
	等高垂面 PLA	$\{x_1, y_1, x_2, y_2, \cdots, x_n, y_n\}\{z_1, z_2, \cdots, z_n\}\{z_2\}$
	平行垂面 PLA	$\{x_1, y_1, x_2, y_2, \cdots, x_n, y_n\}\{z_1, z_2, \cdots, z_n\}\{D_z\}$
	等高平行垂面 PLA	$\{x_1, y_1, x_2, y_2, \cdots, x_n, y_n\}\{z_1\}\{z_2\}$

PLA 不仅辅助 F-DEM 实现地形表面的高保真重构，而且决定着 F-DEM 高程内插计算的模型，因此，PLA 除了具有空间位置和几何形态数据，还必须有完整的形态属性。形态属性主要包括软硬性、光滑性、内插性、方向性及 PLA 类型。表 3.3 是 PLA 空间形态属性说明。

表 3.3　PLA 空间形态属性表

名称	信息内容	取值含义
软硬性	PLA 在其切线方向是硬折边还是圆弧边，即 PLA 在其切线方向是否可以进行光滑处理	0：硬边，不可以光滑 1：软边，可以光滑
光滑性	描述 PLA 在其垂直面方向是否可以进行光滑处理	0：不可以光滑 1：可以光滑
内插性	描述 PLA 的高程信息是否参与 DEM 格网点高程计算。例如，在 DEM 生产中，有些人工建筑的高程不能参与 DEM 格网高程的内插计算	0：不参加高程内插计算 1：参加高程内插计算

续表

名称	信息内容	取值含义
方向性	描述 PLA 是否是方向性线。方向性 PLA 一般为面域特征地形的边界线	0：非方向线；1：左边是 PLA 面域； 2：右边是 PLA 面域；3：左右都是 PLA 面域
PLA 类型	描述 PLA 在形态上属于哪一类 PLA	10：点状 PLA； 21：三维线状 PLA；22：等高线状 PLA 31：三维规则几何 PLA；32：等高规则几何 PLA 41：三维边线水平面状 PLA；42：等高边线水平面状 PLA； 51：倾斜平直面状 PLA； 61：普通垂面 PLA；62：等高垂面 PLA；63：平行垂面 PLA；64：等高平行垂面 PLA

PLA 形态属性采用 10 位整型数值编码进行描述。图 3.4 是 PAL 形态属性编码格式说明。

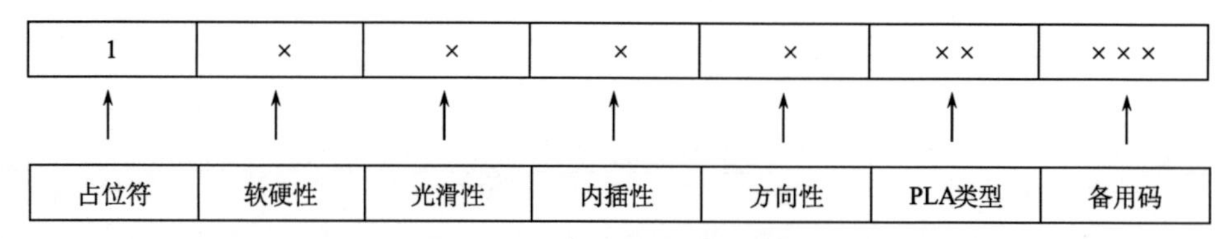

图 3.4　PLA 形态属性编码格式

表 3.4 是统一格式的 PLA 类对象结构。经过对 PLA 空间位置和形态属性的形式统一化处理，PLA 就可以方便地用类对象来表达。通过 PLA 的类对象 sPLA，就可以实例化 F-DEM 中的所有 PLA。此时，F-DEM 的单个格网局地内虽然可能会同时包含矢量结构的点、线、面数据，但借助统一格式的 PLA 类对象 sPLA，就不需要对它们再进行分层分文件组织，这就简化了数据结构，为 F-DEM 借助栅格数据结构实现简洁高效数据组织奠定了很好的基础。

表 3.4　统一记录格式的 PLA 类对象结构

```
//PLA 的数据结构
Struct sPLA
{
      Int PointsCounter;        //PLA 节点个数，取 1 表示是特征点
      Int Code;               //PLA 的地形属性代码，备用属性，F-DEM 构建并不需要
      Int Attribution;          //PLA 空间属性
      s2DPoint Ponits [];        //PLA 节点平面位置坐标
      Double z1 [];             //PLA 基线节点高程
      Double z2 [];             //PLA 对线信息
}
//PLA 节点平面位置坐标数据结构
Struct s2Dpoint
{
    Double x, y;      //平面位置坐标 {x, y}
}
```

3.1.4 F-DEM 数据结构与地形模拟效果

图 3.5 是 F-DEM 数据结构图。F-DEM 数据由头文件、数据体和元数据文件 3 部分构成。

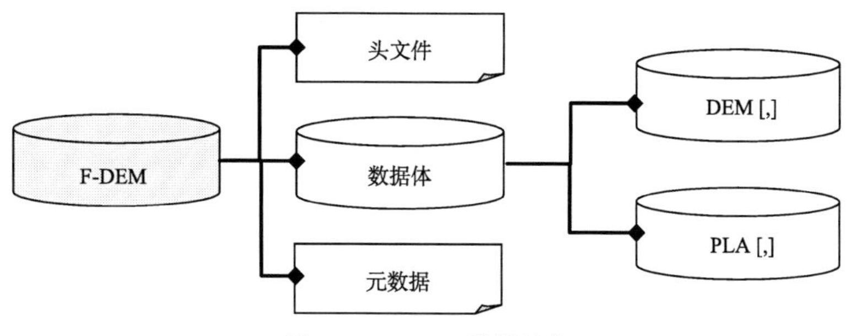

图 3.5 F-DEM 数据结构

头文件是 F-DEM 格网结构信息的说明，内容与传统格网 DEM 的头文件信息相同。数据体文件包括 DEM 数据和 PLA（地形特征）数据，均按常规格网 DEM 的规则二维矩阵存储（图 3.6），不同的是 DEM 格网单元值为定长值（格网高程值），PLA 格网单元值为变长值（长度取决于 PLA 个数、节点数）。元数据文件记录了 F-DEM 数据空间信息（范围、空间参考信息）、数据统计特征、质量、版本等信息，方便用户了解和正确使用数据。

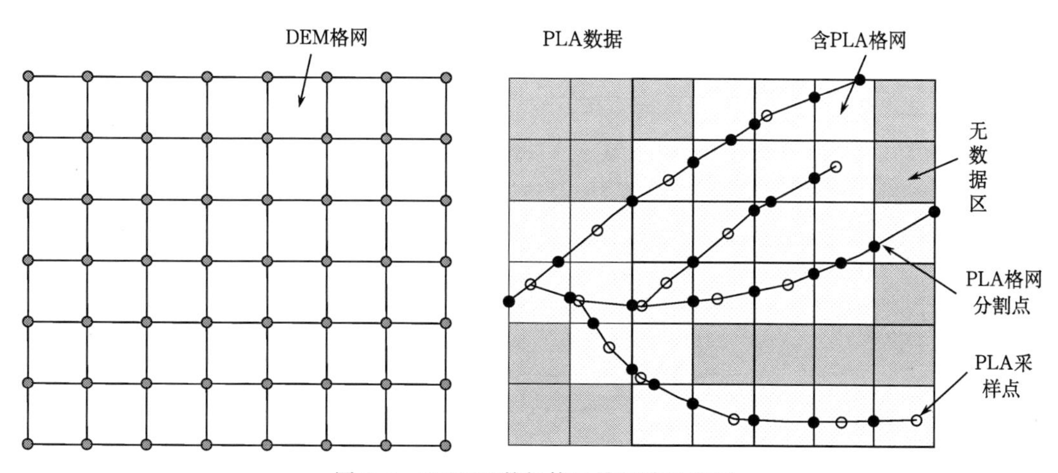

图 3.6 F-DEM 数据体二维矩阵示意图

图 3.7 是 F-DEM 和常规格网 DEM 地形模拟的三维对比图。“矢量化描述，栅格化组织”是 F-DEM 数据结构的典型特色。如果不含任何 PLA，F-DEM 就退化为常规格网 DEM，因此常规格网 DEM 可以看作是 F-DEM 的特例。F-DEM 不仅克服了常规格网 DEM 难以精确描述地形结构和突变地形的缺憾，而且充分维护了常规格网 DEM 地形描述与处理的简洁高效优势。

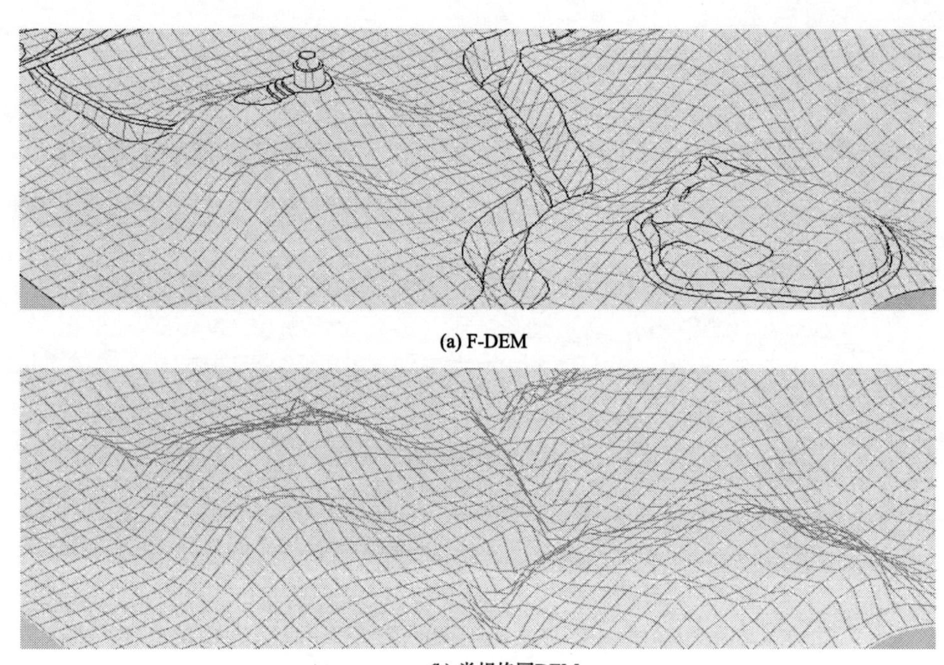

图 3.7　F-DEM 和常规格网 DEM 地形模拟的三维对比图

3.1.5　小结

地球是人类生存和活动的承载体。对地形的高保真模拟与表达是人类永不停止的追求。DEM 从早期的高程点集，走向高保真地形形态模拟，更加强调感观认知、心理认知和量测分析。从简单的工程应用，走向高保真数字地形模拟分析，从区域统计走向格网点解析分析，地形结构的高保真描述和局地形态的高保真模拟显得更为重要。F-DEM在格网 DEM 中嵌入特征地形信息，采用基于格网局地对象的数据组织技术，不仅维护了常规格网 DEM 数据结构的完整性，保证了数据分析与处理的高效性，而且克服了常规格网 DEM 在突变地形难以精细描述的局限性，实现了“全局高效，特征精细”的形态高保真 DEM 数据组织与管理，为实现地形的数字化高保真模拟开辟了新的途径，具有很好的应用前景。

3.2　格网 DEM 地形模拟的形态保真度研究

格网 DEM 由于数据结构简单，其生成、计算、分析、显示等方面不仅易于计算机处理，而且与遥感影像具有天然的相合性，因此获得最为广泛的应用，稳固的占据着 DEM 主流数据结构的地位，以至于一提到 DEM，人们往往认为就是 Grid DEM。从目前的发展趋势看，DEM 已经成为规则格网 DEM 的代称，虽然事实上二者并不一致。一些关键特征地形信息的缺失和伪特征地形的存在，给上述地区 DEM 的有效应用带来很大困难。DEM 地形形态模拟的失真问题的存在，不仅造成 DEM 无法满足用户对地形模拟保真性的要求，严重限制了 DEM 的深入发展和自身价值的充分发挥，而且给新一代 DEM 的建设和 DEM 产业化带来很大的困难和压力。探究失真的根源，对提升我国现有 DEM 的数据质量，充分发挥它们的潜在价值，对确立我国新一代高保真 DEM 建设技术方案及技术指标都具有非常重要的现实意义。

3.2.1 现有 DEM 地形模拟的失真现象

分析黄土高原和江南丘陵的国家 1∶10 000、1∶50 000、1∶250 000 和 1∶1 000 000 DEM数据，可以看出 DEM 地形模拟存在显著的区域性失真，集中表现在空间位置失真、地貌特征失真、空间关系失真、局地形态失真和多尺度表达失真。

(1) 空间位置失真

DEM 地形表达的空间位置精度包括平面位置精度和高程精度。国家 DEM 建设的相关标准明确规定了 DEM 高程及平面位置的精度，如 1∶50 000 DEM 高程中误差平地为 4m，丘陵地为 7m，山地为 11m，高山地为 19m。然而实际 DEM 的高程数值精度并不这么乐观。柯正谊等（1993）基于大量实验数据，提出所建 DEM“最大误差为均方根差的 4～8 倍”，指出“误差中含有明显的系统误差成分，探讨其原因是航测法建立 DEM 的重要课题之一”；胡鹏等（2007）对 1∶250 000 DEM 高程数据精度进行比较研究后得出，DEM 高程的最大误差均为国家规定的中误差的 4～9 倍多，这种现象不仅在普通高程点上存在，同样存在于三角点和水准点中。

实际上，DEM 格网点精度并不能准确反映 DEM 地形模拟的高程数值精度，对此，汤国安等（2001）提出 DEM 地形描述误差概念，指出即便 DEM 格网点高程误差等于零，由于 DEM 是地形的离散采样，DEM 地形表达不可避免地存在地形模拟误差(Et)，Et 同 DEM 分辨率与反映地形复杂度的因子平均剖面曲率成正相关。在现有的 DEM 中，非 DEM 格网点区域的 DEM 高程数值精度远远达不到国家规定的精度，而且误差呈现显著的空间结构性分布，这充分显示出 DEM 高程精度存在区域性差别和失真。在平面位置精度上，同一图幅内地面点的相对位置一般都具有较高的精度，但在多尺度 DEM 中，不同尺度层面的地面点存在偏差。例如，同一地区的 1∶50 000 和 1∶10 000 DEM数据，其空间参考基准都是国家西安 80 坐标系统，但在进行叠合分析时，会发现二者之间存在不同程度的系统性错位现象。

(2) 地貌特征失真

地貌特征指对地形总体地貌形态具有标识和控制意义的地形特征点、线和面。能否完整、准确地反映地貌特征，是 DEM 能否进行高保真地形分析或地学分析的决定性因素。此外，局部地貌特征（如局部陡坎、人工边坡等）对 DEM 在遥感影像纠正、遥感反演研究、军事、精细农业等领域的应用具有非常重要的意义。考察现有的 DEM 可以发现，地形特征失真现象普遍存在，主要的表现为地貌特征的缺失、地貌特征的变形、地貌特征的移位和伪地貌特征的产生。

地貌特征的缺失，如在同比例尺数字正射影像（Digital Orthophoto Map，DOM）中明显存在的地形变化线、平直面等，在DEM中很难识别；地貌特征的变形，地貌特征虽然存在于DEM中，但由于数据噪音的干扰，识别出来的地貌特征形态与实际并不相符；地貌特征的移位，由于DEM平面位置存在系统误差（定向误差、坐标基准误差），从多尺度DEM识别和提取的地貌特征存在不同程度的平面位置移位现象；伪地貌特征指从DEM识别和提取的地貌特征在实际地形中并不存在，不严密的地貌特征提取算法也会产生伪地貌特征，但导致伪地貌特征产生的根源是DEM地形模拟的形态保真度不理想，为此，人们不得不提出大量的各种各样的地貌特征识别与提取算法试图满足实际需求（李志林等，2003）。

(3) 空间关系失真

地形表面是一个严密的三维有序系统。地面点高程的高低变化造就了千姿百态的地形。对于一组确定的高程不同的地形采样点，改变它们的空间位置关系，就可以产生无穷尽的千姿百态的地形。然而，由于现有DEM精度评定中全然没有顾及地面点之间的空间关系，仅评价了它们的高程数值精度，导致DEM模拟地形出现许多地形空间关系的失真，主要体现在地形表面的点、线、面的高程序列关系（高程的大小次序及变化程度关系）的错误。导致伪特征地形的出现、地表水流动力、坡面姿态等失真，更严重的会造成地表局地的空间拓扑关系的失真，给DEM应用的准确性带来很大影响。例如，由于DEM模拟地形的局部地形高程序列关系的错误，在洪水淹没分析中，本应淹没的区域反而成为安全区域。

(4) 局地形态失真

局地形态指局部坡面的凸凹特征和坡面姿态（坡度和坡向）。局地形态的失真一般不会影响到DEM高程数值精度，但由于变更了实际地形的形态，会直接造成DEM数字地形解译分析错误。例如，在基于DEM的沟谷网络提取过程中，局地坡向是确定水流方向的主要依据，坡向的错误会造成水流累积计算的错误，造成沟谷网络空间分布的变异。现有1∶10 000、1∶50 000 DEM对丘陵、山区等一些具有明显坡度的地形的局部形态具有较好的描述，但在河漫滩、梯田、稻田等缓坡区域、平原微丘等区域地形坡向的描述存在显著的失真，坡面形态中存在明显的三角网痕迹。此外，现有DEM均没有给出明确的地形形态恢复模型，人们对DEM模拟地形的形态恢复大多凭主观经验。例如，在进行粗格网DEM到细格网DEM的重采样变换中，究竟该采用什么内插模型，人们非常迷茫，大多随意地选用GIS软件中提供的双线性内插模型或三次卷积内插模型。实际上，这两种内插模型均不能给出理想形态的模拟地形表面，本应连续光滑的模拟地形表面出现严重的“龙格”。

(5) 多尺度表达失真

不同尺度的DEM描述了不同层次的地形信息。多尺度DEM的基本特征是：①信息包容特征，精细尺度、高分辨率DEM自动覆盖粗略尺度、低分辨率DEM的地形信息；②等级嵌套特征，粗略尺度、低分辨率DEM的地貌结构、局地形态与精细尺度、高分辨率 DEM 的地貌结构、局地形态存在由总体到局部、由粗略到精细的等级嵌套关系。多尺度 DEM 在地貌特征研究、地学模型分析中的优势备受人们青睐。多尺度 DEM 的建设已经初具规模。通过等高线套合分析、多层面叠加分析、断面图对比分析等，可以很容易地发现，1∶10 000 和 1∶50 000 DEM 数据较好地保持了地形信息的等级嵌套性，而 1∶250 000 和 1∶1000 000 DEM 的地形信息的等级嵌套关系出现明显的混乱。

3.2.2 DEM 地形模拟失真的直接原因

造成现有 DEM 地形模拟失真的原因是多方面的。地形综合方法、原始采样数据质量（精度、密度及空间分布）、DEM 高程内插模型、DEM 格网大小等，都会带来各种各样的误差，导致 DEM 地形模拟的失真，但最主要的是以下三方面原因。

（1）格网 DEM 自身数据结构的局限

DEM 地形模拟的本质任务是准确地记录和再现地形信息。地形信息就是关于地面形态与起伏特征的知识。它表达的就是关于千差万别的地面形态特征与起伏变化所传递给人们的知识。地面形态的变化能够真正反映地面形态的本质特征，是地形信息的根源。地形形态的变化部位在空间的分布是多种多样的，很少出现严格的规则格网分布。DEM 是按严格的规则格网进行地形采样，这就直接导致对地形变化部位描述的非精确性，不仅造成削峰填谷、地形特征移位、变形等，而且随着 DEM 格网的增大会不可避免地产生地形模拟误差。

（2）特征地形信息采集的不完整

特征地形在地形形态模拟中具有重要的意义，这一点已普遍得到人们的认同。在现有的 DEM 构建中，多数都采集了特征地形（数字化地形图生产中，特征地形有一部分是依据等高线由作业软件自动生成），但是对形态属性的采集很不完整，如在切线方向，它们是折线还是圆弧线？垂面方向能否进行光滑处理？光滑处理的宽度和强度是多少？在地形图扫描矢量化作业模式中，它们准确的高程值是多少？等等。这些信息的不完整，造成后期高程内插时对特征地形信息处理的困难。在目前的 DEM 生产过程中，基本上都采用忽略形态属性差别的简单化、统一化处理模式，造成在 TIN 模型里具有较好保真性的特征地形，转到 DEM 时出现严重的失真问题。

（3）DEM 高程内插计算的不严密

直接内插法和基于 TIN 模型的间接构建法是当前构建 DEM 的主要方法。直接内插算法生成的 DEM 的精度和采样点的分布、密度直接相关，并且内插方法自身不具有自适应性，要求参与内插的采样点必须满足特定内插函数的前提假设。因此，直接内插法很难做到在不同地貌类型地区的精确拟合，也必然造成 DEM 地形模拟的失真。虽然也存在一些具有较好精度的直接内插法，如多面函数法、克里格（Kriging）内插等，但内插计算过程复杂，不便于进行误差传播分析，而且会产生难以预料的不确定性问题。基于TIN的间接构建法，模型直观简洁，可以提供稳定的DEM高程数值精度，因此我国DEM的生产大多采用基于TIN模型的间接构建法。但在具体应用中，平坦三角形的消除算法和高程光滑内插模型的不够严密，导致特征地形的形态保真度出现严重失真。

国家DEM生产技术规定，在DEM生产过程中必须消除不合理平坦三角形，但在相关的DEM生产技术规定中，没有看到对这一问题具体处理的技术规定。作者在一些生产单位调研到的处理技术是，首先依据平坦三角形定义，识别所有平坦三角形，然后依据等高线的拓扑关系和三角形拓扑关系，增加地形骨架点（线）。对于无法探测到相邻非平坦三角形的平坦三角形区域，在其适当位置增加高程与三角形顶点高程具有微小差异的特征点，以达到消除平坦三角形的目的。这种方法不仅消除了实际真实存在的平地，而且产生很多平面位置和高程都不严密和准确的骨架点（线），虽然不会影响到DEM的高程数值精度，但直接造成了这些区域的地形形态的失真。

TIN模型是用不交叉、不重叠的三角面来模拟地形表面，要完成TIN到DEM的转换，必须在TIN上进行高程插值。一般有两种方法，即基于三角面插值和基于光滑连续曲面插值。基于三角面的插值方法计算简单，但连续而不光滑。为提高DEM模拟地形曲面的质量，一般采用基于TIN的光滑连续插值。抛开光滑内插模型的实际精度不说，单在处理过程中，现有的光滑内插模型都没有考虑TIN边线的形态属性问题，对所有边都进行光滑处理，并且光滑处理的强度、宽度具有很大的主观性和随意性，造成一些特征地形形态的严重失真，尤其是硬棱边地形。

3.2.3 DEM地形模拟失真的根源

DEM质量概念与质量标准是DEM生产质量控制的依据，是确定生产技术与方法的根基。DEM质量内涵的不明确，以及精度评定方法和量化指标的不完善是造成DEM地形模拟失真的根源。质量是空间基础数据的生命。DEM质量问题一直是摄影测量界的重要研究议题，研究文献浩繁，却鲜有文献完整明确地阐述DEM质量的定义，常见的论述是DEM质量或精度指DEM地形模拟的准确程度（柯正谊等，1993；汤国安等，2001；胡鹏等，2007）。这样的论述没有概念上的错误，但实际上对DEM地形描述模拟的实体对象和精度分析的具体内容均没有给出明确的解释，从而造成DEM质量控制的失败和精度评定的混乱，导致DEM应用的困难与盲从。

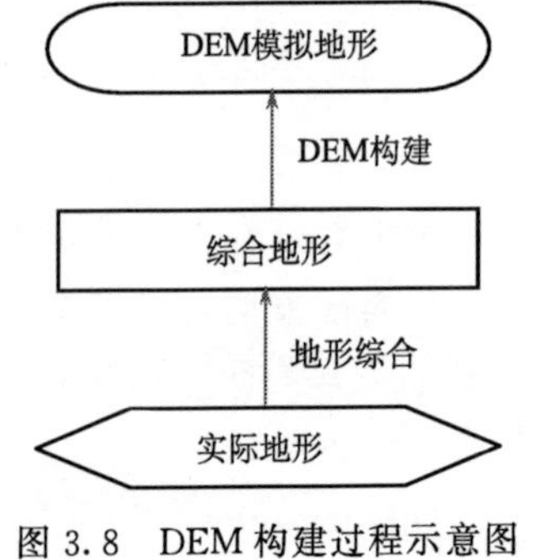

图3.8　DEM构建过程示意图

（1）DEM地形模拟的对象问题

图3.8是DEM构建过程示意图。显然，实际地形仅是DEM地形模拟的逻辑对象，综合地形才是DEM地形模拟的实体对象。不管综合地形是显式表达出来，还是隐含在数据采样中，地形综合是DEM地形模拟不可缺少的过程。地形形态具有显著的尺度依赖性，观测尺度不同，形态特征也不同，没有综合就不可能有地形的模拟表达。DEM地形模拟的核心任务就是如何客观准确地记录和恢

复综合地形。DEM模拟地形与综合地形之间存在DEM地形形态保真度问题，影响二者精度的主要因素是DEM格网属性，尤其格网大小的设置，以及DEM的建立方法。而综合地形与实际地形之间存在DEM地形模拟的尺度关系问题，影响二者精度的主要因素是DEM地形综合模型和地形复杂程度。DEM精度评定结果的差异，甚至矛盾结论的产生，一个关键原因就是混淆了DEM地形模拟的逻辑对象与实体对象。

地形综合的理论与方法一直是GIS基础理论研究的主要议题之一，研究文献浩繁，成果丰硕，但在基于DEM的三维地形综合上依然存在很多欠缺，还不能给出满意的地形综合结果，还不能形成完整实用的地形综合方案。人工综合能依据地形特征和应用需求确定综合准则，得到所期望的综合地形，但综合结果受作业员的知识状况和作业熟练程度的影响较大，而且综合过程难以用计算机自动完成。

Li和Openshaw（1993）提出了基于最小可视元的地形综合方法。该方法的理论基础主要是人的视觉原理。人肉眼视觉分辨率有一定的限制，存在一种最小可分辨单元，称为模糊圆。同样应用到地理对象中，忽略一定限度的空间变化细节，就可得到综合后的自然结果，这个限度称为最小可视元（Smallest Visible Object，SVO）。最小可视元不仅建立了DEM空间分辨率与格网大小的数学关系，同时也潜在地给出了DEM数据尺度的基本度量指标——最小可视元大小与DEM地形综合模式，是一个不错的地形综合策略，但在三维地形综合上，最小可视元的大小、最小可视元中心点高程值的计算、地形综合结果的精度评定方法与指标等需要进一步深入研究。

（2）精度评定的内容与量化指标问题

DEM精度通常定义为DEM地形表述的准确性。在实际分析中，地形模拟准确性的具体内容伴随DEM概念的演化而不断变化。早期，DEM主要应用在工程建设、三维可视化、简单地形因子提取等方面，高程精度是影响应用精度的主要因素，DEM精度的研究也主要集中在这一领域。目前，DEM高程数值精度的评定主要有以下三种途径。

1）基于测量误差分析理论的精度评定。该方法的基本观点是DEM数据误差由系统误差、随机误差和粗差3部分构成，在假定数据不含人为粗差和系统误差时，DEM数据误差由随机误差构成，满足统计学中的随机误差性质，可以基于有限的检查点用中误差（Root Mean Square Error，RMSE）来量化DEM数据的整体精度。RMSE的计算公式为

$$\mathrm{RMSE}=\sqrt{\frac{1}{n}\sum_{k}^{n}(R_k-Z_k)^2} \tag{3.2}$$

式中，Z_k为（$k=1, 2, 3, \cdots, n$）检查点的实际高程；R_k为检查点在DEM模拟地形中的高程。

RMSE方法简单，易于操作，很快成为DEM高程数值精度评定的主要方法。实际上，严格意义的DEM高程数据误差并不满足统计学中的随机误差性质，RMSE描述的精度与DEM实际精度存在较大差异（汤国安等，2001；周启鸣和刘学军，2006）。也有一些实验取得了理想的研究结果，这一方面是研究样区的特殊性，更主要的是Z_k取值的不同。

严格讲，DEM 高程数值精度指 DEM 模拟地形单点高程值的准确度，高程数值误差计算时，Z_k的值应该来自实际地形。现代空间数据获取技术能够保证 Z_k具有很高的数值采样精度，此时，地形综合程度是影响高程数值误差的主要因素。地形综合程度取决于地形复杂程度、DEM 尺度和地形综合模型，具有显著的空间相关性，直接造成 DEM 高程数值误差具有明显的空间相关性，在本质上已不属于随机误差范畴，不能简单地用 RMSE 来度量。

如果 Z_k的值来自综合地形，不引入系统误差是 DEM 生产方法的基本要求。因此，R_k与 Z_k的差值满足随机误差性质，RMSE 能够有效地量化 R_k精度，但此时的 RMSE 描述的是 DEM 模拟地形和综合地形之间的高程接近程度，并不是 DEM 高程数值精度，除非有确凿的分析证实 Z_k的值能有效代表实际地形的高程。

图 3.9 为 Z_k取值不同时，DEM 格网点高程数值误差图。原始地形是数学模拟地形，综合地形为基于原始地形采用最小可视元法获取的 1∶10 万地形，DEM 通过综合地形的 TIN 模型内插得到。显然，如果 Z_k是实际地形的高程值，R_k与 Z_k的差值主要取决于最小可视元内地形起伏变化的复杂程度，呈现出很强的空间结构性分布；如果 Z_k是综合地形的高程值，数值较小，虽然也表现出一定的空间结构性分布特征，这主要是 DEM 规则格网数据结构和 TIN 高程插值模型误差的影响。显然，明确 DEM 描述的对象，对于规避 DEM 精度评定的混乱具有重要意义。

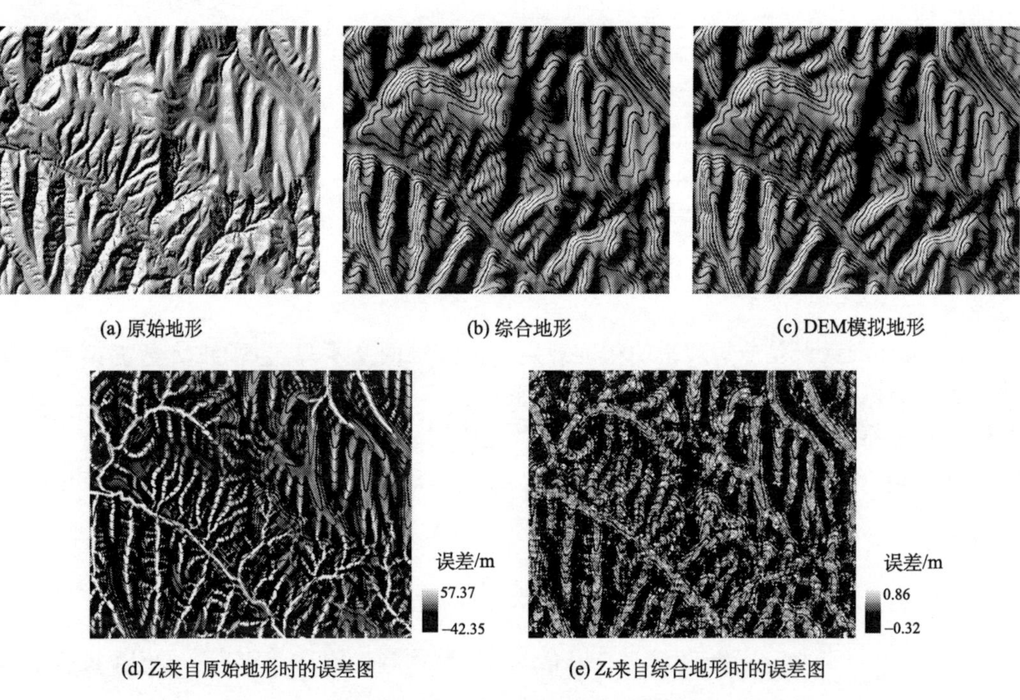

图 3.9　Z_k 取值不同时，DEM 格网点高程数值误差图

注：等高线等高距为 25m

2）基于数学逼近原理的量化分析。DEM 通过有效的高程采样数据，用数学函数或面片（简单曲面片或平面片）来逼近真实地形表面，是人们基于逼近函数构造出的对

地表的数字认识，在本质上属于数学逼近过程，其精度的评定也应该基于数学逼近原理。对此，汤国安等（2001）提出地形模拟误差的概念，胡鹏等（2007）提出用逼近误差的概念衡量 DEM 数据精度。数学逼近观点将 DEM 看作一个整体曲面加以考虑，而不是局限在独立采样点的层面，更加符合 DEM 地形模拟的本质，是对 DEM 精度评定理论的发展。但是，DEM 模拟地形逼近的对象虽然客观存在，但难以精确量化，虽然可以基于一定的假设进行构造，问题是构造本身也难以给出有效的精度分析结果。因此，基于数学逼近原理的 DEM 精度评定虽然概念上比较严密，但模型的实际应用还有待进一步的研究。

3）基于地形信息量的量化分析。DEM 是地形信息的载体，从 DEM 所蕴含的地形信息角度衡量 DEM 精度也是近年来比较常用的方法，这类量化模型通常结合了 DEM 的具体应用需求。汤国安等（2001）、汤国安和赵牡丹（2003）基于信息论观点，通过对比不同比例尺的 DEM 提取坡度、坡面曲率、平面曲率等地形参数信息容量的变化来反映和评价 DEM 数据的精度。李雄伟等（2006）以地形信息熵作为因子拟合地形参数的数学模型，在 DEM 的地形导航和航线规划领域提出 DEM 的精度要求。李丽和郝振纯（2003）通过对 DEM 提取水文信息不确定性的分析，提出水文模拟分析领域对 DEM 的精度要求。刘学军（2002）基于数据独立方法，分析研究了地形曲面参数计算对 DEM 精度的要求。总之，这类模型的分析结果不仅与应用需求有关，而且依赖于具体分析模型，分析结果的可比性较差。

总体上讲，DEM 精度研究取得了重要成果，许多研究也已应用于标准化的 DEM 生产和应用分析，极大地促进了 DEM 生产与应用的发展。当前研究主要存在两方面问题：一是研究内容不够完整，全然忽视了形态保真度问题，导致 DEM 地形模拟的实际精度并不理想；二是精度分析方法不严密，量化指标不完善，精度评定结果自身也难以给出准确的可信度说明。

3.2.4 DEM 地形形态保真度的基本概念

DEM 地形形态保真度指 DEM 模拟综合地形的形态准确性。由于参考基准的不同，高程数值精度与地形形态保真度是完全不同的概念。DEM 高程数值精度在一定程度上是 DEM 地形综合度的反映，地形形态保真度在地形信息层面对 DEM 模拟综合地形的精确程度做出评判。

地形是一个严密的三维有序系统，基本构成因素包括高程、地形特征及高程序列特征。高程是地形的基础，是地形模拟与应用的基石。特征地形（对地形形态模拟具有重要意义的点、线、面）是地形形态的骨架，决定了地形的类型、空间展布与发育状况，是地形模拟的核心和灵魂。地形的高程序列特征是指地面点的高低关系和凸凹特征，是连接高程点与地形结构，再现地形形态的桥梁，是地形模拟与应用分析的基础。

胡鹏等（2007）提出 DEM 高保真强调 DEM 对原有对象高程序列的维护，强调 DEM 模拟地形是否保持了由实际三维空间或原始三维数据所具有的在其相邻区域的无冲突的三维特征和高程逻辑。这一论述首次在形态层面构建了高保真 DEM 的基本概念，具有重要的实际意义。严格讲，这一定义还不够严密、完整和清晰。

首先，高程序列关系一致并不意味着地形形态相似。如图 3.10（a）所示，AB_1C 和 AB_2C 的高程序列关系完全一样，但形态特征截然不同。其次，如果用特征地形对坡面分区，只要坡面点高程与地形特征的高程不发生冲突，跨区坡面点高程序列改变并不会造成对 DEM 地形形态信息的曲解。在图 3.10（b）中，虽然点 C_2、D_2 与点 C_1、D_1 的高程序列关系倒置了，但并没有影响地形形态的描述与应用。此外，保真性量化分析的内容是什么？如何进行量化分析？这是问题的关键。

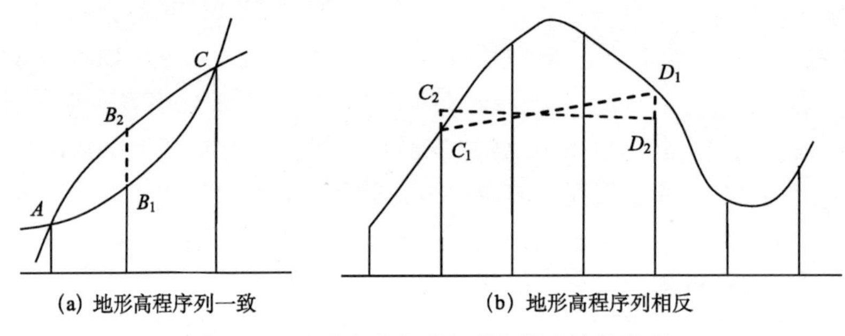

(a) 地形高程序列一致　　(b) 地形高程序列相反

图 3.10　地形高程序列与形态保真性的关系

更为重要的是，如果取 $P_1\{x_1, y_1, z_1\}$，$P_2\{x_2, y_2, z_2\}\in S$，$\bar{P}_1\{x_1, y_1, \bar{z}_1\}$，$\bar{P}_2\{x_2, y_2, \bar{z}_2\}\in\bar{S}$，其中，$S$ 为实际地形；$\bar{S}$ 为 DEM 模拟地形，由于地形综合的影响，不存在 $z_1\geqslant z_2$ 就必然有 $\bar{z}_1\geqslant\bar{z}_2$ 的理论基础。也就是说，在 DEM 地形表达中，由于地形综合的关系，DEM 内高程点的高程序列关系与实地地形的高程序列关系不存在必然的一致性关系。基于这一关系，高保真 DEM 应该包含以下两方面内容。

1）客观合理的地形综合。如果确定了地形模拟的尺度，综合地形必须能够客观、完整、稳定地描述实际地形的地形信息。

2）准确稳定的 DEM 地形模拟。也就是说，DEM 地形模拟不仅具有理想的精度(高程数值精度和地形形态保真度)，而且地形模拟结果与 DEM 格网的具体布设位置无关。

因此，顾及地形形态保真度的高保真 DEM 的基本标准应该是：是否完整、准确地记录和描述了地形的宏观地貌特征、局地位置与形态信息，是否有效维护了地形的三维有序系统，是否能正确、高效地恢复原始地形的三维形态。

国家空间数据基础设施中的 DEM 提供的是基础性地形数据，应该满足多数领域对地形形态保真度的要求。因此，在国家空间数据基础设施中高保真 DEM 的质量应该满足在同样分辨率的条件下，最大可能客观、稳定、精细、准确地记录和再现地形的宏观地貌特征、局地位置与形态信息。客观就是地形综合不针对单一应用领域。稳定就是地形形态的描述与 DEM 格网的具体布设位置无关。精细就是该分辨率理论上能准确描述的地形信息 DEM 应该都有所描述。准确就是地面点空间位置（平面与高程）及高程序列关系正确无误。

3.2.5 顾及地形形态保真的高保真DEM的构建

DEM从最初的地表高程值的简单描述，开始步入高保真数字地形模拟分析时代，单纯考虑高程数值精度的DEM生产技术已远远不能满足应用的需求，高保真DEM的建设日趋紧迫。实现高保真DEM的建设，必须重点解决以下三方面的问题。

（1）理论基础的完善问题

经过数十年的发展，DEM构建技术与应用技术的研究取得了重要的研究成果，但DEM地形数字化描述的基础理论问题的研究严重滞后于技术研究，集中体现在什么是DEM的尺度？如何有效表达？DEM尺度和地形自然尺度存在怎样的耦合关系？尺度条件下地形综合的客观准则是什么？综合地形曲面的数学特征是什么？DEM尺度转换中，地形属性的变化又是怎样的？等等。这些基础问题的悬而未决，直接导致DEM高程采样的困难与盲目，造成DEM地形模拟的不稳定（相同的地形，地形模拟结果依赖于DEM格网属性和构建方法），造成数字地形模拟分析结果的严重失真。深入彻底地解决DEM地形模拟的基础理论问题是构建高保真DEM的基础，否则高保真DEM的建设难以有实质性的进展。

（2）数据模型的优化问题

规则格网结构是当今DEM的主流数据结构，如何充分顾及规则格网DEM在地形表达、数据处理和地形模拟分析方面的优势，设计既满足全局高效，又能实现特征保真的新型DEM数据模型是高保真DEM构建必须解决的问题。格网DEM在地形精细表达上的局限性，在DEM应用初始，人们就已经注意到这一问题，提出并发展了多种数据模型，如Grid-TIN混合模型（Ebner，1984）、多级格网数据模型（龚健雅，1993）、三维空间数据模型（朱庆等，2006）、SCOP模型（Krause and Otepka，2005）等。新数据模型在模型设计层面上融入了许多先进的设计思想，由于部分关键技术的制约，都没有成为国家空间数据基础设施和GIS软件的标准化的DEM数据模型。

（3）构建方法的改进问题

对于稀疏采样数据，DEM构建的核心问题是高程的采样和内插计算。在地形采样中，应增加特征地形形态属性的采集并有效进入DEM高程内插计算。在DEM高程内插计算时，顾及特征地形后，采样点分布有时存在明显的方向性，此时，内插模型如何确定？如何定权？在基于TIN的高程内插中，当TIN内相邻三角形形状、大小存在较大差异时，如何修正内插结果的变异？在连续光滑地形曲面、三角形面积较大时，如何进行光滑曲面的高程内插？等等。这些问题虽然对DEM高程数值精度影响不大，但对地形形态保真度具有显著影响，应给予高度关注。

此外，近年来以航空技术、传感器技术、计算机技术为代表的对地观测技术得到了飞速发展，高分辨率遥感图像立体测量、合成孔径雷达干涉测量（Synthetic Aperture Radar Interferometry，InSAR）和激光雷达（Light Detection and Range，LiDAR）等一些先进的新的地形信息采集被陆续开发出来投入使用，并显示出良好的应用前景。这些新型现代空间数据获取技术可以方便地获得高精度的大比例尺（甚至接近1∶1）地形采样数据，以及大比例尺、高分辨率DEM的逐渐增多，为高精度、多尺度DEM的建立提供了强有力的数据支持。此时，基于TIN的间接构建法难以满足DEM建设需求，如何进行基于高精度致密采样数据的多尺度自动综合模型的研究就显得非常重要。可以预见，多尺度地形自动综合是今后DEM构建的主要模式。

高保真DEM的建设是一个严格的系统工程，需要在充分利用DEM生产与应用的成熟技术基础上，完善和发展适合高保真DEM构建的技术支撑体系，包括数据采集技术（高程信息采集、特征信息采集）、数据质量分析技术（粗差检测、数据质量分析、地形曲面特征分析）、格网点高程内插技术（特征地形区高程内插、非特征地形区高程内插）、信息共享技术（高保真DEM与现有DEM的数据转换与信息集成）、保真度分析技术（高程数值精度分析、地形形态保真度分析）、应用适宜性分析技术（地形综合度、误差精度分布、地形信息量、应用适宜范围与适宜条件）、地形表面高保真恢复技术等。高保真DEM的构建技术，必须要在全面顾及特征地形空间位置与属性的协同约束的基础上进行设计。

3.2.6 小结

DEM作为重要的国家基础地理数据，生产与应用开始步入高保真数字地形模拟分析时代，高保真DEM的建设日趋迫切。虽然经过数十年的发展，DEM基本特性的研究取得了重要的研究成果，但在高保真DEM的建设方面依然存在许多问题，集中表现在DEM数字地形模拟基础理论的不完善、数据模型的不健全和构建技术的不严密。这些问题已成为限制DEM深入发展和自身价值充分发挥的瓶颈，急需进行深入研究和重点突破。这些问题的突破，对地形的高保真数字化模拟具有重要贡献，其科学价值和应用价值都是极其显著的。

3.3 梯田DEM快速构建方法研究

3.3.1 引言

梯田指分布在丘陵、山区坡地上沿等高线方向修筑的条状台阶形田块（据《基本农田建设设计规范》，简称《设计规范》）。将坡地修成梯田改变了坡面的小地形，可以使地形坡度减缓，并缩短坡长，从而有效治理坡耕地水土流失，提高山区粮食产量。梯田已经成为在山丘地区具有经济效益与生态效益的土地资源。目前，国家在大力推进部分山丘地区的“坡改梯”工程，在梯田质量评价与稳定性（刘洪波等，2005；陈勇等，2007），梯田监测与建模方法（寇权等，2006；杨蕾等，2006），梯田在水土保持的作用（杨勤科等，2006；Cao et al.，2007）等方面，都取得了重要的研究成果。以上成果对于梯田的规划、修建与管理都起到了重要作用，并在国家有关部门的相关生产建设标准中得到应用。但是，在当前强化推进土地资源管理数字化、信息化的今天，对梯田的数字化表达还存在很大困难。

我国虽然已经完成了从1∶1万到1∶100万比例尺地形数据库的建设，同时基于DEM的地形表达效果也已有学者运用晕渲等多种方法进行了一系列的改进（王晓延和郭庆胜，2003；周毅等，2009）。然而，各类DEM均只反映连续光滑的自然地面，在地形分析与应用中无疑造成对地形描述的较大失真。如图3.11所示，所构建的DEM无法实现对梯田的描述与表达。因此，如何在现有大比例尺DEM数据的基础上，通过对数据的改造，构建出顾及梯田的DEM，不但是必要的，而且是迫切的。

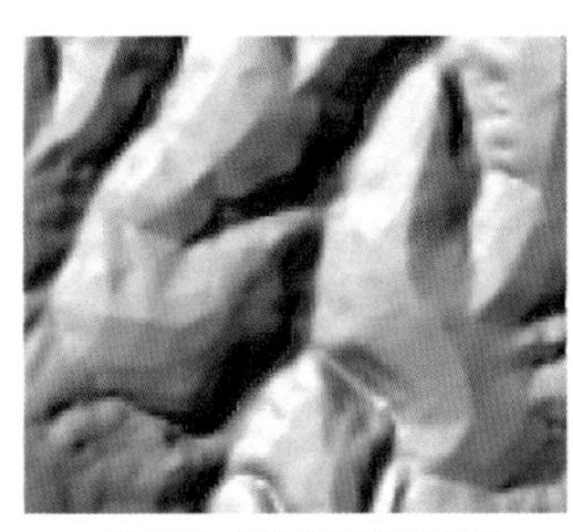

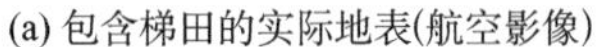

(a) 包含梯田的实际地表(航空影像)

(b) DEM表面(光照晕渲图)

图3.11　现实表面与DEM模拟表面对比

本节将充分顾及坡面梯田的存在，并能对其有效描述的数字高程模型称为梯田数字高程模型（简称梯田DEM）。

3.3.2　梯田地形的基本特性

梯田地表作为一种特殊的、经人工深度影响的地貌形态，具有表3.5所示的基本特性。梯田DEM的构建，需有效反映这些基本特性，并作为梯田DEM建模设计的准则。

表3.5　梯田地形基本特征及梯田DEM建模要求

特性	特征描述	建模要求
继承性	梯田地面虽然在很大程度上改变了实际地面的坡度与坡长，但是，任何梯田都是在原始坡面起伏变化的大格局下，在坡面的最表层，对地面微观形态进行的改造。梯田的出现，并没有改变原始地形的基本的起伏格局	改造原始DEM，在保证原始DEM能够有效提取地面起伏的基本格局的基础上，通过细化表达，获得包含梯田的DEM
规整性	首先，为有利于农业耕作生产活动的开展，梯田田坎一般是沿着水平方向延展；其次，在一定的土地利用类型单元地块内，梯田的各阶层田坎高度基本一致	用特征线表示梯田的田坎，用特征约束线的方法对梯田形态进行抽象重构
多样性	根据其纵剖面形态，可以分为水平梯田、坡式梯田、反坡梯田以及隔坡梯田。其中，水平梯田指梯田的田面水平；坡式梯田指田面依据原始地表坡度，由里向外具有一定角度倾斜；反坡梯田指田面由外向里具有一定角度倾斜	通过不同的方法，实现多种形态梯田模型构建
易变性	梯田会随着土地利用类型的变化而发生改变，其形态与分布随时间存在一定的不稳定性	建模需简便、易行，在必要的情况下，可以方便地进行修正、重构

3.3.3 梯田 DEM 建模方法

1. 梯田 DEM 构建流程

梯田 DEM 的构建技术流程如图 3.12 所示。

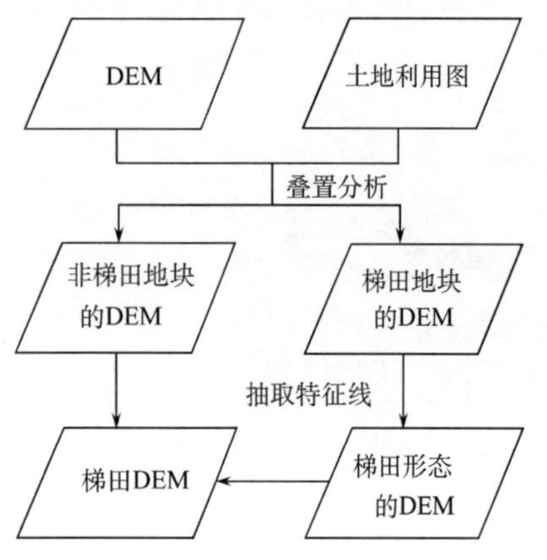

图 3.12 梯田 DEM 的构建技术流程图

根据土地利用图得到梯田范围并与 DEM 图层进行叠置，进而将所有的实际地面分为梯田与非梯田两类。

在非梯田地块保持原始 DEM 不变的前提下，重建梯田地块的 DEM。其中，约束线的提取与确定是建模的关键步骤，即采用所展布的梯田台阶边沿线（简称台沿线）为约束线，控制梯田地块 DEM 的构建。

将梯田区域 DEM 与非梯田区域 DEM 进行有效整合，获得能够实现自然坡面与人工坡面一体化表达的梯田 DEM。

2. 梯田 DEM 建模方法

根据梯田模型构建的复杂程度，针对约束线的提取方法差异，本节提出参数构建法和简易构建法两种方法。

（1）*参数构建法*

依据“设计规范”，梯田修筑参数主要包括田坎外侧坡度、田坎高度、田面坡度、田面宽度等。如图 3.13 所示，α 为田坎外侧坡度，β 为田面坡度，H 为田坎高度，L 为田面宽度。利用所给定的梯田参数，恢复梯田形态，确定其约束线的位置与高程，进行梯田 DEM 构建。

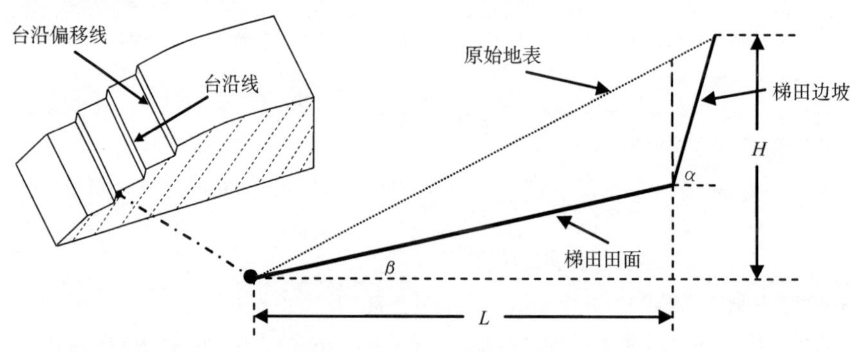

图 3.13 梯田台阶剖面示意图

假设最低的田坎高程为 E；约束线提取具体计算方法如下。

1）台沿线约束线提取：采用 DEM 自动提取等高线方法，以 E 为初始高程，H 为等高距，在梯田范围进行台沿线约束线提取。

2）台沿线偏移约束线提取：h 为偏移约束线的原始高程。根据式（3.3）：

$$\frac{L}{L + H \cdot \mathrm{ctg}\alpha - L \cdot \tan\beta \cdot \mathrm{ctg}\alpha} = \frac{h}{H} \tag{3.3}$$

于是，得

$$h = \frac{L \cdot H}{L + H \cdot \mathrm{ctg}\alpha - L \cdot \tan\beta \cdot \mathrm{ctg}\alpha} \tag{3.4}$$

以（$E+h$）为初始高程，H 为等高距，在梯田范围进行台沿线偏移约束线提取。

3）修正台沿线偏移约束线高程。Δh 为高程修正值：

$$\Delta h = h - L \cdot \tan\beta \tag{3.5}$$

将台沿线偏移约束线高程降低 Δh。其中：当 $\beta=0$ 时，梯田类型为水平梯田；当 $\beta>0$时，梯田类型为坡式梯田；$\beta<0$ 时，梯田类型为反坡梯田。

4）以其高程为内插属性，依据两组约束线构建 TIN，并转化为格网 DEM，生成梯田地块的 DEM。

（2）简易构建法

在某些区域，由于在土地利用图上获得梯田参数往往有一定的难度，在一些区域无法获取全面的参数值，难以运用参数构建法实现梯田模型的构建。在此，可通过估算梯田田坎高，直接构建梯田模型。该方法简单，便于快速实现，具体方法如下。

1）台沿线约束线提取：采用 DEM 自动提取等高线方法，以 E 为起始高程，H 为等高距进行等高线自动提取，获得梯田区域的台沿线约束线。

2）台沿线偏移约束线提取：以（$E+h$）为起始高程（h 为高程偏移值，且 $h<H$），H 为等高距，再次进行等高线自动提取。

3）对该提取结果等高线的高程进行修正，将其所有等高线高程降低修正值 Δh。其中，当高程修正值 $\Delta h=h$ 时，则构建的梯田类型为水平梯田；当 $\Delta h>h$ 时，则构建出反坡梯田；当 $\Delta h<h$ 时，则构建出坡式梯田模型。

4）以其高程为内插属性，对两种约束线构建 TIN，并转化为格网 DEM，生成梯田地块的 DEM。

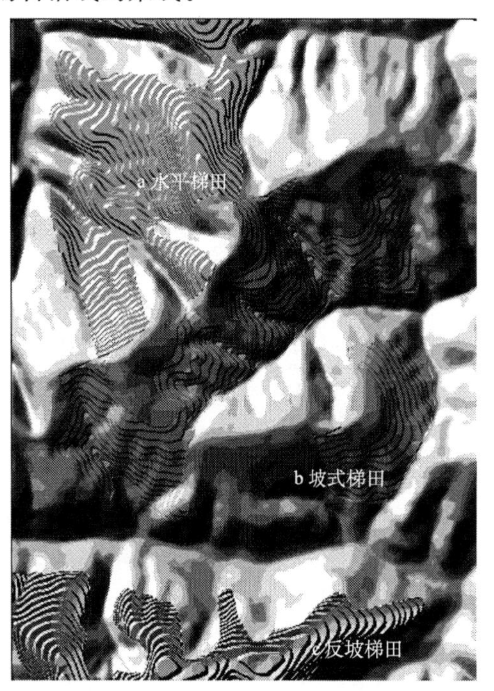

图 3.14　梯田光照晕渲图

3. 梯田建模的可视化分析

将原始 DEM 与梯田 DEM 进行叠置分析，获得既能表达原始自然地形，又能表达梯田这一人工地形的 DEM。对比三类梯田的光照模拟图，进行可视化分析，可以较为清晰地分辨各类梯田的形态特征，图3.14为陕北黄土高原实验样区的梯田DEM。

在参数构建法构建梯田DEM时，由于参数可以更精准地明确梯田的形态，在构建中可以较为真实地反映梯田的层次结构，在工程建设如水土保持建设土方量计算等方面，可以得到较好应用。简易梯田模型构建方法能够快速对所选定的区域进行梯田建模，也可以在梯田规划与管理中得到很好应用，但相比参数梯田模型构建方法，其精度略显不足。在实际的梯田建设中，梯田未必完全按照等高线方向进行修筑，而是会根据地形地势以及地质条件等不同，进行适当的修正。如果具有梯田的约束线数据，构建中可根据已有的专题线划矢量数据，选取梯田部分的约束线，将其转化为3D-Line，即线段中每个节点都有一个高程属性，对其构建TIN并转化为格网DEM。对于梯田区域与非梯田区域的DEM进行叠置分析，完成梯田模型的构建。

3.3.4 小结

梯田地形是典型的自然＋人工复合的地貌形态，梯田DEM的有效构建，有望作为一种解决自然、人工复合地貌条件下DEM构建的成功探索，对完善GIS数字地形分析的科学与方法体系，对于多梯田地区的生产建设规划与管理都具有十分重要的意义。

本节方法所重构的梯田DEM克服了原有DEM无法表达梯田的问题，构建结果可较为准确且直观地反映梯田地形的特征，提高DEM对微观地形的表达能力。

今后需进一步加强在多种复杂地形条件下梯田模型的构建实验，特别须提出梯田DEM地形分析的模式与方法，推进其应用技术的完善与拓展。

3.4 DEM点位地形信息强度及量化模型研究

3.4.1 引言

DEM通过规则采样所构建的地面高程数字矩阵，实现对地表起伏特征的定量模拟，并为基于GIS的数字地形分析提供了基础数据源。但是，在一个全矩阵的DEM数据阵列中，不同数据点位对局部乃至整体地形描述的重要性具有显著差异。例如，柯正谊等（1993）根据地面点在地形建模中的作用将其定性地划分为明显地貌特征点、一般地貌特征点与非地貌特征点；胡鹏等（2007）提出实现DEM保真主要在于保持地形结构线与高程特征点。从信息论的视角澄清这种差异性的成因、影响因素、存在条件与基本特征，并实现对其科学的定量表达，具有重要的理论意义与应用价值。

DEM点位在地形数字化表达中的重要性程度的判别，是DEM地形综合算法抽取一定数量“关键点”重构不同尺度层次DEM的基础。其中，基于局部邻域的地形简化方法有重要点法（Chen and Guevara，1987）、高程差法、点面距法、空间夹角法（蔡先华和郑天栋，2003）、信息量法（Weber，1982）、容忍度法（Chang，2004）、地形熵法（马洪波等，2000；明德烈等，2002）、小波变换法（吴凡和祝国瑞，2001；李含璞，2006）、分形法（王桥和胡毓钜，1995；胡育彬，2008）等，这类方法主要依据局域地形形态变化特点对地面点进行取舍，具有对小范围的地形变化比较敏感的特点，许多位于地形骨架线上的地形特征点，由于局部地形变化幅度不大而被忽略掉，因此，地形简化结果缺乏全局精度控制，结果易出现山峰削平、沟谷抬升的现象，造成整体地貌骨架一定程度的失真；顾及地形全局地形结构的 DEM 地形简化算法，通过提取地形结构线（黄培之，2001；崔铁军，2002；杨族桥等，2005）或者不同层次地形特征要素点（Fowler et al.，1979；De Floriani et al.，1985；Fei and He，2009；费立凡等，2006），从而决定地面点取舍和综合程度，实现了地形简化所遵循的“取主舍次”原则，能够较好地保持地形结构特征，但对地形特征要素层次性缺乏进一步有效量化区分，往往难以确定地形特征点与重构目标尺度的 DEM 间的对应关系。

由此可见，国内外学者提出了多种有效的 DEM 点位重要性判别规则，但同时也反映出对 DEM 点位重要性缺乏系统性认识和理解，并且在总体上表现为重形态轻语义、重局部轻全局的特点；此外，由于 DEM 多尺度建模过程中采样点取舍规则与方案多种多样，使得 DEM 地形建模结果差异明显但可比性差。因此，对 DEM 点位在数字化表达中的重要性程度进行系统研究，对提高多尺度 DEM 地形建模的效果与效率，继而提高 DEM 应用的可靠性与适用性都具有极其重要的意义。

3.4.2 DEM 地形信息强度概念的提出

DEM 点位在地形数字化表达中的重要性程度，不仅仅与其所在的局域地形变化形式有关，同时与其所在地形部位相联系，同样是局部地形起伏度较小的坡面点和平缓山脊点，在地形综合时前者适宜于忽略而后者适宜于保留；进一步而言，所在地形部位类型相同的地形特征点，往往对应于不同的地形层次，如主沟和支沟上的沟谷点，在重构 DEM 中的重要性也明显不同。因此，有必要对 DEM 点位在地形数字化表达中的重要性分类型分层次进行系统研究。

信息论将客观事物信息特征区分为语法（外在形式）、语义（内在含义）和语用（效用价值）等层次上进行研究（钟义信，2002），为综合描述客观事物复杂性和重要性提供了新思路（Bjoke and Myklebust，2001；余英林等，2001；Li，2007；王昭和费立凡，2007）。相应地，DEM 是对地表形态的模拟再现，它记录并表达了地表形态与地形结构等丰富的地形信息。针对 DEM 点位表达的地形信息，也可区分为由局部高程变化形式确定的语法层次、考虑所在地形部位类型和地形层次结构性的语义层次、地形特征相对于某一用户或特定应用目的（如对光照、水流等的影响）的语用层次（具有主观性，难以有效量化）。

通过度量目标对象不同层次的信息特征来表征其重要性程度，已经在空间信息学相关领域获得了广泛应用（Li et al.，2002；Wu et al.，2004；王郑耀等，2005；邓敏等，2009；肖强等，2010），同时为 DEM 点位在地形表达中的重要性研究提供了很好的理论支持和方法借鉴。DEM 点位在地形数字化表达中的重要性程度，则可以通过其所负载的不同层次地形信息量来进行描述。同时考虑到格网 DEM 的数据结构特征——场模型，即用结构化的栅格单元模拟地形起伏，借鉴“强度”这一表示空间场中点位物理量强弱程度的常用术语，本节提出了 DEM 地形信息强度（Terrain Significance

Information，TSI）的概念。即 DEM 地形信息强度是 DEM 点位所负载的地形信息量大小，它表征了 DEM 点位在地形数字化表达中的重要性程度。

3.4.3 DEM 地形信息强度量化方案

本节基于信息学理论中语法信息和语义信息层次分析法，同时结合宏观地形结构和局部地形形态二元组合分析法，在建立语法地形信息量和语义地形信息量测度方法的基础上，构建 DEM 点位地形信息强度综合量化方案（图 3.15）；地形信息量的计量单位采用信息量统一单位比特（bit）。

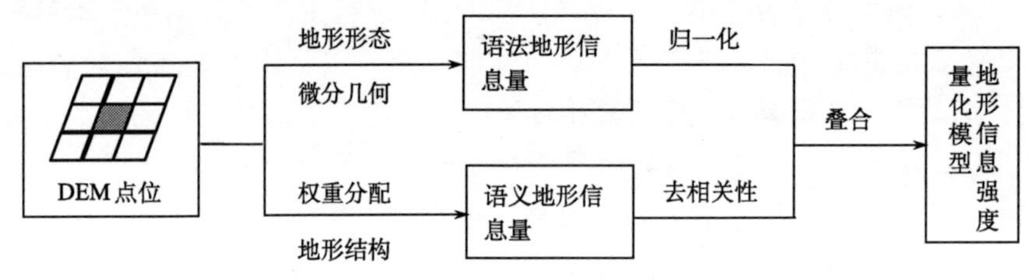

图 3.15 DEM 地形信息强度量化方法

(1) 语法地形信息量测度方法

根据信息学理论，将 DEM 语法地形信息界定为 DEM 所表达的地形形态变化方式的外在形式；针对 DEM 点位而言，其语法地形信息则是其在局域范围内地形变化特征的反映。其中，局域范围的确定则是对 DEM 点位语法信息量进行测度的基础。考虑到格网 DEM 数据结构特点，DEM 点位对地形特征的描述主要是通过与邻域栅格点位高程变化表达出来的，因此，本节暂且将 DEM 点位局部邻域内地形变化形式作为求解其语法地形信息量的主要依据；至于语法地形信息量测度结果与对地形描述尺度的依赖关系，还需在后续研究中进一步探讨。

根据用户对地形的认知方式和认知规律，空间上地形形态的变化是通过光谱颜色改变呈现出来的。由于颜色可以分为亮度和色度，而 DEM 只能提供地形表面间的亮度相对变化特征，这种亮度变化幅度则可以通过局部地形表面间的相对几何关系来表达（Marr，1982）。按照微分几何原理，局部地形曲面相对几何关系则可以通过其切平面夹角大小去刻画，并可进一步转换为其切平面法向夹角来度量（图 3.16）。

两法向量 $\boldsymbol{n}_a$ 和 $\boldsymbol{n}_b$ 夹角 θ 计算公式为

$$\theta=\arccos\left(\frac{\boldsymbol{n}_a\cdot\boldsymbol{n}_b}{|\boldsymbol{n}_a||\boldsymbol{n}_b|}\right)=\arccos\left(\frac{x_a x_b+y_a y_b+z_a z_b}{\sqrt{x_a^2+y_a^2+z_a^2}\sqrt{x_b^2+y_b^2+z_b^2}}\right)\quad 0\leqslant\theta\leqslant\pi \tag{3.6}$$

式中，x_a、y_a、z_a 和 x_b、y_b、z_b 分别为法向量 $\boldsymbol{n}_a$ 和 $\boldsymbol{n}_b$ 的法向量坐标分量。

针对栅格 DEM 数据组织形式，在求取中心目标栅格单元与周围 8 邻域栅格单元法向量夹角均值并加 1 的基础上，通过求以 2 为底的对数求算目标栅格单元所负载的语法地形信息量，即有

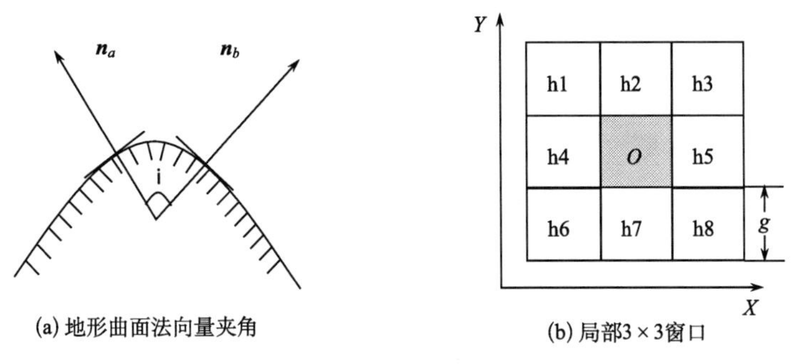

图 3.16　语法地形信息量计算方法示意图

$$\mathrm{TSI}_{\mathrm{syntax}} = \log_2\left(1 + \sum_{i=1}^{8}\theta_i/8\right) \tag{3.7}$$

式中，θ_i 为中心目标栅格单元与相邻某个栅格单元法向量的夹角。

(2) 语义地形信息量测度方案

DEM 语义地形信息是 DEM 所表达地形特征的内在含义；DEM 点位语义信息量的大小是由其所属地形特征要素类型及其重要性程度决定的。地形特征要素可以区分为地形特征点、地形特征线和地形特征面 3 个要素类型；地形面虽然是地形构成单元，但它是地形突变线在空间上对地形剖分的结果。因此，对地形形态与结构具有控制作用的地形线和地形点则是地形的骨架，决定了地形地貌的几何形态和基本走势。所以，对地形特征点线在地形数字化表达中的重要性的确定是语义地形信息量测度的关键。考虑到本节的研究对象是 DEM 点位，并且地形特征线是由地形特征点构成，所以本节在先确定地形特征线语义信息量的基础上，再对地形特征线上的 DEM 点位进行语义信息量赋值。

对于 DEM 点位，其语义信息量则是所属地形特征点线类型及其重要性程度的函数。因此，在确定不同类型地形特征点线语义信息量时应主要考虑：①每种类型地形特征点线都具有自身语义信息量；②空间上不重合的不同类型地形特征点线语义信息量相对独立；③空间位置上重合的不同类型地形特征点（如山顶点和脊线点）语义信息量，则根据其地貌学特征及相互关系进一步确定；④同一类型的地形特征点线则根据其等级层次性特征赋予不同的语义信息量权值。

(3) 地形信息强度综合量化方案

针对 DEM 点位，在确立了语法地形信息量和语义地形信息量测度方法的基础上，则可以通过设置合理的叠加方案，构建地形信息强度综合测度模型，从而全面反映其在 DEM 地形数字化表达中的重要性程度。其中，需要解决的关键问题则是明确语法地形信息与语义地形信息的重要性层次关系。根据认识论层次模型，语法层次地形信息是最低的层次，语义层次地形信息属于第二层次，随着信息层次的增加，其重要性程度也不断升高；从 DEM 地形表达而言，这一点也是相对明显的，地形特征点线决定了地形骨架特征，并且地形特征点线等级层次越高，其对地形的控制作用也越来越重要。因此，构建

DEM点位地形信息强度综合量化模型时，首先对语法地形信息量指数进行归一化处理；再与大于1的语义地形信息量值进行叠加（非地形特征点语义地形信息量为0），从而实现DEM点位在地形数字化表达中的重要性程度的有效描述和区分，具体量化方案如下。

1）在应用式（3.6）和式（3.7）求解DEM点位语法地形信息量的基础上，按式（3.8）对语法地形信息量指数进行归一化处理。

$$TSI'_{syntax}=(TSI_{syntax}-TSI_{min})/(TSI_{max}-TSI_{min}) \tag{3.8}$$

式中，TSI_{syntax}和TSI'_{syntax}分别为栅格单元标准化前后的语法地形信息量指数值；TSI_{max}和TSI_{min}分别为研究区域内最大和最小的语法地形信息量指数值；归一化后的DEM点位语法地形信息量取值为0～1bit。由于语法地形信息量指数主要反映了DEM点位在局域地形形态描述中的重要性大小，在地形综合过程中需要保留部分地形描述细节时，则可以通过提取对应地形信息强度值小于1bit的DEM点位重构相应尺度的DEM。

2）对DEM点位，如果为非地形特征要素点，则确定语义地形信息量值为0；如果为地形特征要素点，则根据其所属地形特征要素类型及其等级层次关系赋予1以上的信息量权值，如沟谷点语义地形信息量分别赋值为其等级数值。通过给语义信息量指数设定较高的数值，从而有效突出DEM点位在维持地形骨架中的作用大小，进而在地形综合过程中，使得地形特征点能够得到优先保留，并且可以通过提取不同层次或级别的地形特征点线，重构不同尺度的目标DEM。

3）在前两步的基础上，对每个DEM点位进行语法信息量值和语义信息量值的叠加，获得其地形信息强度指数值。

3.4.4 DEM地形信息强度提取

本节以黄土丘陵沟壑区为例讨论TSI指数的求解方案和提取过程。本节选定的实验区为陕北黄土高原绥德县韭园沟流域，总面积约70km^2，海拔830～1200m，为典型黄土丘陵沟壑地貌类型。基本实验数据采用国家测绘部门生产的1∶10 000（5m分辨率）DEM。

局部语法地形信息量计算方法明确，提取过程相对简单，这里重点对语法信息量提取结果进行对比分析。由于不同类型和不同层次的地形特征点语义信息量具有差异，因此地形信息强度指数的求解重点则是DEM点位语义地形信息量的确定，并且地形特征点线提取及其等级层次性判定则是语义地形信息量计算的关键。目前，不同类型高精度DEM数据源的建立以及不断完善的地形特征要素提取技术，为DEM特征点线语义地形信息量的确定奠定了很好的数据保证和方法支持。与此同时，尽管地形特征要素含义比较明确，但在确定其边界条件时往往难以用数学表达式表达，具有较大的模糊性，并且在提取过程中受算法和阈值影响，使得基于DEM数据源提取地形特征要素及其等级划分存在模糊性（刘学军等，2007），造成DEM点位语义地形信息量的提取具有较大的不确定性。

（1）语法地形信息量提取结果与分析

在采用数值微分算法求解地表微分单元法向量坐标参数的基础上，应用式（3.6）

和式（3.7）实现 DEM 点位语法地形信息量指数的计算，并根据式（3.8）对语法地形信息量指数进行了归一化处理，图 3.17 是采用不同颜色对语法地形信息量指数进行表达的结果。从图中可以看出，局部地形信息指数高值区主要位于两边相对陡峭的 V 形沟谷区，较高值出现在地形起伏变化幅度较大的脊线区、宽谷坡脚区以及坡面转折处，而占主体的斜坡面和沟谷面上的地形点值都相对较低。

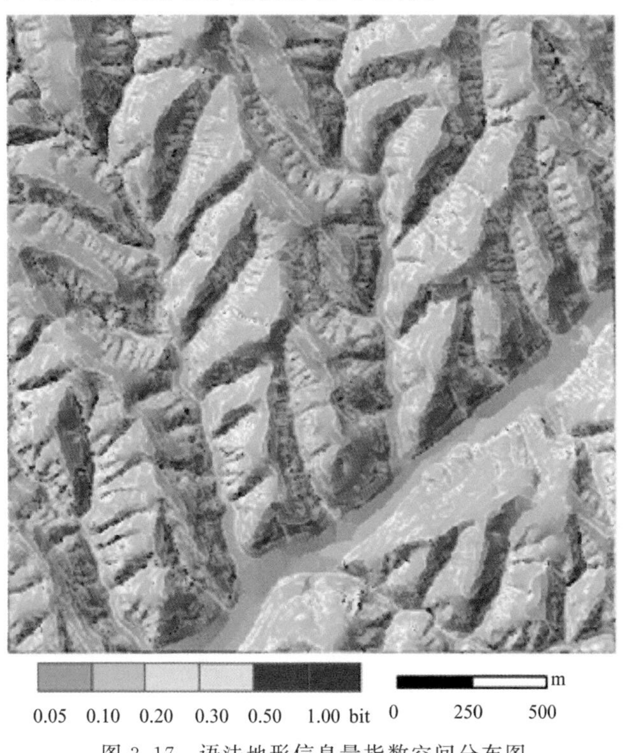

图 3.17　语法地形信息量指数空间分布图

为反映语法地形信息量指数描述地形形态变化的特点，本节将其与常用的地形形态描述参数作进一步对比分析。在描述地形形态特征的地形因子中，地形表面曲率是一种常用的地形参数。现有的曲率因子多达十几种，都是从某个特定方向刻画局部地形表面凹凸弯曲程度，结果使得特定方向上的地形形态变化信息得到了放大，而其他方向上的变化则被忽略。其中，如剖面曲率（Profile Curvature）和平面曲率（Plane Curvature）分别从水平和垂直方向来描述地形形态变化规律（图 3.18）。图 3.19 给出了一个从坡面顶部沿坡面倾斜方面到坡面底部不同地形部位处语法地形信息指数与剖面曲率和平面曲率对比结果（点位 1 到 25 为坡顶部到坡底部的空间顺序），为了便于比较，上述参数都做了归一化处理。从图 3.19可以看出，在山脊线部位（左 1 点）具有较高的平面曲率而剖面曲率值较低，在坡脚线位置（右 2 点）具有较高的剖面曲率而平面曲率值较低，第 5 点具有类似坡脚线点处的平面曲率与剖面曲率特征，此处为黄土高原地貌类型区坡形变化非常显著的沟沿线部位。在以上 3 个重要的地形特征点处，语法地形信息量指数都具有相对高的数值。此外，在坡面的其他位置处，3 种参数值都相对较低；上述分析结果表明，语法地形信息量指数的几何含义能够反映局域范围内地形表面的整体弯

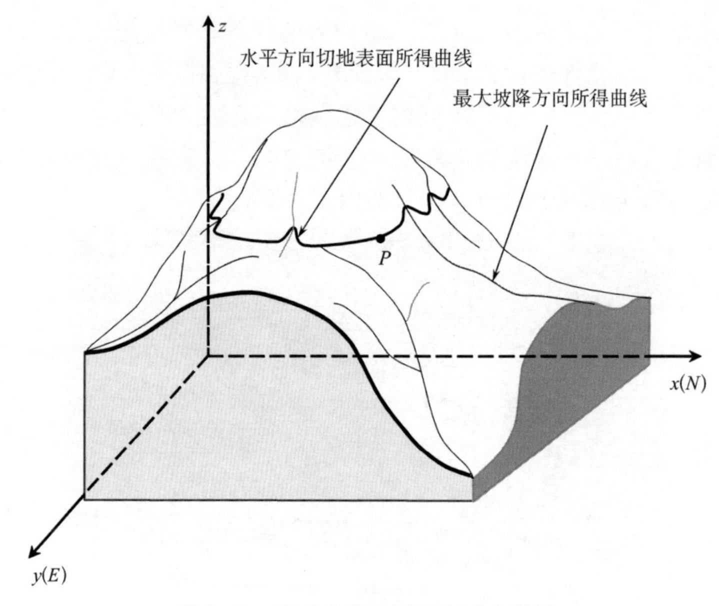

图 3.18　剖面曲率与平面曲率示意图

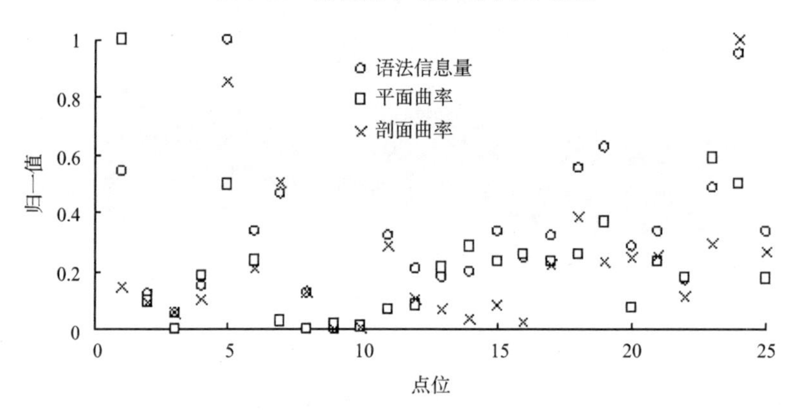

图 3.19　语法信息量指数与曲率因子对比图

曲程度，在物理含义上能够表征在局域范围内人眼获得的地形信息量多少。

目前许多地形简化算法，如重要点（Very Important Points，VIP）法、点面距法、夹角法等，对 DEM 点位重要性的评价也主要根据目标点位在局部邻域地形形态描述中的作用大小进行判别。图 3.20 是 VIP 法计算中心目标点位重要度的原理示意图，即在中心目标点 O 的邻域 3×3 窗口中，连接成 4 组相对方向的直线（AE、BF、GC 和 HD），计算中心点到每组直线的垂直距离 d，然后利用 4 个垂直距离的均值大小对点 O 的重要性进行测度。图 3.21 给出了对应上述 25 个地形部位处语法地形信息指数与 VIP 重要度指数的对比结果，为了便于比较，同样对两个指数进行了归一化处理。从

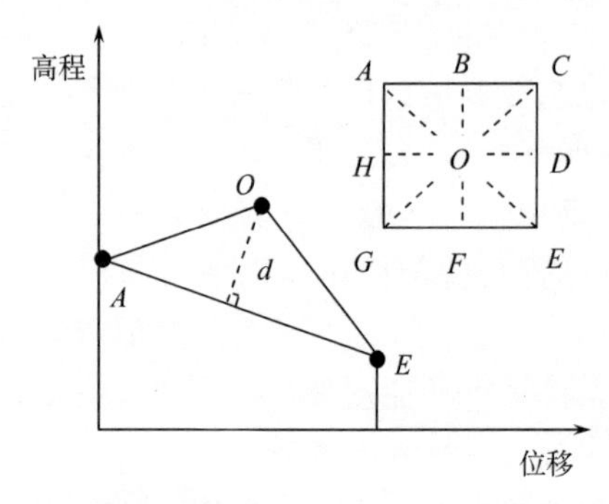

图 3.20　VIP 计算方法示意图

图 3.21中可以看出，不同点位处语法信息量指数与 VIP 重要度指数数值大小总体一致性程度高，但部分点位上数值具有一定差异，这主要是二者在算法原理上的不同导致。通过对比发现，语法信息量指数不仅具有几何和物理意义明确的特点，同时能够有效刻画 DEM 点位在局部地形形态描述中的作用大小。

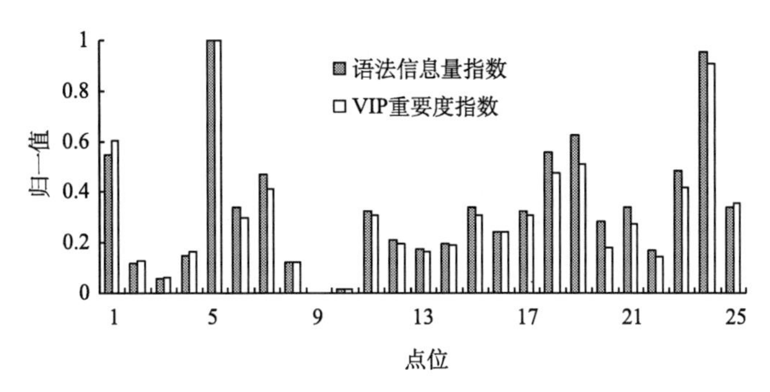

图 3.21　语法信息量指数与 VIP 重要度指数对比图

（2）语义地形信息量确定方案及提取

不同地貌类型区具有不同的地形特征要素类型，从而 DEM 点位语义地形信息量确定方案和提取流程存在一定差异。因此，需要针对特定地貌类型的研究区域，在分析其地形结构组成要素类型、层次结构特征及其相互间依赖约束关系的基础上，通过地形特征点分类提取、分级编码以及语义信息量赋权值，实现 DEM 点位语义信息量的提取。本节的黄土丘陵沟壑实验区，不仅包括丘陵山区的脊线点、沟谷点、山顶点、鞍部点、脊线结点、径流结点等基本类型的地形特征点，同时坡脚点分布于宽广沟谷区坡面下部边缘，另外还具有黄土丘陵沟壑区特有的沟沿线点；这些不同类型的地形特征点共同构成了该区域的地形骨架。表 3.6 是该实验区采用的语义地形信息量确定方案及提取结果。

表 3.6　实验区地形特征要素语义信息量提取

（1）脊线点	语义信息量提取结果	（2）沟谷点	语义信息量提取结果
特征描述：由鞍部点沿着最陡坡度上行到山顶点的轨迹线点		特征描述：由鞍部点沿着最陡坡度下行至洼地点的轨迹线点	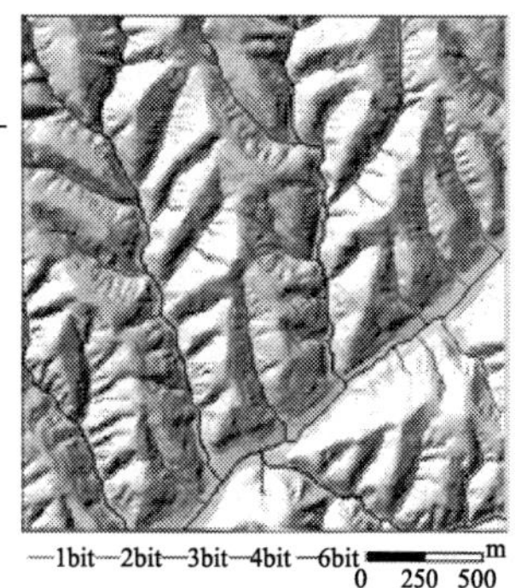
语义信息量确定方案：应用 Horton（1945）方案对山脊线进行分级的基础上，位于等级为 1 的山脊线上的点位语义信息量设为 1，然后山脊等级每增加 1，其语义信息量值同时增加 1		语义信息量确定方案：应用 Horton 方案对沟谷线进行分级的基础上，位于等级为 1 的沟谷线上的点位语义信息量设为 1，然后沟谷等级每增加 1，其语义信息量值同时增加 1	

续表

(3) 山顶点	语义信息量提取结果	(4) 鞍部点	语义信息量提取结果
特征描述：在局部区域内海拔高度的极大值点 语义信息量确定方案：考虑到山顶点与山脊线间的位置重合关系，在其所属的脊线点语义信息量值基础上加1；至于同一条脊线上的山顶点语义信息量值差异，在未来研究中可以作进一步区分		特征描述：位于成正交的凸凹线的交点处 语义信息量确定方案：考虑到鞍部点与山脊线间的位置重合关系，在其所属的脊线点语义信息量值基础上加1；至于同一条脊线上的鞍部点语义信息量值差异，在未来研究中可以作进一步区分	
(5) 沟沿线点	语义信息量提取结果	(6) 坡脚点	语义信息量提取结果
特征描述：黄土丘陵沟壑区上部沟坡地和下部沟间地的分界线点 语义信息量确定方案：目前关于沟沿线数量化分级的研究尚没有正式报道，本节在应用数学形态学方法提取沟沿线的基础上，将所有沟沿线点语义信息量值均设为1	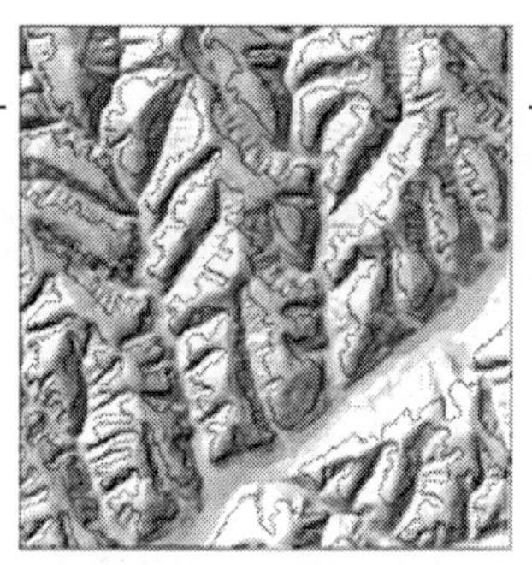	特征描述：坡脚是坡面最下端由倾斜过渡为平缓的部位 语义信息量确定方案：目前关于坡脚线数量化分级的研究尚没有正式报道，本书在应用坡脚线坡度变化特征（肖飞等，2008）提取坡脚线的基础上，将所有坡脚线点语义信息量值均设为1	
(7) 径流结点	语义信息量提取结果	(8) 脊线结点	语义信息量提取结果
特征描述：流域中不同沟谷或水系的交汇点 语义信息量确定方案：考虑到径流结点位于沟谷点上并且其重要性高于同级别的其他沟谷点，本节将径流结点语义信息量设定为其所在的沟谷点等级值加上所连接的次级沟谷点等级数值的1/10	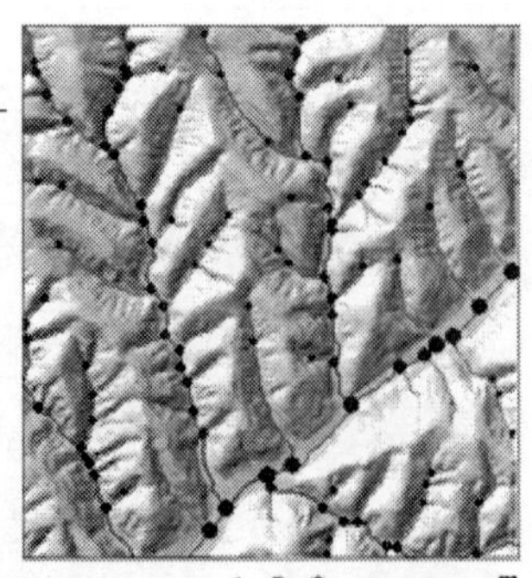	特征描述：流域中不同山脊线的交汇点 语义信息量确定方案：考虑到脊线结点位于脊线点上并且其重要性高于同级别的其他脊线点，本节将脊线结点语义信息量设定为其所在的脊线点等级值加上所连接的次级脊线点等级数值的1/10	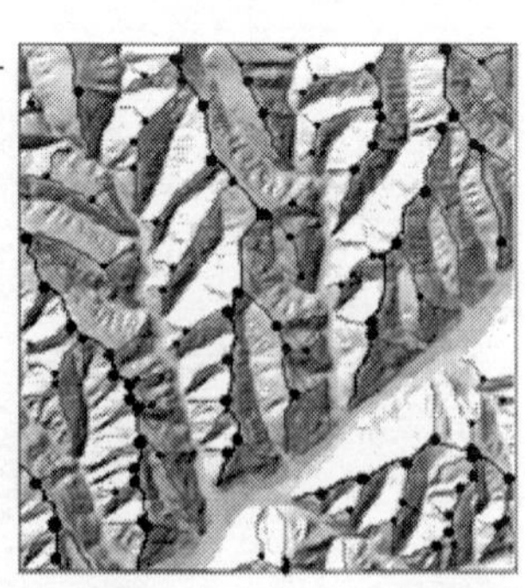

(3) 地形信息强度提取结果与分析

针对 DEM 点位，将其语法信息量与语义信息量值进行叠加，得到地形信息强度指数值。图 3.22 是实验样区地形信息强度指数空间分布图，其中图 3.22（a）采用不同颜色对地形信息强度值进行区分；图 3.22（b）采用不同大小和颜色的点状符号对地形信息强度值进行分级显示；图 3.22（c）为图 3.22（a）中白线所示剖面位置处地形剖面与地形信息强度剖面特征的对比结果。从图中可以看出，位于地形骨架线上地形点地形信息强度值高并较好地表现出了地形要素的等级层次性；在局域地形变化比较剧烈的地方整体地形信息强度具有相对较高的数值；对绝大多数地面点，其整体地形信息强度值很低，说明其在地形建模中的作用是不显著的。

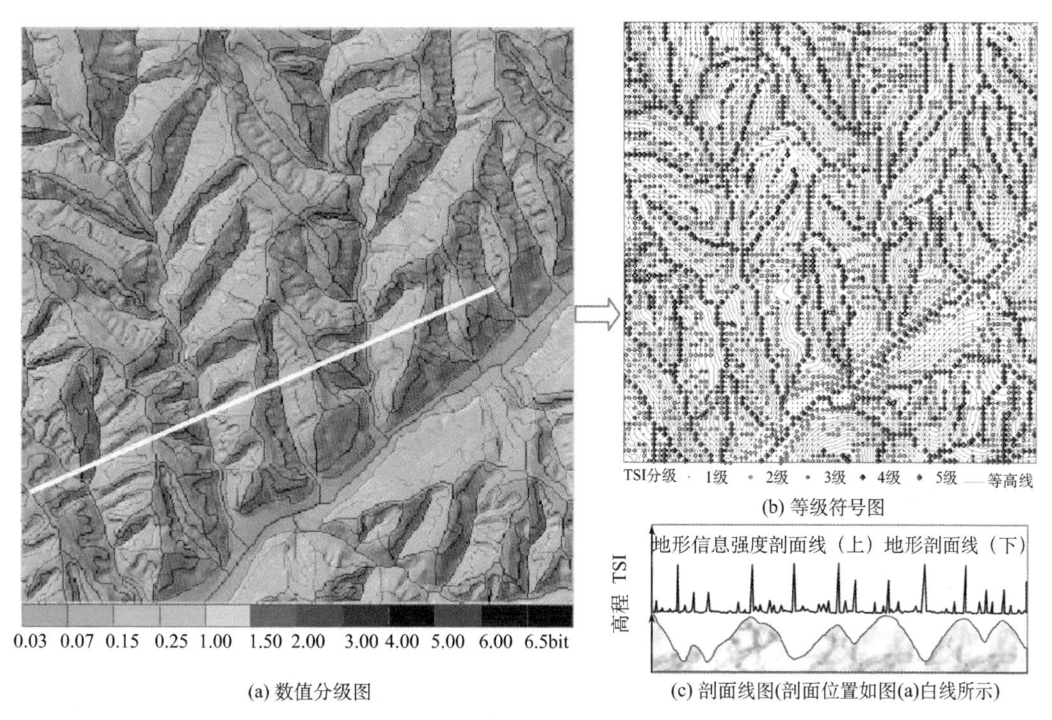

(a) 数值分级图

(b) 等级符号图

(c) 剖面线图(剖面位置如图(a)白线所示)

图 3.22　地形信息强度指数提取结果

3.4.5　结论与讨论

本节基于信息学认知层次模型的理论与方法，提出了 DEM 地形信息强度概念并构建了其综合量化模型。DEM 地形信息强度是 DEM 点位所负载的地形信息量，它既将 DEM 地形局域变化形式进行逐点位定量描述，又反映了 DEM 点位对宏观地形表达的控制性作用，具有信息内涵的综合性及其对地形多层次表达的映射性，可望在 DEM 地形简化与多尺度地形表达中发挥重要作用。

通过在黄土丘陵沟壑区的实验结果显示，基于微分几何的语法信息量测度方法能够有效表明 DEM 点位在局域地形形态描述中的作用；通过赋予合理的语义信息量权值，能够有效区分地形特征点在地形结构控制中的层次性特点；在此基础上构建的地形信息强度能够综合反映DEM点位在数字地形建模中的重要性程度差别；基于地形信息强度的DEM地形简化方案，通过优先保留相应尺度层次的地形骨架特征，从而满足多尺度地形建模和表达要求。

3.5 利用地形信息强度进行DEM地形简化研究

为满足不同空间范围和不同细节层次地学问题分析和应用的需要，构建多尺度DEM数据库具有非常重要的意义，而地形简化算法则是建立多尺度DEM的有效方案。目前DEM地形简化方法多种多样，可将其归结为以下两类。

1）基于局部邻域地形形态的地形简化方法，如层次法（De Floriani et al.，1985）、重要点法（Chen and Guevara，1987）、信息量法（Weber，1982）、高程差法、夹角法（蔡先华和郑天栋，2003）、容忍度法（Chang，2004）、滤波法（Wiebel，1987）等，这类方法主要依据局部邻域地形形态变化程度对地面点进行取舍，存在的问题是对小范围的地形变化比较敏感，许多位于地形骨架线上的地形特征点，由于局部地形变化幅度不大而被忽略掉，导致山峰削平、沟谷抬升，地形简化结果缺乏全局的精度控制。

2）基于全局地形结构的地形简化方法，即通过提取和评价地形结构线来分析地形特征和地形要素间的空间关系，从而决定地面点的取舍和综合程度（黄培之，2001；杨族桥等，2005）。地形结构线简化法由于合理使用了地形骨架线，从而避免了地貌形态的扭曲，但目前难以建立地形结构线层次与地形简化尺度间的对应关系。此外，三维道格拉斯法（费立凡等，2006；何津和费立凡，2008；Fei and He，2009）是一种特殊的顾及地形全局结构的DEM地形简化算法，其通过提取不同层次的地形特征要素点，从而决定地面点取舍和综合程度，实现了地形简化所遵循的“取主舍次”原则，能够较好地保持地形结构特征；但该方法难以考虑地形自身的层次结构性特征，同时对计算资源要求相对较高，在一定程度上影响到其实用性程度。

由此可见，DEM点位在地形建模中的重要性程度的判断，是不同DEM地形简化算法中取舍地形特征点的依据，是重构多尺度DEM的关键。目前，DEM点位取舍规则多样且差别明显，总体上表现为具有重形态轻语义、重局部轻全局的特点，导致DEM地形简化结果相差甚远且缺乏可比性。因此，本节在前人研究的基础上，提出了基于TSI的DEM地形简化方案，旨在从地形几何形态特征和地形语义结构特征两方面综合考虑地面点取舍规则，确定候选地形特征点重构DEM，并对DEM地形简化结果进行有效评价。

3.5.1 DEM点位地形信息强度

如上所述，DEM数字矩阵中的不同点位，对局部乃至整体地形描述的贡献具有显著差异，因此适用于重构不同尺度的DEM。董有福（2010）提出了地形信息强度的概念，将其界定为DEM点位在地形数字化建模中的重要性程度，并针对格网DEM栅格点位，基于微分几何理论建立了其在局部地形形态表达中的重要性测度方法，根据其所属地形特征要素类型及其等级层次性等语义特征，确定其在全局地形结构控制中的重要性程度，在此基础上，基于信息学认知层次理论，将DEM点位局部重要度和全局重要度值进行叠加，构建了DEM点位地形信息强度综合量化模型（董有福，2010）。

3.5.2 实验样区与实验数据

本节以黄土丘陵沟壑区为例讨论TSI指数的建立和地形简化过程。实验区为陕北黄土高原绥德县韭园沟流域，总面积约70km²，海拔830～1200m，为典型黄土丘陵沟壑地貌类型，其地表形态复杂，平均坡度为29.3°，坡面起伏很大，自分水岭至沟底可分为梁峁坡、沟谷坡和沟谷底3部分。实验数据为国家测绘部门标准化生产的1∶10 000（5m分辨率）DEM、1∶50 000（25m分辨率）DEM、1∶10 000矢量等高线数据。

3.5.3 地形简化方案与过程

图3.23是基于TSI指数的地形简化方案。首先提取实验样区TSI指数值，然后通过设置TSI指数阈值，提取不同重要程度的地形候选特征点，在此基础上，加入地形特征线构建约束TIN并进行插值处理，从而得到不同尺度级别的简化结果DEM。下面对其关键环节TSI指数建立和候选地形特征点选取进行重点探讨。

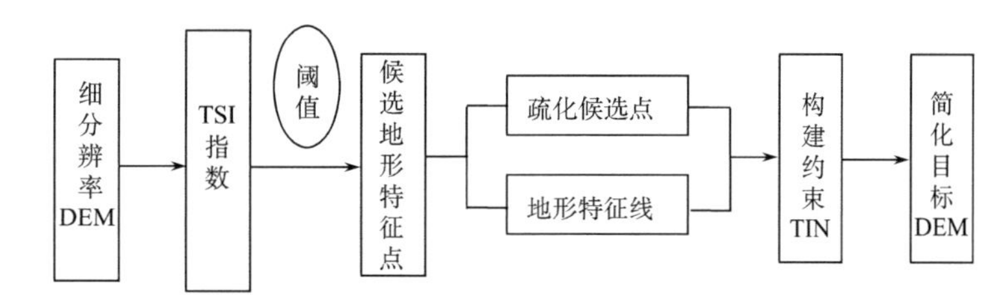

图3.23 基于TSI指数的DEM地形简化方法

1. DEM点位地形信息强度指数建立

（1）地形信息强度指数量化方案与提取过程

DEM点位TSI指数值由局部重要度和全局重要度两部分构成。在此应用式（3.9）对DEM点位局部重要度TSI_{local}进行计算求解。

$$TSI_{local}=\log_2\left(1+\sum_{i=1}^{8}\theta_i/8\right) \tag{3.9}$$

式中，θ_i为目标栅格单元与相邻栅格单元法向量夹角，即通过目标栅格单元与相邻8个栅格单元法向量夹角均值对局部重要度进行测度，并对研究样区内DEM点位局部重要度值进行归一化处理。

DEM点位全局重要度TSI_{global}确定方案为：如果为非地形特征要素点，则确定其全局重要度值为 0；如果为地形特征要素点，则根据其所属地形特征要素类型及其等级层次关系赋予权值。地形特征要素提取及其等级层次性判定则是 DEM 点位全局重要度量化的关键。表 3.7 是实验中采用的不同类型地形特征点全局重要度的确定方案。在前两步处理的基础上，应用式（3.10）对每个 DEM 点位进行局部重要度和全局重要度值叠加，获得其 TSI 指数值（董有福，2010）。

$$TSI = TSI_{local} + TSI_{global} \tag{3.10}$$

TSI 指数可以综合表征 DEM 中不同点位在地形数字化描述中的重要性程度。

表 3.7　不同类型地形特征点全局重要度确定方法

特征点类型	全局重要度确定方案
沟谷点和山脊点	应用 Horton 方案对沟谷线和山脊线进行分级；位于等级为 1 的沟谷或山脊上的点位全局重要度值设为 1，然后等级每增加 1，其全局重要度值增加 1
沟沿线点和坡脚点	考虑到目前尚无沟沿线和坡脚线数量化分级研究，实验中将所有位于沟沿线和坡脚线上的 DEM 栅格点位全局重要度均赋值为 1
山顶点和鞍部点	考虑到二者在位置上与山脊线的重合关系，实验中在确定山顶点与鞍部点全局语义重要度值时，在其所属的脊线点全局重要度值基础上加 1
径流结点和脊线结点	考虑到二者与沟谷线与山脊线位置重合性与相关性，在其所在的沟谷点或山脊点等级值的基础上，加上其所连接的次级沟谷点或山脊点级别数值的 1/10 作为其全局重要度值

（2）地形信息强度指数提取结果及分析

图 3.24 是实验区 TSI 指数空间分布图。从图中可以看出：位于地形骨架线上地形点 TSI 指数值高并较好地表现出了地形要素的等级层次性；在局域地形变化比较剧烈

图 3.24　DEM 点位 TSI 指数（单位：bit）

的地方 DEM 点位 TSI 指数具有相对较高的数值；对绝大多数地面点，其 TSI 指数值很低说明其在地形建模中的作用是不显著的。

2. 候选地形特征点选取

TSI 指数是 DEM 中地形点在地形表达中的重要性程度的综合反映，因此可以通过设置不同的 TSI 指数阈值，提取不同重要程度和详细程度的候选地形特征点，从而重构得到不同简化尺度的结果 DEM（图 3.25）。为了对比不同尺度结果 DEM 间的差异，图 3.25 中重构 DEM 都采用了与原始 1∶10 000 DEM 相同的栅格分辨率（5m）。从初步实验结果可以看出，当 TSI 阈值较小时，局部地形形态变化比较明显的点得以保留，可以在一定程度上刻画地形的细部特征；当 TSI 阈值增大时，低等级的沟谷和山脊逐渐被综合，不同等级的整体结构特征得以保留，从而达到不同层次的地形简化需求。其中，TSI 指数阈值确定是上述地形简化方法的关键问题。本节以 1∶50 000 DEM 为地形简化目标尺度，采用不同 TSI 指数阈值得到不同结果的简化 DEM，在此基础上，采用中误差数值分析法和等高线结构套合法对重构 DEM 与目标 DEM 进行对比分析评价，确定与地形简化目标相适应的最佳阈值，从而实现既定简化目标尺度 DEM 的地形简化。

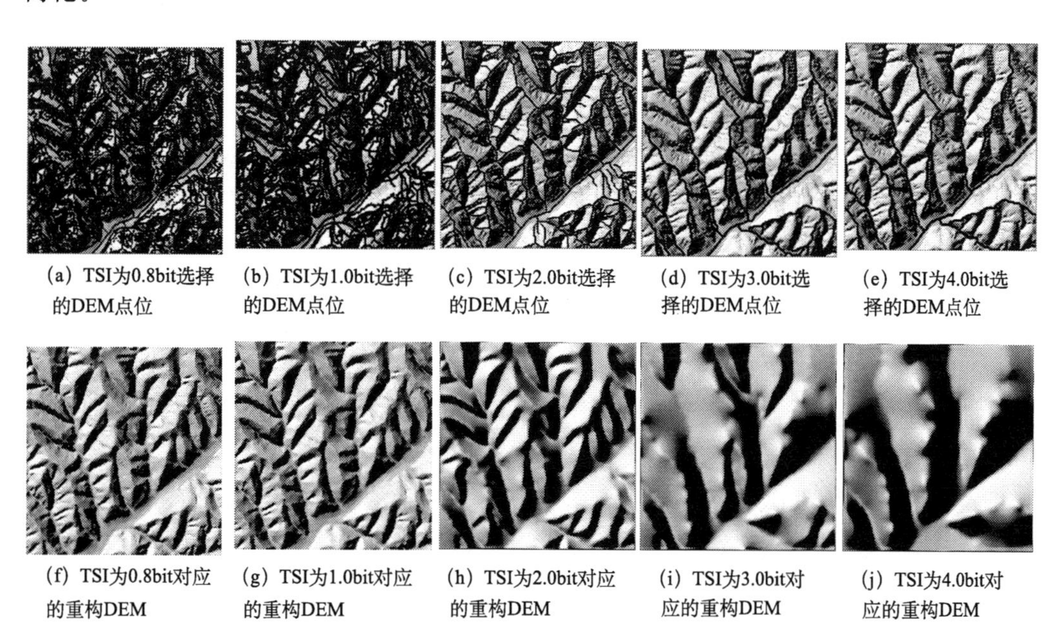
(a) TSI为0.8bit选择的DEM点位 (b) TSI为1.0bit选择的DEM点位 (c) TSI为2.0bit选择的DEM点位 (d) TSI为3.0bit选择的DEM点位 (e) TSI为4.0bit选择的DEM点位

(f) TSI为0.8bit对应的重构DEM (g) TSI为1.0bit对应的重构DEM (h) TSI为2.0bit对应的重构DEM (i) TSI为3.0bit对应的重构DEM (j) TSI为4.0bit对应的重构DEM

图 3.25 不同 TSI 指数阈值得到的简化结果 DEM

DEM 中误差是目前通用的 DEM 质量评价标准。该方法设定若干检验点，将 DEM 模型表示的高程值与实际观测高程相比较，得到各个检验点的误差。假设检验点的高程为 $Z_k(k=1, 2, \cdots, n)$，在重构 DEM 上对应这些点的高程为 z_k，则重构 DEM 的中误差为

$$\mathrm{RMSE}=\sqrt{\frac{\sum_{i=1}^{n}(Z_k-z_k)^2}{n}} \tag{3.11}$$

表 3.8 是实验区不同 TSI 指数阈值条件下重构 DEM 中误差的结果。从表中可以看出，重构 DEM 中误差值随着 TSI 指数阈值的改变而发生有规律的变化。当阈值小于或

表 3.8　不同 TSI 指数阈值重构 DEM 中误差及候选点数目

阈值/bit	0.7	0.8	0.9	1.0	2.0	3.0	4.0
中误差值/m	3.96	4.05	4.10	4.46	8.65	13.80	19.23

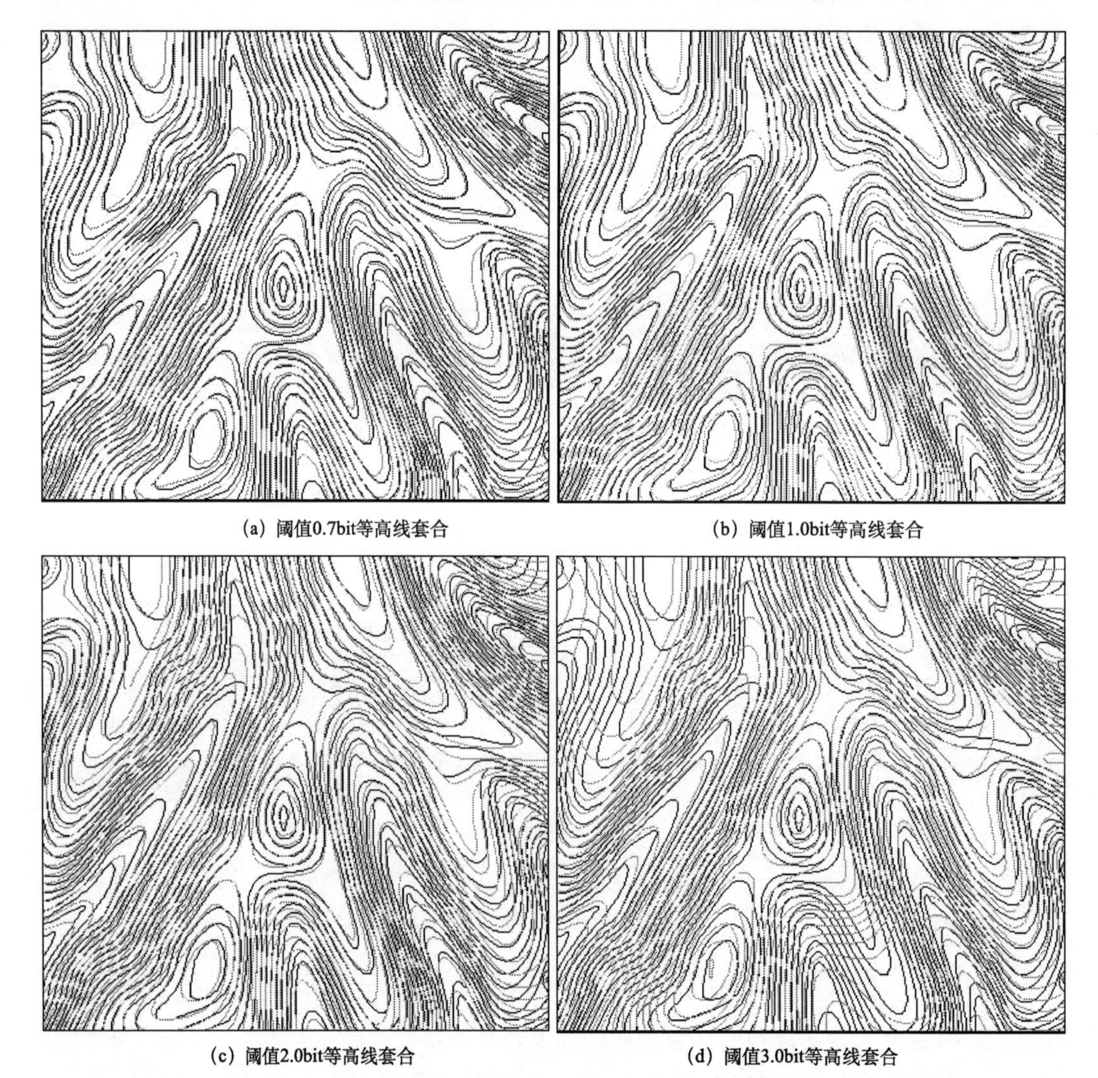

(a) 阈值0.7bit等高线套合　(b) 阈值1.0bit等高线套合

(c) 阈值2.0bit等高线套合　(d) 阈值3.0bit等高线套合

图 3.26　不同 TSI 指数阈值下重构 DEM 与 1：50 000 矢量等高线套合图（5m 等高距）

注：浅色为不同重构 DEM 反生等高线；深色为 1：50 000 矢量等高线

等于 1.0bit 时，高程均值差虽有小幅度波动但变化不明显，中误差值都在 5m 以下；当阈值大于 1.0bit 时，中误差值迅速增加。结合我国 1∶50 000 DEM 精度标准对于实验区的黄土丘陵沟壑区地貌，5m 以下的中误差已达到国家 1∶50 000 DEM 生产规范一级标准（5m）。

等高线套合法是 DEM 生产过程中进行质量检验的主要方法之一，即对重构 DEM 反生等高线与原始等高线进行对比分析，是判断 DEM 数据误差和 DEM 对地形结构表达效果的常用工具。图 3.26 是不同 TSI 指数阈值下重构 DEM 反生等高线与原始 1∶50 000矢量等高线套合结果。从图中可以看出，TSI 阈值为 0.7～1.0 时等高线整体轮廓一致性程度高，随着阈值减小，部分区域等高线弯曲程度差异较大，主要是由于 1∶50 000矢量等高线经过一定程度的平滑处理，因此等高线弯曲程度发生变化；当 TSI 阈值超过 1.0 并增大时，由于舍去了低级别的沟谷和脊线，综合程度相对于基本比例尺 1∶50 000 DEM 过大，因此等高线匹配程度较低。

通过以上分析可以看出，当 TSI 指数阈值为 1.0bit 时，提取候选地形特征点重构 25m 分辨率 DEM，相对于国家基本比例尺 1∶50 000 DEM 可以较好地满足地形简化数值的精度要求，并达到整体和局部地形结构特征保持较好的一致性；当阈值低于 1.0 时，数值精度统计结果和局部地形结构特征一致性方面增加并不显著；当阈值高于 1.0bit 时，随着阈值的增加，较低层次的地形骨架特征点被逐渐忽略，地形综合程度越来越高，结果是数值精度统计结果明显增大，并且与 1∶50 000 DEM 等高线匹配程度越来越低。因此，可以将 1.0 bit 作为重构国家基本比例尺 1∶50 000 DEM 的 TSI 指数适宜阈值。

3.5.4 地形简化效果分析与评价

从以上地形简化视觉效果来看，基于 TSI 的 DEM 地形简化方法，可以有效地保留地形骨架特征，实现不同层次的多尺度 DEM 建模要求。下面从候选地形特征点空间分布特征、DEM 高程统计特征、DEM 高程自相关特征和地形结构特征等方面，将常用的 DEM 地形简化方法局部 VIP 法、全局三维道格拉斯算法（Three Dimensional Douglas-Peucker，3DD-P）作为对比，对应用 TSI 法重构 DEM 效果进行综合评价。VIP 法由 Chen 和 Guevara 于 1987 年提出，主要是根据局部地区内地形起伏状况来选点。即针对规则网格 DEM 中的每一个点，考虑其高程值与它周围 8 个点平均高程值之差，根据这个差值对目标高程点评估其在地表描述中的重要度（Significance），若此差值较大，则意味该中心点坐落于地形起伏重要的地区，则选取其作为候选地形特征点，否则可以舍去。3DD-P 法是费立凡等（2006）在 2DD-P 法的基础上提出来的，并将其应用到 DEM 地形简化中，其基本思想是，对于三维地形点，则可以通过判断与特定基面的距离来决定其是否作为保留的地形特征点，从而完成三维地面点的简化处理。

(1) 候选地形特征点空间分布特征

为了保证不同地形简化方法效果的可比性，实验中都以国家基本比例尺 1∶50 000 DEM 为简化参照目标，同时保证用于重构 DEM 的候选地形特征点数目比例相当。

图 3.27是应用 3 种地形简化方法保留的地形特征点空间分布图。从图中可以看出：VIP 法的地形特征点主要位于局部地形变化幅度较大的 V 形沟谷上，而对于一些重要地形结构线上的特征点，如山脊点，由于其局部地形变化比较平缓，并没有得到有效保留；相对而言，3DD-P 法则具有较好的取主舍次效果，如宽平山脊和沟谷上的地形特征点能够得以保留下来，同时地形特征点主要集中分布在沟脊处；TSI 指数法地形特征点覆盖了重要的地形特征部位，包括黄土丘陵沟壑区沟沿线和坡脚线位置，同时有部分特征点分布在局部剖面处。

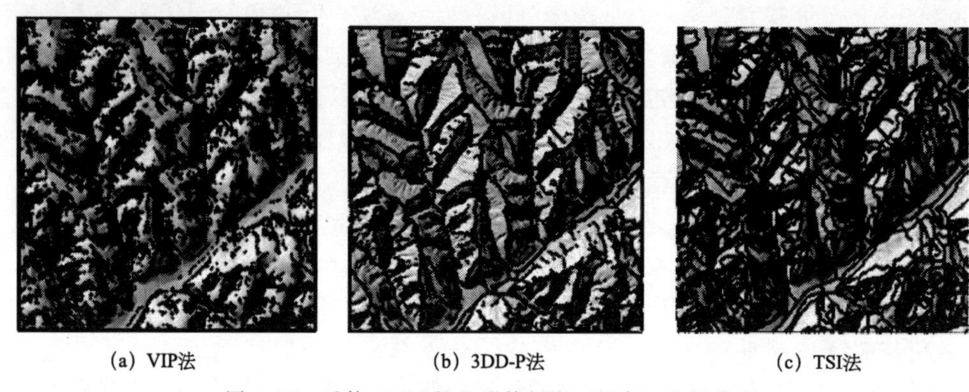

(a) VIP法 (b) 3DD-P法 (c) TSI法

图 3.27 重构 DEM 的地形特征点（黑色）空间分布

(2) DEM 高程统计特征

表 3.9 是应用不同地形简化方法重构得到的 DEM 高程统计参数，从表中可以看出，与 1∶50 000 DEM 相比，高程均值差 VIP 法最大、3DD-P 法次之、TSI 法最小，并且 VIP 法与后两者差别较大，而后两者方法比较接近，反映了 VIP 法在保持高程统计特征明显不如后两者。对于高程中误差，TSI 法仍然最小，VIP 法相对较大，而 3DD-P 法最大，究其原因，由于 3DD-P 法忽略了一部分局部地形变化幅度大的地形特征点，使得部分检验点高程差值较大，因此导致高程中误差值相对较高，而 TSI 法保留了绝大多数地形特征点，因此，高程中误差值相对较低。

表 3.9 不同地形简化方法得到 DEM 高程统计参数

统计参数	与 1∶50 000 DEM 高程均值差/m			高程中误差/m		
	VIP 法	3DD-P 法	TSI 法	VIP 法	3DD-P 法	TSI 法
统计值	−2.048	−1.636	−1.286	4.61	5.20	4.46

(3) DEM 地形结构特征

通常将等高线形态与组合特征作为判断 DEM 对地形结构表达效果的有效工具。因此，简化得到的 DEM，应尽可能与参照 DEM 中的地形结构线在形态、位置、走势等方面保持一致。实验中通过与 1∶50 000 DEM反生等高线叠置分析，进一步判断不同地形简化方法得到的 DEM 在保持地形结构特征方面的一致性效果。图 3.28 是应用三种方法得到的简化 DEM 反生等高线与 1∶50 000 DEM 反生等高线套合部分结果，从图中可以看出：VIP 法得到的 DEM 与 1∶50 000 DEM 反生等高线匹配程度较低，表现在山脊和沟谷部位等高线的形态与位置差异都比较明显；而 3DD-P 法等高线套合结果整体一致性程度相对较高；综合比较而言，TSI 法简化得到的 DEM 反生等高线与 1∶50 000 DEM反生等高线在其整体结构与局部细节方面都保持了相对较好的匹配效果。

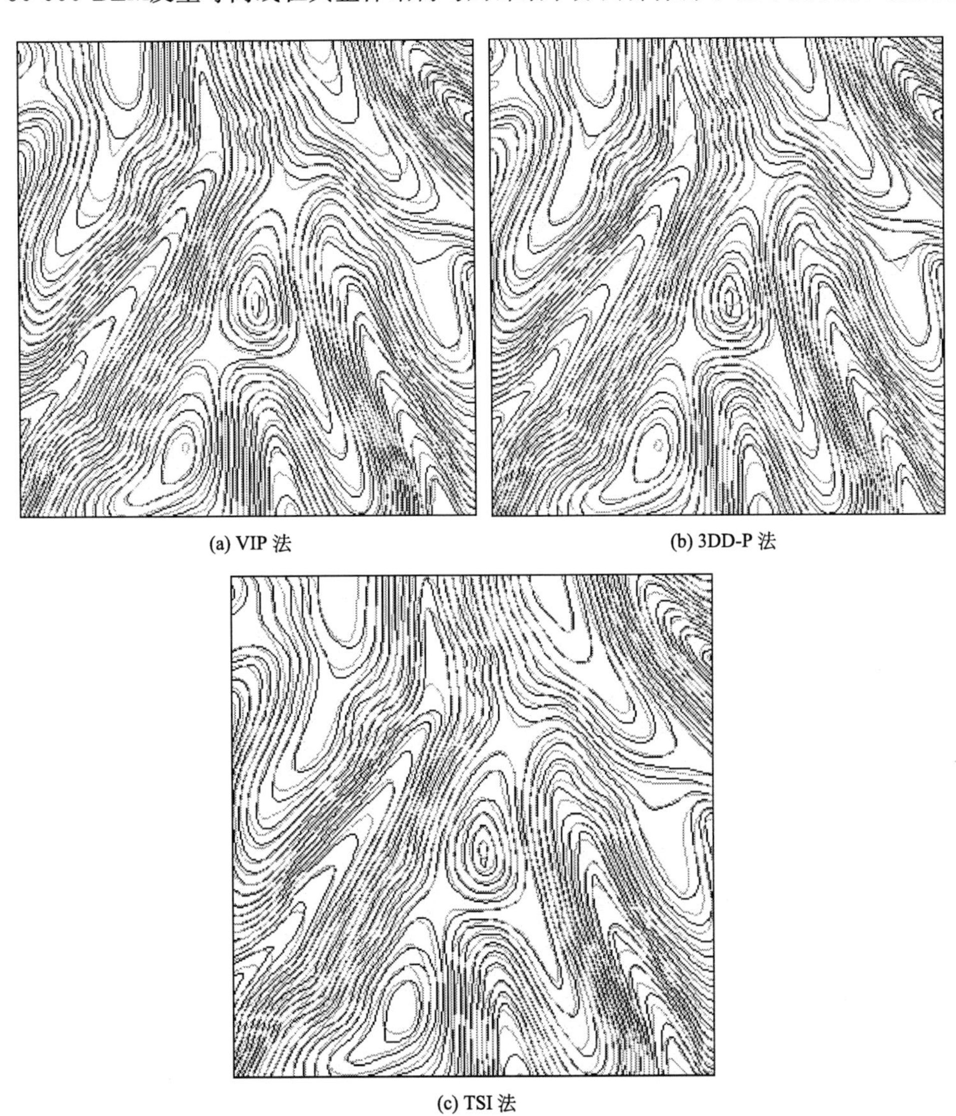

(a) VIP 法　(b) 3DD-P 法　(c) TSI 法

图 3.28　DEM 等高线套合图（5m 等高距）

注：黑色为 1∶50 000 DEM 反生等高线；灰色为重构 DEM 反生等高线

3.5.5　小结

基于 TSI 指数的 DEM 地形简化方案，其关键技术在于通过 TSI 指数阈值确定用于重构 DEM 的候选地形特征点，从而决定了目标 DEM 的简化尺度，本节以基本比例尺 1∶50 000 DEM 为参照基准，采用中误差和等高线套合法对重构 DEM 高程数值精度和地形结构特征进行综合评价，在此基础上确定最佳的 TSI 指数阈值。

将 VIP 法、3DD-P 算法作为对比方法，以基本比例尺 1∶50 000 DEM 作为对照目标，对基于 TSI 的 DEM 地形简化效果进行综合评价。实验结果表明，该方法在视觉效果上可以有效保留地形骨架结构特征，同时具有较高的数值精度特点，与参照基准 DEM 一致性程度高，可以满足不同层次多尺度 DEM 建模的要求。

3.6 地形描述因子的分类与整合研究

3.6.1 地形因子分类与整合的需求

地形是最基本的地理要素，地形的差异决定着基本自然景观的不同及和地表物质和能量的再分配，地形因子作为定量化描述地形特征的基本参数，其概念模型的确定与有效提取一直成为地形学研究的重点。经过多年的研究，科学家曾提出百余种不同的地形因子，并按照各自的认识进行了科学分类，在常规的地形图环境及当前的 DEM 环境下，分别总结出了一整套提取算法与流程，取得了重要的研究成果。例如，Wood (1996) 根据地学应用的范畴，将地形属性分为一般地形属性和水文特征。邬伦等 (2001) 按地形要素关系将地形因子分为单要素属性和复合属性等。Florinsky (1998) 按计算特性将地形因子划分为局部地形属性和非局部地形属性等。Shary (2002) 提出了根据是否与特定领域相关、是否与坐标轴向相关、是否与比例尺相关的地形因子分类方案。汤国安等 (2005) 提出了根据将地形因子划分为宏观坡面因子和微观坡面因子，根据差分计算阶数分为一阶因子、二阶因子和高阶因子；按照坡面形态特征将坡面因子划分为坡面姿态因子、坡形因子、坡位因子、坡长因子以及坡面复杂度因子等。周启鸣和刘学军 (2006) 根据地形要素的关系特征和计算特征，将地形属性归纳为地形曲面参数、地形形态特征、地形统计特征和复合地形属性。这些分类方案都从不同角度反映了地形因子的联系和差异。

但是，目前对在数字地形分析的许多基本问题上，还存在着很多问题，有些甚至是根本性的问题亟待解决。首先，地形因子分类尚没有统一的、具有统揽性的原则与依据，所提出的地形因子繁多但缺乏系统性分类整合；其次，对地形因子的语义特征缺乏准确的描述，造成很多已提出的地形因子在实际含义上的包含或重复，部分因子甚至违背了地貌学的基本准则与规律；地貌形态的描述在很大程度上依赖于数据尺度与分析尺度，目前的地形因子没有其尺度适应性与应用适应性的标注，往往造成分析结果的误差甚至错误；基于 DEM 的地形因子的计算与提取在很大程度上依赖于高程空间数据结构组织方式与采样特征，但目前缺乏地形因子与数据格式对应性研究；现有的地形因子适应于一般山丘地形的地形描述，但是，对于描述平原微起伏地形、喀斯特地形等复杂地貌地形、水下地形、人工地形等特殊地形，仍然没有相应的描述指标体系。

综上所述，正是由于在地形描述因子分类体系上的研究上存在种种不足与矛盾，在一定程度上影响了数字地形分析的深入进行。目前，不同空间尺度 DEM 的建立为数字地形分析奠定了很好的数据支撑条件，因此，对地形因子的分类整合体系进行研究，具有十分重要的意义。本节首先提出了地形描述因子的分类原则和依据，在此基础上，根据地形因子描述尺度范围、计算方法特征、地形信息认知层次、描述主题特征差异为基本依据，提出地形描述因子的分类整合体系，可望为地形描述因子的深入理解和合理使用提供借鉴和参考。

3.6.2 地形因子分类整合原则

地形因子的分类依照以下基本原则。

1）科学性原则：不同地貌类型的表现及其发展有其内在的规律性，地形因子是描述地形地貌形态与结构特征的基本参数。因此，地形因子的分类首先应符合地学的基本理论，符合自然地理要素形态与结构特征描述规则。

2）系统性原则：充分考虑地形因子分类结果的完整性，考虑各组因子在语义、计算方法之间的层次关系、衔接关系、关联关系、包含关系，实现对地形因子的一体化描述。

3）层次性原则：充分考虑地形因子分类的层次性，特别注意从宏观至微观不同的尺度层次、从客观到主观的地形信息认知层次、从对简单地形表达到对复杂地形描述层次、从一般描述至深层次抽象的不同应用层次多角度的分类。

4）实用性原则：所建立的地形因子分类体系，应当有利于使用者明确各因子的确切含义与相互之间的内在联系，有助于根据实际的使用目的有效、正确的选择，有助于解决地貌学研究以及生产实际中的实际问题。

3.6.3 地形因子分类整合方案

1. 根据描述尺度范围的地形因子分类整合方案

根据地形因子所描述的空间区域范围可以将地形因子划分为微观地形因子和宏观地形因子两种基本类型。由表 3.10 可知，微观地形因子所描述的是一个微分点单元的信息，其量值大小一般只受它所在点的点位高程以及微小邻域范围内高程信息的影响。微观地形因子具有空间矢量特征，因此，基于 DEM 的微观地形因子的提取，通常采用基于空间矢量分析原理的差分计算方法。

而宏观地形因子，它所描述的空间范围一般是一个区域，或者说把一个分析窗口直接看作一个整体，分析该曲面和水平面之间，或它所对应的最佳拟合坡面之间的复合特征。它的量值大小不仅仅只受到它所在点的点位高程影响，而且还与分析窗口内的所有高程点信息密切相关。基于 DEM 的宏观地形因子的提取一般通过移动分析窗口的方法完成，或者采用数理统计方法来实现。分析窗口可以是矩形窗口、圆形窗口、环形窗口等，窗口大小一般根据实验或经验确定。宏观坡面因子提取有时也要用到微观因子的提取算法，如坡长的提取，首先要通过提取微观因子的分析算法提取水流方向矩阵，才可以完成后续的坡长提取过程。

表 3.10 基于空间尺度范围的地形因子分类体系

<table>
<tr><th colspan="2">类型</th><th>相关地形因子</th></tr>
<tr><td colspan="2">微观地形因子</td><td>高程、高差、坡度、坡向、曲率、平距、坡度变率、坡向变率、地形指数、累计流量、上坡坡度、上坡坡长、散水坡长、径流长度、变差系数、变异系数、凹凸系数、粗糙度等</td></tr>
<tr><td rowspan="3">宏观地形因子</td><td>坡面尺度</td><td>坡形、坡位、坡长、形状指数、特征参数、坡面高度、倾斜度、倾斜方向、延伸方向、面积、表面积、体积、分维数等</td></tr>
<tr><td>流域尺度</td><td>形态要素、紧度系数、圆度、狭长度、曲度、拉长度、不对称系数、河网密度、水系发展系数、不均匀系数、上坡面积、散水坡度、散水面积、流域坡度、流域长度、流域面积、单位汇水面积、最大最小汇水（分水）面积、地形起伏度、地表粗糙度、地表切割深度、高程变异系数、沟壑密度、坡谱、面积高程曲线、平均高程、平均高程差、高程标准差、高程变幅、高程偏差、高程百分位、相对高程百分位、面积、表面积、体积、分维数、分枝比等</td></tr>
<tr><td>区域尺度</td><td>地形起伏度、地表粗糙度、地表切割深度、高程变异系数、沟壑密度、坡谱、面积高程曲线、平均高程、平均高程差、高程标准差、高程变幅、高程偏差、高程百分位、相对高程百分位、面积、表面积、体积、分维数、地形纹理等</td></tr>
</table>

注：表中曲率、坡位、坡形是同类地形描述指标的统称，下面有相应说明

对于宏观地形因子，根据所描述的尺度大小又可以细分为坡面尺度地形因子、流域尺度地形因子，以及区域尺度地形因子。坡是构成地表形态的基本单位，不论平原、谷地、高山都是由不同的坡面构成。地貌的变化，完全导源于坡面的变化。坡面的描述因子有坡面高度、倾斜度（坡度）、倾斜方向（坡向）、坡长、延伸方向，以及水平面投影方向和面积。坡面高度是斜坡在一定角度的相对高差；倾斜度是指一定角度的坡面与水平面的夹角度量；长度指延伸距离（包括直线和曲线）；倾斜方向是地貌面上最大倾斜线在平面上的投影所指的方向；延伸方向是地貌面在水平面上的走向；投影形状指地貌形体投影在二维平面上的轮廓图形面积或者曲面面积。这 7 个要素可以确定某个地理位置上的坡面的空间特征，也可以称之为地貌面的特征参数。流域即为分水线所围而有径流流入干流及其支流的集水面积范围，流域内水流的形成和运动规律取决于流域形态，常用的流域形态描述因子有形态要素、紧度系数、圆度、狭长度、曲度、拉长度、不对称系数、水系发展系数、不均匀系数等。区域是地球表面的一个范围，是地球表面各种空间范围的泛称或抽象，区域范围有大有小，通常用基本地形因子的统计值来反映区域地表的宏观地貌形态特点。

2. 根据计算方法的地形因子分类整合方案

地形因子的差异不仅表现在描述空间尺度范围的不同，同时计算方法的差别也非常明显。因此可以根据计算方法将地形因子区分为基本地形因子、复合地形因子、特征地形因子、统计地形因子（表 3.11）。

表 3.11 基于计算方法的地形因子分类体系

类型		地形因子
基本地形因子		高程、高差、坡度、坡向、曲率、平距、坡度变率、坡向变率、地形指数、面积、表面积、体积、坡形、坡位、坡长、形状指数、特征参数、形态要素、紧度系数、圆度、狭长度、曲度、拉长度、不对称系数、不均匀系数、上坡面积、散水坡度、散水面积、流域坡度、流域长度、流域面积、单位汇水面积、最大最小汇水（分水）面积、分维数等
特征地形因子	特征点	凸点、凹点、山脊点、山谷点、平地点、交线点、径流结点
	特征线	山脊线、山谷线、沟沿线、海岸线、断层线、塬边线、峁边线、坡脚线、排水网络等
	特征面	分水山肩、汇水山肩、分水背坡、汇水背坡、分水坡麓、汇水坡麓、洼地、流域、纵断面、横断面、可视区等
统计地形因子		平均高程、平均高程差、高程标准差、高程变幅、高程偏差、高程百分位、相对高程百分位、平均方向、合成长度、沟壑密度、河网密度、地形起伏度、地表粗糙度、地表切割深度、高程变异系数、坡谱、面积高程曲线
复合地形因子		地形湿度指数、水流强度指数、输沙能力指数、日照强度指数、遮蔽角

基本地形因子可由高程数据直接计算得到，具有明确的数学表达式和物理定义，如坡度、坡向、曲率等。基本地形因子的计算一般在格网 DEM 的局部范围内通过差分或曲面拟合技术实现，计算结果均为具有实际物理意义和量纲的量，可以通过实地或地形图的量测而直接检验。从地貌形态学而言，构成地貌形体的最基本的形态指标：一是高度，即绝对高度和相对高度；二是底平面形状与底平面面积；三是地表面的倾斜方位与倾斜程度（坡向与坡度），高度是地貌类型及其等级划分的基本数量指标，地貌形体地面形态及其面积是地貌分区及区划的基本依据，地表面的倾斜程度则是坡地分等定级的主要指标。地形表面曲率是局部地形曲面在各个截面方向上的形状、凹凸变化的反映，能够有效刻画局部地形结构形态以及反映地表物质运动的规律。Shary 等（Shary，1995；Shary et al.，2002）将地形曲率分为两大类 12 个小类，包括仅考虑曲面几何结构的第一类型曲率（与坐标系无关）和与参考系相关的第二类型曲率，表 3.12 对各种地形曲率进行了简要的归纳。

表 3.12 地形曲率因子分类信息表

曲率类型	曲率名称	地学意义
第一类型曲率（与坐标系无关）	平均曲率 C_M（Mean Curvature）	地表距离平衡态程度
	非球形曲率 C_U（Unsphericity Curvature）	局部地表与球体接近程度
	最大曲率 C_{max}（Maximal Curvature）	识别山脊线几何要素
	最小曲率 C_{min}（Minimal Curvature）	识别山谷线几何要素
	全高斯曲率 C_G（Total Gaussian Curvature）	识别地形因子部位
	全曲率 C_{Tol}（Total Curvature）*	识别地形因子部位

续表

曲率类型	曲率名称	地学意义
第二类型曲率（与高度场相关）	曲率差 C_D（Difference Curvature）	比较第一和第二累计机理
	剖面曲率 C_P（Profile Curvature）	第二种物质运动累计机理
	等高线曲率 C_C（Contour Curvature）	地表物质运动的汇合和发散模式
	剖面曲率差 C_{PE}（Profile Curvature Excess）	将流水线摆动程度分解成两部分
	水平曲率差 C_{HE}（Horizontal Curvature Excess）	将流水线摆动程度分解成两部分
	全环曲率 C_R（Total Ring Curvature）	流水线摆动程度
	全累计曲率 C_A（Total Accumulation Curvature）	地表物质运动累计发散区域
	正切曲率 C_T（Tangential Curvature）	第一种物质运动累计机理
	纵向曲率 C_L（Longitudal Curvature）*	地貌特征识别与提取
	断面曲率 C_S（Cross Section Curvature）*	地貌特征识别与提取
	流线曲率 C_F（Flow-path Curvature）*	水流路径摆动程度

* 不属于 Shary 等（2002）的曲率分类体系

特征地形因子是地表形态和特征的定性表达，可以在 DEM 上直接提取，特点是定义明确，但边界条件具有一定的模糊性，难以用数学表达式表达，如在实际的流域单元的划分中，往往难以确定流域的边界。地形表面千姿百态，形态各异，但实际是由一系列的面、线和点构成的，这些地形面、地形线和地形点是地形的骨架，决定了地形地貌的几何形态和基本走势。根据地表形态的空间特性和相互关系，提取地表的形态特征，从而确定地形特征点、地貌特征单元、水文要素、地形结构线、可视区等地形要素。特征地形因子的提取通常根据对高程点的空间分布关系的分析或对地表物质机理的简化建模，通过某种模拟算法而实现，如确定水文路径的流水路径算法。地形形态特征提取的结果通常以分类的形式表达，并可利用常用的统计学方法进行分类检验。特征地形因子的提取和分析是地貌类型自动划分的依据和地学分析的基础，如黄土地貌区沟沿线上下地形地貌特征、土壤侵蚀方式以及土地利用方式都有着明显的差异。

统计地形因子是指给定地表区域的统计学特征，对地形统计特征的分析是应用统计方法对描述地形特征的各种可量化的因子或参数进行相关、回归、趋势面、聚类等统计分析，找出各因子或参数的变化规律或内在联系，并选择合适的因子或参数建立地学模型，从而可以在更深层次探讨地形演化及其空间变异规律。

复合地形因子是由几个基本地形因子按一定关系组合成的复合指标，用于描述某种过程的空间变化，这种组合关系通常是经验关系，也可以使用简化的自然过程机理模型。复合地形因子是在地形曲面参数和地形形态特征的基础上，利用应用学科（如水文学、地貌学和土壤学）而建立的环境变量，通常以指数形式表达。与上述基本地形因子和特征地形因子不同，复合地形因子不直接在 DEM 上进行量算和特征提取，因此也可称之为次生地形因子，复合地形因子在其应用领域具有现实意义，但其结果难以在实际应用中检验，其物理含义则需要专业应用领域的量测和解译。复合地形因子与坡度、坡向、汇水面积、单位汇水面积等基本地形因子直接或间接相关，同时这几个地形参数在土壤、水文和地貌等地学分析中应用广泛。例如，由坡度可确定水流方向，从流向可计算上游单位汇水面积，通过单位汇水面积可分析提取地貌结构线；同时坡度和单位汇水面积是地形湿度指数、水流强度指数的参数。

3. 根据地形信息认知模型的地形因子分类整合方案

根据信息学理论，基于 DEM 提取地形因子本质上就是地形信息的传递过程。为了深化对 DEM 地形因子的认识与理解，这里结合信息系统传递模型，构造了 DEM 地形信息认知模型（图 3.29）。从图中可以看出，从原始自然地形到 DEM，再到不同类型的数字地面模型，地形信息传递包括两个相对独立同时又紧密关联的两个阶段。①第一阶段是与 DEM 生产者相对应的 DEM 建立阶段：此时信源是原始自然地形表面，将光谱特性变化通过大脑进行加工处理并将所获取的地形信息通过 DEM 编码结构表达出来，即 DEM 在此过程中位于信宿端并扮演着载体的角色。②第二阶段是与 DEM 使用者相对应的 DEM 应用阶段：将 DEM 作为信源，并通过分析推理得到 DEM 中反映出来的某些方面的地形变化特征，从而获取相对应的地形因子，如地面坡度模型、地面坡向模型、地面光照模型、地面湿度模型等，并将其应用到具体的行业领域。

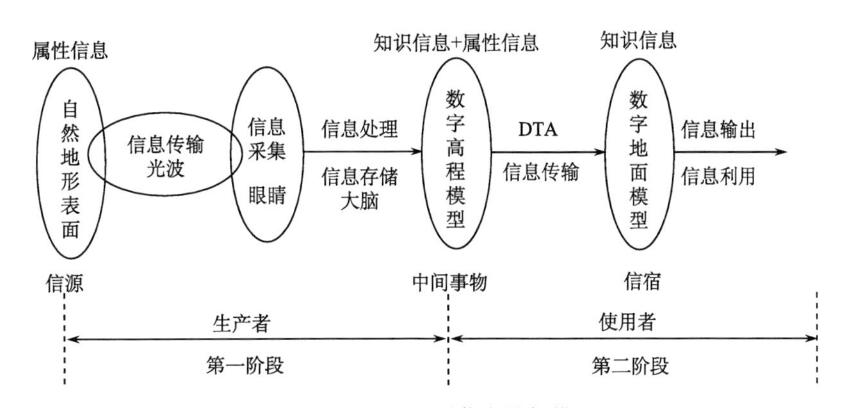

图 3.29　DEM 地形信息认知模型

通过以上对 DEM 地形信息传递过程的分析可以看出，对于描述 DEM 地形特征的地形因子，首先将其区分为客观地形信息和主观地形信息两个层次。客观地形信息属于 DEM 地形信息的最高层次，对认知对象 DEM 所反映的地形特征与认知主体用户没有任何约束条件，力求获得对 DEM 所反映的地形特征全面准确的认识，而不以认知主体的存在或主观性为转移；在客观地形信息层次，DEM 地形信息是客观存在的，可以没有特定的信息接受者，没有所谓对信息接受者的不确定性变化，甚至也可以没有所谓“人”（认识主体）的任何问题，因此属于客观地形信息的范畴。对客观地形信息引入主体约束，从主体立场出发来定义和认知 DEM 所反映的地形特征，则客观层次地形信息定义就转化为认识论主观层次地形信息，也就是说认识层次信息必须存在于主客体的相互关系中，离开认识主体或客体的任何一方就没有所谓的认识论层次的信息，因此认识层次地形信息属于主观地形信息的范畴。此外，对于主观层次地形信息，又可以将其区分为语法信息、语义信息和语用信息 3 个基本层次。由于引入认知主体这一特殊约束条件，主观层次地形信息的内涵和表现形式更加丰富。这是因为，首先，使用者具有感觉能力，能够感知DEM所表达地形形态和结构变化方式的外在形式，如地形是突起还是凹陷；其次，使用者具有理解能力，能够理解地形这种形态变化方式的内在含义，如是山脊还是山谷；再次，使用者具有目的性，因而能够进一步判断地形的这种变化对其目的而言的价值，如对地形变化汇水性能的实际影响。语法地形信息是最基本的层次，它具有客观的本性；语义地形信息既有客观性又有主观性，因为不同用户可能有不同的理解；对于语用地形信息，则具有纯主观色彩，这是因为相同地形对不同应用领域的用户具有不同利害关系和价值观念。同时，地形形态与结构特征及其变化方式的外在形式、内在含义和效用价值这3个层次之间是相互依存和不可分割的。

所以，在主观层次上研究地形因子的时候要比客观层次上复杂一些，必须考虑到DEM地形因子的形式、含义和效用3个方面的因素，从而做出正确的判断和决策。此外，根据信息传递过程模型，把信源端DEM包含的全部信息称为实有地形信息，将传递中间过程中存在的信息称为实在地形信息，将最终信宿端（不同类型的数字地面模型）实际获得的地形信息称为实得地形信息。

4. 根据描述主题特征的地形因子分类方案

对地貌地形定量分析，一般是从地形地貌的形态和结构特征两个方面进行表达，因此，可以将地形因子归并为形态地形因子和结构地形因子。地形形态因子即描述自然地理要素所表现出来的起伏状态和弯曲程度等；而地形结构因子描述自然地理单元在空间上的排列组合和布局状况（表3.13）。

表3.13 基于描述特征主题的地形因子分类体系

<table>
<tr><th colspan="3">类型</th><th>相关地形因子</th></tr>
<tr><td rowspan="5">形态因子</td><td colspan="2">地形点</td><td>高程、高差、坡度、坡向、曲率、平距、坡度变率、坡向变率、地形指数、凹凸系数</td></tr>
<tr><td colspan="2">地形线</td><td>长度、延伸方向、曲率、弯曲个数、分维值</td></tr>
<tr><td rowspan="3">地形面</td><td>平面形态</td><td>直径、扁率、长轴和短轴长度、弯曲程度、面积、延伸性、形状系数</td></tr>
<tr><td>横剖面形态</td><td>坡形、顶面与坡面、坡面与坡面之间的转折、坡面长度、坡度、高度、对称性、底面宽度等</td></tr>
<tr><td>纵剖面形态</td><td>起伏度、坡降、形状系数等</td></tr>
<tr><td>结构因子</td><td colspan="3">地形网络、特征点簇、地形图谱、地形纹理、积分统计曲线等</td></tr>
</table>

对地貌地形形态的描述是比较分析不同地貌形体特征和类型的科学依据之一。对面状地貌形体的描述可以从平面形态、横剖面形态和纵剖面形态进行表达。平面形态是地貌形体投影在平面坐标系上的轮廓图形，常用的描述因子有直径、扁率、长轴和短轴长度、弯曲程度、面积、延伸性、形状系数等。对地貌体沿与延伸的垂直方向自下而上切开的断面称为横剖面。对于正向地貌，主要有坡形、顶面与坡面、坡面与坡面之间的转折、坡面长度、坡度、高度、对称性等形态指标；对于负向地貌，主要描述底面、底面与坡面、坡面与坡面之间的转折，及地貌面起伏变化、底

面宽度等。纵剖面是沿地貌线自上而下切开的断面，可以描述沿纵向延伸的起伏特征（如山岭或谷地）、起伏变化及大小、坡降，以及投影在平面上的线性和带状地貌特征。对线性地貌要素的形态描述可以从长度、延伸方向、曲率、弯曲个数、弯曲形态、分维值等指标进行表达。

地形形态因子可进一步划分为坡面姿态因子、坡形因子、坡长因子、坡位因子、复杂度因子（图 3.30）。坡面姿态因子描述了地表坡面单元在空间的倾斜程度和朝向；坡形指局部地表坡面的凸凹形态；坡长分为整体坡长和径流坡长，后者一般是指地面上一点沿水流方向到其流向起点间的最大地面距离在水平面上的投影长度，是水土保持研究的重要地形因子之一；坡位反映了坡面单元所处的地貌部位；复杂度因子描述坡面的起伏程度与复杂程度，包括地形起伏度、地表粗糙度、地表切割深度和沟壑密度等，它们所描述和反映的是较大区域内地表坡面的起伏以及破碎信息。

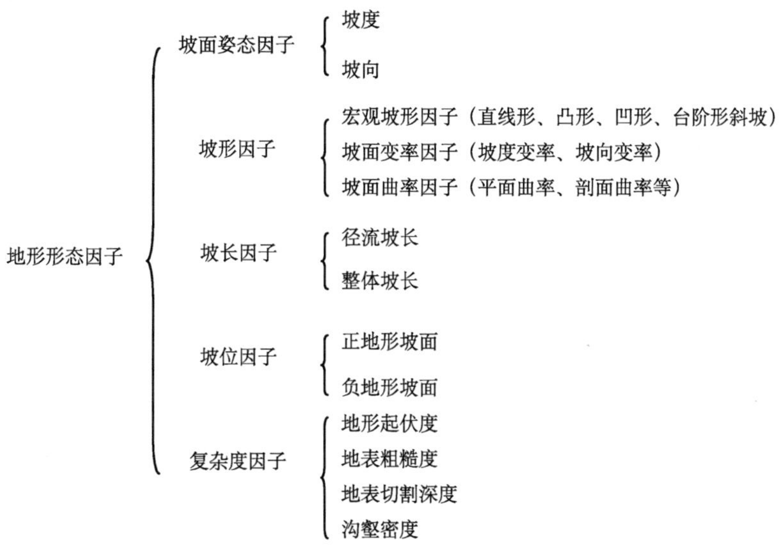

图 3.30　基于形态特征的地形因子分类体系

地形结构因子反映的是宏观范围内地形的高低及起伏轮廓，常用的描述参数和方法有：由地形特征点线构成的地形网络（如沟谷等级网络、脊线有向图等）、地形特征点簇格局、地形纹理特征（纹理强度、纹理密度、纹理方向、纹理粗细等），以及反映地形统计特征的地形图谱和积分曲线等。

5. 其他分类整合方案

1）按照地形因子差分计算的阶数可以将地形因子分为一阶地形因子，二阶地形因子和高阶地形因子（图 3.31）。DEM 按数据存储形式分，有格网型、曲面型和空间多边形型三大类。对其中任一类型的 DEM，都可以通过推导、派生和组合运算，将它扩展为存储形式与 DEM 自身基本相同的坡面因子模型。当采用曲面形式时，DEM 是一个原函数，可以看作一个零阶的单项数字地貌模型。坡度和坡向因子都是高程原函数的一阶导数的函数，可称为一阶坡面地形因子。对它们继续求导和组合，可得坡度变率、坡向变率，同时对高程连续两次求导，又可得平面曲率、剖面曲率等因子，它们都是高程原函数的二阶导数的函数，同理称之为二阶坡面因子。上述一、二阶地形因子属于单纯坡面因子，还有一些由零阶、一阶和二阶单纯地形因子组合而成的坡面因子，可以称之为复合坡面因子。实际中，从DEM推导、派生的一阶、二阶坡面因子，是出于地学分析和工农业有关应用专题的需要，目前人们还较少探讨过高于二阶的地形因子模型的应用价值。因此，按照坡面因子与高程原函数的关系，可将坡面因子分为一阶坡面因子、二阶坡面因子和复合坡面因子。

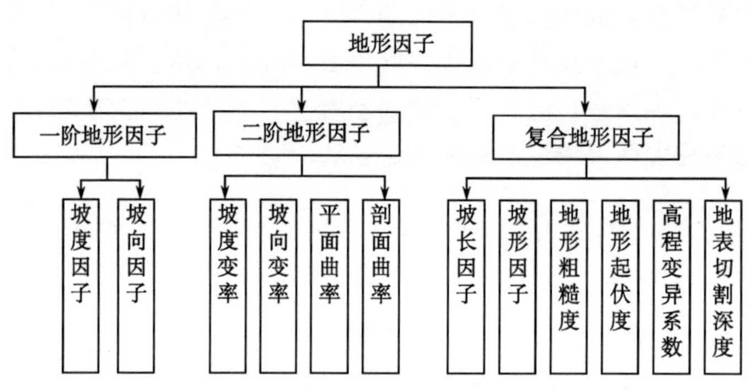

图 3.31 基于提取算法的地形因子分类体系

2）根据地形因子与坐标轴之间的关系可以将地形因子分为几何性地形因子、各向同性地形因子、轴向地形因子和各向异性地形因子。几何性地形因子的值不会因地形表面沿着笛卡尔直角坐标系任意轴向旋转而改变。这类地形因子主要考虑地形的几何形状特征，而忽略几乎所有的地球物理学矢量性含义，并在数字地形建模中扮演着非常重要的角色，为大量应用提供可替代的解决方案。采用几何性地形因子定义的地形通常称之为几何形态。各向同性地形因子取值与平面直角坐标系的 X 轴、Y 轴方向无关。各向异性的地形因子与坐标轴的 X 轴方向相关，如坡向和日照指数，因为它们依赖某些地理方向，如北方向或太阳天顶角的方向。轴向地形因子是各向同性的但不是几何性的，但是其符号却依赖于笛卡尔坐标系是左手坐标系还是右手坐标系，如流线曲率。绝大多数地形因子都属于几何性地形因子和各向同性地形因子的范畴。

3.6.4 小结

本节在总结和分析已有的地形描述因子分类方案的基础上，从地形因子描述的空间尺度范围、地形因子概念语义和计算方法、地形信息认知层次模型、地形因子描述的主题特征等方面进行了进一步分类整合研究，这几种分类方案并不是完全独立的，它们是从不同角度反映了地形因子之间的本质特征和内在联系，如表现在空间范围上的微观地形因子是基于空间矢量特征并具有明确的几何定义，从这一点讲即对应计算方法分类上的基本地形因子，而通过对基本地形因子计算统计值的方法即统计地形因子可以用来描述宏观范围的地形起伏特征；从地形要素角度上可以从DEM上提取特征点、特征线、特征面等特征地形因子及其空间分布图谱，同时可以基于地形点、地形线和地形面为主体进行地貌形体形态结构特征分析。

地形描述因子是表述地貌形体特征的数字参数，是地貌学定量分析和研究的基础，也是划分地貌形态类型的科学依据。地貌学家、地理学家、信息学者在不断地寻求和构造出表述地貌特征的形态参数。例如，关于地貌体平面形状的表述，采用与外接圆、内接圆或正方形面积比值的参数，周长与长短轴的比值，长轴与短轴的比值等。但是目前地貌数量分析面临的主要问题是：其一，地貌定量分析一方面应该揭示地貌形态规律，另一方面也是研究地貌机制（过程）的一种手段。但是目前绝大部分地形因子主要是对针对地貌形态进行分析，如何将地形描述因子与地学过程结合起来解决地理地貌过程，需要更进一步挖掘地形因子深层次的地学含义。其二，目前宏观地形形态的定量分析主要是基于数理统计的方法来实现，如何设计有效的宏观地形描述因子，是地貌定量分析需要进一步解决的问题。

3.7 黄土丘陵沟壑区地形定量因子的关联性分析

地形定量因子是地形地貌学研究走向定量化的重要基础。目前，利用DEM为信息源，提取各种地形定量因子，已经是较为成熟的技术（汤国安和赵牡丹，2000；李志林和朱庆，2001；汤国安等，2001）。一个地区的平均坡度是该地区地形起伏特征的重要指标，然而，地面平均坡度并不是描述区域地形复杂程度的唯一指标。平均海拔、地面曲率、地面起伏度及地表粗糙度等多个地形因子都从不同方面反映了地形的起伏与变异特征。然而，各因子之间存在着明显的关联性，对这种关联性的分析，是地形学研究的重要内容。建立各因子间关联关系的定量模型，对地形地貌学的研究具有重要的意义。

传统的多因子之间的关联性研究多采用线性方法予以描述（王秀红，2003；张元明等，2003）。线性方法在一定程度上能够解释因子间的关联性，但地形因子之间往往是一种复杂的非线性关系，它不仅与DEM尺度、提取模型有关，还往往具有与其空间位置相关的结构性问题，单凭线性描述很难达到研究目标。同时，地形信息具有数据量大、各要素关系隐含的特点，传统的分析方法对解决以上问题存在较大的困难。神经网络技术方法由于具有对复杂对象、模糊信息分析与建模的优势，特别适合于数据量庞大、结构复杂的非线性系统，近年来在地学研究中得到诸多有效的应用。神经网络技术用类似于黑箱操作的方法，通过对样本的不断学习，探测已有数据间的内在关系模式，从而实现对未知样本的预测（楼顺天和施阳，1998；杜亚军等，1999）。实践表明，神经网络在数据处理速度和地物分类精度上均优于最大似然分类方法的处理速度和分类精度，特别是当数据资料明显偏离假设的高斯分布时，其优势更为突出（Clellan et al.，1989；Goldberg，1989；Maniezzo et al.，1994；丁建丽等，2001；王英等，2001；彭清娥等，2002）。

本节在广泛总结前人研究成果的基础上，采用5m分辨率的DEM为提取地形要素的基础数据，以黄土高原丘陵沟壑区的15个样本区域为实验样区，应用反向传播(Back Propagation，BP）神经网络模型，研究黄土丘陵沟壑区多地形因子与平均坡度之间的量化关系及其关联特征，并对几种方法进行比较，该研究是神经网络分析方法在

DTA 中的一次有益探索。

3.7.1 BP 神经网络实验方法

神经网络是由大量的神经元广泛互联而成的网络，具有多种不同的实用模型，根据其连接方式的不同，可以分成前向网络（Feedforward Neural Network）、反馈网络（Feedback Neural Network）和自组织网络（Self-organizing Neural Network）三大类。BP 网络是一种单向传播的多层前向网络，也是前向网络的核心部分，对输入因子到输出因子具有高度的非线性映射功能，广泛应用于复杂的非线性函数逼近。考虑到本节主要是探测黄土高原地形定量因子间的关联特征，需确定各输入因子间的权值大小。同时，各输入的地形因子与输出的地形因子间具有复杂的非线性关系，因此，选用 BP 网络模型，根据网络误差平方和（Sum of Squares Error，SSE），通过网络学习过程中对权值的反向调整，得到各权值的一组最优解。

BP 网络是一种多层前馈神经网络，其神经元的作用函数是 Sigmoid 型函数，函数表达式为 $f(x)=1/(1+e^{-x})(0<f(x)<1)$，因此，输出量为 0～1 的连续量，它可实现从输入到输出的任意的非线性映射，其权值的调整采用反向传播的学习算法。对于输入信息，首先向前传播到隐含层的节点上，经过各单元的特性为 Sigmoid 型的作用函数（又称为激活函数或映射函数）运算后，把隐含节点的输出信息传播到输出节点，最后给出输出结果。网络的学习过程由正向传播和反向传播两部分组成。在正向传播过程中，每一层神经元状态只影响下一层神经元网络。如输出层不能得到期望输出，就是实际输出值与期望输出值之间有误差，那么转入反向传播过程，将误差信号沿原来的连接通路返回，通过修改各层神经元的权值，逐次地向输入层传播进行计算，再经过正向传播过程，这两个过程的反复运用，使得误差信号最小。实际上，误差达到人们所希望的要求时，网络的学习过程就结束（焦李成，1995；刘增良，1998；袁曾任，1999；欧阳黎明，2001；闻新等，2002）。确定 BP 网络的结构后，利用输入输出样本集对其进行训练，也即对网络的权值和阈值进行学习和调整，以使网络实现给定的输入输出映射关系。经过训练的 BP 网络，对于不是样本集中的输入也能给出合适的输出，即具有范化（Generalization）功能（袁曾任，1999）。

在选取数据时，应预先留出一小部分数据用于检测。对于 BP 网络，给出网络的输入量、目标输出，通过对一系列数据的训练，模拟出这些数据的输入与目标输出的关系模型，再用预留数据进行检测，若实际输出与目标输出之间的误差在给定误差范围内，则该网络训练成功，其给出的各个相应权值即为实际权值。

建立模型时，先根据数据情况选择适用的网络模型，然后通过训练，由网络误差平方和、训练速度及网络预测精度等指标确定网络的训练函数、仿真函数（即预测函数）、传递函数及相应的各网络参数，最终训练成熟的网络模型即可反映输入、输出因子间的函数关系。

标准的 BP 网络是由输入层，一个或多个隐含层，一个输出层组成，每个点只与邻节点相连接，同一层的节点彼此不相连，其拓扑结构如图 3.32 所示。其中，R 为输入数；S_1为第 1 层神经元数；S_2为第 2 层神经元数；ω_1为输入层与隐含层之间的权向量；

b_1为输入层与隐含层之间的阈值向量；ω_2为隐含层与输出层之间的权向量；b_2为隐含层与输出层之间的阈值向量；a_1为神经元层1（即隐含层）的作用函数；a_2为神经元层2（即输出层）的作用函数。

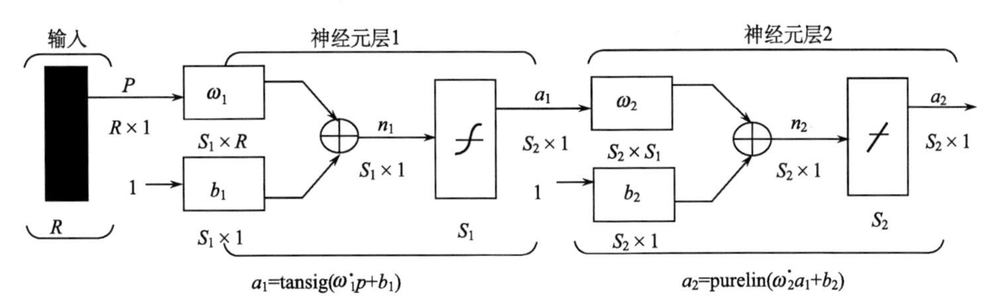

图 3.32　具有一个隐含层的 BP 网络

P 为输入层向量；n 为神经元层 1 输入向量；n_2 为神经元层 2 输入向量；tansig 为正切 S 型传递函数；purelin 为纯线性函数

3.7.2　实验方法与结果

（1）实验样区与数据预处理

实验区为陕西省延川县延河中游地区，样区地理位置在 109°52′30″E～110°00′00″E、36°42′30″N～36°47′30″N。该样区位于黄河峡谷带，样区内梁峁兼有，以峁为主，沟间地、沟坡地、沟底地 3 种地貌发育明显，细沟、浅沟、冲沟、河沟等各类沟壑发育充分，沟壑体系完整；坡面类型齐全，为黄土丘陵沟壑区的典型地区之一（罗枢运等，1988）。

选择 1∶1 万比例尺地形图等高线数字化建立的 DEM 数据作为基本信息源，栅格分辨率为 5m。在实验样区内随机无重复地选取 15 个 2km×2km 的样本数据，12 个用于 BP 网络模型训练，3 个用于 BP 网络预测精度的检测。样本的选择体现地貌类型典型、实验基础数据完备、实验区面积大小满足实验要求等条件。

根据科学性、区域性、可定量性与可操作性的原则，本节选取平均地表起伏度、平均地表粗糙度、平均剖面曲率、平均平面曲率、平均海拔、海拔标准差、沟壑密度与平均坡长作为基本地形定量输入因子。地面坡度因子是描述坡面空间形态的主要因子，也是水土侵蚀中最为重要的地形因子之一。在影响水土流失的诸地形因素中，坡度起着决定性和控制性作用，地面坡度的大小，直接制约着地貌形态、地表径流及土壤侵蚀的形成和发展，影响着土壤的演化、植被的立地条件与土地质量。因此，本节选用平均坡度为输出向量，建立其他因子与坡度之间关联关系的定量模型。因子提取主要在 ArcGIS8.3 中完成，在将数据送入网络运算前，首先进行极差标准化，以消除因子量纲的影响（表 3.14）。

表 3.14 极差标准化后的部分结果

实验样区	平均平面曲率	平均剖面曲率	平均地表粗糙度	平均地表起伏度/m	沟壑密度/(kg/km²)	平均海拔/m	海拔标准差	平均坡长/m	平均坡度/(°)
1	0.1737	0.0000	0.0559	0.2527	0.4999	0.0000	0.3163	1.0000	0.2823
2	0.0686	0.2560	0.0000	0.0000	0.0000	0.3047	0.0609	0.5879	0.0000
4	0.0000	0.7172	0.1559	0.2867	0.3810	0.2763	0.4656	0.9225	0.1675
⋮	⋮	⋮	⋮	⋮	⋮	⋮	⋮	⋮	⋮
14	0.7313	0.4099	0.3072	0.3760	0.6697	0.4727	0.0000	0.3591	0.3276
15	1.0000	0.6868	0.1954	0.1283	1.0000	0.2842	1.0000	0.3097	0.1054

(2) 各地形因子影响程度的确定及网络的预测

BP 网络模型是由输入层、隐含层与输出层组成。不带隐含层的 BP 网络，是其最简单的形式，只有输入、输出两层，试验发现其网络学习的结果能够反映出输入层与输出层间的权值关系，但网络学习的效果不如带隐含层的效果好，预测精度也较差。带有隐含层的 BP 网络，输入层与隐含层有一组对应的权值和阈值，同时隐含层与输出层之间也有一组对应的权值和阈值。如图 3.33 所示，神经元层 1（即隐含层）与神经元层 2（即输出层）之间的权值ω_2与阈值 b_2。对整个网络来说，含有隐含层的 BP 网络，对数据间的关系模式学习得较好，预测精度高。因此，选用带有隐含层的 BP 网络模型。

1）带隐含层的 BP 网络：确定网络结构后，根据数据情况选择合适的网络训练函数、仿真函数（即预测函数）、传递函数及相应的各参数。根据选定的上述网络参数，对这 8 个输入和 1 个输出建立模型，得出两组权值关系（即 ω_1 和 ω_2），根据最终确定的网络模型及参数，输入、输出之间的函数关系可表示为

$$f(x) = \text{purelin}\,[\boldsymbol{\omega}_2 \times \text{tansig}(\boldsymbol{\omega}_1 \times \boldsymbol{X},\ \boldsymbol{b}_1),\ \boldsymbol{b}_2] \tag{3.12}$$

式中，作用函数 tansig 的函数关系式为

$$f(x,\ \boldsymbol{\omega}) = (1 - e^{-\boldsymbol{\omega} x}) / (1 + e^{-\boldsymbol{\omega} x}) \tag{3.13}$$

其一阶导数 $f'(x)$为

$$f'(x) = 2\boldsymbol{\omega}\, e^{-\boldsymbol{\omega} x} / (1 + e^{-\boldsymbol{\omega} x})^2 \tag{3.14}$$

由式（3.14）可知，当 $\boldsymbol{\omega} < 0$ 时，tansig 为递减函数；当 $\boldsymbol{\omega} > 0$ 时，tansig 递增函数。$\boldsymbol{\omega}$ 值的大小决定着 tansig 的增减速率，$\boldsymbol{\omega}$ 的绝对值越大，对控制 tansig 函数变化程度的作用越大。

purelin 的函数关系式为

$$f(x,\ \boldsymbol{\omega}) = x\boldsymbol{\omega} \tag{3.15}$$

式中，$\boldsymbol{X}$ 为 8 个输入地形因子的数值矩阵，形式为 $\boldsymbol{X} = \begin{bmatrix} x_{1,1} & x_{1,2} & \cdots & x_{1,15} \\ x_{2,1} & x_{2,2} & \cdots & x_{2,15} \\ \vdots & \vdots & \cdots & \vdots \\ x_{8,1} & x_{8,2} & \cdots & x_{8,15} \end{bmatrix}$；$\boldsymbol{\omega}_1$ 为

输入层与隐含层的权值矩阵，$\boldsymbol{\omega}_1=\begin{bmatrix} w_{1,1} & w_{1,2} & \cdots & w_{1,8} \\ w_{2,1} & w_{2,2} & \cdots & w_{2,8} \\ w_{3,1} & w_{3,2} & \cdots & w_{3,8} \end{bmatrix}$；$\boldsymbol{\omega}_2$为隐含层与输出层的权值矩阵；$\boldsymbol{\omega}_2=[w_{1,1} \quad w_{1,2} \quad w_{1,3}]$；$\boldsymbol{b}_1$为输入层与隐含层的阈值矩阵；$\boldsymbol{b}_2$为隐含层与输出层的阈值矩阵。

由于作用函数 tansig，purelin 是对矩阵中的每个元素分别作用，并不影响矩阵的整体结构，因此，式（3.12）可简化为

$$\text{Slope}=f(\boldsymbol{X})=\boldsymbol{\omega}_2\times\boldsymbol{\omega}_1\times\boldsymbol{X} \tag{3.16}$$

式中，$\boldsymbol{\omega}_2\times\boldsymbol{\omega}_1$即为各地形因子与平均坡度的关联度，表 3.15 为 DEM 提取各因子的关联结果，表 3.16 为所建立模型的仿真结果的误差。其中，SSE 为网络训练的误差平方和，E_1、E_2、E_3为检测样本 1、检测样本 2、检测样本 3 误差的检测误差，E 的计算公式为

$$E=(\text{Slope}_{仿}-\text{Slope}_{测})/\text{Slope}_{测}\times 100\% \tag{3.17}$$

为了判断正负值的影响，分别去掉平均剖面曲率和沟壑密度，比较其前后误差平方和与仿真效果。去掉平均剖面曲率后，网络训练的误差平方和变大，仿真效果变差；而去掉沟壑密度后，网络误差平方和没有多大变化。这是因为，在这 8 个因子中，剖面曲率是地面起伏与破碎程度的反映，剖面曲率变化的直接结果就是引起地面坡度组合形态及均值的变化；沟壑密度反映的是地表水平方向的破碎程度，相对于其他地形因子，其变化与反映地面起伏的坡度联系不大。因此可以得出网络模型中$\boldsymbol{\omega}_2\times\boldsymbol{\omega}_1$的绝对值的大小是输入因子与输出因子相关程度的定量化反映。同时，在最终计算出的相关权重中，值的正负反映了输入因子对输出因子的作用方向，负值表示作用因子与平均坡度为负相关，正值表示作用因子与平均坡度为正相关。将各因子权值的绝对的总和作为单位权，对各因子的权值进行单位化处理（表 3.15）。

表 3.15　8 个输入因子对平均坡度的关联度

输入因子	平均平面曲率	平均剖面曲率	平均粗糙度	平均起伏度	沟壑密度	平均海拔	海拔标准差	平均坡长
权值	−0.1238	−0.2987	0.851	0.7934	−0.0432	−0.0703	0.1513	−0.1517
单位化处理/%	4.9851	12.0280	34.2680	31.9480	1.7396	2.8308	6.0925	6.1086

2）比较分析：为比较带隐含层的 BP 网络的效果（表 3.16），分别选用不带隐含层的 BP 网络及多元回归的方法进行计算（表 3.17）。

表 3.16　由带隐含层的 BP 网络得出的仿真结果的误差

选用的方法	SSE	E_1	E_2	E_3
误差/%	0.0991	9.5145	−1.7730	3.3700

表 3.17 不同方法得出的仿真结果误差 (单位:%)

选用的方法	SSE	E_1	E_2	E_3
不带隐含层的 BP 网络	1.9299	2.9404	−2.9271	−2.9800
多元回归	4.9885	0.4326	4.1158	16.4400

表 3.17 为不带隐含层的 BP 网络和多元回归方法得出的仿真结果的误差，图 3.33 为 3 种方法的关联权值的比较。由图 3.33 和表 3.17 可知，不带隐含层的 BP 网络模型得出的结果与带隐含层的结果比较接近，因此在精度要求满足的条件下，也可采用不带隐含层的 BP 网络。但由 SSE 的大小可知，在 3 种方法中，带隐含层的 BP 网络对每个样本的学习效果比其他两种方法要好得多。这是由于带隐含层的 BP 网络模型中，带有一个具有 3 个神经元的隐含层，同时由于神经网络的并行算法，使得它比其他两种方法优化很多。因此，带隐含层的 BP 网络得出的关联权值也更为合理。

由图 3.33 和表 3.15 可知，在这 8 个地形因子与平均坡度的复相关中，粗糙度与起伏度的关联权值所占比重最大，分别为 34.2680%和 31.9480%；剖面曲率、坡长和海拔标准差次之，平均海拔和沟壑密度相对最小。

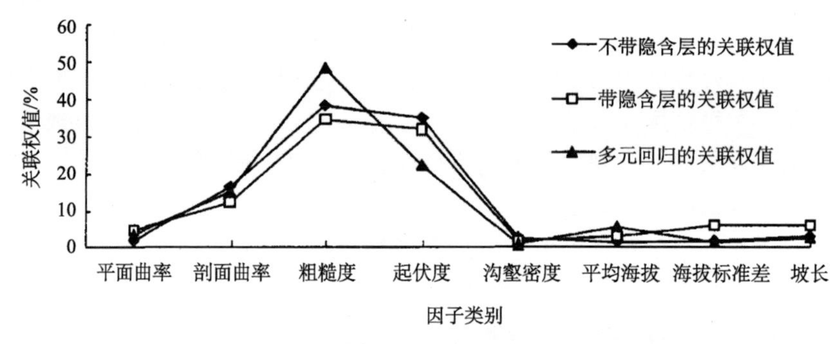

图 3.33 不同方法得出的关联权值的比较

由图 3.32 中带隐含层的 BP 网络的结果可以明显看出，凡是描述垂直方向起伏变化的因子与坡度的关联程度都比较强，如粗糙度、起伏度、剖面曲率等；相对而言，描述水平方向破碎程度的因子与坡度的关联程度较弱，如平面曲率、沟壑密度和平均海拔。这是由于平均坡度是坡度组合的一种表现形式，主要反映的是地形起伏变化程度。在 ArcGIS 8.3 软件中，坡度的提取是基于 3×3 的分析窗口进行的，采用的是差分算法，因此，周围格网点的高程对中心点值的影响较大。粗糙度、起伏度、剖面曲率、平面曲率以及坡长都是基于这种窗口的分析方法；粗糙度反映的是分析窗口内空间三角形与其在水平面上的投影之比，起伏度反映的是分析窗口内的高差，这两者都是与坡度密切相关的。粗糙度越大，即分析窗口内空间三角形与其在水平面上的二面角越大，坡度就越大。起伏度越大，即分析窗口内的高差越大，因此坡度也越大。所以，这两者相对于其他地形因子，与坡度的关联权值较大，且其关联程度相近。由此可知，带隐含层的 BP 网络比其他两种方法更为准确地反映了因子间的关联程度。剖面曲率刻画的是地表曲面在垂直方向的弯曲变化情况以及地表曲面在垂直方向的起伏复杂程度，因此其关联程度较前两者次之；平面曲率描述的是地表曲面沿水平方向的弯曲、变化情况，也就是该点所在的地面等高线的弯曲程度。从一个角度讲，地形表面上一点的平面曲率也是对该点微小范围内坡向变化程度的度量。因此，平面曲率与坡度的关联程度在这8个因子中就小得多。沟壑密度反映的是地表在水平方向上的破碎程度，而平均海拔是样本内高程的整体信息，二者都反映的是地形在水平方面的信息，因此与坡度的关联程度最小。

3.7.3 小结

1）在黄土丘陵沟壑区，各个地形因子与平均坡度的关联程度有较大的差异。地面粗糙度、起伏度和剖面曲率对平均坡度的关联度较大，而沟壑密度、平均海拔的关联度相对较小。

2）本节在模型的建立过程中，通过几种不同方法的对比，显示出带隐含层的BP网络预测精度高，可准确揭示各地形因子对平均坡度关联程度的大小。神经网络由其本身类似于黑箱操作的特点，在数据处理中可避免数据分析和建模中的困难。特别适用于不确定性和非结构化信息处理，对地学中各种未知信息的预测有着较好的适用性。同时，便于模拟出多种因素间的复杂关系，这是传统的统计分析与建模方法所难以实现的。

3）本节所得到的模拟结果与多元统计分析及不带隐含层的BP网络的结果基本吻合。拟在今后的研究中进行黄土高原多地貌类型区的地形定量因子关联性试验，在此基础上，从地形地貌学与数字地形表达多角度揭示其内在的机理与外部的条件，以深化对黄土高原地形地貌规律的认识。同时，也为神经网络技术在数字地形分析中的应用提供有益的实践。

3.8 SRTM DEM高程精度评价

3.8.1 引言

2000年2月11日至22日，美国“奋进号”航天飞机圆满地完成了为期12天的航天飞机雷达地形测绘使命，即SRTM，获得了地球表面从60°N～56°S、覆盖陆地表面80％以上的三维雷达数据（汪凌，2000），其中3″×3″（相当于90m栅格分辨率）的SRTM3已对全球免费发布。这一数据无疑将会有广阔的应用前景，将会推动空间地理科学的发展，也为数字地形分析提供有力的数据支持，带来诸多便利。

关于SRTM数据的质量研究，国外较多而国内较少。研究内容主要集中在高程采样误差的评价方面。部分学者对SRTM提取的地形参数描述的精度也做了少量研究。Koch和Heipke（2001）根据空间相似性变换的原理得到SRTM与其他高精度高程数据的匹配算法，可根据某一参考数字地面模型来评估SRTM的精度水平。Sun等（2003）采用SLA-02和SRTM数据进行交叉验证，得到SRTM在表面无遮蔽区的精度高于其标称精度，在森林区精度低于其标称精度。Brown等（2005）通过计算GPS点与SRTM相应点的高程绝对误差和相对误差评价SRTM的数据精度。Miliaresis和

Paraschou (2005)、Ma 和 Li (2006) 利用误差图将 SRTM 与 1∶250 000 DEM 比较，计算其误差。Ludwig 等 (2006) 利用高程剖面和误差场来分析 SRTM DEM 和参考 DEM 间的高程差异。

SRTM 数据虽然有现势性强，获取免费等优点，对数字地形分析具有重要意义。但其特殊的数据获取方式、特定的空间分辨率都给利用 SRTM DEM 进行数字地形分析带来诸多的不便。因此有必要深入研究 SRTM DEM 的数据质量。本节以我国标准化生产的 1∶50 000 比例尺 DEM 为参考对比数据，以具有多种不同地貌类型的陕西省为实验样区，利用高程中误差模型及空间插值方法对 SRTM DEM 进行了高程精度分析。实验结果将有助于全面了解 SRTM DEM 数据精度，完善 SRTM DEM 精度评定内容与方法，为更进一步进行 SRTM DEM 相关研究提供借鉴与支持。

3.8.2 实验过程

(1) 计算 SRTM DEM 高程中误差

目前常用的 DEM 高程精度评价标准为 DEM 高程中误差模型，即通过 DEM 的高程值和高精度的参考值（如已知的实测高程）之间的统计比较而得到，如美国 USGS DEM、我国 1∶50 000、1∶250 000 DEM 等均采用这种标准。中误差模型是 DEM 和数字地形分析中常用的数值精度模型，它是用子样方差来表示母体方差。DEM 中误差的计算方法是，假设检验点的高程为 Z_k $(k=1, 2, \cdots, n)$，在建立的 DEM 上对应这些点的高程为 z_k，则 DEM 的中误差为

$$\mathrm{RMSE}=\sqrt{\frac{\sum_{i=1}^{n}(Z_k-z_k)^2}{n}} \tag{3.18}$$

我国 1∶50 000 DEM 采用 28 个分布在图幅内和图幅边缘的检验点，按上述方法对 DEM 质量进行大体的精度评定。中误差并不能反映单个误差的大小，它是从整体意义上描述采样点高程数值与其真值的离散程度。实际操作中，28 个检验点过于稀少，具有很大的偶然性，因此有必要增加检验点数目。本实验中，基于 ArcGIS 软件，将 1∶50 000 DEM原始等高线转为节点数据，作为计算中误差的检验点，再转换为与 SRTM DEM 相对应的 90m 分辨率的栅格数据。编写宏命令语言（ARC Macro Language，AML）程序，对 SRTM DEM 和以上得到的栅格图层进行逐栅格运算，利用式 (3.18) 计算 SRTM DEM 与此栅格数据的高程中误差。

(2) SRTM DEM 高程中误差空间分异特征

根据前述方法，分别计算 82 个样区的高程中误差。同时，利用 ArcGIS 中的地统计分析模块（Geostatistical Analyst）进行反距离加权插值（Inverse Distance Weighted，IDW），得到整个陕西省 SRTM DEM 的中误差空间分异图（图 3.34）。由图 3.35 可以看出，SRTM DEM 的高程中误差在陕西省有一定的空间分异特征。SRTM DEM 的中误差由南向北出现从秦巴山地的较大值到关中盆地的较小值，再到黄

土丘陵区，中误差值逐渐增大，最后到风沙河谷区，中误差逐渐减小的趋势。

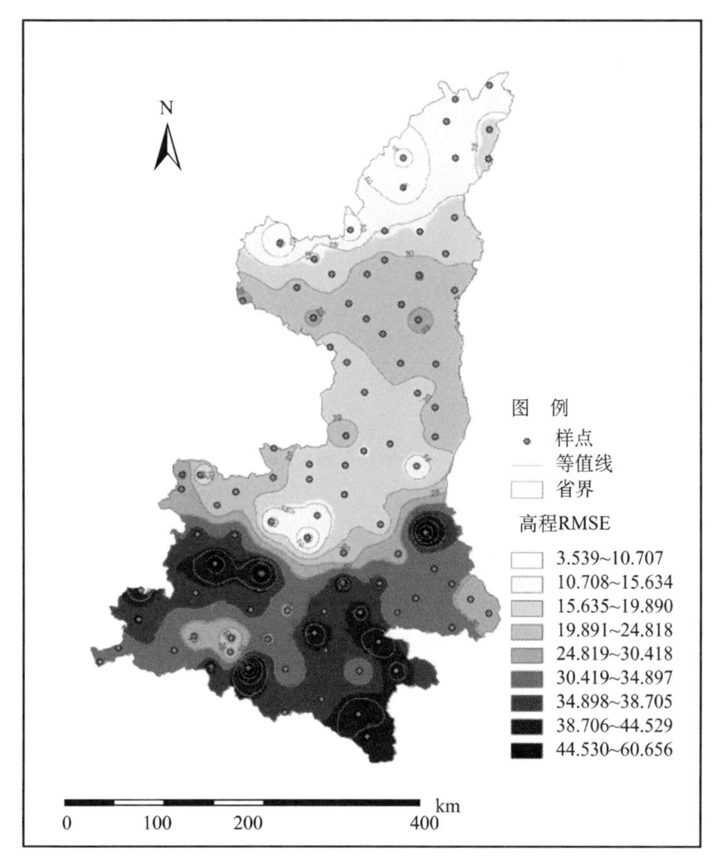

图 3.34 陕西省 SRTM DEM 高程中误差空间分异图

在陕西省南部的秦巴山区，SRTM DEM 的高程中误差值比较大。这是因为在山地地区，地形结构复杂，地形起伏度、切割深度均较大，SRTM DEM 90m 的分辨率无法细致地刻画地形起伏变化。另外，由于雷达干涉测量本身的缺陷，在一些山体陡峭的地区，如华山、太白山、石泉样区，山体背坡坡度较大时可能会产生雷达阴影从而造成数据缺失，仅通过内插等方法填补这些空洞点。因此这些数据缺失的地方就可能会出现更大的误差。处于秦岭—巴山中部的汉中盆地、安康低山丘陵区，由于区域内多低山、丘陵，平均海拔较低，且高差起伏也较小，地势变化较平缓，因此高程中误差值也较之周围的中高山区小。

处于关中腹地的渭河平原，由于地形平缓，地形起伏小，因此中误差也较小。但是由于该地形区面积相对狭小，实验样区受到限制，受南部秦岭山区和渭北“北山”的影响，该区的中误差值比实际值偏大。

在黄土塬区和黄土丘陵沟壑区，由于区域内丘陵起伏，沟壑纵横，地形起伏度、切割深度均逐渐增大，因此高程中误差也逐渐增大。而到了风沙河谷区，由于这里有连片的低缓沙丘，样区内高差较小，地形起伏平缓，因此中误差值在这里达到最小。

经过多次试验，发现中误差与实验样区平均坡度有较强的指数相关关系（图3.35），拟合公式如下：

$$\mathrm{RMSE} = 5.2252\mathrm{e}^{0.0673\mathrm{slp_m}} \tag{3.19}$$

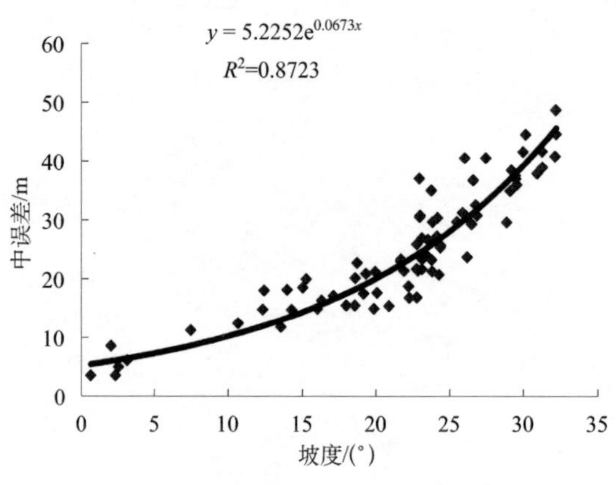

图 3.35　中误差-坡度关系示意图

式中，$\mathrm{slp_m}$为样区平均坡度。

为了验证模拟结果的可靠性，将未参与模拟的6个样区SRTM DEM作为检验样区。这6个检验样区的中误差计算值及模拟值见表3.18。中误差的模拟值与计算值的最大绝对误差为5.98m，最小误差仅为1.29m，最大相对误差为0.29，最小仅为0.05。可见，式（3.19）的模拟结果具有较高的精度。因此，根据以上分析，可以认为坡度越大、起伏越大的区域，其高程中误差也越大，而坡度越小、越平缓的区域，其高程中误差也越小。

表 3.18　SRTM DEM 中误差模拟结果检验表

样区编号	1	2	3	4	5	6
计算值/m	14.98	4.50	21.27	36.88	34.29	32.00
模拟值/m	17.52	5.79	25.89	34.90	40.27	33.80
绝对误差/m	2.54	1.29	4.62	1.98	5.98	1.80
相对误差/%	0.17	0.29	0.22	0.05	0.17	0.05

3.8.3　小结

通过对陕西省82个样区进行计算，采用中误差模型，通过内插得到整个陕西省的SRTM DEM高程中误差空间分异图。结果显示，SRTM DEM高程中误差由南向北出现从秦巴山地的较大值到关中盆地的较小值，再到黄土丘陵区，中误差值逐渐增大，最后到风沙河谷区，中误差逐渐减小的趋势，并且高程中误差与实验样区平均坡度有较强的指数相关关系，可以用指数函数来模拟，经验证该函数具有较高的模拟精度。

本节以我国1∶50 000 DEM为假定真值，代替了实测的点高程值。尽管我国

1∶50 000 DEM 覆盖了各种地貌类型，且精度较高，但与实测的点高程值还有一定误差。在今后的研究中，应进行野外实地采样，以期得到更精确的 SRTM DEM 精度水平。

3.9 顾及坡面汇流特征的混合流向算法研究

数字流域地形分析在数字地形分析中占有非常重要的地位，已成为构建分布式水文模型过程中不可缺少的一部分（李道峰等，2005）。在流域地形分析中所得到得与地形有关的地形因子，如坡度、坡向、坡长、汇流累计量、地形指数等，这些地形因子已成为土壤侵蚀模型、滑坡泥石流灾害预报等重要指标参数（赵善伦等，2002）。但是由于局部坡面形态的空间差异性，往往导致了坡面因子在计算、模拟和表达方面都有所不同。流向作为影响坡长及其相关指标（单位汇流面积、径流长度等）的主要因素，其合理的算法是至关重要的。

针对流域地貌分析中流向算法的研究，前人已经形成了一套实用的方法。其中，最早的为单流向算法（O’Callaghan et al.，1984），即为 D8 算法，该算法因其简单、方便得到了广泛的使用。但是由于 D8 算法的径流路径的单一性，导致模拟过程中产生了诸如平行水系等的问题。研究者为改进单流向算法，出现了诸如 Rho8（Fairfield and Leymarie，1991）、Dinf（Tarboton，1991）、DEMON（Costa-Cabral and Burges，1994）、多流向算法（Freeman，1991）等。这些算法采用较为合理的水流分配方案，一定程度上满足了流域分析的需求。且对各种流向算法的相似性、适用性等问题开展了对比研究。①秦承志、朱阿兴等（2006a，2006b）在总结多流向算法的基础上，认为需要获取与流向直接相关的水文参数的详细空间分布时，多流向算法明显优于单流向算法。并且在此基础上讨论的水流分配的策略对多流向算法的影响。②刘学军等（2008）将所有的算法归纳为单流向算法和多流向算法，并对不同流向算法（D8、Rho8、Dinf、MFD 和 DEMON）进行了比较分析。认为算法的差异主要集中在坡面区域，汇流区域各类算法的差别较小；算法差异在不同 DEM 尺度下都有所体现，在地形复杂区域，多流向算法要优于单流向算法。③程海洲，熊立华（2011）提出了基于局部地表形态的可变过水宽度多流向算法。④Wilson 等（2007）就流径算法对地貌分类的影响进行了研究，进一步指出流向算法选择在水文参数计算方面的重要性。

总结上述国内外研究学者对单流向算法和多流向算法研究可以得到如下结论：①单流向的适宜性的结论，但是由于地形本身以及地表径流的复杂性，单流向算法由于存在径流路径的单一性的问题，仅仅适宜沟谷汇流模拟。②多流向算法虽然在一定程度上考虑到局部 3×3 窗口的坡度坡向特征，但是对整个地形采用单一水流多向分配策略系数也是不够充分的。为探讨不同地貌条件下水流流向的特性，研究设计并选取了以黄土高原两个典型地貌类型样区为例，提出一种整合单流向算法与多流向算法的优势的新方法，该方法为顾及地形表面的坡面汇流特征（即黄土地貌二元地形特征结构）的混合流向算法（Mixed Flow Routing Algorithm）以下简称 MFRA 算法。该算法首先依据地表形态特征，对 DEM 数据进行坡面特征分类。形态分类的基础上采用与之对应的流向算法进行汇流模拟。并将结果与目前流行的多流向算法汇流模拟与单流向算法汇流模拟结果进行对比，分析表明：该类型的混合流向算法充分顾及了坡面的汇流特征，实施了流向算法与地形匹配的混合机制，更加合理的模拟地表径流特征。

3.9.1 黄土地貌二元地形结构

黄土地貌具有典型的二元结构，即沟沿线以上表面相对平滑的正地形结构和沟沿线以下表面陡峭的负地形结构。在这二元结构的地形中存在显著的形态差异、地貌与水文过程。基于这些差异，设计一个流向算法来平衡黄土地貌的二元地形结构是一个亟须解决的问题。在传统的汇流方法中，对地形的坡面采用水流单一流向和水流多流向分配的策略进行汇流计算，这些方法计算方便，得到了较好的使用，然而，由于地形的复杂性尤其是黄土地形的局部差异性，导致了传统方法在流域分析中遇见了算法对整个地形难以保证坡面地形汇流特征等问题。因此，在设计算法前应优先考虑地形的坡面形态，据此设计相应的流向算法对各种坡面形态进行汇流模拟。

在黄土地貌区域内，坡面形态尽管在空间上多表现为较大的复杂性与多样性，但是，从总体坡面形态上可以划分为以沟间地为主的正地形和以沟谷地为主的负地形（图3.36），两者之间出现了明显的分界线——沟沿线（Zhou et al.，2010）。而正地形位于沟沿线以上，侵蚀方式以坡面侵蚀为主的地形区域，主体上以沟间地为主。负地形位于沟沿线以下，侵蚀方式以沟道侵蚀为主的地形区域，包括沟谷地和沟底地（周毅，2008）。

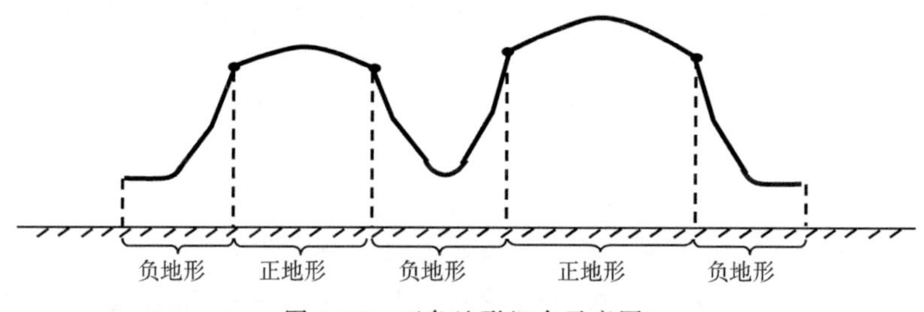

图3.36 正负地形组合示意图

对于黄土高原这两种坡面形式的地貌类型，对其汇流特征的研究中；郑粉莉等（2003，2004）首先从侵蚀的角度将坡面侵蚀机制分为雨滴、片蚀、细沟侵蚀、浅沟侵蚀4个过程。其中雨滴侵蚀是天然降雨的过程，对流向影响不为明显；而片蚀、细沟侵蚀、浅沟侵蚀属于坡面汇流的特征形式，在正负地形的侵蚀机制中，正地形包括片蚀，负地形包括细沟和浅沟等的沟蚀；其中片蚀是指坡面薄层水流对土壤的分散和输移过程，片蚀作用的动力是薄层水流的作用力。细沟侵蚀是细沟小股流对细沟沟壁、沟底、沟头土壤的分散、冲刷和搬运过程。细沟侵蚀的发生取决于坡面水流的水力学特性和坡面土壤条件。当坡面水流达到一定水力学指标称之水力临界后，才能发生细沟侵蚀，主要用径流量、径流水流动力、径流剪切力等来描述。浅沟是我国黄土高原特有的侵蚀方式，对其研究是从土壤侵蚀分类和坡面土壤侵蚀垂直带划分开始的。浅沟侵蚀是坡面水力面蚀与沟状侵蚀之间的过渡类型，浅沟侵蚀的发生发展过程包括浅沟沟头溯源侵蚀、浅沟水流对浅沟沟槽的冲刷和浅沟水流对浅沟沟间区泥沙搬运，浅沟侵蚀在坡面侵蚀中占有重要地位，是坡面侵蚀预报必须考虑的重要方面，加强浅沟侵蚀机理及其水力学特性的研究对促进包括浅沟侵蚀在内的坡面侵蚀预报模型的研究具有重要的现实意义。

由于两者所处的位置和侵蚀方式不同，导致两者内部植被覆盖、土地利用类型、地表粗糙程度均有巨大差异。因此，两者间的坡面汇流机制也将产生差异，导致流向算法的差异性。图 3.37 所示，在黄土高原的正负地形的坡面形态中，正地形区域地表面较为光滑浑圆，水流以漫散径流特征较为明显，适宜多流向水流汇流特征，而在负地形区域，地表面以下切的动力为主，适宜单流向水流汇流特征。

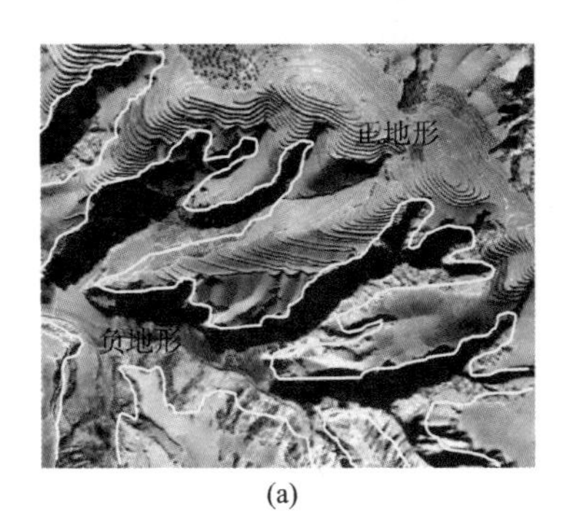

(a)

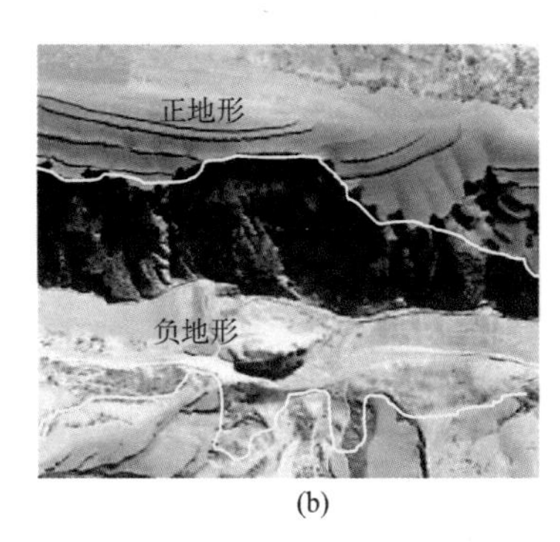

(b)

图 3.37　正负地形坡面形态

3.9.2　实验数据与方法

（1）实验数据

流向算法适宜对流水地貌作用强烈的区域进行模拟，而黄土高原因其以独特的水蚀作用而形成的特殊景观形态而闻名于世，因此，为检验上述算法的结果，研究选取了黄土高原丘陵沟壑区塬区（长武）、峁区（绥德）的两个同级别的小流域作为研究对象，这两种地貌类型在黄土地貌类型中的塬区地貌类型和峁区地貌类型具有很强的代表性，其对应的 5 米分辨率 DEM 数据为数据源，该数据源由陕西省测绘局通过航空摄影测量方式生产。由于汇流累计是一个逐步累加的过程，受到上游流域的影响，在采用各流向算法计算汇流累计值时，为保证所得到的值的独立性，选取的两块数据区应尽量不受上游流域影响，即为独立的 2 个小流域，实验小流域如图 3.38 所示。

（2）实验方法

根据坡面汇流的特征，就算单位汇水面积时设计与之对应的 MFRA 算法。单位汇水面积的计算原理如图 3.39 和式（3.20）所示。MFRA 算法的基本思路为依据坡面地形的差异性设计与之对应的流向算法，其基本方法为：

1）坡面分割：依据黄土高原的剖面形态的特征，对数据进行正负地形分割，正负地形的分割方法采用最优窗口分析法（17×17），将原始 DEM 与邻域分析结果相减，提取大于 0 的栅格为正地形，反之为负地形（周毅，2008）。

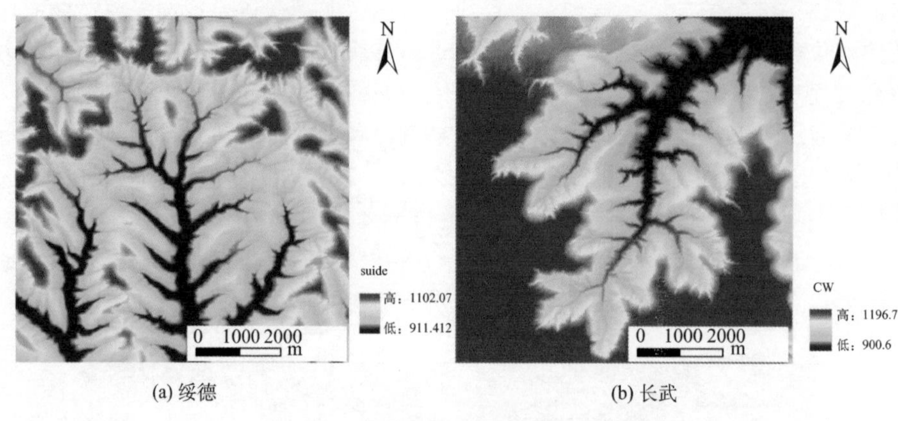

(a) 绥德　　　　(b) 长武

图 3.38　流向算法测试实验样区 DEM

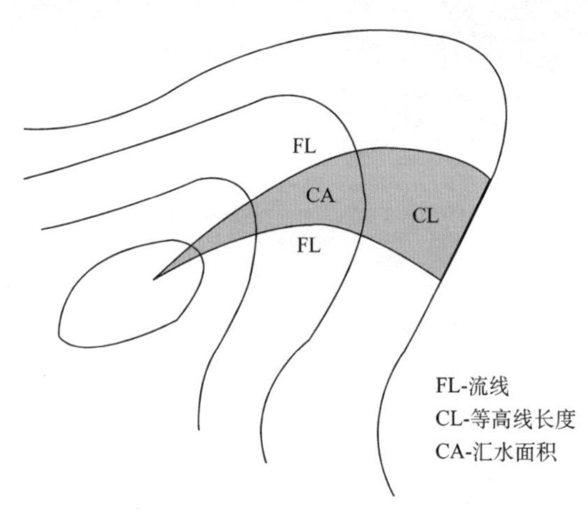

图 3.39　单位汇水面积计算示意图

2）沟沿线位置标识：对正负地形分割结果的边界区域标识。

3）混合流向算法计算：在正地形区域采用多流向算法，负地形区域采用单流向算法，两者的边界区域即上述沟沿线标识点以正地形多流向汇流的结果作为负地形单流向算法运行的初始值。

基本的算法原理示意图如图 3.40，并将单流向，多流向的算法示意作为对比，图中箭头为各种流向算法可能的出现水流的栅格。其中多流向算法的基本形式为式（3.21）和式（3.22）（Wilson et al.，2007）：

$$\mathrm{SCA}=\lim_{\mathrm{CL}\to 0}\frac{\mathrm{CA}}{\mathrm{CL}} \tag{3.20}$$

$$f_i=\frac{(\tan\beta_i)^p\times L_i}{\sum_{j=1}^{8}(\tan\beta_j)^p\times L_i}\quad j=1,\ \cdots,\ 8 \tag{3.21}$$

式中，f_i 是中心单元格对第 i 个邻域单元格的水流分配值；$\tan\beta_i$ 是中心单元格对第 i

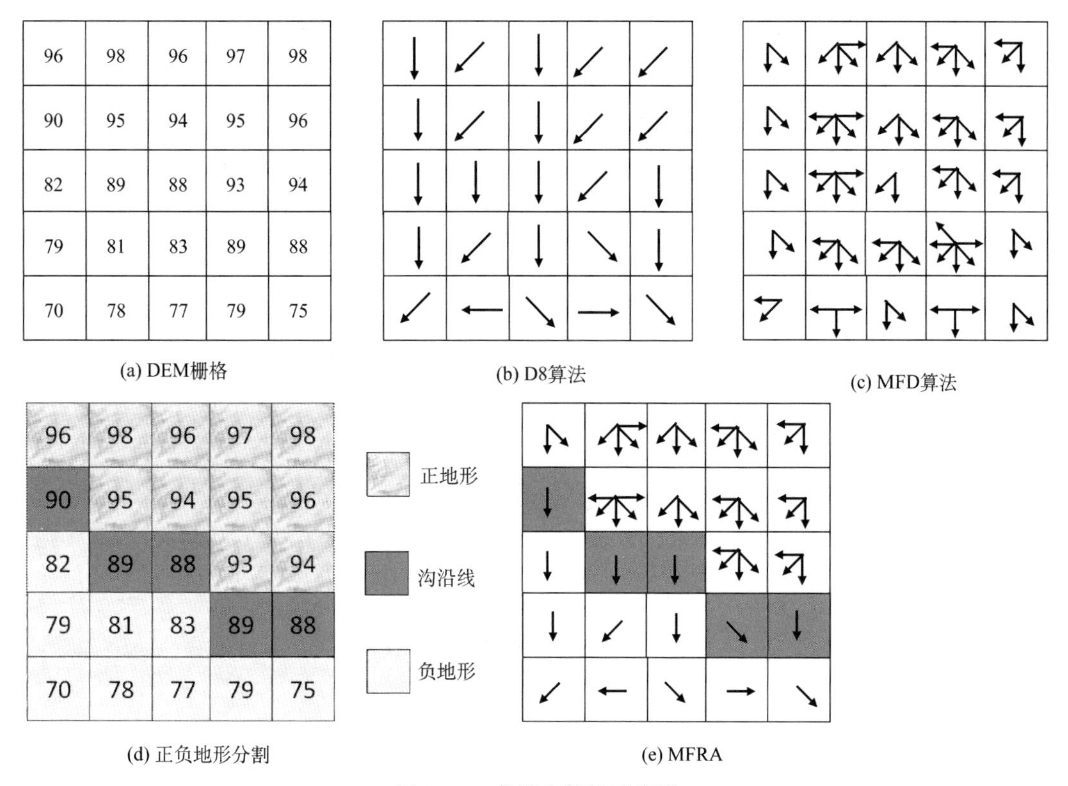

图 3.40 各流向算法示意图

个邻域单元格的坡度；p 是指数因子，且 $p>0$，以保证坡度越陡的方向得到越多的水流，在本节中采用 $p=1$ 的形式进行水流分配，即水流按每一流向的坡度和等高线宽度所占不同比例分配给下坡向单元格，L_i 是第 i 个邻域方向的等高线宽度。若单元格的边长为 L，式 3.21 中的 L_i 通常定义为：

$$L_i=\begin{cases}\dfrac{1}{2}\Delta L, & h_i>h_j \quad j=\mathrm{E},\ \mathrm{S},\ \mathrm{W},\ \mathrm{N} \\ \dfrac{\sqrt{2}}{4}\Delta L, & h_i>h_j \quad j=\mathrm{NE},\ \mathrm{SE},\ \mathrm{NW},\ \mathrm{SW} \\ 0, & h_i<h_j \quad j=\mathrm{E},\ \mathrm{S},\ \mathrm{W},\ \mathrm{N}\end{cases} \tag{3.22}$$

3.9.3 实验与结果分析

（1）实验结果

1）正负地形分割结果：图 3.41 显示两个地貌类型样区正负地形分割的结果。

2）算法计算结果：分别采用 D8 算法，多流向算法和 MFRA 算法对上述两个实验样区进行 SCA 值模拟，为达到视觉感知的差异性，分别对三种算法的结果取对数，即 Ln（SCA），图 3.42 为实验的模拟结果。

图 3.41　正负地形分割结果

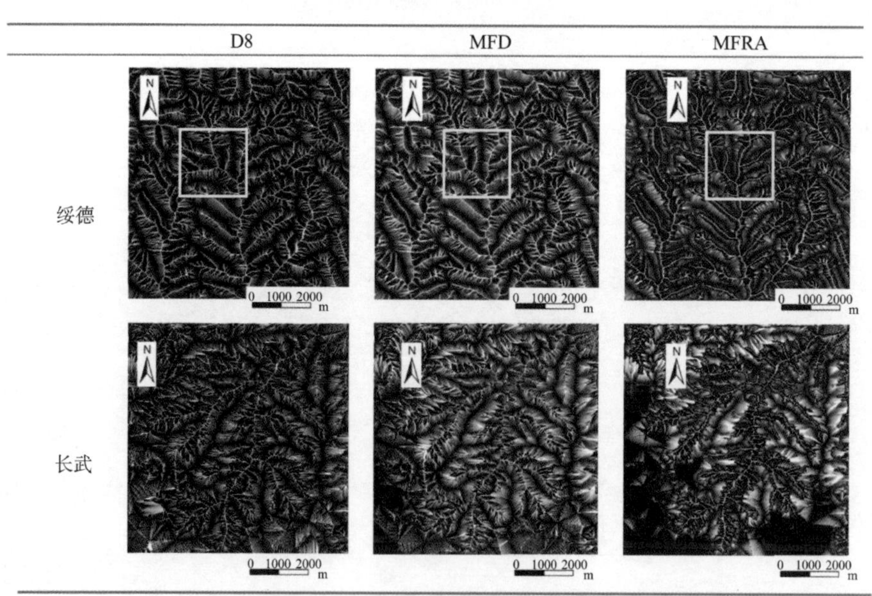

图 3.42　不同计算结果的形态差异

注：灰度越暗，SCA 值越小，反之 SCA 值越大

(2) 结果分析

在上述采用各流向算法的计算结果中，D8 算法和多流向算法在结果的格局上没有

很大的差异，在坡面的值上的差异性较为明显，而 MFRA 算法在顾及地形坡面的基础上再进行流向算法的分区计算并合并，其计算结果无论是整体格局还是在坡面汇流结果都与 D8 算法和多流向算法的计算结果产生很大的差异，这种差异性体现了该算法与原有算法思想的差异性，在最大程度上保留了原有的地形特征，尤其是在沟沿线位置上的特征。为检验该算法的适宜性，有必要采用相应的定性、定量分析指标对该算法进行评价，本书采用汇流计算结果的坡面结构形态、数值分布，累计频率曲线和 x、y 散点图对该算法的进行评价。其基本分析的目的如表 3.19。

表 3.19　结果评价因素

坡面结构形态	该特征能够直观的从视觉上反映原始 DEM 数据通过各种算法所得到的结果之间的视觉差异以及差异位置。
汇流累计值分布	汇流累计值的结果分布图可以从数值上反应算法的差异性以及得到结果的差异性数值位置，不同的分级方案得到的数值分布结果能反映算法的稳定性强弱。
累计频率曲线	累计频率曲线可揭示算法差异的区段，数值累计结果形态。
XY 散点图	XY 散点图可反应各种算法两两之间的相关性，并通过线性拟合来反应两种不同算法之间的线性差异。

1）坡面结构形态

图 3.43 为上述绥德地区计算结果截取的小部分放大显示，其中图 3.43（a）为 DEM 数据的光照阴影图，图 3.43（b，c，d）分别为各种算法的计算结果（Ln（SCA））。图中可明显看出，D8 算法对地形汇流模拟相对零碎，多流向模拟结果较为理想，但这两种算法均没有表现出坡面结构形态的差异性，而 MFRA 算法有效的保留了地形的坡面特征，尤其是沟沿线位置上的正负地形汇流差异性特征。

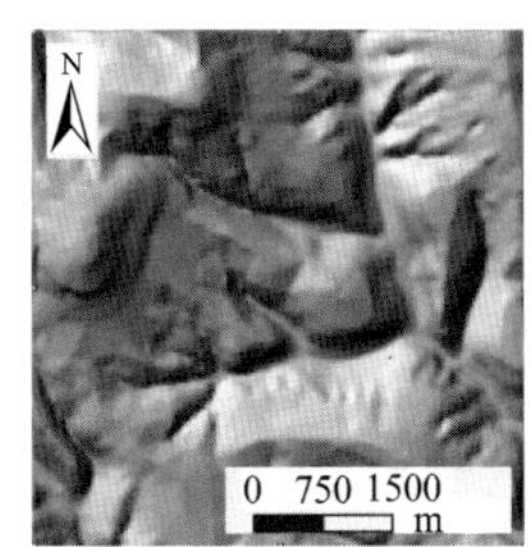

(a) 地形光照晕渲

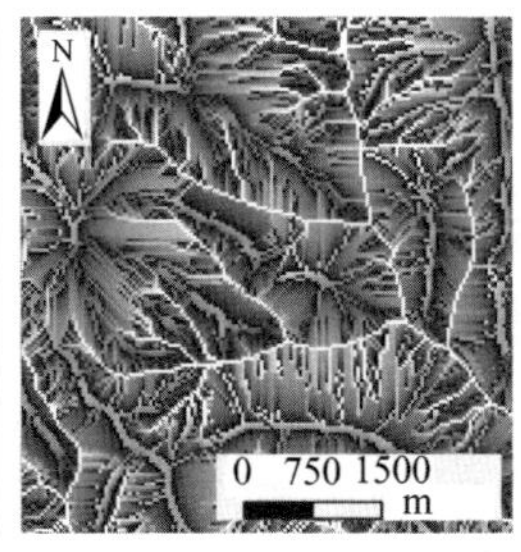

(b) D8结果

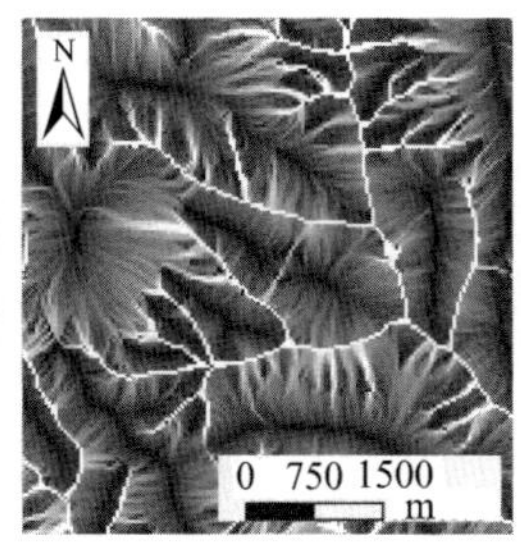

(c) MFD结果

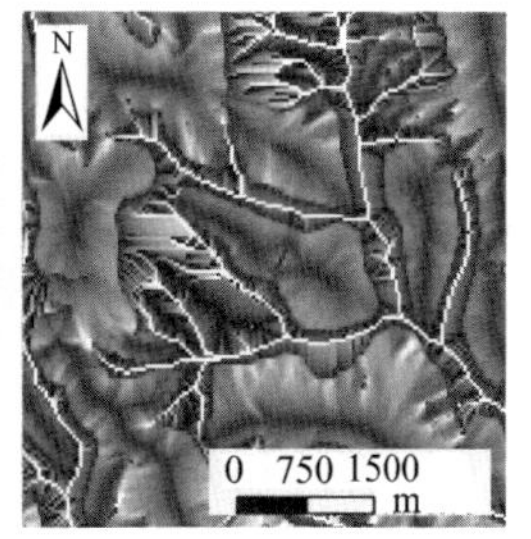

(d) MFRA结果

图 3.43　Ln（SCA）分布

2）汇流计算结果数值分布

地表汇流的过程是一个从上往下逐步累加的过程，该过程得到的数值分布应处于一个稳定的逐步累加的状态，且分布尽量不应受到分级的影响；如图 3.44 所示，实验样区得到的三种流向算法的汇流累计值的分布状态，且根据不同的分级空间得到不同的空间分布，图中 3 种流向算法的基本趋势是一致的，先增大后减少，在分级较细时，D8 算法和多流向算法都出现了一个先减少的过程，尤其在长武实验地区显示的尤为明显，且 D8 算法在分级较细的情况下出现紊乱，只有 MFRA 算法的趋势没有发生变化。且 MFRA 算法的数值分布其他 2 种算法有较大的差异，为检验这种差异性，采用累计频率曲线对其进行统计。

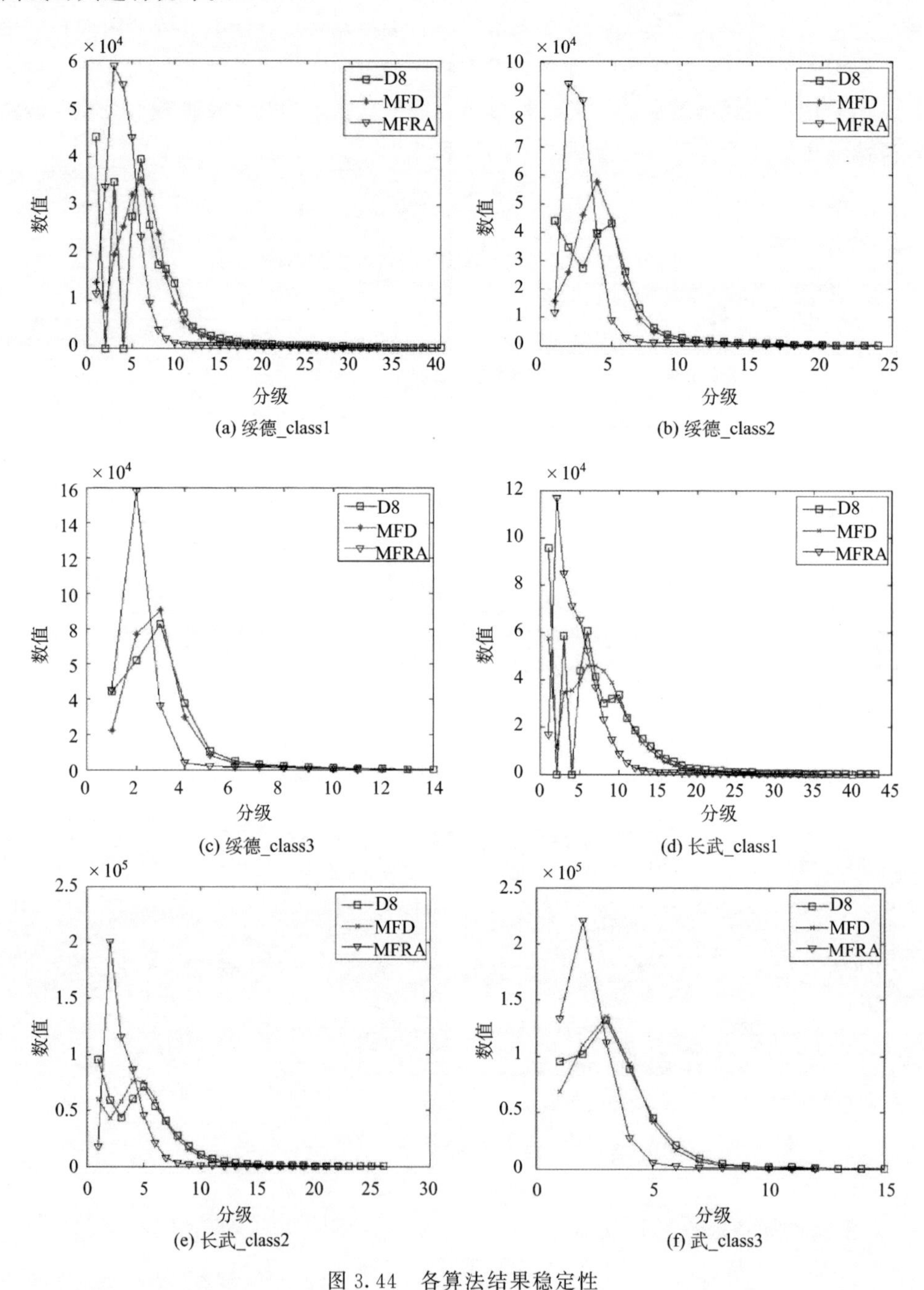

(a) 绥德_class1　(b) 绥德_class2　(c) 绥德_class3　(d) 长武_class1　(e) 长武_class2　(f) 武_class3

图 3.44　各算法结果稳定性

3）累计频率曲线差异

累计频率曲线可揭示算法差异的区段，图 3.45 显示 2 个样区中 3 种流向算法的累积频率图，图中显示，在 Ln（SCA）＜6 值时，3 种算法的频率图出现明显的差异，

MFRA 算法在 In（SCA）起始位置处于 D8 算法和多流向算法之间，而后穿过 D8 算法率先达到转折位置并趋于稳定。这表明，MFRA 算法改进了 D8 算法的低值区过多和多流向算法在沟谷区水流多流向分配问题，使得结果的低值区处于 D8 算法和多流向算法之间；而后又穿过 D8 算法达到稳定。

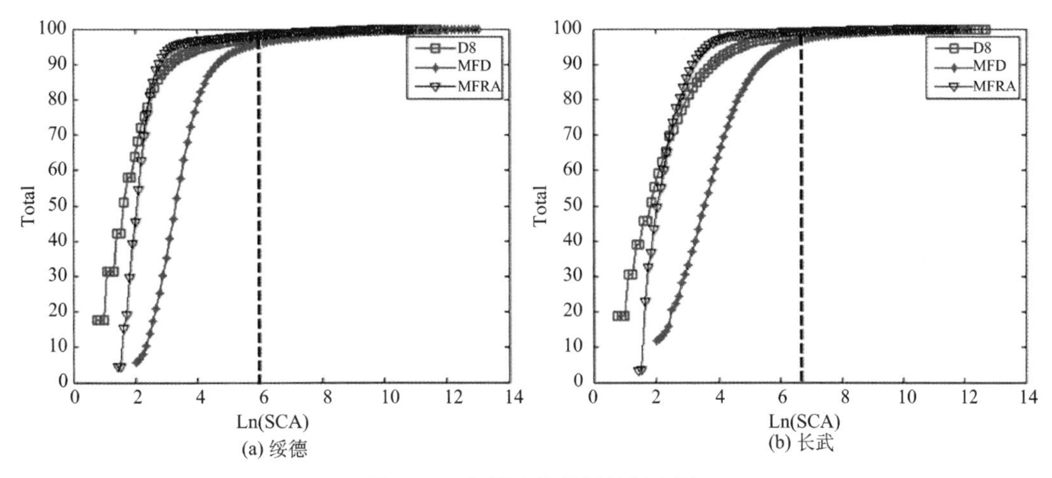

图 3.45　各算法结果累计频率图

4）相关性 XY 散点图分析

XY 散点图则直观的以图形方式表示其相似性并揭示算法之间的函数关系。为检验本书算法与其他算法的差异性，选择两个样区中的绥德样区的结果作为分析对象，对实验中的 MFRA 算法与 D8 算法和多流向算法分别作 XY 散点图的相关性分析；图 3.46

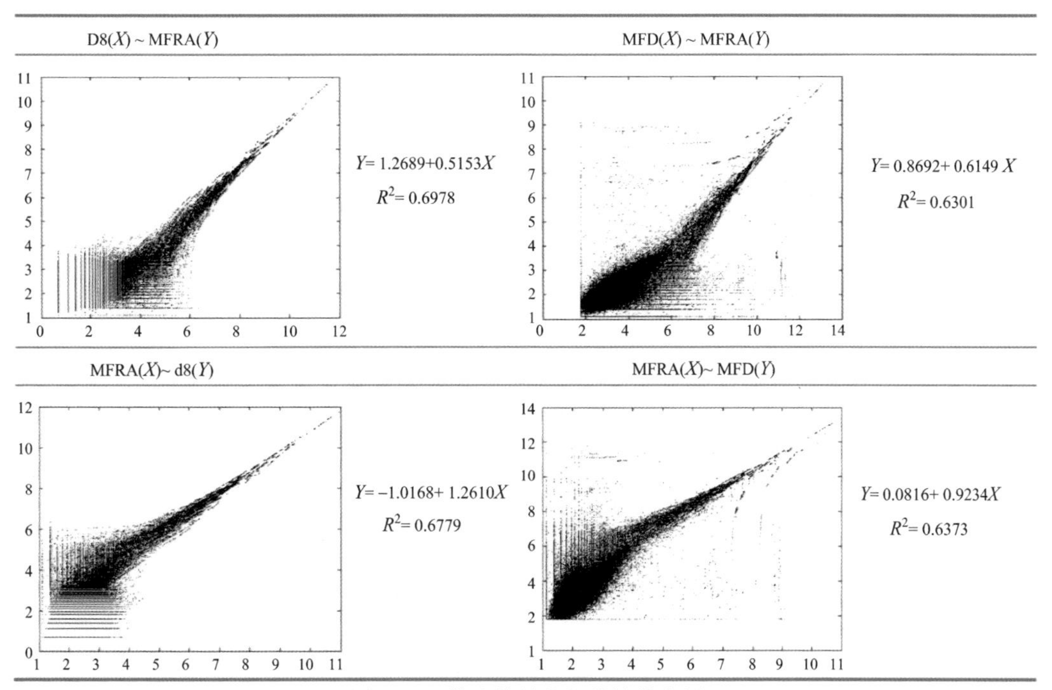

图 3.46　算法结果的相关性散点图

显示 MFRA 算法与其他两种算法的散点分布矩阵，并按照 $Y=a+bX$ 拟合的流径算法之间的函数关系矩阵。

如果两个算法一致，则关系为 $Y=X$，反之如果 a 越偏离 0 或 b 越偏离 1，两种算法的差异就越大。表 3 显示 3 种流向算法在 TCA 低值区呈现一定程度的离散分布，但随着值的增大，各算法具有较强的线性相关关系。但散点的高值区仅占据很少的一部分，由线性相关方程可以看出，MFRA 算法与 D8 算法和多流向算法具有明显的差异，且 R^2 值也较低。与前面分析的 MFRA 算法与其他算法具有较大的差异分析结果一致。

3.9.4 小结

本节选择两个典型黄土地貌样区作为实验对象，采用顾及坡面汇流特征的混合流向算法提取汇水面积，该算法采用地形的局部差异性导致的侵蚀、汇流特征的差异性来选择合适的流向算法进行模拟，并实现有效的拼接，更为显现地貌学地形本身的物理意义。算法在顾及地形剖面的本身特征的基础上，充分保留的单流向算法模拟沟谷的优势与多流向算法模拟坡面汇流的优点，所得到结果具有较强的分布稳定性，更为真实合理；说明 MFRA 算法具有更加贴合实际的汇流模拟能力。地形本身是复杂多样的，如何更好的顾忌到地形本身的特征，再来采取针对性的有效的方式进行处理才能更好的解决地形的实际问题。

参考文献

蔡先华，郑天栋. 2003. 数字高程模型数据压缩及算法研究. 测绘通报，(12)：16-18

常燕卿，刘纪平. 1998. GIS 中实用化矢量栅格一体化技术实现. 中国图象图形学报，3 (6)：490- 493

陈勇，刘京，刘举. 2007. 黄土高原梯田质量评价系统设计研究. 干旱地区农业研究，25 (6)：227-230

程海洲，熊立华. 2011. 基于局部地表形态的可变过水宽度多流向算法 . 地理科学，(2)

崔铁军. 2002. 基于地形特征建立高质量 DEM. 郑州：中国人民解放军信息工程大学博士论文

邓敏，陈杰，李志林，等. 2009. 曲线简化中节点重要性度量方法比较及垂比弦法的改进. 地理与地理信息科学，25 (1)：40-43

丁建丽，塔西甫拉提・特依拜，刘传胜. 2001. 人工神经网络模型及其在遥感中的应用. 新疆大学学报(理工版)，(3)：269-276

董有福. 2010. 数字高程模型地形信息量研究. 南京：南京师范大学博士论文

杜亚军，侯兰杰，李辉. 1999. BP 人工神经网络在地学中的应用. 四川地质学报，(1)：71-74

费立凡，何津，马晨燕，等. 2006. 3 维 Douglas-Peucker 算法及其在 DEM 自动综合中的应用研究. 测绘学报，35 (3)：278-284

龚健雅. 1993. 整体 SIS 的数据组织处理方法. 武汉：武汉测绘科技大学出版社

龚健雅. 1997. GIS 中矢量栅格一体化数据结构的研究. 测绘学报，26 (3)：289-298

何津，费立凡. 2008. 再论三维 Douglas-Peucker 算法及其在 DEM 综合中的应用. 武汉大学学报（信息科学版)，33 (2)：160-163

胡鹏，杨传勇，吴艳兰. 2007. 新数字高程模型理论、方法、标准和应用. 北京：科学出版社

胡育彬. 2008. 基于分形的三维地形生成和多分辨率 LOD 简化. 南京：南京航空航天大学硕士学位论文

黄培之. 2001. 提取山脊线和山谷线的一种新方法. 武汉大学学报（信息科学版)，26 (3)：247-252

焦李成. 1995. 神经网络计算. 西安：西安电子科技大学出版社
柯正谊，何建邦，池天河. 1993. 数字地面模型. 北京：中国科学技术出版社
寇权，吴永红，慕志龙，等. 2006. 基于 SPOT5 卫星影像的梯田监测方法研究. 中国水土保持，10：65-66
李道峰 吴悦颖 刘昌明 . 2005. 分布式流域水文模型水量过程模拟——以黄河河源区为例 . 地理科学，(3) . ：299-304
李德仁，李清泉. 1997. 一种三维 GIS 混合数据结构研究. 测绘学报，26 (2)：128-133
李含璞. 2006. 基于小波变换的 DEM 多尺度综合研究. 兰州：兰州大学硕士学位论文
李丽，郝振纯. 2003. 基于 DEM 的流域特征提取综述，地球科学进展，18 (2)：251-256
李清泉，杨必胜，郑年波. 2007. 时空一体化 GIS-T 数据模型与应用研究. 武汉大学学报（信息科学版），32 (11) ：1034-1041
李雄伟，刘建业，康国华. 2006. 熵的地形信息分析在高程匹配中的应用，应用科学学报，24 (6)：608-612
李志林，朱庆. 2001. 数字高程模型. 武汉：武汉大学出版社
刘洪波，訾瑞卿，郑合英. 2005. 黄丘一区水平梯田田坎侧坡的稳定性研究. 中国水土保持，11：39-40
刘学军. 2002. 基于规则格网数字高程模型解译算法误差分析与评价. 武汉：武汉大学博士学位论文
刘学军，晋蓓，王彦芳 . 2008. DEM 流径算法的相似性分析 . 地理研究，27 (6)：1347-1357
刘学军，卢华兴，仁政，等. 2007. 论 DEM 地形分析中的尺度问题. 地理研究，26 (3) ：433-442
刘增良. 1998. 模糊技术与应用选编 (3). 北京：北京航空航天大学出版社
楼顺天，施阳. 1998. 基于 MATLAB 的系统分析与设计——神经网络. 西安：西电出版社
陆中臣，袁宝印，贾绍凤，等. 1991. 流域地貌系统. 大连：大连出版社
罗枢运，孙逊，陈永宗. 1998. 黄土高原自然条件研究. 西安：陕西人民出版社
马洪波，刘建辉，杨健. 2000. 基于地形熵差和高程绝对差度量的地形匹配算法. 指挥技术学院学报，11 (5) ：59-63
明德烈，尤克非，田金文，等. 2002. 基于局部熵的高度场三角格网化研究. 电子学报，30 (7) ：1009-1012
欧阳黎明. 2001. MATLAB 控制系统设计. 北京：国防工业出版社
彭清娥，曹叔尤，刘兴年，等. 2002. 坡面产沙 BP 神经网络模型研究. 水土保持学报，(3)：79-82
秦承志，李宝林，周成虎，等 . 2006. 水流分配策略随下坡坡度变化的多流向算法 . 水科学进展，17 (4):450-456
秦承志，朱阿兴，李宝林，等 . 2006. 基于栅格 DEM 的多流向算法述评 . 地学前缘，13 (3)：91-98
汤国安，陈正江，赵牡丹，等. 2002. ArcView 地理信息系统空间分析方法. 北京：科学出版社
汤国安，龚健雅，陈正江，等. 2001. 数字高程模型地形描述精度量化模拟研究. 测绘学报，30 (4)：361-365
汤国安，刘学军，闾国年. 2005. 数字高程模型及地学分析的原理与方法. 北京：科学出版社
汤国安，赵牡丹. 2000. 地理信息系统. 北京：科学出版社
汤国安，赵牡丹. 2003. DEM 提取黄土高原地面坡度的不确定性. 地理学报，58 (6)：824-830
汪凌. 2000. 美国航天飞机雷达地形测绘使命简介. 测绘通报，(12)：38-40
王春，刘学军，汤国安，等. 2009. 格网 DEM 地形模拟的形态保真度研究. 武汉大学学报（信息科学版），34 (2)：146-149
王桥，胡毓钜. 1995. 基于分形分析的自动化制图综合研究. 测绘学报，24 (3) ：211-216
王晓延，郭庆胜. 2003. 基于 DEM 的地貌晕渲表达方法探讨. 测绘通报，(8)：48-50
王秀红. 2003. 多元统计分析在分区研究中的应用. 地理科学，3 (1)：66-71

王英，李家彪，韩喜球，等. 2001. 地形坡度对多金属结核分布的控制作用. 海洋学报，(1)：60-65
王昭，费立凡. 2007. 基于语法层的地图综合信息量原则. 测绘科学，32（6）：21-24
王郑耀，程正兴，汤少杰. 2005. 基于视觉特征的尺度空间信息量度量. 中国图象图形学报，10（7）：922-928
闻新，周露，王丹力，等. 2002. MATLAB神经网络应用设计. 北京：科学出版社
邬伦，刘瑜，张晶，等. 2001. 地理信息系统——原理、方法与应用. 北京：北京大学出版社
吴凡，祝国瑞. 2001. 基于小波分析的地貌多尺度表达与自动综合. 武汉大学学报（信息科学版），26（2）:170-176
肖飞，张百平，凌峰，等. 2008. 基于DEM的地貌实体单元自动提取方法. 地理研究，27（2）：459-466
肖强，孙群，安晓亚. 2010. 点位信息度量模型及其在曲线化简中的应用. 测绘通报，(9)：57-59
杨蕾，李天文，王伟星，等. 2006. 黄土高原微地貌之梯田三维建模方法探讨. 西北大学学报（自然科学版），36（2）：321-324
杨勤科. 2006. 半干旱黄土丘陵区梯田集水增产效应研究. 水土保持学报，20（5）：130-132，161
杨族桥，郭庆胜，牛冀平，等. 2005. DEM多尺度表达与地形结构线提取研究. 测绘学报，34（2）：134-137
余英林，田菁，蔡志峰. 2001. 图像视觉感知信息的初步研究. 电子学报，29（10）：1373-1375
袁曾任. 1999. 人工神经元网络及其应用. 北京：清华大学出版社
张根寿. 2005. 现代地貌学. 北京：科学出版社
张婷，汤国安，王春，等. 2005. 黄土丘陵沟壑区地形定量因子的关联性分析. 地理科学，25（4）：467-452
张元明，陈亚宁，张道远. 2003. 塔里木河中游植物群落与环境因子的关系. 地理学报，8（1）：109-118
赵善伦 尹民 张伟 . 2002. GIS支持下的山东省土壤侵蚀空间特征分析 . 地理科学，22（6）：694-699
郑粉莉，高学田 . 2003. 坡面土壤侵蚀过程研究进展 . 地理科学，2：230-235
郑粉莉，高学田 . 2004. 坡面汇流汇沙与侵蚀—搬运—沉积过程 . 土壤学报，1：134-139
钟义信. 2002. 信息科学原理（第三版）. 北京：北京邮电大学出版社
周启鸣，刘学军. 2006. 数字地形分析. 北京：科学出版社
周毅 . 2008. 基于DEM的黄土正负地形特征研究 . 南京师范大学
周毅，汤国安，王春，等. 2009. 基于DEM增强黄土典型地貌表达效果的方法研究. 测绘通报，(11)：34-36
朱庆，李逢春，张叶廷. 2006. 一种改进的三维点集表面重建的区域生长算法. 武汉大学学报（信息科学版），31（8）：667-670
邹豹君. 1985. 小地貌学原理. 北京：商务印书馆
Bjoke J T，Myklebust I. 2001. Map Generalization：Information Theoretic Approach to Feature Elimination. In Proceedings of Scangis，203-211
Cao S X，Chen L，Feng Q，et al. 2007. Soft-riser bench terrace design for the hilly loess region of Shanxi Province，China. Landscape and Urban Planning，80：184-191
Chang K. 2004. Introduction to Geographic Information Systems. Boston：McGraw Hill Higher Education
Charles G. Brown J C R，Kamal S. 2005. Validation of the Shuttle Radar Topography Mission Height Data. Ieee Transactions On Geoscience and Remote Sensing，43（8）：1707-1715
Chen Z T，Guevara A J A. 1987. Systematic selection of very important points（VIP）from digital terrain

model for constructing triangular irregular networks. In: Chrisman N. Falls Church: American Congress of Surveying and Mapping Baltimore: Proceeding of AUTO-CARTO 8: 50-56

Costa -Cabral M C, Burges S J. 1994. Digit al elevation model networks (DEMON): A model of flow over hill slopes for computation of contributing and dispersal areas. Water Resources Research, 30 (6): 1681-1692

De Floriani L, Falcidieno B, Pienovi C. 1985. Delaunay-based representation of surface defined over arbitrarily shaped domains. Computer Vision, Graphics and Image Processing, (32) : 127-140

Ebner H. 1984. Experience with height interpolation by finite elements. Photogrammetric Engineering and Remote Sensing, 50 (2): 177-182

Ebner H, Reinhardt W, Hossler R. 1988. Generation, management and utilization of high fidelity digital terrain models. International Archives of Photogrammetry and Remote Sensing, 27 (B11): 111556-111565

Ebner H, Reinhardt W, Hossler R. 1988. Generation, management and utilization of high fidelity digital terrain models. International Archives of Photogrammetry and Remote Sensing, 27 (B11): 111556-111565

Evans I S. 1972. General geomorphometry, derivatives of altitude, and descriptive statistics. In: Chorley R J. Spatial Analysis in Geomorphology. London: Methuen & Co: 17-90

Evans I S. 1980. An integrated system of terrain analysis and slope mapping. Zeitschrift fuer Geomorphologie, S36: 274-295

Evans I S, Cox N J, et al. 1999. Relations between land surface properties: altitude, slope and curvature. In: Hergarten S, Neugebauer H J. Process Modelling and Landform Evolution. Berlin: Springer: 13-45

Fairfield J, Leymarie P. 1991. Drainage networks from grid elevation models. Water Resources Research, 27 (5): 709-717

Fei L F, He J. 2009. A three Douglas-Peucher algorithm and its application to automated generalization of DEMs. International Journal of Geographical Information Science, 23 (6) : 703-718

Florinsky I V. 1998. Accuracy of local topographic variables derived from digital elevation models. International Journal of Geographical Information Science, 12 (1): 47-61

Fowler R J, James J. 1979. Automatic extraction of irregular network digital terrain models. Computer Graphics (SIGGRPH'79 Proceeding), 13 (2) : 199-207

Freeman T G. 1991. Calculating catchment area with divergent f low based on a regular grid. Computer and Geosciences, 17 (3) : 413-422

Gauss C F. 1827. Disquisitiones generales circa area superficies curvas. Gott. Gel. Anz. 177: S1761-S1768

Goldberg D E. 1989. Genetic Algorithm in Search, Optimization, and Machine Learning. USA, Addision Wesley: Longman Press

He C B. 2007. The Method for collecting regional topographic factors based on digital elevation model (DEM). Forest Inventory and Planning, 32 (2): 18-21

Horton R E. 1945. Erosional development of streams and their drainage basins; hydrophysical approach to quantitative morphology. Geological Society of America Bulletin, 56 (3) : 275-370

Jochen S, Allan H. 2004. Fuzzy land element classification from DTMs based on geometry and terrain position. Geoderma, 121: 243-256

Koch A, Heipke C. 2001. Quality Assessment of Digital Surface Models Derived From The Shuttle Radar Topography Mission (SRTM). Sydney: Proceeding of the IEEE 2001 International

Geoscience and Remote Sensing Symposium

Kraus K，Otepka J. 2005. DTM modelling and visualization——The SCOP approach. Photogrammetric Week，241-252

Li Z L. 2007. Algorithmic Foundation of Multi-scale Spatial Representation. Florida：CRC Press

Li Z L. and Openshaw S. 1993. A natural principle for the objective generalization of digital maps. Cartography and Geographic Information Systems，20 (1)：19-29

Li Z L，Huang P Z. 2002. Quantitative measures for spatial information of maps. International Journal of Geographical Information Science，16 (7) ：699-709

Ludwig R，Philipp S. 2006. Validation of digital elevation models from SRTM X-SAR for applications in hydrologic modeling. ISPRS Journal of Photogrammetry And Remote Sensing，(60)：339-358

Ma L，Li Y. 2006. Evaluation of SRTM DEM over China. IEEE Geoscience and Remote Sensing Symposium，IGARSS：2006：2962-2965

Mandelbrot B. 1967. How long is the coast of Britain? Statistical self-similarity and fractional dimension. Science，156：636-638

Maniezzo V. 1994. Genetic evolution of the neural networks. IEEE Trans on NeuralNetworks，5 (1)：39-53

Marr D. 1982. Vision. San Francisco：Freeman Publishers

Martz LW，Jong E. 1988. CATCH：a Fortran program for measuring catchment area from digital elevation models. Computers & Geosciences，14：627-640

Miliaresis G C，Paraschou C V E. 2005. Vertical accuracy of the SRTM DTED level 1 of Crete. International Journal of Applied Earth Observation and Geoinformation，(7)：49-59

O' Callaghan J F，Mark D M. 1984. The extraction of drainage networks from digital elevation data. Computer Vision，Graphics，and Image Processing，28：323-344

Pennock D J，Zebarth B J，Jong E. 1987. Landform classification and soil distribution in hummocky terrain. Geoderma，40：297-315

Peter F，Jo W，Tao C. 2004. Where is helvellyn? Fuzziness of multi-scale landscape morphometry. Transactions of the Institute of British Geographers，29 (1)：106-128

Shary P A. 1995. Land surface in gravity points classification. Mathematical Geology，27 (3)：373-390

Shary P A，Sharaya L S，Mitusov A V. 2002. Fundamental quantitative methods of land surface analysis. Geoderma，107：1-32

Shary P A，Sharaya L S，Mitusov A V. 2002. Fundamental quantitative methods of land surface analysis. Geoderma，107：1-32

Sun G，Ranson K J，Kharuk V I，et al. 2003. Validation of surface height from shuttle radar topography mission using shuttle laser altimeter. Remote Sensing of Environment，(88)：401-411

Tarboton D G. 1997. A new method for the determination of flow directions and upslope areas in grid digital elevation models. Water Resources Research，32 (2)：309-319

Troeh F R. 1964. Landform parameters correlated to soil drainage. Soil Science Society of America Proceedings，28：808-812

Weber W. 1982. Automationsgestützte Generalisierung. Nachrichten aus dem Karten-und Vermessungswesen，88 (1)：77-109

Wiebel R. 1987. An adaptive methodology for automated relief generalization. AutoCarto，1 (8)：42-49

Wilson J P，Gallant J C. 2000. Terrain Analysis：Principles and Application. New York：Wiley

Wilson J P，Lam C S，Deng Y. 2007. Comparison of the performance of flow-routing algorithms used in

GIS-based hydrologic analysis. Hydrological Processes, 21: 1026-1044
Wood J D. 1996. The geomorphological characterisation of digital elevation models, University of Leicester, UK, Doctoral Thesis. http: //www. soi. city. ac. uk/ ~ jwo/phd
Wu H Y, Zhu H J, Liu Y. 2004. A raster-based map information measurement for Qos. Proceedings of ISPRS, 35 (B5): 365-370
Zhou Yi, Tang Guoan, Yang Xin, et al. 2010. Positive and negative terrains on northern Shaanxi Loess Plateau. Journal of Geographical Sciences, 20 (1): 64-76

第4章 黄土高原数字地形分析的尺度问题研究

DEM作为数字化的地形模型，试图通过离散的方式表达连续变化的地形表面。因而，DEM及基于DEM的数字地形分析具有明显的尺度依赖性。本章系统梳理了DEM及数字地形分析中的尺度问题；讨论了不同分辨率下DEM提取坡度的不确定性问题；建立了基于直方图匹配的地面坡谱尺度下推模型；研究了DEM提取单位汇水面积的尺度效应及尺度转换规律；最后，在应用层面上，分析DEM分辨率对太阳辐射模拟的敏感性。

4.1 DEM及数字地形分析中尺度问题研究综述

随着人类活动范围扩大、全球环境变化加剧，局部、区域及全球环境分析与建模研究日益受到重视。地形是地理环境中的核心因子之一，制约着地区地理景观的基本格局。DEM是地形表面高程的数字表示，自20世纪50年代首次被提出以来，以其简洁的数据组织方式、直观的地形表达、高效的因子解译方法等特点，在地学及其相关领域显示了巨大的应用潜力。地面高程离散采样构建的DEM具有很强的尺度依赖性，对数字地形分析带来重要影响，一直是相关学者关注和研究的热点。

多年来全球尺度DEM构建已取得重要成果，如SRTM DEM、ASTER GDEM；区域尺度DEM产品不断丰富和完善，我国完成1∶100万、1∶25万、1∶5万以及部分地区1∶1万DEM生产；局部高精度地形建模取得新进展，在特征嵌入式DEM（王春等，2009a）及激光扫描点云DEM等方面成果突出。上述数据源可望在国民经济、国防建设和科学研究中发挥重要作用。然而，值得注意的是，虽然对DEM数据的基本特性的研究（包括数据的采集、组织、可视化、精度等）取得了重要的研究成果，并成功地应用在标准化的DEM数据生产中（陈军，1999）。但是，基于DEM的地形分析，仍受到DEM数据组织尺度与高程采样尺度的双重制约，集中表现在DEM尺度分类的不完整性、语义上的易混淆性及研究上的非系统性。在DEM地形分析与地学建模的研究中，大量悬而未决的问题摆在我们的面前。什么是自然地形的尺度，什么是DEM的尺度，两者到底是什么样的耦合关系？目前庞杂的地形分析内容可不可以进行系统分类，其尺度依赖性方面有何共性和个性？自然地面的分级波浪起伏符合什么样的分形规律，与我国4种标准比例尺DEM之间有没有较好的匹配关系？DEM所参与的地学模型分析有没有顾及信息源尺度与模型尺度之间匹配？哪些是DEM地形分析中的尺度控制变量，它们对提取的地形因子的影响呈现什么样的传播关系？不同尺度之间的地形分析有没有内在的联系，能否进行多尺度之间的转换？地形参数对DEM分辨率的敏感度如何？在DEM尺度转换过程中，地形属性的变化又是怎样？尺度转换中的临界值又是如何确定和衡量？如何评判DEM地形分析结果的可靠性，DEM产品领域应用适宜性及限制性特征如何刻画？上述问题的存在，给应用带来很大的困难与盲从（汤国安等，

2003)；这些问题不解决，基于 DEM 的数字地形分析的研究难以真正深入，而它们在研究上的突破，又必将是 DEM 地形分析理论的重大突破，其科学价值与应用价值都是明显的。

4.1.1 尺度的概念与类型

尺度常被定义为研究对象或现象所采用的空间或时间单位，现象或过程在空间和时间上所涉及的范围和发生的频率。不同学科采用的术语并不一致，如 Dungan 等（2002）构建了生态学研究的现象、抽样、分析的三维尺度空间，涉及范围、幅度、粒度、比例尺、分辨率、间隔、坐标单位、区间等空间统计分析中的尺度术语；李霖和应申（2005）将尺度分为空间尺度、时间尺度和语义尺度，其中空间尺度又包括地图比例尺、地理尺度、有效尺度和分辨率 4 类；刘学军等（2007）从 DEM 产生与应用流程出发，将 DEM 及地形分析的尺度问题总结为地理尺度、采样尺度、结构尺度、分析及表达尺度，这与张娜（2006）阐述的现象尺度、观测尺度、分析或模拟尺度有相似之处。

目前，DEM 的空间尺度一般从对象、抽样、分析 3 个方面进行讨论。对象尺度是指 DEM 所描述的地域对象具有明显的特征尺度或本征尺度，一般用于描述静态格局或动态过程。例如，地貌学研究中的星体地貌、大地貌或微地貌形体；又如，全球系统模拟、流域气候-地貌-植被耦合或坡面流形成，这些不同时空格局或过程其尺度特征是地理现象所固有的、独立于人类控制之外的（吕一河和傅伯杰，2001），须选择对应尺度的 DEM，采用与之匹配的分析模型。

同时，DEM 是建立在对连续地形表面离散抽样基础上得到的，是从现实世界到模拟世界转换的关键环节，也被称为取样尺度或测量尺度。从原始数据采集到最终 DEM 应用，每一环节都涉及不同的数据尺度。如果采样数据来源于地形图或影像数据，则会涉及地形图或影像比例尺，统称为原始数据尺度；DEM 的表达还涉及水平分辨率与垂直分辨率两种尺度，前者是指 DEM 格网的大小，后者则是高程数据记录的准确度。另外，DEM 地形分析往往是在一个移动的局部分析窗口中进行，如 3×3、5×5 窗口等，分析窗口的大小在很大程度上决定分析结果的差异性。因此从分析角度来讲，DEM 地形分析也具有多尺度特征。总体上，抽样与分析都涉及局部单元大小、形状、间隔距离及采样范围的选择，设计方案的差异可能对分析结果带来重要影响。

除上述与空间有关的 DEM 尺度类型外，近年来多时间尺度的 DEM 在进行古地形的重建上发挥了重要的作用。多时间尺度与多空间尺度的 DEM 将是构建数字地形分析不可或缺的空间信息资料。

4.1.2 DEM 地形分析的尺度效应

当前 DEM 及地形分析尺度相关内容可以总结为三大方面：一是多尺度 DEM 组织与表达；二是 DEM 精度和误差模型，以及 DEM 解译算法不确定性的评价；三是 DEM 地形分析的尺度效应、尺度选择及尺度转换。

多尺度 DEM 数据组织及表达的主要研究内容包括用金字塔、四叉树等技术组织和管理多尺度 DEM 的数据（杨族桥和郭庆胜，2003；陈军等，2004；刘春等，2004），基于层次细节模型（Levels of Detail，LOD）模型的地形简化与可视化（Floriani et al.，2000），运用小波变换等方法实现基于 DEM 的地形地貌自动综合和 DEM 的尺度转换（吴凡和祝国瑞，2001；武芳和王家耀，2001）、DEM 数据压缩（万刚和朱长青，1999）等方面。

DEM 的精度和误差分析一直是研究的重点。Li（1990）介绍了检测规则格网数据中粗差的算法；汤国安等（2001b）提出地形描述精度，王光霞等（2004）对其进行了扩展研究；Liu 和 Jezek（1999）从不同角度研究了误差空间分布模式；同时，在 DEM 传递误差模型（王耀革等，2008）、DEM 误差可视化（Kraus et al.，2006）、DEM 精度评估方法（朱长青等，2008）以及 DEM 质量评价指标体系研究（赵美，2007）等方面取得丰硕成果。影响地形分析精度的另一个因素是 DEM 解译算法。由于地形属性计算需要在离散 DEM 上实现定义在连续表面的地形因子求解，使得同一地形属性可能具有不同的解译算法，其结果与地形分析方法高度相关。这方面的研究主要采用的方法有：分析对比法、误差传播分析法、分形分析法、Monte Carlo 实验、数据独立的模型评价方法等（刘学军，2002），极大地丰富了数字地形分析的理论体系和方法体系。

DEM 尺度与地形参数、地学模型的尺度效应分析备受地学研究者的关注，研究内容涵盖 DEM 地形分析尺度效应的各个方面：包括坡度、坡向和曲率等一般的地形参数的尺度效应（Kienzle，2004；刘学军等，2009，2010），不同分辨率 DEM 对流域参数提取的影响（吴险峰等，2003；易卫华等，2007）、径流模拟结果的影响（Chaubey et al.，2005），以及在土壤景观模型（Thompson et al.，2001）、产流产沙模拟（任希岩等，2004）、水土流失模型（Wu et al.，2005）等产生的尺度效应。

由于 DEM 尺度效应引起对象表达和分析结果上的变化，需要针对不同情况选择适宜的尺度。最佳 DEM 分辨率的确定应考虑原始数据的分布密度和精度、应用目的及计算机处理能力等因素之间的平衡。目前对 DEM 及地形分析的适宜尺度选择大体分为以下几类：基于常见地形参数与分辨率的尺度效应确定适宜分辨率，最具代表性的是 Hutchinson（1996）提出的基于坡度中误差的 DEM 分辨率确定方法。此后又提出了基于信息量分析的 DEM 分辨率确定方法（杨勤科等，2006），通过 DEM 在土壤湿度模型应用中的尺度效应确定最佳分辨率（Florinsky and Kuryakova，2000），以及针对 DEM 建立的基础等高线数据确定 DEM 适宜分辨率的方法（Hengl，2006）。

DEM 地形分析的尺度转换一般是指不同水平分辨率之间的 DEM 及其地形参数的转移，分为尺度上推和尺度下推两类。尺度上推是从高分辨率到低分辨率的转换过程，反映地形信息的综合过程和聚集；尺度下推是从低分辨率到高分辨率的转换，实质是地形信息的再次分配和配置。按照转换内容，可分为直接转换和间接转换两种。间接转换不对地形参数直接进行推绎，而将 DEM 高程数据通过某种变换处理，形成所需分辨率的 DEM，然后在变换后的 DEM 上进行地形信息提取。目前的研究多局限于尺度上推，主要的方法有滤波综合法（杨勤科等，2008）、信息论综合法（Florinsky et al.，2003）、重采样法、小波综合法（吴凡和祝国瑞，2001）和三维 Douglas-Peucker DEM 尺度转换方法（费立凡等，2006）等，这些方法的尺度上推仅限于 DEM 本身的尺度上推。直接转换是基于地形参数本身的，是在充分认识尺度效应机理上，通过某种数学函数实现在不同分辨率 DEM 之间的信息转换，这类函数一般有回归分析法、变异函数、自相关分析、频谱分析、小波变换等。由于尺度变换的非线性以及 DEM 格网单元的异质性影响，直接转换往往较为困难，目前主要涉及坡度和汇水面积的尺度转换（Zhang and Drake，1999；陈燕等，2004；Pradhan et al.，2006；杨昕，2007）。

另外，由于尺度丰富的地学内涵及重要的实践意义，尺度效应和尺度转换理论与方法也成为遥感、生态学、土地利用、土壤学、土壤侵蚀与水土保持等领域的重要研究内容之一。例如，李小文等在定量遥感研究中提出的直方图尺度效应（张颢等，2002），刘昌明和蒋晓辉（2004）在水文模型尺度效应方面的研究，傅伯杰等（2006）探讨了生态学中的尺度及尺度转换方法，李军和周成虎（2000）、岳天祥和刘纪远（2003）、鲁学军等（2004）研究了生态地理建模中的尺度转换、跨尺度相互作用及多尺度数据处理、多尺度数据集成及转换等问题，王飞等（2003）分析了水土流失和土壤侵蚀模型中的尺度效应及尺度转换方法。另外，在其他方面，如土地利用、城市景观规划、森林群落演替、沙地景观研究中的尺度问题，也有部分学者做过尝试性的研究。这些为 DEM 地形分析中的尺度问题研究提供了重要的借鉴和技术参考。

4.1.3 研究方法与存在问题

基于 DEM 地形分析的尺度问题归根结底是对尺度选择和尺度转换两方面内容的研究。尺度选择是指研究时选择何种尺度的数据以及获取数据后选取何种尺度进行分析，常用方法有分维分析法、空间统计学方法及景观指数法（蔡博峰和于嵘，2008）。空间统计学方法中的半方差、尺度方差及景观指数法中的空隙度方法在 DEM 多尺度分析中得到了广泛应用（龚建周等，2006；张婷，2008；周毅等，2010）。尺度转换主要是寻求地形分析在不同尺度下表现出的规律之间的关系。地形分析尺度问题的研究通常从对地形因子在不同尺度下的变化规律研究入手，由于地形的多样性和各种地形属性之间相互制约、关系复杂，没有一种放之四海而皆准的方法，应根据不同的研究区域、地貌特征以及主要关注的地形属性采用不同的研究方法，常用方法有图示法及对比分析、回归分析、小波变换及分形分析。

图示法是将变量或属性值以图形方式直观表达，揭示其中的规律性，是比较简便易行的方法，因而获得了广泛的应用。图示法的最显著特点是直观性，能以可视的形式展现不同尺度下地形属性变化的格局和过程以及变化规律。汤国安等基于 DEM 所提取地面坡度的误差特征与纠正方法，用图示法直观地表达了不同分辨率 DEM 坡度值之间的差异，作出的坡度转换图谱达到了非常理想的纠正坡度误差效果。严格地讲，图示法并不是一种独立的尺度转换方法，而是其他定性特别是定量研究方法结果分析和表达的有效手段。

在尺度上推研究中，回归分析法应用比较常见，其类型是多样的（线性、非线性、一元、多元），根据实际问题的特点，在实际的研究中选择对研究问题有较高适宜性的回归类别。陈浩等针对原型尺度小流域坡、沟地貌侵蚀演化关系研究，根据晋西王家沟小流域正射影像图、高程数字化模型和同期、同比例尺地形图，利用正交多项式回归分析方法，定量分析了坡、沟地貌特征对流域切割程度的影响与交互作用（陈浩等，

2004）。

分形是一种具有自相似特性的形态、结构、现象或者物理过程。自 Mandelbrot 提出分形概念和思想以来，分形学逐渐成为现代数学的一个重要分支并在诸多问题的研究中发挥着巨大的作用。分形学关注的是物体及其发展变化的自相似性、奇异性和复杂性，并试图透过混乱现象和不规则构型揭示局部与整体的本质联系和运动规律（齐敏等，2000）。由于具有自相似性，利用递归算法可使复杂的景物用简单的规则来生成，这一特性已在地球科学、计算机图形学等学科得到广泛应用，基于分形的地形、地貌研究是近年的热点之一（李后强和艾南山，1992；张捷和包浩生，1994；宋林华等，1995；吴树仁等，2000；李锰等，2003）。多尺度的 DEM 数据具有分形特征，就 DEM 数据本身的尺度而言，常基于分形表面和分数维对 DEM 的精度进行评价。分形理论应用于地形分析中，关键是要找出一个地形属性 x 和影响该变量变化的主要尺度 a 之间的关系。用 $x(a)$ 表示 x 随 a 而变化，若尺度 a 变为 λa（λ 为一比例数），只要 $x(\lambda a)$ 和 $x(a)$ 的变化具有自相似性，则下列关系成立：

$$\{x(\lambda a)\}\mathrm{dis}\{\lambda^{a}\theta x(a)\} \tag{4.1}$$

式中，dis 为概率分布相同；θ 为标度指数，一般用回归分析法确定标度指数 θ。标度指数 θ 确定后就可以对地形因子进行尺度推绎和转换的分析（杨昕，2007）。标度指数 θ 不是一劳永逸地表示该地形属性 x 和影响 x 变化的主要尺度 a 间的关系，它也具有尺度特征，在一定的尺度范围内，θ 能够较准确地反映所研究的地形因子 x 随尺度 a 变化的关系，超出它的适用区间，θ 的值也会有所变化。

小波变换是 20 世纪 80 年代后期发展起来的数学分支。小波变换的多分辨率分析特性为网格模型的多分辨率模型生成提供了一种具有坚实理论基础的处理方法（杨崴和孙运生，2005）。根据研究的对象和内容不同，人们通常希望对地形、地貌进行不同详细程度的分析，既得到概貌（大尺度）信息，又得到细节（小尺度）信息，这些方面的要求正是小波分析的优势所在，常用于尺度分析的研究中。在基于 DEM 的多尺度地形分析中，小波方法通常使用在数据压缩、地形地貌自动综合、地形多尺度表达和 DEM 的尺度转换等方面。

目前，在研究工作中存在的主要问题如下。

1）研究思路与方法集中在技术层面，未能从 DEM 尺度问题的科学本质入手，进行高层次的深入分析、归纳与提炼，未能抽象出 DEM 尺度与尺度效应的概念模型与分类体系，尚未出现对 DEM 地形分析尺度效应具有总揽性与系统性分析的研究成果。

2）较多的研究着重分析地形形态定量指标的尺度变异，虽然普遍的研究结果均表明地形参数对 DEM 尺度非常敏感，但一般并未揭示地形属性地形意义的有效尺度范围，未揭示不同 DEM 尺度类型对地形分析的交叉效应机理，以至于经常出现对 DEM 数据的误用，也难以有效提高地形分析的精度。

3）对 DEM 尺度转换与地形分析效应的研究有待加强。虽然通过数学手段，如小波变换，可实现 DEM 的尺度转换并且取得较好的可视化效果，然而，任何尺度转换都是在一定的空间范围内进行的，DEM 尺度转换的适宜性范围以及尺度转换中的地形分析效应规律尚不清楚，以至所建立的多尺度 DEM 模型并不具备多尺度地形分析能力。

4）DEM 地形分析中没有顾及 DEM 格网单元地形分异和效应分析，大部分地形分析中，总是认为DEM格网单元内的地形是没有变化的（当然在DEM分辨率比较小的情况下是可以这样考虑），然而对于在水文、土壤中广为使用的复合地形参数，如地形湿度指数［Topographic Wetness Index，$\ln(A_s/\tan\beta)$］，其中A_s为单位汇水面积；β为坡度，下同）、水流强度指数（Stream Power Index，$A_s\times\tan\beta$）等，其所涉及的多个单一地形参数对地形变化的规律并不一致，当对它们进行混合运算时，其结果与实际地形出入很大，因此在DEM分析中应考虑格网单元的地形异质性及其对地形分析的影响。

4.1.4 研究重点与趋势

对于不同尺度DEM和不同分析尺度对地形分析的影响研究，有若干关键问题亟待解决。研究的重点拟集中于以下五方面。

（1）不同尺度DEM的适用性问题

基于DEM的地形分析，受到DEM数据组织尺度与高程采样尺度的双重制约，集中表现在对DEM尺度分类上的不完整性、语义上的易混淆性、研究上的非系统性，DEM地形分析的尺度效应及机理上还存在较多的悬疑点，目前尚无法对DEM地形分析结果的可靠性进行有效判断，无法在DEM产品上加注具体的应用适宜性及限制性标签。为了克服给应用带来的困难与盲从，必须对不同尺度DEM适宜进行何种地学分析、能够达到何种精度的问题进行研究。

（2）分析模型和DEM数据尺度匹配的问题

每个具体的模型，都有其适用的有效时空范围。在这个范围内，模型可能对客观原型进行正确、真实的反映，能够得到贴合实际的结论；当研究的问题超出这个适用范围后，模型对原型的反映可能是扭曲或者错误的，这就是模型自身的尺度问题。同时，DEM数据本身也有其尺度特征，不同尺度的DEM适宜进行的地学分析内容是不同的。这就出现了模型尺度和DEM尺度匹配的问题。模型尺度和DEM数据的尺度之间如何匹配？如果不匹配，会对分析结果产生什么影响？这些问题是我们在基于DEM进行地形分析时不可逃避的问题。

（3）尺度反演模型

在基于DEM的地形分析中，我们研究了既定尺度的DEM能够做何用途和各种模型与DEM数据之间的匹配关系后，就应该讨论对于某种特定的地形分析情况，如何根据分析的目的和精度要求选取某种尺度的DEM，即尺度反演模型的建立问题。也就是说根据具体的问题和要求如何选取适当尺度DEM和适当的分析尺度进行分析的问题。

（4）尺度转换问题

尺度转换就是跨越不同尺度的辨识、推断、预测或推绎（吕一河，2001）。不同尺度DEM上进行地形分析所表现出的规律受约于相应的尺度，每一尺度上都有其约束体系和临界值。经典等级理论认为，尺度转换必然要超越这些约束体系和临界值，转换后所获得的结果可能会很难理解。在不同尺度下，存在着信息的转移、交换与联系，这种联系为尺度转换提供了客观依据。在不同尺度DEM和不同分析尺度下进行地形分析会表现出不同的规律。这些不同尺度下得到的规律之间有何联系，如何根据在一种尺度下得到规律来推绎其他尺度下可能出现的情况，就是尺度转换问题。尺度转换包括尺度上推和尺度下推，尺度上推是指根据小尺度下得到的规律来推绎大尺度下的情况，尺度下推反之。尺度转换是尺度问题研究的核心问题也是难点问题。

(5) *单尺度地形分析效应规律和多尺度地形分析交叉效应规律*

在基于DEM地形分析的研究中，单尺度地形分析是指在水平分辨率、垂直分辨率和窗口分辨率在其中之一变化时对地形分析结果产生影响的研究，研究讨论具体情况下，一种分辨率的变化会如何影响地形分析的结果、如何影响量化的进行。多尺度地形分析则综合地考虑水平分辨率、垂直分辨率和窗口分辨率三者发生变化时对地形分析的影响，分析三者之间有何联系与差异、如何相互影响和制约、三者如何交叉影响地形分析的结果等。

4.1.5 小结

目前，在DEM及数字地形分析中尺度问题的研究已经有一定的基础，但在基于DEM数字地形分析的一些重要理论问题上尚未取得突破，特别是在DEM地形分析的尺度效应及机理上仍存在较多的悬疑点，给应用与相关标准的制定带来很大的困难与盲从，亟待进行深入的研究。研究工作应集中分析自然地面与DEM模拟地面两者之间的尺度匹配、尺度冲突与尺度耦合关系；揭示空间尺度参数对DEM地形分析影响的过程与机理；剖析DEM分辨率（水平分辨率、垂直分辨率、窗口分辨率）的地形分析效应、DEM格网单元地形分析的异质性效应以及DEM地形分析的尺度转换模型；在尺度层面上提出不同地形复杂度条件下DEM地形分析的确定性与不确定性规律，建立以尺度为自变量的多尺度地形分析模型，等等。在这些问题上取得的突破，必将是DEM地形分析理论的重大突破，也是对地理学尺度问题研究的重要贡献，其科学价值与应用价值都是明显的。

4.2 不同分辨率DEM提取地面坡度的不确定性

4.2.1 引言

空间数据不确定性是关于空间位置、过程和特征不能被准确确定的程度。近年来，空间数据不确定性的研究成为地理信息科学理论研究的热点，DEM分辨率对所提取信息精度的影响，是DEM不确定性研究的核心内容之一（Tang，2000）。从理论上讲，DEM分辨率越高，意味着地面布设较多的高程采样点，地形模拟的精度就越高。但是，DEM的数据量随分辨率的增加而呈几何级数增加，选择满足应用精度要求又充分顾及计算机容量与处理能力的最佳 DEM 分辨率，无疑是科学家一直追求的目标。

地面坡度影响着地表物质流动与能量转换的规模与强度，也是制约生产力空间布局的重要因子。利用 DEM 为信息源自动提取地面坡度，已成为最重要的技术方法，得到了广泛的应用。目前，我国各级比例尺的 DEM 已相继建立，为地形信息的自动分析提供了基本的数据条件，在国民经济及国防建设各方面发挥着越来越重要的作用。但是，不同比例尺及栅格分辨率的 DEM 在提取坡度的精度上存在着明显的差异，加之地形起伏变异等因素的影响，更加大了误差积累与传播的复杂性（Ahmadzadeh and Petrou，2001）。例如，2000 年陕西省有关部门曾利用 1∶5 万比例尺 DEM 进行大于 25°以上可退耕耕地面积的详查试验，实测检验误差高达 17%，误差来源主要为地图制图综合对地面平滑的作用（汤国安等，2001c）。无疑，作为衡量一个地区地形复杂程度的重要指标——地面平均坡度，也必然存在误差。因此，了解误差的成因、大小与空间分布规律，建立误差估算的模型与消除误差的理论方法，不但对于完善空间数据不确定性的理论与方法，对于地学信息图谱的理论研究以及数字区域建设，也是十分必要与迫切的。

本节选定陕北黄土高原的 6 个不同地形复杂度的地貌类型区为实验样区，在大量野外实测与数学模拟实验的基础上，进行不同分辨率 DEM 提取地面平均坡度的不确定性模拟，所得到的坡度误差模型融合了 DEM 分辨率及地形起伏度等多种要素的综合影响。该结果不但对于完善空间数据不确定性的理论与方法，对于制定正确、合理的空间数据应用规范与行业质量标准是重要的，而且模型本身也从另一个侧面反映出黄土高原地形信息容量空间变化的内在规律性。

由 DEM 提取坡度诸多算法的精度与适用性的研究已较为完善（Bolstad and Stowe，1994；Giles and Franklin，1996）。Chang 等（1991）、Gao（1997）以及汤国安等（2001c）从不同的角度分析了地面坡度误差的成因以及误差随 DEM 分辨率减小而降低的趋势，近年来，大量研究还从地形学的角度探讨了 DEM 提取地面坡度的精度问题（Burrough，1986；Florinsky，1998；Giles and Franklin，1998；Walker and Willgoose，1999；Holmes et al.，2000；Thompson et al.，2001；Wang et al.，2001），但均未能就坡度误差值随分辨率及地形变化的规律进行量化模拟。作者采用高精度野外实测数据与高精度 1∶1 万比例尺 DEM 为基础数据，选定黄土高原多个有地貌代表性的区域为实验样区，应用比较分析和相关分析，特别是分辨率与地形特征逐步回归等方法，建立黄土高原地区不同分辨率 DEM 提取地面坡度误差的量化模型，该模型经实际验证具有很高的精度。黄土高原的地形起伏变化既具有其多样性和复杂性，又呈现由南至北渐变的特征。很好地体现了差异性与一致性的统一。以陕北黄土高原为例，建立适合黄土高原多种地貌类型的 DEM 所提取的地面坡度随分辨率与地形变化的误差模型，既能有效地估算地理空间数据的不确定性特征，又在一个新的侧面揭示了黄土高原 DEM 地形信息容量变化的规律性，为建立黄土高原地形信息图谱提供了重要素材。

4.2.2 实验样区与信息源

在陕北黄土高原选择 6 个不同地貌类型区域作为实验区（图 4.1，图 4.2，表 4.1）。DEM 由 1∶1 万比例尺地形图等高线数字化，再经高程内插获得。为检验所获得

DEM 的高程采样精度，除采用反生等高线与原始等高线进行套合对比外，还在每幅地形图上随机选择 50 个左右的高程控制点，并视其高程值为准值，检验对应 DEM 栅格点的高程采样精度，表 4.2 显示该组 DEM 具有较高的高程采样精度，便于作为基本信息源探讨栅格分辨率对地面坡度的影响。

表 4.1 实验样区主要地形参数

主要地貌因子	黄土塬	黄土残塬	黄土低丘	黄土梁状丘陵	黄土梁峁丘陵	黄土丘陵沟壑
样区面积/km^2	5×5	5×5	5×5	5×5	4×5	5×5
平均海拔/m	852	1145	1770	1549	1161	1032
地面平均坡度/(°)	6.54	11.23	16.47	23.83	28.24	30.16
河网密度/(km/km^2)	1.95	2.48	3.45	4.51	5.05	6.44
地面粗糙度	1.0140	1.0704	1.0751	1.1719	1.2001	1.4664
地面曲率/(°)	11.70	14.22	19.43	26.20	31.42	34.92

表 4.2 实验样区信息源精度 (单位：m)

原始 DEM 精度	黄土塬	黄土残塬	黄土低丘	黄土梁状丘陵	黄土梁峁丘陵	黄土丘陵沟壑
均方差	0.41	0.46	1.03	1.78	2.12	1.35
标准差	0.29	0.37	0.94	1.43	1.89	1.23
平均误差	0.27	0.31	0.90	1.35	1.70	1.11

注：DEM 的垂直分辨率为 0.001m

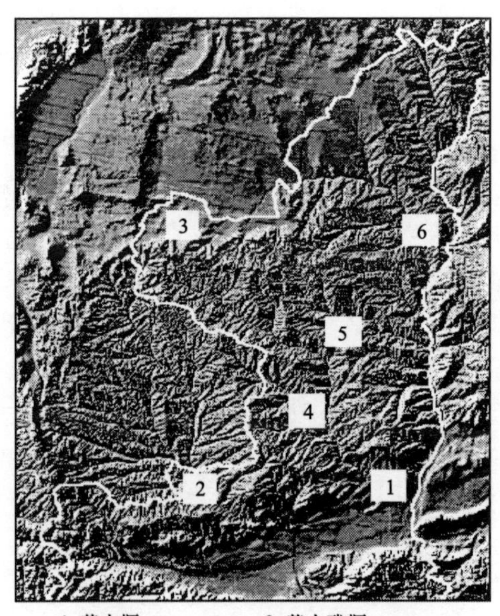

1. 黄土塬； 2. 黄土残塬；
3. 黄土低丘； 4. 黄土梁状丘陵；
5. 黄土梁峁丘陵； 6. 黄土丘陵沟壑

图 4.1 黄土高原实验区位置分布示意图

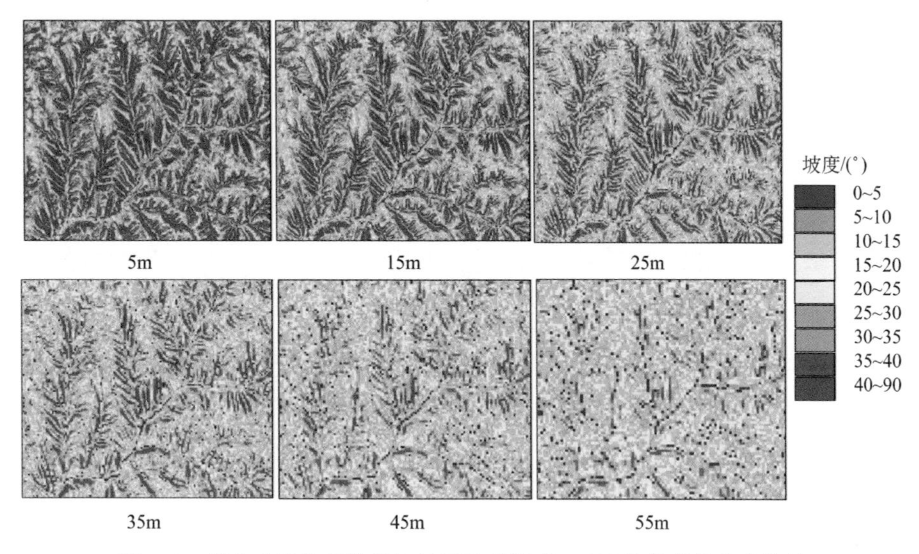

图 4.2 黄土丘陵沟壑取样区地面坡度随着 DEM 分辨率的变化特征

在 6 个实验区野外随机布点 1828 个，GPS 定位并量测其地面实际坡度和地理坐标，表 4.3 的统计结果显示，小于 5m 栅格分辨率的 DEM 对于地面坡度的量测具有较高的精度。为数学模拟的方便，实验选择 5m 分辨率 DEM 获得的地面坡度为准值，测定其他分辨率 DEM 提取地面坡度的精度。

当栅格分辨率在 5m 以内时，地面坡度的中误差相对较小（表 4.3），但 12.5m 以上的中误差急剧增加。因此，选择 5m 作为 1∶1 万比例尺 DEM 的基本比例尺。

表 4.3 不同分辨率 DEM 提取地面坡度中误差的实测结果统计

	黄土塬	黄土残塬	黄土低丘	黄土梁状丘陵	黄土梁峁丘陵	黄土丘陵沟壑
坡度实地采样点数	113	170	249	243	456	597
1m 分辨率	0.079	0.197	0.188	0.264	0.793	0.756
2.5m 分辨率	0.084	0.205	0.190	0.391	0.915	1.373
5m 分辨率	0.193	0.324	0.319	0.698	1.003	1.783
12.5m 分辨率	0.648	2.793	3.405	3.802	4.887	6.941
25m 分辨率	1.973	4.866	5.158	6.961	7.409	11.001

4.2.3 实验结果与分析

1. 分辨率与坡度图

在 ARC/INFO 地理信息系统软件支持下，采用曲面拟合法（Burrough，1986）逐栅格求算该栅格的坡度，建立相应的坡度矩阵——数字坡度模型。按照间距为 5°的等差分级方法，制作坡度分级图，图 4.2 显示，随着栅格分辨率的降低（DEM 栅格边长增加)，陡坡地区域所占的面积逐步减少，缓坡地的面积相对增加。如果以分辨率为5m所提取的数字坡度模型为准值，所提取地面坡度的误差无疑随着DEM分辨率的降低而增加。

在其他实验样区均可显示出图4.2所示的基本规律，但是，变异的程度随着地形复杂度的增加而增加。在黄土塬区最小，而在地形最破碎的黄土丘陵沟壑区达到最大。

2. 地面坡谱及其变异特征

严格地讲，坡度是对地面微分面域倾斜程度的量度。但是，对于一个特定的统计区域，研究其地面坡度的组合特征具有更重要的意义。我们将在一定的坡度分级体系下，不同级别坡度占总面积百分比的数据系列，称其为该地区的地面坡谱。所绘制的坡度组合统计曲线称为坡谱曲线。图4.3为在黄土塬区、黄土低丘区及黄土丘陵沟壑区3个不同的地貌类型区，采用不同DEM栅格分辨率所获得的地面坡谱曲线。

地形的复杂程度及栅格分辨率对地面的坡谱有重要的影响（图4.3)。首先，不同地貌类型区的地面坡谱曲线有很大的差异，在黄土塬区，地面坡度主要集中在10°以下，坡谱呈单向剧减态势，而在地形支离破碎的黄土丘陵沟壑区，坡谱有正态分布的基本态势。

分辨率对地面坡谱有明显影响，在黄土丘陵沟壑区，随着分辨率的降低，坡谱的峰值明显向低坡度移动。表明低坡度所占的比例增加、陡坡相对减少。但是，在黄土塬区及黄土低丘区，这种变异相对较小，说明地形相对破碎的地区对DEM分辨率更为敏感。

3. 平均坡度的误差模型

地面平均坡度是描述地面复杂程度的重要指标，一般采用DEM所提取的数字坡度模型所有栅格点坡度的均值计算。由于DEM所提取的地面坡度不可能将其高程采样栅格定为无穷小，模拟地面无疑对实际地面具有相当程度的平滑作用，而且这种作用随着地形起伏的加剧、DEM栅格尺寸的增加而增加。

DEM的分辨率在很大程度上影响所提取地面平均坡度的精度（表4.4、图4.4)，在每一个实验区，所提取的地面平均坡度均随着分辨率的降低而降低，且两者呈很好的线性关系；地面的地形复杂度也在很大程度上影响这种变化的态势，黄土塬地面平均坡度的变化远远小于黄土丘陵沟壑区，平均坡度下降的幅度同地形复杂度呈正相关。

表4.4 黄土高原不同分辨率DEM所提取的地面平均坡度

DEM分辨率/m	地貌类型					
	黄土丘陵沟壑	黄土梁峁丘陵	黄土梁状丘陵	黄土低丘	黄土残塬	黄土塬
5	30.14	27.65	23.83	16.54	11.23	6.54
15	27.30	25.07	22.45	15.25	10.36	6.14
25	24.51	22.97	21.08	14.22	9.62	5.74
35	21.96	21.22	19.70	13.37	9.03	5.30
45	19.68	19.73	18.33	12.63	8.53	4.96
55	17.62	18.43	16.95	12.04	8.09	4.72
65	15.86	17.26	15.58	11.50	7.72	4.47
75	14.30	16.23	14.20	10.99	7.34	4.29

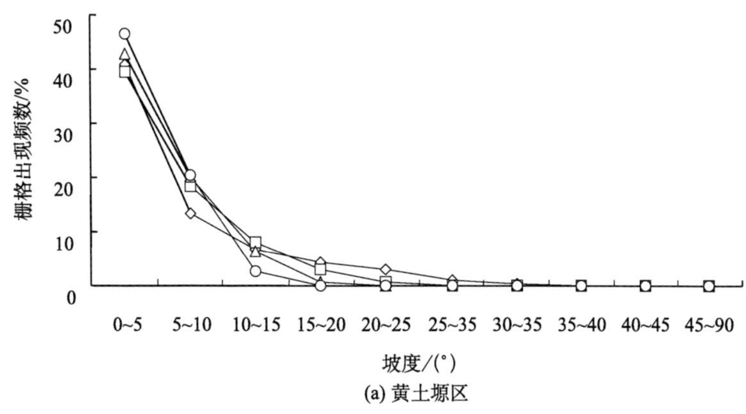

(a) 黄土塬区

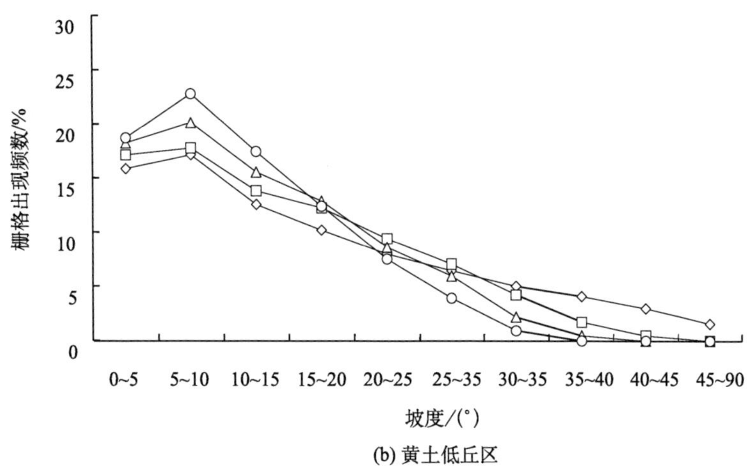

(b) 黄土低丘区

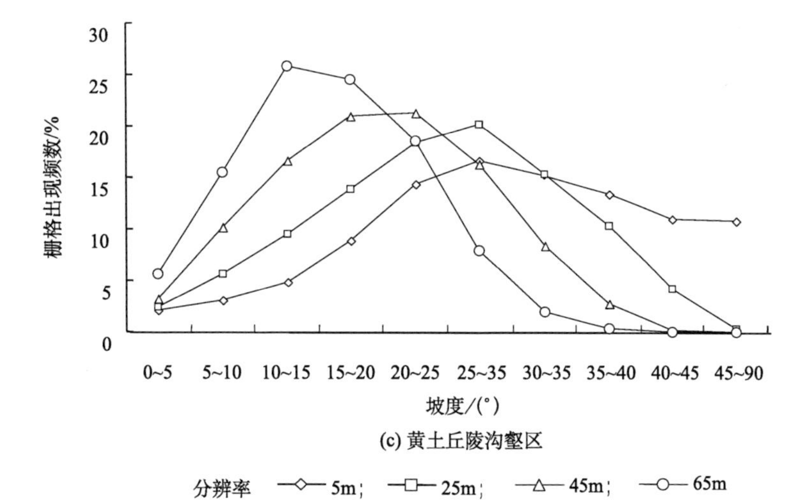

(c) 黄土丘陵沟壑区

分辨率 —◇— 5m; —□— 25m; —△— 45m; —○— 65m

图 4.3　不同地貌类型区及分辨率坡谱曲线

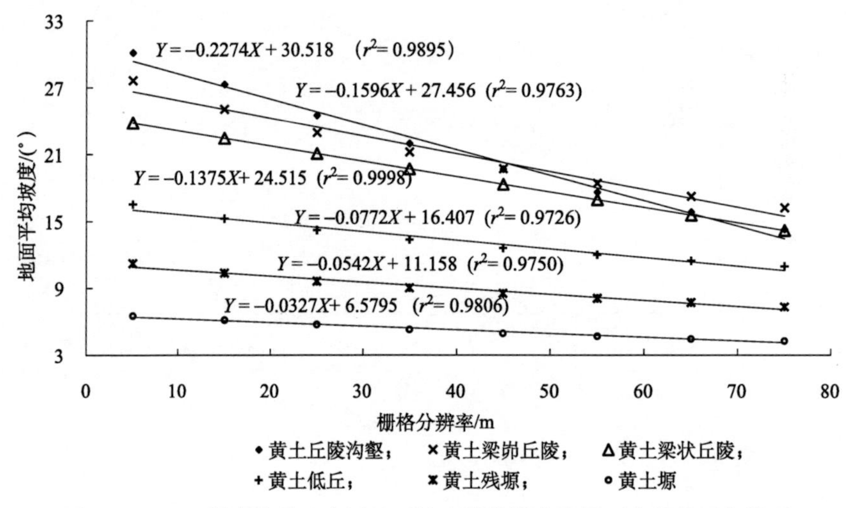

图 4.4 DEM 提取的黄土高原地面坡度随分辨率降低而变化的回归模型

由于平均坡度与分辨率呈较强的线形相关，可得到 6 个实验区平均坡度随分辨率变化的回归模型。整理图 4.4 中的回归方程，得到式（4.2）。

$$
地面平均坡度 Y=\begin{cases}-0.2274X+30.518 & (黄土丘陵沟壑) \\ -0.1596X+27.456 & (黄土梁峁丘陵) \\ -0.1375X+24.515 & (黄土梁状丘陵) \\ -0.0772X+16.407 & (黄土低丘) \\ -0.0542X+11.158 & (黄土残塬) \\ -0.0327X+6.5795 & (黄土塬)\end{cases} \tag{4.2}
$$

式中，Y 为地面平均坡度；X 为 DEM 分辨率。

如果将式（4.2）视为

$$
Y=aX+b \tag{4.3}
$$

可以发现式（4.2）系数 a、b 值呈随地形起伏程度的变化而变化的有序态势。经过同地面起伏度、地面粗糙度、地面平均曲率以及沟壑密度 4 种地形变量的相关实验，方程系数 a、b 与实验区的沟壑密度的变化呈明显的二次线形相关关系（沟壑密度为每平方千米面积大于 50m 的沟壑的总长度），图 4.5 和图 4.6 分别为方程系数 a、b 与沟壑密度之间建立的二次线形回归模型。

将图 4.5 和图 4.6 中的回归方程代入式（4.3），得

$$
Y=(-0.0015S^2-0.031S+0.0325)X+(-0.933S^2+13.186S-15.652) \tag{4.4}
$$

式中，S 为地面沟壑密度；X 为 DEM 分辨率；Y 为该分辨率的 DEM 所提取的地面坡度。设 5m 分辨率的 DEM 所提取的地面坡度 Y 为真值，则在其他分辨率 X 所提取地面

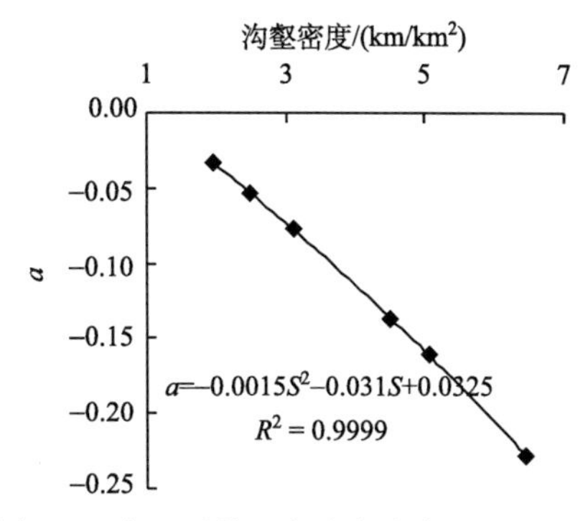

图 4.5　方程系数 a 与沟壑密度的回归模型

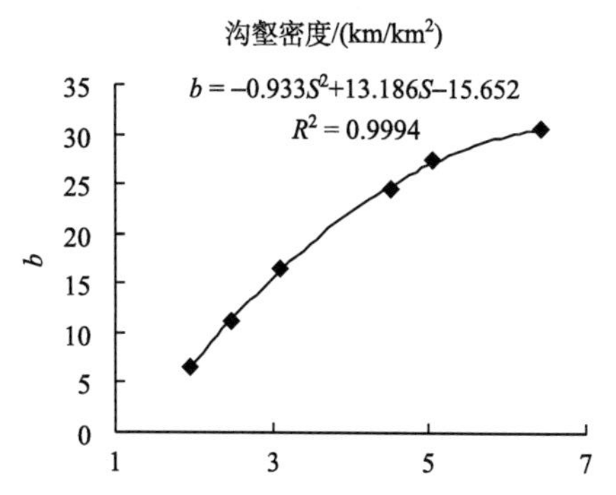

图 4.6　方程系数 b 与沟壑密度的回归模型

平均坡度的误差 E 有

$$E = Y_5 - Y = (0.0015S^2 + 0.031S - 0.0325)X - 0.0045S^2 - 0.155S + 0.1625 \tag{4.5}$$

式（4.5）即为陕北黄土高原地面平均坡度的误差估算模型。

4. 误差模型精度检验

为检验以上误差模型的精度与实用性，以绥德辛店沟流域（黄土丘陵沟壑区），安塞李家沟流域（黄土梁状丘陵区）、潼关铁沟流域（黄土台塬区）为检验样区，采用航测高精度 1∶5 000 DEM 为基准数据，对按国家标准生产的 12.5m 分辨率、1∶1 万比例尺 DEM 所提取的坡度进行误差纠正检验，其坡度误差的纠正率分别达到 89.7%、92.2%和 98.2% 。证明具有相当理想的纠正效果。

4.2.4　小结

1）野外实测结果显示，在陕北黄土高原地区，5m 分辨率的 DEM 对于提取地面坡度具有较理想的效果。

2）陕北黄土高原所提取的地面平均坡度随 DEM 分辨率的降低而呈线性下降的态势。DEM 所提取地面坡度的误差 E 与 DEM 分辨率及沟壑密度 S 呈较强的相关，误差值可以用式（4.5）进行估算。由于地面的沟壑密度容易利用 DEM 自动提取或者在地形图上直接量算，为该模型应用提供了方便、有利的条件。另外，如果将 E，S 看作自变量，该模型可有效估算适用的 DEM 栅格分辨率，从而避免了长期以来在确定 DEM 分辨率上的随意性与盲目性。

3）本节仅着重探讨 DEM 所提取地面平均坡度的误差特征，今后应加强地面局部点位的坡度误差以及误差的空间分布规律研究。特别是研究地面坡谱在地域尺度、信息源比例尺尺度、DEM 分辨率尺度上的变化规律，推进黄土高原地形图谱与地形信息图谱研究的深入。

4.3 基于直方图匹配的地面坡谱尺度下推模型

不同尺度之间的坡谱转换是坡谱研究的重要内容之一。众多学者在坡度的尺度转换方面做了很多研究。陈燕等（2004）利用转换图谱的方法，在黄土高原地区对1∶10 000比例尺5m水平分辨率和1∶50 000比例尺25m水平分辨率的DEM坡度进行了转换，实现了不同空间尺度下的地面坡度精度提取。这种方法虽实现了坡度统计值的转换，但转化后的谱线精度如何没有进行说明。Zhang和Drake（1999）和Pradhan等（2006）采用分形的方法建立坡度与DEM水平分辨率的关系，以此来解决坡度的尺度效应问题。而该方法实现的从粗尺度转换所得的细尺度坡度事实上是3×3栅格的平均坡度，并非栅格点的坡度。Yang（2006）利用直方图匹配的方法，将1∶250 000比例尺、水平分辨率50m DEM的坡谱转换为1∶100 000比例尺、水平分辨率20m DEM的坡谱，转换精度较好。但其采用的坡度分级标准以及转换模型的建立都采用了分段的方式，而分级标准的确定则需要进行大量的先验工作。

本节应用遥感数字图像处理中直方图匹配的思想，对基于5m、25m两种分辨率DEM提取的坡谱曲线进行转换，在尽可能保证信息不丢失的情况下，将粗尺度的坡谱曲线转换到细尺度上来。并且利用黄土高原韭园沟样区的数据对该方法进行验证，结果表明，该方法能够有效地将低分辨率的坡谱转换为高分辨率的坡谱。建立坡谱的尺度下推模型，是地形信息尺度推绎的第一步。坡谱曲线的转换可以直观地体现坡谱的尺度效应以及地形特征的变化。本节建立的尺度下推模型，很好地实现了坡谱曲线的转换，为揭示地面坡谱的尺度依赖性、黄土地貌形态空间分异特征奠定了基础。

4.3.1 研究基础

1. 直方图匹配

直方图匹配是图像增强常用的处理方法之一，它通过对图像进行一定变换从而使一幅图像的灰度直方图变成规定形状的直方图。直方图匹配的原理是对两个直方图都作均衡化，变成相同的归一化的均匀直方图。以此均匀直方图起到媒介作用，再对参考图像做均衡化的逆运算即可（Gonzalez and Woods，2003）。

假设粗尺度坡谱为待匹配直方图，细尺度坡谱为参考直方图。根据直方图匹配的原理，两坡谱进行直方图均衡化后具有相同的值 S。再对参考直方图求均衡化函数的逆运算，建立起参考直方图与待匹配直方图的关系表，即可求出粗尺度坡度与细尺度坡度之间的关系。

2. 样区及数据简介

韭园沟样区位于陕西省绥德县、无定河中游左岸，地理坐标：110°16′E～110°26′E,37°33′N～37°38′N，是黄河水利委员会水土保持重点试验区的一部分。样区内梁峁起伏，沟壑纵横，地形破碎，是典型的梁峁状黄土丘陵沟壑区，土壤侵蚀极为剧烈。

利用高精度 5m 分辨率、1∶10 000 比例尺的 DEM 数据，对其进行离散化，得到一系列离散点。利用 3 维 Douglas-Peucker 算法（费立凡等，2006）按照一定的压缩阈值对其进行压缩简化。不同的阈值代表了对地形的不同简化程度。本实验选取了 5、10、15、25、30、40、50、60 八个不同的阈值分别计算，简化效果令人满意。然后将简化后的散点数据导入 Surfer8.0 软件下得到不同阈值下的 5m、25m 分辨率的 DEM 数据（图 4.7）。

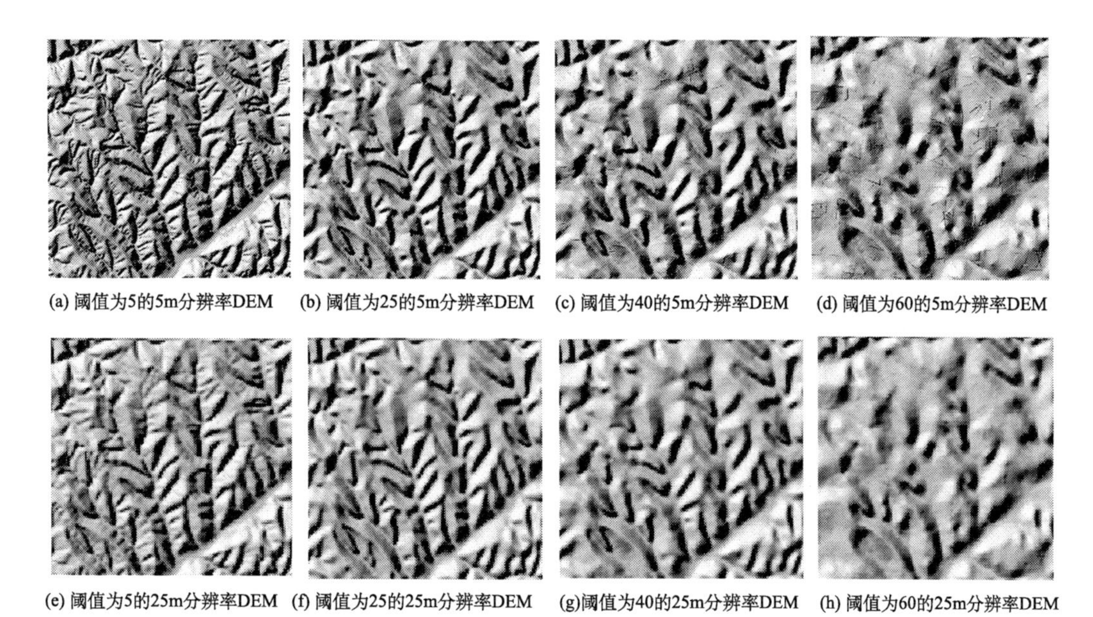

图 4.7　部分压缩阈值的 5m、25m 分辨率 DEM 晕渲图

4.3.2　实验过程

1. 坡谱及坡度分级的选取

地面坡谱是指在一个特定的统计区域内，不同级别坡度组合关系的统计模型。任何一种地形地貌形态都有其自身的坡谱。同一地表的地面坡谱与 DEM 分辨率密切相关。同一地貌类型，不同的水平分辨率对应着不同的坡谱形态（汤国安等，2005）。随着分辨率的减小，格网坡度值逐渐变缓，坡谱的形态也随之变化。图 4.8 是韭园沟地区 5m 和 25m 分辨率 DEM 的坡谱。横坐标是坡度分级，纵坐标为每一坡度级的栅格数所占总栅格数的百分比。可以看出坡谱曲线是单峰值的，随着分辨率的降低，曲线的偏态逐渐向左偏移，且峰值增高，坡度分布越来越集中。这表明随着分辨率的减小，细部信息丢失，坡度逐渐趋于平缓，缓坡所占比例增大，陡坡逐渐减少，甚至消失。

坡谱反映的是地面坡度按照一定的分级统计规律而形成的组合关系，因此首先应确

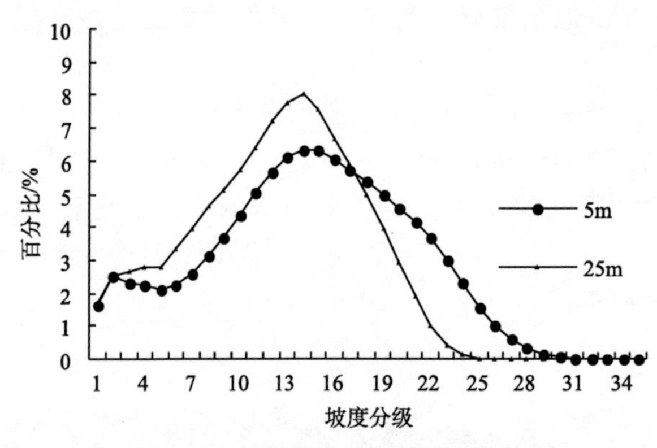

图 4.8　不同分辨率坡谱曲线比较

定坡度分级方法。对样区 1∶10 000 的阈值为 5 的 5m 分辨率的 DEM 用标准差分级、自然裂点法、等差分级等分级方法依次分级，逐一比较，可以发现它们之间具有很强的相关性，相关系数均在 0.9 以上。也就是说，采用哪种分级方式，对坡谱的影响在统计规律上是不大的。本书采用 2°等差分级。

2. 建立坡谱转换模型

为了保证转换后的 DEM 具有相同的栅格数，便于后续比较，首先对 25m 分辨率的 DEM 重采样到 5m 分辨率，再提取坡谱。根据直方图规定化的原理，分别求出重采样后 DEM 的坡谱和 5m 分辨率坡谱的累积直方图。对于每一个阈值的重采样坡谱和未经重采样的 5m 分辨率的坡谱均可建立一个转换模型。图 4.9 是阈值为 5 时从重采样数据的坡谱向 5m 分辨率坡谱转换模型示意图。其余阈值的转换模型见表 4.5。

表 4.5　重采样 5m 到原始 5m 分辨率坡谱转换模型

阈值	转换模型	R^2
5	$y = 0.0023x^2 + 0.9957x + 0.3429$	0.9984
10	$y = 0.0027x^2 + 0.9654x + 0.3655$	0.9985
15	$y = 0.0031x^2 + 0.9372x + 0.4335$	0.9978
25	$y = 0.0037x^2 + 0.9007x + 0.4652$	0.9986
30	$y = 0.0040x^2 + 0.8819x + 0.5999$	0.9986
40	$y = 0.0042x^2 + 0.8620x + 0.8010$	0.9988
50	$y = 0.0057x^2 + 0.8092x + 1.1009$	0.9989
60	$y = 0.0066x^2 + 0.7767x + 1.3046$	0.9980

上述转换模型可概括为如下形式：

$$\mathrm{Slp}_{\mathrm{scaled}} = aS_{\mathrm{re}}{}^2 + bS_{\mathrm{re}} + c \tag{4.6}$$

式中，$\mathrm{Slp}_{\mathrm{scaled}}$为转换后的坡度；$S_{\mathrm{re}}$为 25m 分辨率重采样为 5m 分辨率的 DEM 的坡度；a、b、c 分别为模型系数。

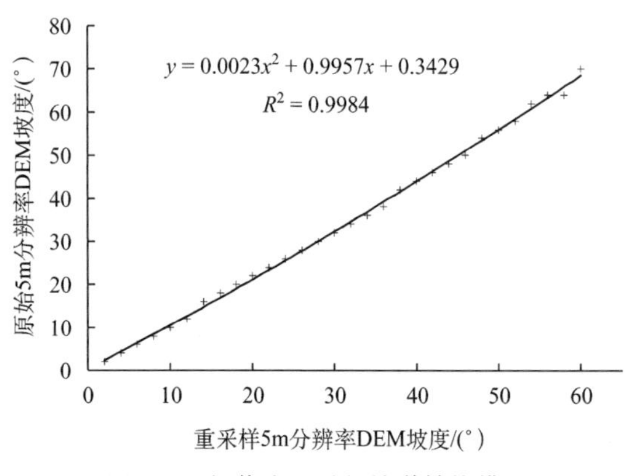

图 4.9 阈值为 5 时的坡谱转换模型

3. 模型系数与地形因子的关系

从表 4.5 中可以看出，随着阈值的增大，系数 a、b、c 有一定的变化规律。系数 a 与 c 逐渐增大，而 b 逐渐减小。这表明，模型系数与地表形态有一定的相关关系。经多次实验发现，系数与 25m 分辨率 DEM 的地表粗糙度具有较强的相关性（表 4.6）。这是因为地形粗糙度的差异在一定程度上反映了地表简化程度的差异。因此，以粗糙度 R 为自变量，a、b、c 分别为因变量，求得模型系数与地形的关系（图 4.10）。

表 4.6 25m 分辨率 DEM 地形粗糙度与模型系数的关系

DEM 分辨率/m	地表粗糙度	系数 a	系数 b	系数 c
5	2.743 462	0.002 3	0.995 7	0.342 9
10	2.741 773	0.002 7	0.965 4	0.365 5
15	2.736 52	0.003 1	0.937 2	0.433 5
25	2.724 086	0.003 7	0.900 7	0.465 2
30	2.716 751	0.004 0	0.881 9	0.599 9
40	2.706 788	0.004 2	0.862 0	0.801 0
50	2.687 684	0.005 7	0.809 2	1.100 9
60	2.677 328	0.006 6	0.776 7	1.304 6

于是有

$$\begin{cases} a = 0.2374R^2 - 1.3461R + 1.909 \\ b = 15.2R^2 - 79.439R + 104.51 \\ c = 120.19R^2 - 666.16R + 923.3 \end{cases} \tag{4.7}$$

由式（4.6）即可根据 25m DEM 地形起伏度计算出每一个阈值的下推模型系数，代入式（4.7），求得每一个阈值从重采样 5m 分辨率坡谱到 5m 分辨率坡谱的下推模型。

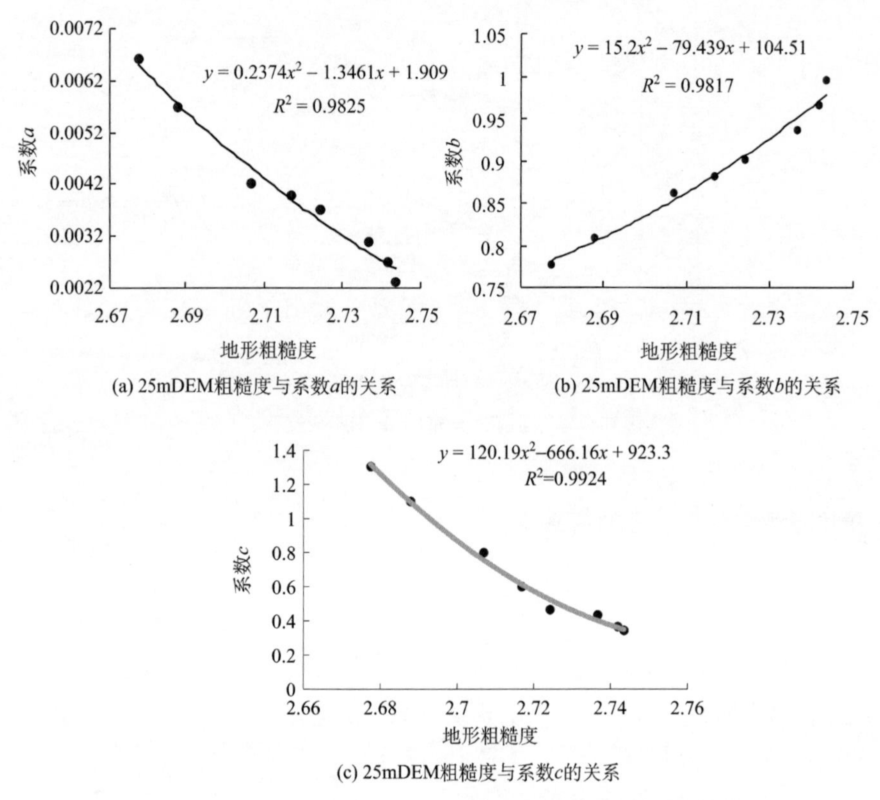

图 4.10　25m 分辨率 DEM 地形粗糙度与模型系数的关系

4.3.3　模型评价

在 ArcMap 下，直接利用 Raster Calculator 工具对样区不同阈值的重采样 5m 分辨率的坡度图按照各自转换模型进行转换，然后提取坡谱（scaled5m），与原坡谱（5m）进行比较，转换结果比较好（图 4.11，表 4.7）。

表 4.7　各阈值的原 5m DEM 坡谱与模拟坡谱的相似性比较

压缩阈值	range5	range10	range15	range25	range30	range40	range50	range60
相关系数	0.998	0.997	0.996	0.994	0.994	0.989	0.985	0.981

随着压缩阈值的增大，曲线转换的偏差越大。这是因为随着压缩阈值的增大，丢失的细节信息越多，在无外界信息源的补充下，尺度转换的方法可以适度补偿细节信息，但转换精度比较小阈值的低。也就是说，任何方法都要求有一定的适用范围，当两个地形差异较大时（如阈值为 50、60 时），通过直方图转换可以适当补偿丢失的细节信息，但精度不如地形差异小（如阈值为 5、15）的转换精度高。图 4.12 是 range=5 时转换后所得的坡度图与原坡度图的比较示意图。

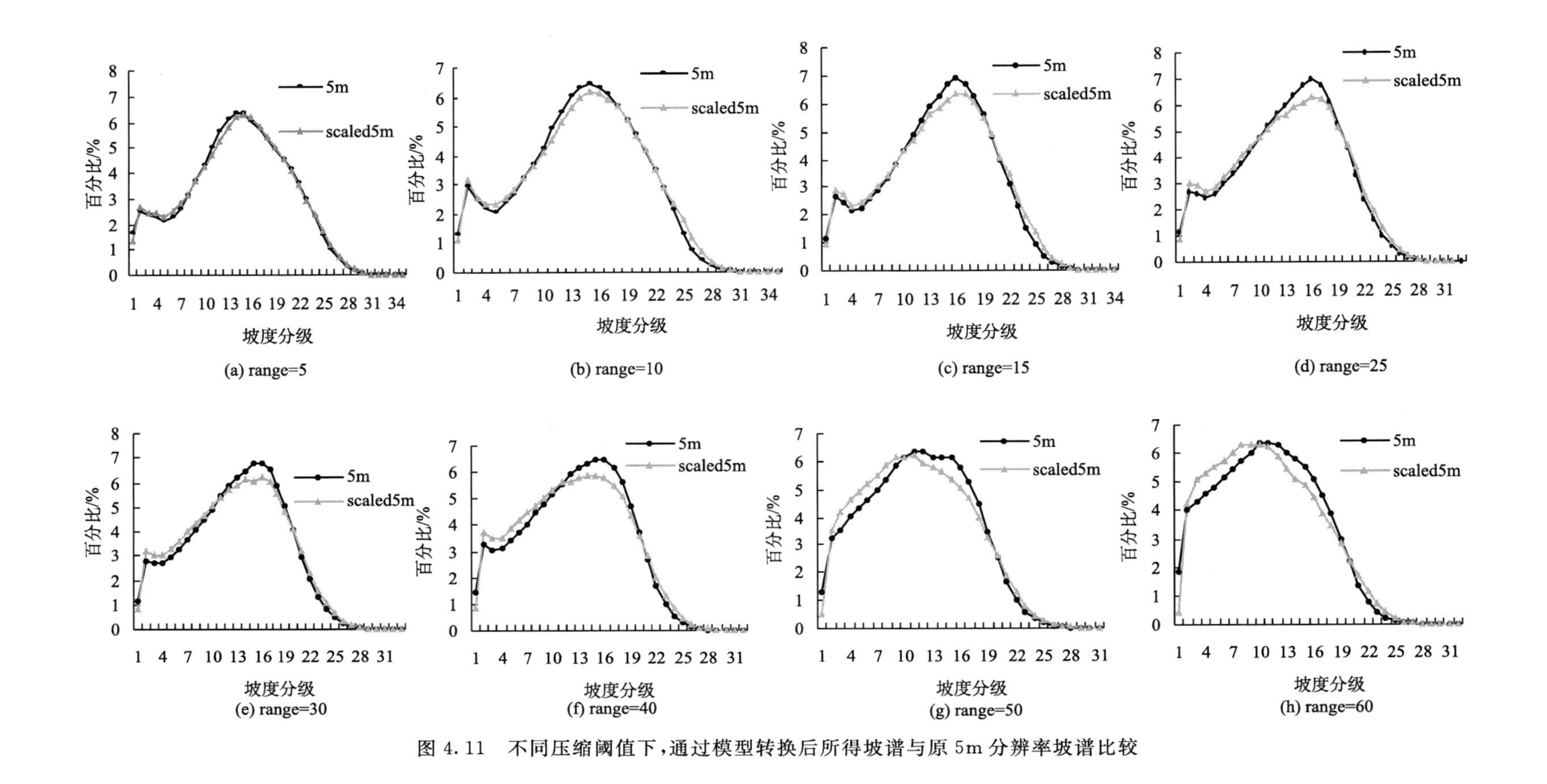

图 4.11　不同压缩阈值下，通过模型转换后所得坡谱与原 5m 分辨率坡谱比较

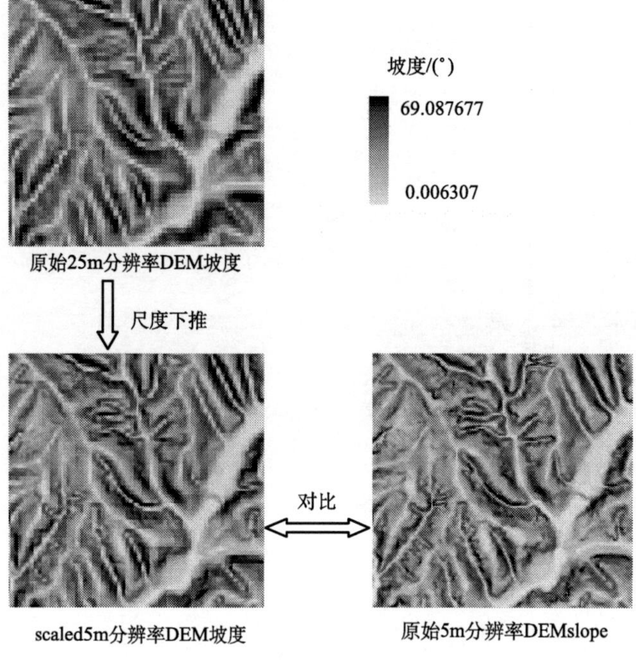

图 4.12　range=5 时转换所得坡度图与原坡度图比较

4.3.4　结论与讨论

应用直方图匹配的原理，对 25m 分辨率和 5m 分辨率 DEM 的坡谱进行了尺度下推，并找到转换模型系数与地形因子之间的关系，得到了具有较高精度的坡谱转换模型。试验结果表明，该模型能够比较理想地将 25m 分辨率 DEM 的坡谱直接转换为 5m 分辨率 DEM 的坡谱，方法简单易行，精度良好。

4.4　DEM 提取单位汇水面积的尺度效应及尺度转换

4.4.1　引言

单位汇水面积（Specific Catchment Area，SCA）是单位长度等高线上游汇水面积，定义为某段等高线上游汇水面积与等高线长度的比率。单位汇水面积不但是一个具体的数值指标，更是各种地貌结构、水文模型及土壤模型的基本参数。例如，水流强度指数（Stream Power Index）、地形湿度指数（Topographic Wetness Index）等都由单位汇水面积组成，这些指数被广泛应用于流域网络分析（Callaghan et al.，1984；Jenson，1994）、土壤水分空间分析（Loughlin，1986；Matías et al.，2006）、非点源污染分析（Vieux，1991）、滑坡监测与分析（Duan and Grant，2000）以及地貌结构研究（闾国年等，1998a，1998b）等。

目前，基于 DEM 的单位汇水面积的研究多集中于水流方向的确定和路径算法（周启鸣和刘学军，2006）。值得注意的是，DEM 格网分辨率是 DEM 对地形表达精度的决定性变量。不同分辨率尺度 DEM 对地形表达的精细程度存在差异。DEM 本身的尺度依赖性导致地形参数具有很强的尺度变化特征。越来越多的研究开始重视 DEM 地形分析的尺度效应。包括坡度、坡向和曲率等一般的地形参数的尺度效应（汤国安等，2003；Kienzle，2004；Erskine et al.，2007）；不同分辨率 DEM 对流域参数提取的影响（吴险峰等，2003；易卫华等，2007；Straumann and Purves，2007）、径流模拟结果的影响（Chaubey et al.，2005）；以及在土壤景观模型（Thompson et al.，2001）、产流产沙模拟（任希岩等，2004）、水土流失模型（Wu and Huang，2005）等产生的尺度效应。关于尺度效应的研究较多，但是尺度转换模型的研究较少，目前主要集中在坡度的尺度转换模型。Zhang 和 Drake（1999）对多尺度下不同坡度算法进行了对比，并基于分形和统计的方法建立了坡度的尺度转换模型。陈燕等（2004）使用图谱统计方法进行了黄土高原 1∶1 万与 1∶5 万 DEM 之间的坡度转换。Yang 等（2006）基于直方图匹配的方法实现了 1∶10 万和 1∶25 万之间坡度的尺度转换。杨昕（2007）给出了 DEM 的坡度的尺度效应及转换模型。然而，仍少有文章对应用广泛的单位汇水面积的尺度效应进行讨论。Pradhan 等（2006）提出地形湿度指数 CCA 的尺度下推模型，其中涉及单位汇水面积的尺度转换。然而对于单位汇水面积的尺度变化规律、空间分布规律仍不清楚，亟待进一步明确 SCA 的尺度变化特征，进而构建机理明确、操作简便、广泛适用的尺度转换模型，以降低 DEM 地形分析的不确定性。

4.4.2 单位汇水面积及其计算

上游汇水面积（Catchment Area，CA）描述了地表水流流经一段等高线上游的所有地形的投影面积（Moore et al.，1991）。单位汇水面积 SCA 定义为某段等高线上游汇水面积 CA 与等高线长度 CL 的比率（图 4.13）。当等高线长度趋向于零时，为某点上游的平均汇水长度。SCA 可表示为

$$SCA=\lim_{CL->0}\frac{CA}{CL} \qquad (4.8)$$

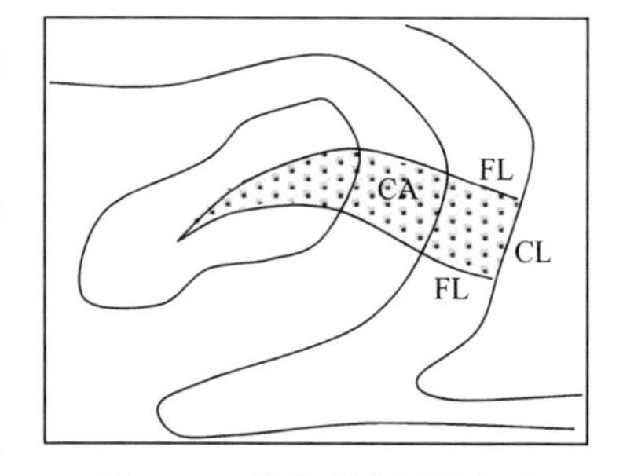

图 4.13　单位汇水面积定义

式中，CA 为汇水面积；CL 为等高线长度（流向宽度）。在实际地形表面上，汇水面积、单位汇水面积是依据流向和流线分布的。流向（Flow Direction）是水流坡度的最大方向，即坡向或其近似值；流线（Flow Line）是沿流向的水流路径。流向和流线由地表自然属性控制，同一等高线上两点流线之间的面积形成该段等高线上游的汇水面积 CA，而汇水面积和两点间的等高线长度则决定着单位汇水面积 SCA。

单位汇水面积的计算与水流方向密切相关，基于 DEM 的水流方向计算已发展了多种路径算法，如 D8、DEMON、Dinf、多流向算法、随机八方向算法、多级骨架算法、基于堆栈的种子填充算法等。其中，最大坡降算法 D8 算法由于计算简单、效率较高以

及对凹地、平坦区域有较强的处理能力而应用最为广泛。因此，本节的汇水面积的计算，统一采用D8算法。

4.4.3 实验样区及数据处理

基于原始高精度DEM，通过重采样方法生成多尺度DEM，并计算相应的汇水面积和单位汇水面积。统计分析不同地貌部位汇水面积尺度变化特征，明确尺度变化规律。在此基础上构建相应的尺度转换模型。以陕北绥德县韭园沟流域为例，进行实例验证。

以国家1∶1万DEM为基础数据。该DEM数据来自国家测绘局，它是由地形图数字化并添加特征点，通过先生成TIN再内插成规则格网DEM，其分辨率（格网大小）为5m，投影方式为高斯-克吕格投影，坐标系统为1980西安坐标系。

尺度效应研究涉及多尺度DEM。本研究以5m分辨率DEM为基础数据，利用重采样方法生成多尺度DEM。考虑到地表形态的连续性，采样时采用双线性内插方法，采样间隔为10m，分别生成分辨率为10m、20m、30m、40m、50m、60m、70m、80m、90m和100m的DEM。由于1∶1万DEM的精度最高，在此以其高程值为真值，与国家1∶5万和1∶25万DEM进行了对比，重采样生成的中误差均小于国家制作的同分辨率DEM，表现较高的精度（表4.8）。

表4.8 重采样生成的多尺度DEM与国家同尺度DEM精度对比 （单位：m）

比例尺	DEM分辨率	国家数据中误差	重采样生成数据中误差
1∶5万	25	11.5	4.8
1∶25万	100	35.3	16.0

4.4.4 尺度效应

汇水面积是单位汇水面积的计算基础。要研究单位汇水面积的尺度变化规律需先从汇水面积开始。

1. 汇水面积的尺度效应

利用D8算法分别提取各DEM尺度下汇水面积，获得多层汇水面积数据。汇水面积的最小值为刚出现第一份汇水时的面积，一般都是位于山顶或山脊部位，统计显示（表4.9）汇水面积的最小值为DEM的一个栅格单元面积，它随着DEM分辨率的降低而逐渐增大；最大值为流域出水口处的上游汇水面积，对一个完整的流域而言，是流域总面积，统计显示汇水面积的最大值基本维持稳定；汇水面积的平均值受栅格单元的影响也逐渐增大。在不同尺度上，DEM分辨率的不同是造成汇水面积最小值和均值差异的主要原因。

表 4.9　不同 DEM 尺度下汇水面积统计

分辨率/m	最小值/m^2	最大值/m^2	均值/m^2
5	25	68 976 776	39 019.2
10	100	69 037 400	77 966.6
20	400	69 080 800	155 329.2
30	900	69 051 600	230 217.9
40	1 600	69 088 000	311 608.2
50	2 500	69 027 500	391 682.5
60	3 600	69 051 600	461 510.8
70	4 900	68 678 400	537 423.9
80	6 400	68 998 400	608 890.6
90	8 100	68 509 800	682 379.7
100	10 000	67 980 000	770 469.9

CA 随尺度的变化存在以下规律：

$$\frac{CA_{min1}}{CA_{min2}}=\left(\frac{r_1}{r_2}\right)^2 \tag{4.9}$$

$$CA_{max1}\approx CA_{max2} \tag{4.10}$$

$$\frac{CA_{mean1}}{CA_{mean2}}=\frac{r_1}{r_2} \tag{4.11}$$

式中，CA_{min1} 和 CA_{min2} 分别为 DEM 分辨率为 r_1 和 r_2 两种尺度下的最小汇水面积。可以看出两种尺度下的最小汇水面积之比为其格网长度比的平方。CA_{max1} 和 CA_{max2} 分别为两种尺度下汇水面积的最大值，它不受 DEM 尺度的影响。CA_{mean1} 和 CA_{mean2} 分别为两种尺度下汇水面积的平均值，两种尺度下汇水面积的均值之比为其格网长度之比。

图 4.14 为不同 DEM 尺度下汇水面积的累积直方图。可以看出，汇水面积随着 DEM 分辨率的降低发生有规律的变化。各 DEM 尺度下汇水面积的累积直方图像喇叭一样由开口较大的喇叭口向喇叭嘴集中，这里称其为“喇叭形”尺度效应。

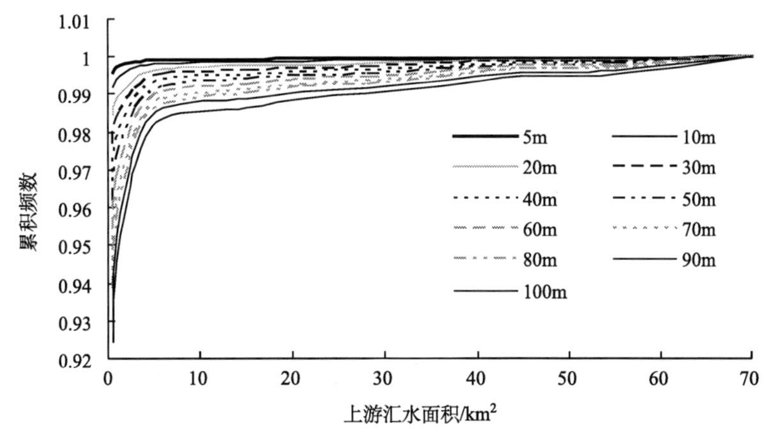

图 4.14　不同分辨率下上游汇水面积累积直方图

各 DEM 尺度下流域出水口处的汇水面积汇集于一点，即在流域出水口处 DEM 尺度对汇水面积没有影响。DEM 尺度影响最大的地方集中在喇叭口，即上游坡面位置。随着 DEM 分辨率的降低，汇水面积的小值所占的比例逐渐减小，也就是说位于坡面位置的上游汇水面积逐渐增大。基于 DEM 的汇水面积计算中，每一点的上游汇水面积是流经该点的栅格总数与单位格网面积的乘积。当某一点的汇水面积小于 DEM 栅格分辨率时，在统计中将被忽略。因此，高分辨率 DEM 上可表达的较小数值的汇水面积，随着分辨率的降低逐渐消失。

图 4.15 更清楚地显示了不同尺度下汇水面积的差异。当 DEM 分辨率为 100m 时，CA 为 10 000m^2表示有一份汇水时的上游汇水面积，它等于一个栅格单元的面积。图 4.15（a）显示，当 DEM 为 5m 分辨率时，上游汇水面积小于 10 000m^2 的区域有 97.5%，而当 DEM 分辨率为 100m 时，原先在 5m 尺度上大部分小于 10 000m^2 的区域全部消失了，两者差异显著。结果说明，坡面部位的汇水面积受 DEM 尺度的影响明显大于沟道位置的汇水面积。越向汇水的上游接近，汇水面积受 DEM 尺度的影响越大；越往下游，DEM 尺度对汇水面积的影响越小，当到达出水口时，这种尺度的影响逐渐消失。因此，在进行尺度转换时，需根据每一个格网点的汇水位置进行不同程度的纠正。

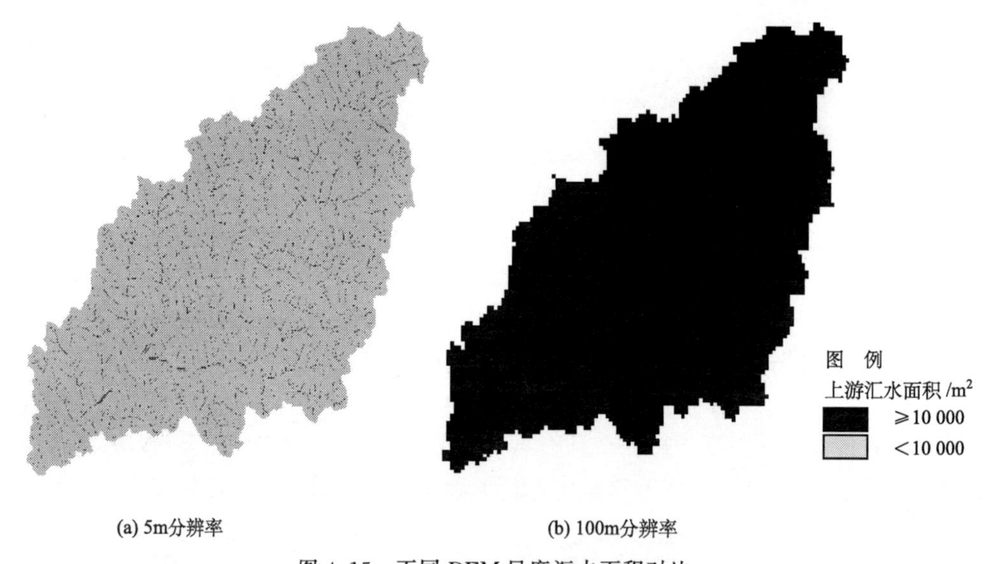

图 4.15　不同 DEM 尺度汇水面积对比

对图 4.14 曲线拟合，可知对任一确定尺度的 DEM 数据，某 i 点位置的汇水面积 CA_i 及其汇流累积频数 P_i 之间存在对数函数关系。即

$$P_i = a\ln CA_i + b \tag{4.12}$$

式中，a，b 为模型参数；P_i 可理解为 i 点上游的汇水面积占总面积的比例，它实际为 i 点位置的上游汇水格网数 N_i 占整个流域出水口上游汇水格网数 N_0 的比例。

$$P_i = N_i / N_0 \tag{4.13}$$

对式（4.12）转换后，某一点的上游汇水面积可以表示为

$$CA_i = e^{\frac{N_i/N_0 - b}{a}} \tag{4.14}$$

可见，某点的上游汇水面积与 P_i 密切相关。从图 4.14 汇水面积的尺度变化可以看出，当 CA 值较小时，其面积累积频数也较小，不同 DEM 尺度间的 CA 差异较大，说明 DEM 尺度的影响较大；当 CA 值增大时，其面积累积频数也增大，DEM 尺度的影响减小。换句话说，当 i 点位于上游时，P_i 值较小，CA 受 DEM 尺度的影响较大。反之，当 i 点位于下游时，P_i 值较大，CA 受 DEM 尺度影响较小。说明，DEM 尺度对汇水面积的影响与 P_i 呈指数负相关。

2. 单位汇水面积的尺度效应

单位汇水面积是汇水面积与单位等高线的比值。基于 DEM 计算的单位等高线长度为 DEM 格网长度或$\sqrt{2}$倍的格网长度。表 4.10 统计了不同 DEM 分辨率下单位汇水面积（SCA）的基本信息。与 CA 不同，SCA 的最小值不是相应尺度下的一个栅格单元面积，而小于该面积。这与单位等高线长度有关，当水流方向为对角线方向时，等高线长度为格网长度的$\sqrt{2}$倍，单位汇水面积则为其汇水面积的 $1/\sqrt{2}$。SCA 的最大值，即出水口处的单位汇水面积产生较大差异。随着 DEM 分辨率的降低，由于受单位等高线长度的影响（单位等高线长度却随着栅格单元的增大而增大），出水口处的 SCA 逐渐减小。

表 4.10　不同 DEM 尺度下单位汇水面积统计

分辨率/m	最小值/m^2	最大值/m^2	均值/m^2
5	3.54	13 777 710.00	6 515.49
10	7.07	6 900 950.00	6 483.53
20	14.14	3 445 980.00	6 442.46
30	21.22	2 295 990.00	6 353.09
40	28.29	1 722 920.00	6 469.86
50	35.36	1 367 800.00	6 543.94
60	42.43	1 150 260.00	6 400.97
70	49.50	980 210.00	6 381.82
80	56.58	860 000.00	6 307.87
90	63.65	761 220.00	6 259.93
100	70.72	679 800.00	6 467.11

可见，随着 DEM 尺度的变化，SCA 存在以下规律：

$$\frac{\mathrm{SCA}_{\max1}}{\mathrm{SCA}_{\max2}}=\frac{1}{r_1/r_2}=\frac{r_2}{r_1} \tag{4.15}$$

$$\frac{\mathrm{SCA}_{\min1}}{\mathrm{SCA}_{\min2}}=\frac{r_1}{r_2} \tag{4.16}$$

$$\mathrm{SCA}_{\mathrm{mean1}}=\mathrm{SCA}_{\mathrm{mean2}} \tag{4.17}$$

式中，SCA_{max1} 和 SCA_{max2} 分别为 DEM 分辨率为 r_1 和 r_2 两种尺度下，在出水口处的单位汇水面积，两者之比为其格网长度之比的倒数。SCA_{min1} 和 SCA_{min2} 分别为 DEM 分辨率为 r_1 和 r_2 两种尺度下最小的单位汇水面积，即产生第一份汇水的 SCA，两者之比为其格网长度之比。SCA_{mean1} 和 SCA_{mean2} 为两种尺度下的平均单位汇水面积，它不受尺度的影响。可以看出，与 CA 不同，随着 DEM 格网的增大，SCA 的最小值逐渐增大，最大值逐渐减小，体现出向平均值逐渐集中的趋势。

图 4.16 显示随 DEM 分辨率的降低，SCA 的低值逐渐减少。与 CA 不同的是，SCA 的尺度变化程度较 CA 小了很多。从累积频数上看，当分辨率分别为 5m 和 100m 时，两者 CA 的最小值相差 7.2%，而 SCA 的最小值仅相差 0.5%。

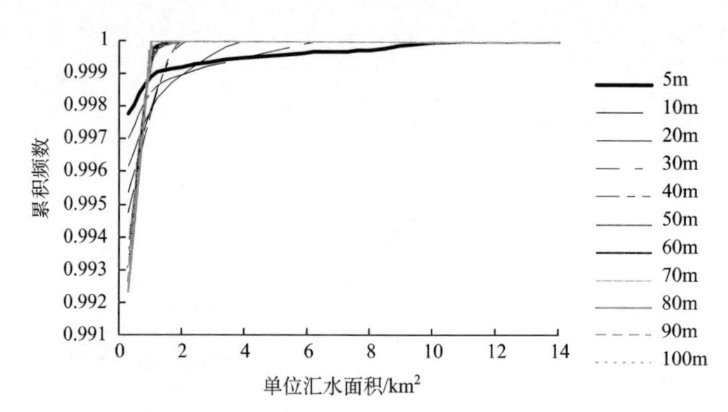

图 4.16　各尺度下单位汇水面积的累积直方图

不同尺度下 SCA 曲线变化也不像 CA 那样均匀。存在某些尺度之间的跨越较大，栅格格网为 10m 和 20m 的 SCA 曲线基本匀速变化，30m 和 40m 的图线重合，50m 以上的图线也基本重合，而 20～30m、40～50m 有个较大的跨越，体现出 SCA 的尺度变化是一种非均匀的变化趋势。

由于单位等高线长度在每一尺度下是确定的。因此，SCA 主要受 CA 的影响。由于 CA 的尺度变化较大，且具有规律性，因此实现了对 CA 的尺度下推，也就实现了 SCA 的尺度下推。

4.4.5　尺度转换模型

在汇水面积的尺度效应研究中发现，汇水面积的最小值是一个 DEM 栅格单元面积。当 DEM 栅格单元发生变化时，上游汇水面积的最小值也发生相应的变化。从这个观点出发，我们引入 N_s 这一尺度因子，它是指粗格网 DEM 一个栅格单元所包含的细格网 DEM 的栅格单元数目。Pradhan 等（2006）曾引入这一尺度因子进行汇水面积的尺度下推，并构建了下推模型，但是其模型较为复杂，不易理解。本节在尺度效应研究的基础上提出了 CA 尺度下推的简化模型（图 4.17）。

图 4.17 中，N_s 为尺度影响因子，它是两个不同尺度 DEM 中，粗格网分辨率 R 和细格网分辨率 R^* 的比率 R_f 的平方。

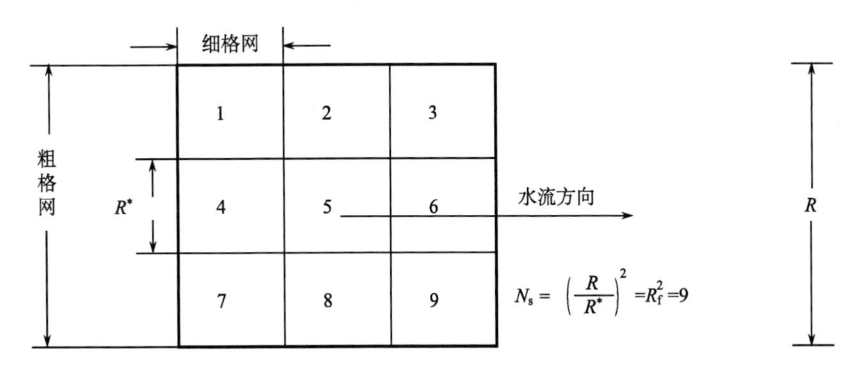

图 4.17　尺度影响因子概念图

依据汇水面积的尺度效应研究成果，不同尺度的汇水面积存在四个明确的关系。

1）两种不同 DEM 尺度下，汇水面积的最小值之比为各自 DEM 分辨率之比的平方，见式（4.9），也即 N_s。表示汇水面积的最小值完全受 DEM 格网尺度的影响。

2）两种不同 DEM 尺度下，汇水面积的最大值（即流域出水口处的汇水面积）相等，见式（4.10）。表明此时汇水面积完全不受 DEM 尺度的影响。

3）流域中任一点 i 位置处的汇水面积与流经该点的栅格数 N_i 占流域总栅格数 N_0 的比例 P_i［见式（4.13）］之间存在指数关系，见式（4.14），表明任一点 i 位置处的汇水面积受尺度的影响程度与其位置参数 P_i 相关。

4）两 DEM 尺度（分辨率）差别越大，CA 受尺度的影响也越大，说明任一点 i 位置处的汇水面积受尺度的影响程度与尺度因子 N_s 相关。

因此，提出以下 CA 的尺度下推模型式：

$$\mathrm{CA}_{i,\ \mathrm{scaled}}=\mathrm{CA}_i f_i \tag{4.18}$$

式中，下标 i 为流域内的任一位置；CA_i 为当前尺度下 i 位置的汇水面积；$\mathrm{CA}_{i,\mathrm{scaled}}$ 为在 i 位置经过尺度下推后的汇水面积；f_i 为流域中 i 位置的尺度纠正系数，满足以下条件。

1）当 i 在坡顶上（产生第一份汇水）时，即 $i=1$ 时，$f_i=1/N_s$；

2）当 i 在出水口时，即 $N_i=N_0$ 时，$f_i=1$；

3）其他位置，$1/N_s\leqslant f_i\leqslant 1$，它是尺度因子 N_s 和位置参数 P_i 的函数，表达如下：

$$f_i=\left(\frac{1}{N_s}\right)^{1-P_i}=\left(\frac{1}{N_s}\right)^{1-\frac{N_i}{N_0}} \tag{4.19}$$

式（4.19）表明，当 N_i 增大时，点位置越接近下游，也逐渐增大并接近于 1，对粗格网分辨率下的 CA_i 的纠正量越小；反之，N_i 减小时，f_i 也减小，并接近于 $1/N_s$，对粗格网分辨率下的 CA_i 的纠正量越大。因此，式（4.18）可改写为

$$\mathrm{CA}_{i,\ \mathrm{scaled}}=\mathrm{CA}_i\left(\frac{1}{N_s}\right)^{1-\frac{N_i}{N_0}} \tag{4.20}$$

在对汇水面积进行了尺度下推后，就可以进行单位汇水面积的尺度下推。

$$\mathrm{SCA}_{i,\ \mathrm{scaled}}=\frac{\mathrm{CA}_{i,\ \mathrm{scaled}}}{L_{\mathrm{scaled}}} \tag{4.21}$$

式中，$\mathrm{SCA}_{i,\mathrm{scaled}}$为尺度下推后的单位汇水面积；$L_{\mathrm{scaled}}$为尺度下推后的单位等高线，可表达为

$$L_{\mathrm{scaled}}=\frac{L}{R_{\mathrm{f}}} \tag{4.22}$$

式中，L 为尺度下推前的单位等高线长度；R_{f} 为尺度下推前后 DEM 分辨率的比值。

4.4.6 尺度转换结果分析

1. CA 尺度下推结果

将各尺度 DEM 下的 CA 均下推至 5m，表 4.11 为统计结果，从最小值、最大值和平均值可看出两者几乎完全相同。DEM 分辨率为 5m 时，CA 的最小值为 25m^2，最大值为 68 976 780m^2，平均值为 39 019.20m^2。经尺度下推后，最小值和最大值与目标尺度基本相同，平均值表现为逐渐增大的趋势，这主要是由于随着 DEM 分辨率的降低，栅格总数越来越少，面积相同的情况下平均值会逐渐增大。

表 4.11 两种模型对 CA 尺度下推后的统计对比 （单位：m^2）

分辨率	最小值	最大值	平均值
10m 下推至 5m	25	69 037 400	45 290.90
20m 下推至 5m	25	69 080 800	65 214.72
30m 下推至 5m	25	69 051 600	83 840.01
40m 下推至 5m	25	69 088 000	107 229.22
50m 下推至 5m	25	69 027 500	130 186.86
60m 下推至 5m	25	69 051 600	146 918.82
70m 下推至 5m	25	68 678 400	166 978.46
80m 下推至 5m	25	68 998 400	177 029.67
90m 下推至 5m	25	68 509 800	207 931.54
100m 下推至 5m	25	67 980 000	225 776.46

图 4.18 为 CA 尺度下推前后的累积直方图对比。各分辨率尺度 CA 下推至 5m 分辨率时，与 5m 的 CA 的直方图非常接近。由于 DEM 栅格单元增大导致的小面积汇水单元的减少，在这里得到了很好的纠正。可以看出，若 DEM 原有尺度越接近目标尺度，即两者的格网面积差异越小，下推后的结果也越好。

2. SCA 尺度下推结果

利用 CA 尺度下推结果实现 SCA 的尺度下推。SCA 的尺度效应研究（表 4.11）显示，尺度下推前 SCA 的最小值逐渐增大，最大值逐渐减小。尺度下推后（表 4.12），各尺度 SCA 的最小值和最大值与目标尺度下的 SCA 一致。下推后的均值逐渐增大，这是因为流域内各点的 SCA 经转换，其值逐渐变小，随着 DEM 分辨率的降低，格网总

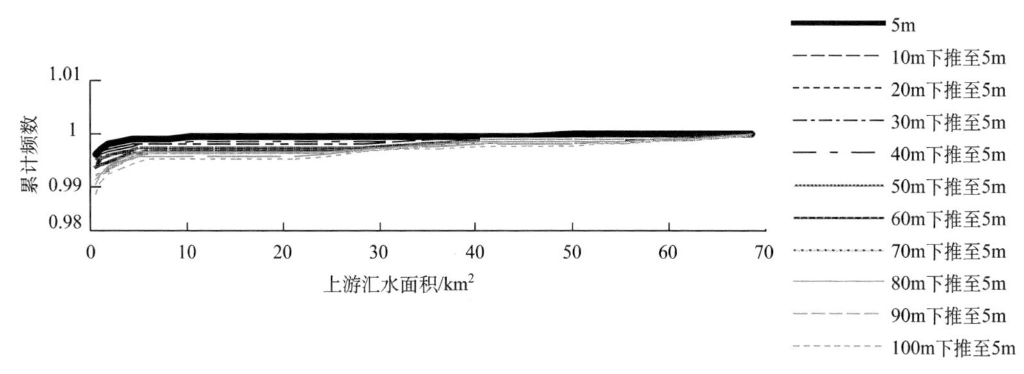

图 4.18　上游汇水面积尺度下推累积直方图

数减少，在同样的 SCA 值下，其平均值将逐渐增大。

表 4.12　SCA 下推尺度统计　（单位：m²）

分辨率	最小值	最大值	平均值
5m	3.54	13 777 710.00	6 515.49
10m 下推至 5m	3.54	13 794 170.00	7 301.28
20m 下推至 5m	3.54	13 695 030.00	10 195.23
30m 下推至 5m	3.54	13 653 590.00	12 880.52
40m 下推至 5m	3.54	13 642 040.00	16 624.98
50m 下推至 5m	3.54	13 108 440.00	20 302.26
60m 下推至 5m	3.54	13 767 400.00	22 760.39
70m 下推至 5m	3.54	13 655 920.00	25 932.47
80m 下推至 5m	3.54	13 542 320.00	26 939.31
90m 下推至 5m	3.54	13 701 960.00	32 399.99
100m 下推至 5m	3.54	13 596 000.00	35 480.58

尺度下推后，SCA 的面积累积直方图出现了较大的差异（图 4.19），表现为下推后的 SCA 的小值增多了。SCA 的尺度效应表明，随着 DEM 分辨率的降低，SCA 的小值

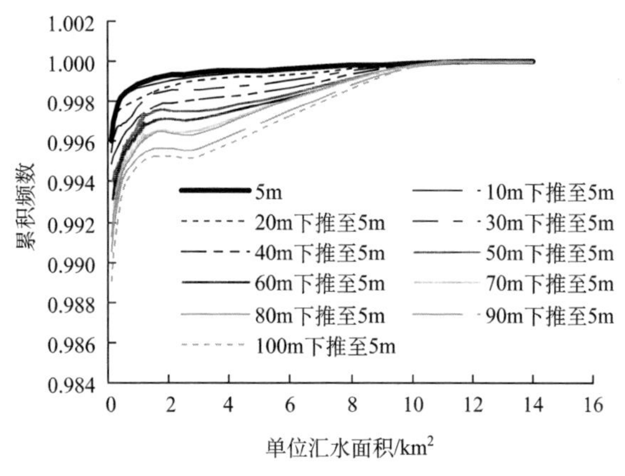

图 4.19　尺度下推后的 SCA 面积累积直方图

增大，大值减小，且越来越向其均值集中。经尺度下推后，SCA 的值域空间增大，例如，DEM 100m 分辨率下，原有的 SCA（尺度下推前）最大值不超过 $0.7km^2$，经尺度下推后 SCA 最大值为 $14km^2$。在同样的分级系统下，100m 分辨率时，尺度下推前 SCA 只占有 4 个级别，尺度下推后扩展至 8 个级别。主要表现为大部分坡面的值减小，少部分沟谷的值增大。由于坡面占总面积的比例占绝对优势，因此，下推后的累积直方图会出现较大的差异。

尺度下推前后（图 4.20）可以看出，DEM 为 100m 分辨率时，下推前 SCA 的空间分布单一，仅在 2 个级别上有值，尺度下推后，大部分区域的 SCA 变小了，且空间分布的差异性增强。50m 尺度下推后也具有同样的趋势。对比 5m 尺度下的 SCA，经过尺度下推后，坡面位置的单位汇水面积普遍减小，且有不少区域的单位汇水面积小于 5m 尺度下的 SCA 值，说明，经过尺度纠正后，坡面上大部分地区的 SCA 略小于目标尺度下的真值，给 SCA 的面积累积直方图带来一定的误差（图 4.19）。

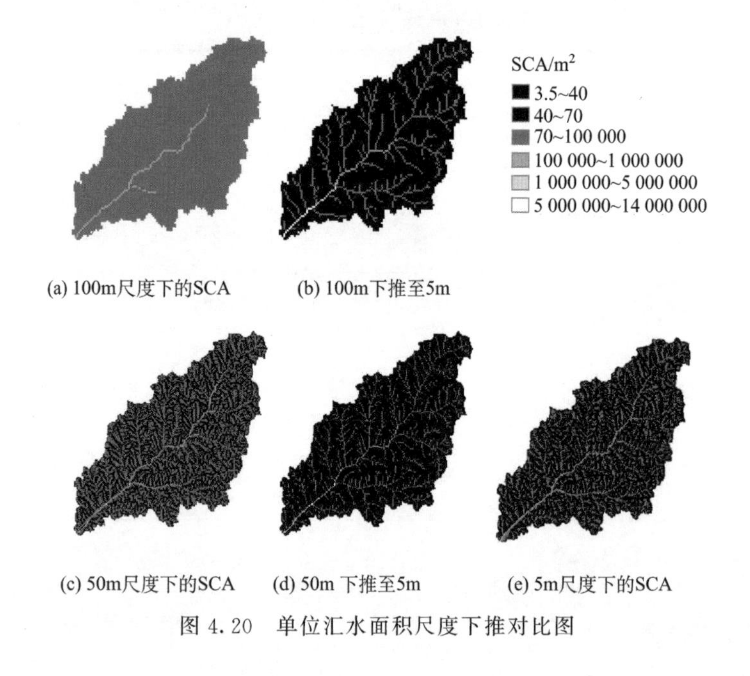

图 4.20　单位汇水面积尺度下推对比图

还可看出，当前（粗格网）尺度与目标（细格网）尺度的差距越大时，尺度下推后的误差也越大。且 SCA 的尺度下推后，各尺度间的变化较下推前的连续性增强，变得更有规律。

图 4.21 为 100m 分辨率 SCA 在尺度下推前和下推后与 5m 分辨率的 SCA 的差值。图中的白色和黑色都为差值大的地方，浅灰色为差值小的区域。可明显地看出，尺度下推前，不论在坡面上还是沟谷中，差值都较大；下推后，大部分坡面位置的差值显著减小，主要集中在 $-100\sim100m^2$，高级沟谷的差值较大，且越向下游，差值越大，反映了转换模型对尺度效应的纠正效果。

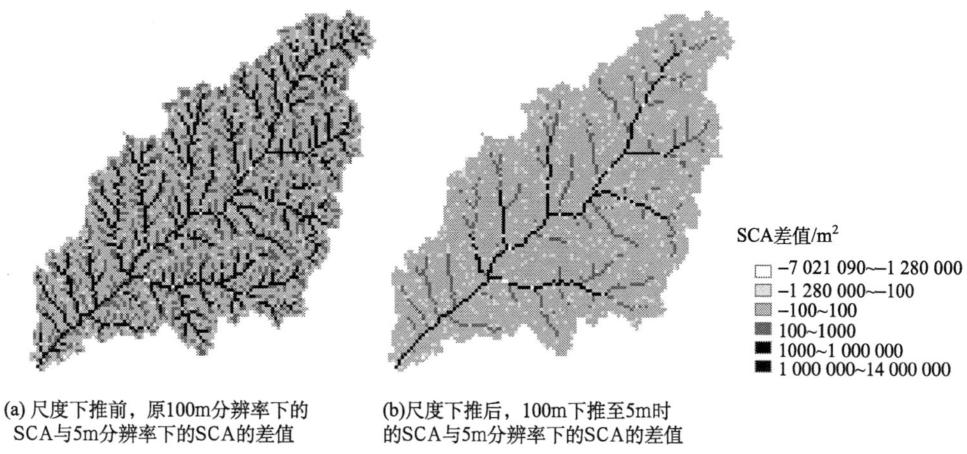

图 4.21　尺度下推前后 SCA 与目标尺度下 SCA 的差值对比

4.4.7　小结

(1) 单位汇水面积尺度变化的规律性为尺度转换提供了条件

韭园沟流域的实验显示单位汇水面积随尺度发生有规律的变化。一方面，CA 的最小值为 DEM 格网单元面积，它随着 DEM 尺度的增大而增大，不同尺度下的最小 CA 之比为其 DEM 格网面积之比；CA 的最大值位于流域出水口处，为整个流域面积，它不随 DEM 尺度变化；流域内任一点的汇水面积与其所在流域位置参数之间存在指数函数关系。另一方面，SCA 的最小值为单位格网面积与格网对角线长度之比，它随着 DEM 尺度的增大而增大，不同尺度 SCA 最小值之比为其 DEM 格网长度之比；SCA 的最大值为整个流域面积与格网对角线长度的比值，它随着 DEM 尺度的增大而减小，不同尺度 SCA 最大值之比为其格网长度之比的倒数；随着 DEM 分辨率的降低，流域内 SCA 逐渐向平均值集中。

(2) 尺度转换结果较为接近目标尺度特征

CA 的转换模型较好地实现了尺度转换，无论在统计上还是面积累积直方图，都与目标尺度下的特征一致。SCA 的转换依赖于 CA 的转换结果。经尺度转换后的 SCA 在特征值及空间分布上都更加接近目标尺度，但是坡面上的 SCA 值偏低，主要是由于未考虑格网单元的异质性造成的。且原有尺度与目标尺度相差越大，转换的误差也越大。

(3) 尺度转换模型的应用范围

在汇水面积的尺度转换模型中，引入了尺度因子 N_s 和位置因子 P_i。其中，位置因子定义为流域 i 点位置的上游汇水格网数 N_i 占整个流域出水口上游汇水格网数 N_0 的比例。由于涉及流域出水口的汇水格网数，任一点 i 位置的汇水需对流域出水口处的汇水有贡献，所以模型应用范围必须是一个完整的流域。模型是在起伏地区的实验结果下建立起来的，而平原地区的汇流机制略有不同，因此不适用于地形平坦的平原地区。有限的流域面积内，当 DEM 格网过大时，即格网总数过少时，模型精度将会受到较大的影响。

4.5 DEM 分辨率对太阳辐射模拟的敏感性分析

山地丘陵地区接受的太阳辐射深受地表起伏形态的影响。我国学者左大康等（1991）、翁笃鸣（1997）、傅抱璞等（1996）等建立了符合我国实际情况的太阳总辐射及其分量的计算模型，奠定了太阳辐射模拟的模型基础。DEM 及数字地形分析方法的不断完善为山区太阳辐射模拟提供了方法基础。Dozier 等（1990）首次提出以 DEM 为基本信息源的太阳辐射计算方法；我国学者李新等（1999）、曾燕等（2003）、杨昕等（2004）分别对不同的区域，采用不同尺度的 DEM 数据进行太阳辐射模拟研究，取得了丰富的成果。然而，以上研究均未考虑 DEM 的尺度效应对模拟结果的影响程度。栅格分辨率是决定 DEM 地形描述精度的一个重要的空间尺度参数，随着分辨率的变化，DEM 提取的坡度、坡向以及地形遮蔽信息随之产生很大差异（汤国安等，2001c，2003），不同程度地影响模拟结果的准确性。由于天文辐射是直接辐射的基础数据，成为总辐射的重要组成部分。因此，本节以陕北黄土丘陵和秦岭山区为实验样区，以不同栅格分辨率的 DEM 为基础数据源，研究天文辐射随 DEM 比例尺的变化规律、误差大小以及传播特征。

4.5.1 实验样区与实验数据

1. 实验样区

本节以陕北典型的黄土丘陵沟壑区（黄土丘陵）和秦岭山区（高山）为实验区（图 4.22）。黄土丘陵区位于陕西延川县城西南部延河中游地区，地处 109°52′30″E～110°00′00″E;36°42′30″N～36°47′30″N，约 21km^2。相对高差 328m，沟谷深切，地面破碎，平均坡度 27 °，属暖温带大陆季风半干旱气候。

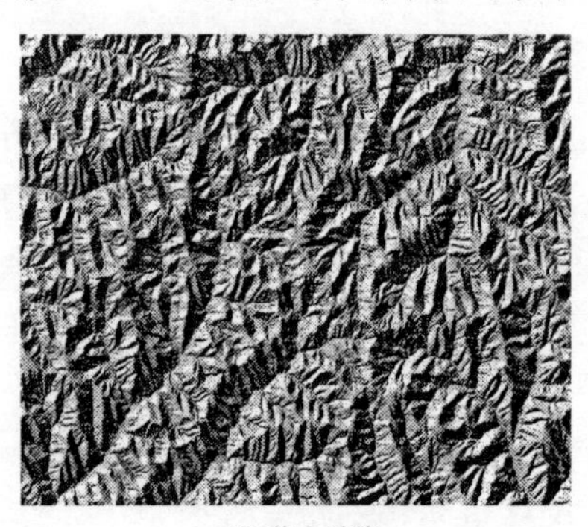

(a) 黄土丘陵

(b) 秦岭山地

图 4.22　实验样区晕渲图

秦岭山区位于陕南周至、佛坪县交界处，秦岭山脉主峰上，地处 107°59′37″E～108°15′21″E；33°39′38″N～33°50′23″N，约 92km²，高差 1734m，地面平均坡度 31°。属于亚热带大陆季风湿润气候。

2. 实验数据

依据国家测绘局 DEM 生产标准，利用地形图数字化生成黄土丘陵地区 1∶1 万 DEM 和秦岭山区 1∶5 万 DEM，DEM 栅格分辨率分别为 5m 和 25m，投影方式为高斯-克吕格投影，坐标系统为 1980 西安坐标系。在此基础上，通过重采样，生成一系列不同栅格分辨率的 DEM 数据。

4.5.2 实验方法

不同尺度的 DEM 提取的地形因子存在很大的变异性，影响辐射模拟结果的精度。天文辐射是直接辐射的基础，进而也是总辐射的重要组成部分，天文辐射模拟的准确性影响直接辐射和总辐射的计算精度。因此，本节以天文辐射模拟为基础，探讨天文辐射计算精度对 DEM 分辨率的敏感性。

1. 天文辐射模型

$$S_0 = \frac{I_0 T E_0}{2\pi} \sum_{i=1}^{n} [u \sin\delta (\omega_{s,i} - \omega_{r,i}) + v \cos\delta (\sin\omega_{s,i} - \sin\omega_{r,i}) - w \cos\delta (\cos\omega_{s,i} - \cos\omega_{r,i}) g_i] \tag{4.23}$$

$$\begin{aligned} u &= \sin\varphi\cos\alpha - \cos\varphi\sin\alpha\cos\beta \\ v &= \sin\varphi\sin\alpha\cos\beta + \cos\varphi\cos\alpha \\ w &= \sin\alpha\sin\beta \end{aligned} \tag{4.24}$$

式中，S_0 为起伏地形下，任一栅格单元的天文辐射量；I_0 为太阳常数；T 为日长；E_0 为地球轨道修正因子（左大康等，1991；傅抱璞等，1996；翁笃鸣，1997）；φ 为地理纬度；α 为坡度；β 为坡向；n 为可照时角的离散数目；$\omega_{r,i}$ 和 $\omega_{s,i}$ 为微分时段内的日出和日没时角；g_i 为地形遮蔽度（李新等，1999；曾燕等，2003）。模拟方法是以 DEM 为基础数据，计算坡度、坡向以及地形遮蔽等地形因子，应用多层面复合分析，分时段逐栅格的计算天文辐射量。

2. 实验流程

由天文辐射模型可知，影响天文辐射的地形因子有坡度、坡向和地形遮蔽度。因此，通过对不同分辨率 DEM 提取地形因子的差异性分析，探讨其对天文辐射模拟的影响程度。实验方法如下：

1）多分辨率 DEM 的生成。由于 1∶10 000 DEM 在一定程度上较为真实地反映了地表形态，因此以 1∶10 000 DEM 为基准，分别以 3×3、5×5、7×7 等窗口重采样

（即 10m 的采样间隔），依次类推，逐次采样至 105m；在 105m 以上，由于地形因子的计算结果对于 DEM 分辨率的敏感性显著降低，因此采用 50m 采样间隔，逐次采样至 1005m。为了避免内插，保证地形的相似性，采样方法为直接抽取 1∶10 000 DEM 格网中心点值。秦岭地区，由于样区范围较大，以 1∶50 000 DEM 为基础数据源进行采样。

2）天文辐射量的模拟。针对不同栅格分辨率 DEM 进行太阳天文辐射量的模拟。其中，最关键的是确定每一栅格单元的可照时间。首先，将一天可照时间离散化，在每一微分单元内，判断太阳高度和太阳方位，利用光线追踪算法判断是否有遮蔽并记录，最后累加求和，获得天文辐射日总量（杨昕等，2004）。这里以每月的代表日作为该月平均日辐射量。

3）模型建立。建立天文日辐射量随 DEM 分辨率的变化模型，确定不同尺度 DEM 的模拟误差，为统计数值纠正提供依据。

4）天文辐射的地形分析。分析不同坡度、坡向下，天文辐射随 DEM 栅格分辨率的变化趋势及对辐射模拟的影响程度。

4.5.3 模拟结果分析

1. 天文日辐射量

图 4.23 显示，随着 DEM 分辨率的降低，两个实验样区日均辐射量逐渐增大。随着 DEM 栅格单元增大，地形表面不断被平滑，地形起伏降低，可照时间受地形遮蔽的影响减弱，并越来越接近平地的情况，导致模拟的辐射量增大。图 4.23 显示两样区的增长速度不同。黄土丘陵区，栅格分辨率在 200m 之前，日辐射量增长较快；分辨率超过 350m，辐射量不再增长，趋于平稳，其模型见式（4.24）。其中，X 为 DEM 栅格大小（m），S 为日天文辐射量（MJ/m^2）。当 X 大于 350m 时，辐射量不再变化。这个临界值接近于黄土丘陵样区的平均高差，说明，当 DEM 栅格大于样区的切割深度时，地形作用不再明显，因此，模拟的辐射量不再改变。相对于黄土丘陵，秦岭山地的日均辐射量增长较为缓慢。这是由于山地相对高差较大，当 DEM 栅格单元增大时，对地形的平滑作用远不如黄土丘陵地区。因此，辐射量增长缓慢而平稳。

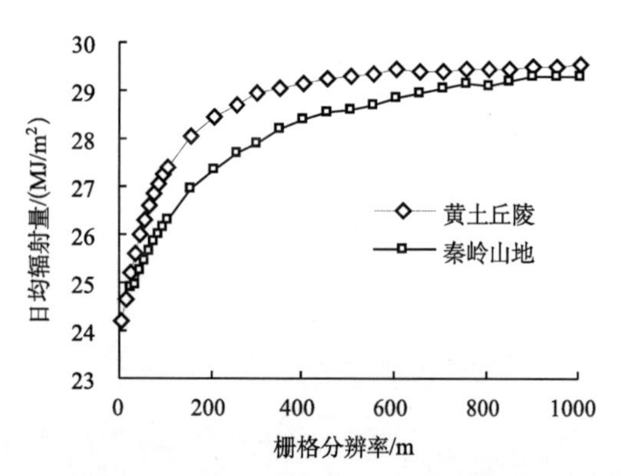

图 4.23　日均辐射量随分辨率的变化

$$S_{\text{loess}} = 3 \times 10^{-7} X^3 - 2 \times 10^{-4} X^2 + 0.052X + 23.984 \quad (X \leqslant 350) \quad R^2 = 0.99 \tag{4.25}$$

$$S_{\text{mountain}} = 1 \times 10^{-8} X^3 - 2 \times 10^{-5} X^2 + 0.0169X + 24.641 \quad (X \leqslant 1000) \quad R^2 = 0.99 \tag{4.26}$$

2. 天文辐射年总量对比

1∶10 000 DEM 能够较为精确地描述地表形态，提取的地形因子也最为准确，因而模拟的天文辐射量也最为精确。因此，以 1∶10 000 DEM 模拟值为准值，统计不同分辨率下模拟误差的大小，见表 4.13。黄土丘陵区，当 DEM 分辨率为 25m 时，天文辐射年总量的误差相当于该区域第 12 月的辐射量；当 DEM 栅格大于 105m 时，误差量均大于该区域一个冬季的辐射总量（1333.7 MJ/m²），相对误差最大为 22.2%。对于秦岭山区，辐射误差增长较为缓慢；当栅格分辨率为 95m 时，误差相当于该区域第 12 月的辐射量（428.8MJ/m²）；当分辨率为 155m 时，误差接近于月平均辐射量（753.68 MJ/m²）；当 DEM 栅格大于 605m 时，误差大于该区域一个冬季的辐射量（1424.6 MJ/m²），最大相对误差为 17.8%。

表 4.13 不同栅格分辨率下天文辐射年总量统计

栅格分辨率/m	黄土丘陵区			秦岭山区		
	年总量/(MJ/m²)	误差/(MJ/m²)	相对误差/%	年总量/(MJ/m²)	误差/(MJ/m²)	相对误差/%
5	8 824.24	0.00	0.00	—	—	—
15	9 003.66	179.42	2.03	—	—	—
25	9 190.87	366.63	4.15	9 083.95	0	0
35	9 350.64	526.40	5.97	9 114.34	30.39	0.33
45	9 487.30	663.06	7.51	9 213.38	129.43	1.42
55	9 605.71	781.46	8.86	9 292.42	208.47	2.29
65	9 702.18	877.94	9.95	9 361.96	278.00	3.06
75	9 798.02	973.78	11.04	9 438.24	354.29	3.90
85	9 872.32	1 048.08	11.88	9 494.50	410.55	4.52
95	9 944.87	1 120.62	12.70	9 551.22	467.27	5.14
105	10 001.80	1 177.56	13.34	9 602.31	518.35	5.71
155	10 242.70	1 418.46	16.07	9 830.16	746.21	8.21
205	10 385.34	1 561.10	17.69	9 975.26	891.31	9.81
255	10 477.44	1 653.20	18.73	10 116.33	1 032.38	11.36
305	10 558.43	1 734.19	19.65	10 190.43	1 106.48	12.18
355	10 602.63	1 778.38	20.15	10 286.25	1 202.30	13.24
405	10 643.80	1 819.55	20.62	10 359.14	1 275.19	14.04
455	10 678.21	1 853.97	21.01	10 414.92	1 330.96	14.65
505	10 698.44	1 874.20	21.24	10 446.14	1 362.19	15.00
555	10 719.30	1 895.06	21.48	10 482.66	1 398.71	15.40
605	10 742.12	1 917.88	21.73	10 527.13	1 443.17	15.89
655	10 733.22	1 908.98	21.63	10 564.53	1 480.58	16.30

续表

栅格分辨率/m	黄土丘陵区			秦岭山区		
	年总量/(MJ/m²)	误差/(MJ/m²)	相对误差/%	年总量/(MJ/m²)	误差/(MJ/m²)	相对误差/%
705	10 725.44	1 901.20	21.55	10 600.24	1 516.29	16.69
755	10 754.87	1 930.62	21.88	10 637.27	1 553.32	17.10
805	10 758.33	1 934.09	21.92	10 624.68	1 540.73	16.96
855	10 754.44	1 930.20	21.87	10 665.15	1 581.20	17.41
905	10 761.81	1 937.56	21.96	10 694.69	1 610.74	17.73
955	10 766.60	1 942.35	22.01	10 701.71	1 617.76	17.81
1 005	10 783.56	1 959.32	22.20	10 702.28	1 618.33	17.82

秦岭山地相对高差大，地形遮蔽作用显著。随着 DEM 分辨率的降低，其地形的平滑作用远不如黄土丘陵地区大，辐射误差的增长也较为缓慢。因此，辐射模拟时，相对高差大的山地，其模拟值对 DEM 栅格分辨率的敏感程度不如相对高差小的丘陵地区。

3. 天文辐射的地形分析

天文辐射模拟中，坡度、坡向和地形遮蔽度是基于 DEM 提取的地形因子。随着 DEM 栅格分辨率的不同，这些地形因子相应发生了很大的变化，影响辐射模拟精度。

(1) 坡度

图 4.24 显示，随着 DEM 分辨率的降低，提取的坡度显著降低。可看出由于栅格分辨率的不同，同一地区的坡度发生很大变化，黄土丘陵地区由最大的 32°降低至 1°，因而对天文辐射模拟的准确性产生影响。图 4.25 为日均辐射随平均坡度的变化趋势。可以看出，秦岭山地和黄土丘陵具有同样的变化趋势：日平均辐射与平均坡度之间存在线性负相关，即坡度越小，天文辐射越大。因此，当 DEM 栅格单元增大时，不断平滑地表起伏，基于窗口分析的坡度提取值显著减小，天文辐射模拟值逐渐增大，并越来越接近于平地辐射量。

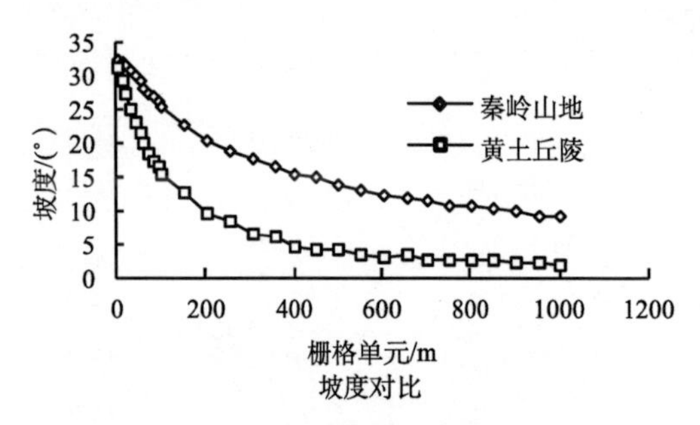

图 4.24 坡度随栅格分辨率的变化

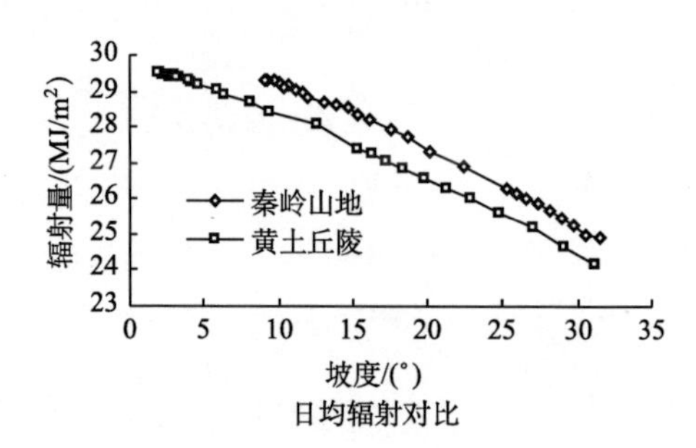

图 4.25 天文辐射随坡度的变化

（2）坡向

图 4.26 为两样区 8 坡向辐射均值随栅格分辨率的变化趋势。随着 DEM 栅格分辨率的降低，各个坡向下天文辐射量发生不同程度的变化，并最终趋于同一数值。北、东北、西北 3 个坡向的天文辐射，随着 DEM 栅格单元的增大而逐渐增大。东、西坡的天文辐射先缓慢增加，后趋于平稳。南、东南、西南坡，在 DEM 栅格分辨率小于 200m 时先略微增大，再逐渐减小，之后趋于平稳。可见，随着 DEM 栅格分辨率的降低，阴坡辐射增加最快。这是由于栅格分辨率降低，地形不断被平滑，导致平均高差降低、地形遮蔽减少；加之基于窗口的坡向计算方法的局限性，导致各个坡向的比例发生变化，因此，阴坡的辐射量逐渐增大。其中，黄土丘陵地区，各个坡向辐射均值随栅格单元增大时，迅速地趋向集中，其集中程度较秦岭山区高。这是由于黄土丘陵区地表起伏小，当栅格分辨率大于 400m 时，坡向对辐射分布的地形影响不再显著。而秦岭山区高差大，虽然分辨率已降低至 1000m，坡向仍具有一定的作用。因此，当 DEM 栅格大小超过该地区的最大高差时，坡向对辐射的局地再分配作用已不显著。

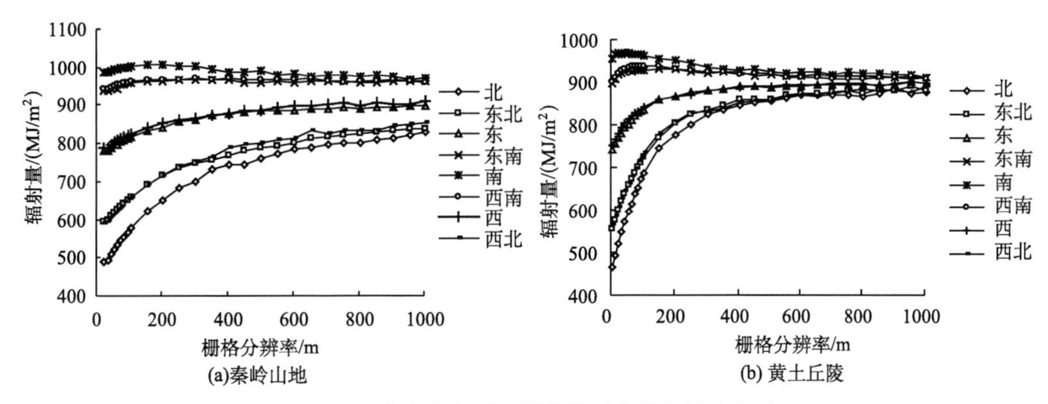

图 4.26　各个坡向下辐射均值随分辨率的变化图

4.5.4　小结

1）不同尺度 DEM 模拟的天文辐射量具有很大的差异性。随着 DEM 栅格单元的增大，模拟的辐射量有先迅速增大后趋于平稳的增长趋势。黄土丘陵区，DEM 栅格在 350m 以前，天文辐射量增长迅速，之后天文辐射不再增长。秦岭山区，天文辐射随 DEM 缓慢持续增长。

2）若以 1∶10 000 DEM 模拟的天文辐射为准值，天文辐射年总量的误差随 DEM 栅格大小和地貌类型不同略有差异。当栅格分辨率为 25m 时（即1∶50 000 DEM），误差相当于冬季一个月的天文辐射量；当栅格分辨率大于 105m 时（小于 1∶250 000 DEM），误差超过该区一个冬季的天文辐射总量。秦岭山区起伏较大，误差增长缓慢。当栅格大于 605m 时，误差大于该区一个冬季的辐射量，最大相对误差为 17.8%。可见，地表起伏越小，DEM 栅格分辨率的影响越大。

3）统计发现，坡度与辐射呈反比趋势。随着 DEM 栅格单元的增大，坡度显著降低，天文辐射量逐渐增大。随着栅格分辨率的降低，各个坡向的平均辐射量逐渐趋于同一值。黄土丘陵区，当DEM栅格大于400m时，各个坡向统计值基本相同。此时，坡向对局地辐射的再分配已没有作用。

4）天文辐射是太阳直接辐射、总辐射模拟等的基础，需进一步研究DEM分辨率对更具实际意义的总辐射的影响程度，为总辐射的数值纠正提供依据。

参考文献

蔡博峰，于嵘. 2008. 景观生态学中的尺度分析方法. 生态学报，28（5）：2279-2287

常占强，吴立新. 2004. 基于小波变换和混合熵编码的山区格网DEM数据压缩. 地理与地理信息科学，20（1）：24-27

陈浩，Tsui Y，蔡强国，等. 2004. 沟道流域坡面与沟谷侵蚀演化关系——以晋西王家沟小流域为例. 地理研究，23（3）：329-338

陈军，李志林，蒋捷，等. 2004. 多维动态GIS空间数据模型与方法的研究. 武汉大学学报（信息科学版），29（10）：858-862

陈军. 1999. 多尺度空间数据基础设施的建设与发展. 中国测绘，3：17-21

陈利顶，刘洋，吕一河，等. 2008. 景观生态学中的格局分析：现状、困境与未来. 生态学报，28（11）：5521-5531

陈燕，齐清文. 2004. 黄土高原坡度转换图谱研究. 干旱地区农业研究，22（3）：180-185

陈燕，汤国安，齐清文. 2004. 不同空间尺度DEM坡度转换图谱分析. 华侨大学学报（自然科学版），25（1）：79-82

费立凡，何津，马晨燕，等. 2006. 3维Douglas-Peucker算法及其在DEM自动综合中的应用研究. 测绘学报，35（3）：278-284

傅抱璞，虞静明，卢其尧. 1996. 山地气候资源与开发利用. 南京：南京大学出版社

傅伯杰，赵文武，陈利顶，等. 2006. 多尺度土壤侵蚀评价指数. 科学通报，51（16）：1936-1943

龚建周，夏北成，李楠. 2006. 广州市土地覆被格局异质性的尺度与等级特征. 地理学报，61（8）：873-881

李后强，艾南山. 1992. 分形地貌学及地貌发育的分形模型. 自然杂志，15（7）：516-519

李军，周成虎. 2000. 地球空间数据集成多尺度问题基础研究. 地球科学进展，15（1）：48-52

李霖，应申. 2005. 空间尺度基础性问题研究. 武汉大学学报（信息科学版），30（3）：199-203

李锰，朱令人，龙海英. 2003. 不同类型地貌的各向异性分形与多重分形特征研究. 地球学报，（3）：237-242

李新，程国栋，陈贤章，等. 1999. 任意条件下太阳辐射模型的改进. 科学通报，5：993-998

刘昌明，蒋晓辉. 2004. 基于水库调蓄的黄河干流水体交换周期的量化研究. 地理学报，59（1）：111-117

刘学军，卢华兴，仁政，等. 2007. 论DEM地形分析中的尺度问题. 地理研究，26（3）：433-442

刘学军，王彦芳，晋蓓，等. 2010. 顾及数据特性的格网DEM分辨率计算. 地理研究，29（5）：852-862

刘学军，张平，朱莹. 2009. DEM坡度计算的适宜窗口分析. 测绘学报，38（3）：264-271

刘学军. 2002. 基于规则格网数字高程模型解译算法误差分析与评价. 武汉：武汉大学博士学位论文

鲁学军，周成虎，张洪岩，等. 2004. 地理空间的尺度—结构分析模式探讨. 地理科学进展，23（2）：107-114

闾国年，钱亚东，陈钟明. 1998a. 基于栅格数字高程模型提取特征地貌技术研究. 地理学报，53（6）：562-568

闾国年，钱亚东，陈钟明. 1998b. 基于栅格数字高程模型自动提取黄土地貌沟沿线技术研究. 地理科学，18（6）：567-573
吕一河，傅伯杰. 2001. 生态学中的尺度及尺度转换方法. 生态学报，21（12）：2096-2105
齐敏，郝重阳，佟明安. 2000. 三维地形生成及实时显示技术研究进展. 中国图象图形学报，5(A)（4）：3-9
任希岩，张雪松，郝芳华，等. 2004. DEM分辨率对产流产沙模拟影响研究. 水土保持研究，11（1）：1-4
宋林华，房金福，邓自民，等. 1995. 喀斯特洼地的分形特性研究. 地理研究，14（1）：8-16
孙丹峰. 2003. IKONOS影像景观格局特征尺度的小波与半方差分析. 生态学报，23（3）：603-611
汤国安，陈楠，刘咏梅，等. 2001a. 黄土丘陵沟区1∶1万及1∶5万比例尺DEM地形信息容量对比. 水土保持通报，21（2）：34-36
汤国安，龚健雅，陈正江，等. 2001b. 数字高程模型地形描述精度模拟量化研究. 测绘学报，30（4）：361-365
汤国安，杨勤科，张勇，等. 2001c. 不同比例尺DEM提取地面坡度的精度研究. 水土保持通报，21（1）：53-56
汤国安，刘学军，房亮，等. 2006. DEM及数字地形分析中尺度问题研究综述. 武汉大学学报（信息科学版），31（12）：1059-1066
汤国安，刘学军，闾国年. 2005. 数字高程模型及地学分析的原理与方法. 北京：科学出版社
汤国安，赵牡丹，李天文，等. 2003. DEM提取黄土高原地面坡度的不确定性. 地理学报，58（6）：824-830
王春，刘学军，汤国安，等. 2009a. 格网DEM地形模拟的形态保真度研究. 武汉大学学报（信息科学版），34（2）：146-149
王春，汤国安，刘学军，等. 2009b. 特征嵌入式数字高程模型研究. 武汉大学学报（信息科学版），34（10）：1149-1154
王飞，李锐，杨勤科，等. 2003. 水土流失研究中尺度效应及其机理分析. 水土保持学报，17（2）：167-169
王光霞，朱长青，史文中，等. 2004. 数字高程模型地形描述精度的研究. 测绘学报，33（2）：168-173
王耀革，朱长青，王鑫. 2008. 基于多点的规则格网DEM的传递误差分析. 测绘科学技术学报，25（6）：436-439
王宇宙，赵宗涛. 2003. 一种多进制小波变换DEM数据简化方法. 计算机应用，23（6）：107-109
翁笃鸣. 1997. 中国辐射气候. 北京：气象出版社
吴凡，祝国瑞. 2001. 基于小波分析的地貌多尺度表达与自动综合. 武汉大学学报（信息科学版），26（2）：170-176
吴树仁，石玲，谭成轩，等. 2000. 长江三峡黄腊石和黄土坡滑坡分形分维分析. 地球科学，25（1）：61-65
吴险峰，刘昌明，王中根. 2003. 栅格DEM的水平分辨率对流域特征的影响分析. 自然资源学报，18（2）：148-154
武芳，王家耀. 2001. 地图自动综合的协同方法研究. 测绘通报，8：24-25
许模，王迪，漆继红，等. 2011. 基于分形理论的喀斯特地貌形态分析. 成都理工大学学报（自然科学版），（3）：328-333
杨勤科，Jupp D，郭伟玲，等. 2008. 基于滤波方法的DEM尺度变换方法研究. 水土保持通报，28（6）：58-62
杨勤科，张彩霞，李领涛，等. 2006. 基于信息含量分析法确定DEM分辨率的方法研究. 长江科学院院报，23（5）：21-23

杨崴，孙运生. 2005. 基于紧支双正交小波的多分辨率分析模型与视觉相关三维地表显示. 吉林大学学报（地球科学版），35（2）：270-272
杨昕，汤国安 刘学军，等. 2009. 数字地形分析的理论、方法与应用. 地理学报，64（9）：1058-1070
杨昕，汤国安，王雷. 2004. 基于 DEM 的太阳总辐射模型及实现. 地理与地理信息科学，20（5）：41-44
杨昕. 2007. 基于 DEM 地形指数的尺度效应与尺度转换. 南京：南京师范大学博士学位论文
杨族桥，郭庆胜. 2003. 基于提升方法的 DEM 多尺度表达研究. 武汉大学学报（信息科学版），28（4）：496-498
易卫华，张建明，匡永生，等. 2007. 水平分辨率对 DEM 流域特征提取的影响. 地理与地理信息科学，23（2）：34-38
岳天祥，刘纪远. 2003. 生态地理建模中的多尺度问题. 第四纪研究，23（3）：256-261
曾燕，邱新法，刘昌明，等. 2003. 基于 DEM 的黄河流域天文辐射空间分布. 地理学报，58（6）：810-816
张颢，焦子锑，杨华，等. 2002. 直方图尺度效应研究. 中国科学（D 辑：地球科学），32（4）：307-316
张捷，包浩生. 1994. 分形理论及其在地貌学中的应用——分形地貌学研究综述及展望. 地理研究，13（3）：104-112
张娜. 2006. 生态学中的尺度问题：内涵与分析方法. 生态学报，26（7）：2340-2355
赵美. 2007. 地形仿真模型质量评价体系的研究. 郑州：解放军信息工程大学博士学位论文
周启鸣，刘学军. 2006. 数字地形分析. 北京：科学出版社
周毅，汤国安，张婷，等. 2010. 黄土丘陵地形谷脊线展布特征. 干旱区地理，33（1）：106-111
朱长青，王志伟，刘海砚. 2008. 基于重构等高线的 DEM 精度评估模型. 武汉大学学报（信息科学版），33（2）：153-156
左大康，周允华，项月琴，等. 1991. 地球表层辐射研究. 北京：科学出版社
Ahmadzadeh M R，Petrou M. 2001. Error statistics for slope and aspect when derived from interpolated data. IEEE Transactions on Geoscience and Remote Sensing，39（9）：1823-1833
Bolstad P V，Stowe T. 1994. An evaluation of DEM accuracy：elevation，slope，and aspect. Photogrammetric Engineering and Remote Sensing，60（11）：1327-1332
Burrough P A. 1986. Principles of Geographical Information Systems for Land Resources Assessment. New York：Oxford University Press
Carter J. 1992. The effect of data precision on the calculation of slope and aspect using gridded DEMs. Cartographica，29（1）：22-34
Chang K，Tsai B. 1991. The effect of DEM resolution on slope and aspect mapping. Cartography and Geographic Information Systems，18（1）：69-77
Chaubey I，Cotter A S，Costello T A，et al. 2005. Effect of DEM data resolution on SWAT output uncertainty. Hydrol Process，19（3）：621-628
Dozier J，Frew J. 1990. Rapid calculation of terrain parameters for radiation modeling from digital elevation data. IEEE Transaction on Geoscience and Remote Sensing，28（5）：963-969
Duan J，Grant G E. 2000. Shallow landslide delineation for steep forest watersheds based on topographic attributes and probability analysis. In：Wilson J P，Gallant J C. Terrain analysis：Principles and Application. John Wiley & Sons Press
Dungan J L，Perry J N，Dale M R T，et al. 2002. A balanced view of scale in spatial statistical analysis. Ecography，25（5）：626-640
Erskine R H，Green T R，Ramirez J A，et al. 2007. Digital elevation accuracy and grid cell size：effects

on estimated terrain attributes. Soil Science Society of America, 71 (4): 1371-1380

Firkowsky H, Carvalho C A P, Sluter C R. 2003. Regular grid DEM generalization based on information theory. Proceedings of the CD-Rom Proceeding of 21 International Cartographic Conference Durban

Floriani L D, Magillo P, Puppo E, et al. 2000. A system for terrain modeling at variable resolution. Geoinformatica, 4 (3): 287-315

Florinsky I V, Kuryakova G A. 2000. Determination of grid size for digital terrain modelling in landscape investigations-exemplified by soil moisture distribution at a micro-scale. International Journal of Geographical Information Science, 14 (8): 815-832

Florinsky I V. 1998. Accuracy of local topographic variables derived from digital elevation model. International Journal of Geographical Information Science, 12 (1): 47-61

Gao J. 1997. Resolution and accuracy of terrain representation by grid DEMs at a micro-scale. International Journal Geographical Information Science, 11 (2): 199-212

Giles P T, Franklin S E. 1998. An automated approach to the classification of the slope units using digital data. Geomorphology, 21 (3-4): 251-264

Giles P, Franklin S E. 1996. Comparison of derivation topographic surfaces of a DEM generated from stereoscopic SPOT images with field measurements. Photogrammetric Engineering and Remote Sensing, 62 (10): 1165-1171

Gonzalez R C, Woods R E. 2003. Digital Image Processing (Second Edition). Beijing: Publishing House of Electronics Industry

Hengl T. 2006. Finding the right pixel size. Computers & Geosciences, 32 (9): 1283-1298

Hutchinson M F. 1996. A locally adaptive approach to the interpolation of digital elevation models. Santa Barbara, Proceeding of the Third International Conference Integrating GIS and Environmental Models, F: 10-11

Holmes K W, Chadwick O A, Kyriakidis P C. 2000. Error in a USGS 30-meter digital elevation model and its impact on terrain modelling. Journal of Hydrology, 233 (1-4): 154-173

Hutchinson M F, Dowling T I. 1991. A continental hydrological assessment of a new hrid-based digital elevation model of Australia. Hydrological Processes, 5 (1): 45-58

Jenson S K. 1994. Application of hydrologic information automatically extracted from digital elevation models. In: Beven K J, Moore I D. Terrain analysis and Distributed Modelling in Hydeology. Chichester:John Willy & Sons

Kienzle S. 2004. The effect of DEM raster resolution on first order, second order and compound terrain derivatives. Transactions in GIS, 8 (1): 83-111

Kraus K, Karel W, Briese C, et al. 2006. Local accuracy measures for digital terrain models. The Photogrammetric Record, 21 (116): 342-354

Li Z L. 1990. Sampling strategy and accuracy assessment for digital elevation modelling. University of Glasgow

Liu H, Jezek K C. 1999. Investigating DEM error patterns by directional variograms and fourier analysis. Geographical Analysis, 31 (3): 249-266

Lopez C. 1997. Locating some types of random errors in Digital Terrain Models. International Journal of Geographical Information Science, 11 (7): 677-698

Matías L R, Germán A B, David S B, et al. 2006. Site-specific production functions for variable rate corn nitrogen fertilization. Precision Agriculture, 7: 327-342

Moore I D, Grayson R B, Ladson A R. 1991. Digital terrain modeling: A review of hydrological,

geomorphological, and biological applications. Hydrol Processes, 5 (1): 3-30
O'Callaghan J F, Mark D M. 1984. The extraction of drainage networks from digital elevation data. Computer Vision, Graphics, and Image Processing, 28: 323-344
Pradhan N R, Tachikawa Y, Takara K A. 2006. Downscaling method of topographic index distribution for matching the scales of model application and parameter identification. Hydrological Processes, 20: 1385-1405
Pradhan N R, Tachikawa Y, Takara K. 2006. A downscaling method of topographic index distribution for matching the scales of model application and parameter identification. Hydrological Processses, 20: 1385-1405
Straumann P K, Purves R S. 2007. Resolution sensitivity of a compound terrain derivative as computed from Lidar-based elevation data. Lecture Notes in Geoinfomation and Cartography, Springer Berlin Heidelberg, 87-109
Tang G A. 2000. A Research on the Accuracy of Digital Elevation Models. Beijing and New York: Science Press
Thompson J A, Bell J C, Bulter C A. 2001. Digital elevation model resolution: effects on terrain attribute calculation and quantitative soil-landscape modeling. Geoderma, 100: 67-89
Vieux B E. 1991. Geographic information systems and non-point source water quality and quantity modeling. In: Beven K J, Moore I D. Terrain Analysis and Distributed Modelling in Hydeology. Chichester: John Willy & Sons
Walker J P, Willgoose G R. 1999. On the effect of digital elevation model accuracy on hydrology and geomorphology. Water Resources Research, 35 (7): 2259-2268
Wang G X, Gertner G, Parysow P, et al. 2001. Spatial prediction and uncertainty assessment of topographic factor for revised universal soil loss equation using digital elevation models. ISPRS Journal of Photogrammetry and Remote Sensing, 56 (1): 65-80
Wilson J P, Gallant J C. 2000. Terrain Analysis: Principles and Application. New York: Wiley
Wu S, Li J, Huang G. 2005. An evaluation of grid size uncertainty in empirical soil loss modeling with digital elevation models. Environmental Modeling and Assessment, 10: 33-42
Yang Q K, Li R, Liang W, et al. 2006. Re-scaling lower resolution slope by histrogram matching. Proceedings of international symposium on terrain analysis and digital terrain modeling
Yang Q K. 2006. Re-scaling Lower Resolution Slope By Histogram Matching. Nanjing: Proceedings of International Symposium on Terrain Analysis and Digital Terrain Modelling
Zhang X Y, Drake N A, John W, et al. 1999. Comparison of slope estimates from low resolution DEMs: Scaling issues and a fractal method for their solution. Earth Surface Processes and Landforms, 24 (9): 763-779
Zhang X Y, Drake N A. 1999. Comparison of slope estimates from low resolution DEMs: scaling issues and a fractal method for their solution. Earth Surface Processes and Landforms, 24: 763-779

第5章 黄土高原地形特征要素提取与分析

地形特征要素的提取与分析表达是科学认知黄土地貌的重要内容。地形特征点、特征线是地貌形态的基本骨架。黄土地貌的地形结构亦通过地形特征点（山顶点、鞍部点、径流节点、沟头点等）、地形特征线（沟谷线、沟沿线、山脊线等）、地形特征面（正地形、负地形、坡面景观等）等基本特征要素来描述。本章主要研究地形特征要素的提取方法，分析地形结构要素在黄土高原的空间分异规律，进而揭示黄土地貌形态的空间格局。

5.1 基于地貌结构与汇水特征的黄土高原沟谷节点提取与分析

沟谷是反映流域地形特征的基本骨架，沟谷的产生过程和水文特征是所在流域地质、地貌、气候等诸多因素作用的综合反映，沟谷的获取手段、形态结构及其水文属性的研究，一直是流域水文学的重要研究内容。近年来，DEM是GIS数字地形分析和水文分析的基本数据源，以DEM为数据源，运用DEM数字地形分析方法，进行沟谷的提取方法、流域与沟谷的水文特征分析、沟谷网络空间结构与分异的规律探求等方面的研究，已经成为地学和GIS领域的重要研究热点并取得了一系列的研究成果（O'Callaghan et al.，1984；James et al.，1999；熊立华等，2002；熊立华和郭生练；2003；谢顺平等，2005），发展了众多的基于DEM沟谷网络自动提取算法，形成了黄土沟谷特征线的提取和基于DEM的流域分割的一整套技术方法（闾国年等，1998c；Iwahashi and Richard，2007），总结、提炼了一系列对流域地貌及沟谷特征分析的模式与方法。

然而，目前对沟谷的研究大多是在面（流域面、正负地形面）和线（水系网络、沟谷纵剖面）层面上进行的；而在一个完整沟谷系统中，控制形态结构和水文属性跃迁标定的是线状沟谷的交汇点，即沟谷节点。已有的研究成果中（沟谷节点被称为径流节点）（易红伟等，2003），仅仅提出了简单的基于线状沟谷的节点提取方法，并初步分析了节点的关键属性，没有建立兼顾地貌结构和水文特征的提取方法，缺乏针对沟谷节点水文和地形特征的综合分析和验证。

本节拟开展兼顾形态结构和成因机理的沟谷节点方面的研究，设计高效可行的DEM沟谷节点的提取方法，分析其在空间结构和属性描述上的规律，对于进行交汇点→网络线→流域面的多维沟谷特征的探求，具有重要的作用；同时，也开辟了基于点分析模式深入研究沟谷空间分异特征和发育演进规律的新途径。

5.1.1 沟谷节点的概念模型及提取方法

1. 沟谷节点的涵义

沟谷节点是指在某个级别完整流域的沟谷体系中，沟谷之间在空间上形成的交汇点

（图 5.1）。对于每一个节点，均具有其空间特征（空间位置坐标）与属性特征（该点的河流水文和地形特征）；而节点的组合结构与水文属性的变化，体现了沟谷的空间结构特征与属性变化特征，也一定程度上影响了沟谷发育演化的规律。

2. 沟谷节点的分级

流域地貌研究表明，沟谷的许多描述指标，如沟谷数量、平均长度、流域面积、汇水量等都与沟谷的级别存在密切的联系（承继成和江美球，1986），因此，需要对沟谷节点进行等级的划分。

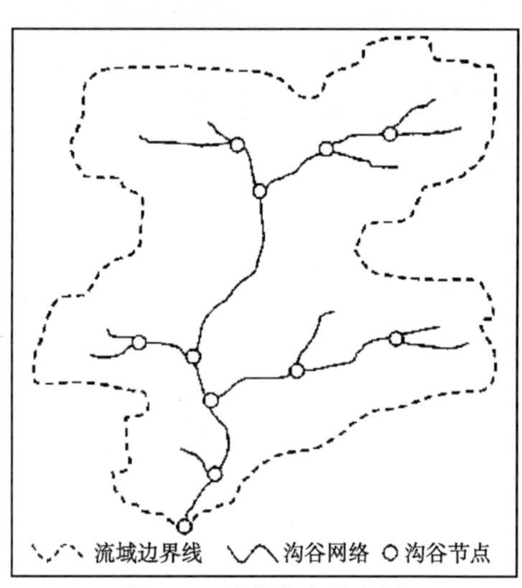

图 5.1　沟谷节点示意图

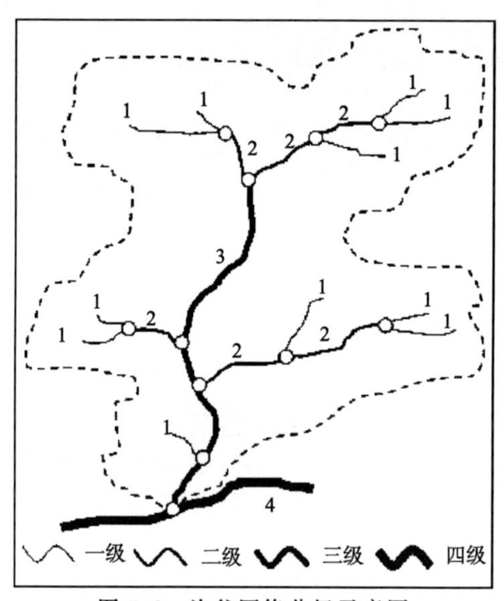

图 5.2　沟谷网络分级示意图

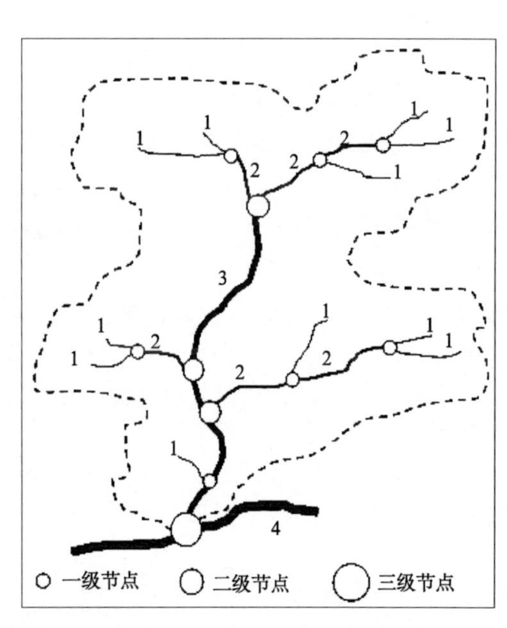

图 5.3　沟谷节点分级示意图

沟谷节点的分级原则和方法，主要是在沟谷网络级别划分的基础上进行。按照沟谷节点所属支流的级别可将其分为：一级、二级、三级……分类的依据及方法与河流水系的各级支流等级划分原则一致，目前，普遍认可的沟谷网络划分是Strahler分级方法，沟谷网络分级的结果如图 5.2 所示。按照 Strahler 的等级划分原则，节点的级别确定为交汇于该点的两条（或多条）沟谷中级别最低的沟谷的级别。例如，两条一级沟谷交汇形成二级沟谷，该节点的级别为第一级节点；一级沟谷和二级沟谷或三级沟谷甚至更高级别沟谷交汇点的级别都为一级。同样，二级沟谷和三级沟谷交汇点的级别属于二级，依次类推。具体的节点划分如图 5.3 所示。

3. 沟谷节点的特征

沟谷节点具有成因机理映射、空间结构表现和属性表达上的特征，同时也有时间变异的特征。具体表现在以下五个方面。

1）成因机理映射。等级结构的沟谷节点集中反映了流域坡面汇流的强度和方向，是对区域地形的模拟和抽象，这也是坡面径流形成沟谷的主因。

2）空间结构性。沟谷节点之间呈现“点群”的体系结构，该“点群”的空间分布与结构关系，严格对应于水系的形态特征。

3）发育相关性。在沟谷发育的不同阶段，沟谷中节点的数量、等级与位置关系、形态组织结构、属性信息都随之发生变化。

4）区域差异性。不同地貌类型区（特别是不同地貌发育模式的区域）的沟谷具有发育进程及形态的差异性，沟谷节点的空间组合关系与变化特点也随之不同。

5）属性关联性。由于发育与生成的原因，各级节点的属性特征，特别是集水属性，具有很强的内在关联关系。

4. 基于 DEM 数据的沟谷节点及汇水参数提取

已有的提取沟谷节点方法是在沟谷网络的基础上建立的（承继成和江美球，1986；孙崇亮和王卷乐，2008）。通过对沟谷节点的空间结构、水文特征进行分析，发现节点是两个以上（大部分是两个）分支沟谷交汇生成的。利用 DEM 生成的汇流累积的栅格阵列，以 3×3 的栅格分析区域，假设中心格网点为沟谷节点，则它具有≥3 方向的栅格连通性，同时流水累积量具有≥2 的方向突变性。基于此原理分析，本节提出了基于 DEM 提取沟谷节点及其相应的汇流累积量的算法，具体流程如图 5.4 所示。

图 5.4 中，flowacc [i，j] 是每个栅格的汇水累积量；K 值为给定的提取到一定级别沟谷的汇水累计阈值；flowacc [i，j] ＝ －9999 表示 NODATA 值；M 值为在 3×3 分析窗口中累计值大于 K 值的栅格数目；count（flowacc [i，j] －flowacc [m，n] ≥K）表示中心栅格的汇水累计值与 3×3 分析窗口其他满足累计值大于 K 的栅格汇水累计值比较，大于 K 值的个数；Node [i，j] 和 Nodeflow [i，j] 表示最后输出栅格形式的径流节点及其对应的汇水累计值，其中 Node [i，j] 经矢量转换可以得到矢量格式的径流节点结果，Nodeflow [i，j] 可以转换为矢量点的汇水属性添加到属性表中。

5.1.2 实验过程与结果分析

本节选取位于黄土高原的神木等 8 个县域为实验样区，每个样区面积约在 100km^2，均发育有完整的流域，它们分别代表了 8 种不同的典型地貌。所采用的 DEM 数据基于 1∶10 000 比例尺地形图，数据的水平栅格分辨率为 5m×5m。

1. 沟谷节点的分级提取结果与分析

运用图 5.4 所示的提取方法，提取了 8 个实验样区的沟谷节点；根据图 5.3 所示的节点分级原则，对各样区的径流节点进行了分级。为了分析节点在流域内部的分异规

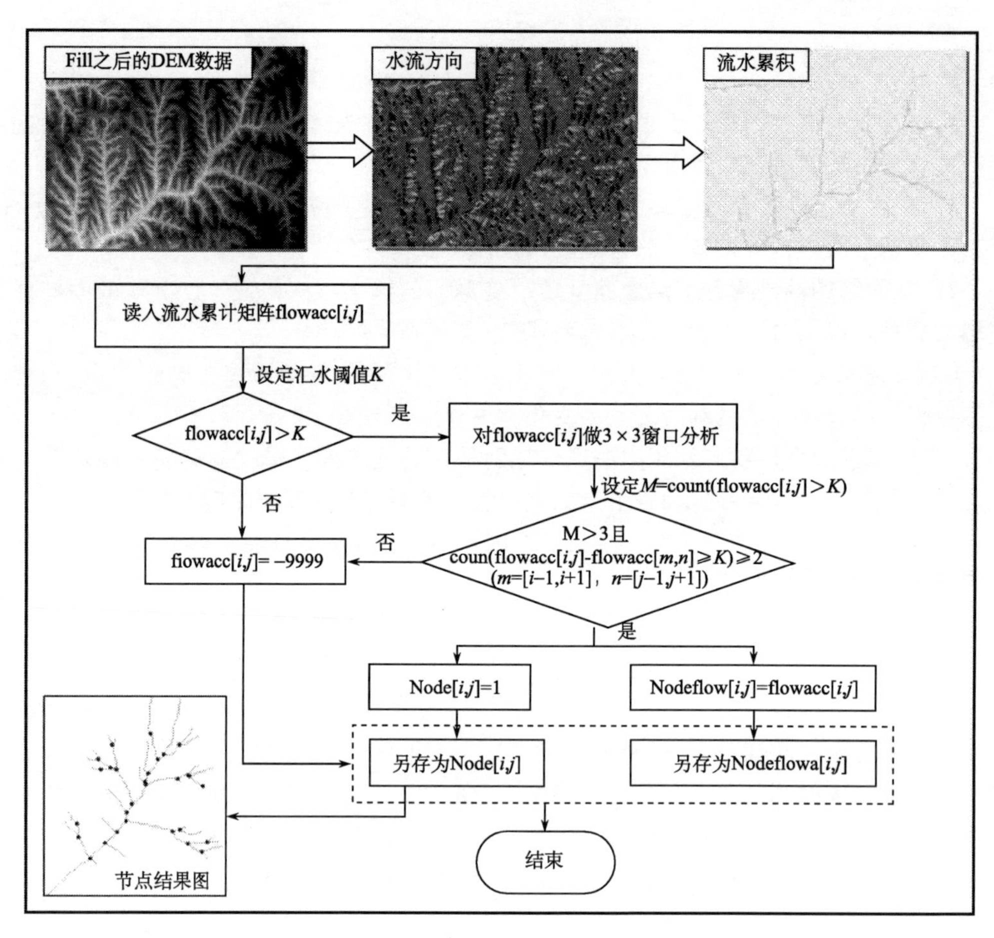

图 5.4　沟谷节点及其汇流累积量提取的技术流程图

律，在此分别统计了各级节点的数量；同时，为了分析沟谷节点的数量分布与地形特征之间的关系，选择最能表达地形特征的平均坡度为关联分析对象，基于各样区 DEM 提取并统计了各个样区的平均坡度值。具体如表 5.1 所列。

表 5.1　样区沟谷节点的分级统计与地形特征值

样区	分级统计的沟谷节点数/个					平均坡度值/(°)
	Ⅰ	Ⅱ	Ⅲ	Ⅳ	Ⅴ	
神木	1 424	484	151	38	7	9.42
佳县	14 605	2 139	397	86	20	26.21
绥德	11 181	1 601	316	54	7	29.33
延川	10 805	1 512	318	64	12	31.23
延安	8 367	1 406	288	64	9	26.76
铜川	8 974	1 807	349	72	15	19.35
彬县	9 244	1 851	409	78	19	23.27
淳化	2 185	443	132	19	—	12.4

同时，将所获取的统计数据在半对数图上进行点绘，可以发现节点数目的对数值与级别之间呈现线性相关关系，具体回归的公式描述如图 5.5 所示。

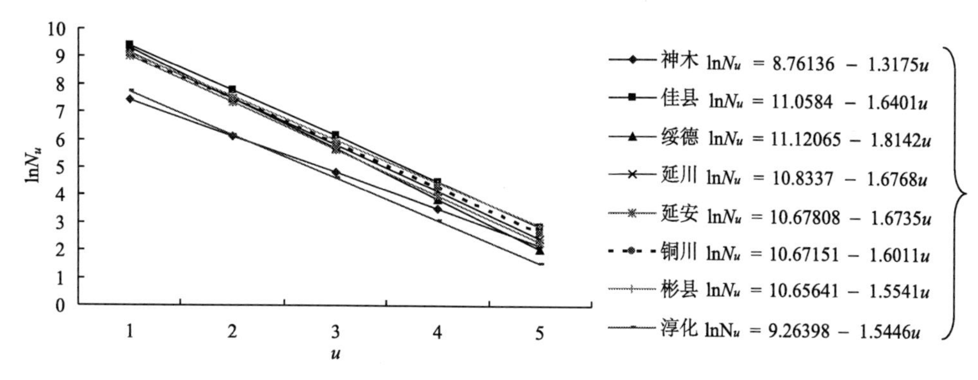

图 5.5　沟谷节点数的对数值与级别对应关系图

图 5.5 中，u 为沟谷节点级别，N_u 为第 u 级沟谷节点的数目。图中的回归方程式可以统一表达为 $\ln N_u = a - bu$。该公式说明不论在何种自然条件下，在任何一个流域中，不同级别的沟谷网络节点与级别之间成半对数直线关系，其回归线的斜率接近于一个常数。对陕北黄土高原 8 个实验样区的半对数直线回归方程式作对比分析，得出以下结论。

1）回归系数 a、b 由北至南方向上都呈现先增大后减小的变化，绥德地区的回归系数值最大；

2）斜率 b 的差异反映了不同地貌区沟谷的分支比变化情况，其变化在一定程度上反映了地貌类型的差异性、地表的破碎程度和地貌的发育阶段；

3）拟合直线近似平行，证明了沟谷节点与等级之间近似恒定的数量关系；

4）回归方程式中的 a，b 系数与平均坡度 s 进行回归统计分析，分别表示为：$a = 1.94\ln s + 4.51$，$R^2 = 0.92$；$b = 0.89s^{0.19}$，$R^2 = 0.89$。证明了沟谷节点的分布与区域地形之间强烈的对应关系。因此，沟谷节点的数量与级别之间的关系式可以表达为：$\ln N_u = 1.94\ln s + 4.51 - 0.89s^{0.19}u$。

2. 沟谷节点汇流累积量的分级提取结果与分析

沟谷节点处的汇水量值表征了所控制的流域面积，能够在一定程度上体现谷底流域的特性。对径流节点的汇流累积量进行统计、分析，能够一定程度地揭示沟谷形态结构特征与空间分异规律。

不同等级的径流节点，其所控上游的汇流累积量也有很大差别。实验区的各级径流节点的平均汇流累积量如表 5.2 所示。

同样地，将所统计的数据在半对数图上进行点绘。得到一组近似平行的直线。按照点斜法，求得各半对数直线的回归方程式如下：

$$
\left.\begin{cases}
\text{神木：}\ln \overline{\mathrm{FA}}_u = 3.9254 + 1.5649u & \text{延安：}\ln \overline{\mathrm{FA}}_u = 3.4635 + 1.6449u \\
\text{佳县：}\ln \overline{\mathrm{FA}}_u = 3.1317 + 1.5863u & \text{铜川：}\ln \overline{\mathrm{FA}}_u = 3.3202 + 1.5961u \\
\text{绥德：}\ln \overline{\mathrm{FA}}_u = 3.4455 + 1.5569u & \text{彬县：}\ln \overline{\mathrm{FA}}_u = 3.5704 + 1.4892u \\
\text{延川：}\ln \overline{\mathrm{FA}}_u = 3.6976 + 1.5309u & \text{淳化}\quad \ln \mathrm{FA}_u = 4.2419 + 1.5878u
\end{cases}\right\} \tag{5.1}
$$

式中，$\overline{\mathrm{FA}}_u$为第 u 级沟谷网络节点所控上游汇流累积量的平均值。以上 8 个回归方程式，可以用统一表示为：$\ln \overline{\mathrm{FA}}_u = c + du$。该式表明：各级流域面积与沟谷级别之间，存在着半对数的直线回归关系，即呈现几何级数的关系，流域面积比为流域面积与流域级别的回归系数的反对数。随着流域级别的增高，流域平均汇流累积量增加，不同级别流域平均汇流累积量之比为恒定常数。

表 5.2　样区径流节点的平均汇流累积量分级统计

样区	分级统计的平均汇流累积量值				
	Ⅰ	Ⅱ	Ⅲ	Ⅳ	Ⅴ
神木	243	1 270	5 236	22 319	145 012
佳县	97	580	3 214	13 424	56 127
绥德	124	784	4 047	17 252	64 475
延川	169	934	4 240	18 987	79 095
延安	177	876	4 271	17 741	146 763
铜川	150	679	2 895	14 457	95 053
彬县	150	721	3 168	14 513	57 282
淳化	323	1 795	8 191	38 729	—

3. 沟谷节点汇流累积量自然分级初步实验与分析

以所选样区中的绥德、延川和彬县为例，计算出每个节点所控上游汇流累积量值。对节点汇流累积量值进行等差分级，统计每个级别的沟谷节点个数，具体见表 5.3。其中，等差间距设为 1000，由于处于第一、第二级的节点数目巨大，为了突出体现后面各级节点个数的变化，在分析时将第一、第二级舍去。

表 5.3　汇水累积量在 3 个实验样区的分级信息表

样区	汇水累计量值/栅格个数		分级信息			
	最小值	最大值	级差	有效分级数	间距 L_1	间距 L_2
绥德	60	21 060	1 000	21	6	8
延川	75	20 075	1 000	20	7	5
铜川	148	22 148	1 000	22	10	3

经过分析发现：节点个数的最大值均出现在第一级，而后急剧下降，在随后的几级，降幅都很大，随着汇流累积量值的增大，节点个数继续减小，但降幅逐渐减小，其统计值均在随后的过程中出现两次有规律的跳跃。把统计曲线的第一次跳跃所对应的级别与第一级之间的间距记为 L_1，第二次跳跃所对应的级别与第一次跳跃所对应的级别之间的间距记为 L_2。3个实验样区间距 L_1，L_2对比情况见表5.3。间距 L_1越小，说明节点汇流累积量值多集中于低级别沟谷，即沟谷分支较细，地表破碎；L_2值越大，说明汇流累积量值处于大值处的节点越多，即该区域内较高级别的沟谷较多，沟谷完整，呈现树枝状格局。

通过对间距 L_1，L_2的分析，可以得出如下的结论：在绥德黄土峁状丘陵沟壑区，地形最为破碎，沟蚀严重；在延川黄土梁峁状丘陵沟壑区和铜川黄土塬梁丘陵区，地形破碎程度相对较轻，地形结构相对比较完整。因此，通过节点汇流累积量的等差分级统计分析，不仅可以反映出研究区域的沟谷发育态势，而且可以作为研究流域地貌形态结构的基本依据。

5.1.3 小结

本节从流域地貌结构和汇水特征出发，基于实验区多地貌类型区高精度DEM数据，提取了各级别的沟谷节点数量和汇水累积量；通过数学回归分析，发现节点数目和汇水量值的对数值与级别之间呈现强烈的线性关系，证明了沟谷节点与等级之间的近似恒定的数量对应关系；该数量关系在不同地貌之间具有显著的差异，证明了沟谷形态与区域地貌之间的机理相关性；同时，通过不同地貌区沟谷节点的自然分级实验与分析，初步探讨了流域地貌的空间分异规律。本节实践了运用点模式分析法进行复杂地学现象和规律研究的新思路。今后进一步工作的重点是：沟谷节点的等级结构性规律的实践验证，以及在扩大实验区、增加实验数据类型的基础上，深入的探讨沟谷节点在宏观上的空间分异规律。

5.2 基于DEM的地形特征点提取及空间分异研究

5.2.1 地貌认知及空间剖分的山顶点提取

地形特征要素，主要指对地形在地表的空间分布特征具有控制作用的点、线或面状要素，它们构成地表地形与起伏变化的基本框架。其中，山顶点是构成正地形轮廓骨架的关键特征，是影响水文过程、植被分布等的重要地形特征之一，其空间分布特征是用以描述空间变化过程的重要指标（邬伦等，2001）。当前数字产品极为丰富，其中格网数字高程模型（Grid Digital Elevation Models，Grid DEM）蕴涵了丰富的地形信息，为准确、快速地获取山顶点信息提供了良好的数据基础。

当前基于DEM山顶点的提取分析，主要在局部3×3窗口内，通过所计算的地形因子来判断该格网点的地形属性，进而判定是否为山顶点（周启鸣和刘学军，2006）。

主要的分类算法包括 Lee 等（1992）在 Pucker 和 Douglas（1975）对地形点的分类定义基础上提出的高差符号变化的山顶点分类、Toriwaki 和 Fukumura（1978）使用连接性值（Connectivity Number，CN）和曲率微分（Coefficient of Curvature，CC）两个局部参数来进行山顶点分类以及 Wood（1996）提出在局部区域内用高程 z 的二阶导数的正负性来判定的算法。其中 Wood 的算法数学推理严密，被众多学者引进并应用。但在处理含有误差的 DEM 时会产生误判，出现伪山顶点。陈盼盼等（2006）采用 DEM 邻域分析结合等高线套合检查判定山顶点，该算法没有明确山顶点的局部邻域范围确定依据。陈盼盼的算法开始关注高差阈值在山顶点判定中的作用，为后续研究提供了借鉴；肖飞等（2008）、罗明良（2008）给出顾及地貌实体认知的研究方法，强调结合传统地貌学认知和现代定量技术。

综合前人研究成果，本小节提出新的山顶点提取算法。该算法主要依据地貌学认知，以山顶点高程与相应子流域斑块出水口的高程差值，即山顶相对高程（相对起伏）为着力点，通过对空间剖分阈值的限定，实现符合地貌学认知的山顶点提取。通过拟合山顶相对高程与空间剖分阈值之间的函数关系，可知剖分阈值的选择依据，为基于 DEM 提取地貌学意义上的山顶点做出了有益尝试。

1. 原理和方法

(1) *原理*

山顶依托于山而存在。地理学词典中山被理解为表面高度大、坡度较陡的高地。这一认识没有强调山的个体形态与山地总体的差异；钟祥浩（2000）认为山是有一定高度和坡度的、从一个参照面或基面隆起之地（三维地形体），突出强调山的个体概念，将山定位为组成山地的一个组成之一。这一认识与麦克斯韦（Maxwell J. C.）认为每座山应有其控制区域（Territory）的观点不谋而合。山顶定义为山体的最高部分，符合地貌认知；山顶点虽作为点状要素存在，其本质上是山的个体在地理空间的抽象，占据了相应的空间面积。

由此认知观点出发，山顶点提取的关键在于确定单个山体的控制范围，而山顶对应于这一面积内的最高点。但地貌学或制图学，均没有给出山体空间范围（面积）多大方可定义为山；可查证的是地形图上的山顶符号标识及对应的高程（如▲1725)；进而替代的定量标准是定义山的绝对高程和相对高程。这样，通过限定山顶相对高程（山顶起伏），实现不同山体控制区的剖分，并最终确定山体边界和区域内山顶点。

(2) *方法*

以 DEM 数据源为基础，实施高差限制下的空间剖分，可分类到地理空间不规则剖分。现有的空间剖分方法以 Voronoi 图以及 TIN 方法为代表，二者均集中于相对规则的层面进行。借鉴水文学观点，每个流域均有其控制面积；且在此流域中存在多级子流域及集水区。流域及其各级子流域、集水区由具体地形、地貌及岩性等因素控制，呈现典型不规则形态。相应地，考虑山地作为一个正向地貌系统，由各个山体控制不同区域斑块组成，则可借鉴翻转地形的思路，将原始正向地貌的山地翻转形成负向流域及集水区系统，相应的山顶点演化为各集水区中的洼地点。

其中，空间剖分的高差阈值体现在集水区填充时使用的填充阈值上。如图 5.6 中正向地貌的候选山顶点 A 是否存在，取决于水文分析的填充阈值 H_{fill}与候选山顶点 A 到相应鞍部区的高差 ΔH。当 $H_{fill}<\Delta H$ 或者不填充集水区时，则候选山顶点 A 保留；否则候选山顶点则被忽略。基于上述原理与方法，可构建以 DEM 为数据源，基于 ArcGIS 平台的高差限制空间剖分提取山顶流程。

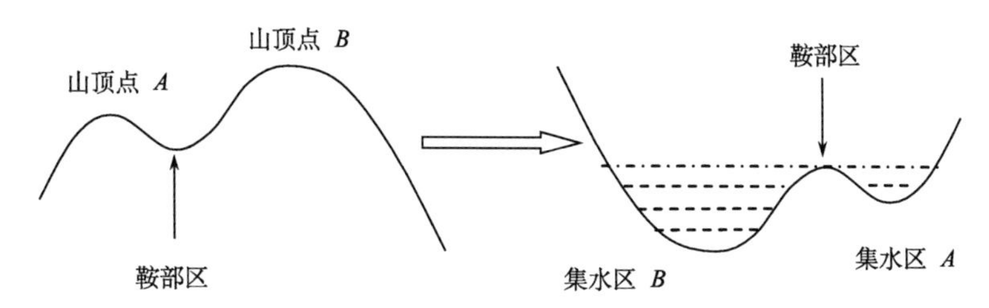

图 5.6　正反地形山顶、洼地对应关系

下面给出在 ArcGIS9 Workstation 下地形自然剖分的主要步骤。

1）计算反地形：InvertDEM = DEM * （−1）；

2）给定填充阈值：FillDEM = Fill （InvertDEM，ΔH）；

3）计算反地形的流向矩阵：fdir = Flowdirection （FillDEM）；

4）在流向矩阵的基础上，得到反地形的洼地，对应于原始地形候选山顶点：fsink = Sink （fdir）；

5）剖分得到山体控制区域：fsinkwater = Watershed （fdir，fsink）；

6）计算剖分区域最大值：ZonalMaxH =ZonalMax （fsinkwater，DEM）；

7）山顶点所在像素单元格：CandidatePeak = （ZonalMaxH − DEM == 0）。

2. 实验数据

实验样区选择在陕西省境内的秦岭中山，数据为国家测绘部门生产的 25m 分辨率 DEM 数据。秦岭中山，处于秦岭南坡，商洛地区西南隅。地势自西北向东南倾斜，山势纵横交错，河流众多，形成山、川、坪、滩纵横一体的掌形叶脉状复杂地貌形态。

3. 实验结果

在秦岭中山样区，以填充阈值作为空间限制剖分条件，得到阈值与对应山顶点平均相对高程（起伏）的对应关系图。从图 5.7 可以看出，阈值与山顶平均起伏近似呈线性关系（$y=3.94x+442.73$）。阈值越大，得到的山顶平均起伏越大，山顶越趋向中起伏山地山顶；阈值（km）与山体面积（km²）呈现指数关系（$y=0.76e^{32.35x}$），据图 5.8 可知该样区各山体平均面积小于 10km²。

按照地貌学大、中、小起伏分类方法，以 200～500m 为小起伏山地，500～1000m 为中起伏山地，则中起伏山顶点的剖分阈值至少应大于等于 20m；相应得到的山顶平均起伏为 500m 左右。结合秦岭中山实际，以 20m 为剖分阈值，相应得到的山顶如图

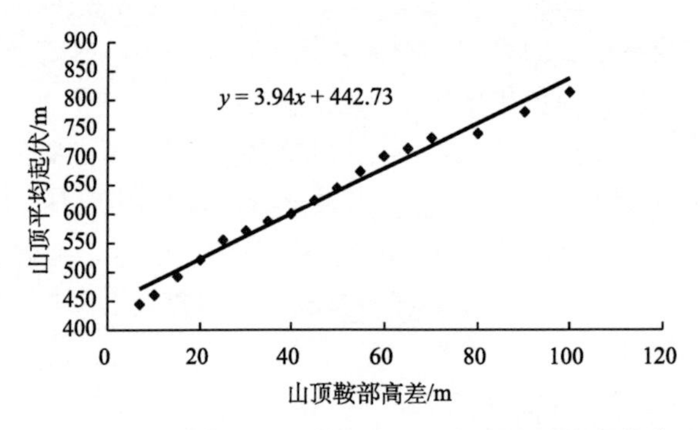

图 5.7 剖分阈值（山顶鞍部高差）与山顶平均起伏关系

5.9～图 5.11 所示（局部）。其中图 5.9 和图 5.10 示例原始 DEM 及 20m 高差阈值约束下的空间剖分结果；图 5.11 内衬原始地形的山体晕渲（Hill-shade），外层为空间剖分得到的地形分块 50%透明显示；文本标识黑色字体“R：287/H：1362”描述山顶点相对出水口高差（即山顶起伏）与山顶点绝对高程之间的对应关系。

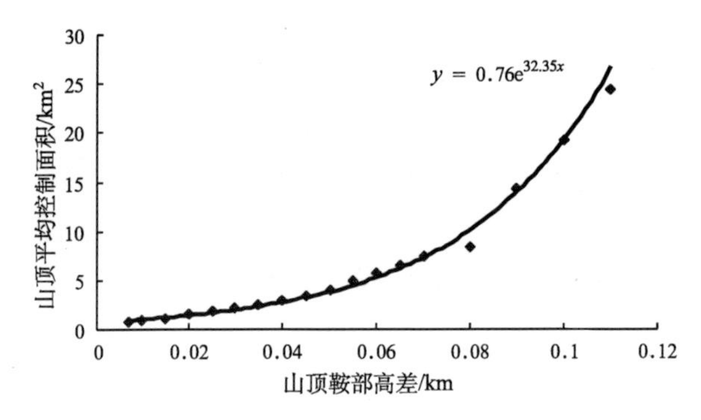

图 5.8 剖分阈值与山顶平均面积关系

图 5.9 原始 DEM

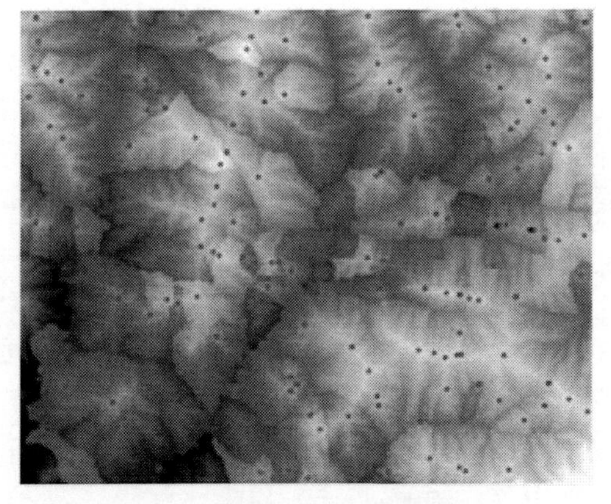

图 5.10 高差阈值 20m 限制剖分及其相应的山顶点

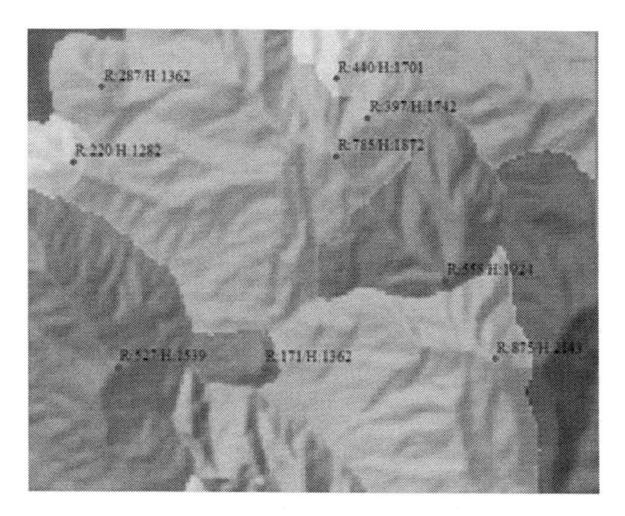

图 5.11　高差阈值 20m 限定剖分山顶点局部放大

4. 小结

通过对山顶地貌学含义的分析，使用高差阈值指定的空间剖分方法，实现基于 DEM 和 ArcGIS 平台的山顶点提取。方法顾及传统地貌认知，在此基础上可考虑山地的平面破碎性（以面积为主要度量指标）、立体起伏性（以指定面积内的山顶相对高程差为度量指标）之间的数量化关系及其定性描述规律，为进一步研究丘陵与山地的差异提供方法和技术支撑。

5.2.2　基于 DEM 的山地鞍部点分级提取方法研究

1. 引言

鞍部是指位于相邻两山头之间呈马鞍形的低凹部位。鞍部点和山顶点、径流节点、沟头点、侵蚀基准点及溯源侵蚀裂点等一起，构成了对地形起伏特征具有重要控制作用的地形特征点簇（Wood，1996）。其中，鞍部点与相邻山顶点的高程差往往作为判别地面正地形起伏特征的重要指标，成为基于地形特征点簇的地貌模式识别的依据之一。

在基于 DEM 对地形特征点的自动提取中，山顶点、径流节点、沟头点等都有相对成熟的方法（Wood，1996；Fisher et al.，2004），但对于鞍部点的提取，由于 DEM 栅格领域分析视野的局限性，一直没有成熟的方法。Wood（1996）等虽然也提出了基于 3×3 领域分析判断鞍部点的方法，但实验结果显示，该方法虽然满足了鞍部点的定义与基本地形特征，但是该方法仅仅是从相互垂直的相邻栅格值进行判断，无疑是一种“近视眼”的判断方式，在提取的过程中往往产生大量的对地形控制作用无关紧要的低层次鞍部点，效果不够理想；汤国安和杨昕（2006）提出了基于正反地形提取鞍部点的方法，该方法采用鞍部点同时位于正地形的山脊线以及反地形的山脊线上的思路，利用正反地形的 DEM 数据提取对应的山脊线并求交集来提取鞍部点，这种方法在一定程度上突破“近视眼”的方法，并从鞍部点本身位于山脊线的地形位置属性来实现提取，但是，这种方法在对于鞍部点的理论定位存在一定的缺陷，即鞍部点位于正地形的山脊线上，但并不一定完全位于反地形的山脊线上，两者的交点并不完全是鞍部点，实验中产生大量的伪鞍部点。

本小节依据流域存在其相对应的层次等级关系，按照其在地形描述中的重要性程度进行等级划分。并将位于某一等级流域边界线上的鞍部点赋予相应的流域等级特征，再进行流域等级的加权赋值，实现对鞍部点的有效提取及分级。

2. 原理与方法

(1) 确定鞍部点提取的基本原则

1）微观与宏观：鞍部点既是微观地貌上的一个点位，同样它也是控制整个宏观流域地貌的一个重要地形特征点。提取时应充分结合宏观流域地貌特征。

2）形态与等级：鞍部点与山顶点相互组合形成流域中正地形的地形特征点的地貌形态，同时鞍部点本身也具有其等级性，在提取的过程中应在具备形态稳定性基础上保持其原有的等级层次性。

3）准确与有效：所提取的鞍部点应是准确的，且对地形特征点簇的构建及分析是有效的。

(2) 提取鞍部点的基本方法

从鞍部点的本身定义来看，它是位于垂直两个方向线上一个方向凹起而另一个方向凸起的地形特征点。流域边界线（除出水口位置外）首先是相对本身线两侧凸起的线，因此位于流域边界线上的局部最低位置即为鞍部点；所以流域边界线提取鞍部点的基本依据是：所有的鞍部点均位于流域边界线上，且位于流域边界线上高程局部最低位置(图 5.12)。本小节提取鞍部点的方法是提取流域边界并应用窗口分析法提取鞍部点，提取流程如图 5.13 所示。

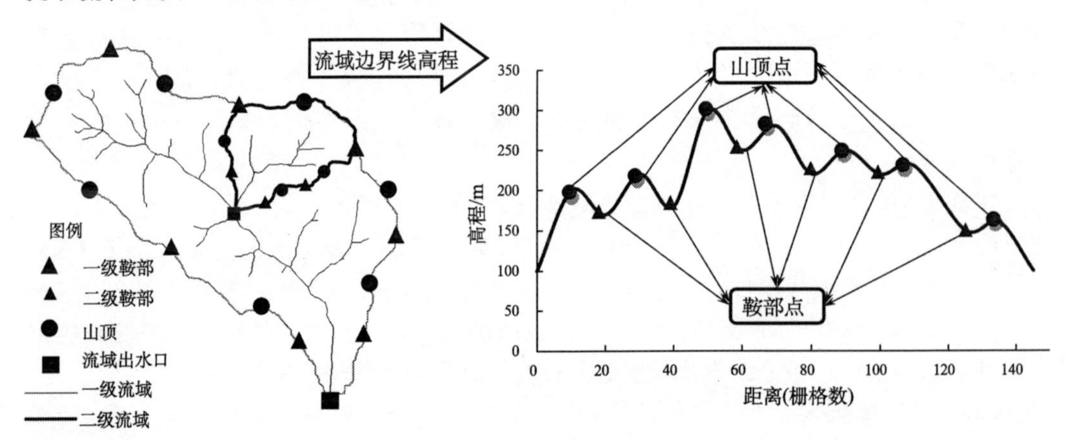

图 5.12　算法原理示意图

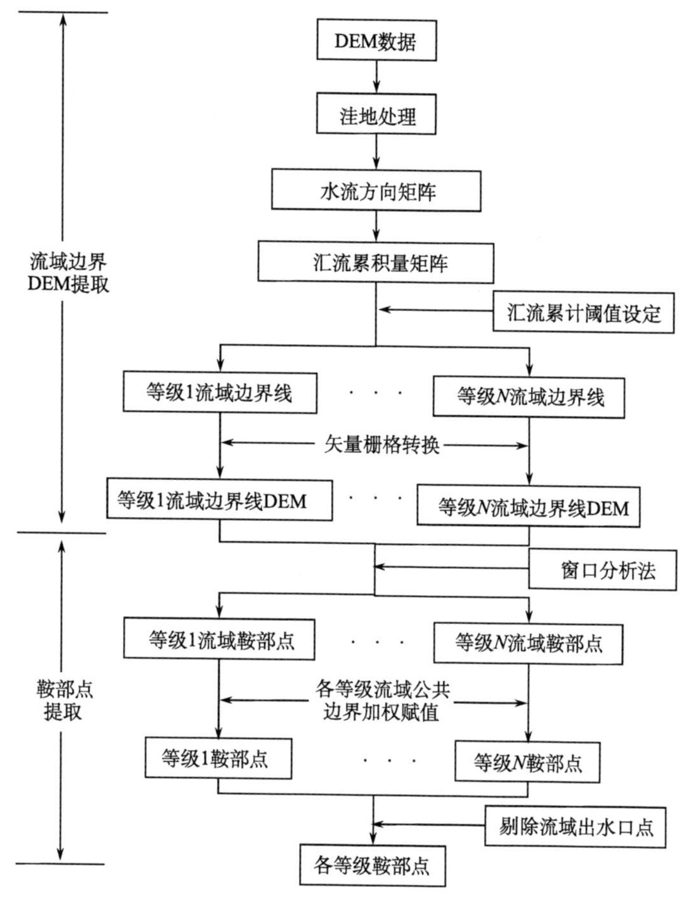

图 5.13　鞍部点提取流程

1）流域边界 DEM 提取。该过程包括：①流域边界线提取；②与 DEM 数据的叠加提取流域边界 DEM。流域边界线提取需要执行如下步骤：①DEM 洼地填充；②计算水流方向；③水流累积矩阵生成；④流域边界线提取。

流域边界线 DEM 数据的获取方法为：将流域边界线数据矢量栅格转换之后与 DEM 数据叠加，所得结果即为流域边界线 DEM。

2）鞍部点提取。采用窗口分析法对流域边界线 DEM 数据进行邻域分析，获取窗口范围内的最小值，再将 DEM 数据减去邻域分析的结果，得到差值为 0 的栅格点，再将不同等级的流域边界线上公共边界的鞍部点加权赋值得到分级鞍部点。由于流域出水口点不属于鞍部点，有必要在实验中剔除流域出水口的点，剔除方法为对河网进行 15m 的缓冲选择出水口点，然后剔除；在分析窗口的选择上，分别采用 3×3、5×5、7×7、9×9、11×11、13×13、15×15、17×17、19×19、21×21，通过山顶点与鞍部点的空间关系对应效果实验得出的最适宜分析窗口为 17×17。最后，利用鞍部点在两个山顶点间的空间关系对提取结果进行检验。

3. 实验与结果分析

以地形起伏变化较大的陕北黄土丘陵沟壑区为实验样区，其对应的5m分辨率DEM数据为实验数据，应用上述方法实现鞍部点的提取。实验中分别设置了200 000、40 000、8000和1600 4个汇流阈值，并得到相应的鞍部点（图5.14）；图5.15是提取结果局部放大，并与等高线套合、山顶点对应检验的示意图。

在此依据提取的鞍部点位置的准确性，空间关系的正确性，鞍部点分级的适宜性对实验结果进行分析，并对鞍部点与山顶点之间的特征点高程起伏关系做出了一些分析。

1）鞍部点点位的准确性：由图5.15可见，所得到的鞍部点与等高线目视解译得到的鞍部点完全一致，没有产生伪鞍部点，提取准确性达100%。

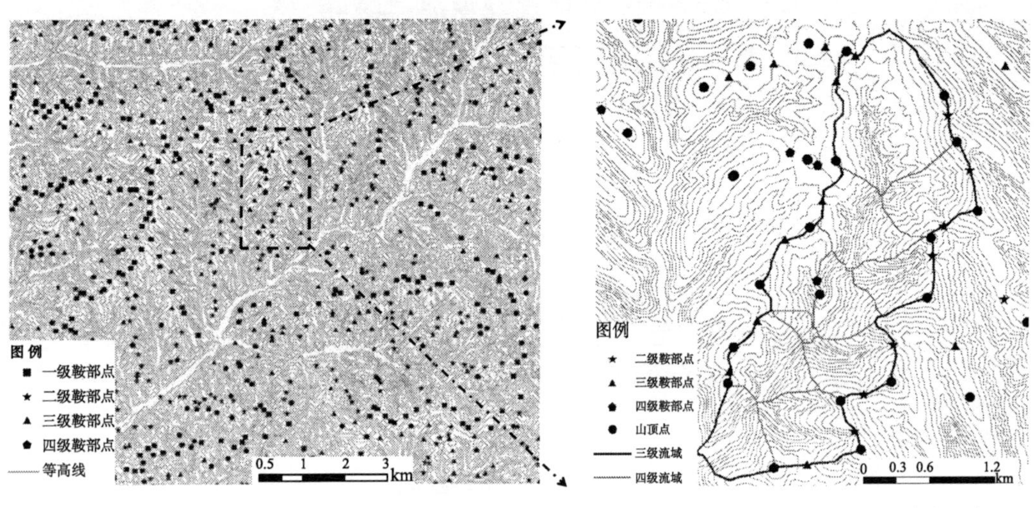

图5.14 各等级鞍部点空间分布示意图　　图5.15 山顶点与鞍部点空间分布示意图

2）空间关系的正确性：通过对比分析，在整个样区中，所提取的鞍部点和山顶点基本符合特征点之间的空间对应关系；图5.16(a)显示：各个汇流累积阈值所得到的鞍部点与山顶点的数量比接近1∶1，图5.16(b)显示：随着阈值的减小，低等级的鞍部点、山顶点提取数量逐步减少；这说明阈值小到一定值之后，鞍部点数量将不会发生很大变化；且在阈值为1600提取得到的879个鞍部点与876个山顶点中，仅产生几十个鞍部点与山顶点空间关系对应不明确的点，特征点间的空间关系对应准确率达90%以上。

3）鞍部点分级的适宜性：流域边界线法采用的是流域多级分割的思想，大小流域存在公共边界，它们能够提取出共同鞍部点，这种思想能够将公共的鞍部点进行加权赋值提取出多层次的鞍部点，为我们分清鞍部点的主次以及对地形控制的强弱提供重要依据，所达到的效果并不仅仅是将鞍部点提取出来，它能够进一步对各种层次的鞍部点进行分类，得到权重、等级不同的鞍部点，符合对地形特征点的科学、系统的提取理论方法，得到了更为准确、更为全面的鞍部点提取效果。

4）鞍部点与山顶点间高程起伏关系：鞍部点与山顶点共同作用地形，且两者之差

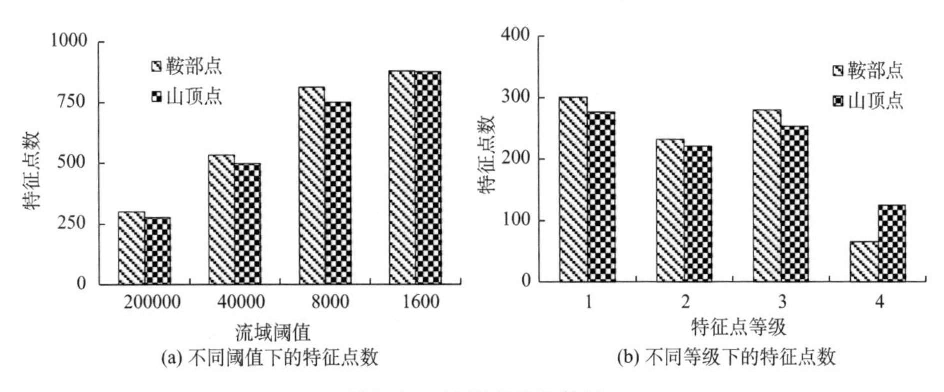

图 5.16 特征点提取数量

常用于衡量地形起伏的强弱程度；因此，量化描述鞍部点与山顶点的高程间关系尤其是相邻山顶点与鞍部点的高程关系是研究地形特征点空间关系的一个重要内容。表 5.4 是分级的山顶点与鞍部点的基本高程信息；由此表得到各级山顶点与鞍部点的最大值差、最小值差及平均值差的趋势（图 5.17），图 5.17 显示，山顶点与鞍部点的最大值与最小值的差值先升后降，且到等级 3 时，特征点的地形起伏最为强烈。但均值是逐步下降的，表明随着分级的细化，地形特征点间的总体起伏逐渐减少，且趋于稳定。

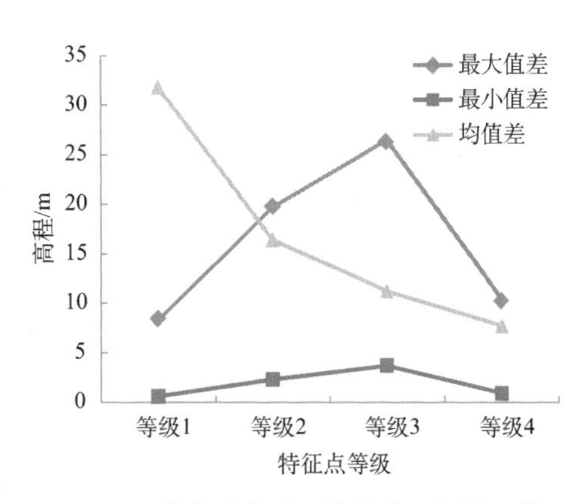

图 5.17 鞍部点与山顶点的高程属性差值

表 5.4 鞍部点与山顶点的高程属性

特征点等级	山顶点					鞍部点				
	数目/个	高程最大值/m	高程最小值/m	高程均值/m	标准差	数目/个	高程最大值/m	高程最小值/m	高程均值/m	标准差
等级 1	277	1188.3	840.5	1062.6	57.1	302	1180	839.9	1030.8	59.6
等级 2	221	1170	817.6	1032.6	67.6	232	1150.3	815.3	1016.2	63.3
等级 3	253	1170.4	832.5	1025.3	62.3	280	1143.9	828.8	1014.1	54.7
等级 4	125	1144.3	815.4	1011.5	67.5	66	1134	814.5	1003.8	56

4. 小结

本小节提出了一种基于流域边界线的鞍部点提取方法。

首先，该方法冲破了传统的“近视眼”型的对鞍部点的提取，从一种更加宏观的流域尺度来审视鞍部点，提出了一个新的鞍部点提取方法，且该方法同样适合对山顶点、径流节点等其他地形特征点的提取。

其次，该方法提取的鞍部点点位精度达到100%，与山顶点间的空间关系正确率达90%以上，且探讨了鞍部点与山顶点的起伏关系。

最后，分水线法提取的鞍部点的精度之高为地形数据简化、地形特征点簇的建立提供了良好的数据源，并为今后在地形特征点簇中研究各类特征点间的相互依托、相互作用及它们和地形之间关系的进一步工作打下坚实基础。

5.3 黄土地貌沟沿线的形成及类型划分

5.3.1 黄土地貌沟沿线研究综述

1. 引言

黄土高原地貌是经过200余万年的黄土堆积和搬运，在风力和水力交互作用下，在承袭下伏岩层的古地貌基础之上，按特有的发育模式形成的复杂多样且有序分异的地貌形态组合，因而被誉为全球最具有地学研究价值的独特地理区域之一。从20世纪50年代开始，黄土高原地貌学研究逐渐展开并不断深入，传统的研究手段与基于DEM的数字地形分析技术有机结合，取得了丰硕的成果。然而，传统DEM数字地形分析由于其邻域分析的视野局限，难以进行区域地貌特征的研究。因此，需要引入一个更为直接、更为深刻、更为实用的黄土地貌对象，并采用面向对象的分析模式，研究黄土高原地貌及其发育的过程与机理。众所周知，沟沿线是一条最能体现黄土地貌形态特征的地形结构线（钱亚东，2001），它所分割的沟间地（正地形）和沟谷地（负地形）交错分布，形成了独特的黄土地貌景观。沟沿线的形态、级别、空间展布、发育趋势映射着沟间地和沟谷地的形态、组合、分布特征及变化规律，直观地展现了黄土地貌的区域差异。同时，由沟沿线划分的正负地形在地形特征、土壤侵蚀特征和土地利用特征上存在明显不同，从而形成不同的土壤侵蚀方式和地貌演化方式（闾国年等，1998b；梁广林等，2004）。因此，沟沿线作为这两类地貌类型的分界线，是研究黄土地貌形态空间分异规律和地貌演化机理极佳的切入点。本小节对近几年黄土地貌沟沿线及其相关研究的主要进展进行回顾与系统评述。

2. 理论与方法进展

(1) 沟沿线类型

对沟沿线进行科学的分类，建立科学的分类体系，不仅可以了解各种类型沟沿线的等级和关系，探索沟沿线形成的规律，揭示沟沿线演化的途径和过程，而且可以为生产实践提供重要的依据（秦伟，2009；刘红艳等，2010）。前人对线状地貌特征要素分类的主要研究成果有：①河流的分类，如Davis（1899）、Leopold和Wolman（1957）、Schumm（1963）、Woolfe和Balzary（1996）等的研究，其中由Leopold和Wolman提出的依据河道的平面形态对河流进行分类是近几十年来的总趋势；②海岸线的分类，如Richthofen、Johnson、Zenkovich、Inman等学者根据海岸线成因、形态、发展阶段等因素对各种海岸类型进行了科学的划分（周成虎，2006）。以上这些线状对象分类体系的提出为科学制定沟沿线分类体系提供了一定的参考。结合前人研究成果，肖晨超和汤国安（2007）在黄土地貌沟沿线类型划分上进行了积极的探索。按照科学性、系统性、可实现性等沟沿线划分的基本原则，以沟沿线的成因、空间分布和形态、演化方式为基本依据，从多重视角，提出了黄土地貌沟沿线类型划分体系，其中比较典型的分类有：按成因特征分为系统性成因沟沿线和偶发性成因沟沿线；按整体形态特征分为树枝状沟沿线、平行状沟沿线、扭曲状沟沿线、分散状沟沿线；按扩展方式分为沟头渐进扩展型沟沿线和局部连接扩展型沟沿线。该分类体系同时兼顾了沟沿线及其系统的静态格局以及动态的发育特征，深化了对沟沿线以及黄土地貌的认识。

(2) 沟沿线量化指标体系

沟沿线作为一类重要的地形特征线，其自身也充分体现着复杂性与多样性特征，且沟沿线与黄土地貌的发展密切相关。因此，建立沟沿线的特征量化指标体系，将面向线对象的分析模式引入黄土地貌研究中，可望解决目前 DEM 多局限于较小邻域的窗口分析，而难以进行复杂的区域宏观地形特征分析、难以反映地貌发育的理论与技术瓶颈。目前，国内外学者根据不同的研究目的对现实世界中各种线状对象提出了相应的定量指标。例如，评价不同线状几何要素相似度的定量指标（Knorr et al.，1997；唐炉亮等，2008）；计算线状目标地图信息量的指标（Li，2006；邓敏等，2009）；预测线状目标动态演化过程的定量指标（Stive et al.，2003；林爱华等，2009）；压缩线状要素数据量的相关指标（Christopher et al.，1987；Visvalingam et al.，1993）等。而针对沟沿线的定量指标研究，肖晨超（2007）分别从流域尺度、沟壑尺度、坡面尺度上提出了一系列沟沿线量化指标。其中，流域尺度指标中的“圆度率”描述了某完整流域沟沿线平面空间展布的形态特点；沟壑尺度指标中的“分维值”和“沟沿线密度”不仅能够表示出某区域内沟沿线的形态特点，而且能从一定程度上反映出地貌发展阶段和侵蚀规律；坡面尺度指标中的“沟沿线曲率”则具体地反映了某段沟沿线的特点。此外，从景观的角度观察，沟沿线是黄土地貌景观中分割沟间地和沟谷地的线状廊道（焦菊英，2006）。因此，也可以借鉴景观生态学中廊道的研究方法来定量分析沟沿线的景观学特征。

(3) 沟沿线提取

沟沿线是一条明显的土壤侵蚀和土地利用分界线，在生产实际中也发挥着重要的作用。对沟沿线的准确、快速提取，一直是黄土高原科学研究与生产建设十分重要的工作。传统提取沟沿线的方法是直接利用地形图等高线或航空相片进行勾绘，但其工作量巨大，也有相当的难度。随着地理信息系统技术发展和 DEM 的广泛应用，基于 DEM 的沟沿线自动提取成为近年来黄土高原沟沿线研究以及数字地形分析研究的热点。前人基于 DEM，从不同的角度，用不同的方法对黄土地貌沟沿线自动提取展开了研究。闾国年等（1998b）提出基于形态学和递归思想的沟沿线提取算法，该算法对各种地貌类型具有一定适应性，但在复杂地形区提取精度有所降低；李小曼等（2008）以沟沿线形态特征为基础，通过坡度变异数据提取沟沿线，该方法速度快，但结果需要进行手工编辑；朱红春等（2003）综合考虑地貌发生学与形态学原理，通过坡度变异、剖面曲率和沟壑分布数据，自动提取沟沿线。该方法基本勾画出沟沿线的轮廓，然而在精度上有待进一步提高；刘鹏举等（2006）提出了一种基于汇流路径坡度变化特征确定沟坡段，进一步形成封闭沟沿线的方法，其算法具有一定的普适性，然而，由于坡面流路的不唯一性，使得提取精度有所欠缺；Tang 等（2007）根据黄土地貌坡面坡度转折特征，提出了基于坡面朝向的形态判别的沟沿线提取方法，该算法提取精度较高，但在复杂地貌类型区存在沟沿线不连贯的问题；张艳林等（2008）引入地形位置指数，对黄土丘陵沟壑区沟沿线进行自动提取，该方法同时考虑了单点信息与局部区域的结构信息，而且实现简单，但是，沟沿线提取精度有待提高。周毅等（2010）依据黄土坡面形态特征及汇流特点，提出沟沿线栅格点约束上游汇水面积的正负地形分割方法，进而得到沟沿线，该算法提取结果的面积精度较高，但沟沿线存在一定量的断口。晏实江等（2011）通过引入边缘检测算子，提取并连接沟沿线候选点，同时借助形态学方法滤除细碎线段，最终生成沟沿线。该方法提取精度较高，但地学意义不明显。通过对前人研究结果的对比可以发现，目前基于 DEM 的沟沿线提取方法主要存在以下两个问题：一是沟沿线提取结果不连续；二是提取方法重形态轻机理、重局部轻全局。这也将成为未来沟沿线提取中需要重点研究和解决的问题。

3. 基于沟沿线的黄土地貌研究

目前，在工作和研究中涉及沟沿线时，主要是利用沟沿线分割出沟间地和沟谷地这两种最基本的微地貌单元，研究各自的地形地貌特征和侵蚀规律（焦菊英等，1992；穆天亮和王全九，2007；刘前进等，2008），并服务于水土保持规划工作（郑江坤等，2009，2010）。对于涉及沟沿线的黄土地貌研究，周毅等（2010）利用沟沿线划分出的正负地形，实现基于正负地形因子的黄土地貌空间分异分析以及黄土高原地貌类型分区。然而，以上成果并没有从沟沿线本身出发，研究其分布与演化规律以及沟沿线与黄土地貌的映射机制等问题。

由于沟沿线与地形地貌特征和侵蚀过程密切相关，因此，其时空分异规律是黄土地貌研究中重要的研究内容之一。从空间角度，在沟沿线定量指标体系中，沟沿线的平均比降指标不仅与研究区域地形有关，也与沟沿线发展潜力有密切的关系；沟沿线上的高差反映了区域总体地形特点；沟沿线明显度在黄土高原的分异有一定的规律性，与沟壑发育进程相关，和实际情况相一致。沟沿线的分维值与沟壑密度有较好的对应关系。这一系列相关空间分异特征反映出沟沿线的存在和发育受到了地貌形态的制约，主要表现为：地貌类型区域的分布造成沟沿线的宏观差异，同时，区域的侵蚀过程造成区域沟沿线的特征差异。从时间角度，一些学者通过室内模拟小流域数据的实验，在时间序列上反映出沟沿线的性质以及发展变化：从发育初期到发育活跃期，沟沿线迅速发展，沟间地范围减少（王春等，2005；郭彦彪等，2009）。在发育稳定期，沟沿线发展速度逐渐减缓。总体看来，随着流水侵蚀的加强，溯源侵蚀加剧，沟谷不断扩展，沟沿线也随之逐渐发育成较为光滑的多弯曲曲线形态，展布于空间中。上述对沟沿线特征量化指标的时空分异研究，动态地观察沟沿线特征在时空序列中的变化，对于研究沟沿线形态与分布的外在表现、成因与演化的内在规律以及在地貌发展的背景下理解沟沿线，有重要的意义。

对于沟沿线与黄土地貌映射机制的研究，目前尚未深入开展。沟沿线的蜿蜒形态与空间展布特征，是黄土地貌上百万年以来发育、演化的外在表象，是黄土堆积与侵蚀矛盾双方对立统一取得暂时平衡的结果。沟沿线对黄土地貌映射的本质是从地表形态的表象研究深入到地貌演化的机理研究的知识挖掘过程。因此，实现这两个研究层次的有效衔接与提炼，是沟沿线研究由虚到实、由浅入深、由表及里的关键，也将是研究黄土高原地貌形态空间分异的切入点。

4. 评述与展望

(1) 重新审视沟沿线

通过对黄土地貌沟沿线的前期研究及回顾，我们对沟沿线诸多科学问题的辩证观正逐步形成。我们认识到，沟沿线是一条地形线：地形在沟沿线上下发生明显转折，地面坡度、曲率等地形因子也随之发生变化，形成正负地形这两类完全不同的地形单元；沟沿线又是一条地貌线：沟沿线上下正负地形的地貌成因机理有着显著的差异，沟沿线以上的正地形，基本上保持着黄土堆积后的原始坡面态势，坡面侵蚀以面蚀为主，仅发育着纹沟、细沟、浅沟；沟沿线以下的负地形，以沟道侵蚀和重力侵蚀为主，各种重力地貌广为发育。沟沿线是一条简单的线：它的存在明确、实在，无须质疑；但是，沟沿线又是一条复杂的线：它的成因机理多样、形状变化迥异、层次结构复杂。沟沿线是一条封闭的线：作为正负地形的分界线，沟沿线与沟底线不同，其在线状形态上表现出一定的封闭性；然而，沟沿线又是一条开放的线：通过沟沿线，正负地形单元的物质与能量得以传递。沟沿线是一条微观的线：沟沿线在坡面尺度上形成与发育；沟沿线又是一条宏观的线：其在整个流域蜿蜒展布，雕琢出黄土地貌形态延绵的沟谷与黄土塬、梁、峁的空间格局，不同地貌类型区沟沿线空间形态特征的区域差异性，又成为地貌区划的重要依据。沟沿线是一条清晰的线：在野外实地，沟沿线空间位置是明确的、可精确定位的；但是，沟沿线又是一条模糊的线：任何一种反映地形地貌的信息媒介，都存在程度不同的地形描述误差，加上沟沿线自身的复杂性，更增强了沟沿线高精度自动提取的不确定性。沟沿线是一条相对稳定线：沟沿线相对于其他部分要素，具有一定的空间位置稳定性、空间关系稳定性与发展态势的稳定性；同时，沟沿线又是一条绝对变化线，它位置的变化具有渐进与突跃交替出现的特征，沟沿线的基本属性也经历着量变到质变的变化，这种变化映射着黄土地貌的基本形态。沟沿线是一条地貌学上的理论界线：以沟沿线为界，划分着地貌的形态类型、成因类型与景观类型；沟沿线又是一条在生产实践中不可或缺的实用界线，沟沿线的绘制与分析，是黄土高原地区小流域水土保持规划的基础工作与必要条件。这一系列重要认识，使我们加深了对沟沿线科学内涵的理解，凸显了沟沿线对于黄土高原地貌、土壤侵蚀、生态环境研究的重要性。

(2) 问题与思考

目前，在黄土地貌沟沿线的前期研究中，沟沿线的分类和提取已经取得了初步的成果，但基于沟沿线的黄土地貌研究，仍有诸多重要的理论与方法问题值得我们深思与探索。在黄土高原不同地貌发育阶段，沟沿线怎样表现出与之相应的空间形态结构特征、发育演化进程特征与区域环境响应特征？如何才能将不同历史时期形成的多级、多层次沟沿线，组合为一个合理的沟沿线体系？各种自然侵蚀过程及人类活动在沟沿线上又留下怎样的烙印？反之，又如何据此反演黄土地貌的历史轨迹与发育进程？在黄土高原多个不同发育模式的地貌类型区，沟沿线呈现什么样的区域差异性？沟沿线的空间分异能否有效反映黄土地貌的空间分异特征？沟沿线所产生的廊道效应有哪些？这些效应又对地形景观产生了什么样的影响？沟沿线从空间形态、成因机制、功能结构等方面可分为哪些类型？如何才能构建一个反映黄土地貌形态与机理的指标体系？这些指标与现有地形因子之间又存在何种联系？有无可能基于沟沿线的变化，构建反映黄土地貌区域差异性与发育差异性的序列图谱，作为标定黄土地貌发育进程的核心标志，并以此作为区域土壤侵蚀强度及地貌分区的重要地形指标？以上问题的解决，对于突破以往 DEM 难以进行宏观尺度地形分析的技术与方法瓶颈，深化黄土高原地貌形态空间分异和演化规律的认识、揭示黄土地貌发育及演化机理具有重要作用。

(3) *研究重点与趋势*

针对以上问题，需要在以下几个方面展开研究工作。

1）沟沿线的类型及量化指标体系研究。研究沟沿线的成因机制、演化方式、空间分布、形态特征、显著程度及发展规模，并以此为依据，研究黄土地貌沟沿线类型划分的理论与方法；研究建立以定性与定量相结合、表象与内涵相结合、机理与过程相结合、科学性与实用性相结合为原则，有效描述沟沿线的定量指标体系。

2）沟沿线的自动提取方法研究。研究以 DEM 数据为主，辅以其他信息源，自动高效提取沟沿线的方法；解决现有提取方法重形态轻机理、重局部轻全局的缺陷，研究真正实现局部保真、全局高效的沟沿线提取新算法；研究沟沿线定量描述指标的实现算法：在定性分析的基础上，提出优化的、多因子相互协调的沟沿线定量描述指标的数学模型与算法；探索面向线对象分析模式的黄土地貌定量研究方法。

3）基于沟沿线的黄土地貌研究。以地貌“空代时”理论为支撑，研究黄土地貌在相同发育模式条件下的不同发育阶段的沟沿线的形态特征，探索黄土地貌发育阶段与沟沿线的映射机制；研究沟沿线定量指标的区域差异性，以及沟沿线与黄土高原地貌形态、结构、组合与变异的映射机制，在此基础上，研究黄土地貌的空间分异规律。

相信以黄土地貌沟沿线为切入点，进行黄土高原地貌形态及空间格局的研究，可望在黄土高原地貌研究以及数字地形分析方法上取得突破性进展。

5.3.2 黄土地貌沟沿线类型划分

1. 引言

黄土丘陵沟壑区地貌形态尽管在空间上多表现为较大的复杂性与多样性，但是，从总体形态上可以分为正地形的沟间地和负地形的沟谷地，是黄土地貌区别于其他地貌类型的最基本特征。在沟间地及沟谷地不同的地貌部位，地形地貌特征、土壤侵蚀的方式以及土地利用方式都有着明显的差异（梁广林等，2004），对黄土高原微地貌及土地类型的划分，在很大程度上（或者说在首要内容上）可以是准确勾绘两者分界线——沟沿线的过程。同时，沟沿线在空间的分布特征（包括水平空间与垂直空间分布）及随时间变化而变化的特征，又在相当程度上揭示了黄土地貌的空间变异及其发展变化态势。因此，深化对沟沿线存在的内涵与表现的外延研究，无疑应当成为黄土高原地貌形态与空间分异研究的重要切入点。

前人在黄土地貌沟沿线方面的研究主要集中在基于地形图、遥感影像、DEM对沟沿线的自动提取方面。例如，朱红春等（2003）通过实验指出基于DEM数据，通过提取坡度变异、剖面曲率数据能较准确地自动提取出沟沿线；闾国年等（1998b）提出基于数学形态和递归算法的沟沿线提取算法。这些研究在一定程度上提供了沟沿线提取的思路与解决方案，但是，从研究现状来看，还处于起步阶段。对于沟沿线形成与发展的内在规律、形态与分布的外在表现，都没有进行深入的研究。有诸多问题值得我们分析与深思。例如，沟沿线与黄土地形地貌因子之间呈现什么样的结构效应？如何量化描述沟沿线形态的相似性与差异性？沟沿线的个体特征与群体组合特征又呈现怎样的关系？现有的描述沟沿线的方法存在什么样的系统缺陷？沟沿线从空间形态、规模、功能上可以划分为哪些基本尺度层次？各具有什么样的形态学意义与深层次的地学意义？如何实现多尺度条件下沟沿线的有效描述与表达？沟沿线与黄土地貌的不同发育阶段有什么样的对应关系，沟沿线的特征在黄土高原具有什么样的空间分异规律？如何利用沟沿线的定量指标有效揭示黄土地貌的发育进程？沟沿线究竟有哪些基本的类型？应当采用什么样的原则与依据对其进行科学的划分？可见，仅仅在黄土地貌沟沿线研究领域，仍存在诸多悬而未决的重大理论问题。其中，又以沟沿线类型划分为命题，直接涉及沟沿线基本科学内涵与组成体系问题，成为最急需解决与澄清的理论问题。

本小节首先提出了沟沿线划分的基本原则，在此基础上，根据沟沿线的成因、空间分布、形态、数量、显著性、发展速度、扩展方式的差异为基本依据，在充分研究黄土高原侵蚀机理与过程的基础上，提出了黄土地貌沟沿线的类型划分体系。该研究可望深化对黄土地貌的认识，并为沟沿线的自动提取与制图提供科学的依据。

2. 沟沿线的类型划分

（1）分类的原则与依据

基于地质地貌学的基本理论以及黄土高原的区域自然特点，沟沿线类型的划分主要遵循以下分类原则。

1）科学性原则：沟沿线类型的划分应符合地貌学、地形学的基本理论，符合科学对象分类的规则。体现多年来对黄土高原地貌研究的最新成果。

2）系统性原则：黄土地貌沟沿线的产生与发展，是黄土地貌长期以来在特有的内动力条件与外动力条件综合作用下的必然结果，对沟沿线的分类，需要综合地、系统地考虑表象与机理、定性与定量、精确与模糊、稳定与发展、个体与群体、历史与现实的多种因素影响，需充分兼顾对人们生活与生产建设的影响。

3）可实现原则：沟沿线类型划分的最终成果，一般需要完成沟沿线的自动提取与精确制图，因此，对于面向沟沿线自动提取与制图的分类系统，还需要充分顾及当前提取的信息源条件与技术手段，以保证分类目标的最终可实现。

(2) 黄土地貌沟沿线类型划分

根据以上原则，本小节拟从沟沿线的成因，空间分布、形态、数量，明显程度，发展速度，扩展方式几方面进行划分。

按照沟沿线的成因特征分为以下两种（图 5.18）。

1）系统性成因沟沿线：指由于地貌系统发育而形成的沟沿线。例如，由于河流在纵向的溯源侵蚀作用及旁向的侧蚀作用、黄土物质差异性侵蚀作用等形成的沟沿线。该类沟沿线的基本特征表现为在形态上的相似性、分布上的连续性与发育上的系统性。

2）偶发性成因沟沿线：指由于滑坡、错落、崩塌等偶发重力作用或其他非系统外力作用形成的沟沿线。该类沟沿线从总体上看表现在形态上具有较大差异及分布上的紊乱与无序，是对系统发育沟沿线相似性、连续性特征的分解与破坏。

按照沟沿线的空间分布特征分为以下三种。

1）高位沟沿线：指沟沿线的位置相对更接近分水线而相对远离汇水线，垂直位置处于坡面相对较高处的沟沿线。该类沟沿线多分布在河流切割较深的沟口两侧山坡、现代较强烈溯源侵蚀达到的沟头等区域。

(a) 溯源侵蚀沟沿线，沟沿线以下沟壑充分发育

(b) 河流旁蚀产生的沟沿线

(c) 滑坡形成的沟沿线，有明显的滑坡壁，偶见滑坡体，通常不连续

图 5.18　不同成因形成的沟沿线

2）低位沟沿线：指沟沿线的位置相对远离分水线而更接近汇水线，垂直位置处于坡面相对较低处的沟沿线。低位沟沿线多出现在河流溯源侵蚀相对较弱，或黄土原始坡面被沟壑切割的早期阶段。

3）错位沟沿线：高位沟沿线由于滑坡、错落等重力作用下滑至较低的位置，或由于较高位置黄土陷穴的坍塌造成沟沿线突跃上移而形成在空间分布上错落、杂乱、无序的沟沿线。

按照沟沿线的形态特征分为以下两种。

1）整体形态：沟沿线在流域尺度下的整体形态基本上依从于沟谷网络的整体形态（陈浩，1986）。一般主要有树枝状、平行状、扭曲状和分散状等类型（图 5.19）。

2）局部形态：根据沟沿线在坡面局部范围内的形态特征，可以分为手指状、锯齿状、刀刃状和近圆状等类型（图 5.20）。

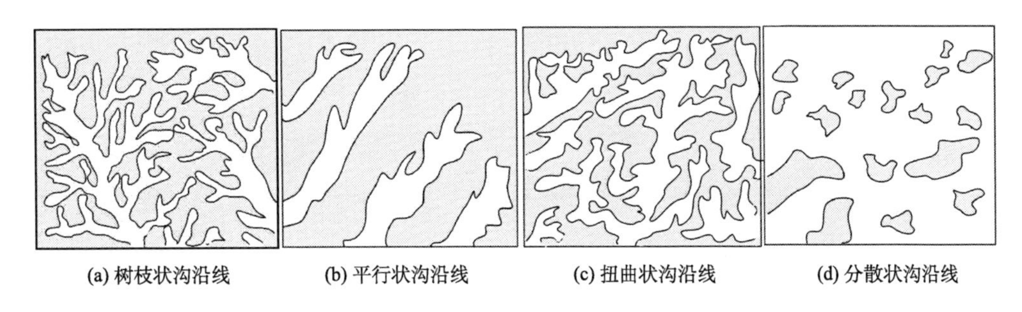

图 5.19　沟沿线整体形态

图 5.20　沟沿线局部形态

按照沟沿线在地形纵剖面上的数量特征分为以下两种。

1）单沟沿线：若坡面上自上到下只存在一条沟沿线时，称其为单沟沿线。单沟沿线一般为一次完整沟谷侵蚀的结果。

2）复式沟沿线：是指坡面上存在多条组合式阶梯状坡度转折线所构成的沟沿线（图 5.21）。复式沟沿线的形成比较复杂，或源于不同黄土层面间的差异性侵蚀，或源于径流对黄土原始堆积面的阶段性下切。另外，滑坡、错落等偶发性重力侵蚀因素，往往也是复式沟沿线形成的直接动因。

按照沟沿线的显著性特征分为以下两种。

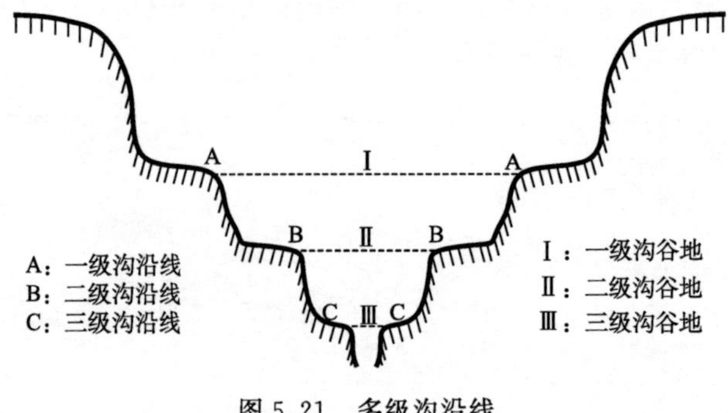

图 5.21　多级沟沿线

1）显性沟沿线：沟沿线上下坡面的坡度变化显著，形成明显的坡面差异的沟沿线，称作显性沟沿线。

2）隐性沟沿线：由于种种原因，造成沟沿线处的上下坡面坡度变化相对较小的沟沿线叫作隐性沟沿线。虽然沟沿线是黄土地貌的重要特征，但是，在黄土高原的不同地貌类型地区，沟沿线的明显程度仍有较大的差异；即使在同一个流域或地貌类型区内，隐性沟沿线与显性沟沿线分布的位置往往也不相同。对隐性沟沿线的有效判别，是沟沿线制图的难点所在。

沟沿线是侵蚀作用的直接结果，总体看来，其发展速度往往呈现出“快速—稳定—减缓”的基本规律。据此，按照沟沿线的发展速度可将沟沿线分为以下三种。

1）快速发展沟沿线：即处于加速发展阶段的沟沿线。侵蚀沟形成的开始阶段，纵向发展最为迅速，其主要原因是股流在水平方向的分力大于土壤抗蚀力的结果，其进展方向与股流的方向相反。此时的沟沿线随着沟壑的发育快速发展，沟沿线以下部分坡度变陡但未形成明显跌水。此时沟沿线规模虽小但发展速度迅速。

2）稳定发展沟沿线：即发展速度相对稳定的沟沿线。随着溯源侵蚀作用的进展，进入沟顶的量逐渐减少，于是逐步缓和了由于溯源侵蚀作用形成的沟头前进速度。此阶段的沟沿线已不明显的纵向扩张，随着流水下切的加剧，沟沿线受重力侵蚀的比例明显增加，发展速度稳定，沟顶处形成明显的跌水。

3）减缓发展沟沿线：即处于沟沿线发展的后期，随着坡面裂点已经远离原始侵蚀基准点，沟壑已切入下伏基岩，成为新的侵蚀基准。由于基岩一般较坚硬，抗蚀性较强(励强等，1990)，溯源侵蚀力量减弱，沟头的发展减缓，沟沿线的明显程度逐步降低，连续性变差。

按照沟沿线的扩展方式分为以下两种。

1）沟头渐进扩展型沟沿线：是指在水力或重力的侵蚀作用下，通过沟头的逐渐延伸而在空间扩展达到稳定的一类沟沿线。

2）局部连接扩展型沟沿线：在主体沟沿线发育的同时，流域中形成大量明显且离散分布的沟沿线、陷穴或潜蚀地貌。随着主体沟沿线的扩展而逐渐与散布的沟沿线连接，以实现沟沿线的空间扩展实现了沟沿线在空间的扩展。综上，沟沿线的分类体系见表 5.5。

表 5.5　黄土地貌沟沿线分类体系

分类依据	类型	特点
成因特征	1. 系统性成因沟沿线	系统发育，空间连续，形态相似
	2. 偶发性成因沟沿线	形态各异，间断分布
空间分布特征	1. 高位沟沿线	坡面位置靠近分水线远离汇水线
	2. 低位沟沿线	坡面位置靠近汇水线远离分水线
	3. 错位沟沿线	高低错落间断分布在坡面
形态特征：群体（整体）形态	1. 树枝状沟沿线	同一沟壑沟沿线基本延同一方向延伸，整体空间展布呈树枝状
	2. 平行状沟沿线	不同沟壑沟沿线间彼此平行
	3. 扭曲状沟沿线	同一沟壑沟沿线延伸方向明显扭曲
	4. 分散状沟沿线	区域存在多条彼此分散的闭合沟沿线
个体（局部）形态	1. 手指状沟沿线	多条沟沿线局部平行，沟谷较宽阔
	2. 锯齿状沟沿线	沟沿线锯齿状延伸
	3. 刀刃状沟沿线	沟头处沟沿线狭窄，沟谷较窄
	4. 近圆状沟沿线	局部沟沿线沿圆弧延伸，闭合或不闭合
数量特征	1. 单沟沿线	同一坡面出现一条沟沿线
	2. 复式沟沿线	同一坡面存在多条沟沿线
显著性特征	1. 显性沟沿线	沟沿线处坡度突变十分明显
	2. 隐性沟沿线	沟间地沟谷地通过隐性沟沿线在一定范围内逐渐过渡
发展速度	1. 加速发展沟沿线	同一沟道两侧沟沿线距离较近，其以下谷底多呈 V 形
	2. 稳定发展沟沿线	同一沟道两侧沟沿线距离较远，其以下谷底多呈 U 形
	3. 减缓发展沟沿线	极其复杂，小范围可达到闭合
扩展方式	1. 沟头渐进扩展型沟沿线	通过逐步延伸沟头在空间扩展。沟头以上主要为面蚀，形态较平缓
	2. 局部连接扩展型沟沿线	通过连接区域内分散的各种侵蚀地形在空间扩展。沟头以上多有陷穴等侵蚀特征存在

3. 黄土地貌发育与沟沿线类型变异

黄土地貌水蚀沟谷的发育进程根本上决定着沟沿线的类型与空间分布规律，图 5.23 为王春等（2005）对黄土坡面沟壑发育的模拟结果，显示沟沿线的发育随黄土侵蚀地貌发育具有以下对应关系（表 5.6）。

1）细浅沟阶段：原始平缓坡面由于降水作用形成坡面径流，径流汇集冲刷坡面，逐步形成大小、深浅不等的细沟和浅沟。在该阶段，虽然坡面的沟蚀作用已经开始，但尚没有明显的沟沿线产生［图 5.22(a)，图 5.22(b)］。

2）切沟阶段：随着股流的进一步汇集，侵蚀力加强，形成明显的下切，沟谷规模明显增大，形成切沟。该阶段虽然沟谷规模尚小，沟间地面积仍占大多数，但已经形成早期沟沿线［图 5.22(c)，图 5.22(d)］。

3）冲沟阶段：随着侵蚀力以及下切作用的进一步加强，切沟在纵向和横向上都有明显扩张，沟底纵剖面呈下凹形，沟头坡度往往可达 90°，沟深几十米，有时可达 100

多米，形成了冲沟（Iwahashi et al.，2007）。此阶段沟谷在空间充分展布，沟沿线也依托沟谷的发展而迅速发展［图 5.22(e) ～图 5.22(g)］。

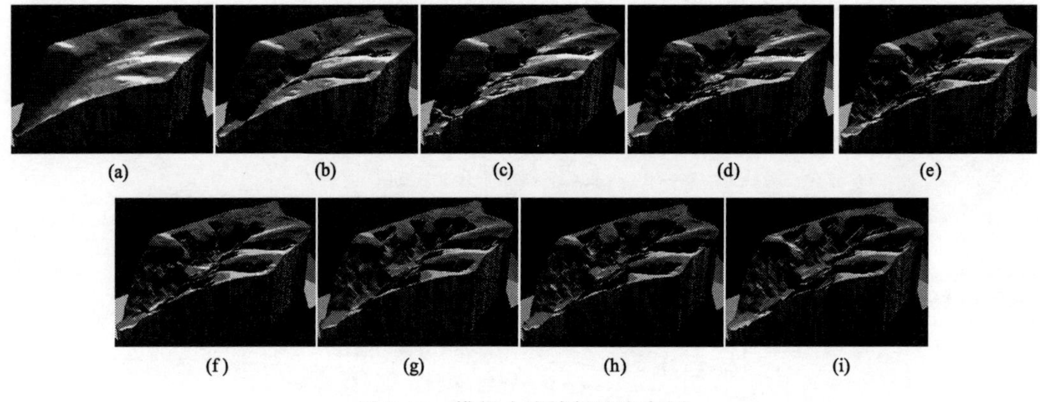

图 5.22 模拟小流域侵蚀发育图

4）坳沟阶段：随着冲沟沟底的下切，沟床纵剖面趋于稳定，平坦部分还可以堆积较厚的冲积物，此时成为坳沟。随着沟道上方给水面积的减少以及侵蚀基准和下层基岩的控制，坳沟的下切已经十分缓慢。此阶段沟沿线发展模式发生变化，由于沟坡重力侵蚀活跃，原有沟沿线的连续性、完成性受到较大破坏，进入黄土地貌及沟沿线发育的晚期阶段。

表 5.6 沟谷不同发育阶段的沟沿线类型及变异

发育阶段	成因特征	空间分布特征	形态特征		数量特征	显著性特征	发展速度	扩展方式
			整体形态	局部形态				
切沟阶段	系统性沟沿线为主	低位沟沿线	平形状	多为刀刃状沟沿线、锯齿状沟沿线	单沟沿线	显性沟沿线	加速发展沟沿线	沟头渐进式
冲沟阶段	系统性沟沿线、偶发性沟沿线并存	高位沟沿线、低位沟沿线并存，极少数错位沟沿线形成	树枝状、扭曲状为主，少量存在平行状	手指状沟沿线、锯齿状沟沿线	复式沟沿线、单沟沿线并存	显性沟沿线	稳定发展沟沿线	沟头渐进式为主、局部连接式并存
坳沟阶段	偶发性沟沿线为主	多为破碎沟沿线，连续性差	树枝状、扭曲状，出现分散状沟沿线	近圆状沟沿线居多	复式沟沿线	隐性沟沿线	衰退发展沟沿线	局部连接式为主、沟头渐进式并存

4. 小结

1）沟沿线的存在和发展是黄土高原地貌的重要特征之一。黄土地貌沟沿线是黄土地貌长期以来在特有的内外动力条件下的必然结果，有相当的复杂性。本小节以沟沿线的成因、空间分布、形态、数量、显著性、发展速度、扩展方式的差异为基本依据，从多重视角提出了黄土地貌沟沿线类型划分体系。可望以对沟沿线的研究为切入点，深化对黄土侵蚀地貌及其发育的认识，促进对黄土地貌的研究。

2）沟沿线类型划分体系，同时兼顾了沟沿线及其系统的静止形态格局以及动态的发育特征。通过模拟小流域数据分析沟谷发育不同阶段沟沿线类型的变异更可以看出，沟沿线特征与沟谷发育进程密切相关。一方面，随着侵蚀过程和沟谷的发育，沟沿线发育并逐渐展布于流域空间中，类型也随之产生一系列变异；另一方面，沟沿线的类型及特征也是沟谷发育阶段的直接表现。

3）沟沿线的计算机提取与特征量化描述是深入进行沟沿线研究与信息挖掘，并将其纳入数字地形分析体系中的基础工作，有相当的重要性。虽然前人在沟沿线的自动提取上有一定的研究进展，但是，基于DEM及遥感影像的沟沿线自动、准确提取以及特征量化，特别是基于上述分类系统的沟沿线自动提取，还存在诸多技术上的难点，值得进行深入的研究与探索。

5.4 基于DEM的黄土地貌沟沿线提取研究

5.4.1 基于并行GVF Snake模型的黄土地貌沟沿线提取

黄土地貌沟沿线是黄土沟间地和沟坡地的分界线，也是黄土高原地区土地类型及土地利用类型划分的基本分界线。因此，沟沿线的自动提取在黄土高原地貌研究中具有十分重要的意义。利用高分辨率航空影像手动勾绘工作量巨大，而在地形图上的勾绘精度又较低。利用DEM数据及其所衍生出的坡面信息沟沿线的自动提取技术，在效率、精度等方面有较大优势。目前，沟沿线提取的基本思想是基于地貌形态学的特征提取技术（闾国年等，1998a，1998b；朱红春等，2003；汤国安等，2005；李小曼等，2008；Zhou et al.，2010）。周毅等（2010）和晏实江等（2011）通过识别沟沿线候选点，从而实现沟沿线的自动提取。现有的提取方法侧重于提高分割的精度，而在特征线的连续性方面尚有不足。如何有效地检测沟沿线的边缘并保证其完整性，逼近地形变化的实际特征，是研究地貌形态所要解决的重要问题。

Kass等（1988）提出了基于主动轮廓线模型（Snake模型）的图像分割方法，Snake模型的基本思想是：首先在图像上设定一条闭合的初始轮廓线，通过最小化能量函数，使该曲线主动地向感兴趣的目标区域附近的轮廓边界靠近；当曲线能量达到最小时，该曲线的位置就是目标的边缘。近年来，Snake模型被广泛应用于计算机视觉的许多领域，如边缘检测（Yuan et al.，1999）、图像分割（石澄贤和曹德欣，2007）以及运动跟踪（Ansouri，2002）等。规则格网DEM作为地表的连续数字表达，可以被视为是一幅图像。同样，图像分割的方法也适用于DEM突变边缘的提取。

在传统的活动轮廓模型基础上，基于梯度向量场（Gradient Vector Flow，GVF）模型（Xu and Prince，1998）是对外力场进行改进的结果。与传统的活动轮廓模型相比，它具有更大的捕获范围，能进入U型区域等，更能体现物体边界的宏观走势，并且GVF场作为梯度向量的扩散计算可抑制噪声，但是其耗时巨大。另外，初始轮廓线的设置是解决GVF Snake模型存在问题的关键，如果轮廓线的设定能够尽可能地靠近真实轮廓，可以有效地减少GVF力场迭代次数和提高消除噪声干扰。同时，为了解决计算耗时的突出问题（周晓云等，2009；季经纬等，2011），本小节在总结前人研究的基础上，研究了黄土坡面的形态特征及计算机视觉感知，提出了基于优化初始轮廓线设定的并行 GVF Snake 模型，并使用 DEM 数据来实现沟沿线自动提取，使用基于遥感图像手工勾勒提取的沟沿线进行精度验证，在小规模机群上测试并行算法整体性能。

1. 方法原理

（1）GVF Snake 模型

Xu 和 Prince（1998）提出了 GVF，成功地解决了凹陷轮廓检测和初始轮廓线的问题，进一步完善了 Snake 模型。GVF 模型将传统 Snake 的图像力用扩散方程进行处理，计算整个图像范围内的梯度场，将原来只在目标轮廓附近的梯度向量向整幅图像扩散，使初始轮廓曲线在全局具有外力影响，从而降低了对初始位置的要求，并驱动曲线进入目标的凹陷区域。

假设 $f(x, y)$ 为原始图像 $I(x, y)$ 的边缘梯度图像，定义梯度向量场 $V(x, y) = [u(x, y), v(x, y)]$，则图像轮廓线的能量函数为

$$E=\iint \mu(u_x{}^2+u_y{}^2+v_x{}^2+v_y{}^2)+|\nabla f(x, y)|^2\ |V(x, y)-\nabla f(x, y)|^2 \mathrm{d}x\mathrm{d}y \tag{5.2}$$

式中，(x, y) 为图像像素点坐标；$\nabla f(x, y)$ 为 $f(x, y)$ 的梯度场；u_x，u_y，v_x，v_y 为 u，v 分别对 x，y 的一阶偏导；μ 为调整系数，根据图像噪声大小确定，一般情况下，当噪声较大时，μ 取值也相应较大。通过迭代求解极小化能量函数逼近目标边缘，由变分法可知 GVF 须满足以下欧拉方程：

$$\mu\nabla^2 u(x, y)-(u(x, y)-f_x(x, y))(f_x{}^2(x, y)+f_y{}^2(x, y))=0 \tag{5.3}$$

$$\mu\nabla^2 v(x, y)-(v(x, y)-f_y(x, y))(f_x{}^2(x, y)+f_y{}^2(x, y))=0 \tag{5.4}$$

式中，∇^2 为拉普拉斯算子；$f_x(x, y)=\dfrac{\partial f(x, y)}{\partial x}$，$f_y(x, y)=\dfrac{\partial f(x, y)}{\partial y}$。

为求解式（5.3）和式（5.4）得到 GVF 力场，将 u 和 v 看成关于时间 t 的函数，GVF 力场迭代式为

$$u_t(x, y, t)=\mu\nabla^2 u(x, y, t)-(u(x, y, t)-f_x(x, y))(f_x{}^2(x, y)+f_y{}^2(x, y)) \tag{5.5}$$

$$v_t(x, y, t)=\mu\nabla^2 v(x, y, t)-(v(x, y, t)-f_y(x, y))(f_x{}^2(x, y)+f_y{}^2(x, y)) \tag{5.6}$$

根据式（5.5）和式（5.6）迭代生成 GVF 力场，初次迭代值一般用图像的梯度作为 GVF 力。

通过迭代计算梯度向量场，GVF Snake 模型得到新的向量场分量 u 和 v，使初始轮廓可以更加准确地进入凹形区域。虽然 GVF Snake 模型扩大了 Snake 模型的捕捉范围，但需

要在整幅图像上迭代求解一个偏微分方程组，计算量很大。尤其是在处理较大规模的复杂图像，其耗时巨大，是一般的机器所难以承受的。此外，如果初始轮廓线离真实边界线较远，还容易出现轮廓线收敛到 GVF 力场的能量局部极小值位置，使轮廓线停止移动。

(2) 基于 DEM 的沟沿线提取

沟沿线是一条天然的实体界线，其上下坡度差异存在着明显的空间分异特征［图 5.23 (a)］。黄土地貌沟沿线的上部为平缓的沟间地（地面坡度一般小于 20°），下部为陡峭的沟坡地（坡面坡度一般为 30°～35°）。在黄土塬、黄土残塬地区，坡度变化大，切沟的沟壁几乎垂直于水平面。同时，沟沿线也是侵蚀营力性质有明显差别的界线。在其上部的沟间坡面上主要表现为面状侵蚀、细沟侵蚀；在其下部主要为强烈的沟蚀和重力侵蚀等。

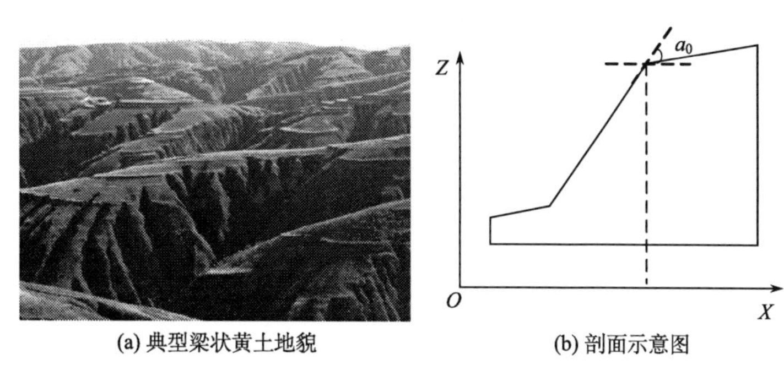

(a) 典型梁状黄土地貌　　(b) 剖面示意图

图 5.23　坡面剖面图

在栅格 DEM 数据中，自然界的地表可被表示为

$$Z = f(x, y) \tag{5.7}$$

地表任何位置的坡度可表示为

$$\vec{n} = (f_x, f_y) \tag{5.8}$$

地表某位置的坡度，往往定义在其最大的坡降方向上。

最大坡降方向上的剖面如图 5.23 (b) 所示，在此剖面内，Z 代表地表的海拔高度，若目标点是沟沿线上的点，则这类沟沿线候选点的两侧高程具有渐变特征，而这种坡度转折的突变性质可以被视为灰度图像上显著的图像特征，可以使用 Snake 算法来对沟沿线进行提取。

Snake 是能量极小化的样条，内力约束它的形状，外力引导它的行为，图像力将其拖向显著的图像特征，从而实现其局部极值组成了可供高层视觉处理的方案。GVF Snake 模型不再从能量最小化的观点看待 Snake 模型，而是将其视为一个力的平衡过程。在整个图像范围内计算梯度场，运用热扩散原理，对图像的梯度向量进行扩散以扩大 Snake 轮廓曲线的捕获区域。格网 DEM 数据与栅格图像类似，都是连续渐变的。不同分辨率的 DEM 数据对地形的综合程度及细节表现程度不同，通过计算高分辨率 DEM 的 GVF 力场，可以自然地扩大捕获沟沿线特征区域，并求解最小化能量函数 E，得到深入目标轮廓的沟沿线。

(3) 算法改进

虽然 GVF Snake 模型具有更大的搜索范围，降低对活动轮廓初始位置的敏感性，但 GVF 模型依然存在着依赖于初始曲线位置的问题，不同的初始曲线可能会产生不同的分割结果。尤其是对于弱边缘图像、模糊图像，如果初始轮廓线和真实边缘线较远，GVF Snake 有时无力探测到真正的边缘，甚至会恶化。传统 GVF Snake 模型中初始轮廓线的设置，需要通过人机交互设置初始轮廓线的参考点，然后完成初始轮廓线的连接。由于 Snake 算法易受复杂背景的干扰而收敛到虚假边缘处，而且黄土高原的 DEM 又属于弱边缘数据，合适的初始轮廓设定方法就显得更加重要。

本小节图像分割的目标是基于 DEM 的沟沿线提取，要求准确地分割出每条细小沟谷间隙部分的沟沿线。当 DEM 起伏度较小时，高程差较小，导致图像分割困难。为此，本小节提出如下改进方法：①对原始 DEM 进行滤波处理以提高信噪比，尽可能地去除噪声干扰；②用阈值法对 DEM 进行二值化处理。阈值法对图像进行分割的关键是选取合适的阈值，阈值的选取准则是使背景和目标的灰度分布的有效信息量最大。黄土地貌沟沿线上部为平缓的沟间地，下部为陡峭的沟坡地，从而形成沟沿线与沟底地明显的高程差异。本小节利用沟沿线的位置特性，采用局部高程的最低值作为阈值进行二值化处理。

用 $H(x, y)$表示位置 (x, y)处的高程，$H_{\min}$和 $H_{\max}$分别对应 DEM 的最低和最高高程值。通过实验，将阈值选定为

$$T = H_{\min} + (H_{\max} - H_{\min}) \times k \tag{5.9}$$

式中，k 为高程系数，$0 \leqslant k \leqslant 1$；如果 $H(x, y) > T$，则该点的像素值设定为 255，否则为 0。

DEM 数据的拆分，可能导致初始轮廓被拆分为多个目标，影响沟沿线的提取（图 5.24）。处理方法是：①采用摸索法进行轮廓跟踪，对二值化处理后的 DEM 进行遍历，获取各边界点的绝对坐标；②从子图像的矩形边界开始，对子块图像内部的白色区域进行腐蚀操作，追踪并提取二值化图像分界线。该边界线就是 Snake 算法的初始轮廓线[图 5.24(c)]。

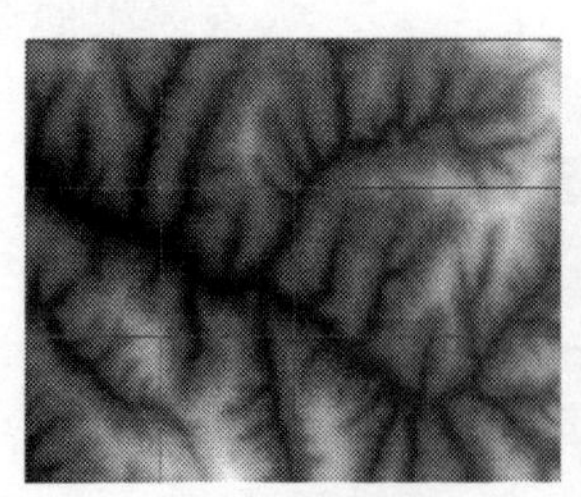
(a) DEM数据可视化

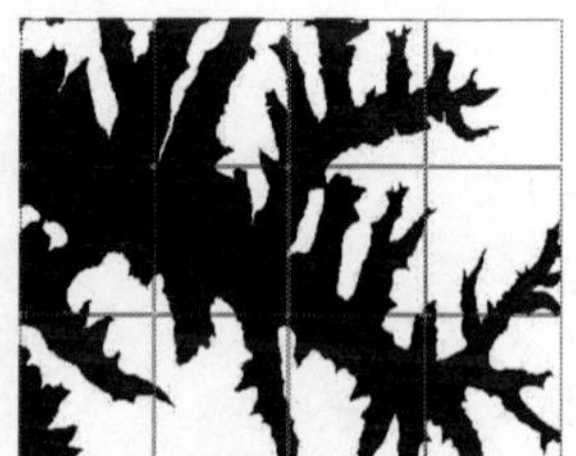
(b) 二值化处理

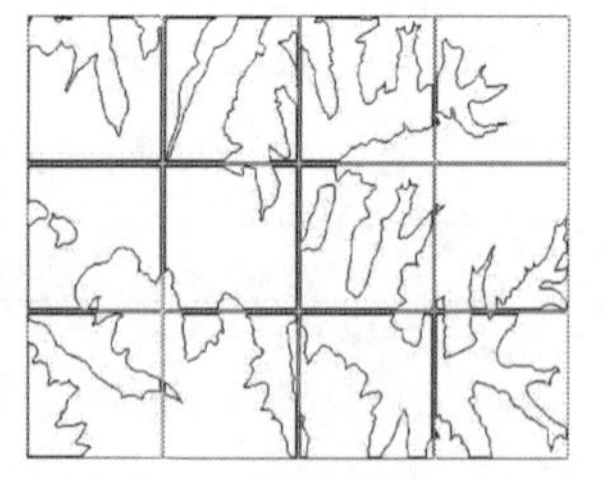
(c) 初始轮廓线

图 5.24　初始轮廓线设定

2. GVF Snake 并行算法

为了满足实时性要求较高的需求，传统的改进方法是减少迭代次数和优化外部力

场。但是，速度的提高，带来了 GVF 力场的损失，降低了算法的精度，从而限制了该算法的应用范围。为此，针对 GVF Snake 模型计算时间复杂度高的问题，在对 GVF Snake 模型详细研究分析的基础上，提出了 GVF Snake 并行算法（Parallel-GVF Snake）来减少计算时间。P-GVF Snake 的中心思想是将原始图像切割成子图像，按照任务分配策略将不同的计算任务分配到不同的计算节点分别处理，然后汇集各计算节点的处理结果，进行后处理与数据融合，完成整个多任务的并行处理。

（1）数据划分

由于 DEM 各子块求解全局 GVF 的操作基本相同，因此选择数据并行模型，各计算节点保留一份数据集，尽量减少进程间的信息交互。由于 Xu 和 Prince（1998）重新定义了外力场的形式，使外力作用范围扩大到整个图像域，增大了演化曲线的收敛范围。GVF Snake 算法将整个图像域的 GVF 作为外部力，使得扩散方程处理后的 GVF 更能体现物体边界的宏观走势。针对分布式存储的并行环境，提出一种基于全局迭代输出局部区域沟沿线的并行算法。与传统数据并行算法的不同之处是，各计算节点基于全局 DEM 提取局部窗口内的沟沿线，即各处理器根据任务分配计算基于全局的 GVF，提取特定区域内的沟沿线。这样各子进程并行计算 GVF 时所需的 DEM 数据均可以保存在本地，整个计算过程无需额外的数据通信，加快了并行处理的速度。

数据划分是采用分块划分的思想，将原始数据集分割为二维的图像块。如果原始图像为 $M\times N$ 像素，则总的计算数目为（M/L）×（N/W），其中 L、W 分别为分割后子图像的宽度和高度。如果有 p 个计算节点，则每个计算节点至少需要执行的任务数为

$$t_{\min}=\left(\frac{M}{L}\right)\times\left(\frac{N}{W}\right)\div p \tag{5.10}$$

且最多为 $t_{\min}+1$ 个。各进程保留一份 DEM 数据并从本地读取，按照子任务编号计算全局的梯度向量流场（图 5.24）。这种基于数据块的任务划分方式简单易行，且最大限度地满足了负载均衡的要求。

（2）并行算法流程

GVF Snake 并行算法的流程如图 5.25 所示，其中主节点负责数据划分，将各数据块的计算任务分配到各计算节点。各节点的关键步骤说明如下。

DEM 预处理：采用 GDAL 库读取 DEM 原始数据，将其转换成 OPEN CV 库所支持的灰度图像数据结构。由于黄土高原高程值变化比较小，同时为了得到很好的平滑处理效果，采用中值滤波的方式对原始数据预处理。

初始轮廓线的设定：初始轮廓线的设置是提升 GVF Snake 模型效率的关键问题。初始轮廓线的设置并不要求十分准确，但是希望抗干扰性能好、实现的算法简单、速度快（Basu，2002）。这里采用局部自适应阈值法对 DEM 进行二值化处理。为了提高子任务沟沿线提取的精确度，并方便相邻计算结果准确的接边操作，子任务的初始轮廓增加了相应缓冲区。GVF Snakes 模型具有更大的搜索范围，对轮廓线初始位置不敏感，

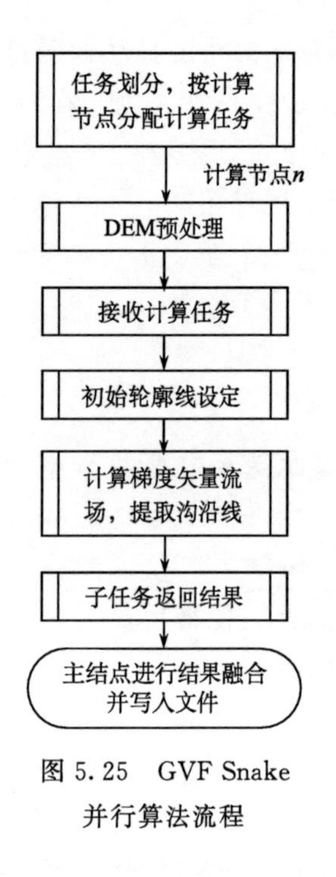

图 5.25 GVF Snake 并行算法流程

而且子任务基于全局的 GVF 一致，所以各节点计算基于全局的 GVF 进行沟沿线提取。在 GVF 力场的作用下，初始轮廓线朝目标靠近。

初始轮廓线缓冲区和任务分割规模大小对并行提取沟沿线影响很大，对于 GVF Snake 模型，任务划分粒度过小，将导致各计算节点频繁的计算 GVF，降低并行算法的整体性能。任务粒度过大，由于子图像的复杂程度不同，可能导致不同进程间完成任务的时间差过大，不利于负载均衡的实现。因此，该算法先用较小的划分粒度，通过实验数据的计算，逐步增大划分规模，最终确定最优的划分策略。

结果融合：考虑到系统任务处理的实时性和系统的可靠性，各计算节点将多个子任务计算结果保存在本地，尽量避免子任务频繁返回计算结果而增大传输开销。当一幅 DEM 的所有子任务计算结束时，所有进程将子任务计算结果返回到主节点。按照任务划分序列，主节点读取不同图像的特定区域并进行结果融合，最终生成新的沟沿线图像。

3. 算法实现与性能测试

(1) 实验数据及实验环境

在一个小规模的机群系统上实现并测试该算法，性能测试的环境为 9 台微机构成机群结构（1 个管理节点，8 个计算节点），节点配置如下：Intel Core 2CPUs、2.4 GHz、2048MB 的内存，通过 1000Mbps 的快速交换式以太网互联，软件环境为 Windows XP 操作系统，VC6.0 环境下，采用 GDAL1.6、OPEN CV1.0 和 MPICH2 消息传递并行库。

沟沿线主要分布于陕北和山西黄土丘陵沟壑区，本小节所使用的 DEM 数据为具有典型地貌类型黄土梁状丘陵沟壑区（延安）内一个小流域作为实验样区。由于 DEM 的大小是影响算法性能的关键因素，将延安某小流域的 DEM 进行重采样，分别进行性能测试。该 DEM 为陕西省测绘局 2006 年生产，1∶10 000 比例尺、5m 分辨率。为了检验提取结果，使用 1m 分辨率数字正射影像图（DOM）数据，采用目视解译方法手动提取沟沿线作为对比分析数据。

(2) 结果分析

初始轮廓线的捕获范围取决于 GVF 力场的作用范围，GVF 力场的扩展是以 GVF 的迭代次数为代价的，导致 GVF 力场迭代运算量极大，GVF Snake 模型求解过程中 GVF 力场迭代次数一般为几十到上百次。将初始轮廓设置为子图像的矩形区域，通过实验，发现 GVF 力场迭代需要 50 次以上的迭代才能提取到较为理想的沟沿线。利用上述 GVF Snake 并行算法对 DEM 进行处理，如图 5.26 所示。优化初始轮廓线设置后，轮廓收敛逼近次数一般在 20 次左右即可求得较为准确的沟沿线［图 5.26(b)］。按照沟沿线在地形纵剖面上的个数，可以将沟沿线划分为单沟沿线和复式沟沿线。由于该样区形成的复式沟沿线较多，因此大部分局部区域存在不止一条沟沿线。自动提取轮廓方法比手动设置轮廓方法逼近拟合目标轮廓消耗的时间要少，同时也避免了因为迭代次数过多而导致轮廓线恶化的情况。所以，经过优化的初始轮廓线方法需要较少的迭代次数，消耗时间更少。

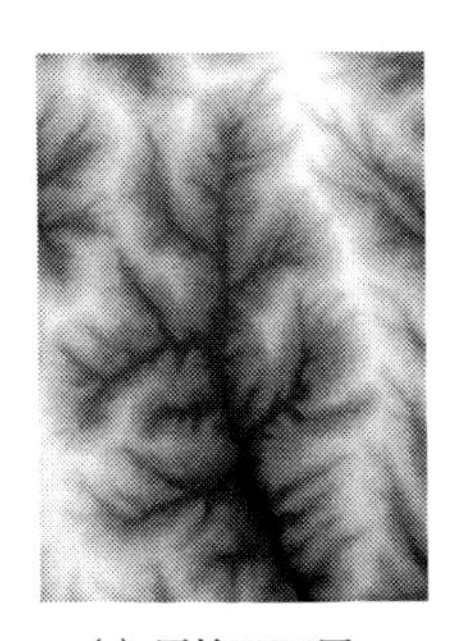

(a) 原始DEM图

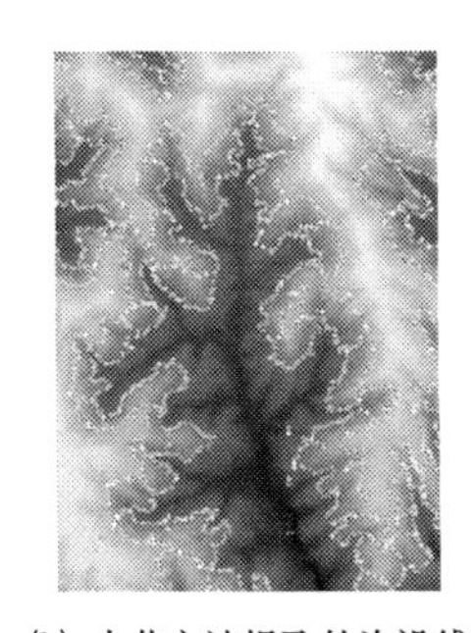

(b) 本节方法提取的沟沿线

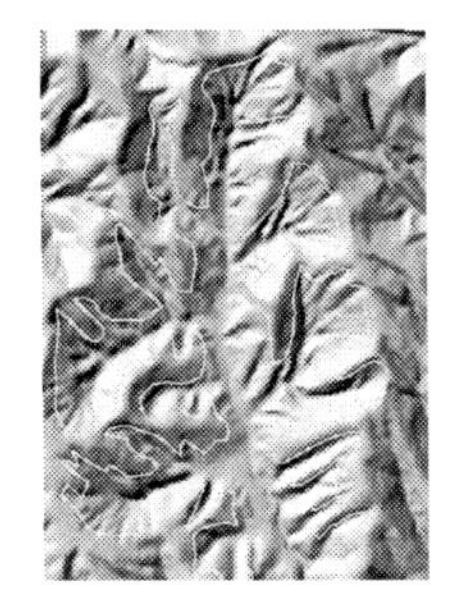

(c) 手工勾勒结果

图 5.26　实验结果对比

影响沟沿线提取结果的因素主要包括 DEM 数据的质量以及提取算法的合理性。精度检验主要考察本节方法所提取的沟沿线与基于 DOM 数据手工勾勒结果的对比（这里采用低位沟沿线进行对比）。采用等高线套合差来检验实验结果，统计套合差如图 5.27 所示。通过对比可以看出，利用本节设计的方法所提取出的沟沿线与基于 DOM 数据利用目视解译方法所勾勒的结果基本趋于一致，在局部细节上存在微小差异。与目视解译结果相比，在黄土梁峁状丘陵沟壑区，沟沿线套合差平均值为 21.5m，在 5m 分辨率的 DEM 上约为 4 个栅格的误差。其中偏移距离在 10m 以内的栅格占 78.6％。

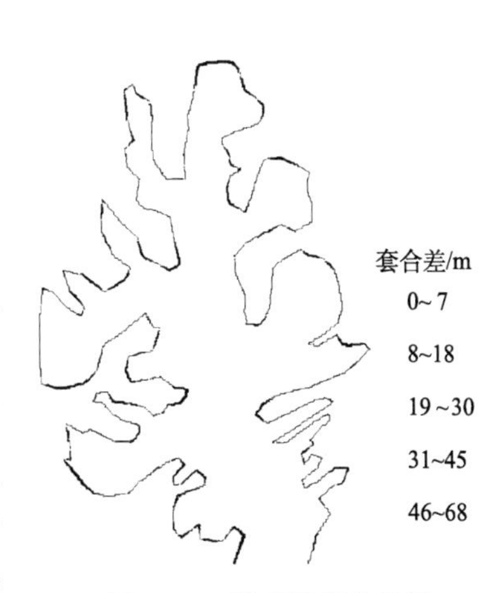

图 5.27　等高线套合检测

从以上结果可以看出，本节所设计的方法提取精度较好，人工干预成分少，该方法可以较好地分割出目标的深度凹陷区域。由于 5m 分辨率 DEM 数据不可避免地包含了对客观世界描述的不确定性问题，以及假边界和弱边界的影响，算法采样时可能会忽略沟沿线，而 DOM 图由于具备纹理特征，提取的沟沿线比 DEM 准确。

（3）并行效率分析

表 5.7 为不同任务划分粒度对并行速度的影响，对于同一尺寸的数据［图 5.26 (a) 中的 DEM］，迭代次数为 20 次，执行时间随着进程节点的增加而减少。虽然该并行算法中数据划分的粒度较细，但是由于各计算节点在任务完成后才进行结果返回，所以整个并行算法仍然具有较高的效率。任务分配机制可以大大减少数据传输的需求，充

分发挥并行优势，获得较高的加速比。由表5.7可知，整个并行算法的加速比随着任务拆分粒度的增大而减小，这是因为细粒度计算导致了全局GVF的重复计算。反之，粗粒度计算的时间消耗也较少。

表5.7 不同任务并行策略下多机并行所需时间 （单位：秒）

数据拆分规模	40×60	80×120	160×120
1机	981	234	145
2机	593	160	93
4机	472	108	70
8机	281	71	46

注：DEM大小为320×480

处理较大图像时，随着迭代次数的增加，轮廓提取时间急剧增长。为了测试算法处理高分辨率DEM的性能，把同一幅DEM进行动态分割，然后对每一小幅DEM分别并行提取沟沿线。虽然粒度较粗时速度较快，但由于子任务DEM复杂度不同，导致时间消耗也相差较多，不利于负载均衡的实现；粒度过细时导致并行算法花费在计算全局梯度向量的时间过多，阻碍并行效率的提升。因此，这里采用80×120的分割策略，对720×480和1440×960的两幅DEM进行并行提取沟沿线，算法效率见表5.8。

表5.8 GVF Snake并行算法效率

图像大小	处理机/台	计算时间/秒	加速比	效率/%
720×480	1	476		
	2	278	1.71	85.50
	4	167	2.84	71.00
	8	125	3.8	47.50
1440×960	1	1567		
	2	961	1.63	81.50
	4	616	2.54	63.50
	8	377	4.15	51.88

实验表明，采用并行策略的GVF Snake算法与串行算法相比，具有以下优点：①算法采用二值化图像方法得到初始轮廓线，使任务分割后的DEM可能存在多目标时，整个并行算法仍可提取到较为合理的沟沿线；同时，该初始轮廓线较靠近沟沿线，较好地解决了为自动提起沟沿线中初始轮廓的设定。②算法采用分块全局迭代计算GVF的方法，整个算法流程中不需要进行额外数据通信，随着图像的增大，并行效率与加速比变化较小。这一实验结果充分说明了本节所提出的并行提取沟沿线的算法是有效的，可以在数字地形分析中得到应用。

4. 小结

本节提出GVF Snake并行算法来提取陕北黄土梁峁丘陵区的沟沿线，通过改善初始轮廓的设定，提高了沟沿线提取的准确性，降低了 GVF Snake 模型的计算时间。同时，对任务并行策略及提取结果的精度进行了详细讨论，并在机群系统上对算法进行了实现，实验结果表明算法具有良好的并行性能和可扩展性。

5.4.2 基于 DEM 边缘检测的黄土地貌沟沿线自动提取算法研究

1. 引言

沟沿线是黄土地貌最重要的地貌特征线，它在黄土地貌类型划分、土壤侵蚀监测及小流域治理规划中具有十分重要的意义，沟沿线的自动提取也是近年来数字地形分析的热点。学者们从不同的角度，用不同的方法对黄土地貌沟沿线自动提取展开了研究。闾国年等（1998a，1998b）、朱红春等（2003）以提取流域沟谷网络为线索，通过沟沿线上下坡度变异提取沟沿线；刘鹏举等（2006）在八流向算法基础上提出一种基于汇流路径坡度变化特征的方法确定沟坡段，进一步形成封闭沟沿线；肖晨超和汤国安（2007）基于高分辨率 DEM 通过沟沿线上下坡度对比获取沟沿线候选点，使用形态学方法连接候选点提取沟沿线；李小曼等（2008）在坡度变化的基础上，依据正负地形将沟沿线和坡脚线区分开来提取沟沿线。但由于黄土地貌的复杂性，黄土沟沿线提取依然存在诸如自动化程度不高、沟沿线的连接效果不理想等问题。本小节首次提出通过引入边缘检测算子（张春林等，2005；郭庆胜等，2008）自动提取沟沿线。边缘检测方法被广泛应用于图像处理、目标特征识别等领域。边缘检测方法通过对比图像亮度值的变化特征，检测图像亮度的突变点，达到检测突变边缘的目的。而边缘检测算子可以有效提取这种转折特征，一些算子甚至可以提取较弱的突变特征，这为不明显的沟沿线提取提供了方法。在此基础上，本小节对比分析不同边缘检测算子提取沟沿线的适宜性，利用等高线套合方法，评价了边缘检测算子提取沟沿线的精度。

2. 算法设计

（1）算法原理

黄土地貌沟沿线是黄土沟间地和沟坡地的分界线，其上部是较为平缓的沟间地（地面坡度一般小于 20°）与下部较为陡峭的沟坡地（坡面坡度一般在 30°～35°（朱红春等，2003））形成明显的坡面形态差异。依据坡度转折这种突变性质，可以借助边缘检测算子，计算反映 DEM 高程变化的量来提取候选沟沿线点，并由该线划分黄土地貌的正负地形（刘迪生，1957；周成虎，2006）。图 5.28 为黄土地貌沟沿线实景图，图 5.29 为沟沿线两侧剖面线数学形态示意图。图中的 BC，AB 段分别对应于黄土正地形、负地形。

假设 BC 曲线符合高阶连续函数 $f(x)$，依据拉格朗日中值定理：如果 $f''(x)|_{BC}\times f''(x)|_{AC}<0$，那么，$\forall\theta\in(AC, BC)$ 使得 $f''(x)|_{\theta}=0$，即在 BC，AC 之间存在一个二阶导数为 0 的点 θ，即所说的拐点，这里的拐点即为沟沿线候选点，这是第一类沟沿线点，这类沟沿线候选点两侧高程具有渐变特征，θ 的确定取决于函数的形态，精度取决于对应数据的采样密度。

图 5.28 黄土地貌沟沿线实景图

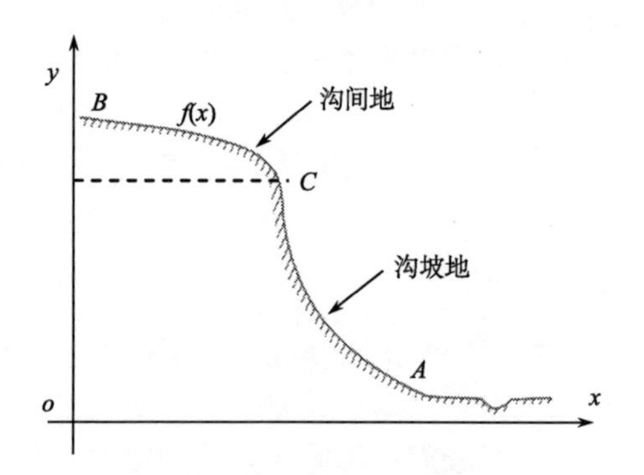

图 5.29 黄土沟沿线以及沟沿线两侧黄土剖面构建函数示意图

另一类为坡面的转折线，和第一类情形不同，沟沿线上下部位高程的二阶导数不变号，二阶导数值不同，可以看成是转折线。这种类型的沟沿线形态可以用以下函数定义：

假设 BC，AC 分段函数符合高阶连续函数 $f_1(x)$，$f_2(x)$，$f''_2(x)\ |_\theta - f''_2(x)\ |_\theta \neq 0$,即所谓的突变点。

对于二维离散情形下无法保证函数的二阶连续的问题，可以借助曲面 Laplacian（Meyer et al.，2003）来计算二阶差分提取沟沿线候选点。本算法依据该原理自动提取沟沿线候选点，并通过形态学方法过滤并连接成封闭的曲线，实现沟沿线的自动提取。

(2) DEM 中沟沿线提取算子

边缘检测是指图像中像素灰度有阶跃状或屋顶状变化的那些像素的集合。规则格网 DEM 作为地表的连续数字表达，也可以被视为是一幅图像，图像边缘检测的方法也适用于 DEM 突变边缘的提取。DEM 数据中高程突变的边缘可以用高程的一阶或二阶导数的突变线检测出来（郭庆胜等，2008）。

常用的一阶边缘检测算子主要有：罗伯特（Roberts）边缘检测算子、索贝尔（Sobel）边缘检测算子、Prewitt 边缘检测算子。Roberts 算子使用两个对角对 DEM 卷积运算，检测 DEM 高程突变边缘。Prewitt 边缘算子通过使用水平、垂直两个方向的等权模板对 DEM 卷积检测边缘。Sobel 算子通过水平、垂直两个不等权模板对 DEM 卷积运算，实现对突变边缘的检测。一阶边缘检测算子直接对 DEM 卷积运算后阈值化来确定边缘，具有较高的位置精度，这种线性窗口分析算法速度也较快，但同时具有对随机噪声敏感的特点。由于采用统一阈值处理，一阶算子往往不能检测出弱的突变边缘。

二阶边缘检测算子主要包括拉普拉斯（Laplacian）边缘算子、坎尼（Canny）边缘算子（Canny，1986）和高斯-拉普拉斯（Laplacian of Gaussian，LOG）边缘算子（Basu，2002）。

Laplacian 算子是一个与方向无关的各向同性（旋转轴对称）边缘检测算子，该算子模板各个方向对称分布。Canny 算子是一个具有滤波、增强和检测的多阶段的优化算子，该算子利用高斯平滑滤波器来平滑 DEM 数据以除去噪声（即用高斯平滑滤波器与 DEM 作卷积运算），通过计算梯度的幅值和方向来增强边缘，采用两个阈值来连接边缘。Marr 和 Hildreth 将高斯滤波和拉普拉斯边缘检测结合在一起，形成了 LOG 算子，即高斯-拉普拉斯算子，也常称为马尔算子（Marr-Hildreth）。

对于给定方差范围为 σ 的高斯基函数：

$$G_\sigma(x, y)=\frac{1}{\sqrt{2\pi\sigma^2}}\exp\left[-\frac{x^2+y^2}{2\sigma^2}\right] \tag{5.11}$$

一阶导数为

$$\frac{\partial}{\partial x}G_\sigma(x, y)=\frac{\partial}{\partial x}\mathrm{e}^{-(x^2+y^2)/2\sigma^2}=-\frac{x}{\sigma^2}\mathrm{e}^{-(x^2+y^2)/2\sigma^2} \tag{5.12}$$

二阶导数为

$$\frac{\partial^2}{\partial^2 X}G_\sigma(x, y)=\frac{x^2}{\sigma^4}\mathrm{e}^{-(x^2+y^2)/2\sigma^2}-\frac{1}{\sigma^2}\mathrm{e}^{-(x^2+y^2)/2\sigma^2}=\frac{x^2-\sigma^2}{\sigma^4}\mathrm{e}^{-(x^2+y^2)/2\sigma^2} \tag{5.13}$$

最后得到 LOG 算子：

$$\mathrm{LOG}(x, y)=-\frac{1}{\pi\sigma^4}\left[1-\frac{x^2+y^2}{2\sigma^2}\right]\mathrm{e}^{\frac{x^2+y^2}{2\sigma^2}} \tag{5.14}$$

式中，x、y 为 x、y 位置的高程点；σ 为窗口内像元的方差。

该算子先用高斯算子对 DEM 进行平滑，然后采用 Laplacian 算子根据二阶微分，通过零点来检测 DEM 边缘。LOG 算子各个方向对称，既具备高斯算子的平滑特点，又具备 Laplacian 算子锐化特点。式（5.14）为 LOG 算子的数学表达形式，LOG 算子的主要步骤如下。

1）LOG 算子首先使用高斯基函数对原 DEM 作卷积运算；

2）通过二阶导数为 0 来判断 0 交叉点；

3）过滤提取出 0 交叉点两侧差异大的点（二阶导数的最大与最小值的差值）。

沟沿线作为正负地形的分界线，依据沟沿线的特征：即对于第一类沟沿线，在沟间地部分坡面的二阶导数为正值，在沟谷地部分坡面的二阶导数为负值，沟沿线就是这个正负值的分界线，把黄土分为所谓的正负地形；对于第二类沟沿线，沟沿线上下坡面高程的二阶导数也有突变。正是由于 LOG 算子为二阶边缘检测算子，检测过程中借助二阶导数为 0 的点作为检测结果，符合沟沿线的形态特征。

（3）算法流程

边缘检测方法提取黄土高原沟沿线算法描述如图 5.30 所示。

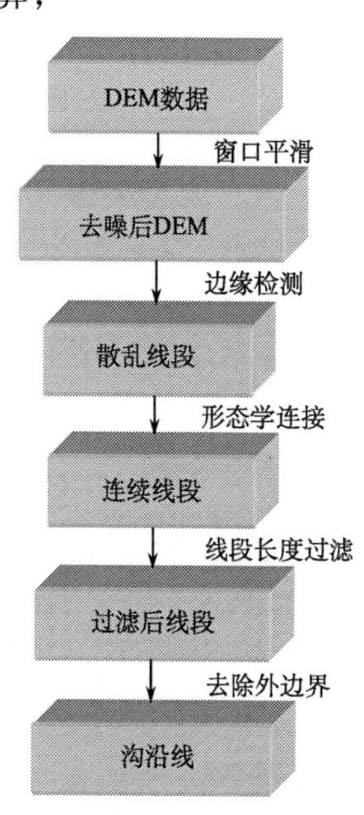

图 5.30　沟沿线提取算法流程图

本小节所使用的 DEM 数据格式为 ASCII 格式的文

件，首先使用一个较大的卷积窗口对原始 DEM 数据进行平滑去噪处理，此处平滑采用均值滤波方式进行，均值滤波的窗口大小为 7×7。后对处理后的 DEM 检测边缘，通过设定较小的阈值，提取初步的突变边缘，这里所使用的阈值为 0.001。

形态学连接主要借助图像像元的相邻位置关系，借助某种给定的邻接模式（如 4 项相邻，8 项相邻或者是 16 项相邻），把具有这种邻接模式的点连接成一条条零碎的线段；在此使用形态学 8 项相邻方法将每个点 8 邻域范围内的点段连接成线对象。单凭这种方法提取的线段可能包括噪声引起的，因此考虑使用线段长度阈值来剔除此类影响。相对于噪声来说，沟沿线具有较强的连续特征，这个预设的长度阈值可以设置的大一些，如 200 个点；最后剔除检测得到数据的外边框，得到连续、完整的沟沿线。

(4) 边缘检测阈值确定与后处理

阈值确定对边缘检测结果影响很大，对于 LOG 算子而言，阈值设置过小，提取的边缘更加密集，封闭性、连续性好；阈值过大，提取得到的沟沿线封闭性差，连续性差，不利于沟沿线检测。因此，考虑先用较小的阈值，提取出全部的结果集合，后用一定的滤波等方法剔除不满足要求的零碎线段，这里采用的阈值是根据统计分析得到的结果，使用峰度/DEM 的最大幅度范围/4 作为 LOG 算子提取的阈值，沟沿线发育的地域，峰度较高。

为了避免边缘检测过程中噪声对所提取沟沿线连续性的影响，事先对 DEM 数据做平滑、滤波等处理以剔除随机噪声，随机噪声会影响二阶导数的计算，这里采用最简单的均值滤波方式进行，选用的窗口大小为 7×7 个像元。这一尺寸的窗口可以有效地抑制坡脚线对沟沿线提取的影响，可以降低坡脚线处坡度的变异，抑制坡脚线的影响。太大的窗口会导致沟沿线整体偏向占主导地势的一边。

3. 实验

(1) 实验样区与数据

沟沿线主要分布于陕北和山西黄土丘陵沟壑区，在此选取陕西宜君地区作为典型实验样区，以 5m 分辨率的 DEM 数据作为数据源（图 5.31），利用边缘检测方法自动提取黄土沟沿线。并用同一地区 1m 分辨率的 DOM 数据作为参考（图 5.32），采用目视解译方法手动提取沟沿线作为对比分析数据，用于分析边缘检测算子提取沟沿线的精度问题。

(2) 实验结果分析

在上述实验数据的基础上，采用边缘检测算子自动检测沟沿线。表 5.9 给出了使用各种边缘检测算子检测得到线段的相关参数，包括边缘检测的阈值，检测线段的数目，总长度以及长度的最大，最小值，这些参数主要用来描述算子提取线段的细碎程度，LOG 算子提取的线段整体要大于其他各算子。图 5.33 给出了使用各种边缘检测算子提取的“沟沿线”与标准沟沿线的局部对比图，LOG 算子提取的沟沿线与标准沟沿线有一定的相似性。图 5.34 给出了使用本小节方法处理最终得到的沟沿线与标准沟沿线的对比图。

图 5.31　实验样区 DEM 晕渲图

图 5.32　实验样区 1m 分辨率的 DOM 图

表 5.9　各个边缘检测算子提取线段参数对比

算子	条数	最大长度/m	平均长度/m	总长度/m	阈值
Prewitt	641	5 294	46.5	29 796	0.8
Sobel	646	5 294	46.1	29 802	0.8
Roberts	713	5 314	59.5	42 414	0.8
Canny	429	5 292	72.0	30 859	0.001
LOG	106	37 058	454.0	48 116	0.001

对比发现，一阶梯度边缘检测算子利用梯度值在边缘突变处达到极值检测边缘。该类方法受施加运算方向限制，同时能获得边缘方向信息，定位精度高，但对噪声较为敏感（周道炳等，2000）。实验表明，边缘检测阈值的较小变化会导致提取沟沿线较大的变化，表 5.9 中列出的阈值经过多次试验选取较为合理的阈值。一阶梯度边缘检测算子所提取沟沿线的封闭性，连续性差，所得到的线段平均长度小，细碎，后续处理难度大，见表 5.9，不利于沟沿线特征参数的提取。Sobel、Prewitt、Roberts 算子检测的结果如图 5.33（a）～图 5.33（c）所示。

Canny 算子是一个比较复杂的算子，由于 Canny 算子能检测出弱边缘，其边缘定

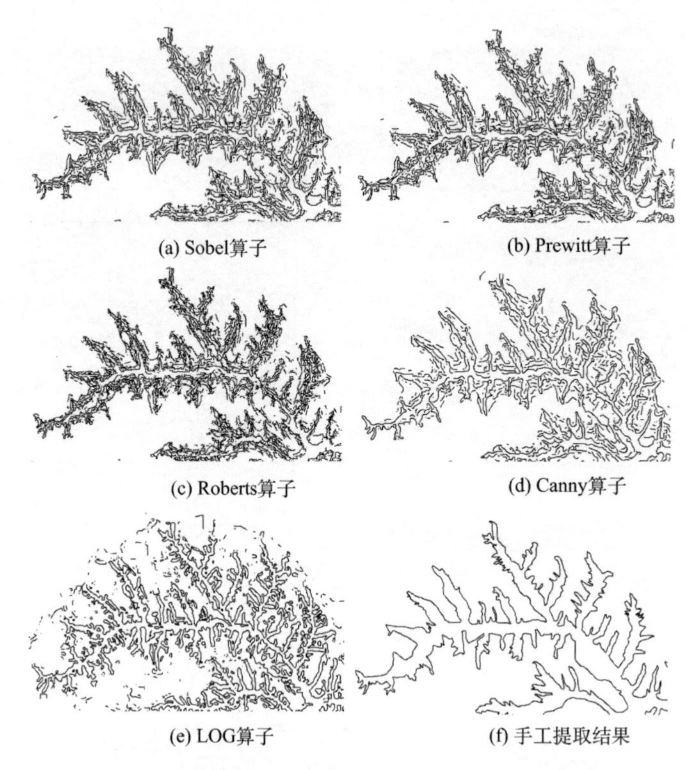

图 5.33 使用各种边缘检测算子提取的“沟沿线”与标准沟沿线的局部对比图

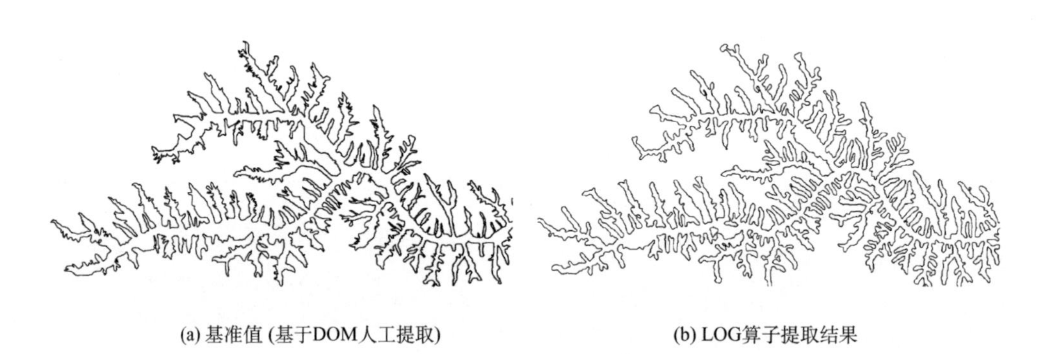

图 5.34 LOG 方法与基准值对比图

位比较精确，结果连续性好，检测沟沿线的定位精度优于梯度算子，但边缘连续性稍差于 LOG 算子 [如边缘检测结果图中出现了断边，如图 5.33 (d) 所示]，得到线段的平均长度优于梯度算子，弱于 LOG 算子，见表 5.9，提取的沟沿线如图 5.33 (d) 和图 5.33 (e) 所示。

LOG 算子采用高斯平滑克服了噪声的影响，且相对来说比较简单，效果较好，是相对有效的沟沿线检测算子，LOG 算子检测结果如图 5.33 (e) 所示，表 5.9 中列出了 Canny 和 LOG 算子的参考阈值，实际上二者对于阈值的变化不太敏感，不同阈值情形下所提取的沟沿线只在一些细节方面有所不同，这一点较一阶算子要稳定。同图5.33 (f) 手工从正射影像图中提取的沟沿线图对比可以看出，LOG 检测结果 [图 5.33 (e)]

具有较高的准确性。图 5.33（b）是用 LOG 算子检测得到的宜君样区的沟沿线对比图，图 5.33（a）为手工方法从正射影像图中提取的宜君样区沟沿线图，对比可以看出，LOG 算子检测结果与手工提取沟沿线具有较高的准确性。图 5.33（a）和图 5.33（b）分别为黄土破碎塬沟壑地区数据手工提取沟沿线和 LOG 算子提取沟沿线的对比图。从等高线套合差图上可以看出，LOG 算子提取的沟沿线效果较好，提取结果与同一地区从正射影像图［图 5.33（b)］手工提取沟沿线图的目视对比可以看出，LOG 算子提取的沟沿线与手动提取的沟沿线有较高的一致性，充分显示了高精度的特点。对比可以看出，在一些复杂的地方，LOG 算子提取的沟沿线比手工绘制的要平滑，在一些沟沿线拐弯地方丢失部分细节，原因主要是采用窗口平滑处理造成。

（3）精度分析

等高线套合差描述两条等高线间的匹配程度，在此借用等高线套合差来衡量边缘检测算子提取的沟沿线与手工提取沟沿线间的匹配程度。图 5.35 为使用等高线套合差计算得到的沟沿线的套合差图。统计套合差图可以得到，沟沿线套合差平均值为 16.5m，在 5m 分辨率的 DEM 上约为 3 个栅格的误差。从套合差图上可以看出，在靠近分水线部位，套合差偏大，说明该部位提取的精度不好；在沟谷部位，套合差较小，提取的沟沿线较为准确。由于 LOG 算子在采用了窗口平滑，使得提取的沟沿线都有一定的偏移，沟谷部位偏下，山脊部位偏上。但均值在 3 个栅格大小左右，因此通过提高 DEM 数据的分辨率可以提高沟沿线提取精度。造成以上误差的原因是 5m 分辨率 DEM 数据无法准确表达沟沿线的准确位置，5m 分辨率 DEM 采样时可能会忽略沟沿线，而 DOM 图由于具备纹理特征，提取的沟沿线比 DEM 上的准确；由于采用了窗口平滑处理，导致整体的平滑作用，使得靠近沟间地部位的套合差偏高。因此，更为准确地提取沟沿线需要更高分辨率的 DEM 数据。

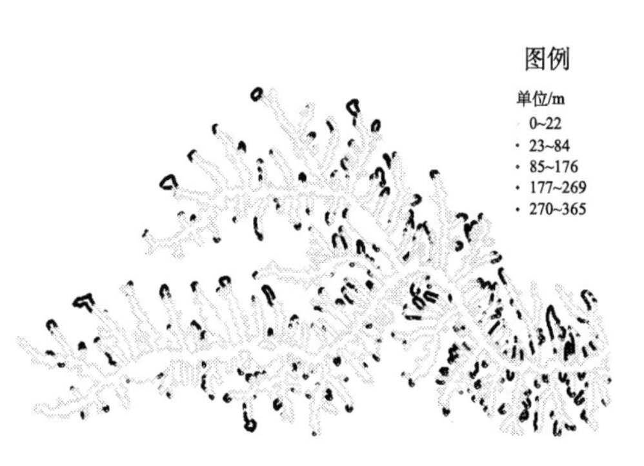

图 5.35　利用等高线套合差检验实验结果

4. 小结

本小节以规则格网 DEM 为数据源，在分析黄土沟沿线所处坡面高程突变特征的基础上，通过比较不同边缘检测算子提取的结果，分析得出基于 LOG 边缘检测算子的方法能够实现沟沿线的自动提取。结果显示，LOG 算子借助二阶导数的零交叉点来特征检测的沟沿线，能够检测较弱的高程突变边缘，通过数学形态学过滤方法，可以抑制 DEM 随机噪声对沟沿线提取结果的影响。该方法所提取的沟沿线与实际沟沿线相符，与标准沟沿线匹配结果显示，LOG 算子提取的沟沿线结果较为准确。与其他边缘检测算子相比，LOG 算子检测沟沿线在封闭性、精度方面优于其他边缘检测算子，LOG 算子适用于检测沟沿线。

5.4.3 引入改进Snake模型的黄土地形沟沿线连接算法

黄土正负地形是衡量区域地表侵蚀和地貌发育的重要地理要素，同时也是构建区域性空间分布式机理—过程模型的基础地理参数，在黄土高原地貌研究中有着举足轻重的作用（罗来兴，1956；蒋德麒，1966）。

目前，正负地形自动划分依赖于其分界线——沟沿线的自动识别，所公认的最为可靠的数据基础是高分辨率栅格DEM。分割的基本思路主要是通过黄土坡面的典型坡折结构特征实现沟沿线的有效识别，从而实现正负地形的划分。其中，闾国年等（1998a，1998b）基于地貌形态学基本特征单元的定义提出了沟沿线提取技术方法；刘鹏举等（2006）利用特征点识别算法提取坡面汇流路径上的沟沿线点；周毅等（2010）利用沟沿线处坡度转折特征，利用窗口分析方法实现沟沿线点的识别。然而由于黄土地形的复杂性，使得沟沿线的自动提取存在局部断点，从而影响正负地形划分，而使用膨胀腐蚀自动连接算法并不能有效解决这一问题，极大地影响到自动分割的效率。针对这一情况，本小节提出一种基于改进的主动轮廓模型（Snake模型），实现沟沿线局部断点自动连接的新算法。

1. 算法原理

正负地形的划分需要空间连续的沟沿线数据。在前期的算法设计中，不考虑地形因素，主要利用图形图像处理中的膨胀腐蚀算法，将一定阈值范围内的断点沟沿线连接。然而，在实际操作中，效果不甚满意，极易出现如图5.36所示的错误连接。其原因是因为自然沟沿线曲折绵延的复杂性和无序性所致，相距较近的点并不一定就是合乎逻辑的连接点。因此，在算法设计中必须考虑地形因素。在此利用小流域坡面汇水均是从分水线向沟谷汇拢，并且均通过沟沿线这个客观事实，利用坡面汇流方向场改进的Snake模型，指引分水线缓冲区线向沟沿线候选点聚拢，从而达到顺次连接沟沿线断点的目的。

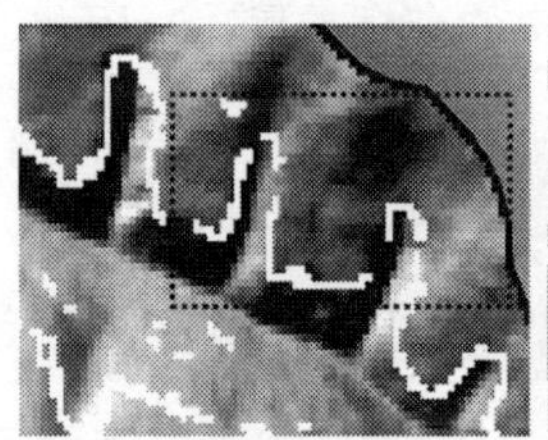

(a) 沟沿线断点区域

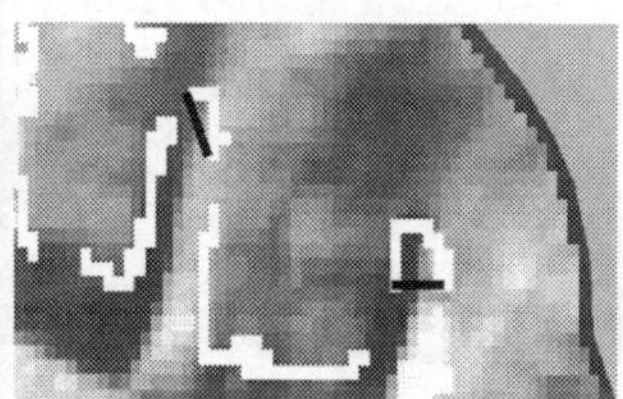

(b) 膨胀腐蚀法出现的错误连接

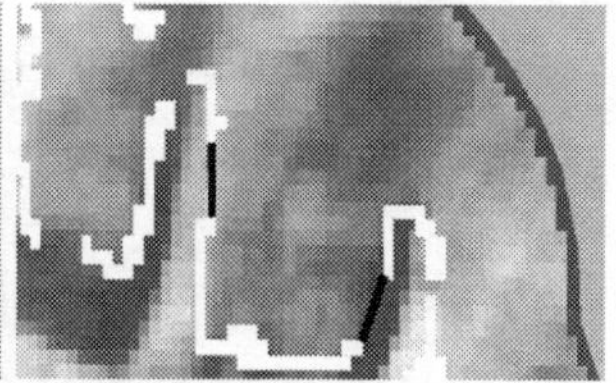

(c) 正确的连接

图5.36 膨胀腐蚀法连接沟沿线栅格点出现的错误

(1) Snake模型

Snake模型最早是由Kass等提出，又称主动轮廓线模型（Active Contour Model）(Kass et al.，1988；Bresson et al.，2007；杨育彬和林珲，2010；孟樊和万圣辉，

2012）。该模型的实质是在图像力和外部约束力作用下移动的变形轮廓线，可以描述为一条参数化的曲线。其蠕移过程由如下能量函数控制：

$$E_{\text{Snake}}=\int_0^1(E_{\text{int}}(v(s))+E_{\text{ext}}(v(s)))\mathrm{d}s \tag{5.15}$$

式中，E_{int}和E_{ext}分别为轮廓线的内部能量和外部能量。内外力所构成的综合图像力将其拖向显著的图像特征附近。特别是Xu和Prince（1998）设计的GVF模型根据图像势能函数的梯度建立外部能量场，使演化曲线的收敛范围扩大到整个图像域，如图5.37所示。

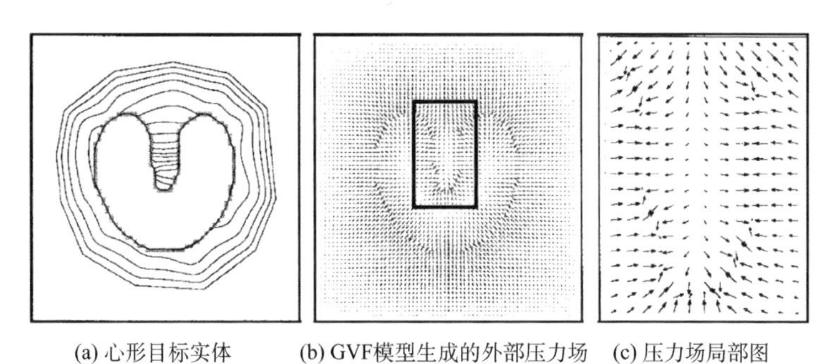
(a) 心形目标实体　(b) GVF模型生成的外部压力场　(c) 压力场局部图

图5.37　GVF模型压力场示意图（Xu，1998）

（2）算法设计与改进

本小节较前人方法最明显的改进之处是，将Snake模型中的图像压力场，替换为流域汇流方向场，利用地形特征指引流域分水线缓冲曲线向沟沿线蠕移，达到自动有效连接的目的。算法设计如下。

1）生成沟沿线候选点。利用黄土地貌沟沿线处上下的坡度转折，自动识别沟沿线点。具体操作及阈值设置依据（刘鹏举等，2006；周毅等，2010）设计的沟沿线提取算法进行。

2）噪声点过滤。1）生成的沟沿线有较多的断点和噪声点。实验中发现，绝大多数的噪声点为空间簇聚数为6个栅格以下的点。利用这一特征，加上少量手动编辑，可快速去除噪点。

3）设定初始Snake曲线。坡面汇水存在由高到低，呈现漫流状态。初始Snake曲线设计应遵从两个原则：①尽量靠近流域内分水线，整体上应处于流域内地形高位处；②应全部包围流域沟道。鉴于以上两点原则，初始Snake曲线设计为在流域内与200m以上沟道共轭的分水线，向流域内侧缓冲1～2个栅格的曲线。选择200m以上沟道，是根据国标《水土保持综合治理规划通则》（1995）确定。向内缓冲栅格，是确保初始曲线全部纳入汇流方向场范围内（图5.38）。

图5.38　初始Snake曲线

4）生成汇流方向场。输入原始 DEM，利用水文分析中的 D8 算法，求算流域坡面汇水方向场（图 5.39）（Dillabaugh，2002），用其替换 Snake 模型中不含地形起伏信息的 GVF 压力场，指引 Snake 曲线向 2）所得沟沿线点蠕移。由于顾及了地形起伏信息，避免提取结果出现图 5.36（b）中错误。

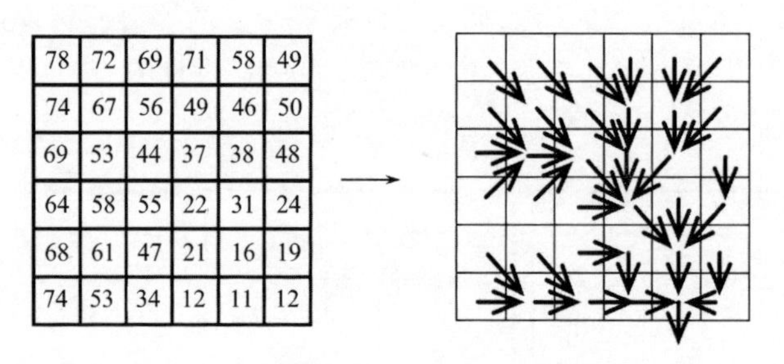

图 5.39　DEM 高程矩阵生成汇流方向场

5）逐次蠕移初始 Snake 曲线。将汇流方向场层、初始 Snake 曲线层以及沟沿线候选点 3 个层面进行叠置。初始 Snake 曲线上各栅格点依照汇流场指示方向进行蠕移，如图 5.40 所示。到达沟沿线点之后，停止蠕移。而在沟沿线断裂处，Snake 曲线将漏过，向沟底蠕移，直到与沟谷线接触后停止蠕移。

在蠕移过程中，本来连接的曲线栅格点会出现以下两种情况：分散为不邻接的两个栅格（图 5.40 中的深色栅格点）和集聚为一个栅格（图 5.40 中的阴影栅格点）。对于第一种情况，算法设计所遵循的原则是，蠕移后到达的栅格中心直接相连，连线落入的栅格点纳入 Snake 曲线，如深色栅格点。对于第二种情况，可视为 Snake 曲线自动缩减，不做特殊处理。

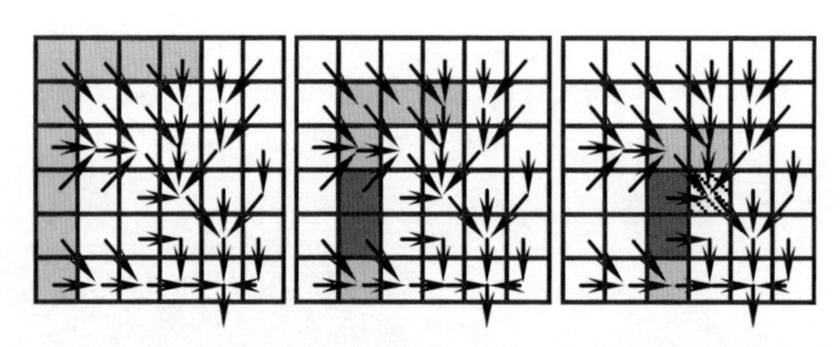

图 5.40　Snake 曲线上各栅格点蠕移过程

6）依照 Snake 曲线次序连接沟沿线断点，从而实现沟沿线的有序连接，避免了图 5.36（b）中的错误。

2. 实例分析

（1）实验数据

本小节选取具有典型地貌类型代表性的黄土丘陵沟壑区的绥德县内小流域作为实验样区，样区 DEM 和 DOM 数据如图 5.41 所示。以陕西省测绘局利用摄影测量方法生产的 1∶10 000 比例尺、5m 分辨率 DEM 作为基本数据源，进行沟沿线栅格点及正负地形的提取。

在后期正负地形分割精度检验时，相对真值的获取应独立于 DEM 数据本身。同时，1m 分辨率 DOM 数据上可清晰地识别沟沿线位置，因此，在此利用在 DOM 数据上手动勾勒的正负地形作为精度评价标准。所采用 DOM 数据与 DEM 数据的比例尺和生产日期相同，并经过正射校正与 DEM 数据严格配准。

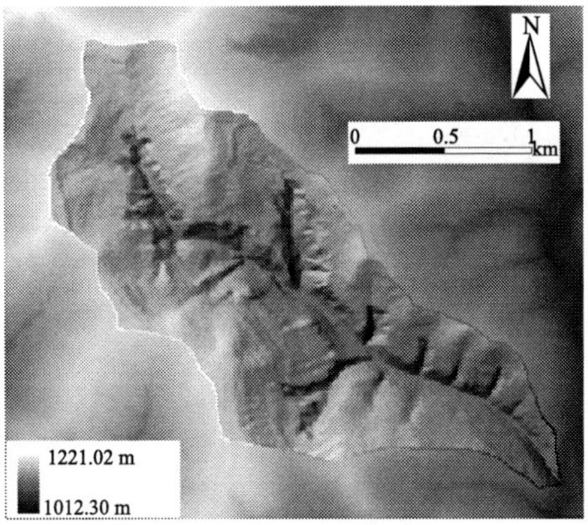

N
0
0.5
1
km
1221.02 m
1012.30 m
图 5.41 实验样区 DEM 与 DOM 叠置

(2) 连续沟沿线的生成

依照上述算法设计步骤，基于 Arc GIS Engine 二次开发平台实现连续沟沿线的生成。如图 5.40 所示，初始 Snake 轮廓线确定后，利用汇流压力场指引 Snake 曲线上栅格点的蠕移，通过对 Snake 模型进行多次迭代，使曲线不断地逼近沟沿线的位置，最终 Snake 曲线到达沟沿线点。在实际操作中，流域下游 Snake 曲线能够较快到达主沟道沟沿线点处，根据实际情况，不必要求 Snake 曲线必须漏过所有断裂带而到达沟谷线，当 Snake 曲线已经全部到达沟沿线点，与断点贴合后，也可停止蠕移，进行断点连接。图 5.42 为 Snake 曲线迭代蠕移过程，图 5.43 为结果的局部细节。

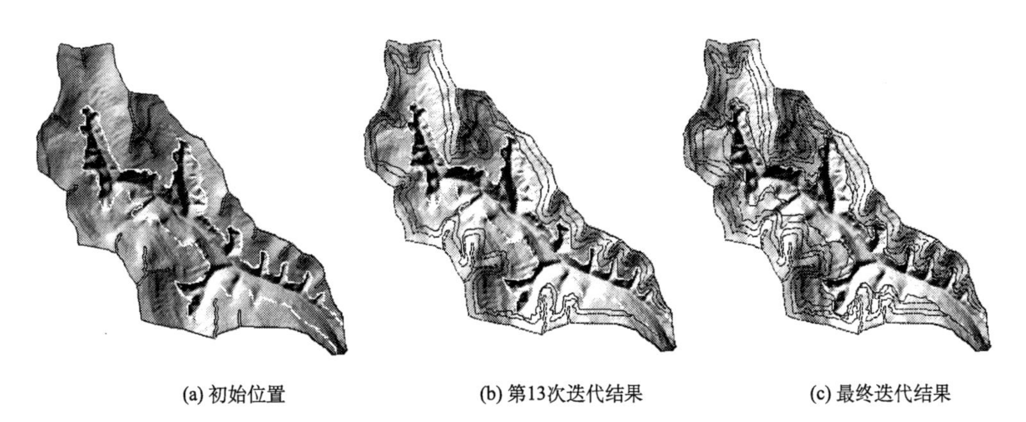

(a) 初始位置
(b) 第13次迭代结果
(c) 最终迭代结果
图 5.42 Snake 曲线迭代蠕移过程

注：白色为断续沟沿线点，黑实线为当次迭代 Snake 曲线位置，虚线为 Snake 曲线曾到达位置

(3) 正负地形分割精度检验

采用改进后的 Snake 模型提取研究样区的沟沿线，此时得到的沟沿线是矢量要素并且连续，能直接利用沟沿线进行正负地形分割。图 5.44 为两流域正负地形提取结果与利用 DOM 目视解译结果对比。为了验证模型的有效性，采用的模型精度检验指标包括：① 用本小节方法所提取的正地形与基于 DOM 数据手动勾勒的正地形之间的面积偏差；②用本小节方法所获取的沟沿线与 DOM 数据勾勒沟沿线之间的偏移距离。

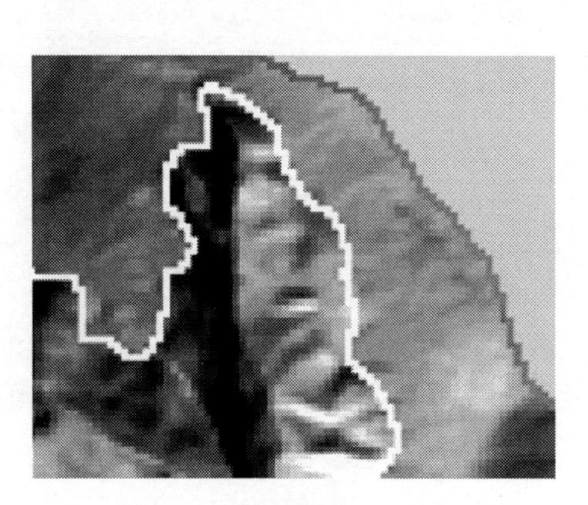

图 5.43　蠕移结果细节放大图

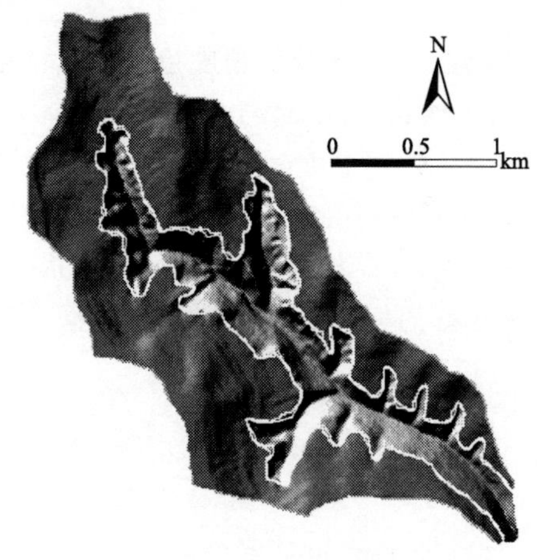

图 5.44　本小节方法提取结果（白色）与目视解译结果（黑色）对比图

通过对比可以看出，利用本小节所设计的方法所提取出的正负地形分界线与基于DOM利用目视解译方法所勾勒的结果基本趋于一致，在局部细节上存在微小差异。具体的提取结果对比见表5.10。在黄土峁梁丘陵沟壑区，本小节所提取的正地形面积与目视解译结果相比，面积误差为0.06km^2，偏移距离在10m以内的栅格占91.6%。从以上结果可以看出，本小节所设计的方法提取精度较高，所提取的沟沿线连续，对地貌单元的分割效果较好。并通过参数的调整可以面向大部分黄土丘陵沟壑区，有较好的应用性和适宜性。

表 5.10　提取结果与标准结果对比

流域	地貌类型	总面积/km^2	正地形面积（DOM）/km^2	正地形面积（DEM）/km^2	面积绝对误差/km^2	偏移10m以内栅格数百分比/%	最大偏差/m
绥德	丘陵沟壑区	3.68	1.95	1.89	0.06	91.6	22.5

3. 小结

本小节结合黄土坡面自然地表汇水过程特点，分析矢量梯度流Snake模型特征，探讨了基于改进的Snake模型的正负地形自动分割新方法。该方法在充分分析沟沿线处坡面形态的基础上，利用坡面流向场改进的Snake模型指引流域缓冲曲线向沟沿线候选点蠕移，保证了所提取沟沿线的连续性，较为准确地自动识别出沟沿线，从而实现黄土丘陵沟壑地区的正负地形的自动分割。实验结果表明，基于改进的Snake模型提取方法精度高，沟沿线连续、完整，能较好地逼近实际的地形特征，正负地形分割效果较好。同时，作为Snake方法在数字地形分析领域的首次尝试，达到了较好的效果。然而，由于该方法涉及Snake模型的多次迭代，对于大范围的区域存在提取效率不高的问题，还需进一步改进、完善算法。在新型的硬件支持下，充分利用多核、集群计算机技术，采用规则格网DEM数据为数据源，将改进Snake模型进行并行化改造，对正负地形采用并行的自动分割，有利于对大范围的区域地形分析，其应用前景势必会十分广泛。

5.5 黄土高原谷脊线展布特征及沟谷密度空间分异特征研究

5.5.1 地形谷脊线空间展布格局特征研究

1. 引言

谷脊线（汇水线、分水线）是流域地貌系统中的重要组成部分，是构建空间分布式机理—模型的重要地理参数，也是控制流域地貌形态的地形骨架线。分析流域谷脊线对了解流域的组织结构特征、探索流域的空间分布格局能够起到以线带面的作用。因此以地形谷脊线为切入点的研究，成为流域地貌系统研究的重要突破口。

前人对流域谷脊线的研究分析做了大量卓有成效的工作，从最初的单纯利用图纸对形态的抽象描绘，到利用数理统计方法做出定量、半定量的描述，再到使用非线性理论中的分形思想对流域特征线形态做出定量表达，针对流域特征线从不同角度提出了一系列描述指标、模型（承继成和江美球，1986）。其中，利用非线性科学中的分形方法能较好地描述自然地貌发育形态特征，从本质上揭示地貌发育规律，成为近年来的研究热点（艾南山等，1999；桑广书等，2007）。然而由于分维数对形态的描述存在一值多形的问题，即具有不同形态结构的流域具有同一分维值（Mandelbrot，1967；Plotnick et al.，1993），所以分维数并不能作为衡量流域地貌系统的充要指标。而在此基础上发展起来的空隙度分析方法体系弥补了这一缺憾。大量实验表明空间地理对象的格局特征与空隙度分析曲线之间存在着一一对应的关系（Hill，1973；Allain and Cloitre，1991）。

然而到目前为止，还没有利用空隙度方法基于 DEM 数据进行地形地貌展布格局形态方面的研究。故而本小节尝试将空隙度分析方法引入到 DEM 表达的流域谷、脊线分析中，对谷、脊线空间展布格局特征做出定量分析。

2. 空隙度分析方法

空隙度的概念起源于分维几何。它可多尺度地分析景观空间格局的“质地”，探测空间对象所具有的多个尺度范围，从而挖掘地貌景观所蕴含的等级结构、自相似性、随机性以及聚集性等重要特征。针对不同的基础数据有不同的计算空隙度的方法，其中“滑动框”算法以栅格数据为数据源，不要求系统平稳假设，不受边界的影响，可对空间数据进行系统的、最详尽的再取样。经后人在“滑动框”算法的基础上改进设计出的 3TLQV（Three-Term Local Quadrat Variance，三项局部样方方差）算法对空间对象尺度范围探测更加敏感，是尺度范围探测时常用的方法。“滑动框”算法与 3TLQV 算法互为补充，可较为全面地探测流域特征线空间展布格局特征。

（1）原理

“滑动框”算法是最原始的空隙度计算方法。为简明起见以一维数据为例说明该算法。如图 5.45 所示，针对像素大小为 $n\times1$ 的一维栅格图，图中黑色方块为研究对象，标记为 1，空白方块为空隙，标记为 0。首先将一个 $r\times1$ 大小的滑动框置于格子图最左边，统计此时滑动框内研究对象值的总和。其次滑动框向右移动一格，再次记录滑动框内研究对象值的总和。滑动框继续向右移动，直至扫描完成整个图像。然后增加滑动框长度，再从左到右遍历整个网格图。如此下去，增加滑动框长度直至到整个栅格图的大小。每个滑动框内值的总和为：$\sum_{j=1}^{r} x_j$，其中，x_j 为每个格网的值。

若滑动框长度为 r 时格网图可以被 $N(r)$ 个滑动框覆盖，则：$N(r)=n-r+1$。

当滑动框长度为 r 时所有滑动框所记录对象的平均值为：$m_1(r)=\sum_{i=1}^{n-r+1}\sum_{j=1}^{i+r-1} x_j/(n-r+1)$ 所有滑动框所记录对象的方差为：$m_2(r)=\sum_{i=1}^{n-r+1}(\sum_{j=1}^{i+r-1} x_j)^2/(n-r+1)$；此时所对应的空隙度值为：$\Lambda(r)=m_2(r)/(m_1(r))^2$；最后建立空隙度值与分析窗口 r 的双对数曲线图，图中曲线所表示的空隙度及其形状可用来描述研究对象在多尺度上的空间格局特征，也可用来比较空间对象在结构上的异同。

对于二维格网图，只需将滑动框大小变为 $r\times r$ 即可，同时注意覆盖格网图的滑框数，其他计算思想不变。

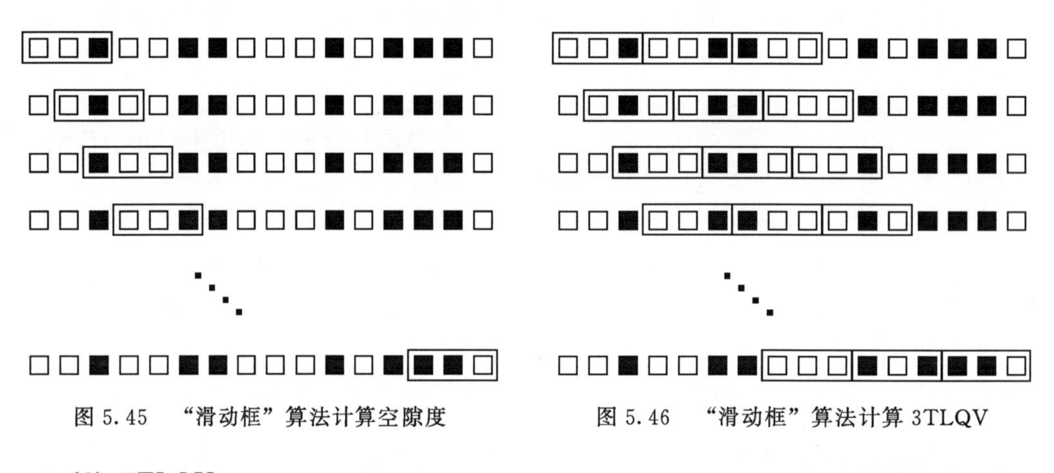

图 5.45 “滑动框”算法计算空隙度　　　图 5.46 “滑动框”算法计算 3TLQV

(2) 3TLQV

3TLQV 分析方法的基本思想是研究方差与均值之比，但此法将滑框扩展为邻接的三个。其计算方法如图 5.46 所示：当滑框长度为 r 时，第一滑框内值为：$\sum_{j=i}^{i+r-1} x_j$，第二滑框内值为：$\sum_{j=i+r}^{i+2r-1} x_j$；第三滑框内值为：$\sum_{j=i+2r}^{i+3r-1} x_j$；3TLQV 计算方法为：$v_3(r)=\sum_{i=1}^{n-3r+1}(\sum_{j=i}^{i+r-1} x_j-2\sum_{j=i+r}^{i+2r-1} x_j+\sum_{j=i+2r}^{i+3r-1} x_j)^2/8r(n-3r+1)$；$x_j$ 的含义同上。

滑框长度不断增加，从而可建立 $v_3(r)$ 与 r 的函数关系曲线，其中曲线的顶点处对应的滑框范围指示了原始网格图所具有的空间尺度范围。该法对空间数据的尺度范围极为敏感，但弱化了对原始数据趋势的预测（Dale，1999）。

对于像素为 $m\times n$ 的二维网格图的计算方法是将滑框增加为 3×3 个，如图 5.47 所示：周围 8 个框内值的总和与 8 倍中心框值的差。同时分母变为：$72r^3(n-3r+1)(m-3r+1)$；其他计算思想不变。

3. 实验

（1）样区与数据

实验样区选择陕西绥德韭园沟流域。该流域位于：110°20′E，37°35′N 附近，属黄土丘陵沟壑区第一副区，是黄河水利委员会水土保持重点实验区，有大量丰富详实的实验观测数据。其面积大约 70km²，平均海拔约 980m，沟壑密度为 7.2km/km²，平均地面粗糙度为 1.18，流水侵蚀方式以超渗产流为主，流域整体较为发育。样区位置如图 5.47 所示。

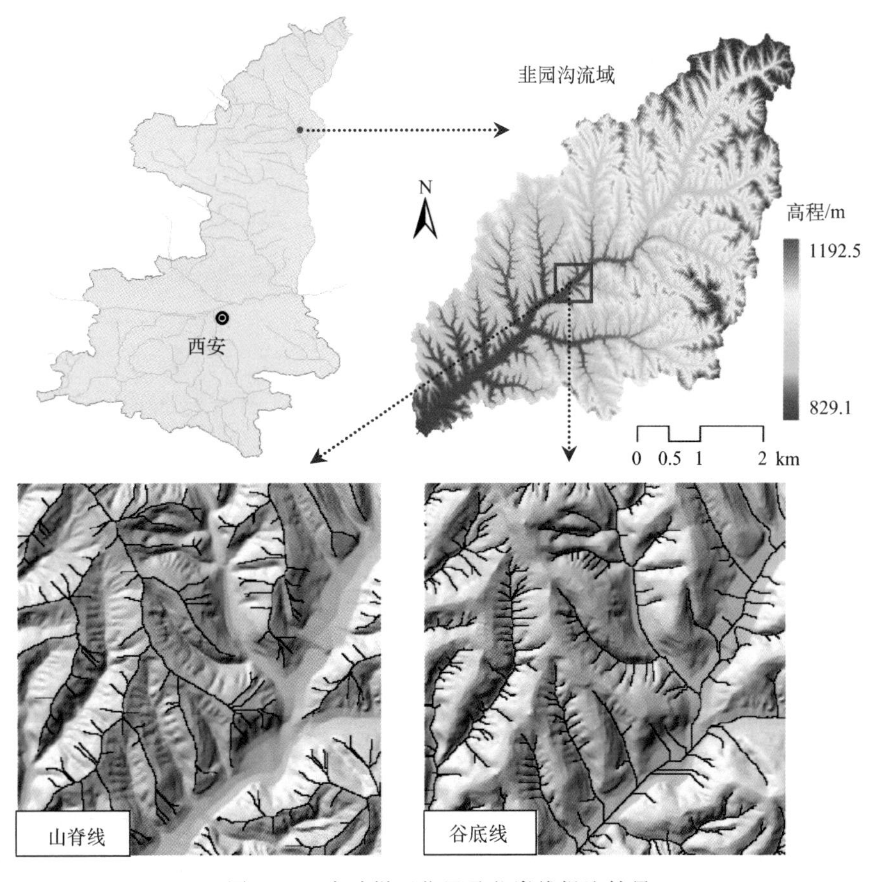

图 5.47 实验样区位置及谷脊线提取结果

实验以陕西测绘局 2006 年生产的 1∶10 000 比例尺（5m 分辨率）DEM 为数据源。流域谷底线由较为成熟的 D8 算法提取，选择汇流累积量大于 100 的沟谷网络，然后去除伪沟谷。流域中山脊线使用 Peucker 和 Douglas（1975）提出的算法进行提取，然后经过晕渲图衬托，等高线套合后去除伪山脊，得到流域较为精确、完善的脊线，如图 5.47 所示。为方便进行空隙度计算将谷脊线提取结果进行栅格化处理，谷脊线所在位置设为 1，其余部分为 0。

（2）结果与分析

考虑到地形地貌的各向异性特征，这里没有采用正方形滑框来计算空隙度，而是采用东西走向、南北走向的条状滑框。韭园沟流域范围在南—北、东—西方向最大处均小于9km，为确保滑动框对整个流域探测的全面性，3TLQV计算滑框最长增至599×5×3m，约9km，从而实现对整个流域进行检测。

在形态上，该流域特征线的空隙度分析结果基本上趋于直线，如表5.11所示：拟合成的直线和原始空隙度曲线有着较强的关联度，并且该曲线有靠近ln(r)轴微微下凹现象。这一形态特征表明该流域的谷、脊线具有较强的自组织性和自相似性。这一结果也是使用3TLQV方法探测其尺度范围的基础。同时，在两个探测方向上，谷、脊线的空隙度曲线形态较为接近。

表5.11　空隙度曲线拟合方程

类别	方向	拟合方程	拟合度 R^2
山脊线	东—西走向	$y=-0.4181x+2.59$	0.9277
	南—北走向	$y=-0.4372x+2.75$	0.9476
谷底线	东—西走向	$y=-0.375x+2.32$	0.9158
	南—北走向	$y=-0.3889x+2.43$	0.9408

利用滑框法得到的空隙度曲线结果如图5.48（a）所示。从图中可以看到以下三个方面的现象：①在两个方向上山脊线的空隙度值略大于谷底线空隙度值。这是由于沟谷网络比山脊线有更好的连续性，从流域边界线开始到流域出口结束不存在断裂。而由于鞍部汇水盆地以及独立山体的存在，使山脊线出现断裂，在形态上出现簇聚现象，整体质地变异较大，也即空隙较大，故而出现空隙度值略高现象。②谷、脊线的空隙度曲线形态基本上接近。由于空隙度曲线与空间对象的展布格局形态是一一对应的，所以这一现象反映出流域地貌较为发育的韭园沟地区的山脊线和谷底线在空间展布形态上接近，出现了共轭互补现象。韭园沟地区属黄土峁状丘陵沟壑区，地貌发育相对成熟，沟谷深切，导致该地区地形特征线在空隙度上出现了这种相近的现象，这一结果也从一个侧面反映出地貌的发育程度。③在两个方向上的探测曲线形态相似。由此表明该流域内部地表形态均一，地貌各向异性特征不甚明显，也就是说地形在各个方向上的走势是大致相同的。

3TLQV方法的探测结果［图5.48（b）］有以下两个规律：①同方向上脊线和谷线的探测曲线形态及走势极为相似。这进一步表明两种特征线具有相似的空间展布格局。②统计结果表明每条探测曲线上都明显存在3个峰值点，按照出现次序不同可归纳为3组，如图5.48所示。由于3TLQV方法增强了聚块区域之间属性值的比对，其峰值点具有指示空间对象的特征尺度的功能（Gefen et al.，1983）。因此，所探测出的这3组数值即为在东—西、南—北两个方向上探测出的谷、脊线的特征尺度范围。按照范围的大小分为3个级别，如图5.49所示，同一方向上的谷、脊线在同一级别的峰值点处出现了相近的尺度范围。这一量化结果表明韭园沟流域的谷、脊线在组织结构上的相似。3 组尺度范围综合后为东西方向约：540m、2100m、4845m；南北方向约：1215m、2810m、5700m。

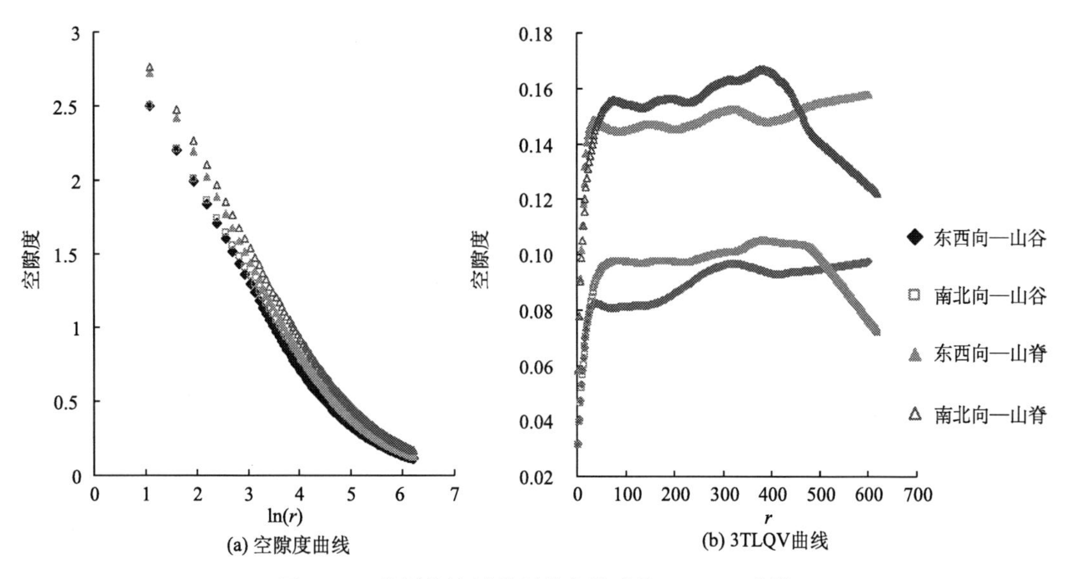

图 5.48 韭园沟流域特征线空隙度及 3TLQV 曲线

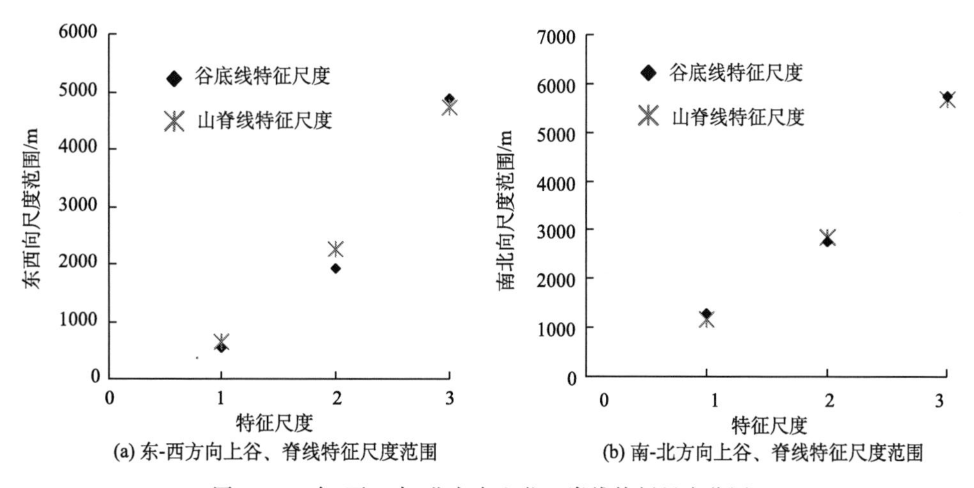

图 5.49 东-西、南-北方向上谷、脊线特征尺度范围

目前，在针对大范围的区域研究时，对于分析尺度的选取是一难题。根据 Dale 有关尺度的定义，上述 3 个尺度范围代表着韭园沟流域系统所蕴含的 3 个特征尺度范围。也就是说，当针对该流域进行格局过程分析时，分析尺度范围应尽可能地和所探测出的特征尺度相符合。这样所得到的分析结果才很尽可能地反映地理对象本身的特性。

4. 结论与讨论

本小节尝试使用空隙度分析方法对韭园沟流域地形特征线的空间展布格局特征进行分析，得到了东—西、南—北走向上谷、脊线的空隙度曲线及 3TLQV 曲线，并对曲线形态进行分析，得出以下三个方面的结论。

1）初步实验表明，利用空隙度及其衍生算法针对栅格 DEM 数据的分析方法，在数据结构上是合理的，分析结果可以较好地反映地理对象的空间属性特征。

2）探测结果显示，韭园沟流域特征线在结构形态上具有较强的自组织性和自相似性特点。谷、脊线在空间展布上具有相似性，此外，该流域地表结构均一，各向异性特征不明显。

3）韭园沟流域特征线在空间展布上大体存在着 3 组特征尺度范围，大小分别是：东西方向上尺度范围分别为 540m、2100m、4845m，南北方向上尺度范围分别为 1215m、2810m 、5700m。

本小节是使用空隙度方法对流域特征线空间格局分布的初步探讨，应该强调的是，在分析时特征线不具有高程信息，因此，该分析结果仅仅反映的是特征线在二维空间展布的格局特征。所得出的结论也仅适用于流域的二维格局。今后的研究主要应着眼于以下几个方面：① 具有高程信息的特征线及其空隙度曲线形态特征分析；②由于所得到的多尺度范围具有从小到大的特征，故而分析所得到的尺度范围与流域的等级结构之间的对应关系应做进一步探讨。

5.5.2 黄土高原沟谷密度空间分异特征研究

黄土高原千沟万壑的地貌景观，既表现出在形成机理与形态特征上的相似性，又具有显著的区域差异性。对黄土高原沟谷空间分异特征与规律的认识，是黄土高原地貌空间格局的重要研究内容之一（罗来兴，1956；张宗祜，1981；陈永宗，1984）。黄土高原的沟谷侵蚀是塑造地表形态的重要侵蚀方式，沟谷密度作为一种反映区域受沟蚀程度的重要指标，对于揭示该地区的地面破碎程度与地貌发育进程，具有重要的意义。沟谷密度也称沟壑密度，指单位面积内沟谷的总长度，是地形发育阶段、降水量、地势高差、土壤渗透能力和地表抗蚀能力的综合标示值（Cotton，1964；Maddua，1974；Oguchi，1997）。在地质构造、气候、岩性等因素的作用下，沟谷密度在流域尺度下存在空间分异特征，标志着沟谷发育过程（Tucker and Bras，1998；Tucker and Catani，2001）。黄土高原的形态特征之一是沟谷纵横，以沟谷密度作为宏观统计指标衡量区域内沟谷的分布情况，其沟谷空间变异特征一直是地貌景观、土壤侵蚀研究的主要专题之一。中国科学院综合考察委员会于“七五”期间编制了 1∶50 万黄土高原沟壑密度专题图。陈渭南（1988，1989）以地貌要素特征值区域变化，分析黄土梁峁区的土壤侵蚀规律。景可（1986）借助沟谷密度研究黄土高原沟谷侵蚀过程。吴良超（2004）以 25 m 分辨率的 DEM 为信息源，完成了陕北地区沟谷密度的提取与制图工作。这些研究显示沟谷密度以地形参数在地貌演化、土壤侵蚀研究中发挥着重要作用。基于 DEM 的数字地形分析方法和遥感技术的广泛使用，为大范围、快速计算沟谷密度提供了有效途径（闾国年等，1998d；张婷等，2005；闫业超等，2007；李郎平和陆化煜，2010）。本小节以高精度DEM为基本信息源，利用数字地形分析方法提取沟谷密度，总结黄土高原沟谷密度空间分异特征，分析黄土高原沟谷密度影响因素，探讨沟谷密度与土壤侵蚀之间的定量关系，加深黄土高原沟谷空间分异特征的认识。

1. 研究基础

（1）实验样区

根据李郎平和陆化煜（2010）黄土高原区域范围的研究，确定本次实验范围是太行山以西，日月山、乌鞘岭以东，秦岭以北，毛乌素沙地以南。实验样区的选择按照完整、典型等采样原则，选取114个实验样区，每个实验样区面积不小于100km²，其中104个样区为研究样本（图5.50），10个样区是检验样区。实验数据采用国家测绘部门标准化生产的5m分辨率的DEM，其数据生产采用1∶1万地形图数字化内插方式，符合国家测绘行业标准。

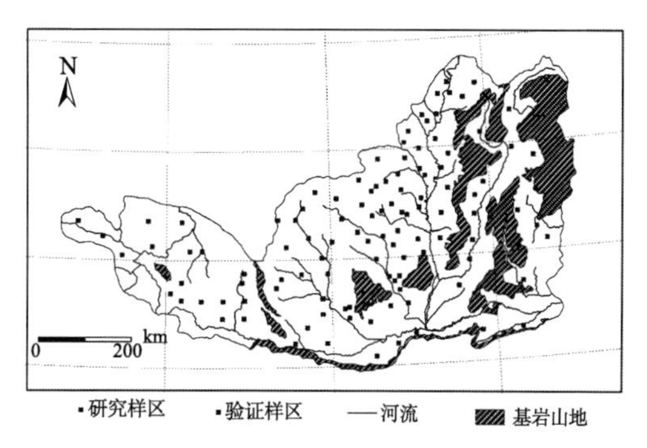

图5.50 黄土高原沟谷密度提取实验样区分布

（2）实验方法

沟谷是能量的自然选择，具有随机性特征，本次实验采用样方分析思想，在标准面积内衡量沟谷空间随机分布特征。在沟谷密度的提取过程中，基于DEM的黄土地貌沟谷密度已经形成了较为成熟的提取方法。在此以4幅标准图幅拼接形成的DEM为一个样区，采用ArcGIS中水文分析方法提取沟谷网络。实验中，在部分特殊的地貌类型中（如黄土塬区）提取的沟谷网络常常由于出现平行河网而带来较大误差，可采用赵明伟等（2011）提出的方法进行纠正。在沟谷密度计算中，沟谷长度选取基准非常关键，影响着其最终计算结果的大小。依据前人研究，选取沟长大于100m的沟谷，其结果较接近真实沟谷分布特征（陈永宗等，1988），故本次实验也采用该计算基准。

鉴于自然地理要素的分布的规律，本次试验在沟谷密度、植被覆盖、降水量和输沙模数分析中，选择地统计方法中的克里格插值模型。克里格插值以有限的离散数据为基础，对区域化变量进行线性最优无偏估计而获得空间上连续分布的数值，并对预测的不确定性进行估计。其主要优点是能得到内插计算中产生的独立误差的估值，且由已知点内插估计样点间的相关性，而不是简单地根据数学原理线性内插确定，具有较好的内在关联属性和精确性。

2. 结果与分析

(1) 沟谷密度空间插值及不确定性

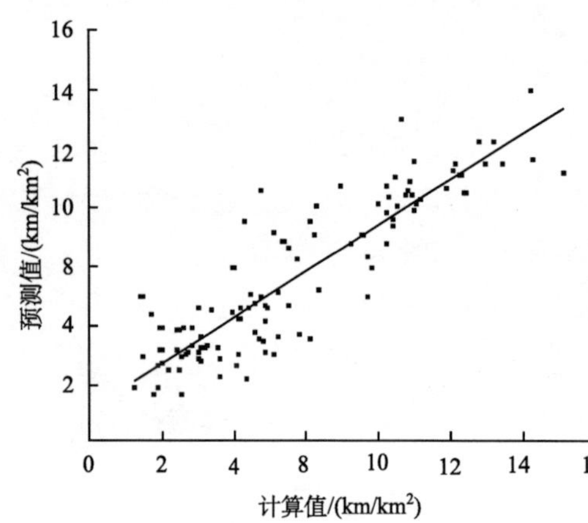

图 5.51 沟谷密度克里格模型误差图

采用克里格方法实现沟谷密度的空间插值，主要过程如下。

1）离散点数据探测分析。以每个样区作为离散点，包括数据分布检验、异常点分析、趋势分析等。使用克里格插值方法的前提是数据要服从正态分布，否则要进行变换。数据分布结果显示沟谷密度数据采用 Log 变换，更加接近标准的正态分布。样区选择依赖典型地貌类型进行，为保证类型的完整性，数据异常分析暂不做处理。同时，克里格方法要求变量满足平稳假设，若变量存在主导趋势，则应采用泛克里格法，并在估值时要去除趋势。根据沟谷密度趋势分析表明，数据在东西和南北两方向上呈现二次变化趋势，故采用泛克里格模型。

2）确定克里格模型参数。主要包括建立半变异函数模型、确定搜索邻域和交叉验证。通过多次参数优选，采用最小二乘法拟合得到最佳半方差理论模型是 Spherical 模型，并确定邻域搜索点数是 12，交叉验证得到模型标准化平均误差为 0.0002，标准化均方根误差为 0.9249，平均标准误差为 1.5139。图 5.51 表示交叉验证结果。

3）插值结果检验。对沟谷密度进行空间插值的过程中，需要考虑估计值的不确定性，这里采用的验证方法是选择 10 个未参与内插采样点作为检验样本，得到表 5.12 所示的验证结果。

表 5.12 沟谷密度插值模型验证结果

编号	计算值 /（km/km²）	预测值 /（km/km²）	预测误差 /（km/km²）	相对误差 /%
1	7.24	8.38	−1.14	15.75
2	9.78	10.91	−1.13	11.55
3	9.69	8.7	0.99	10.21
4	8.04	9.02	−0.98	12.19
5	4.02	4.08	−0.06	1.49
6	4.7	3.89	0.81	17.23
7	5.9	3.84	2.06	34.91
8	6.38	6.44	−0.06	0.94
9	8.8	8.11	0.69	7.84
10	3.2	3.6	−0.4	12.5

由于黄土高原研究范围大，采样点之间距离的影响和地形复杂多变等原因，导致少量采样点沟谷密度预测误差稍大。从预测精度来看，泛克里格方法在沟谷密度插值中总体表现较好，沟谷密度预测值能够反映沟谷密度在黄土高原的分布趋势。由图 5.52 可以看出，沟谷密度的变化趋势与景可（1986）制作的沟谷密度等值线趋势相同。陈渭南（1988）、景可（1986）的研究表明采用 1∶5 万的等高线数据提取较大的冲沟及主沟道，可以得到正确的沟谷密度空间分布趋势。但提取结果的沟谷密度数值偏小，且区分不够明显。原因在于 1∶5 万的等高线数据对原始地形综合程度高，损失了较多的地形信息，在一定程度上影响了沟谷密度计算值。同时，由于采样区在吕梁山等基岩山地周围分布均匀，得到的插值结果受基岩山地影响甚微，只在吕梁山以西、汾河和清水河以东之间的地区影响较大。但该地区面积较小，总体上不影响黄土高原总体的沟谷空间分异规律。

（2）沟谷密度空间分异

由图 5.52 可知，在黄土高原地区沟谷密度的空间分异明显。其中六盘山以东、吕梁山以西的沟谷密度由北向南方向呈现梯度下降态势。具体表现为绥德、柳林、吴堡和临县一带的沟谷密度大于 $10.0km/km^2$，属于沟谷密度第一梯度。无定河流域的沟谷密度空间变化情况与陈渭南（1989）研究相一致，验证了插值结果的可靠性。区别在于本小节得到的沟谷密度稍高，究其原因是在此使用的数据是 1∶1 万的 DEM 数据，其精度受提取数据的影响小。延长、甘泉、大宁、志丹、延安一带的沟谷密度为 7.0～$10.0km/km^2$，处于沟谷密度的第二阶梯，覆盖了洛河、延河和清涧河等流域。西峰、铜川、黄陵和宜川沿线的沟谷密度处于第三阶梯，沟谷密度为 5.0～$7.0km/km^2$，沿水系方向呈现梯度变化。该地区地貌属于从黄土峁梁、斜梁、残塬向塬区的过渡地带。以六盘山、子午岭、黄龙山和吕梁山为界线的地区处于沟谷密度值阶梯。以上 4 个阶梯区域在地质构造上均属于鄂尔多斯地台，区域内第四纪黄土覆盖完整、连续，在水蚀的作用下，呈现出复杂多样的地貌景观。

六盘山以西黄土高原地区沟谷密度局部变化平缓，其值分布在 2.0～$4.0km/km^2$。在兰州北部一带沟谷密度局部较高，主要为黄土梁、峁等地貌类型。该地区主体是陇西盆地，其第四纪风成黄土堆积很薄，下伏地形控制作用明显，沟谷侵蚀不强烈，沟谷密度也处于较低水平。尽管该地区的黄土分布不甚连续，镶嵌于其中的部分基岩山地影响了沟谷密度在该区域的连续内插计算，但仍不影响其空间分布基本态势。

吕梁山—黄龙山—子午岭以东地区沟谷密度空间变化较明显，其值分布在 1.7～$6.4km/km^2$。其中，沟谷密度值较高的寿阳、临汾一带的地貌类型是黄土斜梁、黄土峁梁，而沟谷密度较低区域的地貌类型是黄土台塬。从地质构造方面属于汾渭裂谷带，所属黄土地貌类型相对单一，且变化不大；另外，构造形成盆地狭窄，河流两侧很少发育巨大的汇流，使得台塬的切割不强烈，沟谷密度总体不高。

（3）沟谷密度影响因素

沟谷密度大小受诸多因素的控制，黄土高原上影响沟谷分布的主要因素有地质构造、降雨、植被和地面组成物质等。

1）地质构造。黄土高原的地形发育特征受晚新生代以来的新构造运动控制形成。

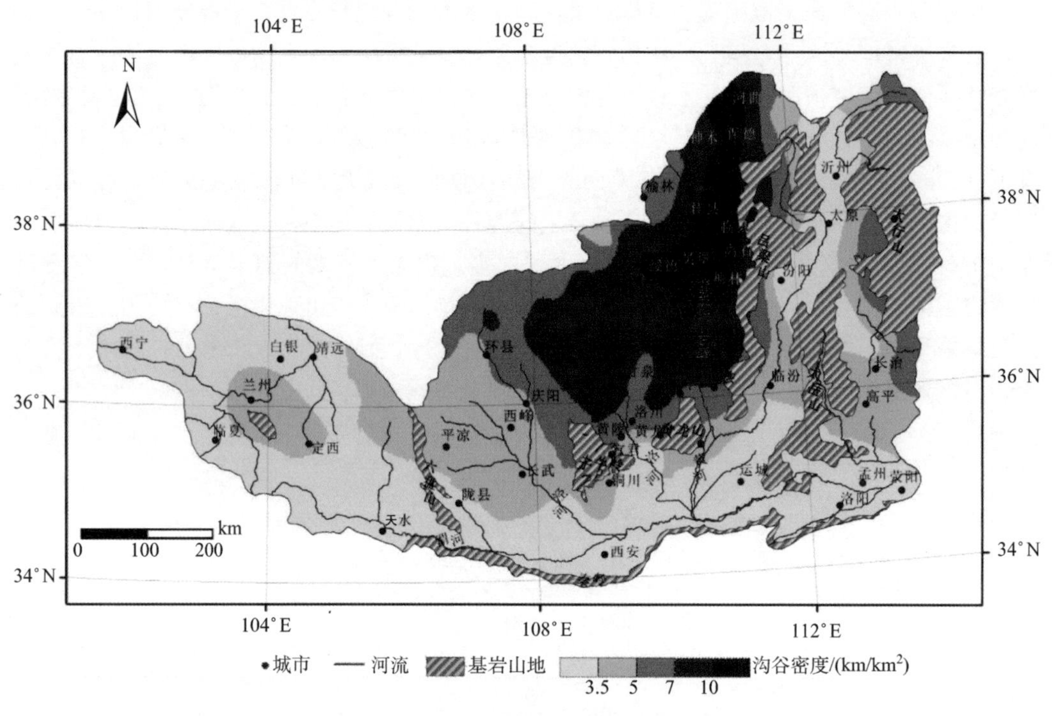

图 5.52　黄土高原沟谷密度空间分布

黄土高原基本上处于以垂直方向差异性运动为主的新构造运动区域内，控制着全高原区的地貌骨架发育过程和发展方向，以及水系的发育。在此基础上形成了现代的黄土高原大区域地貌骨架：自西向东，形成高程的梯级地形面。六盘山以西的地区，在构造上属陇西盆地，黄土分布较广，在第四纪后期以新构造运动上升为主，地面经历强烈侵蚀的历史较短，沟谷密度较小，地貌演化处于缓慢侵蚀向强烈侵蚀发展的过渡阶段。六盘山、子午岭之间，构造上属间山盆地，黄土塬、黄土台塬、黄土残塬分布较广。子午岭以东、吕梁山以西地区构造上属鄂尔多斯台向斜的主体部分，第四纪以来以间歇性上升位置，整体由西北向东南掀斜式抬高和渭河谷地的下沉，侵蚀基准面相对下降，冲沟系统长度和深度增大，在黄河峡谷区域尤为明显。侵蚀基准面的变化也影响着沟谷的坡度和溯源侵蚀速度，控制着黄土沟谷的发育。吕梁山以东地区是在一系列台隆、台凹构造的基础上形成的山盆相间的地貌格局。吕梁山东麓地区属于汾渭强拉张剪切断陷带，盆地两侧为河湖相与黄土交互沉积，发育了六级阶地和两道黄土台塬。晋东中等挤压抬升地块区域内，黄土较薄，地形起伏大，盆岭相间，沟谷发育程度相对较高。在宏观上，黄土高原沟谷密度空间分布受地质构造的控制，形成了以六盘山和吕梁山为界限，沟谷密度空间变异的规律。

2）降雨与植被。水蚀是塑造黄土高原地形重要的外力，其降雨数量和强度综合影响着黄土沟谷发育的程度。黄土高原地区受大陆季风气候的影响，年降水量不大但雨季集中。黄土高原年降水量总体差异不大，分布的总趋势是南多北少，东多西少，由东南向西北递减［图 5.53(a)］。沟谷密度超过 $7km/km^2$ 的地区降水量为 400～550mm，但时间分布不均匀，有 70%的降水在 7～9 月，且黄土高原暴雨集中，暴雨产生径流大，侵蚀能量大，加剧了沟谷的发育进程。六盘山东子午岭以西的沟谷密度分布在3.5～7km/km^2，区域降水量为400～600mm，总体由东南向西北逐渐减少，年降水量的55%集中在7～9月，降水强度西部大于东部，与沟谷密度空间分布耦合。渭河和汾河谷地地区沟谷密度较低，年降水量为500～700mm，分布较均匀，降雨强度较弱。黄土高原降水强度比降水量对沟谷发育影响更大。

植被是加速或控制沟谷侵蚀的敏感因子，黄土高原的表征植被状况由植被覆盖指标表示，由归一化植被指数计算得到，如图5.53(b)所示。以上降雨与植被数据来源于水土保持与荒漠化防治教育部重点实验室。黄土植被覆盖与降水量趋势相反，总体由西北向东南方向增加，在吕梁山、子午岭、黄龙山、六盘山等及南部地区植被覆盖度较高，沟谷密度值较低。在沟谷密度较高的无定河、秃尾河、窟野河等流域属于草原区，自然环境脆弱，植被覆盖率低。黄土高原的植被也是地表沟蚀程度差异的影响因素。

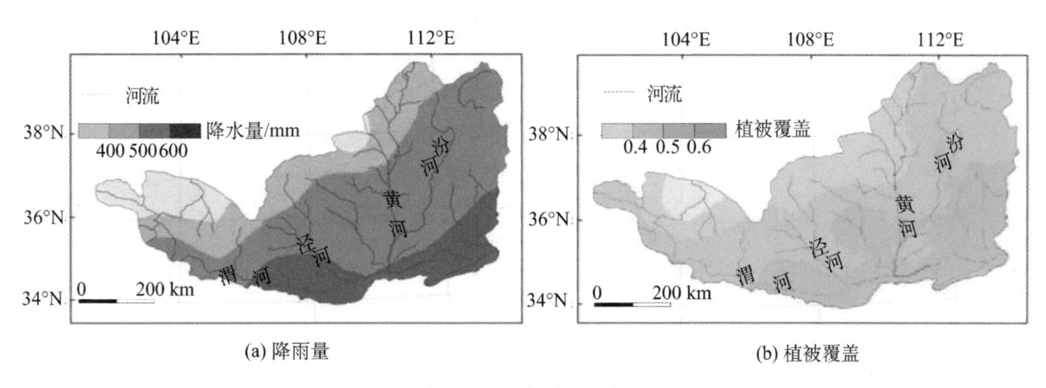

(a) 降雨量　　(b) 植被覆盖

图5.53　黄土高原降雨与植被覆盖分布

3）地面组成物质。黄土高原地面组成物质的抗蚀性是影响沟谷发育的因素，不同黄土颗粒组成的黄土微结构影响着抗蚀能力。黄土的粒度组成以粉砂为主，结构疏松，极易为水流冲刷，也是黄土高原出现严重侵蚀的原因。黄土颗粒越粗，天然孔隙越小，颗粒间结合力越小，黏滞力越小，稳定性就差，沟谷侵蚀剧烈。北部砂黄土地带黄土的相对可蚀性为24.8～27.55mm/100mm，中部绥德和延安地区为9.62～10.80mm/100mm，南部细黄土地带为8.87mm/100mm。也就是说，砂黄土地带的相对可蚀性最大，细黄土地带最小，中部地区居二者之间。表明黄土颗粒组成的变化在一定程度上影响沟蚀的南北差异。

（4）与土壤侵蚀关系

在黄土高原土壤侵蚀研究中，通常以输沙模数来反映侵蚀产沙的强度。根据水土保持与荒漠化防治教育部重点实验室提供的黄土高原水文站点侵蚀模数数据，采用克里格方法拟合出黄土高原输沙模数的空间分布（图5.54）。可以看出陇东—陕北—晋西地区输沙强度存在明显的地带性，输沙模数空间有明显的纬向变化。具体表现在高强度侵蚀地区，如黄河峡谷、无定河、延河和洛河上游等地，其沟谷密度也是较高，且变化趋势相同；在经向上侵蚀强弱地区呈现交替分布，由西向东侵蚀强度呈现先递增后减少的变化趋势，其中位于109.5°E线上，侵蚀强度变化最大，与沟谷密度在经度方向上分布特征基本一致。图 5.55 表示 104 个样区的沟谷密度与输沙模数之间的关系。由图 5.55 可知，沟谷密度与输沙模数相关性强，存在明显的正相关，在黄土高原中沟谷密度可作为衡量土壤侵蚀程度的重要参数。

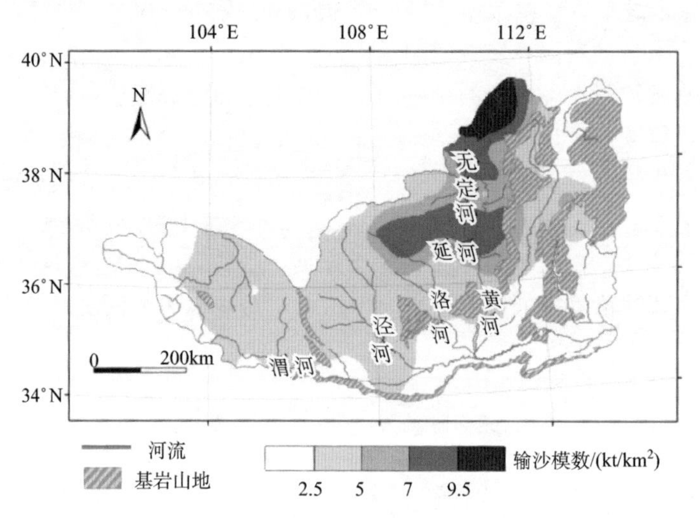

图 5.54　黄土高原输沙模数空间分布

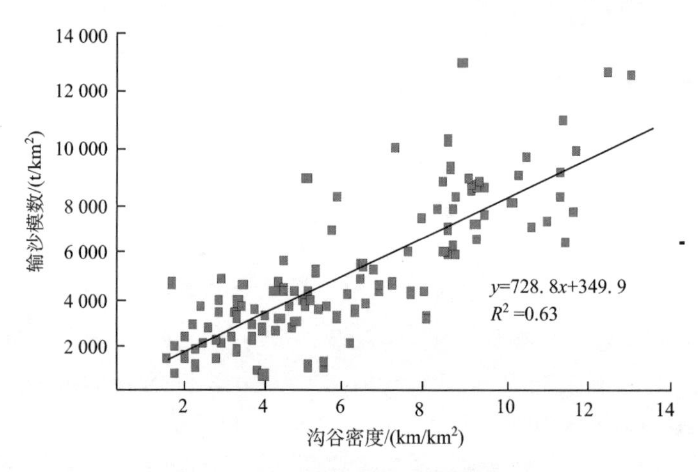

图 5.55　沟谷密度与输沙模数的关系

3. 结论

本小节依据高精度的 DEM 数据，借助数字地形分析方法，从宏观角度研究黄土高原的沟谷密度分异规律，并探讨了沟谷密度与黄土厚度、土壤侵蚀的关系，主要结论如下。

1）采用样方分析思想和数字地形分析方法，得到 104 个数据样区的沟谷密度，并以泛克里格插值模型生成可靠、空间连续的沟谷密度预测表面。

2）沟谷密度在黄土高原上空间分异明显，南北方向上呈现沟谷密度逐渐减少的趋势，东西方向在保德、河曲一带沟谷密度最高，向东、西两侧呈现递减的态势。

3）由陇西盆地、鄂尔多斯地台和汾渭裂谷等地质构造控制了沟谷密度宏观分布，以六盘山、子午岭—黄龙山—吕梁山为界线划分为沟谷密度平稳变化区、梯度剧烈变化区和起伏变化区。植被因素与沟谷密度呈现负相关；降雨强度因素对沟谷发育影响强烈，沟谷密度贡献较大；地面物质组成由西北向东南逐渐变化影响了沟谷密度空间变异特征。

4）沟谷密度与输沙模数耦合性较强，表现出显著的正相关，因此在黄土高原地区沟谷密度可作为衡量土壤侵蚀强度的重要参数。

5.6 基于DEM黄土高原正负地形研究

5.6.1 基于高分辨率DEM的黄土地貌正负地形自动分割技术研究

特殊的地理位置，典型的气候环境，独特的成土条件，使得黄土高原地区形成了千沟万壑、支离破碎的黄土地貌景观。然而，错综复杂的黄土地貌被该地区广泛分布的沟沿线划分为两大基本地貌单元，即以沟间地为主的正地形区域和以沟谷地为主的负地形区域。正、负地形在黄土高原地区物质与能量输移过程中扮演的角色不同，导致了二者在地形结构、侵蚀方式、土地利用、植被覆盖等方面产生巨大差异。正、负地形单元及其组合形态特征是构建区域空间分布式机理-过程模型的基础地理参数，也是衡量地表侵蚀和地貌发育的重要指标。因此，正负地形单元的划分在黄土高原地貌研究中具有十分重要的意义。

然而，直接在高分辨率航空相片上手动勾绘正负地形工作量巨大，在地形图上的勾绘精度较低。而利用DEM数据及其所衍生出的一系列坡面信息作为数据源，进行正负地形及沟沿线的自动识别技术，已被公认在效率、精度等方面有较大优势，是大范围提取正负地形的有效手段。

然而，尽管前人在这一领域进行了不少尝试，提出了一系列的技术方案和研究思路。然而由于黄土地形的复杂性以及沟沿线本身所存在的局部断续性，正、负地形面域单元的自动生成技术上还存在较多问题。这就亟待突破现有的提取思想，从而实现技术上的进步。

目前，基于栅格DEM数据，自动划分黄土正、负地形的基本思想主要是从地貌形态学出发，判断空间形态上满足正、负地形要求的地形单元，进而通过各种方法实现地形单元的归并。其中，闾国年等（1998b）基于地貌形态学基本特征单元的定义提出了沟沿线提取技术方法；刘鹏举等（2006）利用特征点识别算法提取坡面汇流路径上的沟沿线点。朱红春等（2003）利用邻域分析方法，结合坡度、水文等地形信息，实现正、负地形面域单元的提取。前二者重在提取精度，后者重在效率。本小节在总结前人研究的基础上，研究黄土坡面的形态特征及汇水特点，从而提出基于沟沿线点约束汇水区域的正负地形分割新思路和新方法。

1. 黄土典型地貌坡沟形态与坡面汇水特征

沟间地与沟谷地分别是黄土正、负地形的主要组成部分。正、负地形的划分实质上是区划沟间地与沟谷地的过程。在黄土塬、残塬及以梁为主的丘陵沟壑地区，沟沿线是二者的天然分界线，而在黄土峁状丘陵沟壑区，峁边线是两者的天然界线。沟沿线、峁边线实质上都是由于黄土土壤的湿陷性和垂直解理特性造成坡面上坡度陡然增加的区域，所不同的是坡度的变化程度随地貌类型的不同而有较大差异。由于黄土峁、梁之间的过渡并不明显，习惯上将二者统称为沟沿线。

综合前人研究结果及野外考察发现，正负地形及沟沿线存在以下几个方面的特征。

1）在黄土塬区，正地形主要由两部分微地貌类型构成：塬面及塬边坡面。负地形主要由切沟、冲沟构成。在黄土梁、峁状丘陵沟壑区，正地形主要由梁顶、峁顶及缓坡面构成。图 5.56 为地形要素比较完备的黄土塬区小流域沟道结构模型。

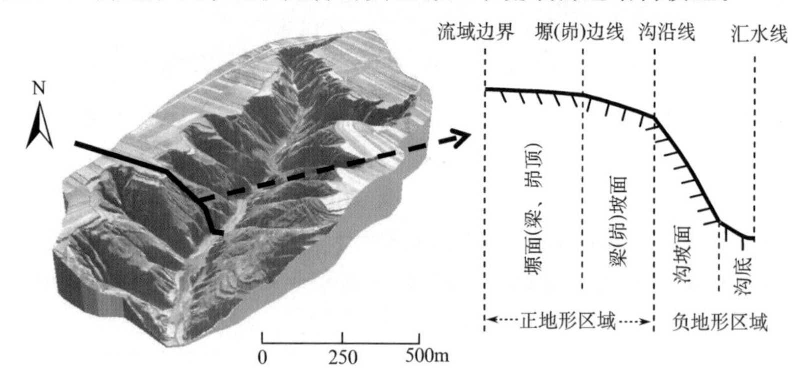

图 5.56　黄土高原地区典型沟谷剖面结构图

2）在正地形区域内，侵蚀方式以降雨溅蚀及坡面汇流侵蚀为主，在坡面上形成纹沟、细沟。坡面汇水通过沟沿线，进入负地形区域以后，水流汇聚，侵蚀以沟蚀为主，同时伴随重力侵蚀，侵蚀加剧，多形成切沟，侵蚀泥沙汇入冲沟（郑粉莉等，2006）。

3）沟沿线地处切沟、冲沟最为发育的部位，其实质上是为无数微型切沟的沟头点的集合。上方坡面汇水在沟沿线处开始聚集，发生沟道侵蚀。从另一个角度来看，沟沿线上的点是正地形区域内坡面汇流的出水口点。这一特点也是通过沟沿线点的约束来获取上游汇水区域，从而实现正、负地形分割的理论依据。

4）沟沿线上下坡度差异存在着明显的空间分异特征。在黄土塬、黄土残塬地区，坡度变化大，切沟沟壁几乎垂直于水平面。在北部丘陵沟壑区，坡面地形由梁（峁）坡向沟坡过渡，坡度变化稍缓。然而，通过野外考察发现，无论是何种地貌类型，沟沿线处的坡度变化在整个坡面上都最大。详细实测数据见表 5.13。

表 5.13　黄土典型地貌类型区沟沿线上下平均坡度差异

地貌类型	黄土塬区	黄土梁状丘陵沟壑区	黄土峁状丘陵沟壑区
坡度差异（S_d）	$S_d>30°$	$30°\geq S_d\geq 25°$	$25°\geq S_d\geq 20°$

2. 基于 DEM 正负地形自动分割技术

本小节所设计的黄土正、负地形自动分割方法分 4 个步骤进行。首先根据坡面形态判断并标记沟沿线处的栅格点，然后通过基于坡面特征的定向膨胀算法，增加沟沿线上的栅格点数，继而以坡面汇水参数为指导，提取每个沟沿线点上游汇水贡献区域，所有汇水区域的并集即为正地形区域，最后，将正负地形提取结果矢量化、整饰、编辑制作专题地图。

(1) 沟沿线栅格点的判断

基于高分辨率 DEM 数据对坡面形态的判断，主要利用两类地形因子。其一是坡向因子。坡面点坡面朝向的水平投影指向该点下游位置，从而可以确定坡面上栅格点上、下游位置关系。其二是坡度因子，主要用于判定某栅格点坡度及其上、下游栅格点坡度变异程度。具体来说判断条件主要包括：①目标点处坡度大于 α；②目标点下游区域坡度大于上游区域坡度，且两者之差的绝对值大于 β；③该点剖面曲率大于 0。其中，α、β 可选不同的阈值参数。在具体操作时，需设计 3×3 滤波算子。算子结构如图 5.57 (a) 所示，当中心点栅格坡面朝向方图中所示时（西北-东南走向），上下游栅格点位置分别为 1 和 2 号栅格。

沟沿线上下坡度差异随黄土地貌类型的改变而具有一定的空间分异规律，在实际操作中，应首先判断研究区域所属的地貌类型，对阈值 α 与阈值 β 进行合适的设定，从而可达到较好的提取效果。依据以上方法和原则，利用上述分析算子，对 5m 分辨率 DEM 数据进行扫描，当有满足上述所有条件的栅格点出现时，则标记之，直至扫描完成整幅 DEM。

绝大部分识别出的沟沿线点具有正确的位置分布，然而，由于黄土地貌的复杂性，在沟谷内部会出现少数散布的伪沟沿线点。为了避免影响后续分析，这些点必须去除。剔除的主要算法是将邻接簇聚少于 5 个栅格点的候选点删除。经过该步骤处理以后，孤立散布的伪沟沿线点就被全部去除。

(2) 定向膨胀

通过以上步骤探测出的沟沿线栅格点，在个别位置会出现断点，这与实际地形是相符的。然而，沟沿线在区域尺度上是全局连续的，并且断点会影响后续步骤中沟沿线栅格点上游汇水区域的判断，使正地形内出现空漏区域。因此，需尽量减少断点出现的情况。解决这一问题的有效方法是对已提取栅格点进行定向膨胀操作。

定向膨胀的理论依据为：在局部范围内，沟沿线延伸方向与坡面朝向垂直的特点。基于这一思想，在实际操作中，进行如下操作：①判断坡面方向；②在 3×3 矩形分析窗口内，沿与坡向垂直的两个方向各延伸一个栅格；③如延伸后栅格处已存在标记栅格点，则不延伸，反之，延伸并标记之。如图 5.57 (b) 所示，处在中心位置的深灰色栅格为已探测出的沟沿线栅格点，虚线箭头为坡面朝向，实线箭头为膨胀延伸方向，所指的浅灰色栅格为膨胀后标记栅格。

通过以上操作，增加了沟沿线栅格点的连续性。在少数沟头处出现的断续，可通过手工稍加编辑，使其更为连续。在宜君地区小流域内沟沿线点探测结果如图 5.58 所示。

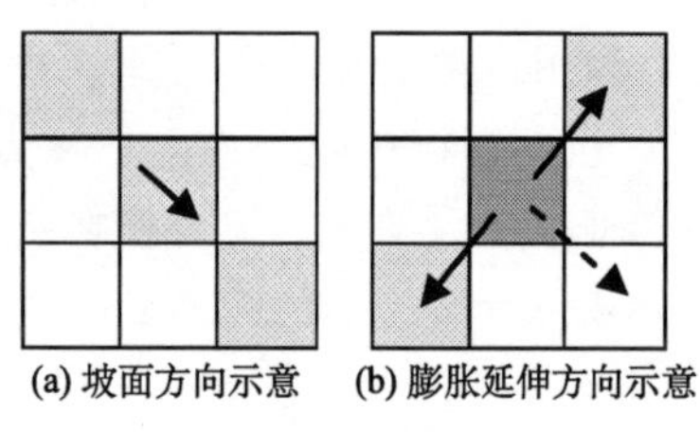

图 5.57　分析算子结构示意图

图 5.58　提取出的沟沿线栅格点

(3) 正负地形区域生成

正负地形面状区域的生成，需要将以上步骤所提取出的沟沿线栅格点连接成矢量线。然而在实际操作中，栅格—矢量的转换操作会遇到诸多问题，这也是目前沟沿线自动提取所遇到的难点问题。首先，沟沿线栅格点随沟谷边缘蜿蜒曲折，矢栅转换时极易出现错误；其次，仍然存在少量的断点，使得连续的矢量格式沟沿线的生成存在困难。鉴于此，在此转换思维方式，避开点线连接的方法，从坡面汇水的角度寻求解决这个问题的办法。

当坡面接受降水后，坡面正地形区域内汇水都经过沟沿线流入下游沟道内。在汇流过程中，沟沿线是上部正地形区域汇流的必经之路。因此，对于正地形区域的提取，只需提取上步所获得的所有沟沿线栅格点的上游汇水区域，然后求其并集即可获得正地形区域。

该步骤采用 O'Callaghan 等（1984）的水文分析算法，利用 ArcGIS9.2 中水文分析模块实现。首先对数据进行填洼处理，生成汇流方向矩阵。然后根据汇流矩阵以及沟沿线点位数据，计算每个沟沿线栅格点的上游汇水面积。如果沟沿线点不出现断点，所生成的上游汇水面积的并集即为正地形区域。在实际操作中，沟沿线点难免出现断点，可通过后期操作，稍作编辑整饰，形成完整的正地形区域。

3. 实例分析

(1) 实验数据

顾及提取方法应用适宜性的检验，本小节在具有典型地貌类型代表性的黄土塬区（宜君）黄土梁状丘陵沟壑区（延安）以及黄土峁梁丘陵沟壑区（绥德）内分别选择 2 个小流域作为实验样区。以西安测绘局在 2006 年生产的 1∶10 000 比例尺、5m 分辨率 DEM 作为基本数据源，进行沟沿线栅格点及正负地形的提取。

在提取结果检验中，相对真值的获取应独立于DEM数据本身，由于在1m分辨率DOM数据上可清晰地识别沟沿线位置，因此，在此利用在DOM数据上手动勾勒的正负地形作为精度评价标准。DOM数据和上述DEM数据比例尺与生产日期相同，并经过正射校正和DEM数据严格配准。

（2）精度评价

影响正负地形提取结果的因素主要包括两个方面：DEM数据的质量以及提取算法的合理性。因此，同时又要兼顾可实现性以及在各种地貌类型中的应用适宜性。

精度检验主要考察两个方面的指标：其一是用本小节方法所提取的正地形面积与基于DOM数据所获取的相对真值之间的面积偏差；其二是沟沿线与相对真值之间的偏移距离。

检验结果见表5.14。在6个小流域内，利用本小节所设计方法提取出的正地形面积和真值之间最大偏差在1.15km^{2}以内。并且，正负地形的分界线——沟沿线偏移标准结果在10m（2个栅格单元）以内的栅格点占95%以上。由此可见，本小节所设计方法最大的优势在于提取精度较高，人工干预成分少，具有多地貌类型的应用适宜性。图5.59为黄土小流域正、负地形自动分割结果。

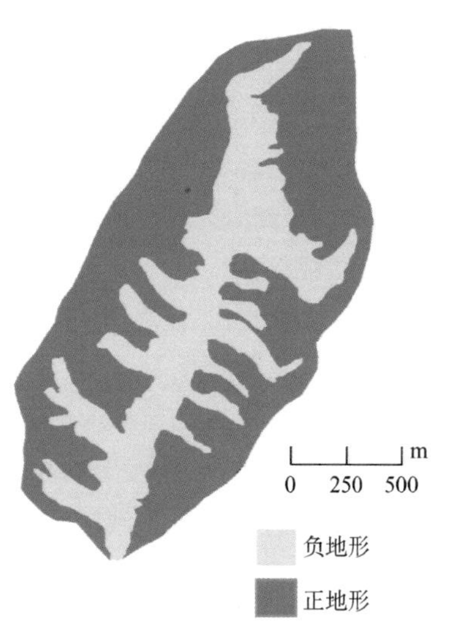

图5.59 黄土地貌小流域正、负地形自动分割结果

表5.14 提取结果与标准结果对比

流域ID	地貌类型	总面积/km^2	基于DOM的正地形面积/km^2	基于DEM的正地形面积/km^2	面积绝对误差/km^2	偏移10m以内栅格数百分比/%
1	黄土塬区	42.38	30.23	31.04	0.81	97.4
2	黄土塬区	37.33	26.71	27.20	0.49	98.2
3	梁状丘陵沟壑区	16.32	9.52	8.37	1.15	95.7
4	梁状丘陵沟壑区	8.97	5.11	4.59	0.52	97.6
5	峁梁丘陵沟壑区	12.22	6.43	5.76	0.67	96.4
6	峁梁丘陵沟壑区	4.68	2.36	2.27	0.09	98.6

4. 小结

本小节在分析黄土高原地区沟道坡面模型的基础上，总结了各种典型黄土地貌正、负地形的划分方法。在此基础上，基于坡面形态特征，结合黄土坡面自然地表汇水过程的特点，提出了在高分辨率DEM中自动分割正、负地形的新方法。该方法规避了单纯依靠坡面形态进行沟沿线提取时所遇到的连点成线较为困难的问题，从坡面汇水机理入手，获取以沟沿线点为出水口的上游汇水区域，从而实现正地形的自动提取。实验结果表明，该方

法提取精度高，人工干预成分少，在不同地貌类型样区具有较好的应用适宜性。

地表形态是四大圈层相互作用的结果，形态特征是表象，形成过程是内因。在提取地形特征线时，当利用形态特征判别条件不足以很好解决问题时，可以考虑利用其物质能量迁移过程特点，转变思维，设计算法，可达到柳暗花明又一村的效果。

5.6.2 基于多方位DEM地形晕渲的黄土地貌正负地形提取

黄土高原丘陵沟壑区正、负地形单元及其组合形态特征是构建区域空间分布式机理-过程模型的基础地理参数，也是衡量地表侵蚀和地貌发育的重要指标。闾国年等（1998a）提出基于DEM和地貌形态学特征的沟沿线提取技术方法；朱红春等（2003）利用坡度变异信息，实现沟沿线的提取；刘鹏举等（2006）利用栅格单元间八流向算法构建水流路径，提出了一种基于汇流路径坡度变化特征确定沟坡段，进一步形成封闭沟沿线的方法。周毅等（2010）利用坡度信息和汇水模型提取沟沿线点约束的上游汇水区域，实现正负地形的自动分割。然而，由于黄土地形的复杂性及沟沿线的局部断续性，正负地形的自动提取技术上还存在较多问题。本小节在总结前人研究的基础上，利用数字地形分析、多元统计和数据挖掘的方法，提出了利用多方位DEM地形晕渲、坡度等多元指标自动提取正负地形的新思路和方法。

1. 研究区概况和研究方法

(1) 研究区概况与黄土地貌正负地形

研究区位于陕西省榆林地区绥德县韭园沟流域，流域面积约25km^2。该区域是典型的黄土丘陵地区，地表形态复杂，沟谷纵横，以充分发育的梁峁地形为主，海拔在851.30～1 103.50m，平均海拔高度为980.06m，地表平均坡度为28.7°。在黄土丘陵区，沟沿线将地面划分成其上部的沟间地与下部的沟坡地、沟底地，同时沟沿线也是明显的土壤侵蚀类型和土地利用分界线。沟沿线将黄土地貌划分为两大基本地貌单元，即以沟间地为主的正地形区域和以沟谷地为主的负地形区域。正、负地形在黄土高原地区物质与能量输移过程中扮演着重要的角色，它是衡量地表侵蚀和地貌发育的重要指标。

(2) 数据来源与处理

在绥德县韭园沟流域，任意选择1个流域作为提取模型学习样区，任选6个小流域作为模型测试样区。为保证所建立模型具有一定的可靠性和稳定性，在流域的上、中和下游的不同位置选取样区（图5.60）。

数据使用陕西省测绘地理信息局在2006年生产的，1∶10 000比例尺、5 m分辨率DEM作为基本数据源，进行正负地形的提取，以从航空正射影像图上手工勾绘的正负地形作为提取模型精度评价的参照资料。利用ArcGIS软件，分别以太阳方位角0°、45°、90°、135°、180°、225°、270°、315°，太阳高度角60°、75°，以及太阳方位角0°和太阳高度角90°提取研究样区的地形晕渲（HillShade）值。利用研究样区不同太阳高度

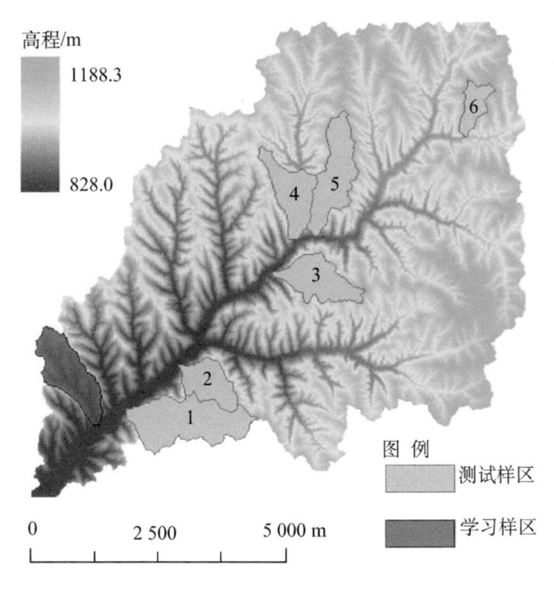

图 5.60　绥德县韭园沟实验样区

角和方位角的 17 个地形晕渲值，以及坡度和高程作为正负地形提取模型的解释变量（合计 19 个），以手工在正射影像勾绘的正负地形作为模型的响应变量，共 20 个数据整合成一个数据立方体。

（3）研究方法

1）DEM 地形晕渲计算方法。地形晕渲法是通过光照使地貌各部位产生不同的受光量来表现地貌的明暗变化（Yoeli，1967；郭庆胜和王晓延，2004；姜文亮等，2007）。地形晕渲法是通过模拟太阳光对地面照射所产生的明暗程度，得到随光度近似连续变化的色调，达到地形的明暗对比，使地貌的分布、起伏和形态特征显示具有一定的立体感，能较好地反映区域地理特征和地面起伏变化。计算公式如下：

$$G = G_{\max}[\cos(a_f - a_s)\sin H_f \cos H_s + \cos H_f \sin H_s] \tag{5.16}$$

$$G = G_{\max}[\cos H_f + \cos(a_f - a_s)\sin H_f \cos H_s] \tag{5.17}$$

式中，$G_{\max}$ 为最大灰度级，一般取 255；a_f 为格网单元的坡向，取值范围为 0°～360°；a_s 为太阳方位角，取值范围为 0°～360°；H_f 为格网单元的坡度，取值范围为 0°～90°；H_s 为太阳高度角，取值范围为 0°～90°（周启鸣等，2006）。

2）主成分分析与 Logistic 回归。主成分分析方法可去除原始样本数据间的相关性，删除其中的冗余信息，以达到降低数据维数和消除数据多重共线性的目的（Moore，2002；王富喜等，2009）。由于变量间存在着一定的相关关系，其基本思想就是将若干个彼此相关的变量转为彼此独立的新变量，使得较少的几个新变量就能综合反映原变量中所包含的主要信息（Moore，2002）。

Logistic 回归模型已广泛应用于土地利用动态模拟、退耕还林等方面的研究（马岩等，2008；陆汝成等，2009；邵一希等，2010）。二值 Logistic 回归模型是针对二值响应变量建立的回归模型，其自变量可为定性或定量数据，其回归模型值是条件概率 P，其值介于 0～1 之间，值越大则发生的可能性越大。

2. 试验与分析

(1) 以流域为单元的 DEM 地形晕渲、高程、坡度和正负地形多维数据整合

针对研究样区 1 个学习样本和 6 个测试样本数据，将不同太阳高度角和方位角的 17 个 DEM 地形晕渲值、高程、坡度及手工勾绘的正负地形共 20 层栅格数据，利用 Python 脚本根据空间对应关系将其转换成一个二维数据表，一行即为一个栅格对应的多个侧面多维数据。流域学习样本数据和流域测试样本数据结构完全相同，0 表示正地形，1 表示负地形。

(2) 基于主成分分析的特征提取

利用 Minitab 中的主成分分析功能对学习样区数据进行主成分分析（表 5.15，图 5.61 和图 5.62）。

表 5.15 特征值与贡献率

项目	1	2	3	4	5	…	17	18	19
特征值	7.6459	6.5736	3.8480	0.8922	0.0395	…	0.0000	0.0000	0.0000
贡献率	0.4020	0.3460	0.2030	0.0470	0.0020	…	0.0000	0.0000	0.0000
累计贡献率	0.4020	0.7480	0.9510	0.9980	1.0000	…	1.0000	1.0000	1.0000

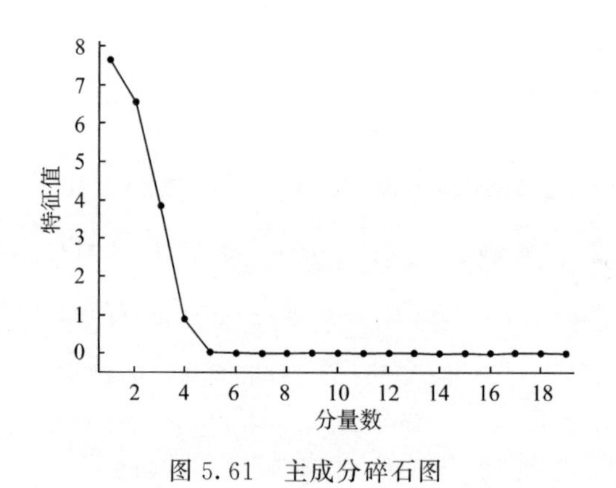

图 5.61 主成分碎石图

表 5.15 为各成分贡献率及累计贡献率。由表 5.15 可知：前 4 个主成分的累计贡献率达 99.8%，因此可以只取前面 4 个主成分，它们就能够很好地概括原始变量。从图 5.62 也可看出：主成分 1、2、3 和 4 的特征值比较大，相对而言，其他因子的特征值较小，可以初步得出，提取前 4 个主成分就能概括绝大部分信息。表 5.15 与图 5.61 主成分碎石图显示的信息结论一致。

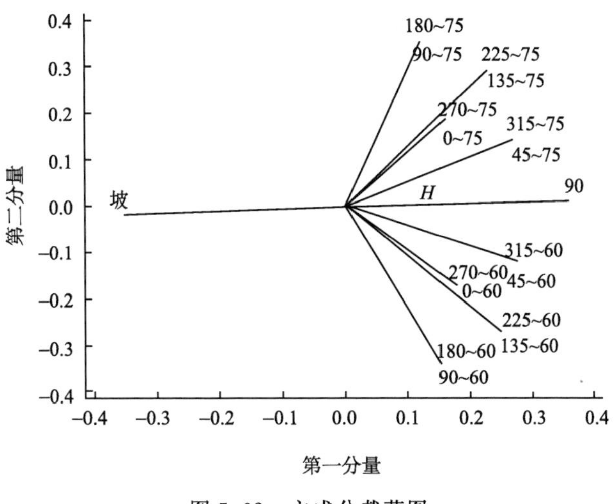

图 5.62　主成分载荷图

载荷图中的主成分载荷，表示主成分和原先变量的相关系数。相关系数（绝对值）越大，主成分对该变量的代表性也越大。相聚越近的变量，正相关程度越高；距离原点越远，说明该变量被主成分解释得越充分。图 5.62 是第一和第二主成分的载荷图，由图 5.62 主成分载荷图可以看出：多方位的 DEM 地形晕渲值、坡度和高程均对主成分信息有贡献，其中坡度和地形晕渲贡献较大，而高程则贡献较小。这也反映了利用地形晕渲值、坡度等提取正负地形是有理论依据的，同时，也表明仅使用单因素坡度方法提取正负地形，利用的信息不够充分。

(3) 基于 Logistic 回归的正负地形提取及模型精度评价

利用 R 语言中的 glm 函数，对经主成分分析变换后的数据做 Logistic 回归（表 5.16）。由表 5.16 可知，提取正负地形的 Logistic 模型如下：

表 5.16　Logistic 回归系数及显著性检验

变量名	系数	标准差	Z 值	概率 P
常数项	0.5471	0.0136	40.240	0.000
Y_1	0.5950	0.0063	94.300	0.000
Y_2	0.0802	0.0051	15.680	0.000
Y_3	0.0842	0.0066	12.680	0.000
Y_4	1.6539	0.0178	92.920	0.000

$$P=\frac{\exp(0.5471+0.5950Y_1+0.0802Y_2+0.0842Y_3+1.6539Y_4)}{1+\exp(0.5471+0.5950Y_1+0.0802Y_2+0.0842Y_3+1.6539Y_4)} \tag{5.18}$$

式中，Y_1、Y_2、Y_3和Y_4为经主成分分析变换后的 4 个主分量，因变量为正地形预测条件概率 P。通过表 5.16 的概率 P 可知，Logistic 回归方程各系数回归极为显著。

模型精度评估是正负地形提取模型选择及模型是否具有可用性的重要评价检验指

标。利用10-折交叉检验方法，对式（5.18）回归模型进行精度检验。模型的Kappa统计量为0.6298，模型精度为82.1%，模型具有较好的一致性和精度（表5.17）。

表5.17 模型精度评价

项目	真正元比率	假正元比率	准确率	召回率	查准率	受试者工作特征
正地形	0.868	0.244	0.832	0.868	0.85	0.897
负地形	0.756	0.132	0.805	0.756	0.78	0.897
加权平均值	0.821	0.197	0.821	0.821	0.82	0.897

（4）以测试样本检验正负地形提取精度

在实际应用之前，不能仅从学习样本评价模型精度，还必须经过测试样本测试以确认其分类精度。测试是以学习得到的模型对“测试样本”进行分类，并将分类结果和该样本的实际类别归属相对照，以此评价分类器的性能。根据式（5.18）对6个样区进行测试，且对生成结果利用邻域分析进行去噪处理。在每组对比图中，前图为人工勾绘结果，后图为模型生成结果（图5.63）。模型检验精度结果见表5.18。

表5.18 测试样区精度

测试样区	正地形精度	负地形精度	加权平均精度
1	0.788	0.855	0.820
2	0.809	0.809	0.809
3	0.703	0.725	0.713
4	0.748	0.951	0.862
5	0.819	0.882	0.848
6	0.787	0.872	0.826
平均值	0.776	0.849	0.813

由图5.63可看出，提取模型基本上对正负地形的主干提取效果较好，但边缘部分存在“碎屑”和“空洞”，其有待改进。由表5.18也可看出，提取模型在6个不同流域的测试样本上，提取正地形、负地形的平均精度分别为77.6%、84.9%，加权平均提取精度为81.3%。Logistic回归模型在测试样本上的精度接近于模型的评估精度。结果证明，整合多方位DEM地形晕渲、坡度和高程数据，利用主成分分析和Logistic回归模型提取黄土地貌正负地形的方法是可行的、有效的。以此为基础，完全可以实现无人工干预的、以Logistic回归判别概率P为基础的，全自动化正负地形计算机提取。

3. 小结

1）以多方位DEM地形晕渲提取黄土地貌正、负地形的方法改变了以往仅局限于地貌形态学、坡面形态和坡面汇水机理等单指标单因素的方法，综合考虑了多方位太阳光照、坡面形态、高程等多元因素，具有更好的正、负地形提取效果。

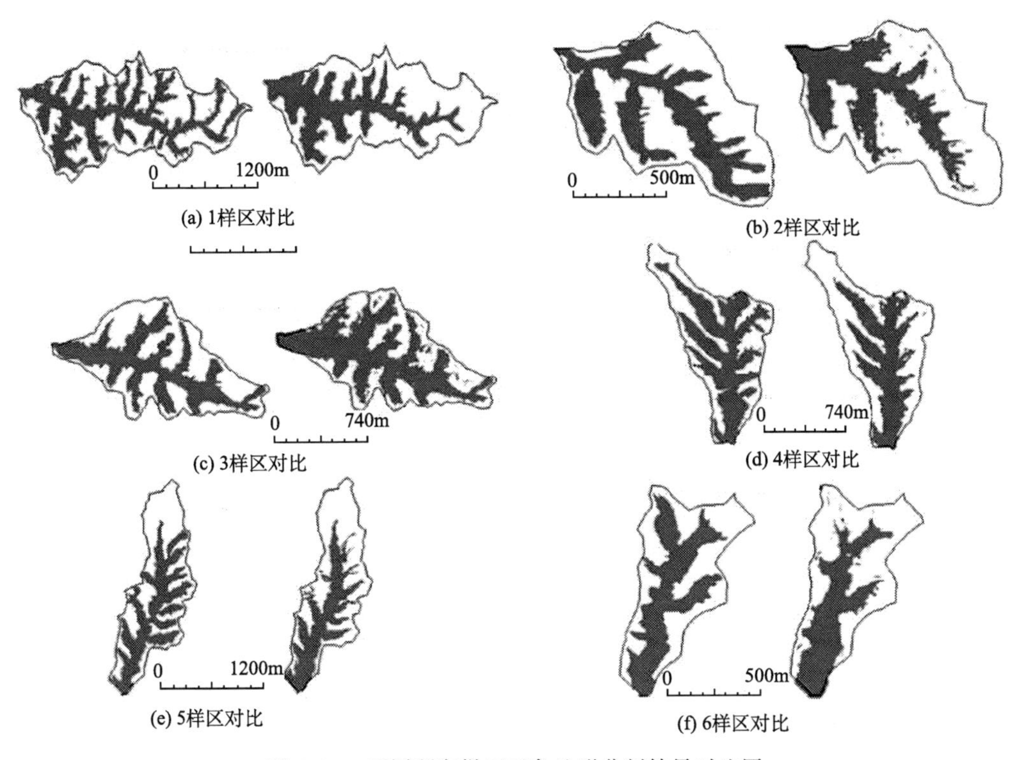

图 5.63　不同研究样区正负地形分割结果对比图

2）利用主成分分析对多元解释变量个数进行了有效的约减，降低了数据的维数；同时，利用主成分分析有效地消除了解释变量间多重共线性的问题，使回归模型更为稳健。

3）提出了以流域作为判别和提取正、负地形的基本单元的思路。利用 Logistic 回归模型提取判别黄土高原的正、负地形具有较好的应用适宜性。利用 Logistic 回归既建立了解释变量与因变量的严密数学关系，也利用判别条件概率 P 度量了沟沿线的断续性和不确定性。

4）在本小节中还存在很多的不足，由于计算机性能的限制，本小节仅选用一个流域作为训练样区，样本的代表性和样本量存在选取不足的问题；模型基本上对正负地形的主干提取效果较好，但边缘部分提取效果较差，提取精度还有待提高。此外，如何更好地保留边缘细部特征和如何进一步提高提取精度仍有待研究。

5.7　基于 DEM 的黄土高原坡面景观结构研究

坡是组成地面的基本要素，高低起伏的地表可以看作由不同的坡面类型在空间上不同的组合结构（邹豹君，1985）。因此，从坡面的角度研究黄土地貌的形态特征可以最大程度地降低地貌形态信息的损失。黄土高原地面坡谱是坡面信息描述的重要方法，在黄土高原地区，坡谱的空间分异特征较好地描述了黄土地貌塬、梁、峁的分异特征。但是坡谱源自统计曲线，有着其自身的缺点，如“异物同谱”现象，即坡谱和地貌形态不具有一一对应性。此外，曲线型坡谱将三维空间中的坡面信息压缩到一条曲线上，仅仅反映了不同坡度分级之间的数量组合关系，却损失了坡面的空间结构信息。

坡面景观是指不同坡形的坡面和坡面的不同坡位在空间上的组合排列形式及其相互关系（孙京禄，2011）。坡面景观不仅考虑地表坡面形态的差异，而且也将不同坡面在空间中的位置及其结构组合作为其研究内容，是一种“精细”描述黄土地貌特征的方法。

近年来，景观生态学的各种研究方法，尤其是景观空间分析的理论与方法不断完善（肖笃宁，1991；肖笃宁等，1997），为地理学空间分析方法的完善与深化提供了新的契机。景观空间分析的方法也为从景观角度来研究黄土坡面结构特征提供了有益的理论参考与方法借鉴。我们将坡面的各种要素抽象为景观中的斑块、基质或廊道等空间要素，从坡面的形态特征、坡面的地貌部位特征以及坡面的数量特征等方面对黄土坡面展开研究。不同的黄土地貌类型，具有不同的坡面形态，其坡面景观也表现为不同的空间组合规律与空间分布特征，通过对其空间形态、空间关系及空间构型的研究，揭示坡面景观要素在形态、空间距离与分布、相似与相关性等景观特征，揭示坡面景观结构与黄土地貌形态及演化之间的相互关系，具有重要的理论意义与实用价值，也是对坡谱概念的扩展及补充。

景观生态学强调空间格局，生态学过程与尺度之间的相互作用，同时将人类活动与生态系统结构和功能相整合。景观生态学的这一特点也为其他学科的发展提供了借鉴，一大批生态学、植物地理学、林学、动物学、水文学等学科的研究人员，试图借助景观生态学的综合特征去解决他们面临的新问题。

将景观生态学引入黄土坡面的研究是非常自然的，不同的坡面可以看作是不同的斑块，沟谷网络可以看作是廊道。不同坡面在空间上的分布特征也可以用景观生态学的相关理论去描述。然而，景观生态学目前的研究重点还集中在对空间对象格局的描述，尽管在该学科发展的最初阶段，就将格局与过程的相互作用看作是该学科的研究重点，然而目前对于过程的研究还处在很薄弱的阶段。这可能是由多方面的原因造成的，如过程的机理比较复杂，驱动力机制不明确等，也可能是现有的研究方法还不适合。为了更好地认识黄土高原地区不同坡面的空间结构特征，进而反演流域发育过程中不同地形的变化规律，本节在总结前人研究的基础上，基于景观的视角，分析不同坡面在研究区域的空间分布特征及其相互之间的组合特征；借鉴生态学相关理论去描述不同坡面之间的相互关系，并探讨坡面景观的分布与演化过程中的规律性特征。

5.7.1 研究基础

坡是组成地面的基本要素，各种地貌的变化可以看作是坡面特征和组合关系的变化。在黄土高原地区，不同的地貌类型区域，其坡面结构也表现为不同的空间组合规律与空间分布特征。此外，坡面形态及其演化过程的研究作为地貌研究的重要组成部分，在黄土高原地貌、土壤侵蚀、生态重建等方面都起着重要的作用。为了能更好地认识坡面的空间结构特征，并从区域尺度研究坡面空间结构，李发源（2008）提出了坡面景观的概念，并将坡面景观结构定义为不同坡形的坡面和坡面的不同坡位及不同的坡度组合在空间上的排列形式及其相互关系。从定义中可以看出，坡面景观研究的基本对象是不同形态的坡面对象及其在空间中的组合。同时，借鉴景观生态学中的概念，本节将空间中的坡面对象称为坡面斑块。相应的不同形态的坡面对象称为不同类型的坡面斑块。

本节基于面向对象的方法，以5m分辨率DEM数据为基本数据源，利用eCognition软件实现坡面景观要素的自动提取。以陕北黄土高原地区的神木、绥德、延川、甘泉、宜君和长武6个样区，它们位于黄土高原最为典型的地貌类型区内，代表的地貌类型分别为沙盖黄土低丘、黄土峁状丘陵沟壑区、黄土峁梁状丘陵沟壑、黄土梁状丘陵沟壑、黄土长梁残塬丘陵沟壑和黄土塬。这6个实验样区涵盖了黄土高原地区基本的地貌形态，在本节中主要用于分析不同地貌形态下坡面景观的格局特征以及坡面景观的生态特征。

5.7.2 黄土高原坡面景观空间格局分析

景观指数是指能够高度浓缩景观格局信息，反映其结构组成和空间配置某些方面特征的简单定量指标。景观格局特征可以在3个层次上分析：单个斑块，若干斑块组成的斑块类型，包含若干斑块类型的景观镶嵌体。因此，景观格局指数也可以相应地分为斑块水平指数、斑块类型水平指数和景观水平指数。景观指数的重要作用在于，可以定量地描述景观格局，建立景观结构与过程或现象的联系，从而更好地理解与解释景观功能。

景观指数的选择要考虑研究问题的本身情况（景观格局本身），指数的生态学意义及其计算公式、计算单元及空间分辨率、景观分类系统等。对于坡面形态景观格局分析，根据研究的理论目的和实际应用目的，应该侧重于对各种斑块类型的面积及破碎程度，不同斑块的空间组合特征即空间异质性分析，因为这些特点既反映了该区域长时间以来的地貌演化过程，又指示了该区域未来地貌形态演化的方向。综合以上分析，并充分借鉴前人的研究成果，本节选择以下景观指数。

1）类型层次选取：斑块类型面积、平均斑块面积、平均形状指数、平均分维数指数、平均最小邻近距离。

2）景观层次选取：平均斑块面积、平均形状指数、分维数指数、平均最邻近距离、香农多样性指数、香农均一度指数。

1. 基于景观指数的黄土高原坡面景观格局分析

斑块类型层次上的景观指数在重点研究样区中的计算结果如图5.64所示。通过斑块面积指数可以清楚地看到各个研究样区的优势坡面类型，即面积比例最高的坡面类型。在神木样区，直型坡（LL坡）数量最多；在黄土丘陵沟壑区，凹直坡（CL坡）数量最多，但是面积比例有逐渐减小的趋势，到了黄土残塬区，CL坡的数量和LL坡及平坡（Flat坡）的数量相当，但是到了黄土塬区，LL坡及Flat坡的数量均超过了CL坡。平均斑块面积指数在不同的地貌类型区域差异明显。在沙盖黄土低丘地区，LL坡面的平均斑块指数最大；在黄土丘陵沟壑区，CL坡面的平均斑块指数最大；在黄土残塬、黄土塬区，Flat坡面的平均斑块指数最大。对于平均形状指数和平均分维数指数，各个坡面类型斑块的计算结果在6个重点实验样区的变化规律保持一致。这两个景观指数主要指示了坡面斑块的平均形状，可以看出对于6个重点实验样区而言，均是凸直坡（VL坡）面形状最为复杂（偏离正方形较大），而LL坡和Flat坡形状更为规则。

对于平均最小邻近距离指数，由于神木样区的坡面斑块类型组成与其余样区差异较大，因而该指数与其余样区也存在较大的差异。除神木样区外，其余5个研究样区由于Flat坡的数量差异较大，因此仅Flat坡面的最小邻近距离指数差异较大，而其他坡面类型的该指数计算值基本一致。

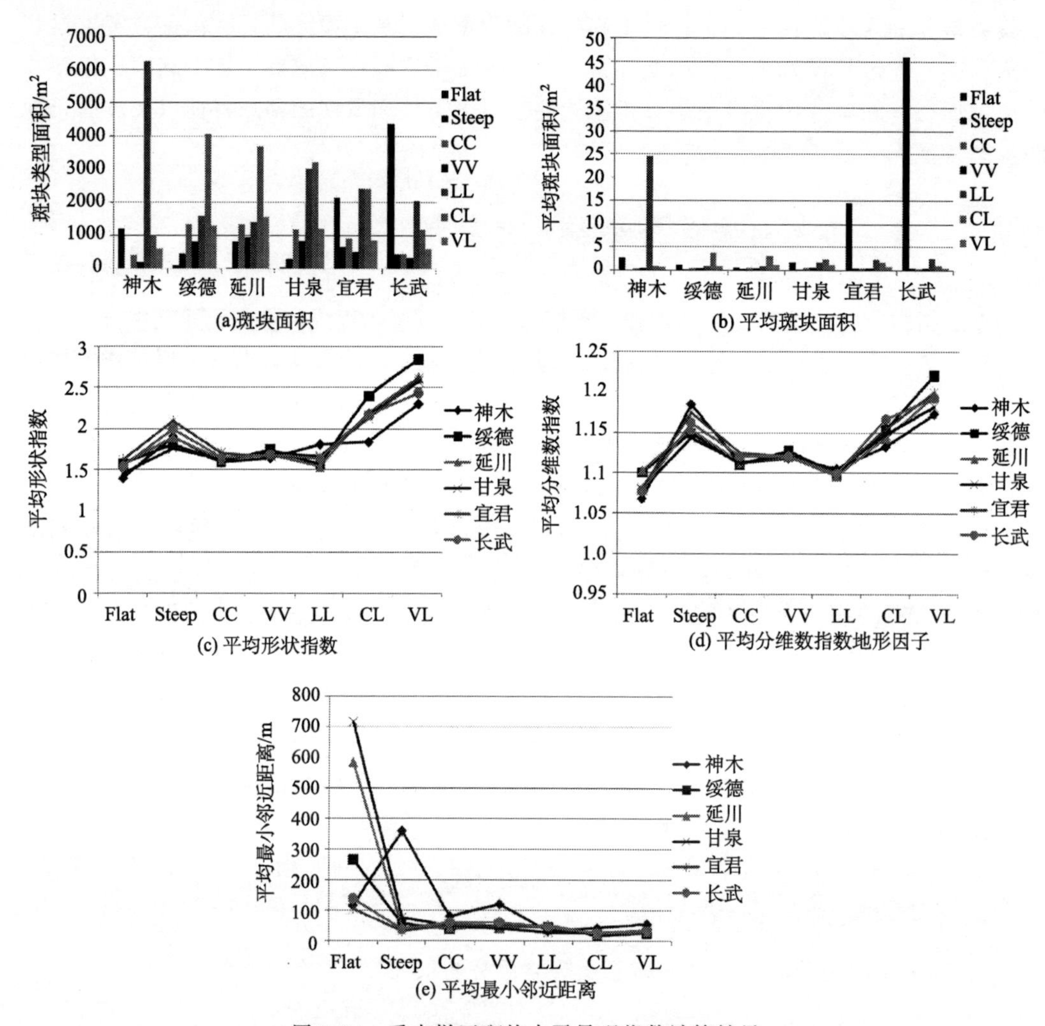

图 5.64 重点样区斑块水平景观指数计算结果

Flat：平坡；Steep：峭壁；CC：凹型坡；VV：凸型坡；LL：直型坡；CL：凹直坡；VL：凸直坡

重点实验样区景观层次上的景观指数计算结果如图5.65所示。根据研究样区在实际空间中的位置从北到南排列，其地貌类型为沙盖黄土低丘、黄土丘陵沟壑、黄土残塬沟壑、黄土塬。由图5.65可以看出，对于平均斑块面积，除了神木样区，其余5个样区的平均斑块面积逐渐增大，这与对应样区的地表破碎程度一致。而之所以神木样区的平均斑块面积显著大于其他样区，是因为神木地表主要分布的是低缓沙丘，沟谷切割不严重，地表变化缓慢，几乎不存在陡坡这种碎小的斑块，因此，尽管该区域并没有面积宽广的塬面，但是平均斑块面积仍然较大。类似地，神木样区的平均最邻近距离指数也明显大于其他样区。

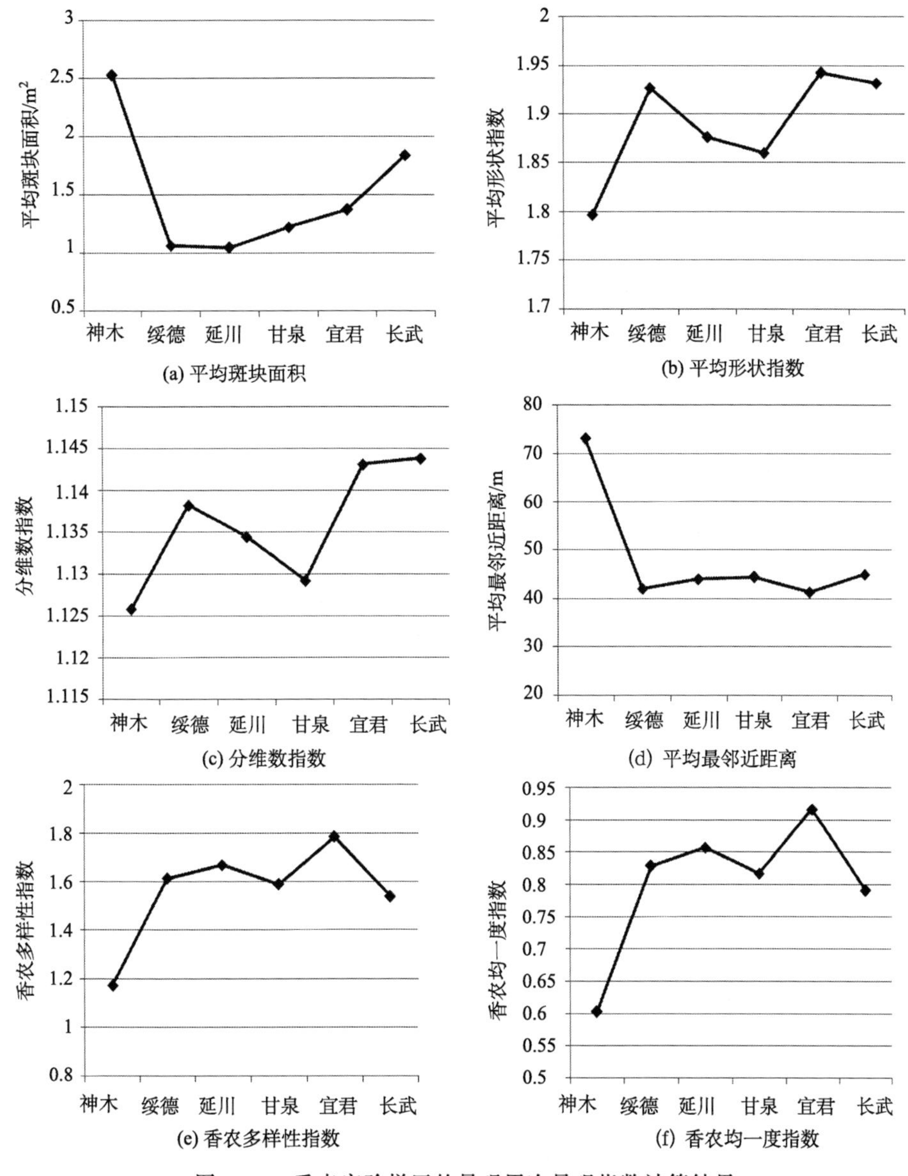

图 5.65　重点实验样区的景观层次景观指数计算结果

平均形状指数和分维数指数在 6 个实验样区的变化规律相似，均表现出在神木样区最小，而在黄土丘陵沟壑区、黄土残塬区、黄土塬区其值逐渐增大，稍有差别的是长武样区（黄土塬）的平均形状指数略小于宜君样区（黄土残塬）。平均形状指数和分维数指数均是描述斑块形状复杂程度的指标，斑块的形状越复杂，该类指数值越大。神木地表有连片的低丘分布，坡面斑块形状最为规则，因此两个指数值均较小。同时可以看出黄土塬、黄土残塬的坡面斑块形状与黄土丘陵沟壑区相比更复杂，尽管后者沟壑切割程度更为严重、破碎度更大。对于这个现象可以作如下解释，黄土塬、黄土残塬沟壑密度较低，有限的沟谷切割地表所形成的坡面斑块形状具有很大的随机性，因而形状更为复杂；但当沟谷数量持续增加，侵蚀不断加剧，反而使得地表坡面斑块的形状趋于规则、一致。

香农多样性指数和香农均一度指数在6个实验样区的变化规律则完全一致，神木样区最低，黄土残塬区最高，而黄土丘陵沟壑区和黄土塬区较为一致，其值处于二者之间。香农多样性指数反映景观异质性，特别对景观各斑块类型非均衡分布状况较为敏感，即强调稀有斑块类型对信息的贡献。在一个景观系统中，破碎化程度越高，其不定性的信息含量也越大，所对应的香农多样性指数值就越高。香农均一度指数也是比较不同景观多样性差异的重要指标，该指标与优势度指标可以相互转换（二者的和为1），较小的香农均一度指数可以反映出景观受到一种或少数几种优势斑块类型所支配，而当该指数接近1时说明景观中没有明显的优势斑块类型且各个斑块类型在景观中均匀分布。神木样区异质性最弱，Flat坡和LL坡数量远远大于其他坡形，因此该样区的香农多样性指数和香农均一度指数最低。

2. 坡面景观格局尺度效应分析

景观生态学的研究对象在空间上的测度称为空间尺度，空间尺度包含两层含义，即空间范围和分辨率。其中，范围是指研究对象在空间上的持续范围，分辨率有时也称空间粒度，是指研究对象空间特征的最小单元。一般来说，空间分析范围和分辨率的变化都会引起景观指数的改变，因此，在用景观指数进行分析时必须指明分析采用的尺度。景观指数尺度效应研究的必要性在于，一方面景观指数随尺度变化而变化，因而分析各种景观指数与分析尺度的关系可以寻找两者之间的变化规律，从而减少景观指数分析时尺度选择的盲目性；另一方面，通过分析景观指数随分辨率的变化规律，为在哪种尺度域内选择哪种景观指数，以及哪种景观指数能实现分析目标等问题的解决提供参考。

（1）空间范围对景观指数的影响

在每一个实验样区，分别取边长为1km、2km、3km、4km、5km、6km、7km、8km、9km为边长的正方形为幅度变化系列区域，并且系列区域中心相同。计算各个景观水平上的景观指数，结果如图5.66所示。

可以看出，对于平均斑块面积指数，随着研究区域幅度的增大，神木和长武的平均斑块面积指数增大，并且前者的增大趋势更明显，而对于其他样区则基本保持不变。对于平均形状指数和分维数指数，随着研究区域幅度的增大，长武样区有增加的趋势，神木样区波动变化，其余样区则变化不明显。对于平均最邻近距离指数，除了神木样区随着研究区域幅度的增大而呈指数形式增加，其余样区变化一致，从第二个区域幅度就达到稳定，区域再增大时该指数值变化不大。对于香农多样性指数和香农均一度指数，神木样区随着研究区域幅度的增大呈指数形式下降，其他区域则变化均不明显。

同时还可以看出，对于本节所选择的景观指数，其计算值在除神木之外的研究区域中变化均不明显。对于神木样区，随着研究区域幅度的增大，平均斑块面积指数和平均最邻近距离指数会增加，平均形状指数和分维数指数波动变化，而香农多样性指数和香农均一度指数减小。这些结果反映了神木样区的特殊性，而其他5个样区，无论是黄土丘陵沟壑、黄土残塬，还是黄土塬，都具有一定程度的相似性。因此在分析黄土高原地区空间范围对坡面景观指数的影响时，对于风沙覆盖的区域需要单独分析。

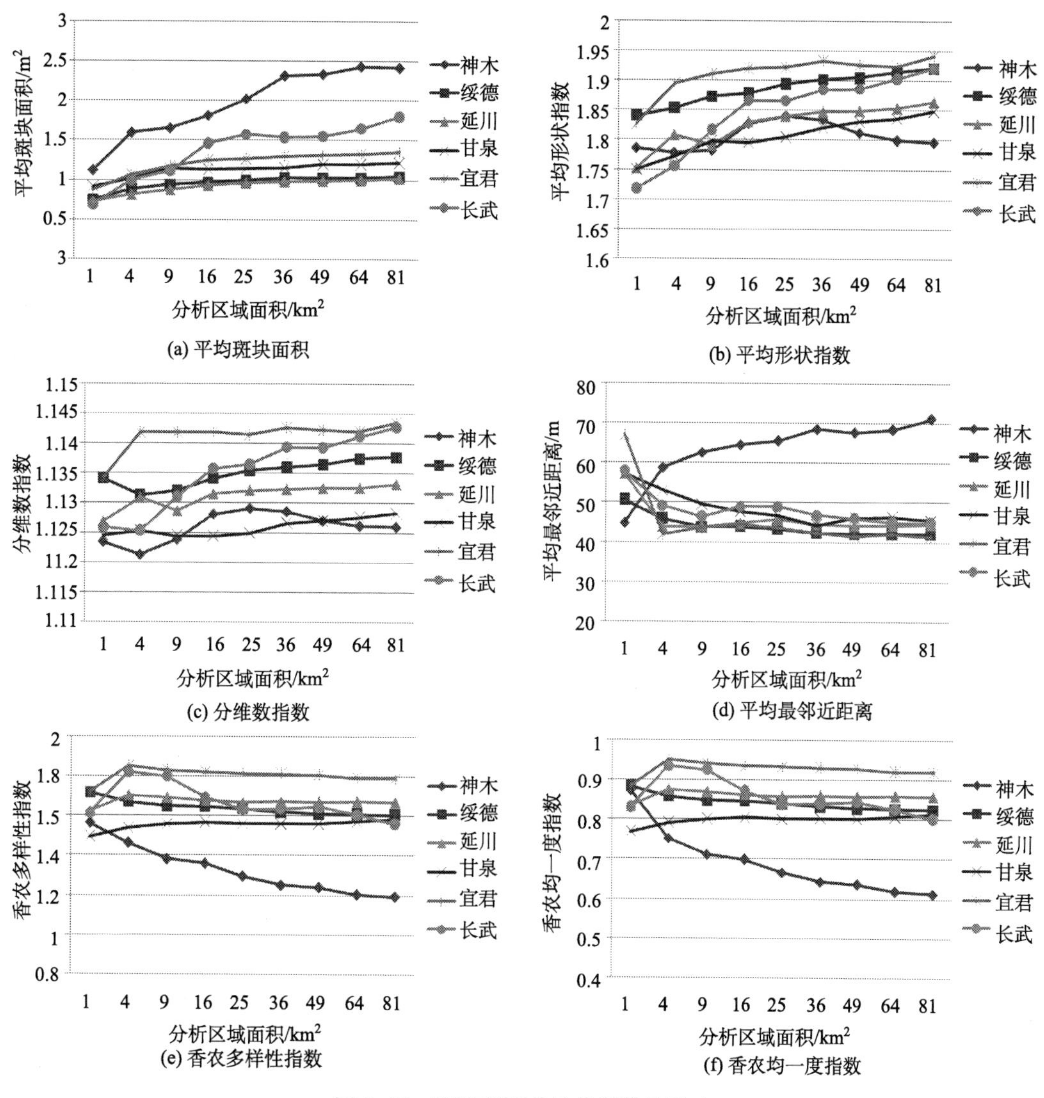

图 5.66　研究范围对景观指数的影响

（2）空间粒度对景观指数的影响

对于每个实验样区，以样区中心为中心点作边长为 5km 的正方形作为样方，以原始分辨率数据（5m）为基本数据，分别重采样为 10m、15m、20m、25m、30m、35m、40m、45m、50m，计算本节所选择的景观水平上的景观指数，结果如图 5.67 所示。

由图 5.67 可以看出，在 6 个实验样区，分辨率对景观指数的影响基本一致。随着分辨率变大，平均斑块面积指数先减小后增大；平均形状指数和分维数指数减小，并且前者减小的幅度小于后者；平均最邻近距离与数据分辨率呈明显线性相关，数据分辨率越大，平均最邻近距离指数越大。而对于香农多样性指数和香农均一度指数则基本保持不变。

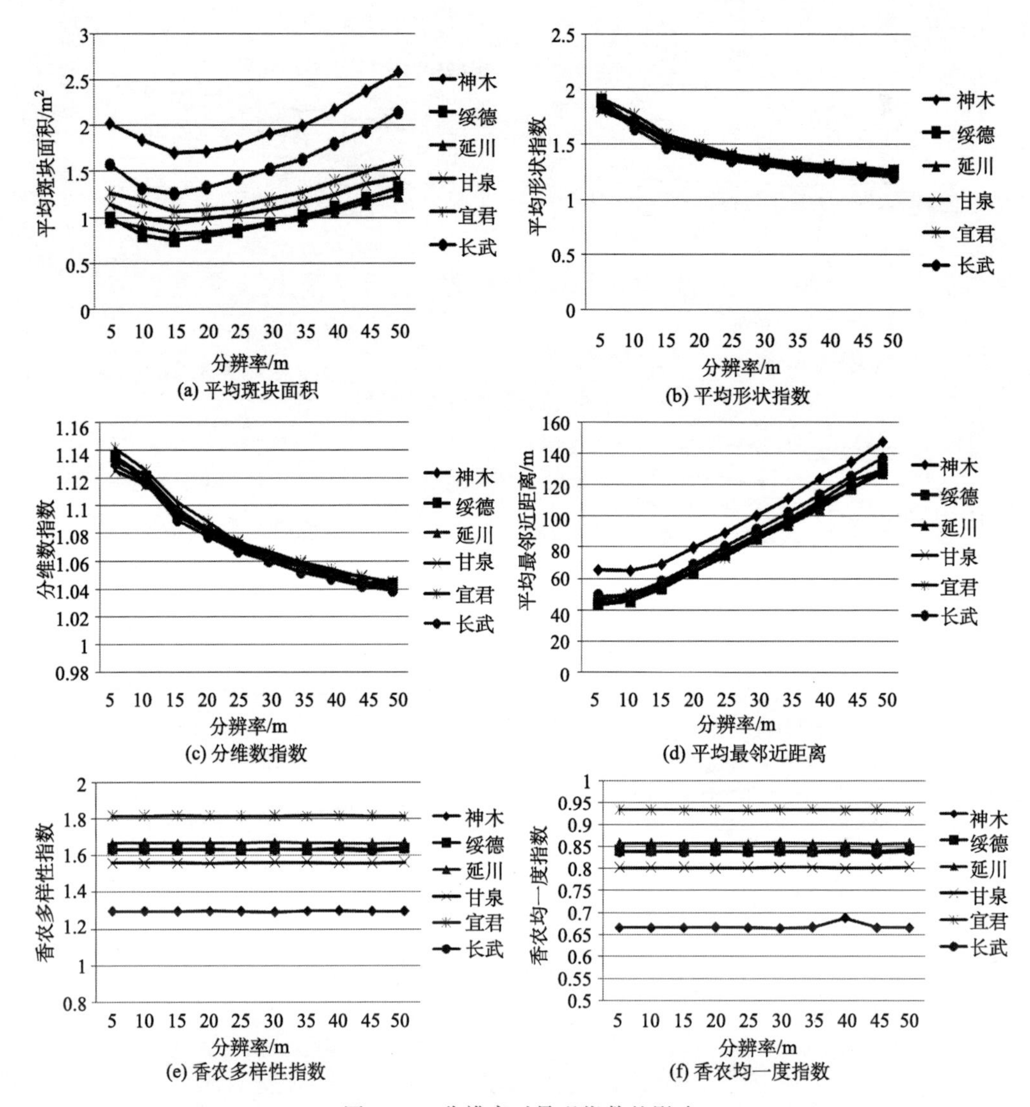

图 5.67 分辨率对景观指数的影响

5.7.3 小结

不同坡形的坡面在空间上的排列组合及其相互关系构成了坡面景观。坡面景观研究，是将不同类型的坡面抽象为景观中不同类型的斑块，应用景观生态学的方法对坡面的形态数量特征、坡面的空间分布特征以及不同类型坡面之间的空间组合特征进行分析。此外，结合黄土地貌研究的特点和需求，应该将坡面景观应用到该区域地貌演化过程研究中，因此应该对坡面景观过程开展相关研究。本节在前人研究的基础上，以陕北黄土高原为研究区域，基于 DEM 数据，采用面向对象影像分析方法实现坡面景观要素的提取，然后对坡面景观格局和相关坡面景观过程进行深入分析。

借鉴景观生态学中的景观指数分析方法，对不同地貌类型区域的坡面景观格局进行分析。结果表明，斑块类型水平上的景观指数在陕北黄土高原由北向南的样区序列上变化基本一致，而景观水平上景观指数则呈现不同程度的波动性，这一结果表明陕北黄土高原不同区域的整体地貌形态差异明显，但具体到坡面尺度则各种特征趋于一致。对景观指数计算结果的尺度效应分析表明，不同的景观指数对尺度的依赖性不同。

参考文献

艾南山，陈嵘，李后强. 1999. 走向分形地貌学. 地理学与国土研究，33（1）：92-96

曹银真. 1983. 黄土地区梁峁坡地特征与土壤侵蚀. 地理研究，2（3）：19- 29

陈浩. 1986. 陕北黄土高原沟道小流域形态特征分析. 地理研究，5（1）：82-92

陈盼盼. 2006. 基于DEM的山顶点快速提取技术. 现代测绘，29（2）：11-13

陈渭南. 1989. 无定河流域黄土区地貌要素之统计特征及其趋势面与聚类分析 . 干旱区资源与环境，3（4）：21-32

陈渭南 . 1988. 黄土梁峁地区影响黄土侵蚀的地貌条件分析 . 地理科学，8（4）：323-329

陈永宗，景可，蔡强国. 1988. 黄土高原现代侵蚀与治理. 北京：科学出版社

陈永宗. 1984. 黄河中游黄土丘陵区的沟谷类型. 地理科学，4（4）：321-327

承继成，江美球. 1986. 流域地貌数学模型. 北京：科学出版社

邓敏，陈杰，李志林. 2009. 计算地图线目标分形维数的缓冲区方法. 武汉大学学报（信息科学版），34（6）：745-747

范延滨，刘彩霞，贾世宇，等. 2008. GVF Snake模型中初始轮廓线设置算法的研究 . 中国图象图形学报，13（1）：58-63

郭明武，吴凡. 2005. 等高线自动提取结构线方法与问题处理. 地球信息科学，7（3）：113-119

郭庆胜，杨族桥，冯科. 2008. 基于等高线提取地形特征线的研究. 武汉大学学报（信息科学版），33（3）：253-257

郭庆胜，王晓延. 2004. 地貌晕渲中光源使用方法与用色规则的研究. 武汉大学学报（信息科学版），29（1）：20-23

郭彦彪，李占斌，崔灵周. 2009. 模拟降雨条件下地貌发育与侵蚀产沙的关系. 农业工程学报，25（1）：40-44

季经纬，郝耀华，张静瑶，等. 2011. 大能束数蒙特卡洛热辐射计算的CUDA并行算法 . 中国矿业大学学报，40（6）：922-927

贾燕锋，焦菊英，张振国，等. 2007. 黄土丘陵沟壑区沟沿线边缘植被特征初步研究. 中国水土保持科学，5（4）：39-43

姜文亮，李霖，应申. 2007. 计算机地貌晕渲效果增强方法研究. 武汉大学学报（信息科学版），32（12）：1176-1179

蒋德麒. 1966. 黄河中游小流域泥沙来源初步分析. 地理学报，32（1）：20-35

焦菊英，刘元宝，唐克丽. 1992. 小流域沟间与沟谷地径流泥沙来量的探讨. 水土保持学报，6（2）：24-28

焦菊英. 2006. 黄土高原沟沿线的廊道防蚀效应探析. 水土保持通报，26（5）：108-110

景可. 1986. 黄土高原沟谷侵蚀研究. 地理科学，6（4）：340-347

李发源. 2007. 黄土高原地面坡谱及空间分异研究 . 成都：中国科学院成都山地灾害与环境研究所博士学位论文

李郎平，陆化煜. 2010. 黄土高原25万年以来粉尘堆积与侵蚀的定律估算 . 地理学报，65（1）：37-52

李丽，郝振纯. 2003. 基于DEM的流域特征提取综述. 地球科学进展，18（2）：251-256

李小曼，王刚，李锐. 2008. 基于 DEM 的沟沿线和坡脚线提取方法研究. 水土保持通报，28 (1)：69-72
励强，陆中臣，袁宝印. 1990. 地貌发育阶段的定量研究. 地理学报，45 (1)：110-120
梁广林，陈浩，蔡强国，等. 2004. 黄土高原现代地貌侵蚀演化研究进展. 水土保持研究，11 (4)：131-137
林爱华，岳建伟，陈路遥. 2009. 海岸线变化趋势预测方法研究与系统实现. 测绘科学，34 (4)：109-110
刘迪生. 1957. 小比例尺分层设色地势图的编制问题. 地理学报，23 (4)：447-458
刘红艳，杨勤科，牛亮，等. 2010. 坡度与水平分辨率关系的初步研究. 水土保持研究，17 (4)：34-37
刘鹏举，朱清科，吴东亮，等. 2006. 基于栅格 DEM 与水流路径的黄土区沟缘线自动提取技术研究. 北京林业大学学报，28 (4)：72-76.
刘前进，蔡强国，方海燕. 2008. 基于 GIS 的次降雨分布式土壤侵蚀模型构建——以晋西王家沟流域为例. 中国水土保持科学，6 (5)：21-26.
刘泽慧，黄培之. 2003. DEM 数据辅助的山脊线和山谷线提取方法的研究. 测绘科学，28 (4)：33-36
卢金发. 2002. 黄河中游流域地貌形态对流域产沙量的影响. 地理研究，21 (2)：171-178
陆汝成，黄贤金，左天惠，等. 2009. 基于 CLUE-S 和 Markov 复合模型的土地利用情景模拟研究——以江苏省环太湖地区为例. 地理科学，29 (4)：577-581
闾国年，钱亚东，陈钟明. 1998a. 基于栅格数字高程模型提取特征地貌技术研究. 地理学报，53 (6)：52-61
闾国年，钱亚东，陈钟明. 1998b. 基于栅格数字高程模型自动提取地貌沟沿线技术研究 . 地理科学，18 (6)：567-573
闾国年，钱亚东，陈钟明. 1998c. 流域地形自动分割研究. 遥感学报，2 (4)：298-302
闾国年，钱亚东，陈钟明. 1998d. 黄土丘陵沟壑区沟谷网络自动制图技术研究. 测绘学报，27 (2)：131～137
罗来兴. 1956. 划分晋西、陕北、陇东黄土区域沟间地与沟谷的地貌类型. 地理学报，22 (3)：201-222
罗明良. 2008. 基于 DEM 的地形特征点簇研究. 成都：中国科学院成都山地灾害与环境研究所博士学位论文
马岩，陈利顶，虎陈霞. 2008. 黄土高原地区退耕还林工程的农户响应与影响因素——以甘肃定西大牛流域为例. 地理科学，28 (1)：34-39
孟樊，方圣辉. 2012. 利用模板匹配和 BSnake 算法准自动提取遥感影像面状道路，武汉大学学报（信息科学版），37 (1)：39-42
穆天亮，王全九. 2007. 黄土丘陵沟壑区小流域水土养分流失特征研究. 中北大学学报（自然科学版），28 (4)：349-355
齐清文，成夕芳，纪翠玲，等. 2001. 黄土高原地貌形态信息图谱. 地理学报，56 (9)：32-37
钱亚东. 2001. 基于 DEM 的地学分析研究 . 南京：南京师范大学博士学位论文
秦伟. 2009. 北洛河上游土壤侵蚀特征及其对植被重建的响应 . 南京：北京林业大学博士学位论文
桑广书，陈雄，陈小宁，等. 2007. 黄土丘陵地貌形成模式与地貌演变. 干旱区地理，30 (3)：375-380
邵一希，李满春，陈振杰，等. 2010. 地理加权回归在区域土地利用格局模拟中的应用——以常州市孟河镇为例. 地理科学，30 (1)：92-97
石澄贤，曹德欣. 2007. 自适应气球力主动轮廓的图像分割. 中国矿业大学学报，36 (1)：69-74
孙崇亮，王卷乐. 2008. 基于 DEM 的水系自动提取与分级研究进展. 地理科学进展，27 (1)：118-124
孙京禄. 2011. 基于 DEM 的黄土坡面景观结构研究——以陕北黄土高原为例. 南京：南京师范大学硕士学位论文
汤国安，刘学军，闾国年. 2005. 数字高程模型及地学分析的原理与方法. 北京：科学出版社

汤国安，陶旸，王春. 2007. 等高线套合差及在 DEM 质量评价中的应用研究. 测绘通报，(7)：65-67
汤国安，杨昕. 2006. Arcgis 地理信息系统空间分析实验教程. 北京：科学出版社
唐炉亮，杨必胜，徐开明. 2008. 基于线状图形相似性的道路数据变化检测. 武汉大学学报（信息科学版），33（4）：367-370
王春，汤国安，张婷，等. 2005. 在降雨侵蚀中黄土地面坡度变化的高分辨研究. 山地学报，23（5）：589-595
王富喜，孙海燕，孙峰华. 2009. 山东省城乡发展协调性空间差异分析. 地理科学，29（3）：323-328
王随继，任明达. 1999. 根据河道形态和沉积物特征的河流新分类. 沉积学报，(2)：240-246
王元全，贾云得. 2006. 梯度矢量流 Snake 模型临界点剖析. 软件学报，17（9）：1915-1921
邬建国. 2004. 景观生态学——格局、过程、尺度与等级. 北京：高等教育出版社
邬伦，刘瑜，张晶，等. 2001. 地理信息系统——原理、方法与应用. 北京：北京大学出版社
吴伯甫，陈明荣，陈宗兴，等. 1991. 中国的黄土高原. 西安：陕西人民出版社
吴良超. 2004. 基于 DEM 的陕北黄土高原沟壑密度提取与空间分异. 见：中国地理学会. 中国地理学会 2004 年学术年会暨海峡两岸地理学术研讨会论文摘要集：428
肖晨超，汤国安. 2007. 黄土地貌沟沿线类型划分. 干旱区地理，30（5）：646-653
肖笃宁，布仁仓，李秀珍. 1997. 生态空间理论与景观异质性. 生态学报，17（5）：453-460
肖笃宁. 1991. 景观生态学：理论、方法及应用. 北京：中国林业出版社
肖飞，张百平，凌峰，等. 2008. 基于 DEM 的地貌实体单元自动提取方法. 地理研究，27（2）：459-466
谢顺平，都金康，王腊春. 2005. 利用 DEM 提取流域水系时洼地与平地的处理方法. 水科学进展，16（4）：535-540.
熊立华，郭生练，O’Connor K M. 2002. 利用 DEM 提取地貌指数的方法述评. 水科学进展，13（6）：775-780
熊立华，郭生练. 2003. 基于 DEM 的数字河网生成方法的探讨. 长江科学院院报，20（4）：14-17.
闫业超，张树文，岳书平. 2007. 克拜东部黑土区侵蚀沟遥感分类与空间格局分析. 地理科学，27（2）：193-919
晏实江，汤国安，李发源，等. 2011. 利用 DEM 边缘检测进行黄土地貌沟沿线自动提取. 武汉大学学报（信息科学版），36（3）：363-366
杨勤科. 2001. 小流域土壤侵蚀评价与水土保持规划研究. 杨凌：西北农林科技大学博士学位论文
杨育彬，林珲. 2010. 利用天文观测图像对空间碎片目标进行自动识别与追踪. 武汉大学学报（信息科学版），35（2）：209-214
易红伟，汤国安，刘咏梅，等. 2003. 河网径流节点及其基于 DEM 的自动提取. 水土保持学报，17（3）：108-111
张春林，刘建华，胡瑞敏. 2005. MPEG 压缩域中自适应镜头实时边缘检测. 武汉大学学报信息科学版，30（11）：25-29
张婷，汤国安，王春. 2005. 黄土丘陵沟壑区地形定量因子的关联性分析. 地理科学，25（4）：467-472
张艳林，马金辉，李国鹏. 2008. TPI 算法在自动识别黄土丘陵地区沟沿线中的应用. 中国科技论文在线精品论文，1（13）：1490-1494
张宗祜. 1981. 我国黄土高原区域地质地貌特征及现代侵蚀作用. 地质学报，(4)：308-320
赵明伟，汤国安，李发源. 2011. 黄土塬区 DEM 水文分析中消除地面伪沟谷的方法. 中国水土保持，(8)：36-38.
郑粉莉，武敏，张玉斌，等. 2006. 黄土陡坡裸露坡耕地浅沟发育过程研究. 地理科学，26（4）：438-442

郑江坤，魏天兴，郑路坤，等. 2009. 坡面尺度上地貌对α生物多样性的影响. 生态环境学报，18（6）：2254-2259

郑江坤，魏天兴，朱金兆，等. 2010. 黄土丘陵区自然恢复与人工修复流域生态效益对比分析. 自然资源学报，25（6）：990-1000

钟祥浩. 2000. 山地学概论与中国山地研究. 四川：四川省科学技术出版社

周成虎. 2006. 地貌学辞典. 北京：中国水利水电出版社

周道炳，朱卫纲. 2000. 几种边缘检测算子的评估. 指挥技术学院学报，11（1）：59-63

周启鸣，刘学军. 2006. 数字地形分析. 北京：科学出版社

周晓云，覃雄派，徐钊. 2009. 一种高效的并行内存数据库事务提交与恢复技术 . 中国矿业大学学报，38（1）：67-74

周毅，汤国安，王春，等. 2010. 基于高分辨率 DEM 的黄土地貌正负地形自动分割技术研究. 地理科学，30（2）：261-266

朱红春，汤国安，张友顺，等. 2003. 基于 DEM 提取黄土丘陵区沟沿线. 水土保持通报，23（5）：43-45

朱庆，赵杰，钟正，等. 2004. 基于规则格网 DEM 的地形特征提取算法. 测绘学报，33（1）：77-82

邹豹君. 1985. 小地貌学原理. 北京：商务印书馆

Allain C，Cloitre M. 1991. Characterizing the lacunarity of random and deterministic fractal sets. Physical. Review，(44)：552-558

Andrea B C，Vicente T R，Valentino S，et al. 2005. Geomorphometric analysis for characterizing landforms in Morelos State，Mexico. Geomorphology，67 ：407 - 422

Ansouri A R. 2002. Region tracking via level set PDEs without motion computation. IEEE Transactions on Pattern Analysis and Machine Intelligence，24（7)：947-961

Basu M. 2002. Gaussian based edge detection methods：a survey. IEEE Transactions on Systems，Man，and Cybernet Part C，32（3)：252-260

Bresson X，Esedoglu S，Vandergheynst P，et al. 2007. Fast global minimization of the active contour/snake model. Journal of Mathemathematical Imaging and Vision，28：151-167

Canny J A. 1986. Computational approach to edge detection. IEEE Transactions on Pattern Analysis and Machine Intelligence，8（6)：679-698

Christopher J B，Lan A M. 1987. Line generalisation in a global cartographic database. Cartographica，24（3)：32-45

Cotton C A. 1964. The control of drainage density. New Zealand Journal of Geology and Geophysics，7（2)：348-352

Dale M R T. 1999. Spatial Pattern Analysis in Plant Ecology. Cambridge：Cambridge University Press

Davis W M. 1899. The geographical cycle. Geographical Journal，14：481-504

Dillabaugh C R. 2002. Semi-automated extraction of rivers from digital imagery. Geoinfarmatica，6（3)：263-284

Eberly D H. 1994. Geometric methods for analysis of ridges in n-dimensional images. Ph. D thesis，Chapel，University of North Carolina

Fisher P，Wood J，Cheng T. Where is helvellyn? Fuzziness of multi-scale landscape morphometry. Transactions of the Institute of British Geographers，29 ：106-128

Gefen Y，Meir Y，Aharony A. 1983. Geometric implementation of hyper cubic lattices with non-integer dimensionality by use of low lacunarity fractal lattices. Physical Review Letters，(50)：145-148

Hill M O. 1973. The intensity of spatial pattern in plant communities. Ecol，(61)：225-235

Iwahashi J, Richard J P. 2007. Automated classifications of topography from DEMs by an unsupervised nested-means algorithm and a three-part geometric signature. Geomorphology, 86: 409-440

Kass M, Witkin A, Terzopoulos D. 1988. Snake: active contour models. International Journal of Computer Vision, 1 (4): 321-331

Knorr E M, Ng R T, Shilvock D L. 1997. Finding boundry shape matching relationships in spatial data. Proceedings of the 5th International Symposium on Spatial Databases. Berlin: 29-46

Kuhni A, Pfiffner O A. 2001. The relief of the Swiss Alps and adjacent areas and its relation to lithology and structure-topographic analysis from a 250-m DEM. Geomorphology, 41: 285-307

Lee J, Snyder P K, Fisher P F. 1992. Modeling the effect of data errors on feature extraction from digital elevation models. Photogrammetric Engineering and Remote Sensing, 58 (10): 1461-1467

Leopold L B, Wolman M G. 1957. River channel patterns, braided, meandering and straight. Geotogical Survey Professional Paper, 282-B: 1-50

Li Z L. 2006. Algorithmic Foundation of Multi-Scale Spatial Representation. Boca Raton: CRC Press

Madduma B C M. 1974. Drainage density and effective precipitation. J. Hydrol, 21 (2): 187-190

Mandelbrot B B. 1967. How long is the coast of Britain? Statistical self - similarity and fractional dimension. Science, (155): 636-638

Mcnamara J P, Douglas L, Hinzman L D. 1999. An analysis of an arctic channel network using a digital elevation model. Geomorphology, 29: 339-353

Meyer M, Desbrun M, Schrder P, et al. 2003. Discrete differential geometry operators for triangulated 2D-manifolds . Visualization and Mathematics III, (1): 35-57

Moore B. 2002. Principal component analysis in linear systems: Controllability, observability, and model reduction. Automatic Control, IEEE Transactions on, 26 (1): 17-32

Oguchi T. 1997. Drainage density and relative relief in humid steep mountains with frequent slope failure. Earth Surface Processes Landforms, 22 (2): 107-120

O' Callaghan J F, Mark D M. 1984. The exaction of drainage networks from digital elevation data. Computer Vision, Graphics and Image Processing, 28: 323-344

Peucker T, Douglas D. 1975. Detection of surface specific points by local parallel processing of discrete terrain elevation data. Computer Graphics and Image Processing, (4): 375-387

Plotnick R E, Gardner R H, O'Neill R V. 1993. Lacunarity indices as measures of landscape texture. Landscape Ecology, (359): 605-609

Pucker T K, Douglas D H. 1975. Detection of surface specific points by local parallel of discrete terrain elevation data. Computer and Image Processing, (4): 375-387

Sadahiro Y. 2002. A graphical method for exploring spatiotemporal point distributions. Cartography and Geographic Information Science, 29 (Compendex): 67-84

Schumm S A. 1963. A tentative classification of alluvial river channels. United States Geological Survey

Stive M J F, Aarninkof S J C, Hamm L, et al. 2003. Variability of shore and shoreline evolution. Coastal Engineering, 47: 211-235

Stuart L N, Richard W M, Murray H D. 2003. Estimation of erosion and deposition volumes in a large, gravel-bed, braided river using synoptic remote sensing. Earth Surface Processes and Landforms, 28: 249-271

Tang G A, Li F Y, Liu X J, et al. 2008. Research on the slope spectrum of the Loess Plateau. Science in China Series E: Technological Sciences, 51 (S1): 175-185

Tang G A, Xiao C C, Jia D X, et al. 2007. DEM based investigation of loess shoulder-line. In Geoinformatics: Geospatial Information Science, 6753: 67532E1-8

Toriwaki J, Fukumura T. 1978. Extraction of structural information from grey pictures. Computer Graphics and Image Processing, (7): 30-51

Tucker G E, Bras R L. 1998. Hillslope processes, drainage density and landscape morphology. Water Resources Research, 34 (10): 2751-2764

Tucker G E, Catani F. 2001. Statistical analysis of drainage density from digital terrain data. Geomorphology, 36 (3-4): 187-202

Vincent C, Christian W, Pierre C. 2000. Improving soil hydromorphy prediction according to DEM resolution and available pedological data. Geoderma, 97: 405-422

Visvalingam M, Whyatt J D. 1993. Line generalisation by repeated elimination of points. Cartographic Journal, 30 (1): 46-51

Wei M, Zhou Y J. Wan M X. 2004. A fast snake model based on non-linear diffusion for medical image segmentation. Computerized Medical Imaging and Graphics, 28 (3): 109-117

Wood J. 1996. The geomorphological characterization of Digital Elevation Models. Lancaster : PhD Thesis Department of Geography, University of Lancaster

Woolfe K J, Balzary J R. 1996. Fields in the spectrum of channel style. Sedimentology, 43: 797-805

Xu C, Prince J L. 1998. Snakes, shapes, and gradient vector flow. IEEE Transactions Image Process, 7 (3): 359-369

Yeoli P. 1984. Computer-assisted determination of the valley and ridge lines of digital terrain models. International Yearbook of Cartography, (24): 197-205

Yoeli P. 1967. The mechanisation of analytical hill shading. Cartographic Journal, 4 (2): 82-88

Yuan C, Lin E, Millard J, et al. 1999. Closed contour edge detection of blood vessel lumen and outer wall boundaries in black-blood MR images. Magnetic Resonance Imaging, 17 (2): 257-266

Zhou Y, Tang G, Yang X, et al. 2010. Positive and negative terrains on northern Shaanxi Loess Plateau. Journal of Geographical Sciences, 20 (1): 64-76

第6章　黄土高原地形信息图谱研究

地形信息图谱是为研究区域地形特征的时空递变规律或分类组合规律，所采用的一条（幅）或一系列可定量描述地表形态特征的谱线、图表或图形。本章首先以地面坡度因子为例，探讨了黄土高原地面坡谱的概念模型、坡谱的提取方法、坡谱的稳定面积、坡谱信息熵的尺度效应、不确定性及其空间分异特征；探索了黄土地貌流域边界剖面谱的基本特征及空间分异；最后，提出了基于地形纹理图谱的区域地貌研究方法。本研究是地学信息图谱的一次有益实践。

6.1　黄土高原地面坡谱研究

6.1.1　引言

黄土地貌是经过200余万年黄土堆积和搬运，在风力和水力交互作用下，在承袭下伏岩层的古地貌基础之上，按多种发育模式形成的建造型正地貌单元。自20世纪50年代以来，国内外地学界特别是我国地学工作者对黄土地貌的研究进行了长期的探索。从构造、侵蚀、形态特征等不同的角度定性或半定量地探讨了黄土地貌的分类与分区；根据综合成因分类和形态分类的原则，完善了黄土地貌的分类系统，编制了多种比例尺尺度的黄土高原地貌类型图；通过大量的调查分析，明确了黄土地貌发育的基本模式，分析了黄土地貌的组合特征及区域分布规律（陈传康，1956；罗来兴，1956；杨怀仁等，1957；祁延年和王志超，1959；张宗祜，1986；罗枢运等，1988；吴伯甫等，1991）。但是，由于黄土高原地域广大，地形变化复杂，特别是信息与技术条件的限制，很难对黄土高原的地形及其空间分异的规律，在定性及定量多层面进行全面、深入的研究与探索。20世纪末21世纪初，随着以遥感及地理信息系统为代表的现代信息技术的引入，特别是基于DEM的数字地形分析技术方法的出现，为进行区域数字地形分析提供了重要的条件。在理论方法上，逐步完善了基于DEM的数字地形分析的理论与方法（Wilson et al.，2000；Tang，2000；李志林和朱庆，2001；汤国安等，2005；周启明和刘学军，2006；胡鹏等，2007）；在利用DEM提取一般地形定量指标，特别在黄土高原地面坡度要素的提取、不同空间尺度条件下坡度的不确定性分析，以及不同比例尺及分辨率下DEM提取地面坡度的转换关系等方面，取得了重要的研究结果（Shary et al.，2002；闾国年等，1998b；Zhou et al.，2003；张彩霞等，2006）。然而，由于目前DEM的地形因子自动提取与分析方法，基本上都是基于局域的窗口分析法获得的，所得到的地面坡度、曲率、起伏度、地形指数等地形因子及其统计值，虽然可以在一定程度上能够揭示地面的起伏变化特征，但是，这些指标难以在宏观的尺度上实现对区域地貌类型进行有效的判定。因此，寻找一种既简单易提取，又更具综合性，对黄土高原多种地貌的形态特征与发育特征具有良好标示作用的地形定量分析指标，一直是黄土高原地形地貌研究中未能很好解决的问题。

6.1.2 坡谱的概念

1. 定义

坡度是对地面倾斜程度的量度。严格地讲，地面坡度是微分地域单元的地面形态指标，对于有连续起伏的实际地面，坡度多指该地面的平均坡度。虽然平均坡度在一定程度上能够反映地面的倾斜程度与起伏特征，但具有相同平均坡度的地面的实际坡度组合往往并不相同。因此，对于一个特定的统计区域，地面坡度的组合特征更能反映地面的起伏变化特征。2004 年，作者在黄土高原地面坡度的研究中发现，同一地貌类型区的各个样区均具有相同的坡度分级百分比组合（即相同的坡度直方图），而不同的地貌类型区该坡度组合又不尽相同。本节将这种在一定的坡度分级条件下，对一定区域的地面坡度面积经分级统计后所构建的坡度百分比频数曲线，称为地面坡谱曲线。考虑到坡谱所具有的多种表达形式，还可将在一个特定的统计区域内，以地面坡度为自变量，其该级别坡度所对应的地面相对面积为因变量所构成的统计图表或数学模型称为地面坡谱（简称坡谱）（图 6.1）。

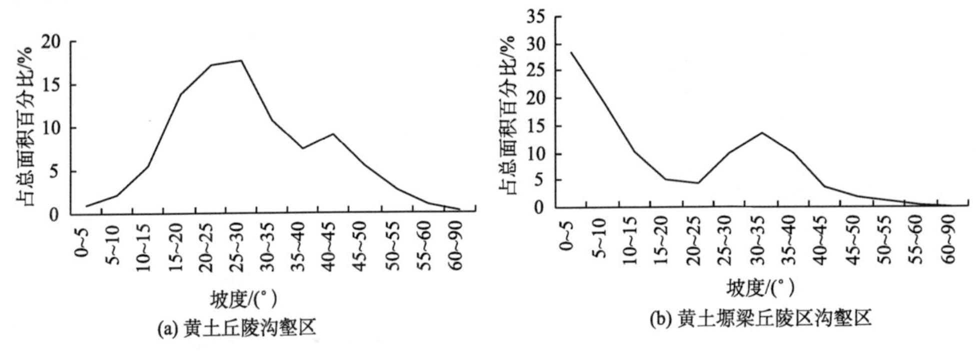

(a) 黄土丘陵沟壑区　　(b) 黄土塬梁丘陵区沟壑区

图 6.1 图解型坡谱

坡谱与地面坡度、坡向、曲率等微观地形因子不同，坡谱通过揭示地面不同级别坡度的比例组合，综合地反映研究区内各类坡度坡面的比例与地形起伏的总体特征。每一种地貌类型，都在一定的空间尺度上具有其地面起伏变化形态特征的相似性，如果每一种地貌类型具有其独特的坡谱，并且该坡谱具有对该种地貌类型的唯一性，对坡谱的研究就具有重要的科学意义与实用价值。在物理上，一种地物必然具有相应的光谱，通过对地物光谱的测定，可以有效确定地物的种类与特征；同理，一种地貌类型，必然具有其特有的坡谱曲线，通过测定区域的地面坡谱，也可确定其所在区域的地貌类型、地形起伏与地貌发育特征。Wolinsky 和 Pratson（2005）、Montgomery（2001）、Iwahashi 等（2001）、Burbank 等（1996）、Smith 和 Shaw（1989）等的研究也表明了坡度组合（Slope Distribution）在地形地貌研究中的优势与潜力。

2. 属性

初步的研究发现，坡谱呈现出以下基本特征。

1）综合性。坡谱与地面坡度不同，坡谱通过统计地面不同级别坡度占总面积的比例，综合地反映研究区内各类坡度坡面的比例与地形起伏的总体特征，而后者仅反映地面的较小的局地单元的坡面倾斜特征。

2）区域差异性。不同的地貌类型区域，具有不同的坡谱，呈现明显的区域差异性，另外，坡谱还具有在同一地区的区域可分解性。例如，在黄土高原，可以分解为正地形坡谱（沟沿线以上）与负地形坡谱（沟沿线以下），为利用坡谱研究区域地貌特征提供了重要的条件。

3）地域尺度依赖性。地面坡谱在同一地貌类型的不同采样区均能获得稳定的坡谱，是该地区坡谱存在的基本条件。坡谱由于是对一定面积的区域上诸多测量单元坡度进行统计的结果，统计的面积必须足够大、坡度采样样本足够多，才能保证在该统计面积内包含该种地貌类型的各种微地貌单元，获得稳定的坡谱。我们将某地区的坡谱达到稳定的采样面积称为该地区坡谱的稳定面积。稳定面积的大小随地貌类型、地形发育程度的差异而变化。

4）内含的多样性。坡谱曲线包含丰富的地学信息，可采用不同的分析方法揭示其地学特征。一条坡谱曲线可描述为十几种不同的坡谱定量指标，各具有不同的地学含义与服务目标。不同时间系列及不同空间系列的坡谱更能够揭示地形的时间变异与空间变异，辅助研究地形变化的过程与机理。

5）不确定性。地面坡谱由于受地面情况的复杂性、基本信息源精度、数据处理方法、DEM栅格分辨率以及坡度分级方案等多种因素的影响，存在不确定性。强化对坡谱不确定性特征研究，是坡谱研究的重要内容。

黄土地貌既有其共性特征，又表现为内部的巨大差异性，特别是由于形成黄土的物质与营造黄土地貌的营力均出现渐进式的变化，黄土地貌表现为塬、梁、峁不同类型区的逐步过渡变化，利用坡谱与地貌形态的对应关系，可望定量揭示黄土地貌的空间分异特征，有效划分黄土地貌类型区，特别通过研究坡谱与黄土地貌类型、黄土地貌发育进程、黄土高原土壤侵蚀强度的量化关系模型。可望揭示黄土高原地形地貌空间分异的基本格局、形成机理、尺度效应、发育过程与发展态势，深化对黄土高原地貌的认识，使地面坡谱分析法成为黄土高原地形地貌研究的新方法，也为坡谱分析法在更大的区域应用提供经验。

6.1.3 实验样区与实验数据

以陕北地区作为基本的实验区域，该区域作为黄土高原的核心地区，几乎涵盖了黄土高原的主要地貌类型。本实验具有覆盖了整个陕北地区的全部1040幅1∶50 000 DEM数据（每幅DEM面积约$100km^2$），分辨率为25m，主要用于构建陕北黄土高原不同地貌类型区的坡谱数据库，支持黄土地貌类型的划分；另外，均匀分布于陕北黄土高原的48个重点样，每个样区面积约为$100km^2$，保证陕北黄土高原的不同地貌类型内至少有两个样区，具有国家测绘部门标准化生产的 1∶10 000 比例尺 DEM，分辨率为 5m；用于提取高精度坡谱数据，并校正 1∶50 000 DEM 所提取的坡谱结果。

6.1.4 坡谱的提取及其稳定的地域尺度

1. 坡谱的提取

黄土高原坡谱的获取可以有多种方法，常用的方法为：首先，制定坡度分级指标体系，根据研究结果显示，在黄土高原地区，3°等差分级为较好的分级方法；其次，利用相对高精度 DEM 通过差分计算，建立数字坡度模型；最后，分级统计各级别坡度占地面总面积的统计，构建地面坡谱曲线（图 6.2）。

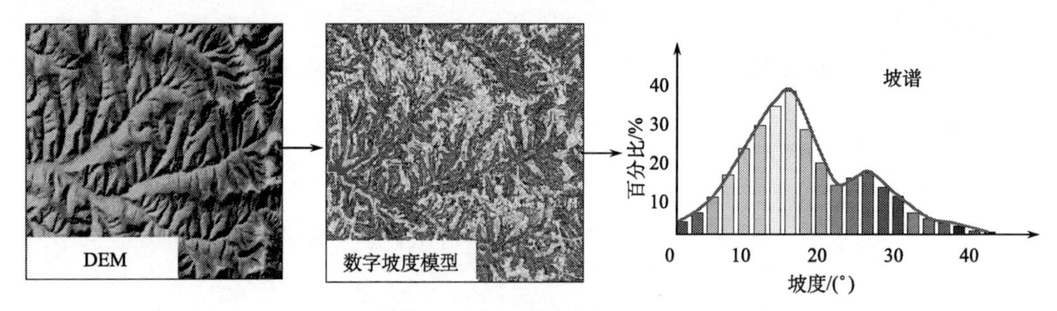

图 6.2 建立坡谱的基本流程

2. 坡谱稳定的地域尺度

在一定的地貌类型区内，坡谱在采样面积大于某一特定阈值时才会达到稳定，这是坡谱存在的必要条件。确定坡谱稳定阈值是提取与分析坡谱的重要环节。为提取坡谱稳定的阈值，在实验中采用扩张矩形法，在 48 个不同地貌类型区的实验样区中，分别随机选取 60 个以上的坡谱采样区，以 100m×100m 为初始矩阵，利用 GIS 窗口分析法逐步扩大采样窗口，并提取各采样区的地面坡谱，取坡谱达到稳定时的样区面积为该地貌类型区坡谱稳定的临界值。

汇水流域是获取坡谱稳定阈值提取的另一实验方法，汇水流域很大程度上代表了独立的自然地理单元。以黄土高原的沟壑与流域发育为例，地面沟壑的发育经历细沟、浅沟、切沟、冲沟、河沟等发育阶段，相应的汇水面积也随之增加。这里除采用逐步扩大随机矩形采样区的实验方法以外，还采用了以不同面积流域为实验单元的实验方法进行对比实验，获得与窗口分析法基本一致的结果。

在陕北地区作多样区的坡谱稳定面积阈值测算，经过内插计算获得的陕北坡谱稳定面积阈值分布图。图 6.3 显示，坡谱稳定阈值在由北向南的空间上呈现弱—强—弱的空间分布，该种分布态势与陕北黄土高原的侵蚀模数、地面的沟壑密度、粗糙度等综合地形指标的空间分布有非常相近的结果。

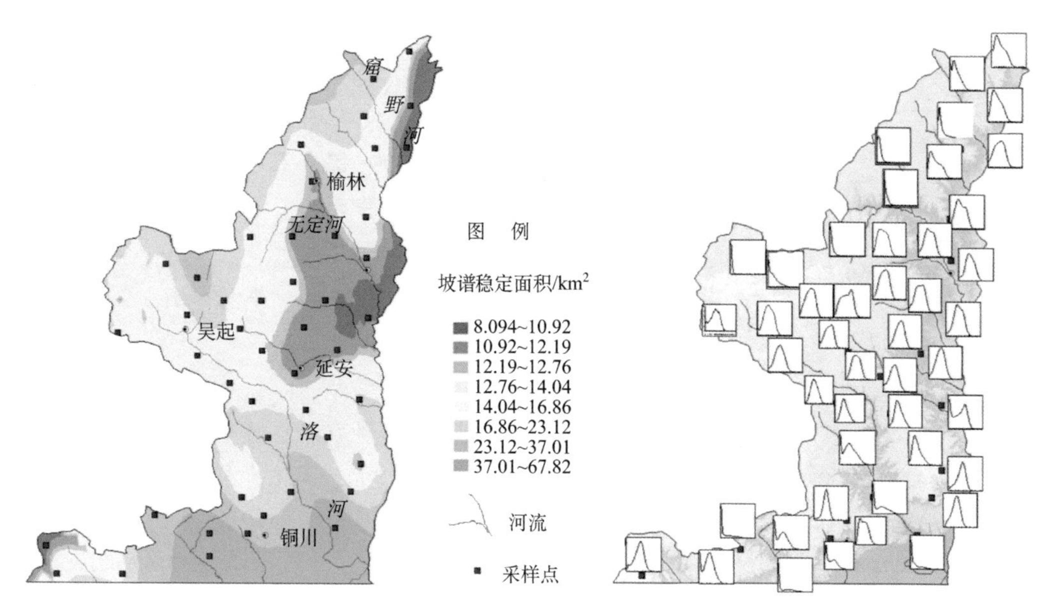

图 6.3 陕北黄土高原坡谱稳定面积阈值分布及样区坡谱图

6.1.5 实验结果与讨论

1. 坡谱的量化表达及空间分异

图 6.3 显示，陕北不同地貌类型区地面坡谱呈有规律的空间分布。陕北北部黄土低丘及草滩盆地区的坡谱主要呈偏度较大的偏态分布；向南坡谱逐渐向正态或近正态分布演化；到黄土塬区，坡谱又表现为指数型偏度较大的偏态分布，部分区域表现为双峰分布。

为了量化描述坡谱的数量特征及空间结构关系，结合坡谱自身数据特征以及坡度图中图斑特征相结合的方法，提出了坡谱信息熵（H）、坡谱偏度（S）、地形动力因子（T_d）、平均斑块面积（AREA _ MN）、周长-面积分维数（PAFRAC）、坡谱凝聚度指数（COHESION）、坡谱散布与并列指数（IJI）、坡谱蔓延度指数（CONTAG）等定量指标，它们的计算方法及含义见表 6.1。

坡谱信息熵最小值出现在北部风沙-丘陵过渡区，大值集中在丘陵沟壑区。由南向北，随着地貌形态从塬、长梁残塬、梁状丘陵沟壑、梁峁状丘陵沟壑、峁梁状丘陵沟壑、峁状丘陵沟壑，再到风沙地貌区，坡谱信息熵由小变大再变小，反映了地形起伏由北向南平缓—强烈—平缓的变化趋势，显示了地貌形态在空间的变化特征。而在东西方向上，地形从黄河峡谷的强烈切割的黄土丘陵，又逐渐向黄河各支流，如洛河、无定河上游的黄土梁、涧地过渡，地形起伏程度逐渐变缓（图 6.4）。

坡谱偏度的最大值是南部的黄土塬区，其次是西北部沙丘草甸区，坡度集中分布在 0°～ 12°内，地势相对平缓，坡谱曲线呈正偏态。在研究区中部的黄土丘陵沟壑区及黄河沿岸深切峡谷区，偏度均小于 1，坡谱曲线接近正态分布，表明随着地貌演化由塬到梁，坡谱曲线也由正偏逐渐向近正态分布变化。

表 6.1　坡谱量化指标计算方法及含义

定量指标	计算公式	单位	范围	含义
坡谱信息熵（H）	$H=-\sum_{i=1}^{m}P_i\ln P_i$	nat	>0	m 为分级数；P_i 为每一级别坡度的频率。它和地形起伏度之间呈正相关关系，反映地表的起伏程度
坡谱偏度（S）	$S=\sqrt{\frac{1}{6n}}\sum_{i=1}^{n}\left(\frac{P_i-\bar{P}}{\sigma}\right)^3$	无	$[-1,1]$	n 为分级数；P_i 为每一级别坡度的频率；$\bar{P}$ 为平均频率；σ 为标准差。它在一定程度上体现黄土地貌发育的阶段
地形动力因子（T_d）	$T_d=\sum_{i=1}^{m}\left(\frac{\sum_{j=1}^{n}\sin\alpha_{ij}}{n}\times P_i\right)$	无	>0	i 为分级数；P_i 为每一级别坡度的频率；α_{ij} 为第 i 分级对应的栅格的坡度值；j 为第 i 分级对应的栅格数。显示土壤的流失动力特征；n 为栅格总数
平均斑块面积（AREA_MN）	$\text{AREA\_MN}=\frac{\sum_{j=1}^{n}a_{ij}}{n_i}$	m^2	>0	a_{ij} 为坡度分级后的斑块面积；n_i 为每一坡度级别或总的斑块数目。反映不同坡度级别斑块形状的复杂性
周长-面积分维数（PAFRAC）	$\text{PAFRAC}=\frac{2}{\frac{\left[n_i\times\sum_{j=1}^{n}(\ln p_{ij}\times\ln a_{ij})\right]-\left[(\sum_{j=1}^{n}\ln p_{ij})\times(\sum_{j=1}^{n}\ln a_{ij})\right]}{(n_i\times\sum_{j=1}^{n}\ln p_{ij}^2)-(\sum_{j=1}^{n}\ln p_{ij})^2}}$	无	$[1,2]$	p_{ij} 为斑块周长；a_{ij} 为斑块面积。PAFRAC 用于比较不同坡度级别间斑块形状的复杂程度
坡谱凝聚度指数（COHESION）	$\text{COHESION}=\left[1-\frac{\sum_{j=1}^{n}p_{ij}}{\sum_{j=1}^{n}p_{ij}\sqrt{a_{ij}}}\right]\times\left[1-\frac{1}{\sqrt{A}}\right]^{-1}\times 100$	无	$[0,100]$	p_{ij} 为斑块周长；a_{ij} 为斑块面积；A 为坡谱的总栅格数。COHESION 描述坡谱每一坡度级别的斑块或总体的破碎程度
坡谱散布与并列指数（IJI）	$\text{IJI}=\left[1+\frac{-\sum_{k=1}^{m}\left[\left(\frac{e_{ik}}{\sum_{k=1}^{m}e_{ik}}\right)\ln\left(\frac{e_{ik}}{\sum_{k=1}^{m}e_{ik}}\right)\right]}{\ln(m-1)}\right]\times 100$	百分比	$[0,100]$	e_{ik} 为与坡度分级为 k 的斑块相邻的斑块 i 的边长；m 为坡度分级数。IJI 取值小时表明斑块类型 i 仅与少数几种其他坡度分级类型相邻接；IJI＝100 表明各斑块间比邻的边长是均等的，即各斑块间的比邻概率是均等的。IJI 是描述坡谱空间结构最重要的指标之一
坡谱蔓延度指数（CONTAG）	$\text{CONTAG}=\left[1+\frac{\sum_{i=1}^{m}\sum_{k=1}^{m}\left[P_i\left(\frac{g_{ik}}{\sum_{k=1}^{m}g_{ik}}\right)\right]\times\left(\ln P_i\left(\frac{g_{ik}}{\sum_{k=1}^{m}g_{ik}}\right)\right)}{2\ln m}\right]\times 100$	百分比	$[0,100]$	g_{ik} 为坡度分级 i 和坡度分级 k 之间相邻的格网单元数目。理论上，CONTAG 值较小时表明坡度分级中存在许多小斑块；趋于 100 时表明坡度分级中有连通度极高的优势斑块类型存在。CONTAG 指标描述坡谱不同坡度级别斑块的团聚程度或延展趋势。高蔓延度值说明坡谱中的某种坡度级别斑块形成了良好的连接性；反之则表明多种坡度级别斑块密集分布的格局，坡度级别斑块的破碎化程度较高

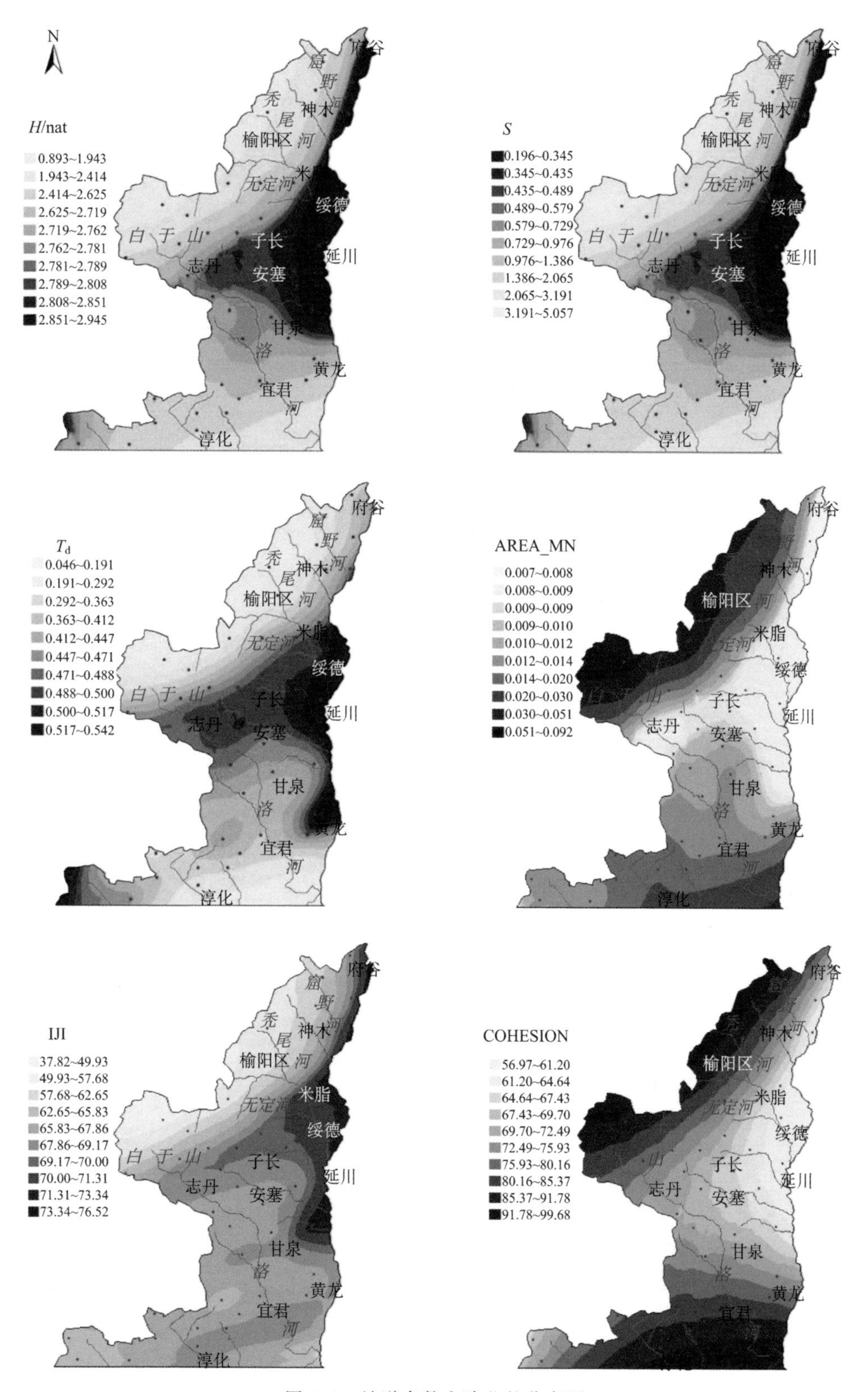

图 6.4 坡谱参数在陕北的分布图

地形动力因子是区域坡面物质因地面坡度存在而作水平移动的动力值。从米脂、绥德到延川的黄河沿岸，T_d 值呈现区域的最高值，该地区是黄土高原侵蚀量最大地区，年侵蚀模数可达 20 000t/km^2，是黄河下游河床粗泥沙的主要来源区。从白于山东麓的吴起、志丹到安塞、子长一线，是陕北土壤侵蚀的另一中心，该区年土壤侵蚀模数在 10 000～15 000t/km^2（图 6.4）。

平均斑块面积（AREA _ MN）和散布与并列指数（IJI）表现出相反的空间分异规律。黄土塬区和黄土低丘区的 PARA _ MN 值较丘陵沟壑区小，而 AREA _ MN 值较丘陵沟壑区大，说明坡度斑块多连片分布、破碎度小，斑块形状较丘陵沟壑区规则。北部草滩盆地区 IJI 值最小，说明 1～3 坡度级别斑块周围散布着其他坡度级别的斑块较多且分布比较均匀，黄土塬区的 IJI 值介于丘陵沟壑区和草滩盆地之间。

坡谱的空间分异体现了坡谱和黄土地貌形态的空间耦合，通过坡谱可以较好地描述黄土地貌塬、梁、峁及其组合形态的空间分布特征。随着黄土地貌形态在陕北不同地理空间的变异，坡谱的各种定量指标也呈现有规律的变异特征。这也为基于坡谱的黄土地貌类型区的自动划分提供了理论基础（图 6.4）。

2. 基于坡谱的黄土地貌类型区自动划分

研究显示将数字地形分析与遥感图像多波段融合方法结合并应用遥感分类的方法对地貌形态进行划分是十分有效的（Daniel et al.，1998；刘勇等，1999）。本实验对前人的研究方法进行了改进，技术路线如图 6.5 所示。

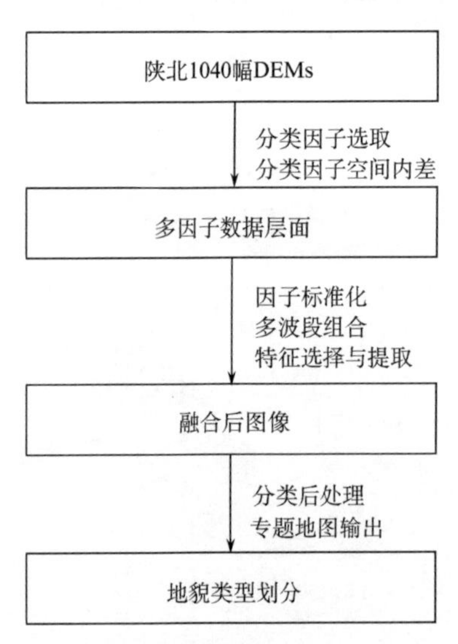

图 6.5　地貌类型区划分技术路线

在前期研究基础上，选取了坡谱信息熵（H）、坡谱偏度（S）、平均高程、高程面积积分、坡度面积积分、坡度变率（SOS）、平均平面曲率、平均剖面曲率、平均斑块面积（AREA _ MN）、周长-面积分维数（PAFRAC）、蔓延度指数（CONTAG）、散布与并列指数（IJI）、斑块凝聚度指数（COHESION）13 个指标作为地貌类型区划分的基本因子。以覆盖整个陕北黄土高原的 1040 幅 1∶50 000比例尺 DEM 数据为实验数据，首先提取全部 1040 DEMs 的多个坡谱因子，并通过内差计算生成多因子数据层面。

为避免个别因子权重过大，影响分类结果，按下式对上述地形因子作统一量纲处理。

$$x'_{i,\ j}=\frac{x_{i,\ j}-x_{\min}}{x_{\max}-x_{\min}}\times 255 \qquad (6.1)$$

式中，x 为栅格元的属性值；i、j 为行列号；$x'_{i,j}$ 为标准化后栅格元值。

将标准化后的各因子作为单波段图像，按坡谱信息熵、坡谱偏度、平均高程、高程面积积分、坡度面积积分、坡度变率、平均平面曲率、平均剖面曲率、平均斑块面积、周长-面积分维数、蔓延度指数、散布与并列指数、斑块凝聚度指数的顺序分别放入 13 个通道中，组合成多波段图像。

应用 ISODATA（Iterative Self-Organizing Data Analysis Technique，迭代自组织数据分析技术）非监督分类法进行地貌类型区划分，分类过程中各控制参数分别设置为：初始分类数目为 30，最大循环次数为 24，循环收敛阈值为 0.95。

执行 ISODATA 非监督分类后，获得原始的分类结果，然后进行聚类分析（Clump）、去除分析（Eliminate）运算，再参考已有资料，如黄土高原地貌略图、黄土高原 1∶500 000 地貌类型图（张宗祜，1986），判断每个分类的专题属性，并通过图像重编码，将原始分类最终合并为沙丘草滩盆地、片沙黄土低丘、黄土深切峡谷丘陵、石质中-低山、黄土峁梁状丘陵沟壑、黄土残塬-梁状丘陵沟壑、黄土台塬、黄土梁状低山丘陵沟壑、黄土塬九大类（图 6.6）。

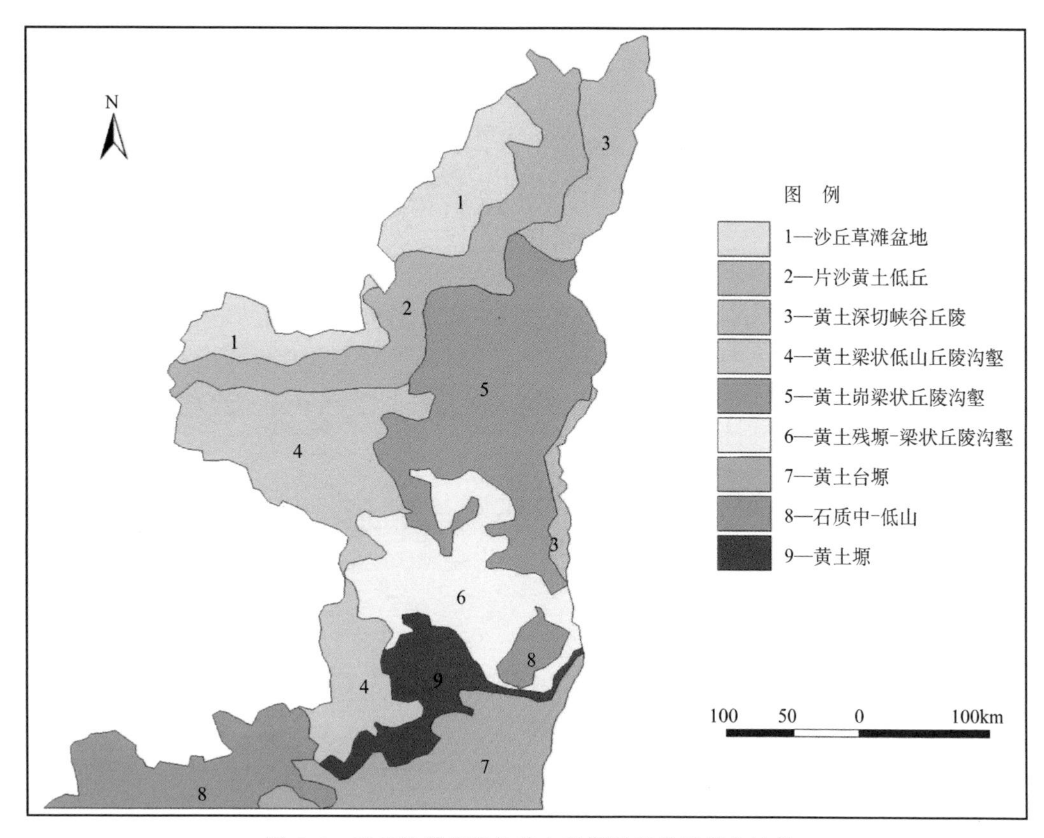

图 6.6 基于坡谱的陕北黄土高原地貌类型划分结果

本实验采用了实地多点考察验证的方法检验分类结果，分类准确率达到 82.4%，显示了较好的分类结果。但“同谱异物”现象在一定程度上影响了分类的精度。值得作进一步深入的研究与改进。借鉴“高光谱”的技术思路，增加坡谱的多样性，可望大大提高分类精度，值得进行深入的探索。

6.1.6 小结

1）本节首次提出了坡谱的观念，并较为全面地阐述了坡谱的基本属性。坡谱蕴含了比一般地形因子更为丰富、更具宏观的地形信息，对于揭示区域地貌形态特征及其空间变异，具有重要的意义。高精度 DEM 为坡谱的有效提取提供了重要的条件，坡谱存在的地域稳定面积，即是坡谱存在的必要条件，又为我们认识不同尺度条件下基本地理单元的计算等理论问题，找到了一个新的、重要的切入点。

2）坡谱各项定量指标从不同侧面反映坡面的属性特征，实验显示它们在陕北黄土高原具有明显的地域差异性，并与黄土地貌类型呈现很好的耦合关系，坡谱与黄土地貌关系模型以及坡谱数据库的建立，为基于坡谱自动划分地貌类型提供了重要的条件。

3）对地面坡谱的研究刚刚处于起步阶段，有更多的问题值得我们深入探索。如何认识黄土高原地面坡谱的科学内涵？黄土地貌的个体特征与群体特征各具有怎样的坡谱表现？坡谱具有什么样的环境依赖性、尺度依赖性与数据依赖性？坡谱稳定的地域面积为什么随黄土高原地面复杂程度呈现有序的空间分异？其内在机理是什么？坡谱和地貌形态具有怎样的耦合特征？如何通过坡谱揭示黄土高原地貌形态的空间分异规律？能否以坡谱作为核心指标之一标定黄土地貌发育的相对年龄，并由此获得黄土地貌发育相对年龄的空间分异？黄土高原地形在空间形态、规模、功能上具有一定的层次结构，坡谱能否揭示这些层次的差异、联系与衔接关系？坡谱能否在黄土高原区域水土流失地形因子建立与其他实际应用上发挥重要的作用？坡谱在黄土高原以外的地域是否能发挥同样的作用？如何从不同视角认识与理解坡谱的地学含义？……以上问题的解决，有可能出现对黄土高原地貌空间分异与内在机理认识上的飞跃，也使坡谱分析法成为地貌学与 GIS 数字地形分析方法新的增长点。

6.2 黄土高原坡谱稳定的临界面积及其空间分异

6.2.1 引言

区域地貌演化的关系一直是研究的热点。前人较多地考虑了微观地表单元与微观地形因子的关系，忽略了其与宏观地貌的关联。任何地理实体的存在，都必须有稳定性发育的范围。只有在一定的范围内，才可以包容地貌发育的变异及变异现象。因此，地貌演化稳定面积的研究，对于地貌景观发生、发展直至更新的总趋向，把握过程的阶段性，预期未来的进程具有十分重要的意义。同时，不同的地貌类型所对应的尺度有较大的差异性，因此，研究这种地域条件因素、空间分布对于揭示和理解地貌发育在空间上的复杂性和时间上的多变性，不但是必要的，而且是迫切的。

坡谱是在一定区域内不同级别坡度组合关系的统计模型（Tang et al.，2008）。前人研究发现坡谱的地学意义在于坡谱和地貌形态的对应性，即特定的地貌形态具有其特定的坡谱，而特定的坡谱也可以描述相应的地貌形态的特征，黄土坡谱可以有效地定量描述黄土高原地貌形态的空间变化特征。以往的研究注重坡谱稳定的地域条件，从一定意义上看，是坡谱信息在多大的采样面积达到稳定，既符合地统计学理论与方法的要求，又保证基于坡谱的地学分析结果的稳定性和可信性（图 6.7）。我们发现这种空间差异性在一定程度上揭示了地面的破碎程度和相似程度，反映了地貌形态发育的稳定特征。

Davis 理论揭示了地貌发育规律，提出一个地貌侵蚀旋迴的发育是从幼年期—中年期—老年期，不同时期地貌演化的特征也不同：地势迅速增加且时间短促—地势起伏最大和地貌类型最复杂—地势低缓且侵蚀过程十分缓慢。类似于种群稳定性，如果能在坡谱稳定上构建坡谱稳定临界面积（Slope Spectrum Critical Area，SSCA）的定义，就能够得出坡谱稳定性的空间分异以及不同地貌区域所对应的临界面积，验证其与不同阶段黄土地貌发育的相似性。因此，坡谱稳定的临界面积空间差异性研究对研究黄土地貌形态的空间分异的相似性和渐变性具有重要的意义，为黄土高原地貌形态空间格局的定量研究提供了重要的理论参考与试验方法。

本节在广泛总结前人研究成果的基础上，系统地研究了坡谱稳定的临界面积空间差异性，并利用陕北黄土高原地区 1∶10 000 和 1∶50 000 DEM 数据，通过提取不同样本区域下的 SSCA 与其他地形因子，研究不同地貌类型区内 SSCA 的空间分异，揭示 SSCA 与地貌变异特征的机理所在。

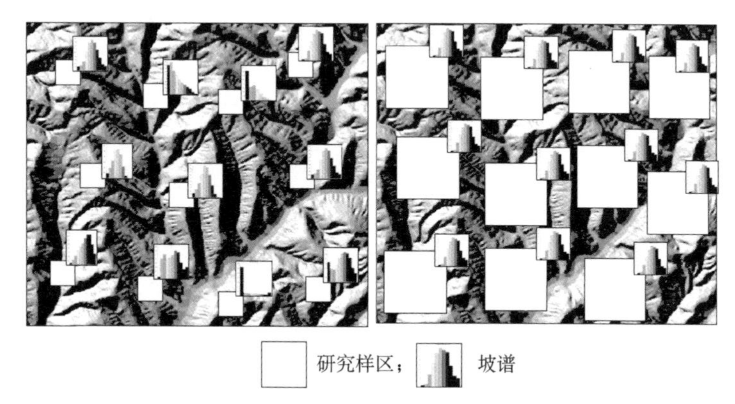

图 6.7　坡谱稳定临界面积示意图

6.2.2　坡谱稳定临界面积的提取方法

SSCA 的提取，不仅要考虑获取原始坡谱的具体数据，而且需要考虑坡谱的具体提取算法。通常情况下，对于按规则几何分析窗口获取的坡谱信息，SSCA 的提取可采用简单的几何中心外扩法（王春等，2007）；对于按自然流域单元获取的坡谱，将汇水流域作为分析窗口是获取 SSCA 一个更有效的方法。由于绝大部分坡谱信息以及基于坡谱的其他地形因子的提取都是基于规则几何分析窗口，这里选用第一种方法来提取坡谱信息。

目前，基于规则分析窗口的 SSCA 的提取主要有两种方法：①规定参考坡谱，提取接近参考坡谱的最小分析面积；②不指定参考坡谱，提取坡谱曲线出现稳定变化的最小面积。两种方法提取到的 SSCA 代表了不同的地貌含义：第一种方法得出的稳定面积可以反映区域地貌的局部与整体的相似程度，面积越小相似程度越高；反之，第二种方法所得出的稳定面积反映了相邻两分析窗口所对应的地貌形态的相似程度，也即是局部样区的自相似程度。从另一个侧面，它反映了样区地貌特征发育的规律性，如果地貌形态越发育、越规整，其地貌特征在空间展布上越具规律性。

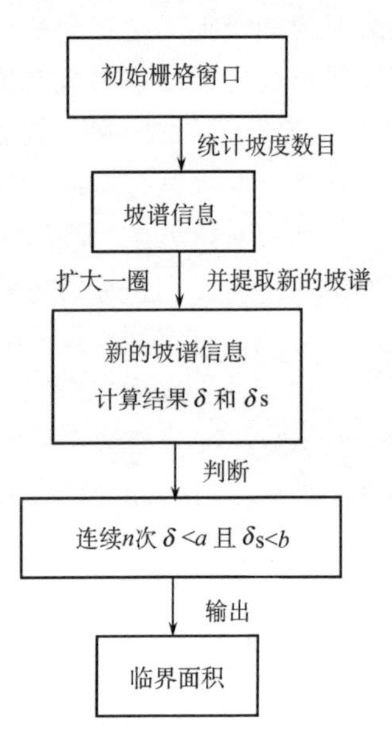

图 6.8　SSCA 提取算法流程

第二种方法有助于研究局部地貌形态的自相似特征。只有研究样区具有形态相似性与空间分布渐变性，才能有效地保证 SSCA 的客观存在，从而保证坡谱不会随着采样位置的不同发生较大的变异。初步的研究显示（王春等，2007），研究 SSCA 能够揭示黄土高原地貌形态的变化，深入理解坡谱存在的基本条件、地学意义以及其与黄土地貌形态类型的空间耦合关系，从而扩大坡谱研究方法在黄土高原等自然地理研究中的应用。为了反映地貌形态的相近相似特征，采用第二种方法来研究黄土高原 SSCA 因子的空间分异。

第二种方法假设从当前分析窗口中提取的坡谱为临时参考坡谱，然后扩大分析窗口，提取坡谱并与参考坡谱比较，记录比较结果，最后根据全部比较结果判定稳定区域（图 6.8，图 6.9）。SSCA 提取的终止条件是，在分析窗口不断连续外扩时，连续 n 次坡谱因子分级中，单级坡谱值变化 δ 和每级坡谱变化累计值 δs 均小于一定的阈值。本实验主要采用中心点外扩法，研究满足坡谱的简单形态相似的 SSCA 的空间变异特征。在该限制条件下，采样面积大于稳定阈值时，相邻两个采样窗口提取的坡谱相似度大于 99%，完全满足坡谱稳定的要求。

图 6.9　窗口扩张法提取 SSCA

6.2.3 结果分析

1. SSCA 空间分异

等差坡度分级可以有效地揭示地面坡度的组合特征，级差越小，对坡谱的描述越详细，并且合理的级差设置可以很好地反映地貌变异特征，这里选用 3°等差分级作为坡谱的分级。

在此基础上，计算得到 48 个样区的 SSCA 值并通过地统计分析得到其空间分异图（图 6.10）。表 6.2 为空间分布图的预测精度。

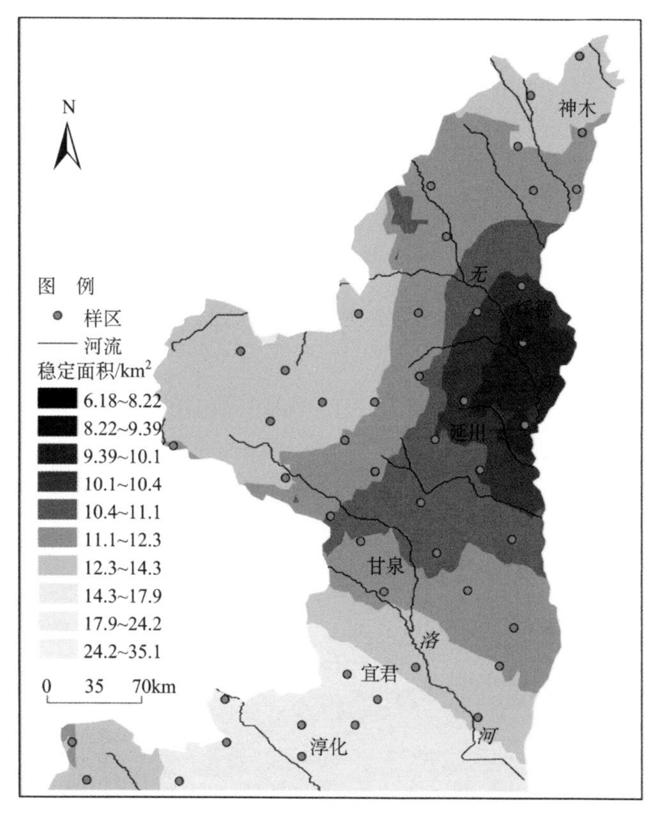

图 6.10 陕北黄土高原 SSCA 空间分异图

表 6.2 预测精度评价

指标	1∶10 000
平方根	−0.0259
均方根	5.773
标准平均值	−0.00792
标准均方根	1.085
平均标准误差	5.314

图 6.10 显示陕北黄土地貌的分布具有明显的典型性和差异性，可将黄土地貌的组合形态分为两大单元，一种是黄土塬沟壑区，主要包含黄土塬与其间的沟壑，主要分布于陕北黄土高原的南部等地区；另一种是黄土丘陵沟壑区，主要包含黄土梁、峁与其间的沟壑。黄土丘陵沟壑区分布范围较为分散，主要分布在白于山北部的陕北地区。土壤侵蚀的速度决定了黄土地貌的演化，而黄土地貌发育的典型性和差异性，决定了不同的地貌类型具有与其对应的地面坡谱稳定的临界面积。

2. 典型样区分析

为了对比不同尺度 SSCA 的变化，这里取 6 个典型样区（表 6.3），不同尺度下 SSCA 对比如图 6.11 所示。可以看出，各研究样区在 1∶10 000 下具有较高的 SSCA 值，尺度效应对 SSCA 的影响具有显著的规律性，验证了 SSCA 的尺度依赖性。这是因为比例尺越大，DEM 更能反映细微地形的起伏变化，而地形的起伏变化程度又与地貌发育程度密切相关。另外，丘陵沟壑区的 SSCA 小于塬区，反映了塬区地形起伏程度不如丘陵沟壑区剧烈，侵蚀强度也较低。黄土塬区（淳化）的地表起伏程度较小，受尺度影响更加显著，因此，随着尺度的减小，SSCA 的增大也更明显。尽管不同 DEM 尺度下提取的 SSCA 在量值上有所不同，但相邻区域的 SSCA 的大小逻辑关系具有较好的稳定性。

表 6.3 典型地貌类型的坡谱稳定临界面积

地貌类型	风沙黄土过渡区	黄土峁状丘陵沟壑区	黄土梁峁状丘陵沟壑区	黄土梁状丘陵区	黄土长梁残塬沟壑区	黄土塬区
样区	神木	绥德	延川	甘泉	宜君	淳化
SSCA/km^2	13.29	8.21	10.08	10.60	13.21	35.01

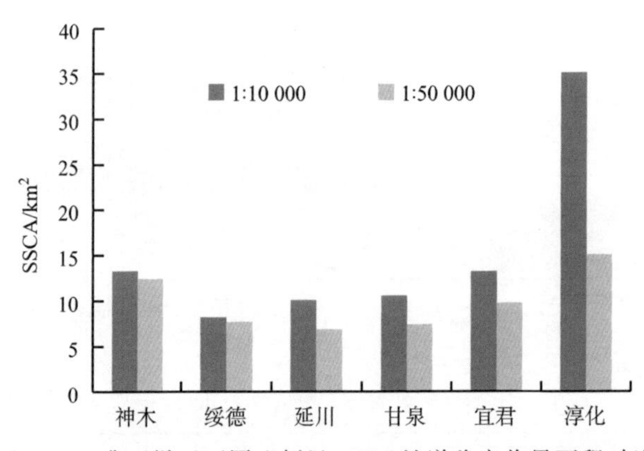

图 6.11 典型样区不同比例尺 DEM 坡谱稳定临界面积对比

在陕北黄土高原地区，由于黄土在堆积过程中的分选作用，黄土的抗蚀性呈现由北向南有序的变化，降雨侵蚀力由南向北呈现弱—强—弱的变化规律，导致了黄土地貌发育的不同特征。地貌发育程度越高，其稳定面积越小。因为地貌特征本身就是依赖于地形表达的尺度，不同的尺度所表现的特征也不相同，所能提供的信息量具有很大的差异。这种差异是坡谱不确定性的主要原因，从而间接造成了 SSCA 的不确定性。

3. 地貌变化相关因子

从本质上讲，地貌发育演化指标的选取涉及自然界中有宏观—微观和整体—局部之间内在规律的理论问题。因此，必须在使用传统地形因子对其进行量化描述的同时，发现并拓展具有黄土地貌区域针对性的地形因子，丰富黄土地形特征鲜明的量化因子体系，来完善和丰富黄土地貌特征因子系统。目前，地貌系统发育演化的主要表现是物质的流失与能量的输移。实现地貌发育演化阶段的描述而提出的具有明显地学意义的定量因子，主要集中在通过量化流失的物质和耗散的能量两个角度（雷会珠和武春龙，2001；卢金发，2002；Patrikar，2004）。

从地表破碎的角度来理解 SSCA，研究沟壑密度的空间分布；就坡谱曲线的形态而言，选用坡谱偏度来认识 SSCA；结合 DEM 在土壤侵蚀研究中的应用，本节使用地形动力因子来描述 SSCA；对于地表单元的陡缓程度，采用坡度变率来理解 SSCA 的空间分异。因此，本节基于 1：10 000 的 DEM 提取了 48 个样区的沟壑密度、坡谱偏度（S）、地形动力因子（T_d）（Li et al.，2006）和坡度变率（SOS），如图 6.12 所示。

沟壑密度是流域沟壑发育程度的一种量度指标，它既能反映土壤侵蚀的严重程度，又能反映地貌的演化阶段（景可，1986；Tucker et al.，2001）。沟壑密度在绥德—延川一带最大，平均值为 11km/km^2，而在北部神木—榆林一带及南部黄土塬区最小，变化范围在 0.5～5km/km^2 [图 6.12(a)]。偏度是统计学中最常用的基本统计量之一，主要用来描述变量取值分布的对称性。陕北地区坡谱偏度的变化范围为 0.196～5.057，平均值是 1.256 [图 6.12(b)]。其中，最大值出现在南部的黄土塬区，其次是西北区域的沙丘草甸区，这两个区域地势都比较平缓，同时坡谱曲线为正偏态。坡度变率是坡度变率谱的数学参数化，描述了地表垂直方向的复杂度，和地形复杂度呈正相关关系。如

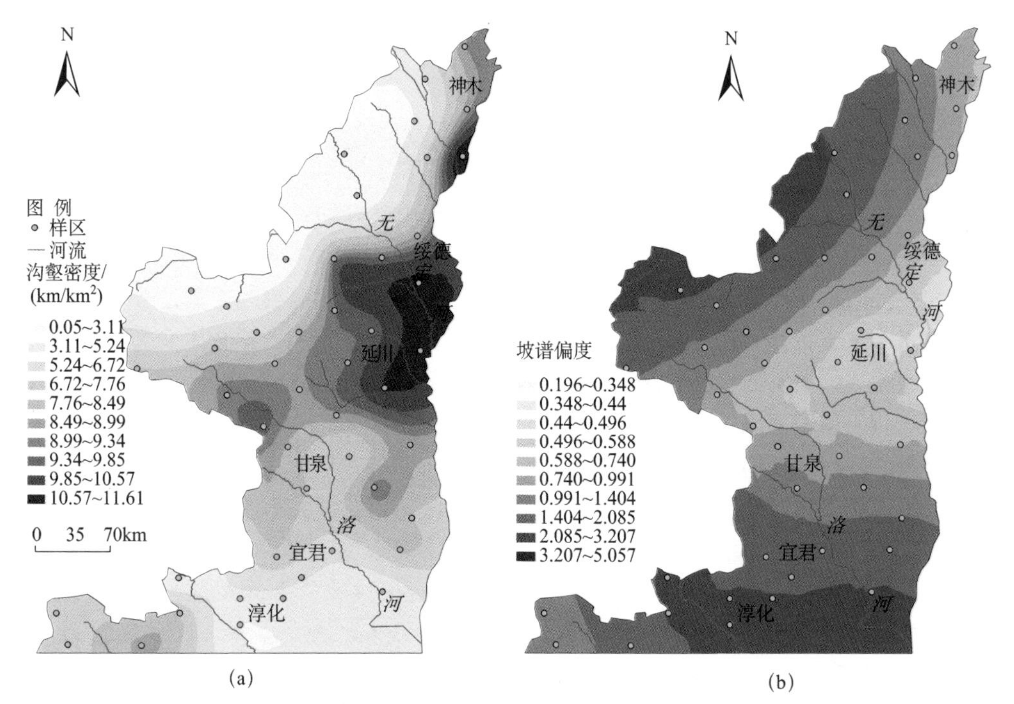

(a) (b)

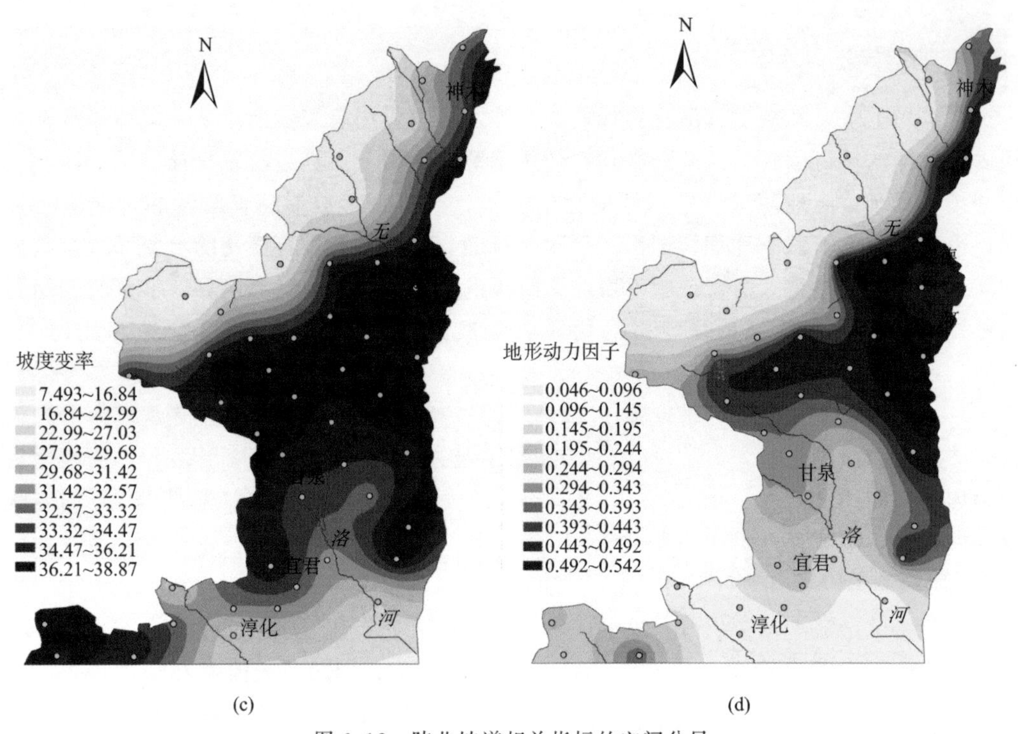

图 6.12　陕北坡谱相关指标的空间分异

前所述，虽然 T_d 和土壤侵蚀有一定联系，但由于缺乏相应的土壤侵蚀模数观测值，从定性的角度分析 T_d 值的空间分异特征和陕北黄土高原土壤侵蚀强度具有一定的相关性。由南向北，随着土壤侵蚀强度和地形起伏的变化，沟壑密度、坡度变率和地形动力因子呈现低—高—低的变化。然而，黄土高原地貌后期演化的主要方式是使黄土塬逐步分解为梁，最终演化到峁。因此，沟壑密度、坡度变率等的空间分布也体现了坡谱随地貌演化而变化的特征。

4. 相关性分析

由图 6.13 (a) 可以看出，沟壑密度与 SSCA 表现为较好的负相关性。地貌演化发育的初期阶段的土壤侵蚀最严重、产沙量也最大，这时出现最大的切割深度（张丽萍和马志正，1998）。经过强烈的侵蚀后，沟壑密度达到最大。陕北黄土高原地貌的主体是黄土地貌，黄土地貌的基本形态主要为黄土塬、梁、峁与其间的沟谷。黄土地貌的演化主要是土壤侵蚀的结果，与土壤侵蚀的剧烈程度直接相关。土壤侵蚀的速度直接决定了黄土地貌演化的进程，也就是说土壤侵蚀的规律在一定程度上决定着黄土地貌的演化规律。SSCA 也是伴随着这个过程，从地貌发育的初期阶段取最大值，到地貌演化阶段末期其值达到最小。

坡谱偏度与信息熵、沟壑密度呈负相关性特征，可以体现黄土地貌发育的阶段。坡谱偏度大的区域土壤侵蚀弱，坡谱偏度小的区域土壤侵蚀强烈。随着坡谱偏度由大到小，坡谱曲线由指数分布到接近正态分布，所对应的区域地貌由黄土塬变化到黄土丘陵沟壑［图 6.13(b)］，这也体现了坡谱和地貌演化的关系。SSCA 与坡谱偏度表现出较好的对数函数关系，随着 SSCA 的增大，坡谱偏度也相应增大，从另一个视角验证了

SSCA 与地貌演化规律的相关性特征。稳定面积和地形动力因子、坡度变率也表现为较好的指数函数关系［图 6.13(c)，图 6.13(d)］，体现了 SSCA 与土壤侵蚀强度间的负相关关系。在陕北南部黄土塬区，地形动力因子和沟壑密度较小。在陕北黄土高原地区，随着地貌形态类型由塬发展到梁，最后发展到峁的变化，沟壑密度、动力因子等因子的值逐渐增大，而 SSCA 则与之相反。

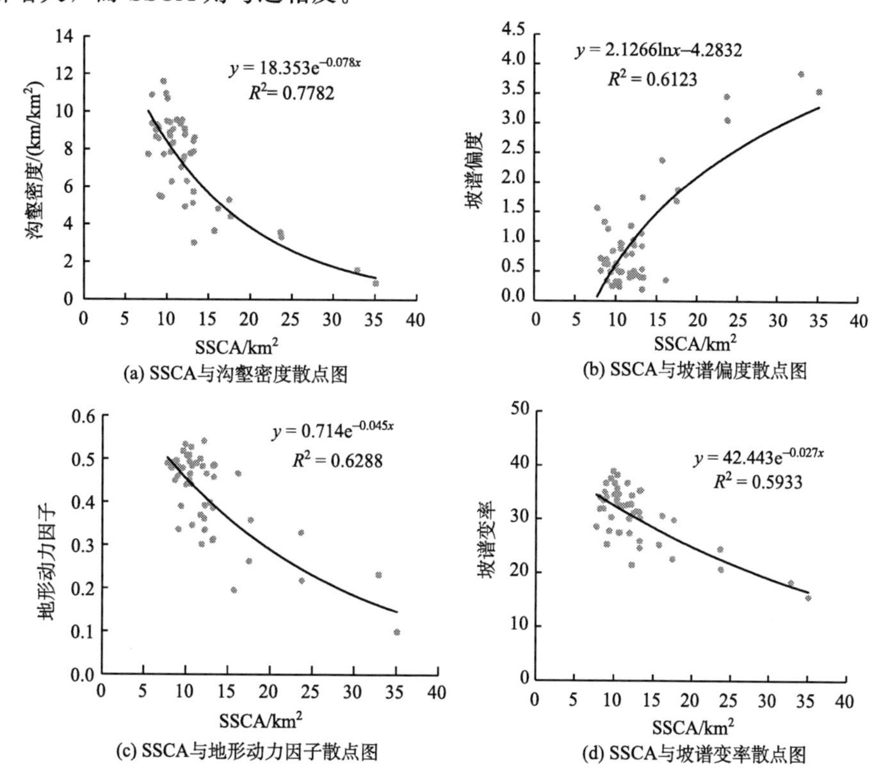

图 6.13　陕北黄土高原坡谱稳定临界面积与沟壑密度、坡谱偏度、地形动力因子、坡谱变率散点图

6.2.4　小结

1）作为坡谱存在的基本地域条件，SSCA 的分析有助于解决基于坡谱进行地貌自动分类时地域稳定性问题。以往的地貌分类从来不考虑地域稳定性问题，然而，黄土高原的最小地域稳定单元在一定程度上反映了地貌的发育程度，地域稳定单元对于确定最小自然地理单元具有重要的意义。

2）SSCA 的空间分布从一定程度上反映了黄土地貌演化及空间分异的规律。黄土地貌中的不同地貌类型反映了地貌的不同发育阶段与发育年龄，通过对 SSCA 空间分异的研究，有助于从一个新的侧面研究地貌的发育与演化规律，更有利于揭示黄土高原南北地貌差异性的特征。

3）SSCA 对 DEM 尺度具有明显的依赖特征，并受到地貌形态复杂性的影响。在黄土地貌研究样区，SSCA 的大小与具体的地貌类型、坡谱稳定的限定条件等密切相关。同时，不同地貌类型区域，甚至是同一地貌类型，不同采样位置的 SSCA 一般不会相同。但是，对于同一地貌类型区，当采样区域能够包含完整的地貌特征信息时，总能找到坡谱稳定存在的临界面积。

4）SSCA 的空间分异则是水土侵蚀程度空间表现的主要部分之一，SSCA 可有效地揭示流域地貌演化的客观规律，从而完善流域地貌演化与地貌形态要素的定性描述，使其走向定量化。

总之，SSCA 的认识，使得 DEM 分析跳出微观，从宏观尺度上获得地学研究急需的宏观地形信息，从而揭示复杂地貌形态演变的空间规律，为认识其他研究对象坡谱系列（如坡向谱、曲率谱和流域边界剖面谱）的宏观特征提供了借鉴。

6.3 坡谱信息熵尺度效应及空间分异

坡度是数字地形分析中最重要的地形因子之一。对于有连续起伏的实际地面，坡度多指该地面的平均坡度。虽然平均坡度在一定程度上能够反映地面的倾斜程度与起伏特征，但相同的平均坡度地面的实际坡度组合往往并不相同。因此，对于一个特定的统计区域，地面坡度的组合特征更能反映地面的起伏变化特征。为定量地描述地面坡度的组合，汤国安提出了坡谱的概念，即在一定区域内不同级别坡度组合关系的统计模型。但是，还没有对坡谱的统计模型量化表达的标准，这为坡谱进一步的应用带来了较大的困难。本节试图以坡谱信息熵来量化表达坡谱特征，并探讨坡谱信息熵的空间分异特征。

6.3.1 坡谱信息熵的概念

信息熵的概念是由 Shannon 于 1948 年提出，经过半个多世纪的发展，其应用几乎遍及了自然科学领域诸学科。信息熵在地形地貌研究中的应用，首先是从地形图开始的。Sukhov（1967，1970）将 Shannon 公式用于地图信息量的测度，即将 P_i 认为是地图上某种地图符号的频率。这种测度方法忽视了地图符号间的空间关系，因此 Neumann（1994）等提供了一种估算地图符号拓扑信息的测度方法，他利用 Rashevsky（1955）提出的对偶图的概念来表达地图拓扑信息，然后利用 Shannon 公式来测度信息熵。首先在地貌研究中引入熵概念的是 Leopold 和 Langbein，他们提出了地貌学熵的定义，但他们的定义难于进行量算，没有得到进一步研究。艾南山和岳天祥（1998）在 Davis 和 Strahler 地貌发育模型的基础上，通过构造 Strahler 曲线的密度函数，推导了流域地貌系统的地貌信息熵。马新中等（1993）提出流域系统的超熵并用于流域系统的定量研究。陈楠等（2003）、王雷（2005）等也利用信息熵研究不同比例尺 DEM 信息容量的变化。

结合前人研究经验，本节定义坡谱信息熵为

$$H=-\sum_{i=1}^{m}P_i\ln P_i \tag{6.2}$$

式中，m 为分级数；P_i 为每一级别坡度的频率，定义 $h_i=-P_i\ln P_i$ 为第 i 级分组的信息量。

坡谱的信息熵反映坡谱的均匀度或坡谱内各组数据频率的差异程度，频率越接近，其信息熵越大。就坡谱信息熵的地貌意义而言，可以认为在地表起伏平缓的区域，如淳化样区（黄土塬地貌），由于坡度组合也较简单，0°～ 9°坡度级别对应的地面占据了样区的大部分面积，所以坡谱内各组数据频数的差异较大，坡谱的信息熵也小，淳化样区坡谱信息熵 $H_{30}=2.149$nat（30 表示分级数）；而在地表起伏较大的区域，如延川样区（黄土梁峁状丘陵沟壑地貌），坡谱内各组数据频数的差异较黄土塬区小，坡谱的信息熵也随之增大，延川样区坡谱信息熵 $H_{30}=2.809$nat。

6.3.2 实验数据及方法

黄土高原是我国具有独特自然地理景观的区域之一，一直以来都是国内外地学研究的热点。具有不同地面复杂度、粗糙度的多种地貌类型在黄土高原呈现有规律的空间分异，是地貌研究最佳的实验场。同时，黄土高原地区DEM 建设也走在国内前列，覆盖全区的 1∶1 000 000、1∶250 000、1∶50 000、1∶10 000 比例尺 DEM 都已建设完成，为研究提供了极大的方便。因此，本节以陕北黄土高原作为研究区域，由南到北选取了 48 个样区，以其对应的 1∶10 000 及 1∶50 000 DEM 为数据源，DEM 是采用国家测绘局编制的 1∶10 000、1∶50 000 地形图（等高距分别为 10m、20m）作为基本信息源，通过原图扫描、等高线数字化、构建 TIN、高程内差建立的，水平分辨率分别为 5m 和 25m。

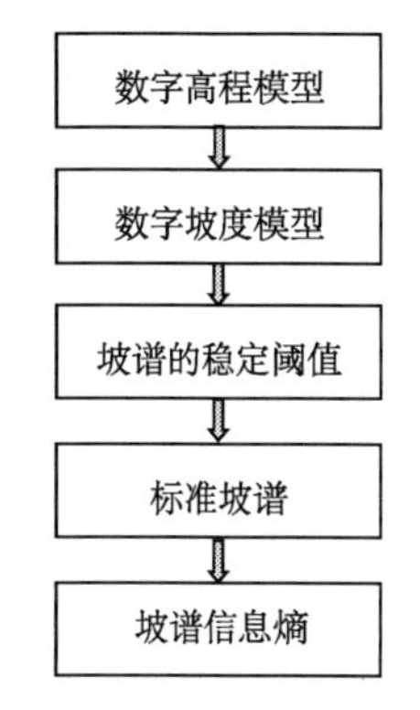

图 6.14　坡谱信息熵提取流程

为了深入剖析不同比例尺 DEM 信息量的尺度效应，在以上 48 个样区中又选取了神木、绥德、延川、甘泉、宜君和淳化 6 个典型样区作为研究重点，它们代表的地貌类型分别为风沙—黄土丘陵过渡地貌、黄土峁状丘陵沟壑地貌、黄土梁峁状丘陵沟壑地貌、黄土梁状丘陵地貌、黄土残塬丘陵沟壑地貌、黄土塬地貌。坡谱信息熵的提取流程如图 6.14 所示。

6.3.3 实验结果及讨论

1. 坡谱信息熵空间分异

首先计算了陕北黄土高原 48 个样区 1∶10 000 及 1∶50 000 比例尺 DEM 的坡谱信息熵值。结果显示各样区前者的值均高于后者，1∶10 000 DEM 的坡谱信息熵值变化范围为 0.893～2.945nat，平均 2.609nat，1∶50 000 DEM 的坡谱信息熵值变化范围为 0.460～2.660nat，平均 2.323nat。然后，运用 ArcGIS 地统计分析工具对陕北黄土高原坡谱信息熵的空间分异进行了预测（图 6.15），根据平均误差（Mean Error，ME）绝对值接近 0 、标准化平均误差（Mean Standardized Error，MSE）接近 0 、平均标准误差（Average Standardized Error，ASE）与均方根误差（ Root-Mean-Square Error，RMSE）最接近以及标准化均方根（Root-Mean-Square Standardized Error，RMSSE）接近 1 的原则选择最佳半方差理论模型，各项评价指标地统计分析过程的参数见表 6.4。结果显示，1∶10 000 和 1∶50 000 DEM 坡谱的信息熵在空间上表现出相似的变异特征。坡谱信息熵最小值出现在北部风沙—丘陵过渡区，大值集中在丘陵沟壑区。对于黄龙等突起的石质山地（宜君东北方向），由于靠近黄河峡谷，侵蚀相对强烈，地面沟壑发育，切割深度较大，地形变化相对复杂，坡谱信息熵也较大。由南向北，随着地貌形态从塬、长梁残塬、梁状丘陵沟壑、梁峁状丘陵沟壑、峁梁状丘陵沟壑、峁状丘陵沟壑，再到风沙地貌区，坡谱信息熵由小变大再变小，反映了地形起伏由北向南缓和—剧烈—缓和的变化趋势，也体现了地貌形态在空间的变化特征。

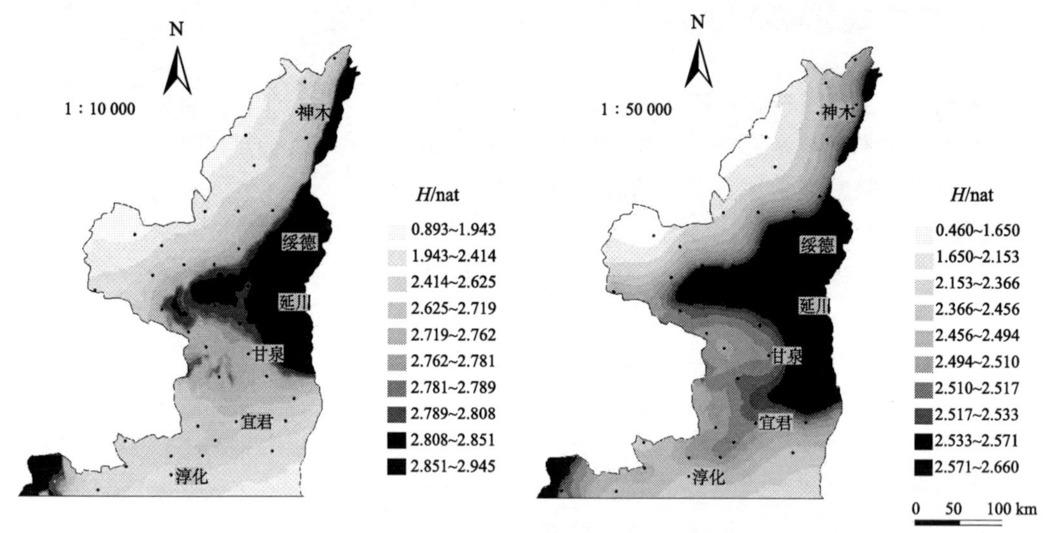

图 6.15 陕北黄土高原坡谱信息熵空间分异图

表 6.4 预测精度评价

指标	1∶10 000	1∶50 000
ME	0.005 76	0.010 32
RMSE	0.384 4	0.359 4
ASE	0.278 9	0.278 1
MSE	0.014 96	0.025 22
RMSSE	1.323	1.328

2. 典型样区分析

比较 6 个典型样区 1∶10 000、1∶50 000 DEM 的坡谱信息熵值（图 6.16）可以看出总的趋势是丘陵沟壑区的坡谱信息熵要大于塬区的熵值，反映了丘陵沟壑区地形起伏较后者强烈，侵蚀相对较强，地表复杂程度较大。图 6.17 显示，1∶10 000 DEM 的坡谱信息熵高于1∶50 000 DEM的信息熵，这是由于相对于 1∶50000 DEM 而言，1∶10 000 DEM 能反映更细微的地形的起伏变化，在 1∶10 000 DEM 晕渲图中，能清楚地看到沿坡面发育的一系列小冲沟，而 1∶50 000 DEM 确因栅格分辨率增大而平滑掉了大部分冲沟的信息。实际上，是由于小比例尺地形图在生产过程中因制图综合对地物进行了一定程度的概括，舍去了大比例尺地形图包含的部分细节，带来了信息的损失。

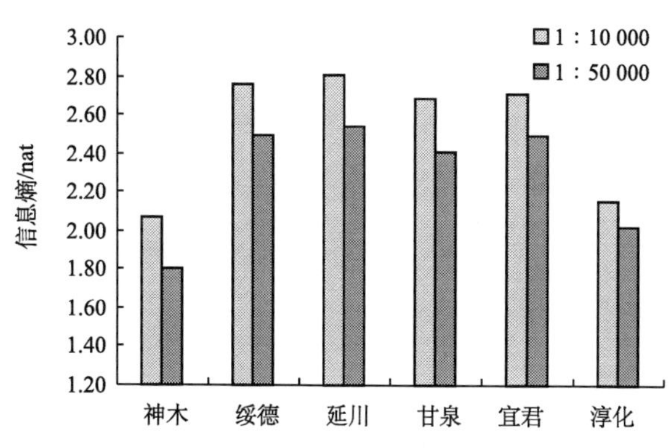

图 6.16　典型样区不同比例尺 DEM 坡谱信息熵对比

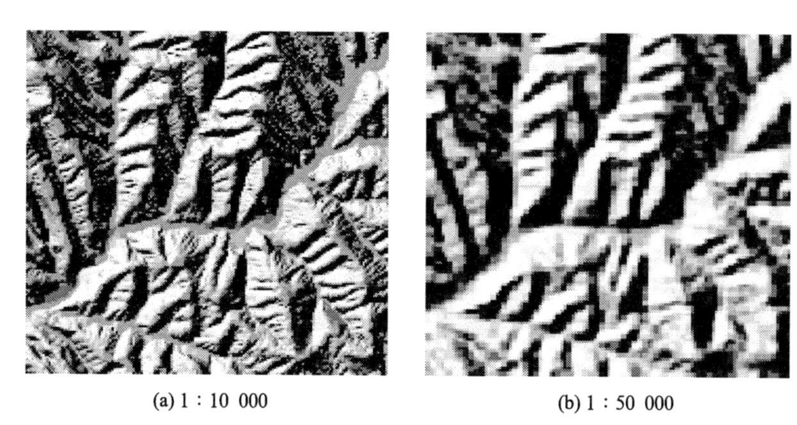

图 6.17　绥德样区不同比例尺 DEM 晕渲图

3. 信息量变化分析

坡谱信息熵在一定程度上反映了地形起伏的强弱和地表复杂度的大小，但在实际研究中，还需要知道不同级别坡度的尺度变异特征，进而探讨不同尺度 DEM 提取坡度的不确定性及误差校正。因此对 6 个典型样区 1∶10 000、1∶50 000 DEM 提取的各个级别坡度的信息量进行对比分析。这里的坡度分级采用的是等差分级，每 3°分为一级，分别记作 1，2，3，…，30（下同）。结果如图 6.18 所示，在神木和淳化样区分别为风沙黄土丘陵过渡型地貌和黄土塬地貌，第 1～4 级的信息量都较大，坡度多集中在 0°～12°内，地形起伏平缓；绥德、延川、甘泉样区为黄土丘陵沟壑地貌，信息量大值集中在第 5～17 级，其对应的坡度为 15°～ 51°，实际地形起伏较前者强烈；宜君样区处于由丘陵沟壑向塬过渡的地貌类型区内，所以它既具有塬区坡度组合的特征，又具有丘陵沟壑区坡度组合的特征。另外，几乎所有样区第 1～5 级 1∶50 000 坡谱的信息量均大于 1∶10 000 坡谱的信息量，也即 0°～15°坡度所占整个样区坡度的比例大，表现在地形上则是小比例尺 DEM 描述的地形较大比例尺 DEM 描述的地形平缓。

从信息损失量（$h_{i1:10\,000}-h_{i1:50\,000}$）的计算结果（图 6.19）也可以看出，在 0°～25°范围内，几乎所有样区各个级别信息损失量都为负，说明 1∶50 000 DEM 经过综合

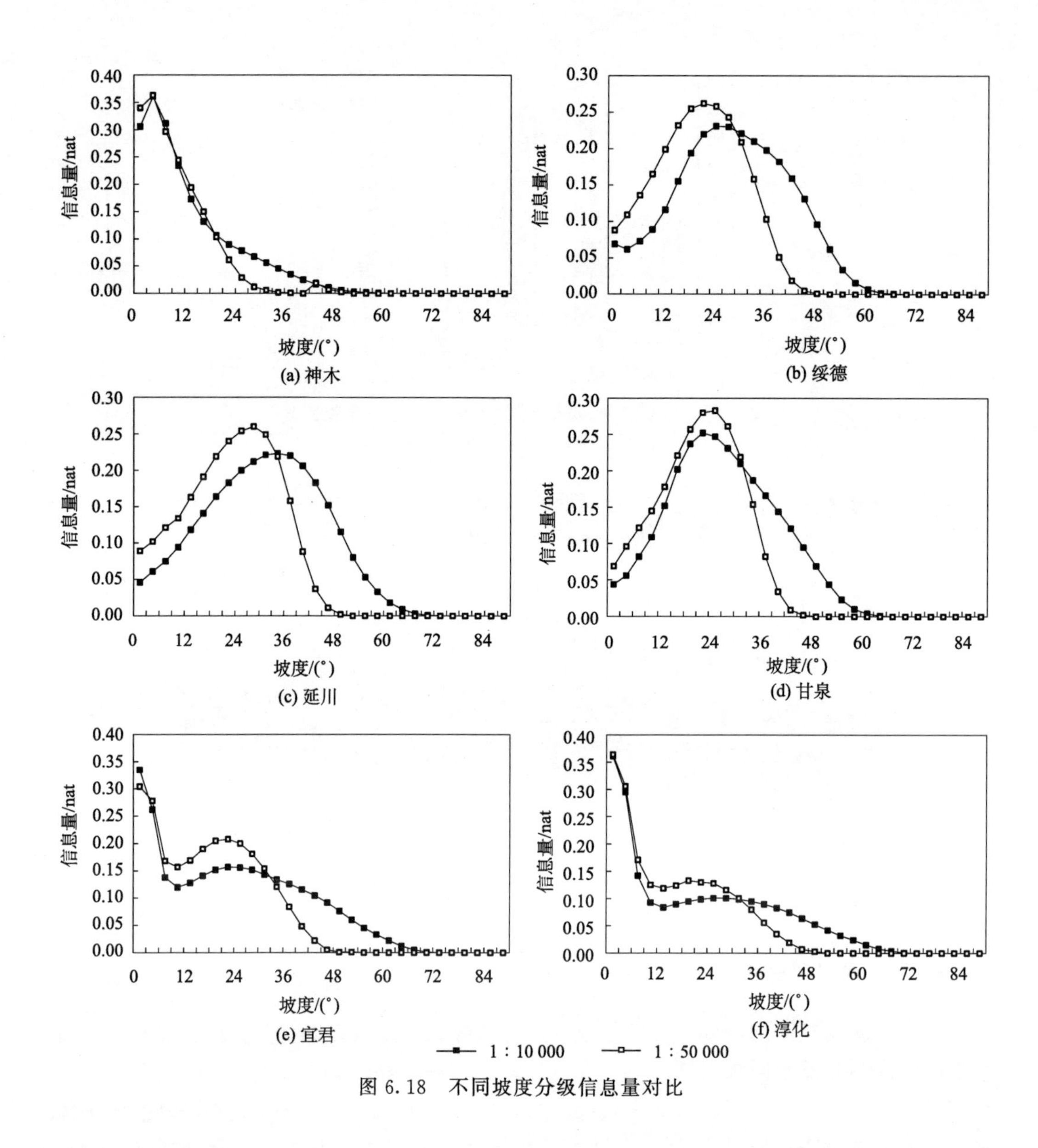

图 6.18　不同坡度分级信息量对比

和平滑，所反映的地形起伏较 1∶10 000 DEM 缓和，体现了制图综合使坡度变小、地形起伏变缓的效果。

4. 坡谱信息熵与地貌演化关系

深入研究坡谱和黄土地貌演化的规律，通过坡谱的变化揭示黄土地貌演化的时间序列是坡谱研究的重要内容之一。因此，首先需要研究坡谱和其他可反映地貌演化特征的因子之间的关系。以沟壑密度为例，沟壑密度是一个综合性很强的地貌指标，它既能反映土壤侵蚀的严重程度，又能反映地貌的演化阶段，张丽萍等（1998）、马新中等（1993）都曾对此做过深入的研究。本节计算了 48 个样区的沟壑密度，并将其和坡谱信息熵做了相关分析，由图 6.20 可见坡谱信息熵和沟壑密度表现出较好的幂函数关系，

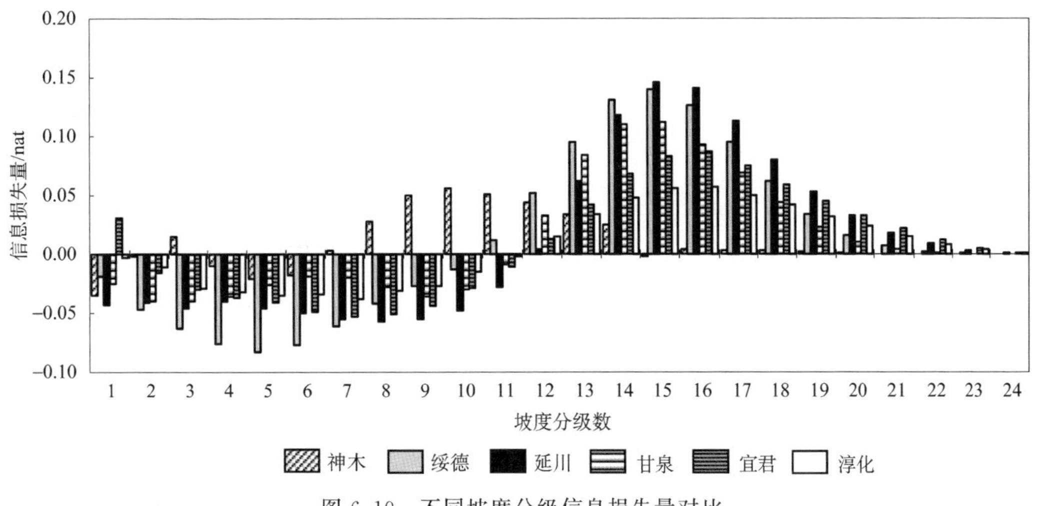

图 6.19　不同坡度分级信息损失量对比

随着坡谱信息熵的增大，样区沟壑密度也增大。综合前文所述可以认为，在陕北南部黄土塬区，坡谱信息熵小，沟壑密度也小，由南向北，随着土壤侵蚀加剧，地形起伏变大，到丘陵沟壑区，坡谱信息熵逐渐增大，沟壑密度也增大。据马乃喜的研究，黄土高原地貌演化的后期演化方式就是指侵蚀作用使先成的黄土塬、梁、峁逐步分化解体为新的地貌类型（马乃喜，1998）。那么，深入研究坡谱、沟壑密度、土壤侵蚀等的相互关系，有望从坡谱的角度揭示地貌演化的规律。

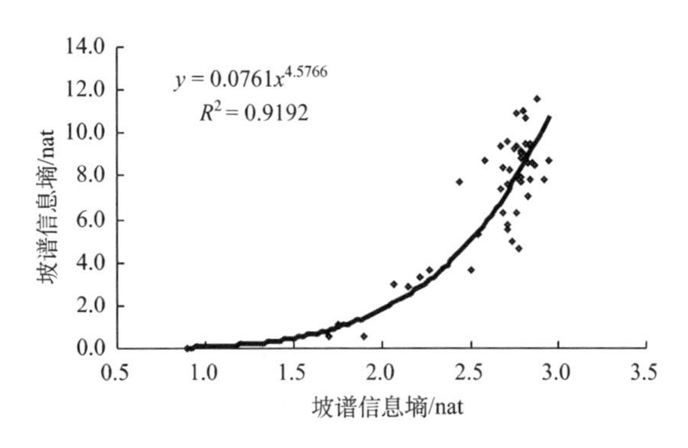

图 6.20　陕北黄土高原坡谱信息熵-沟壑密度图

6.3.4　小结

坡谱信息熵能从宏观上定量反映不同比例尺 DEM 地形信息变化情况，小比例尺 DEM 熵值的减小，体现了在制图综合过程中地形信息的损失。同时，单个级别信息量的变化更精细地刻画了不同地貌类型区坡度组合及不同比例尺 DEM 相应级别坡度信息的变化规律。坡谱信息熵和沟壑密度表现出较好的幂函数关系，随着坡谱信息熵的增大，样区沟壑密度也增大，通过这样的桥梁，可望获得坡谱和地貌演化之间的某种联系。另外，坡谱信息熵的空间分异规律与黄土高原地貌形态的空间变化规律是一致的，因此，可以将其作为地貌类型识别的因子之一。当然，能否将某一地貌类型区的坡谱信息熵界定在一个特定范围之内，是实现地貌类型识别的关键，需要进一步研究。

6.4 基于DEM提取坡谱信息的不确定性

坡谱指在一个特定的统计区内，以定量地形因子的大小为自变量，以其所对应的地面面积占统计区总面积为因变量，构成的统计图表或模型（Tang et al.，2008）。坡谱是黄土高原地学分析新方法、新思路的探索。犹如光谱一样，虽然坡谱是客观的实在，但是坡谱的表现形式是不唯一、不确定的。坡谱不确定性是黄土地貌发育特征、地貌自相似性、规则格网DEM地形描述尺度效应的反映。研究地面坡谱不确定性，尤其存在的基本地域尺度条件，并在此基础上研究其在黄土高原的空间分异特征，不但是建立基于坡谱的数字地形分析的理论与方法的基础，也为确定黄土高原地区基本自然地理单元提供了重要依据。本节主要以坡度谱为例，分析坡谱不确定性产生的主要原因及其对坡谱的影响规律，揭示坡谱不确定性的变异特征，为正确应用坡谱进行地学分析提供重要依据。

6.4.1 坡谱不确定性的过程分布

不确定性（Uncertainty）是自然界普遍存在的一种现象，也反映了不同学科人们对自然界认知的局限程度。1927年，Heisenberg首次提出Uncertainty Principle，最初被译为测不准原理，后来改译为更具普遍意义的不确定性原理（刘大杰等，1999；史文中，2005），随后，在数学、热力学、经典力学、信息学、经济学等领域，不确定性原理受到高度关注。自20世纪80年代以来，不确定性成为地球信息科学最为主要的基础性理论课题之一，在大地测量学、制图学、摄影测量学、空间科学、遥感科学技术、天文学及地球科学等众多领域，被人们广泛地关注和研究。最初，不确定性概念是误差（Error）的近义词，两者在大多数情况下被相互通用，测量界更多地采用了误差这一概念（Goodchild，1991）。1991年，Goodchild指出不确定性是一个比误差更为广义、抽象的概念。不确定性可以看作一种广义的误差，既包含随机误差，也包含系统误差和粗差；还包含可度量和不可度量的误差，以及数值上和概念上的误差。一般而言，人们普遍认为不确定性表示事物的含糊性、不明确性、不肯定性或指某事物的未决定或不稳定状态，以及决策、设计、计划、投资模型中可能出现的风险性。因此，坡谱的不确定性指对于特定的地貌类型区，坡谱形态不能被准确确定的程度，以及在地学分析中（如地貌类型划分、地貌发育过程模拟等）其预测或反演结果的准确程度。

规则格网DEM是提取坡谱的主要数据源。提取的基本流程为：首先，利用地形图上等高线数字化或数字摄影测量方法提取高程信息，通过高程数据内插，建立栅格DEM；然后，通过差分计算，建立数字地形因子模型；最后，分级统计各级别地形因子占地面总面积的统计，建立地面坡谱。无论是通过地形图数字化还是通过数字摄影测量技术获取DEM数据，就不可避免地包含了对客观世界描述的不确定性问题，即在原始数据里信息与噪声就已经并存，就具有不确定性特征。为了建立坡谱模型，必须通过各种算法提取坡谱因子信息，确定因子分级体系等，这些过程又会带来新的不确定性。因此，在坡谱数据的获取（Acquisition）、处理（Processing）、分析（Analysis）、转换（Conversion）、误差评估（Error Assessment）、最后产品表达（Final Product Presentation）、决策（Decision Making）等全过程中都有可能产生不确定性，而且不确定性的量有可能不断增加。坡谱不确定性的过程分布如图 6.21 所示。

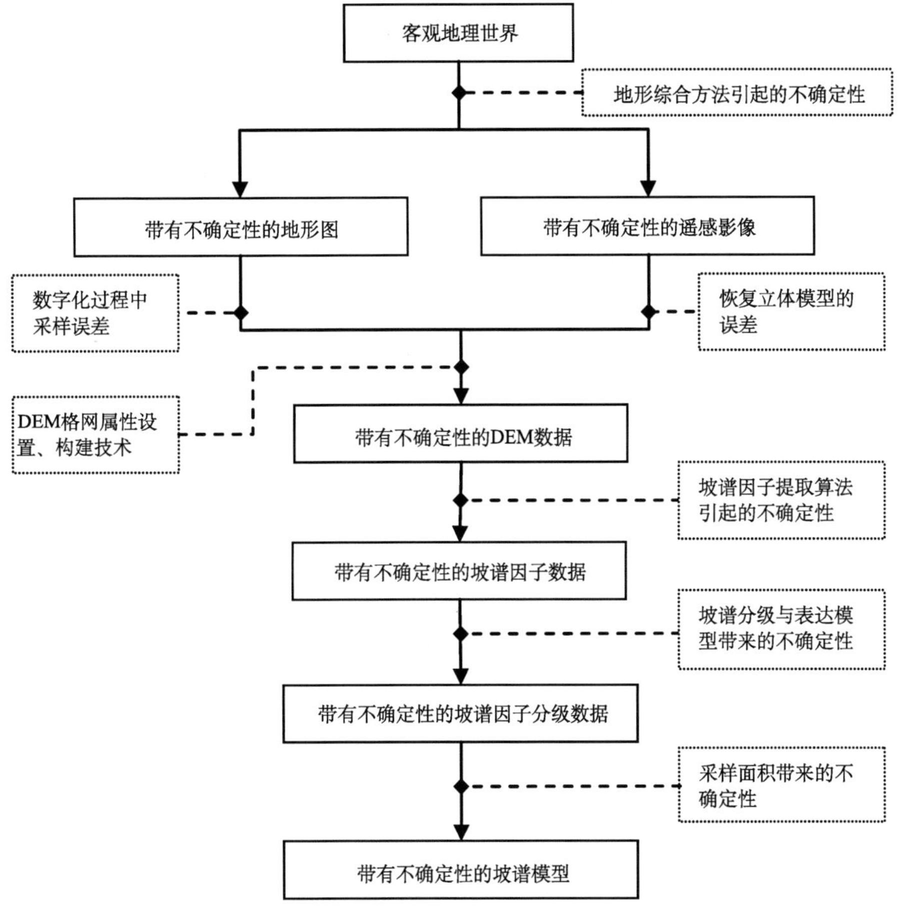

图 6.21　坡谱不确定性的过程分布

6.4.2　影响坡谱不确定性的关键因素

影响坡谱不确定性的因素很多，包括 DEM 数据精度、DEM 地形描述的尺度效应、坡谱因子计算模型、坡谱因子分级方法、坡谱的描述与表达、坡谱的采样面积等。现代空间数据获取技术能够有效保证 DEM 数据精度。此外，虽然多数坡谱因子具有多种提取模型（如坡度可以用简单差分、二阶差分、三阶反距离平方权差分、不带权差分、边框差分、三阶反距离权差分等多种模型提取），不同的计算模型对具体某一点位上的坡谱因子值和误差的空间分布具有显著的区域性影响，但对以数值统计计算为主的坡谱谱线形态不存在太大的影响（图 6.22）。因此，造成坡谱不确定性的主要因素是 DEM 地形描述的尺度效应、坡谱因子分级方法、坡谱的描述与表达模型及坡谱的采样面积。

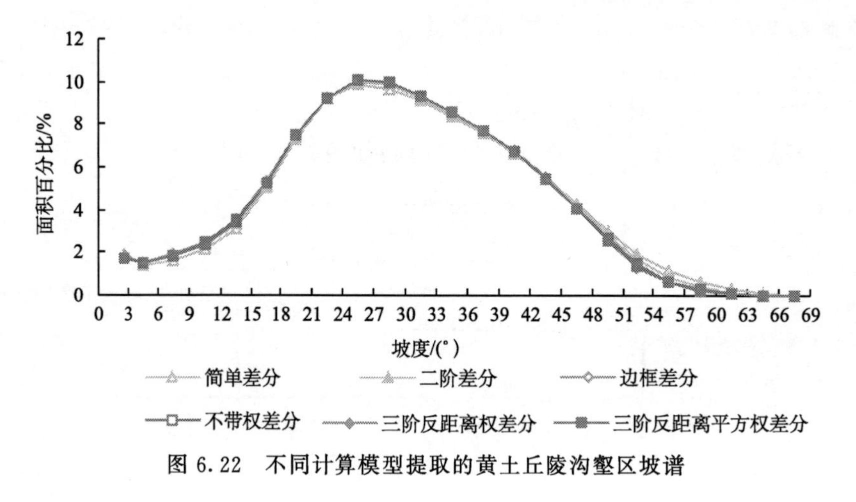

图 6.22 不同计算模型提取的黄土丘陵沟壑区坡谱

1. DEM 地形描述的尺度效应

DEM 通过有限的高程数据实现地形的数字化模拟，是确定精细度下对地形的近似表达，必然受到各种尺度的约束。不同尺度的 DEM 描述了不同的地貌形态信息，地形综合模型和 DEM 格网大小是决定地形描述精度的关键因素，也直接造成坡谱信息提取的尺度效应。

在 DEM 地形数字化模拟中，地形综合模型和 DEM 格网大小存在内在的耦合关系，二者协调一致才能实现最小的数据冗余和最优的地形描述精度。DEM 地形描述中，如果确定了地形综合模型，也就同时限定了地形描述的尺度，地形在本体形态上具有相对稳定性。此时，如果格网大小为 L 的 DEM 能够理想地描述或表达该地形，那么选用比 L 更为精细（如 $0.5L$，$0.1L$）的 DEM，地形模拟的精细程度不会发生改变。也就是说，此时虽然 DEM 格网大小不同，但地形模拟效果基本相同。值得注意的是，虽然是相同的模拟地形，基于它们提取的坡谱并不相同，而是呈现出规律性的变异。如图 6.23 所示，随着 DEM 格网增大，坡谱曲线的波峰向缓坡方向移动，移动的速率不但与 DEM 格网增大的程度密切相关，与实验样区的地形复杂度也密切相关。造成这一现象的主要原因是，坡谱因子在概念上虽然是数学的微分点值，不占有实际地理空间，但在实际计算中，由于 DEM 地形描述的尺度效应，它们的计算值又具有了空间区域性，成为一定地理区域范围的统计值，DEM 格网大小是决定坡谱因子区域范围的主要因素之一，这就造成了虽然是相同的地形描述，但由于 DEM 格网大小的不同，坡谱曲线也会发生一定的形态变异。此外，如果 DEM 格网过大，DEM 规则格网采样会在已有的综合地形基础上又进行一次隐含的机械综合，DEM 地形描述的尺度效应更为复杂，坡谱的不确定性变异也会更加复杂。清楚地了解所使用的 DEM 数据地形描述的尺度效应，是正确提取坡谱和应用坡谱完成地学分析的基础。

2. 坡谱因子的分级方法

坡谱因子通常是微观地形曲面参数，只具有地理意义而并不占有实际地理空间，建

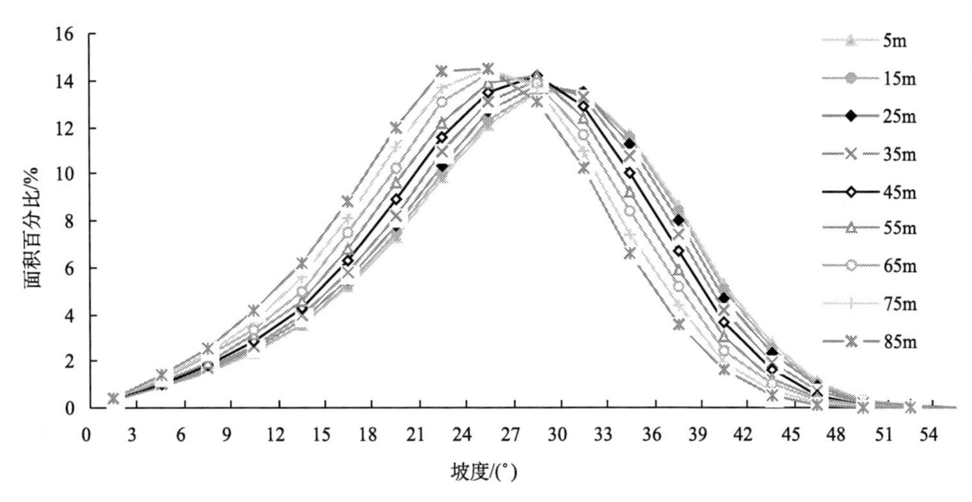

图 6.23　黄土丘陵区不同格网大小 1∶1 万 DEM 提取的坡谱

立坡谱曲线时必须根据一定分级标准对其进行分类。常用的分级方案有等差分级、等面积分级、自然级差分级、临界坡度分级等。不同的分级标准，坡谱形态也有所不同，反映着不同的应用目的和地学信息，在实际应用中应根据应用目的选择合适的分级方法。

等差分级是坡谱分析最为常用的分级方法，对研究地形、地貌的成因和演化规律，以及地貌特征的空间变异都具有重要意义。如图 6.24 所示，在等差分级中，1°等差分级显示的坡度谱虽然精细，但峰值不明显，整个坡谱曲线被压制的非常低，不利于地貌特征的区分；3°和 6°分级，坡度谱曲线光滑、峰值明显，是比较好的分级级差；而 6°以上分级，坡谱峰值虽然明显，但坡度信息被过度合并，坡谱曲线不光滑且不能很好地反映坡度频谱信息。

3. 坡谱的描述与表达

坡谱的描述与表达可以有多种形式。根据坡谱描述的内容在相邻微小领域内是否具有可内插性，坡谱的表达形式可分为离散型表达、连续型表达。离散型表达中相邻两级

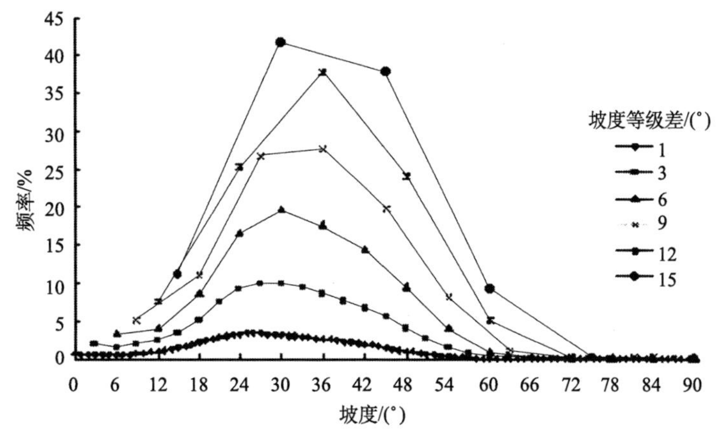

图 6.24　不同坡度分级系统下的坡谱线

间不可以进行内插计算，连续型表达没有此限制。根据坡谱的具体表现形式，坡谱表达方式又可进一步分为数表型、图解型、数模型 3 种基本形式（图 6.25）。

坡度/(°)	风沙黄土过渡区/%	黄土丘陵沟壑区/%	黄土残塬区/%
0~3	19.71	1.02	21.85
3~6	28.19	1.48	12.60
6~9	16.71	1.90	5.46
⋮	⋮	⋮	⋮
75~90	0.00	0.00	0.00

(a) 数表型表达

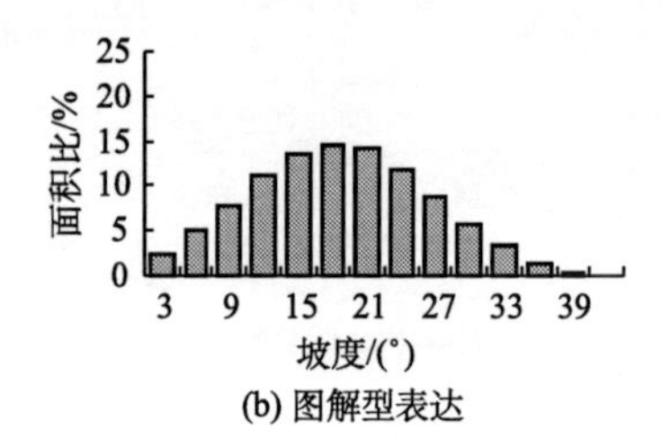

(b) 图解型表达

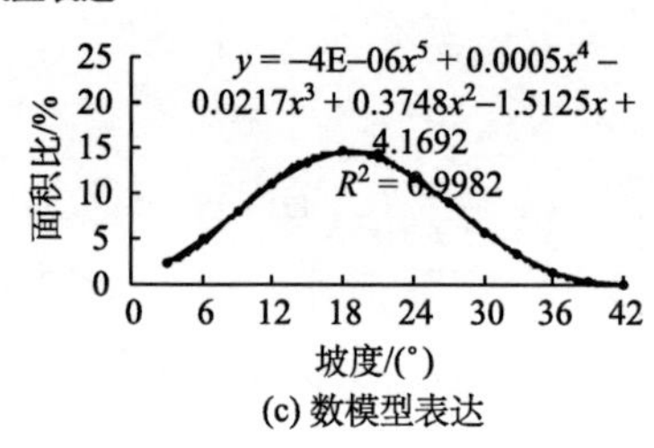

(c) 数模型表达

图 6.25　坡谱的描述与表达

图解型坡谱能直观地反映坡度分布的比例与组合，但不方便进行量化分析；数模型坡谱便于进行坡谱地域分异规律的量化分析，缺点在于数模型的构建方法还不够完善，只是满足特定数学法则的近似表达，具有很大的不确定性。如果各种表现形式可以无信息损失的互相转换，则不存在不确定性问题。实际应用中，坡谱的不同描述与表达方式之间往往不可能实现无信息损失的互相转换。科学、恰当的描述与表达方式能有效地凸现相关地学知识，因此，根据应用目标的需要，选择合适的坡谱描述与表达方式显得尤为重要。

4. 坡谱的采样面积

坡谱是对一定面积的区域上诸多测量单元坡度进行统计的结果，只有满足一定的地域面积才能达到稳定，这是坡谱存在的基本地域尺度条件（王春等，2007）。如果采样面积较小，由于难以正确包含该地貌类型应有的各种微地貌类型与比例，所获得的坡谱是非稳定的，坡谱不但随样区放置部位的变化而变化，而且也不能代表研究区域正确的坡谱信息，直接造成坡谱地学分析结果的不稳定和不可信。坡谱稳定的最小面积称为临界面积。临界面积从另一个层面揭示了地面的破碎程度和相似程度。临界面积并不是一个固定不变的值，值的大小与地貌类型、采样点的位置、判定坡谱稳定的限定条件等密切相关。坡谱稳定是有一定缓冲半径的“ε-带”区域，而非一条严格的线，如图 6.26 所示。因此，稳定坡谱的确定可以从三个途径考虑。

1）简单的形态相似：两次提取的坡谱线局部的抖动不得超过一定的阈值。

2）统计量值的相似：统计量值的相似采用按统一的分级方案提取坡谱，直接计算两次或多次提取的坡谱的相似系数。

3）地貌属性的原理：即首先定量刻画地貌相似程度，再采用 1）或 2）提供的判别方法，提取坡谱稳定的临界面积阈值。

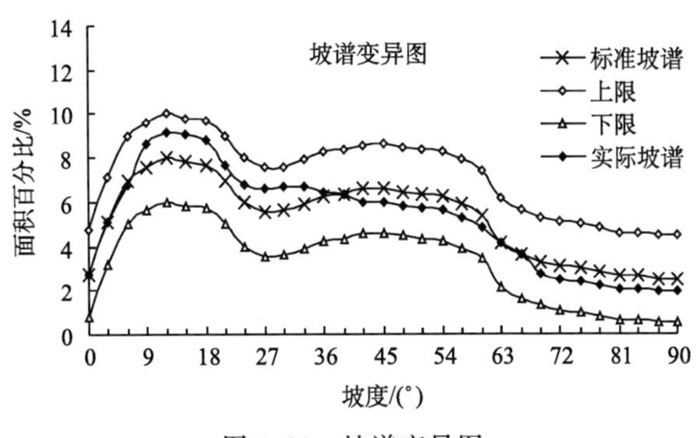

图 6.26　坡谱变异图

简单的形态相似虽然过于注重局部变异，但它能够准确地刻画坡谱的相似程度，因此也是研究坡谱稳定条件时经常采用的主要方法。简单的形态相似主要通过两个定量指标描述：①实际坡谱与参照坡谱的最大变化值 δ；②实际坡谱与参照坡谱的所有变化值的绝对值之和 δs。

提取 SSCA 阈值的关键在于参考坡谱的确定。如果研究局部区域与整体区域坡谱的相似性，通常最理想的做法是先对地貌进行分区，然后在每个地貌类型区选取足够大的面积，提取所对应的坡谱作为参考坡谱。实际应用中，大比例尺地貌分类是一个复杂的专业性工作，完成精确的地貌分类具有相当大的困难。此外，基于收集的资料，分析研究区域最大地貌类型单元对应的矩形范围，在后续的分析过程中，提取满足该面积的矩形区域的坡谱作为参考坡谱，也是一个不错的处理方法。如果研究相邻分析区域坡谱的相似性，一般可将前一分析窗口提取的坡谱作为参考坡谱。这是一个不断置换的过程，参考坡谱随着分析窗口的变化也不停地被置换，坡谱变异结果反映的是地貌形态的“相近相似”特征。

6.4.3　小结

1）坡谱不确定性的存在是客观的实在。坡谱不确定性的产生一方面是地理客观世界自身不确定性的反映，另一方面是坡谱建立过程中科学技术、人为因素、DEM 数字地形分析尺度效应的综合作用结果。其中，DEM 数字地形分析尺度效应是影响坡谱不确定性的核心因素，因此，基于坡谱的地学分析，更应该注意研究尺度、分析尺度、目标尺度的匹配问题。如果同时采用多个尺度，此时就更应该注意不同尺度之间的耦合关系。

2）坡谱的不确定性是一个复杂性问题，涉及许多 DEM 数字地形分析的基础理论问题，同时也折射出 DEM 地学分析与地学应用的不确定性问题，值得进行深入细致的研究。目前的研究还存在许多缺憾，如坡谱具有什么样的环境依赖性、尺度依赖性与数据依赖性？坡谱不确定性因素之间呈现什么样的相干效应、结构效应与组织效应？坡谱稳定的面积阈值与地貌环境具有怎样的耦合关系？坡谱的不确定性如何有效度量？等等。这些问题的解决，不但是建立坡谱地学分析理论的根本保证，也为地理学尺度问题与不确定性问题等一些基础理论的解决提供了很好的借鉴思路。

6.5 基于 DEM 流域边界剖面谱研究

6.5.1 引言

我国黄土高原具有独特的地貌形态、多样的地貌类型、浩瀚的分布面积，国内外众多学者对其进行了深入的研究和探讨。研究内容从微观的黄土颗粒，到黄土高原流域侵蚀及演化，再到宏观的黄土地貌类型及其空间分布特征等各尺度方面。其中基于 DEM 的黄土地貌及其空间分异特征的研究一直是热点之一。然而，常用的 DEM 分析方法是以局部窗口的邻域分析为主，该方法的好处是能够较精细地刻画地形局部特征，但是对于地貌宏观形态的刻画与表达方面，则力不从心。陈述彭等（2000）提出了地学图谱的概念，以图形思维来直接理解、分析、预测和调控地球空间格局，开创了一种新的研究思路。在这个思路的基础上，为进一步深入对宏观地貌的定量描述研究，汤国安于 2006 年提出了“坡谱”概念，并研究了基于坡谱的黄土高原数字地形分析方法。研究结果显示，坡谱作为一种用微观地形因子（坡度）研究宏观地貌特征的有效方法，对于揭示黄土地貌形态形成与变化的内在机理与外在表现，都具有重要意义。但是，由于坡谱其统计特征的本质，受到来自信息源精度、数据处理方法、DEM 格网分辨率等多种因素的影响，存在相当的不确定性。因此，在深化对原有坡谱研究的基础上，寻找反映黄土高原地貌形态更为稳定、可靠的图谱形式，成为一个值得研究的命题。

原始的地形剖面线不经人为的整饰和加工，能够直观反映地势变化，很好地揭示某地区内的地貌起伏特征和地貌类型。与坡谱相比，地形剖面线更简洁直观，且不受 DEM 分辨率、坡度分级等因素的影响，以原始地形剖面线为着眼点来研究宏观地貌特征有着很大潜力。但地形剖面线的不足之处是它必然受到各向异性的限制，因此一般意义上的地形剖面不足以作为代表某种地貌类型的特征线。

为解决这个问题，提出了流域边界剖面线的概念。流域边界剖面线是以流域出水口为分界点，将流域边界的纵剖面展开至平面所形成的曲线。相对于一般意义上的地形剖面线而言，流域边界剖面线具有空间位置的确定性，避免了地形剖面的各向异性问题，又能在一定程度上反映流域的整体形态特征，具有较强的代表性，是一条可有效反映流域基本地形特征的特殊地形线。初步研究显示，在相同地貌类型区、特定尺度下的流域边界剖面线具有较为稳定的形态与结构特征。

流域边界剖面线跨越了沟间地、沟坡地、沟底地各个地貌类型单元，综合反映了三种地貌类型单元的特征（贾旖旎，2010）。其中以沟间地所占比重最大，由于沟间地位于黄土正地形部位，因此流域边界剖面线主要反映的是黄土高原正地貌特征，而黄土高原地貌类型正是以黄土塬、黄土梁及黄土峁等正地形形态特征区分的。体现出了流域边界剖面线在描述黄土地貌特征上的优势。黄土高原正地形与反映黄土侵蚀的负地形之间存在着相互作用、相互依存的耦合关系，而对于黄土地貌正地形的研究却远远不足。因此，对于流域边界剖面线的研究也是对黄土高原的正地形分析进行有益的探索和补充。

6.5.2 实验区域

黄土塬、黄土梁和黄土峁为黄土高原的三种最基本的地貌类型，其中黄土塬是黄土高原经过现代沟壑分割后留存下来的高原面，而黄土梁和黄土峁的形成是由黄土塬经沟壑分割破碎而形成的黄土丘陵，或是与黄土期前的古丘陵地形有继承关系。从整个黄土高原来看，处于中心的黄土塬区与其北部的黄土丘陵区在沉积物性质、地质背景、地貌景观上都存在着差异，因而地貌发育规律也必然有所不同，这种不同的地貌发育规律也造就了黄土地貌类型在空间上的有序分异。

本节选择了六大典型黄土地貌样区为实验样区，实验数据源为5m分辨率DEM数据，比例尺为1∶1万。这六个样区均位于陕西省境内，由北向南依次是神木、绥德、延川、甘泉、宜君和长武样区，分别代表了风沙过渡带、黄土峁状丘陵沟壑、黄土梁峁状丘陵沟壑、黄土梁状丘陵沟壑、黄土长梁残塬沟壑和黄土塬地貌类型，不仅涵盖了黄土高原大部分的地貌组合及景观形态，能充分顾及黄土地貌发育过程中物质、能量的空间变异及相互关系，也体现了黄土高原地貌特有的空间有序分异特征。

6.5.3 基于DEM的流域边界谱提取方法

加载DEM数据后，利用ArcGIS中的ArcHydro Tool水文流域分析扩展功能模块进行分析：

1）使用ArcHydro Tool完成对样区数据的洼地填充、流向获取、汇流累积计算、流域河网提取、河段分割，并按照河段分割的结果对整个实验样区进行子流域分割（闾国年，1998c），最后将子流域分割栅格数据转换为对应的矢量流域数据。通过反复实验，将汇水面积阈值设为0.5（20 000km^2）。

2）成功进行流域分割后，选取合适的流域作为研究对象。本节采用的方法是先通过Strahler分级法对河道进行分级，由相应的汇水面积阈值和样区面积决定了河道的分级结果一般为三级，分别选取三个级别的河道对应的流域作为研究对象。

3）通过3D Analyst的Feature to 3D命令，将高程信息赋给所提取的流域边界线。将所选定的典型小流域数据导出为ASCII文件，这样就得到沿流域边界线围绕一圈的流域边界谱分析数据，将这一数据导入Matlab软件，通过程序设计找到流域出口，按从流域出口开始再到流域出口终止的顺序得到排序后的高程数据，生成流域边界剖面线（图6.27）。

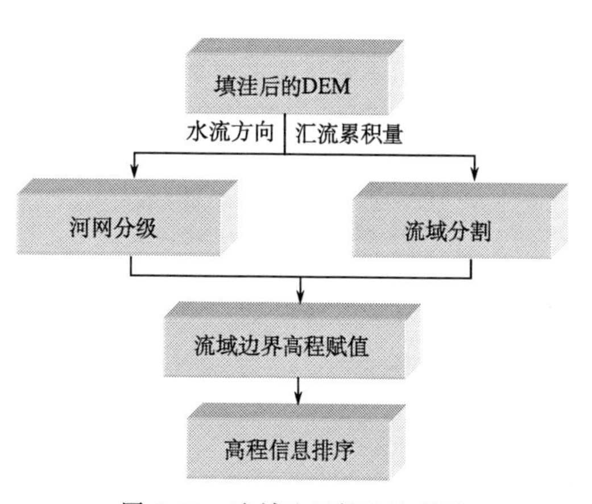

图6.27 流域边界提取流程图

6.5.4 流域边界剖面线的特征

利用上述提取方法，分别提取六个典型地貌样区内多个级别流域所对应的流域边界剖面线，得到不同地貌样区不同流域等级的流域边界剖面线。通过对所提取流域边界剖面线的形态和结构分析，总结出流域边界剖面线的以下四个特性（贾旖旎，2010）。

1. 谱线稳定性

一般的地形剖面线可根据方向、走势及长度等有多种不同的结果。图 6.28 为黄土高原甘泉样区三维晕渲图，在此区域内任意划两个方向作剖面线，可以看到生成的剖面线存在明显的各向异性，即任意方向可以得到无数个剖面线结果。

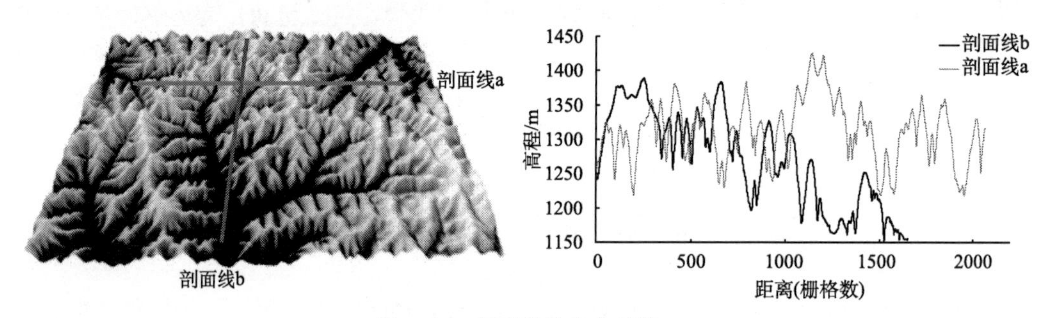

图 6.28 剖面线的各向异性

然而，任何一个确定的流域，其流域边界都是唯一的，因而，流域边界的剖面也是确定的。

初步研究显示，同一地貌类型区内多个同级别（也称同尺度）子流域的边界剖面线呈现相似形态。如图 6.29 所示，在甘泉样区选取了 6 个大小相近的子流域，两边的谱线图为这 6 个子流域对应的流域边界剖面线。可以看出 6 个子流域的边界剖面线在结构和形态方面具有很强的相似性。剖面线的整体趋势相近，而细节部分的高低起伏无论是看频率还是看程度，都表明了一种地貌同质性的倾向。因此，可将流域边界线看作一个流域内具有代表性的地形起伏特征线。

因此，任何一个确定的流域，都有其唯一的流域边界剖面线，而同地貌类型区的流域边界线呈现较强的相似性，流域边界剖面线具有稳定性特征。

2. 地貌对应性

在同一地貌类型区，流域边界剖面线所表现出的是其稳定性的特质，然而，在不同地貌类型区下，流域边界剖面线又会表现出什么样的性质？

初期研究发现，在相同地貌类型样区内，大小相似的流域其边界剖面线形态相近（图 6.29），而在不同的地貌类型样区内，大小相似的流域边界剖面线在形态上则呈现较大的差异（图 6.30）。

由图 6.30 可以看出，6 个典型样区内的流域边界剖面线在形态上基本呈左右对称，

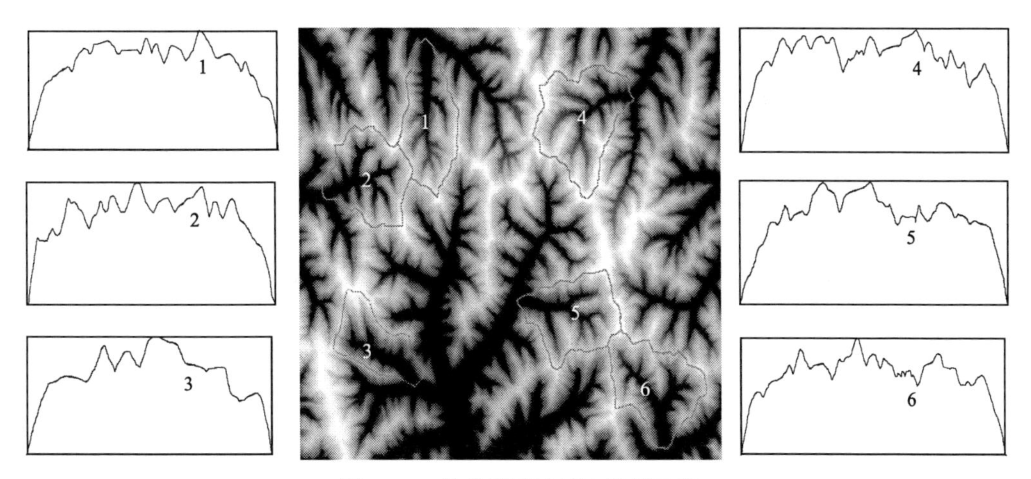

图 6.29 甘泉样区流域边界剖面线

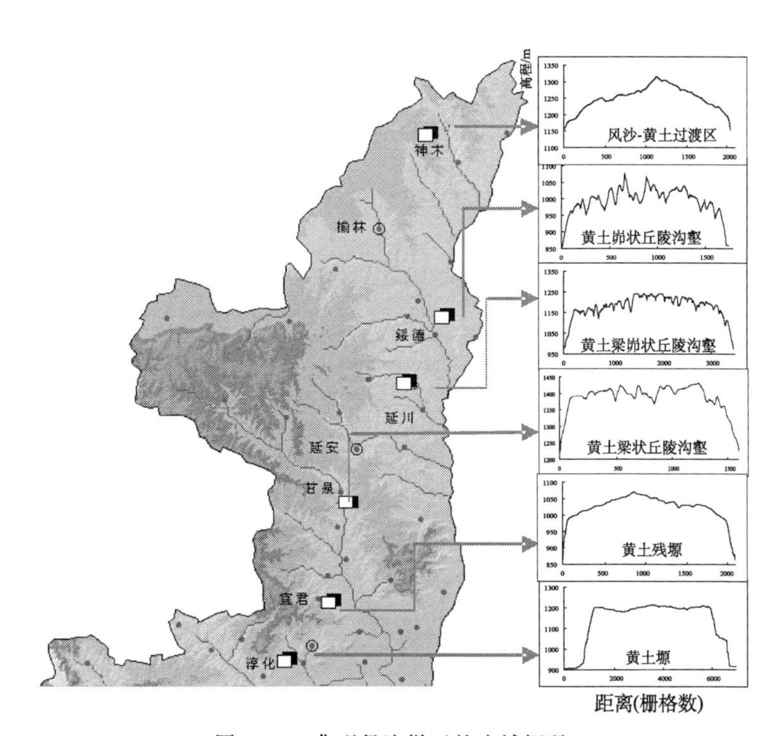

图 6.30 典型径流样区的流域概况

整体趋势均为中间高，两边低。就剖面线的整体趋势而言，神木样区的流域边界剖面线从起始点到最高点之间的曲线呈现高程值增大，速率由慢转快的趋势；绥德、甘泉、延川、宜君 4 个样区内流域谱线呈现高程值增大，速率逐渐降低的趋势，其中宜君样区内流域边界剖面线的顶面呈现尖顶状态；长武样区的流域边界剖面线的顶面呈现平坦状态。根据典型地貌样区流域边界谱的形态抽象出图 6.31 所示的四种类型。

神木样区边界剖面线形态属于类型 a，绥德、延川、甘泉虽然地表破碎，但是大体趋势可抽象为形态 b，宜君属于形态 c，而长武属于形态 d。神木地区属于风沙—黄土过

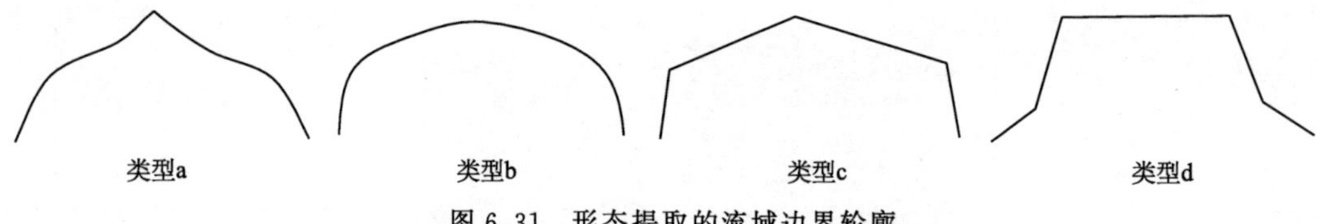

图 6.31 形态提取的流域边界轮廓

渡区，整体来说是黄土丘陵演化的特殊区域，由于该区域纬度高，与沙漠相接，降水量少，流水侵蚀弱，而风积和风蚀作用逐步占主导地位，尽管其下伏古地形是丘陵地貌，但由于风积和风蚀作用的填平和吹蚀，使地表又趋于平缓，地表复杂度小；绥德、延川、甘泉均属于黄土丘陵沟壑区，沟壑较为发育，地表破碎程度，这 3 个样区内的流域边界剖面线，使得边界剖面经过正地形部分时表达出起伏多变的特征，然而其流域边界剖面线整体趋势较一致，符合抽象形态 b。宜君属于黄土长梁残塬沟壑区，塬面平坦，由于宜君地区西部地势较东部高，而其区域内沟谷流向又多为东—西走向，流域边界剖面线就呈现出顶端高于两边的态势；长武属于黄土塬区，塬区顶部塬面平坦，流域边界剖面线体现出了这一特性。因此，流域边界线可以较准确地描述黄土高原典型地貌类型的整体态势。

不同地貌样区的流域边界剖面线不仅在整体形态上存在区别，其落在正地形部分的起伏特征也存在很大差异。如图 6.30 所示，宜君，长武两个样区的流域边界剖面线的正地形起伏最为缓和，因为这两个样区的流域边界线经过地形起伏缓和且整体略有倾斜的塬面和残塬面。而绥德、延川、甘泉 3 个样区内的流域边界剖面线的起伏较大。说明了地貌发育成熟的地区，地表侵蚀搬运作用强烈，导致地表起伏较强。其中绥德属于峁状丘陵沟壑区，丘陵起伏，沟壑纵横，土壤侵蚀极为剧烈；延川属于梁峁状丘陵沟壑区，梁状坡面细沟、浅沟发育，梁峁以下，冲沟、干沟和河沟深切；甘泉属于梁状丘陵沟壑区，梁坡上面侵蚀，梁地间冲沟、河沟下切强烈。从图中也可以看出，在流域大小相近的情况下，绥德、延川、甘泉 3 个样区的流域边界线上，波峰和波谷起伏的频率及程度是遵循一个由强到弱的次序，这正是由于这 3 个样区处于地貌发育相对年龄的晚、中、早期，三者对应的地貌破碎程度也是由强到弱。神木地区属于较平缓的沙丘地，其流域边界线也体现出了这一特征。因而，流域边界剖面线不仅能够反映地貌的整体态势，同时也对应于地貌类型的细节特征。

由上述来看，不同的地貌类型区具有与之对应的流域边界剖面曲线，流域边界剖面曲线能够反映所在地貌类型的整体趋势和细节特征。

3. 尺度依赖性

流域边界剖面线上述两大特性是在相近大小的流域基础上分析而得出，而同一地貌类型区域内部不同大小的流域边界剖面线之间又存在着什么样的规律？

标题中提到的尺度依赖性，其中的尺度是依据流域等级的高低而来，而流域等级则是对应于 Strahler 的河道等级划分方法，对应第一级河道的即为第一级流域，以此类推。之所以应用 Strahler 的河道等级来对流域进行等级划分，是因为河道的等级不仅反映了河道规模及大小上的区别，也反映了其在水文性质上和形态特征上的差别。通过这种方法划分得到的各个等级子流域，不仅有着大小尺度上的区别，更有着水文性质和形态特征上的差异（流域地貌数学模型），因此，研究不同尺度的流域边界剖面线的变化规律有重要的意义。

流域水系有自相似的特性，一个流域往往可以划分成多个等级的子流域，较高级别流域的边界剖面线，必然囊括了更低一级乃至两级的较低级流域的边界。流域等级最高的三级流域的边界剖面线是其所包含的一级流域和二级流域的部分边界剖面线的组合，而二级流域边界剖面线是其所包含的一级流域部分边界剖面线的组合。若把最低级的流域看作一个基本单元，那么小尺度流域和大尺度流域就是个体和整体的关系，小尺度流域倾向于表现出个体单元性质，而大尺度流域则倾向于表现为宏观统计性质。

初期研究发现，同一地貌样区，不同流域尺度下的流域边界剖面线呈现出整体形态相近的特征，体现出同一地貌样区内地貌的同质性和流域单元上地貌的自相似特性。各个样区内的多尺度流域边界剖面线依然保持同样的抽象形态，也从另一个侧面说明了流域边界剖面线的稳定性特质。

然而，虽然流域边界剖面线在不同流域尺度之间保持着整体形态的相似性和一致性，但仍存在一定的差异。如图 6.32 所示，同一个地貌样区内，一级流域到三级流域

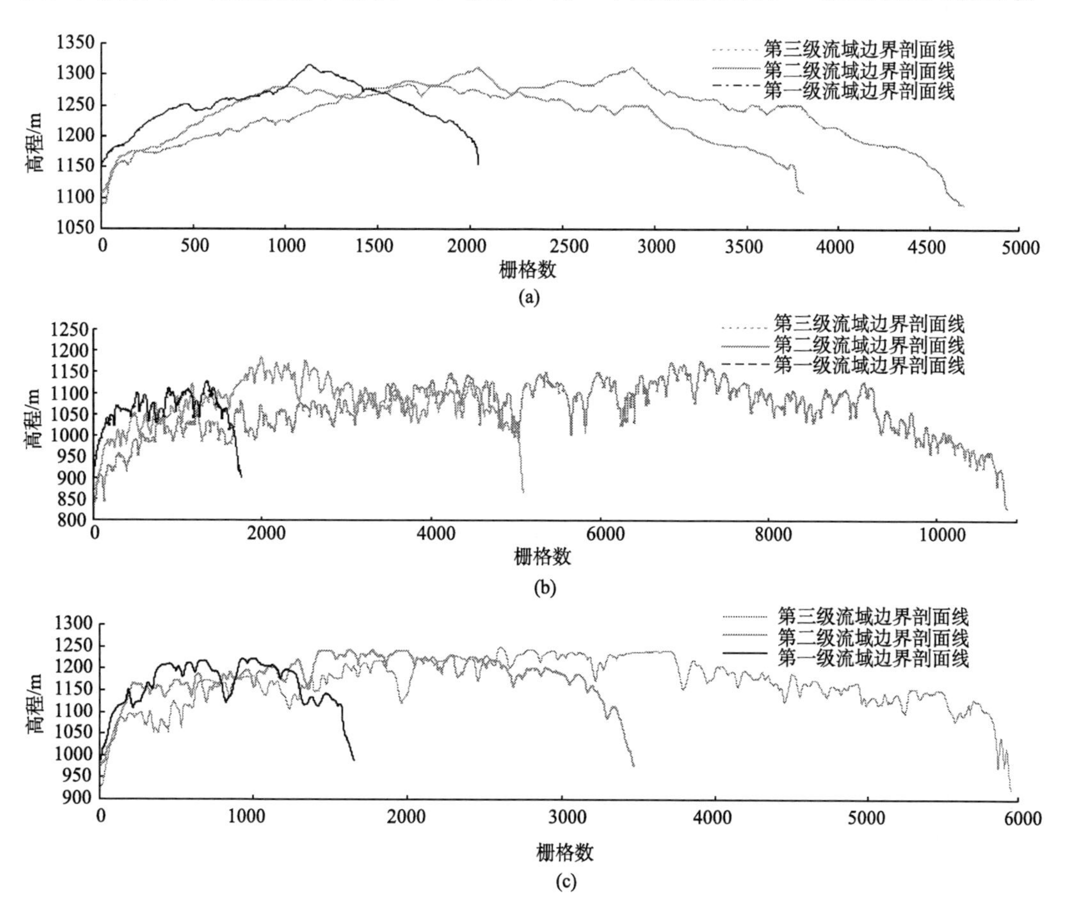

(a)

(b)

(c)

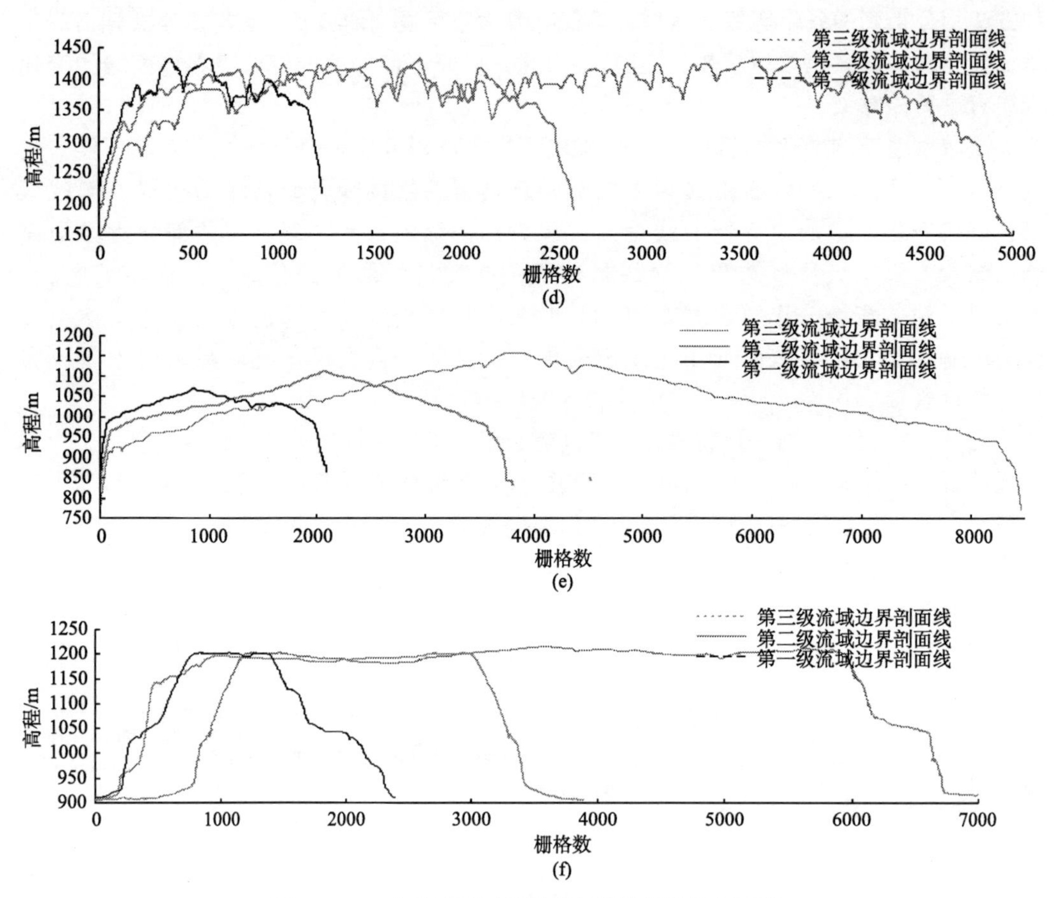

图 6.32　6 个样区不同流域等级的流域边界剖面线

的边界剖面线，随着流域尺度增大，其流域边界剖面线高差、流域边界剖面线的样点数随之增大，流域出水口点的高程值逐渐降低，流域边界剖面线的复杂程度增大等，且这些变化规律根据地貌样区的不同而有所差别。

造成流域边界剖面线在流域尺度间差异的原因主要有以下两点。

1）流域尺度决定了流域个体大小之间的差异，而这种个体和整体间的大小差异直接导致了流域边界剖面线高差、流域边界剖面线的样点数等差异。

2）流域尺度不仅反映了流域的大小，也从一定程度上反映了流域发育时期的长短。在同一地貌样区内，流域尺度越小，发育时间越短，反之则越长。而流域发育时间的长短决定了流域内河网的发育程度。图 6.33 为甘泉样区的一个流域，流域边界上对应着流域内河道沟头的部分呈现下凹形态（圆点所示），而对应两河道中间的沟间地部分则呈现上凸形态（三角形点所示），造就了整条流域边界线在正地形部分的起伏特征。一般来说，流域内

图 6.33　甘泉样区小流域示意图

的河网越发育，溯源侵蚀越强烈，边界曲线下凹的频率就越高，反之，边界曲线下凹的频率越小。同地貌类型区不同的流域等级之间，流域等级越低，其流域规模就越小，发育时期越短，河网发育程度也就越弱，沟壑密度小，因而流域边界剖面线的起伏频率就较低。

综上所述，流域边界剖面线具有明显的尺度依赖性。同一地貌类型下相同流域尺度下剖面线具有稳定的形态，而不同尺度下的流域边界剖面线呈现规律变化。

4. 内涵丰富

流域边界剖面线虽然在不同的地貌样区呈现不同的形态特征，但仍是一条具有结构完整性和有序性的地形特征线，可将其抽象解析为图 6.34。

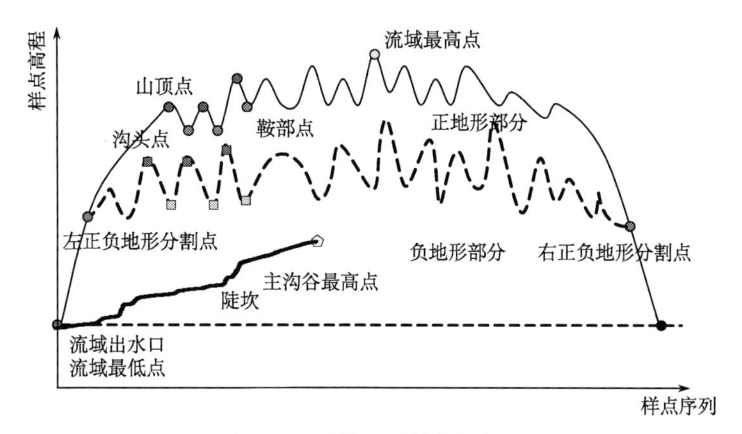

图 6.34　流域地形结构解析图

如图 6.34 所示，从宏观形态来看，流域边界剖面线的高差反映了流域的地势差，样点序列反映了流域规模大小，整体形态趋势反映了流域所属的地貌大类；从微观特征来看，流域边界剖面线上正地形部分的起伏形态反映了黄土塬、黄土梁、黄土峁等正地貌单元的地貌特征。剖面线上波峰波谷的频率和幅度在一定程度上反映了该地区内的地形复杂度。通过频率分析来对比不同尺度的流域边界剖面线的量化特征，可以反映流域边界剖面线的多尺度宏观与微观特征；通过分析剖面线局部特征与整体特征的相似性，可以综合反映流域多级嵌套的结构特征。

流域边界剖面线不仅能够反映流域正地形特征，也能在一定程度上反映负地形特征。流域边界剖面线上的起始拐点反映了流域范围内正负地形的分界点；流域边界剖面线上的起始拐点以下部分反映了流域边界剖面线的波谷点呈现的凹陷形态有所不同，有呈倒梯形、“V”形和“U”形的。通过分析流域边界剖面线上的拐点、波峰，波谷点的位置信息和统计信息，能够反映流域边界剖面线所跨越的沟谷地、沟坡地的长度以及沟间地的地表起伏程度；通过分析流域边界剖面线上波谷点的下凹形态，可望推演流域地貌的发育程度。

因此，通过对流域边界剖面线的挖掘，发现其蕴含着非常丰富的地学信息，不仅能反映地貌样区的整体宏观特征，也能够揭示地貌起伏的微观细节。通过流域边界谱中的地学信息，可对实际地形地貌进行定量化描述与反映。

6.5.5 流域边界谱

地学信息图谱的概念是按照一定指标递变规律或分类规律排列的一组能够反映地球科学空间信息规律的数字地图、图表、曲线或图像（陈述彭等，2000）。地学信息图谱中几个关键的特性，分别是尺度性、层次性和抽象性。从这三大特性来看，本节主要着眼于流域尺度；流域边界剖面线在不同流域等级下存在层次关系，多尺度的流域边界剖面线构成了一个相互稍有重叠的层次系列，它们正好对应于地球系统的多层次系列；流域边界剖面线本身是对宏观地形对象的一种抽象和提炼，而流域边界剖面线上的特征点、统计特征和形态特征等则是地形对象的直观反映。

根据地学信息图谱的概念、性质和流域边界剖面线的特性，本节提出“流域边界谱”这个概念，认为其不但包含地学信息图谱的特性，同时又不同于一般的地学信息图谱，而更偏向于原生图谱。将其定义为以流域出水口为分割点，以流域边界剖面线采样点序列为 X 轴，流域边界剖面线上的高程为 Y 轴，展开至平面上得到的连续高程曲线在不同地貌区域不同流域等级下的有序组合。

任何个体的特征都是其内在本质的外在表现，具有唯一性和不可替代性（乔清文，2004）。每个流域有其唯一确定的流域边界线，且流域边界剖面线能够很好地反映地貌特征的性质，即它的地貌对应性，就好比人类的指纹，每个人的指纹都是唯一的，因此只要获取了指纹，就能和人对应上，而掌握了流域边界线所反映的地貌特征，就相当于掌握了识别这些地貌的钥匙。任何表达物体特征的图案和图形，其规律性和特征都是可掌握、可识别的（乔清文，2004），只要能够从现象中总结出其规律，就有望实现地貌的模式识别。

而流域边界剖面线在不同流域等级下的变化规律，则有益于从地貌空代时的角度来发掘流域地貌的演化规律。在黄土高原地区，地理位置的差异，造成了各样区物质、能量分配的不均，使得黄土地貌研究以空间换时间成为可能。流域尺度表明了流域相对发育的时间阶段，因此，利用流域边界剖面线在不同流域尺度间的变化特征，可望从一种全新的角度来研究并揭示流域地貌的发展演化。流域的个体发育在相当程度上反映了该类型黄土高原地貌的整体发育，通过对个体流域的边界谱研究来进一步构建流域边界剖面谱的个体特征要素与黄土高原整体地形特征的内在联系，并有望基于此揭示深层次的地学过程与机理。

6.5.6 小结

本节首次以流域边界剖面线为研究的切入点，提出流域边界谱的概念。从一个新的角度，来研究黄土高原地貌特征。初步研究表明，流域边界谱不受各向异性和统计误差的干扰，具有相对稳定、地貌对应、尺度依赖和内涵丰富的特征，一方面符合地学图谱的“形、数、理”特征，另一方面它不同于一般的地学图谱，而是利用原生态的地形剖面线来直观反映地貌，具有更高的可靠性，突破了以往利用微观地形因子进行地形分析的局限，通过宏观地形因子来表达宏观地貌特征。因而，流域边界谱概念的提出，是数字地形分析理论上的一大突破。本节在初期研究的基础上，描述了流域边界谱的性质和特征，认为流域边界谱有很大的地学研究价值和地学分析潜力。然而，流域边界谱的研究是一个系统性的研究，仍需对流域边界剖面谱的概念体系、地貌内涵、定量描述、形态挖掘等方面进行系统深入的研究，可望揭示黄土高原地貌形态及其空间分异规律，进一步丰富数字地形分析的理论与方法。

6.6 基于 DEM 的地形纹理特征研究

6.6.1 引言

纹理是一种普遍存在的反映图像中同质现象的视觉特征，包含了物体表面结构组织排列的重要信息和它们与周围环境的联系，体现了物体表面共有的内在属性（Haralick，1979；刘丽等，2009）。纹理特征在图像检索和图像分类中得到了广泛的使用（Haralick et al.，1973；Ilea and Whelan，2011）。一般认为，纹理可分为自然纹理和人工纹理两类。

地形纹理是一种重要自然纹理，它在一定的尺度下，表现为同类地貌形态的相似性与不同地貌形态的区域差异性，这也是人们描述和区分不同地形特征的重要依据之一。目前，在遥感影像领域研究中，已将地形纹理作为重要的研究内容。遥感影像作为纹理分析的重要数据源，蕴含着丰富的纹理信息。这些纹理信息反映了宏观地形形态的空间分布模式，同时也是利用遥感手段进行地物识别与分类的重要依据。与传统分析方法相比，基于纹理分析方法的遥感图像特征识别与分类精度有了较大幅度的提高（王佐成，2004；龚衍和舒宁，2007）。然而，遥感影像所反映的纹理实际上是一种综合纹理，在很大程度上受地表面覆盖的影响（如植被、人工建筑等）。因此，基于遥感影像分析地形纹理特征存在相当大的困难，这也限制了基于遥感影像的纹理分析方法在数字地形分析等领域的应用。DEM 是地面高程的数字表达，通过结构化的离散数据记录真实地表的高程信息。借助于一定的渲染方式，DEM 及派生的数字地形模型也表现出显著的纹理特征。该特征不受地表覆盖物的影响，直接反映了地表高程的变化而引起的地形形态差异。同时，DEM 可以派生出诸如坡度、坡向、曲率等地形因子，这些地形因子所构建的数字矩阵，表达了地形在某一侧面的形态特征，为地形纹理分析提供了更多的数据源。而在数字地形分析领域，现有的方法主要基于领域分析的思想，虽然能较好地提取相关地形要素，但表达与分析宏观地形地貌的能力明显不足。因此，将纹理分析技术与基于 DEM 的数字地形分析相结合，可望成为宏观地形特征量化与识别研究的突破点（陶旸，2007）。

纹理分析方法众多，大致可分为统计型纹理分析方法和结构型纹理分析方法。实践表明，统计型分析方法更适用于自然纹理，灰度共生矩阵是一个经典的统计型分析方法，在木材类型识别（于海鹏等，2004）、遥感影像分类（黄桂兰和郑肇葆，1998）、精密设备检测（Dutta et al.，2012）、气象云图分析（寿亦萱等，2005）等方面中得到了成功应用。本节在总结前人研究成功的基础上，对 DEM 地形纹理特征进行量化研究，以期找出各纹理指标对不同地形特征的量化能力，为地形纹理识别与分类奠定基础。

6.6.2 实验样区

考虑到地形特征的多样性、实验数据的获取性以及现有的研究成果等因素，本实验样区选择为陕西省境内。参照周成虎等（2009）制定的中国陆地数字地貌分类体系，根据海拔和相对高度等形态指标，陕西省主要地形形态可以分为平原、台地、丘陵、山地四大类。选择样区时要力求形态特征显著，尽量避免多种地形特征混合的过渡性地带，以测试纹理分析方法在地形量化上的可行性。

基于以上原则，本节按不同地形形态，在陕西省选择了 10 处典型样区，其中样区 1 渭河谷地和样区 2 汉中盆地隶属于平原区；样区 3 黄土塬、样区 4 黄土残塬、样区 5 黄土台塬隶属于台地；样区 6 黄土长梁残塬、样区 7 黄土梁状丘陵、样区 8 黄土峁状丘陵隶属于丘陵区；样区 9 大巴中山、样区 10 秦岭高山隶属于山地区。

样区范围的选择对纹理分析结果的稳定性有重要影响。根据前人研究的相关结论（朱长青等，1996；Backes et al.，2010），在满足纹理基元的重复性和纹理统计特征稳定性的基础上，将分析范围确定为 512×512 像素大小。本节选用的地形高程数据采用国家基础地理信息中心所提供的 1∶5 万比例尺的 DEM 数据，实验样区分布图如图 6.35 所示，图 6.36 为各样区光照模拟图。

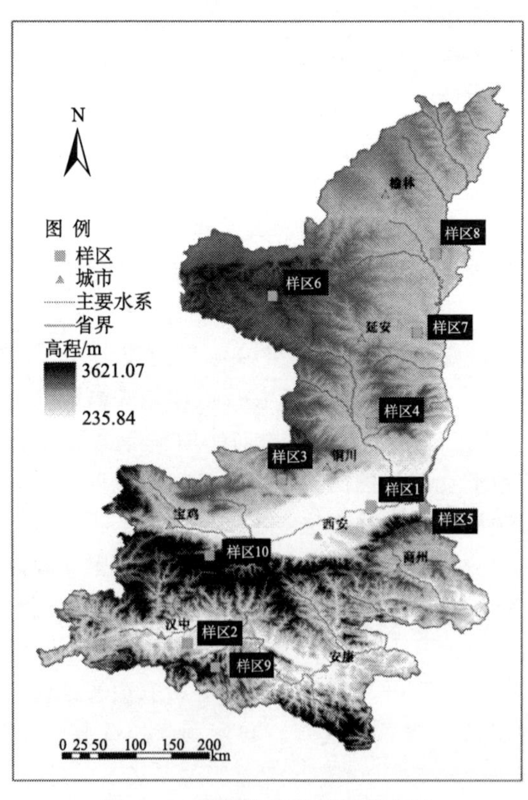

图 6.35 陕西省实验样区分布图

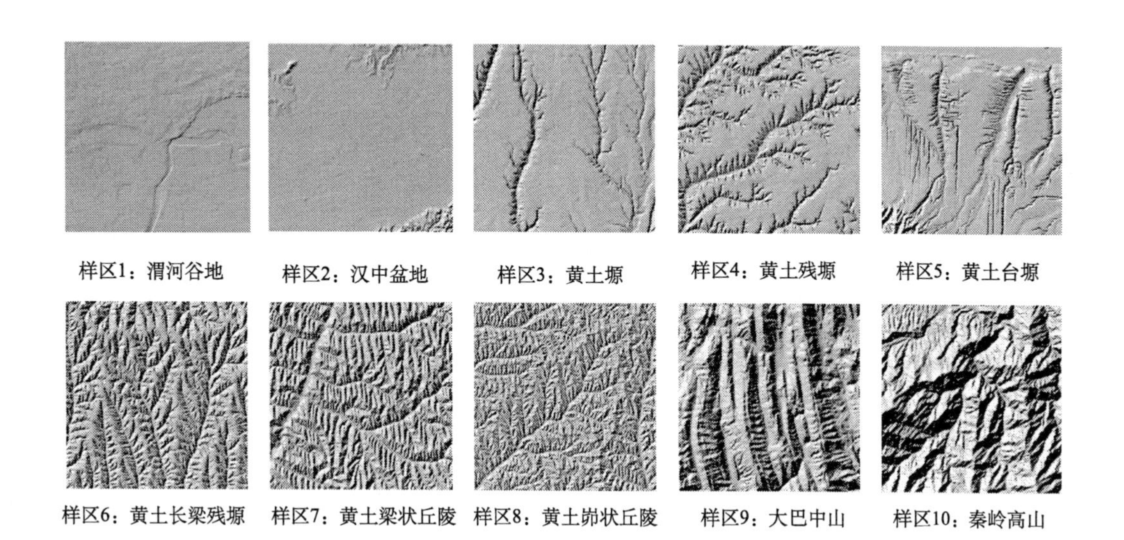

图 6.36　各样区光照晕渲图

6.6.3　基于 DEM 的灰度共生矩阵

1. 模型构建

Haralick 等（1973）在利用陆地卫星图像对美国加利福尼亚海岸带的土地利用问题进行研究时，提出了著名的灰度共生矩阵模型（GLCM）。该模型以估计二阶组合条件概率密度函数为基础，通过描述在一定方向一定距离条件下不同像素灰度组合出现的统计规律，从而揭示图像的纹理特征。研究表明，该模型是一个行之有效的纹理分析方法，广泛用于将灰度值转化为纹理信息。

基于 DEM 数据构建灰度共生矩阵，是建立在 DEM 数据所表达的三维空间曲面上。以 XOY 作为图像的坐标平面，假设水平方面（X 轴方向）的栅格数为M_x，则 DEM 的水平空间域为$S_x=\{1, 2, \cdots, M_x\}$；假设垂直方向（$Y$ 轴方向）的栅格总数为M_y，则 DEM 的垂直空间域为$S_y=\{1, 2, \cdots, M_y\}$；$Z$ 轴作为 DEM 的高程坐标轴。由于 DEM 数据表达的是真实的高程信息，值域范围与灰度图像的值域范围不同，因此基于 DEM 数据构建灰度共生矩阵，还需要对 DEM 所表达的高程数据及 DEM 派生的地形因子数据进行灰度域映射。假设灰度量化最大级数为M_z，则 DEM 的灰度量化集为 $G=\{0, 1, 2, \cdots, M_z\}$。基于以上假设与定义，则 DEM 数据所表达的数字图像函数 f 可以表示为

$$f=S_x \times S_y \rightarrow G \tag{6.3}$$

假设 DEM 的栅格点对的距离为 d，栅格点对间的方向角度为 θ。与 X 轴平行时 θ 取值为 0，绕 Z 轴逆时针旋转方向为正方向。统计图像灰度为 i 的栅格与图像灰度为 j 的栅格，在相隔 d 距离，角度为 θ 的情况下同时出现的频度 $P(i, j, d, \theta)$，生成灰度共生矩阵 $C(d, \theta)$。当 θ 取值为 0°、45°、90°、135°时，共生率的数学表达如下：

$$P(i, j, d, 0°)=\#\{((k, l), (m, n))\in(L_x\times L_y) \mid k-m=0,$$
$$|l-n|=d, G(k, l)=i, G(m, n)=j\} \tag{6.4}$$

$$P(i, j, d, 45°)=\#\{((k, l), (m, n))\in(L_x\times L_y) \mid (k-m=d, l-n=-d)$$
$$\text{or}(k-m=-d, l-n=d), G(k, l)=i, G(m, n)=j\} \tag{6.5}$$

$$P(i, j, d, 90°)=\#\{((k, l), (m, n))\in(L_x\times L_y) \mid |k-m|=d,$$
$$l-n=0, G(k, l)=i, G(m, n)=j\} \tag{6.6}$$

$$P(i, j, d, 135°)=\#\{((k, l), (m, n))\in(L_x\times L_y) \mid (k-m=d, l-n=d)$$
$$\text{or}(k-m=-d, l-n=-d), G(k, l)=i, G(m, n)=j\} \tag{6.7}$$

式中，$\#(x)$ 为集合 x 中的元素个数。

灰度共生矩阵共有 14 个特征参数，结合现有研究（Ulaby et al.，1986；薄华等，2006），本节选取了最为常用的 8 个纹理参数。对各纹理参数计算时采用的是波兰 COST B11 研究小组开发的 MaZda 图像纹理分析软件（Szczypinski et al.，2009），各纹理参数的物理意义及缩写总结为表 6.5。

表 6.5 各纹理参数缩写及物理意义

名称	缩写	物理意义
二阶角矩	ASM	反映纹理特征分布的均匀和粗细程度，又称能量
对比度	CON	反映邻近栅格间的反差，可理解为纹理的明显度或强度
相关度	COR	反映共生矩阵在行或列方向上的相似程度，是灰度线性关系的度量
方差	VAR	反映纹理变化快慢、周期性大小的物理量。方差值越大，表明纹理周期越强
逆差矩	IDM	反映纹理的规则程度
均值和	SAR	反映图像区域内像素点平均灰度值，度量图像整体灰度特征的明暗深浅
熵	ENT	反映图像的信息量，用于度量纹理的随机性特征，表征纹理的复杂程度
差的方差	DFV	反映邻近栅格灰度值差异的方差

2. 点对距离影响

点对距离 d 和点对方向 θ 是影响灰度共生矩阵特征参数的两个主要变量。其中，栅格点对间距 d 作为灰度共生矩阵模型的分析尺度参数，对地形形态特征量化的稳定性和尺度匹配性将产生重要影响。因此，在对地形特征量化分析前，需测试各纹理参数对分析尺度的依赖性，可为后续地形形态分析提供依据。

本实验不考虑点对方向改变的影响，将在 0°、45°、90°、135°这 4 个方向分别计算所得的特征值取均值，作为模型中各参数的特征值。通过改变点对间的距离，以探测各纹理参数对点对间距变化的敏感性。选取光照模拟数据作为测试数据，其分析结果如图 6.37 所示。

根据特征参数随点对距离改变的变化特征，8 个纹理参数可分为以下三类（表 6.6）。

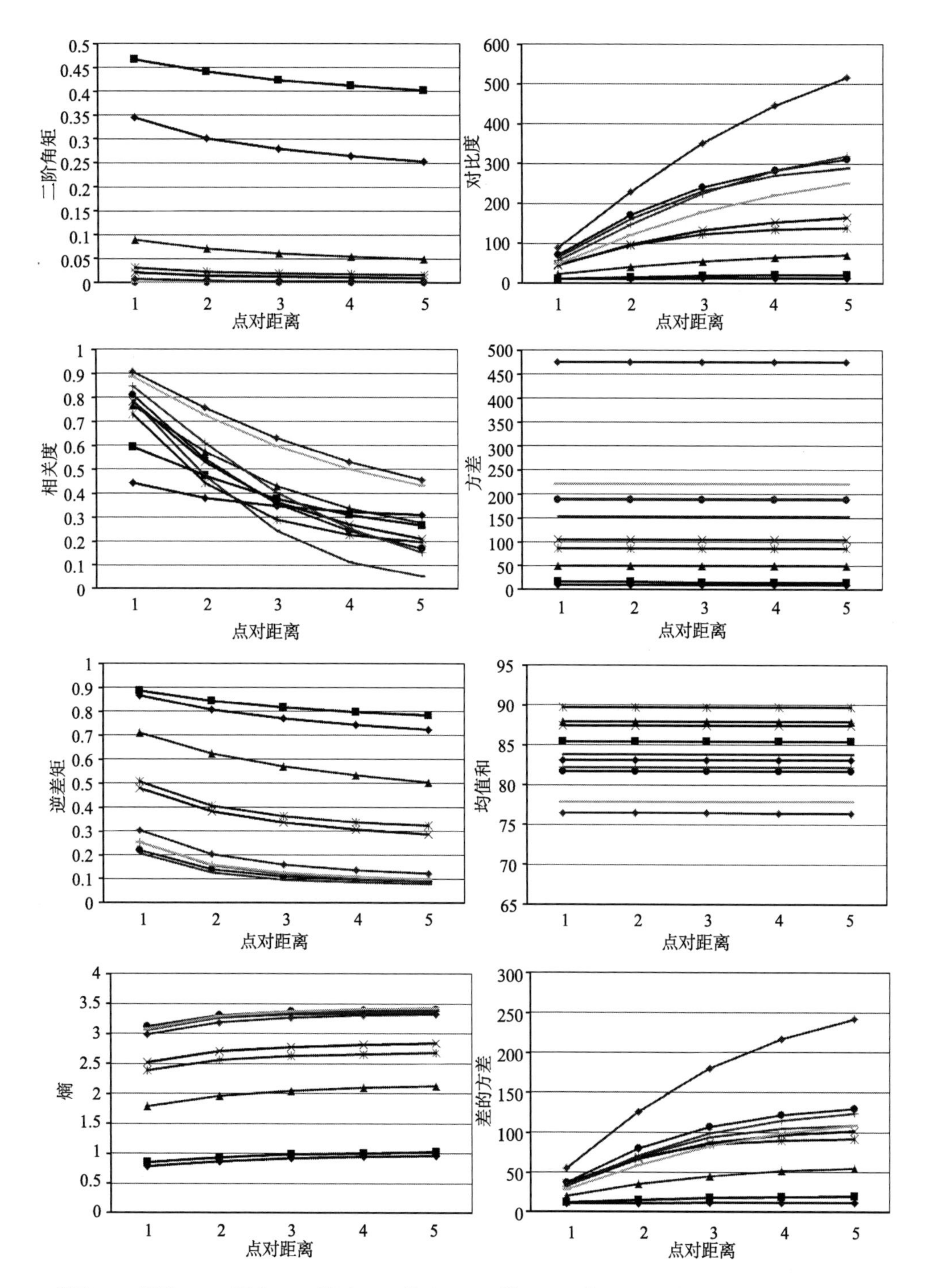

图 6.37 纹理参数随点对距离变化特征

表 6.6 纹理参数随点对距离变化响应分类

变化特征	纹理参数特征
对点对间距变化不敏感	方差、均值和
对点对间距变化较敏感	二阶角矩、逆差矩、熵、对比度、差的方差
对点对间距变化非常敏感	相关度

方差和均值和对点对间距变化不敏感，这两个特征参数属于全局统计量，因而具有一定的尺度不变性。在使用这两个纹理参数对地形特征量化时，可以不考虑点对间距。二阶角矩、逆差矩、熵、对比度、差的方差对点对间距变化较为敏感。从曲线趋势上看，当点对间距 d 大于 3 时，各纹理参数的变化率显著下降，并逐步趋于稳定。相关度对点对间距变化非常敏感，从曲线趋势上看，随着点对间距的增大，纹理参数的变化非常明显。

从曲线特征的变化情况来看，随着点对间距的增加，部分纹理参数表现出增加或降低的趋势，但其对于不同地形形态而言，除了相关度，其余 7 个纹理参数其相对特征基本保持不变，仅有个别数据因特征值较接近而出现特征曲线交叉。因此可认为，灰度共生矩阵模型栅格点对间距的改变，对地形形态的区分效果影响不大。从特征值的稳定性角度分析，针对本实验所采用的 25m 分辨率的 DEM 数据，灰度共生矩阵适宜的分析间距应大于或等于 3 个栅格大小。

3. 纹理参数归类

在利用纹理参数对地形特征进行量化分析时，虽然所选择的 8 个纹理参数都能表达纹理的某些特定信息，但存在信息冗杂、物理意义相近、重复表述的问题。所以，应进行进一步的归类与筛选。将物理意义相似，相关性较强的纹理参数归为一类，这样可以避免在对地形纹理量化分析时，采用不同纹理参数对相同物理意义的重复分析。

为验证各纹理参数的相关性，采用光照模拟数据，灰度共生矩阵的点对间距确定为 3 个栅格，不考虑点对方向改变，取 4 个方向的平均值作为各参数的特征值。通过对 10 个样区各纹理指标计算结果进行相关性分析，结果见表 6.7。结果表明，部分纹理指标

表 6.7 各地形纹理参数相关性分析

	二阶角矩	对比度	相关度	方差	逆差矩	均值和	熵	差的方差
二阶角矩	1	−0.723	−0.171	−0.563	0.885	0.187	−0.914	−0.741
对比度		1	0.385	0.917	−0.887	−0.639	0.872	0.961
相关度			1	0.684	−0.214	−0.726	0.245	0.439
方差				1	−0.701	−0.771	0.698	0.930
逆差矩					1	0.465	−0.991	−0.816
均值和						1	−0.409	−0.530
熵							1	0.827
差的方差								1

注：下划横线表示相关性大于 0.85

间具有强相关性，归类时将相关性大于 0.85 且物理意义相近的纹理参数归为一类，最终 8 个纹理参数可分为以下四类。

1）相关度。该纹理参数可用于对地形纹理的方向性探测。

2）熵、二阶角矩、逆差矩。可用于对地形纹理周期性分析。

3）方差、对比度、差的方差。可用于对地形纹理复杂度量化分析。

4）均值和。主要表示纹理灰度的明暗深浅，该纹理指标与具体的地形形态特征无关，因此在进一步分析时，将该因子剔除。

6.6.4 地形纹理特征量化

1. 地形纹理方向性分析

从纹理分析角度而言，当纹理基元和纹理整体形状具有某些特定的角度朝向时，称纹理具有方向性，角度值即表明纹理的方向。而针对 DEM 数据来说，地形纹理的方向性特征反映了地形特征变化较为明显的方向，如山体的走势、河流的延展、沟道的发育等，通过对地形纹理的方向性进行分析，也可有效揭示地形的空间异质性特征。需指出的是，不同地形形态与地形的方向性特征之间并无必然联系，而同一种地形形态，由于选取的区域不同也会表现出不同的方向性特征。因此，地形纹理方向性分析是针对具体数据的量化分析，而无法用于区分不同的地形形态。

本节分别从平原、台地、丘陵、山地四种地貌类型中选取出样区 1、样区 4、样区 7、样区 9 四个样区用于地形纹理的方向性分析。

从 DEM 及其派生因子的相关度计算结果来看，随着点对方向的改变，DEM 数据的相关度变化不大，且在各个方面上相关度均较高。这也表明在没有经过纹理增强时，DEM 数据本身所表现出的因为高程变化而造成的纹理方向性特征并不明显，特别是对于平原和台地等地势起伏较为平缓的区域。而基于地形光照模拟数据的计算结果，因为采用了地形信息增强方法，不同方向的相关度差异明显。基于坡度表面计算的相关度在丘陵和山地地区随点对角度改变响应明显，但在平原区和台地差异不大。曲率表面的相关度普遍较低，虽然在不同方向，其能表现出一定的差异性，但考虑到其取值范围较窄，因此对方向性的区分能力也较差。

采用地形光照模拟及坡度数据计算结果对 4 个样区分别进行分析（图 6.38）。样区 1 为渭河平原，由肉眼观察可发现，在南北方向和东西方向有较为明显的河道，而基于地形光照模拟数据，相关度在 0°和 90°方向上取值较大，这符合肉眼判断。样区 4 为黄土塬区，主沟道的延伸方向主要集中在水平、垂直以及 45°方向，基于地形光照数据的相关度也在这 3 个方向取值较大。样区 1 和样区 4 属于平原和台地，地形起伏较小，基于坡度数据的相关度在各个方向上差异不大。样区 7 属于丘陵，其垂直方向纹理特征显著，基于地形晕渲数据测试结果，其相关度在 90°取得较大值，同时基于坡度数据的测试结果，也很好地反映了垂直纹理特征。样区 9 属于山地，其山体大致沿南北走向，同时在东西方向也有部分小的山脉，基于地形光照的相关度在 0°和 90°方向取得较大值，但是区分度不是很明显。而结合坡度表面的相关度，区分度得到加强。

综上所述，地形光照模拟表面的相关度对地形纹理方向响应敏感，可有效探测出地

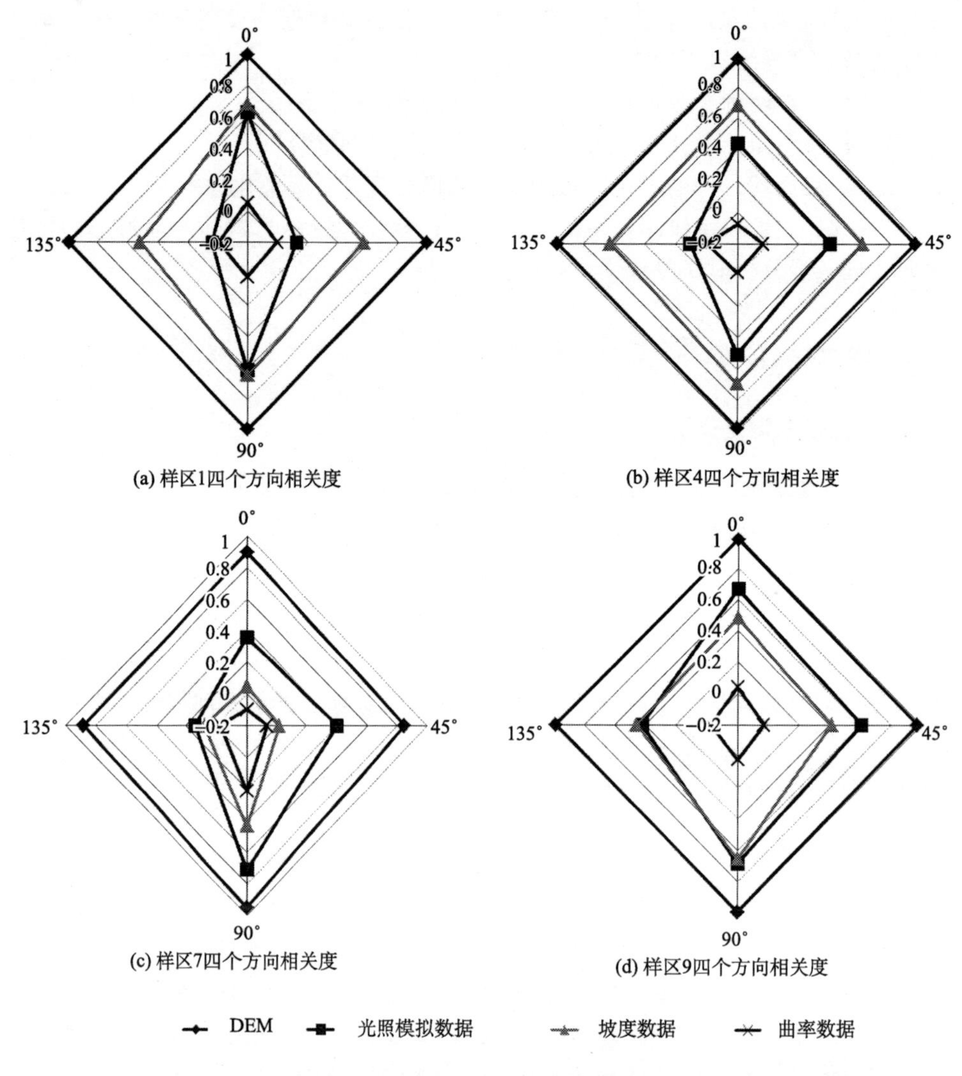

图 6.38　地形纹理方向性计算结果

形的主要纹理方向。坡度表面的相关度在丘陵和山地等起伏较大区域响应明显，可辅助地形光照模拟数据用于地形纹理方向的量化与分析。

2. 地形纹理周期性与复杂性量化

纹理的周期性是描述纹理基元排列方式的基本属性之一。地形形态具有自相似性特征，因此，在一定尺度范围内，地形的特征或结构要素会以一定的规律和周期频繁重复。同时，地形形态因发育阶段与发育程度不同，表面形态呈现出不同的复杂性。周期性和复杂性是地形纹理的两个重要特征，可用于区分不同的地形形态。

从物理意义上分析，方差在纹理分析中主要用于周期性检测，对比度和差的方差主要反映的是邻近栅格的差异程度，当邻近栅格的差异程度较大，也可理解为纹理变化较快，周期性明显。在此选择这 3 个纹理参数用于地形纹理周期性分析。熵特征值表示的是图像信息量大小，可用于衡量纹理的复杂程度。二阶角矩表示的是图像的均匀程度，逆差矩表示的是图像的规则程度，这两个指标从物理意义上也可以刻画纹理的复杂性。在此选择这 3 个纹理参数用于地形纹理复杂性分析。

分别对 DEM 数据、光照模拟数据、坡度数据、曲率数据计算这 6 个纹理参数，结果统计如图 6.39 所示。

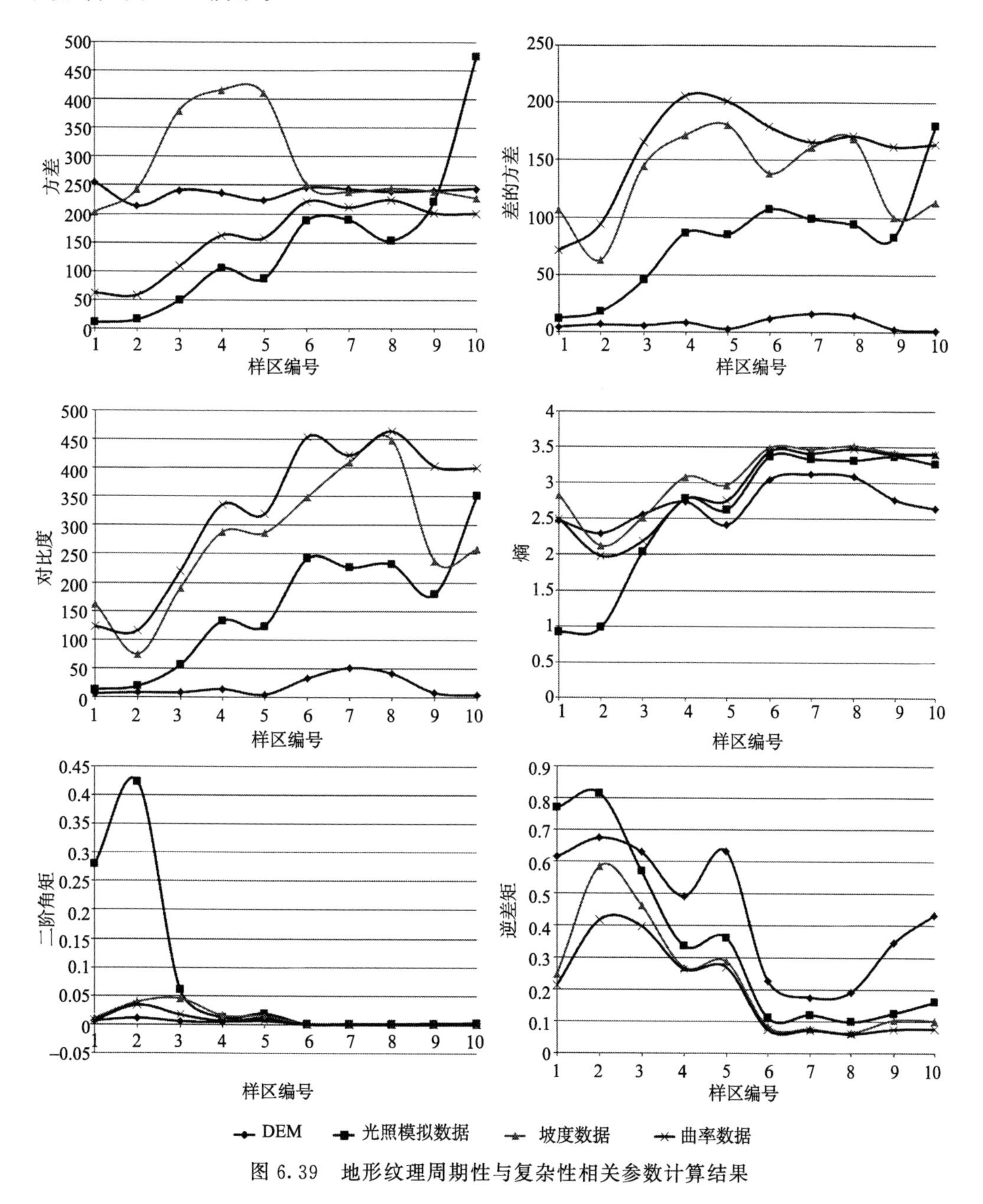

图 6.39　地形纹理周期性与复杂性相关参数计算结果

为衡量不同数据的不同纹理参数对地形形态的响应程度，选用了变异系数质疑指标。其表达公式如下：

$$C_V = \frac{\sigma}{\mu} \tag{6.8}$$

式中，σ 为数据的标准差；μ 为数据的平均数。计算结果见表 6.8。

表 6.8 各地形纹理参数相关性分析

	方差	差的方差	对比度	熵	二阶角矩	逆差矩	均值
DEM	0.0482	0.6899	0.9826	0.1081	0.787	0.6842	0.55
光照模拟	0.9116	0.5976	0.695	0.3734	1.8521	0.5911	0.8368
坡度	0.2873	0.2825	0.4189	0.155	1.296	0.6472	0.5145
曲率	0.3957	0.2718	0.4	0.1945	1.4867	0.6213	0.5617
均值	0.4107	0.4605	0.6242	0.2078	1.3554	0.6359	

从整体上分析，在表示周期性的 3 个纹理指标中，对比度的平均变异系数最大，在表示复杂性的 3 个纹理指标中，二阶角矩的平均变异系数最大。而不同数据之间，光照模拟数据的平均变异系数最大，这表明，光照模拟后的 DEM 数据相比较其他 3 类数据，其纹理信息得到增强，更适合区分不同的地形形态。

对于具体纹理参数分析，在表征纹理周期性的 3 个参数中，基于光照模拟数据的方差和基于 DEM 数据的对比度的变异系数都较大，考虑到方差的值域范围更大，因此采用光照模拟数据的方差对不同地形形态的纹理周期性进行量化。从量化结果来看，各样区的光照模拟数据表面的方差统计特征呈现较为明显的阶梯状态势，平原、台地、丘陵、山地 4 类地形形态的方差特征值逐渐递增，表明地形纹理的周期性不断增强，特别是样区 10 秦岭高山，其方差值取值明显高于其他样区，可以较为容易地予以区分。另外，选用光照模拟数据计算的二阶角矩参数对地形纹理复杂性进行分析，量化结果显示，平原样区的二阶角矩特征出现非常明显的峰值，表明平原区光照模拟表面的纹理均匀程度较高，复杂性低；台地的二阶角矩特征值明显下降；丘陵和山地样区基于光照模拟数据计算的二阶角矩均趋于 0，表明丘陵和山地光照模拟表面的纹理非常粗糙，复杂性较高。基于此特征值可以将平原、台地有效区分开来，但是对于丘陵和山地区分度有限。

3. 地形纹理综合性量化

(1) 量化方法

上面通过不同纹理指标对地形纹理的周期性和复杂性进行了量化。在量化过程中发现，部分纹理指标之间物理意义较为相似，如为避免重复分析选用单一纹理参数进行量化，则会造成部分纹理信息的丢失，同时不同纹理指标值域范围差异很大，这也为量化分析造成了很大困难。因此，在对地形纹理特征量化时，需考虑如何在减少重复分析的同时又能充分利用各纹理指标信息，此外还可将纹理指标的值域统一在一定范围内。此问题的解决，将为地形纹理特征库的建立，以及基于此的地形纹理分类与识别研究提供支撑。为此，本节提出了一种多参数综合的地形纹理量化方法。具体分析方法如下：

1）对 10 个样区的 DEM 数据、光照模拟数据、坡度数据、曲率数据分别计算纹理特征值。

2）对不同纹理参数的计算结果分别进行归一化处理。式（6.9）中 f_n 为归一化后的纹理特征值。

$$f_n = \frac{f - f_{\min}}{f_{\max} - f_{\min}} \tag{6.9}$$

3）将物理意义相似的纹理参数求和，以此来表示地形综合纹理特征。

将方差、差的方差和对比度 3 个因子（CON_n，VAR_n，DFV_n）归一化值求和后得到综合周期性 P。P 的特征值越大，表明地形纹理的综合周期性越强；P 的特征值越小，表明地形纹理的综合周期性越弱。

$$P = \mathrm{CON}_n + \mathrm{VAR}_n + \mathrm{DFV}_n \tag{6.10}$$

将熵、二阶角矩、逆差矩 3 个因子（ENT_n，IDM_n，ASM_n）归一化值求和后得到综合复杂性 C。C 的特征值越大，表明地形纹理的综合复杂性越强；C 的特征值越小，表明地形纹理的综合复杂性越弱。需指出的是，由于熵和二阶角矩以及逆差矩之间呈负相关，因此具体式（6.10）做以下修改：

$$C = \mathrm{ENT}_n + (1 - \mathrm{IDM}_n) + (1 - \mathrm{ASM}_n) \tag{6.11}$$

（2）量化结果

图 6.40 为地形纹理综合周期性计算结果。DEM 表面的综合周期性在各样区波动较大，其中在隶属于丘陵区的 3 个样区取得较大值，但对其他样区分区能力有限。光照模拟表面的综合周期性呈现较明显的阶梯状上升态势，平原区的特征值最小，表明地形纹

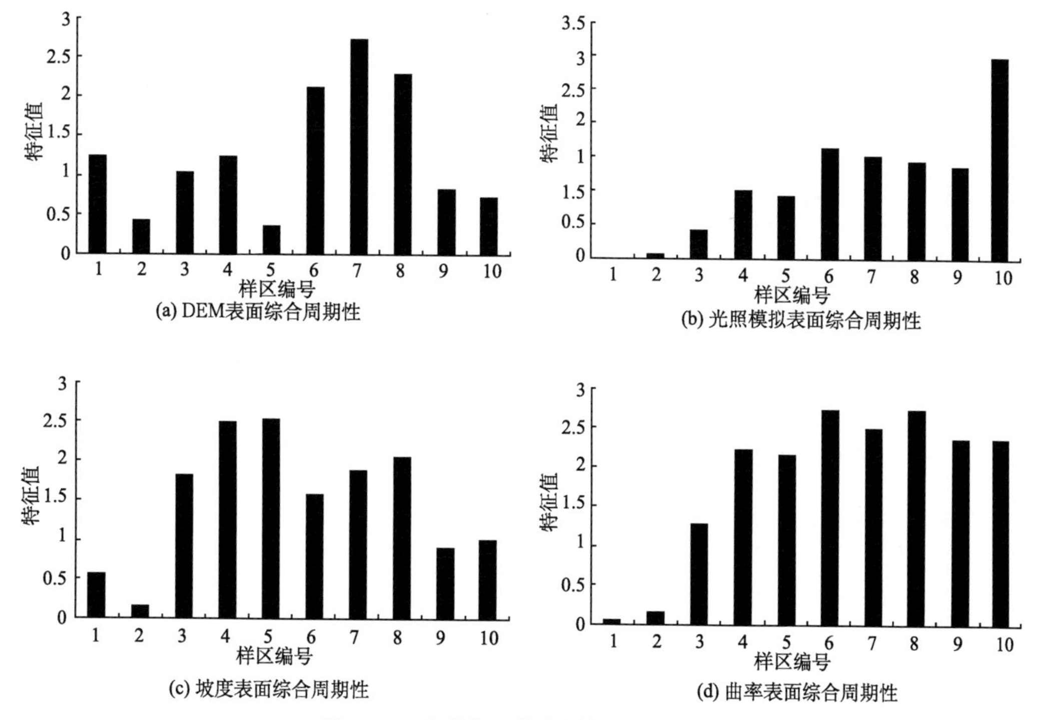

(a) DEM表面综合周期性

(b) 光照模拟表面综合周期性

(c) 坡度表面综合周期性

(d) 曲率表面综合周期性

图 6.40　地形纹理综合周期性计算结果

理的周期性弱；山地特别是样区10代表的秦岭山地，特征值较大，表明山地的地形纹理周期性强。坡度表面的综合周期性在隶属台地和丘陵的6个样区取值较大，而隶属山地和平原的4个样区的综合周期性较小。曲率表面的综合周期性，除渭河平原、汉中盆地、黄土塬3个样区的取值较低以外，其余样区的综合周期性均大于2。基于此特征，可将这3个样区同其他样区予以有效区分。

图6.41表示的是地形纹理综合复杂性计算结果。DEM表面综合复杂度在隶属丘陵的3个样区特征值较大，可将其与其他样区有效区分开来。光照模拟表面综合复杂度特征值呈3个阶梯上升态势，在平原区特征值最小，表明其复杂度最低，在台地次之；而隶属丘陵和山地的5个样区，综合复杂性特征值较高，表明其纹理的复杂程度较高，但是丘陵和山地的综合复杂性差异不大。因此，对于这两类地形形态的区分能力有限。坡度表面和曲率表面的综合复杂性较为类似，丘陵和山地样区的特征值较高，而平原和台地样区的特征值较低。特别是样区2汉中盆地，综合复杂性为所有样区中最低，基于此特征，可将其有效区分。

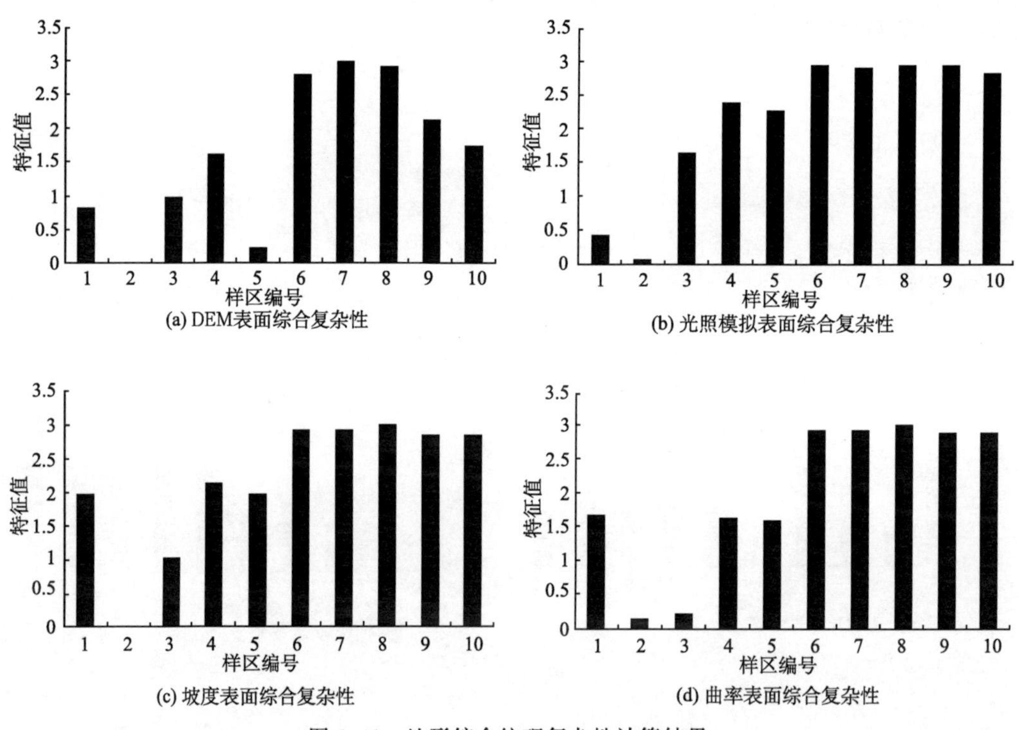

(a) DEM表面综合复杂性　(b) 光照模拟表面综合复杂性

(c) 坡度表面综合复杂性　(d) 曲率表面综合复杂性

图6.41　地形综合纹理复杂性计算结果

6.6.5　小结

本节利用灰度共生矩阵模型，初步探讨了DEM地形纹理的量化分析方法，研究表明：

1）灰度共生矩阵较好地顾及了地形表面的各向异性特征，模型中点对间距 d 参数对区分不同地形形态影响不大，但从特征值的可信度和稳定性考虑，25m 分辨率 DEM 数据的灰度共生矩阵的适宜分析间距是大于等于 3 个栅格大小。灰度共生矩阵模型中的相关度可用于探测主要纹理方向；方差、对比度、差的方差可用于地形纹理周期性量化；熵、二阶角矩、逆差矩可用于地形纹理复杂性分析量化。

2）本节提出了地形纹理综合周期性和地形纹理综合复杂性两个指标，通过将物理含义相似的纹理指标归一化求和，来实现对地形纹理的综合量化。这种方法在减少重复分析的同时充分利用了多个纹理参数信息，同时通过归一化统一了值域范围，为量化分析提供便利。实验表明，所提出的两个指标对不同地形形态响应明显，可进一步用于地形形态的分类与识别研究。

3）本节从纹理分析的实用性角度出发，采用灰度共生矩阵模型，研究其对描述和量化地形形态特征的适用性。该量化方法能有效区分平原、台地、丘陵、山地这四大类地形形态，但对每一类别内部各样区的区分能力还有所不足。进一步研究需要结合分形理论、小波分析、马尔可夫随机场理论等相对更为复杂的纹理分析方法。同时由于地形纹理可认为是规则纹理与随机纹理的复杂组合，采用单一的分析模型在纹理表征上存在较大困难，因此，各种纹理分析模型的融合方法将是下一个阶段的研究重点。

6.7 基于语义和剖面特征匹配的地表粗糙度模型评价

6.7.1 问题的提出

粗糙度在地学研究中有两种解释：一种源于空气动力学，定义为受地表起伏不平或地物本身几何形状等影响的风速廓线上风速为零的高度（吕悦来和李广毅，1992；周艳莲等，2007）；另一种源于地貌学，用来表征地表重力方向上的起伏特征或复杂性特征（王心源等，2001；汤国安和赵牡丹，2003；刘学军等，2007）。本节指的是基于地貌学的粗糙度概念。

基于地貌学的地形粗糙度模型主要针对地形起伏的变异特征进行描述。由于地形高程的变异特征没有严格的数学定义和地学含义，凡是从全局或局部特征、从整体或某一角度能够反映地形起伏的变化特征，进而指导地学建模和应用的，都可以作为地表粗糙度的量化，相关研究也常用地形复杂度（Complexity）、地形崎岖度（Ruggedness）等概念来描述。因此，基于不同应用背景和对象提出的地形粗糙度模型有数十种之多，如基于地表形态差异的面积比率模型（Hobson，1972），基于法向量计算的矢量粗糙度模型（Day，1979；Olaya，2009），面向地形图量测的等高线长度面积比模型（Beasom，1983），基于坡度、坡向三角变换的地形粗糙度近似模型（Hengl and Recuter，2009），基于地统计学和分形思想的表面粗糙度指数（SRI）（Olaya，2009）、各向异性指数（ANI）（Bishop et al.，2006）、各向异性系数（ACV）（Evans，1972）、地形分维指数模型（TFI）（龙毅等，2007）等，基于局部窗口统计的高程标准差、坡度标准差、曲率标准差、高程分布偏度、高程分布峰度等模型。这些模型从各自的视角诠释了地形粗糙度的内涵，并在各自的应用领域展现了其模型的优越性。

但是，这些模型是否具有较好的普适性？能否正确识别不同尺度的地形起伏特征？

模型是否对局部高程变异敏感？是否可以适应不同作业方式生产的DEM数据？模型之间的相关性如何？等等，这些问题的存在，给与地形粗糙度相关的地学分析造成模型选择的困难。由于理论基础、算法设计和应用对象的不同，使得地形粗糙度度量具有较强的不确定性。国内外现有研究中罕有涉及对地形粗糙度模型的适用性评价，如何从语义规则、局部特征和全局特征等方面设计一套评价地形粗糙度模型的方法指标，是解决地形粗糙度模型选择的盲目和主观性、提高后续地学应用研究可靠性的主要途径。

6.7.2 原理与算法

1. 地形粗糙度量化的语义规则

从地学应用角度分析，虽然地形粗糙度概念各异，但作为一类描述地形起伏特征的模型因子，必须满足特定的地学规则，即地形粗糙度模型的语义规则。本节总结了近年来相关研究中对地形粗糙度语义规则的描述和模型表达的常见错误，在此基础上，按分析尺度的不同，将地形粗糙度模型的主要语义规则归纳为以下四类。

1）坡度变异特征。地形粗糙度在坡面尺度上，主要体现在对坡度变异特征的描述，常表现为坡面微地貌同质单元区域的分界线，而这些分界线在地学上对应为山脊线、山谷线、坡折线等重要的地形特征线，它决定了地形的空间展布模式。地形粗糙度模型应清楚地表达DEM表面的坡度变异特征。

2）平直坡面特征。平直坡面指表面比较光滑的一类地形表面（王春等，2009），受算法设计的影响，部分依据相对高差设计的粗糙度模型通常将平直坡面误识别成高粗糙地区（Grohmann，2006），在坡面尺度上，地形粗糙度模型应将平直坡面描述为低粗糙区域。

3）局部地形变异特征。局部地形变异特征一方面是由数据源造成，如采用LiDAR、InSAR等技术生产的高精度DEM数据，受到随机噪声和对植被覆盖等地区滤波等综合影响，体现在粗糙度表面局部范围内的突变和抖动性；除此影响外，粗糙度模型对局部地形变异特征的敏感反映了该模型对局部微地形特征的识别能力。若粗糙度模型在局部分析范围内是平稳的，则该模型对随机误差的抗差能力较强，但对微地形特征的识别能力较弱。

4）平地特征描述。从地貌类型考虑，平原、谷底等地形平坦地区相对高差较小，粗糙度特征不显著。若粗糙度模型能很好地表达平地等微起伏特征的地形粗糙度，则认为该类模型对平坦地形有较高的适用性。

以上四类粗糙度语义规则，反映了粗糙度模型在不同分析尺度下对地形起伏特征的表达效果。在此采用以上四类语义规则，对地形粗糙度表面的特征敏感性、抗差性及模型应用中的常见问题进行检查和整体评估。

2. 基于组合剖面特征描述的定量模型设计

基于语义规则的粗糙度评价方法，主要借助目视判别的方式，检查不同模型计算的粗糙度表面对语义规则的表达效果。这种以目视判别为主的定性评价方法对粗糙度模型表达的区域和整体效果评价有一定优势。但是，对模型在精细尺度下的特征难以精确描述，需要结合定量模型进行综合评价。

地形剖面直观刻画了地形垂直方向上的起伏特征和坡度陡缓，是地形分析的重要工具。为了准确度量粗糙度模型对地形起伏变异特征的表达，本节提出一种基于剖面特征匹配的地形粗糙度评价模型。如图 6.42 所示，箭头方向为剖面线提取方向。由于地形粗糙度模型常借助局部分析窗口计算，而单一地形剖面很难顾及剖面线上栅格点周围邻域范围内的地形起伏变异特征。因此，这里以平行于地形剖面、左右以一个栅格为步长，依次提取 N 对（每对 2 条，与地形剖面线左右对称）辅助剖面线，N 的选择和计算地形粗糙度的分析窗口 r 一致，公式为

$$N=(r-1)/2 \tag{6.12}$$

若计算地形粗糙度的分析窗口为 3×3，则 $N=1$；若分析窗口为 5×5，则 $N=2$（图 6.42）。

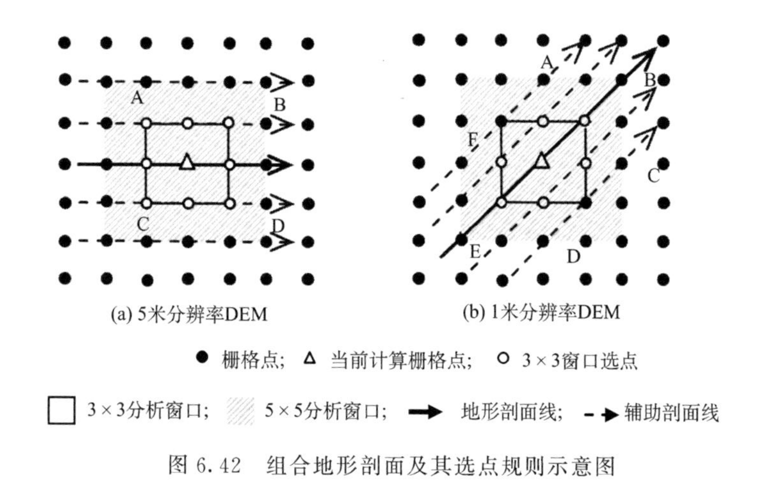

图 6.42 组合地形剖面及其选点规则示意图

借助地形剖面线与辅助剖面线，可以直观探测地形在局部区域内的高程变异情况。测试样区分别为 5m 分辨率 DEM［图 6.43(a)］与 1m 分辨率 DEM［图 6.43(b)］，各选取一条地形剖面线（图 6.43 中黑线所示），并按上述步骤，以 3×3 窗口为例，采集辅助剖面线，其组合特征如图 6.44 所示（选取其中一段）。地形剖面反映了剖面线方向的高程起伏变化，地形剖面与辅助剖面线的组合反映了剖面线间的高程起伏变异特征，图中①～⑤显示的剖面差异反映了局部范围内（3×3 窗口）的高程变异。

为了定量描述组合地形剖面对局部地形变异特征的表达，本节通过计算组合地形坡面上特征点位的高程标准差进行量化。标准差反映了数据之间的异质性程度，标准差较小，代表点位的高程值较接近，地形较为光滑，反之，则地形较为粗糙。组合剖面线上参与计算的特征点选取规则如下：若特征线平行于格网方向［图 6.44(a)］，分析窗口内的所有栅格点参与计算；若特征线为任意方向［如图 6.44(b)，以 45°方向为例］，参与计算的点位为组合剖面线上的点与分析窗口的交集。3×3 窗口参与计算的特征点如图 6.42 白点所示；5×5 窗口选点为图 6.42(a) 矩形 ABCD 内的所有 25 个点、图 6.42(b) 多边形 ABCDEF 内的 19 个点。

基于以上选点规则，通过标准差计算，得到反映组合剖面地形高程变异特征的粗糙

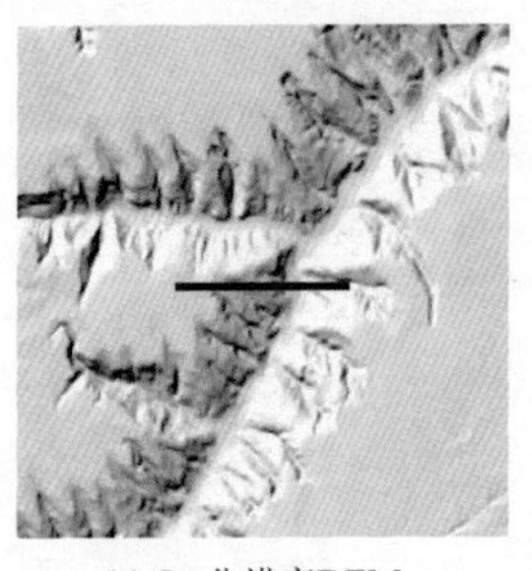

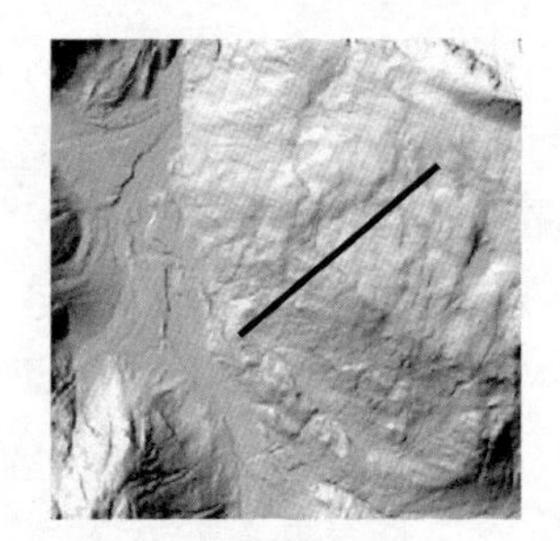

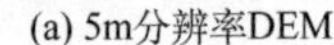

(a) 5m分辨率DEM　　(b) 1m分辨率DEM

图 6.43　实验样区山体阴影图

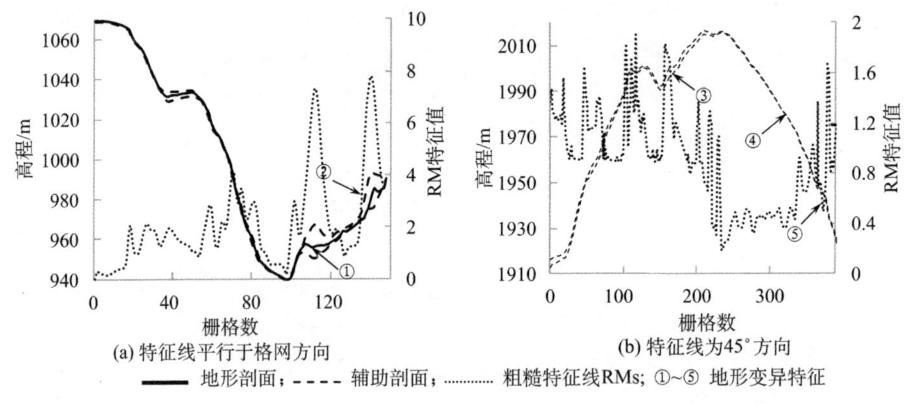

图 6.44　粗糙特征线 RMs 与地形剖面变化特征的匹配效果示意图

特征线模型（RMs）。图 6.44 显示了粗糙特征线 RMs 与地形剖面变化特征的匹配效果。地形粗糙度表征了局部地形的起伏特征，正确的地形粗糙度模型不仅需要对剖面方向的地形起伏特征敏感，更需要对点位局部范围内各方向上的局部变化特征敏感。由图 6.44 所示的匹配结果可知，粗糙特征线 RMs 对地形的坡度转折特征（图中⑤）以及 3 条剖面组合表征的局部地形变异特征（图中①、②、③）敏感，均表现出剧烈的跳跃，而在地形光滑的区域（如平直坡等），虽然地形高程降幅或升幅显著，但由于其单调渐变性，局部区域内的起伏跳跃变化较弱，RMs 特征值较低（图中④），这和地形粗糙度的语义规则定义一致。因此，该模型可以用于评价地形粗糙度模型对地形变异特征的表达。

3. 基于相关分析的剖面特征评价

基于组合剖面特征描述的粗糙特征曲线模型 RMs，直接反映了地形高程起伏的局部变异及其线性方向上的连续变化特征。本节通过量化各粗糙度模型表面提取的剖面线与基于 DEM 提取的粗糙特征曲线模型 RMs 的相似性程度，评价各粗糙度模型与地形特征变化的匹配性。

曲线特征的匹配性常采用基于相关分析的相似性指标进行度量。本节选用相关系数矩阵量化粗糙特征曲线 RMs 与各粗糙度模型表面提取的剖面线间的匹配程度，以及各模型之间的相似性。

相关系数矩阵是描述多组观测值之间离散程度的指标，用于确定观测值之间的变化是否相关，两组观测值 x、y 之间的相关系数 r 定义为

$$r=\frac{n\sum xy-\sum x\sum y}{\sqrt{n\sum x^{2}-\left(\sum x\right)^{2}}\sqrt{n\sum y^{2}-\left(\sum y\right)^{2}}} \tag{6.13}$$

式中，n 为每组观测值的个数。相关系数介于 [−1，1] 之间。当 $r>0$ 时，两变量正相关；$|r|=1$ 时，两变量完全线性相关；$r=0$ 时，两变量无线性相关关系；$|r|$ 越接近 1，线性关系越密切，反之则线性相关性越弱。

6.7.3 实验

1. 实验样区和数据

实验样区均选自混合地貌类型区。图 6.43(a)，为黄土高原长梁残塬区，样区中部沟谷侵蚀强烈，地表变异特征明显，沟谷周围为黄土塬面，地势平坦，起伏小。该样区 DEM 由我国基础地理信息中心基于 1∶1 万比例尺地形图数字化内插作业方式生产（简称 C-DEM）。图 6.43(b) 为奥地利南部阿尔卑斯山麓，高程起伏较大，样区包含山地、平地等多种地貌特征。为测试粗糙度模型对高精度 LiDAR 数据的适用性，该样区采用机载 LiDAR 测高技术生产的 1m 分辨率 DEM（简称 L-DEM）。样区分析范围均为 3km ×3km，基本参数见表 6.9。

表 6.9　实验样区基本参数

DEM 类型	分辨率/m	作业方式	高程范围/m	平均高程/m	平均坡度/(°)
C-DEM	5	地形图数字化内插	910～1200	1035	16.67
L-DEM	1	机载 LiDAR 测高	1500～2500	1878	23.72

2. 模型选择及预处理

地形粗糙度模型的度量方法主要分为局部窗口分析和全局统计分析两类。基于局部窗口分析的粗糙度模型通常表达为一个连续的粗糙度表面，如面积比率模型、矢量粗糙度模型、表面粗糙因子等；而基于全局统计分析的粗糙度模型常用一个或几个数值指标表达，如基于变异函数特征指标的各向异性指数模型、表面粗糙度指数模型等。本节对结果为连续粗糙度表面的地形粗糙度模型进行评价，综合考虑数据源等因素的影响，选取基于形态特征度量、基于 TIN 和栅格的矢量特征计算、基于局部标准差统计共 4 类 8 种粗糙度模型进行测试。各模型算法特点见表 6.10。

表 6.10 粗糙度模型设计基础与算法描述

粗糙度模型	算法设计基础	算法说明
面积比率模型 (Surface Area Ratio Model，SAR) (Hobson，1972)	基于窗口分析的局部形态特征度量	分析单元空间曲面面积与其水平投影面积的比值
矢量粗糙度模型 (Vector Ruggedness Model，VRM) (Hobson，1967)	基于 TIN 的矢量特征计算	利用 DEM 阵列分割成的三角面的单位向量求得均值 M 和强度 R，进而得到矢量离散度指标 K，描述局部地表粗糙特征。光滑表面，三角面单位向量趋近于平行分布，对应离散度指标 K 较低
表面粗糙度因子 (Surface Roughness Factor，SRF) (Olaya，2009)	基于栅格的矢量特征计算	利用 DEM 格网对应的单位向量组合特征描述地表粗糙度
基于标准差计算的粗糙度模型 (Standard Deviation Based Roughness Model，SD)	基于局部窗口统计的地形因子计算	从数值统计角度量化地形粗糙度，计算简便，使用范围较广。选取高程标准差模型 SDev、坡度标准差模型 SDsp、剖面曲率标准差模型 SDpf、平面曲率标准差模型 SDpn、总曲率标准差模型 SDcv 作测试

由于各模型采用的量纲不同，值域范围均不相同，这里将所有模型的结果表面进行归一化处理，值域归为［0，1］区间，公式如下：

$$R_t = \frac{R_{ij} - R_{\min}}{R_{\max} - R_{\min}} \tag{6.14}$$

式中，R_t为归一化后的栅格值；R_{ij}为栅格（i，j）的属性值；$R_{\max}$为模型解算的最大值；$R_{\min}$为最小值。

3. 实验结果与分析

(1) 基于语义规则检查的地形粗糙度模型对比实验

基于 5m 分辨率 C-DEM 和 1m 分辨率 L-DEM，分别使用上面提及的 8 种模型计算地形粗糙度，并按式（6.14）所示方法对模型进行预处理，得到归一化后的地形粗糙度表面（如图 6.45 和图 6.46 所示，颜色越深表示地形越粗糙）。

从数据源分析，C-DEM 和 L-DEM 的主要区别在于模型的构建环节。C-DEM 依靠等高线和辅助高程点建模，其构建 TIN 的步骤，使内插得到的 DEM 在 TIN 的三角形边界存在较明显的转折，尤其是等高线分布稀疏的平坦地区，格网内插平滑和现有的误差传播等精度评价技术可以使模型精度得到控制，但诸如坡度、曲率等对局地地形表面变化敏感的分析模型，会将 TIN 的三角形边界影响显著化，虽然对全局统计特征影响不大，但会使空间模式分析、纹理分析等应用研究存在不确定性。图 6.45(d) ～图 6.45(h) 基于曲率和坡度的标准差模型受 TIN 的影响尤其突出。

LiDAR DEM 的表面随机噪声是影响其地形分析精度的主要因素，尤其在基于法矢量和曲率计算上（Jordan，2007；Drăgut et al.，2009)，图 6.46 中 VRM 模型和基于曲率标准差计算的三类模型，在平坦的谷地和坡面上，均出现了随机分布的深色粗糙

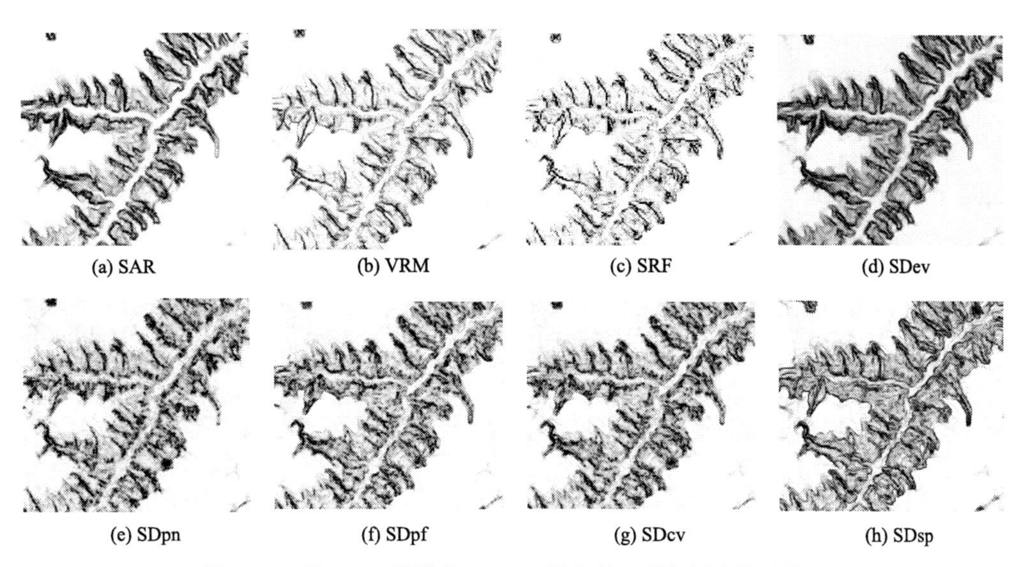

图 6.45　基于 5m 分辨率 C-DEM 计算的地形粗糙度模型表面

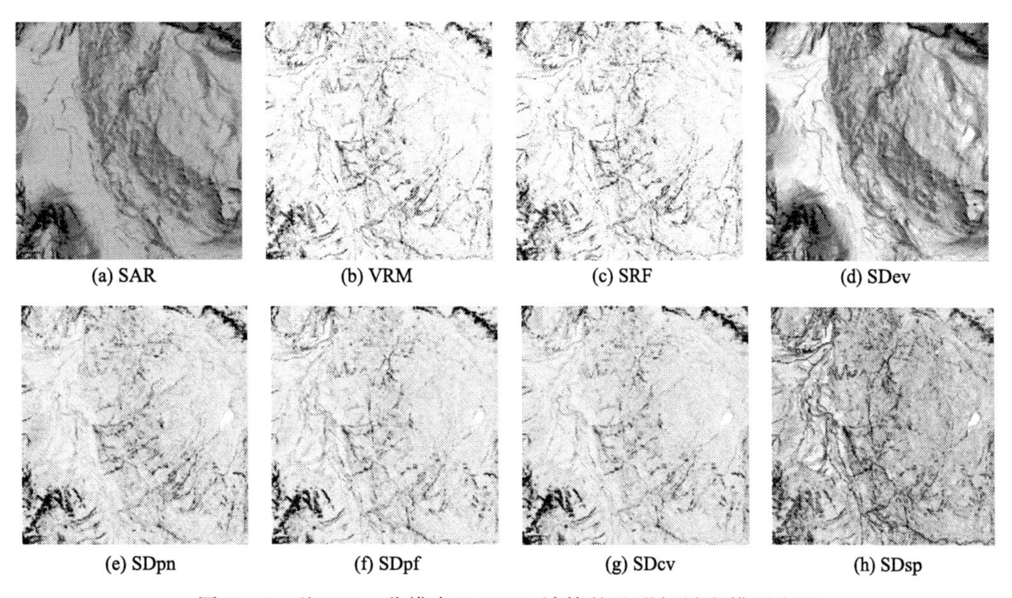

图 6.46　基于 1m 分辨率 L-DEM 计算的地形粗糙度模型表面

点。因此，通常利用重采样模型，对其降噪处理后再用于相应尺度的地形分析。

基于本节总结的 4 类地形粗糙度语义规则，利用目视判别的方式，对以上 8 种粗糙度模型进行分析，分析结果见表 6.11，斜杠前为 C-DEM 数据，斜杠后为 L-DEM，数值 1 代表正确表达，0 代表不显著。

表 6.11 四类地形特征的识别结果

粗糙度模型	坡度变异特征	平直坡面特征	局部地形变异特征	平地特征描述
SAR	1/1	0/0	0/0	0/0
VRM	0/0	1/1	0/1	0/0
SRF	0/0	1/1	0/1	0/0
SDev	1/1	0/0	1/1	1/1
SDpn	0/0	0/0	0/0	1/1
SDpf	0/0	0/0	0/0	1/1
SDcv	0/0	0/0	0/0	1/1
SDsp	1/1	1/1	0/1	1/1

由表 6.11 可知：SAR 模型对坡度变化特征敏感，但对地形平坦地区的高程起伏不敏感，不适用于平原、谷底等占主导特征的样区。VRM、SRF、SDev 和 SDsp 对局部变异特征敏感，表现出模型对局部微地形特征的识别能力较强，但 VRM、SRF、SDsp 受数据源影响较大，在模型使用前，需要对 DEM 进行窗口滤波等降噪处理。VRM、SRF 模型对平直坡面的表达准确，而对坡度变异地带的表达不显著，这也是与 SAR 模型的主要区别之一。SDev 和基于曲率标准差计算的三类模型对坡度转折不敏感，仅能识别很强的坡度突变，但对平坦地区高程起伏特征敏感。SDsp 模型对地形的坡度转折特征、平直坡面特征和平地特征的表达都较好，但对局部变异特征的识别受数据源的影响较大，模型使用前，首先需对数据源的随机噪声等进行处理。

(2) 基于 RM 模型的地形粗糙度表面特征匹配结果

从 C-DEM 和 L-DEM 上分别计算地形粗糙度并提取其表面的剖面线（剖面线位置如图 6.43（b）中黑线所示），与基于 DEM 提取的粗糙特征曲线 RMs 的匹配效果如图 6.47 所示。其粗糙度表征的总体趋势和粗糙特征线表达的趋势基本吻合，相比较 1m 精细分辨率的 L-DEM，C-DEM 的较粗分辨率（5m）客观上实现了滤波降噪的效果，其粗糙度值和粗糙特征曲线 RMs 更吻合，没有 L-DEM 粗糙度表面的局部剧烈跳跃现象。

(3) 基于相关分析的剖面特征匹配结果

按照上述方法，在两幅 DEM 及其计算得到的 8 种粗糙度表面上，以平行于格网方向和斜交于格网方向（如图 6.47 所示），分别提取 10 组地形粗糙度剖面和粗糙特征曲线 RMs，计算每组粗糙度剖面线与粗糙特征曲线 RMs 以及粗糙度剖面线之间的相关系数，得到粗糙度模型剖面相关系数矩阵。在此对 10 组相关系数矩阵求均值，利用平均相关系数矩阵表达剖面线间的特征匹配效果（表 6.12，表 6.13）。根据相关系数 r 的常用分级，$|r|<0.6$ 为低度相关，$0.6\leqslant|r|<0.8$ 为显著相关，$|r|\geqslant0.8$ 为高度相关，本节将 8 种粗糙度模型按剖面特征的匹配效果分为 3 类（表 6.14）。实验表明：① 面积比率模型 SAR、高程标准差模型 SDev 和 RMs 为高度相关，反映了其粗糙度剖面形态与 RMs 特征吻合较好，可以看作 RMs 评价标准下较好的地形粗糙度模型；

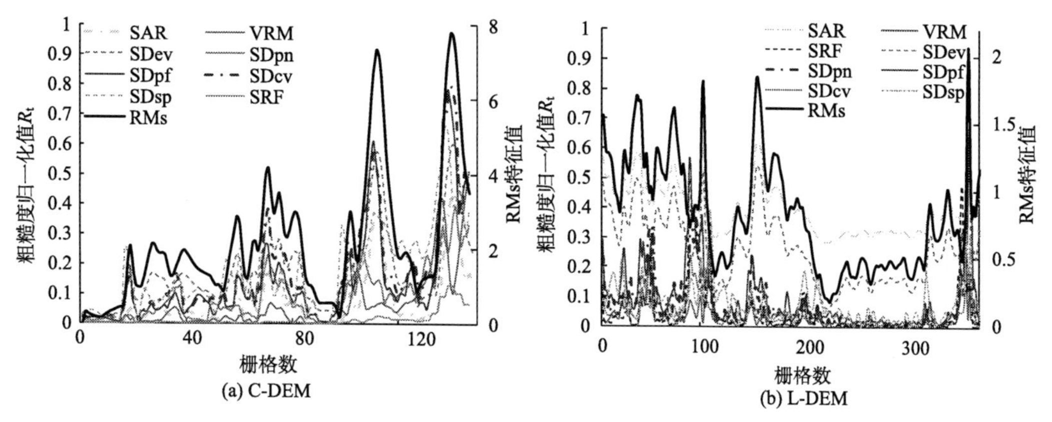

图 6.47　粗糙特征曲线 RM 与粗糙度模型剖面线的匹配效果

表 6.12　C-DEM 地形粗糙度模型剖面平均相关系数矩阵

	RMs	SAR	VRM	SRF	SDev	SDpn	SDpf	SDcv	SDsp
RMs	1.000								
SAR	0.961	1.000							
VRM	0.748	0.711	1.000						
SRF	0.706	0.739	0.798	1.000					
SDev	0.997	0.969	0.613	0.696	1.000				
SDpn	0.498	0.517	0.580	0.621	0.716	1.000			
SDpf	0.503	0.547	0.661	0.730	0.639	0.836	1.000		
SDcv	0.481	0.513	0.646	0.685	0.662	0.892	0.942	1.000	
SDsp	0.734	0.709	0.749	0.801	0.703	0.768	0.832	0.821	1.000

表 6.13　L-DEM 地形粗糙度模型剖面平均相关系数矩阵

	RMs	SAR	VRM	SRF	SDev	SDpn	SDpf	SDcv	SDsp
RMs	1.000								
SAR	0.912	1.000							
VRM	0.351	0.418	1.000						
SRF	0.423	0.391	0.302	1.000					
SDev	0.983	0.993	0.244	0.315	1.000				
SDpn	0.457	0.420	0.615	0.649	0.622	1.000			
SDpf	0.498	0.463	0.525	0.608	0.679	0.799	1.000		
SDcv	0.473	0.451	0.556	0.649	0.597	0.909	0.969	1.000	
SDsp	0.322	0.215	0.637	0.569	0.273	0.529	0.591	0.591	1.000

表 6.14　基于平均相关系数的粗糙度模型分类

分类	|r| 范围	粗糙度模型
高度相关	$\|r\| \geqslant 0.8$	SAR、SDev
显著相关	$0.6 \leqslant \|r\| < 0.8$	VRM、SRF、SDsp
低度相关	$\|r\| < 0.6$	SDpn、SDpf、SDcv

② SDpn、SDpf、SDcv 模型和 RMs 之间相关性较低，这 3 个模型都是基于曲率标准差计算的，对地形起伏特征的形态表达较差，模型之间的相关系数较高，彼此差别不大；③ 基于矢量计算的 VRM、SRF 模型及基于坡度标准差的 SDsp 模型在 C-DEM 数据源上表现出与 RMs 显著相关，而在 L-DEM 数据源上为低度相关。结合语义规则检查分析认为，基于矢量计算和基于坡度计算的粗糙度模型对表面局部粗糙特征敏感，L-DEM高精度表面存在的随机噪声等因素对粗糙度模型有较大影响。

6.7.4　小结

针对现有地形粗糙度模型种类繁多、概念相近和模型混杂，难以针对具体研究样区恰当选取等问题，提出一种基于语义规则判别和剖面特征匹配的粗糙度模型评价方法。进而借助该算法，对常见的 8 种粗糙度模型进行测试和评价。主要结论有以下两方面。

1）传统地形图数字化内插 DEM 产生的 TIN 三角形边界效应和 LiDAR 技术构建 DEM 产生的表面随机噪声均影响地形粗糙度的计算。其中，在地形较平坦、等高线稀疏的地区，C-DEM 会带入较大误差；LiDAR DEM 对基于向量计算和基于坡度、高程标准差的粗糙度模型影响较大，需要首先对 DEM 数据进行滤波降噪处理。

2）各粗糙度模型对不同地形的适用性如下：SAR 模型对坡度变异敏感、剖面形态变异特征表述正确，但对平直坡描述失败，且对地形局部变异不敏感，不宜用于平直坡面较多、平原、谷底等占主导的地貌样区或精细尺度下的粗糙度描述；基于矢量计算的 VRM、SRF 模型对形态特征的描述较好，平直坡描述正确，对局部变异特征敏感，可用于精细尺度下的粗糙度计算及平直坡面较多的样区，和 SAR 模型的效果互补；SDev 模型和 SAR 指标效果类似，但可用于精细尺度的粗糙度计算；SDsp 模型的各类指标均较显著，可适用于大部分地形，但其对坡度转折敏感，需注意不同数据源对模型的影响；基于曲率标准差计算的 3 种粗糙度模型，形态匹配指标和对语义规则的表达均较弱，不推荐使用，但其对平坦地形的微起伏特征描述有一定的优势。

本节评价算法针对地形粗糙度的一般语义规则和剖面形态特征的匹配进行设计，读者可进一步从具体地学应用背景和研究目的出发，设计面向对象的语义评价准则及其定量分析算法，使模型的选择和具体地学应用密切联系，以提高后续地学分析的可靠性。

参 考 文 献

艾南山，岳天祥. 1988. 地貌系统的信息熵及其计算方法. 见：新疆维吾尔自治区科学技术协会. 熵与交叉科学. 北京：气象出版社：118-122

薄华，马缚龙，焦李成. 2006. 图像纹理的灰度共生矩阵计算问题的分析. 电子学报，34 (1)：155-158

陈传康. 1956. 陇东东南部黄土地形类型及其发育规律. 地理学报，22（3）：223-231
陈楠，王钦敏. 2007. 基于单个栅格的 DEM 坡度与分辨率关系研究. 中国矿业大学学报，36（4）：499-504
陈楠，林宗坚，李成名，等. 2004. 基于信息论的不同比例尺 DEM 地形信息比较分析. 遥感信息，（3）：5-9
陈楠，汤国安，刘咏梅，等. 2003. 基于不同比例尺的 DEM 地形信息比较. 西北大学学报（自然科学版），33（2）：237-240
陈述彭，岳天祥，励惠国. 2000. 地学信息图谱研究及其应用. 地理研究，4（19）：337-343
承继成，国华东，史文中，等. 2004. 遥感数据的不确定性问题. 北京：科学出版社
承继成，江美球. 1986. 流域地貌数学模型. 北京：科学出版社.
龚衍，舒宁. 2007. 基于马尔柯夫随机场的多波段遥感影像纹理分割研究. 武汉大学学报（信息科学版），32（3）：212-215
何雨，贾铁飞. 1991. 黄土丘陵区与黄土塬区地貌发育规律对比及与水土流失的关系——以米脂、洛川为例. 内蒙古师大学报（自然科学汉文版），3：50-55
胡鹏，杨传勇，吴艳兰，等. 2007. 新数字高程模型：理论、方法、标准和应用. 北京：测绘出版社
黄桂兰，郑肇葆. 1998. 纹理模型法用于影像纹理分类. 武汉测绘科技大学学报，（1）：40-42
贾旖旎. 2010. 基于 DEM 的黄土高原流域边界剖面谱研究. 南京：南京师范大学博士学位论文
景可. 1986. 黄土高原沟谷侵蚀研究. 地理科学，6（4）：340-347
柯正谊，何建邦，池天河. 1992. 数字地面模型. 合肥：中国科学技术出版社
雷会珠，武春龙. 2001. 黄土高原分形河网研究. 山地学报，19（5）：474-477
李发源. 2007. 黄土高原地面坡谱及空间分异研究. 成都：中国科学院成都山地灾害与环境研究所博士论文
李志林，朱庆. 2001. 数字高程模型. 武汉：武汉大学出版社
刘大杰，史文中，童小华，等. 1999. GIS空间数据精度分析与质量控制. 上海：上海科技文献出版社
刘丽，匡纲要. 2009. 图像纹理特征提取方法综述. 中国图象图形学报，14（4）：622-635
刘敏，汤国安，王春，等. 2007. DEM 提取坡度信息的不确定性分析. 地球信息科学，9（2）：65-69
刘学军，卢华兴，仁政，等. 2007. 论 DEM 地形分析中的尺度问题. 地理研究，26（3）：433-442
刘勇，王义祥，潘保田. 1999. 夷平面的三维显示与定量分析方法初探. 地理研究，18（4）：391-399
龙毅，周侗，汤国安，等. 2007. 典型黄土地貌类型区的地形复杂度分形研究. 山地学报，25（4）：385-392
卢金发. 2002. 黄河中游流域地貌形态对流域产沙量的影响. 地理研究，21（2）：171-178
闾国年，钱亚东，陈忠明. 1998a. 基于栅格数字高程模型提取特征地貌技术研究. 地理学报，53（6）：562-570
闾国年，钱亚东，陈钟明. 1998b. 黄土丘陵沟壑区沟谷网络自动制图技术研究. 测绘学报，27（2）：131-137
闾国年，钱亚东，陈钟明. 1998c. 流域地形自动分割研究. 遥感学报，2（4）：298-216
吕悦来，李广毅. 1992. 地表粗糙度与土壤风蚀. 土壤学进展，20（6）：38-42
罗来兴. 1956. 划分晋西、陕北、陇东黄土区域沟间地与沟谷的地貌类型. 地理学报，22（3）：201-222
罗枢运，孙逊，陈永宗. 1988. 黄土高原自然条件研究. 西安：陕西人民出版社
马乃喜. 1998. 黄土地貌演化与土壤侵蚀关系的分析. 水土保持通报，16（2）：6-10
马新中，陆中臣，金德生. 1993. 流域地貌系统的侵蚀演化与耗散结构. 地理学报，48（4）：367-376
齐清文. 2004. 地学图谱的最新进展. 测绘科学，6（29）：15-23
祁延年，王志超. 1959. 关中平原与陕北高原南部的地貌及新地质构造运动. 地理学报，25（4）：

286-298.
史文中. 2005. 空间数据与空间分析不确定性原理. 北京：科学出版社
寿亦萱，张颖超，赵忠明，等. 2005. 暴雨过程的卫星云图纹理特征研究. 南京气象学院学报，28 (3)：337-343
汤国安，刘学军，闾国年. 2005. 数字高程模型及地学分析的原理与方法. 北京：科学出版社
汤国安，赵牡丹. 2003. DEM 提取黄土高原地面坡度的不确定性. 地理学报，58 (6)：824-830
陶旸. 2011. 基于纹理分析方法的 DEM 地形特征研究. 南京：南京师范大学博士学位论文
王春，刘学军，汤国安，等. 2009. 格网 DEM 地形模拟的形态保真度研究. 武汉大学学报（信息科学版），34 (2)：146-149
王春，汤国安，李发源，等. 2007. 坡谱提取与应用的基本地域条件. 地理科学，27 (4)：587-592
王晗，白雪冰，王辉. 2007. 基于空间灰度共生矩阵木材纹理分类识别的研究. 森林工程，23 (1)：32-36
王雷，汤国安，刘学军，等. 2004. DEM 地形复杂度指数及提取方法研究. 水土保持通报，24 (4)：55-58
王雷. 2005. 黄土高原数字高程模型的地形信息容量研究. 西安：西北大学硕士学位论文
王心源，范湘涛，刘浩，等. 2001. 额济纳旗东北区戈壁面粗糙度分形特征与雷达遥感实证分析. 水土保持学报，15 (3)：116-119
王佐成. 2004. 基于纹理的遥感图像分类研究. 成都：西南交通大学博士学位论文
吴伯甫，陈明荣，陈宗兴，等. 1991. 中国的黄土高原. 西安：陕西人民出版社
徐建华. 2002. 现代地理学中的数学方法. 北京：高等教育出版社
杨怀仁，俞序君，韩同春. 1957. 山西西南部黄土地形发育和地形区划. 地理学报，23 (1)：17-53
于海鹏，刘一星，张斌，等. 2004. 应用空间灰度共生矩阵定量分析木材表面纹理特征. 林业科学，40 (6)：121-129
岳天祥，艾南山，张英保. 1989. 论流域系统稳定性的判别指标——超熵. 水土保持学报，3 (2)：20-28
张彩霞，杨勤科，段建军. 2006. 高分辨率数字高程模型的构建方法. 水利学报，37 (8)：1009-1014
张丽萍，马志正. 1998. 流域地貌演化的不同阶段沟壑密度与切割深度关系研究. 地理研究，17 (3)：273-278
张婷，汤国安，王春，等. 2004. 黄土高原地形因子间关联性的神经网络分析. 地球信息科学，6 (4)：45-50
张宗祜. 1986. 中国黄土高原地貌类型图（1：50 万）及说明书. 北京：地质出版社
赵牡丹，汤国安，陈正江，等. 2002. 黄土丘陵沟壑区不同坡度分级系统及地面坡谱对比. 水土保持通报，22 (4)：33-36
周成虎，程维明，钱金凯，等. 2009. 中国陆地 1：100 万数字地貌分类体系研究. 地球信息科学学报，11 (6)：707-724
周启鸣，刘学军. 2006. 数字地形分析. 北京：科学出版社
周艳莲，孙晓敏，朱治林，等. 2007. 几种典型地表粗糙度计算方法的比较研究. 地理研究，26 (5)：887-896
朱长青，杨启和，朱文忠. 1996. 基于小波变换特征的遥感地形影像纹理分析和分类. 测绘学报，(4)：252-256
Adrian J F，Michael J G. 2001. Automatic DEM generation for antarctic terrain. Photogrammetric Record，17 (98)：275-290
Backes A R，Gonçalves W N，Martinez A S，et al. 2010. Texture analysis and classification using deter-

ministic touristwalk. Pattern Recognition, 43 (3): 685-694

Beasom S L. 1983. A technique for assessing land surface ruggedness. Journal of Wildlife Management, 47 (4) : 1163-1166

Bishop T F, Minasny A, McBratney A B. 2006. Uncertainty analysis for soil-terrain models. International Journal of Geographical Information Science, 20 (2): 117-134

Burbank D W, Leland J, Fielding E, et al. 1996. Bedrock incision, rock uplift and threshold hillslopes in the northwestern Himalaysis. Nature, 379 (8): 505-510

Crosetto M. 2002. Calibration and validation of SAR interferometry for DEM generation. ISPRS Journal of Photogrammetry & Remote Sensing, 57: 213-227

Daniel G B, David P L, Kenneth A D. 1998. Supervised classification of types of glaciated landscapes using digital elevation data. Geomorphology, 21: 233-250

Day M J. 1979. Surface roughness as a discriminator of tropical karst styles. Zeitschrift fuer Geomorphologie, 32: 1-8

Drăguţ L, Schauppenlehner T, Muhar A, et al. 2009. Optimization of scale and parametrization for terrain segmentation: An application to soil-landscape modeling. Computers & Geosciences. 35 (9):1875-1883

Dutta S, Datta A, Chakladar N D, et al. 2012. Detection of tool condition from the turned surface images using an accurate grey level co-occurrence technique. Precision Engineering, 36 (3): 458-466

Evans I S. 1972. General Geomorphometry, derivatives of altitude, and descriptive statistics. In: Chorley R J. Spatial Analysis in Geomorphology. London: Harper & Rows Press: 17-90

Florinsky I V. 2002. Errors of signal processing in digital terrain modeling. International Journal of Geographical Information Science, 16: 475-501

Gong J, Li Z L, Zhu Q, et al. 2000. Effect of various factors on the accuracy of DEMs: an intensive experimental investigation. Photogrammetric Engineering and Remote Sensing, 66 (9): 1113-1117

Goodchild M F. 1991. Issues of quality and uncertainty. In: Muller J C. Advances in Cartography. New York: Elsevier: 113-139

Grohmann C H. 2006. Roughness-a new tool for morphometric analysis in GRASS. GRASS/OSGeo News, (4) : 17-19

Haralick R M, Shanmugam K, Dinstein I H. 1973. Textural features for image classification. IEEE Transactions on SMC, 3 (6): 610-621

Haralick R M. 1979. Statistical and structural approaches to texture. Proceedings of the IEEE, 67 (5): 786-804

Hengl T, Reuter H I. 2009. Geomorphometry-Concepts, Software, Applications. Developments in Soil Science. Amsterdam: Elsevier

Hobson R D. 1967. Fortran IV programs to determine surface roughness in topography for the CDC 3400 computer. Computer Contribution, 14: 1-28

Hobson R D. 1972. Surface roughness in topography: quantitative approach. In: Chorley R J. Spatial Analysis in Geomorphology. London: Harper & Rows Press: 225-245

Huang J K. 2009. Influences of spatially heterogeneous roughness on flow hydrographs. Advances in Water Resources, 32 (11): 1580-1587

Ilea D E, Whelan P F. 2011. Image segmentation based on the integration of colortexture descriptors——A review. Pattern Recognition, 44 (10-11): 2479-2501

Iwahashi J, Shiaki W S, Furuya T. 2001. Landform analysis of slope movements using DEM in

Higashikubiki area, Japan. Computers & Geosciences, 27 (7): 851-865

Jordan G. 2007. Adaptive smoothing of valleys in DEMs using TIN interpolation from ridge elevations: an application to morphotectonic aspect analysis. Computers & Geosciences, 33 (4): 573-585.

Leopold L B, Langbein W B. 1962. The Concept of Entropy in Landscape Evolution. Geological Survey Professional Paper 500-A. Washington, United States Government Printing Office

Li F Y, Tang G A, Wang C, et al. 2007. Quantitative analysis and spatial distribution of slope spectrum——a case study in the Loess Plateau in north Shaanxi province. In: Chen J M, Pu Y X. Geoinformatics 2007: Geospatial Information Science. Proceeding of SPIE 6753; 67531R1-8

Li F Y, Tang G A. 2006. DEM based research on the terrain driving force of soil erosion in the Loess Plateau. In: Gong J A, Zhang J X Geoinformatics 2006: Geospatial Information Science. Proceeding of SPIE, 6420: W1-8

Li Z L, Li C M. 1999. Objective generalization of DEM based on a natural principle. In: Chen J, Zhou Q M, Li Z L, et al. Proceedings of 2nd International Workshop on Dynamic and Multi-Dimensional GIS. Beijing: 17-22

Li Z L, Zhu Q, Gold C. 2005. Digital Terrain Modeling: Principles and Methodology. Boca Raton: CRC Press

Montgomery D R. 2001. Slope distributions, threshold hillslopes, and steady-state topography. American Journal of science, 301: 432-454

Nellemann C, Thomsen M G. 1994. Terrain ruggedness and caribou forage availability during snowmelt on the Arctic Coastal Plain, Alaska. Terrain ruggedness and caribou forage, 47 (4): 361-367

Neumann J. 1994. The topological information content of a map: an attempt at a rehabilitation of information theory in cartography. Cartography, 31: 26-34

Olaya V. 2009. Basic land-surface parameters. In: Hengl T, Reuter H I. Geomorphometry: Concepts, Software, Applications. Amsterdam: Elsevier, 33: 141-169

Patrikar R M. 2004. Modeling and simulation of surface roughness. Applied Surface Science, 228 (1-4): 213-220

Paz A R, Collischonn W. 2007. River reach length and slope estimates for large-scale hydrological models based on a relatively high-resolution digital elevation model. Journal of Hydrology, 343 (3-4): 127-139

Richard J P. 2000. Geomorphometry - diversity in quantitative surface analysis. Progress in Physical Geography, 24 (1): 1-30

Shannon C E. 1948. A mathematical theory of communication. The Bell System Technical Journal, 27: 379-423

Shary P, Sharaya L, Mitusov A. 2002. Fundamental quantitative methods of land surface analysis. Geoderma, 107 (1-2): 1-32

Smith D K, Shaw P R. 1989. Using topographic slope distributions to infer seafloor patterns. IEEE Journal of Oceanic Engineering, 14 (4): 338-347

Strahler A N. 1950. Equilibrium theory of erosional slopes approached by frequency distribution analysis. American Journal of Science, 248: 673-696, 800-814

Sukhov V I. 1967. Information capacity of a map entropy. Geodesy and Aerophotographuy, X: 212-215

Sukhov V I. 1970. Application of information theory in generalization of map contents. International Yearbook of Cartography, X: 41-47

Szczypinski P M, Strzelecki M, Materka A, et al. 2009. MaZda——A software package for image texture analysis . Computer Methods and Programs in Biomedicine, 94 (1): 66-76

Tang G A, Liu A L, Li F Y, et al. 2006. DEM based research on the landform features of China. In: Gong J Y, Zhang J X. Geoinformatics: Geospatial Information Science. Proceeding of SPIE 6420: 64201Y1-8

Tang G A, Zhao M D, Li T W, et al. 2003. Simulation on slope uncertainty derived from DEMs at different resolution levels: a case study in the Loess Plateau. Journal of Geographical Science, 13 (4): 387-394

Tang G A, Li F Y, Liu X J, et al. 2008. Research on the slope spectrum of the Loess Plateau. Science in China (Series E), Technological Sciences, 51 (1): 175-185

Tang G A. 2000. A Research on the Accuracy of Digital Elevation Models. Beijing: Science Press

Toutin T. 2002. Impact of terrain slope and aspect on radargrammetric DEM accuracy. ISPRS Journal of Photogrammetry and Remote Sensing, 57 (3): 228-240

Tsaneva M G, Krezhova D D, Yanev T K. 2010. Development and testing of a statistical texture model for land cover classification of the Black Sea region with MODIS image. Advances in Space Research, 46 (7): 872-878

Tucker G E, Catani F, Rinaldo A, et al. 2001. Statistical analysis of drainage density from digital terrain data. Geomorphology, 36 (3-4): 187-202

Ulaby F T, Kouyate F, Brisco B, et al. 1986. Textural information in SAR Images. IEEE Transactions on Geoscience and Remote Sensing, 24 (2): 235-241

Wolinsky M A, Pratson L F. 2005. Constrain on landscape evolution from slope histograms. Geology, 33 (6): 477-480

Zhu Q, Zhao J, Zhong Z, et al. 2003. An efficient algorithm for the extraction of topographic structures from large scale grid DEMs. In: Li Z L, Zhou Q, Kainz W. Advances in Spatial Analysis and Decision Making. Lisse, Netherlands: A. A. Balkema Publishers: 99-107

第7章 黄土高原地形演化模拟与空间分异格局

对黄土地貌发育演化的研究，是揭示黄土高原地貌成因及机理的重要切入点。本章从新生代构造运动对黄土高原地貌演化及分异的控制作用出发，探讨黄土地貌的演化及空间分异格局。采用多源地学信息，分析了黄土高原重点水土流失区地貌演化的继承性规律；运用元胞自动机方法模拟黄土小流域地形演变过程、地面坡谱空间变异特征；通过面积高程积分分析方法，定量分析黄土小流域的发育阶段及在黄土高原重点流失区的空间分异。

7.1 新生代构造运动对黄土高原地貌演化及分异的控制作用

黄土高原、黄河及黄土地貌的形成过程与机制是我国北方第四纪地质、地貌与环境科学领域最重要的理论问题，相关的研究与争论已持续100多年，许多基本问题仍未解决。当前，黄土高原环境保护与治理已成为该地区社会、经济发展的制约因素，科学的、有效的措施有赖于上述基本科学问题的深入探讨和解决。自20世纪80年代以来，随着板块构造学说、全球变化理论以及数字高程技术的研究与进展，对黄土高原有关科学问题的认识已有长足进步。本节拟在此基础上，根据近年来野外调查与室内分析所获资料，对黄土高原、黄河及黄土地貌的形成机制与过程进行综合分析，并提出一些初步认识，希望与有关专家学者切磋。

7.1.1 黄土高原黄土地貌的形成机制与分区

黄土高原第四纪黄土面积约44万km^2（刘东生，1965），黄土地貌的形成是构造、气候、地质营力、物质组成及后期侵蚀等多重因素相互作用、相互影响的结果，几乎没有任何其他地貌类型具有像黄土地貌这样的复杂性、多样性。刘东生等（1965，2001）、刘东生（1985）从全球变化的角度，对黄土高原的形成进行了深入的探讨。研究表明青藏高原的隆起、中国北方干旱化及东亚季风的出现，为黄土高原的黄土堆积提供了物源及搬运动力条件。但黄土高原面积广大，不同地区新生代构造演化和新生界堆积过程不同，因此塑造的古地形存在明显差异。以前对黄土地貌的研究多侧重于形态、形成营力及侵蚀强度等，黄土地貌分区缺乏统一的原则与依据，不同学者提出了许多不同的分类、分区方案，但没有一个被普遍接受与应用。而且这些方案大多过于繁杂，不适于实际应用。

黄土地貌分区应主要表现黄土地貌类型的组合特征，而它们又受构造演化、地质发展历史、地层层序的控制，这些要素是一级黄土地貌分区的依据。鄂尔多斯地块是黄土高原的主体，吕梁山以东为汾河-桑干河裂谷，向南与渭河裂谷相连，合称为汾渭裂谷。六盘山以西属祁连山褶皱带，也可称陇西盆地。复杂的构造演化与堆积、侵蚀过程为第四纪黄土堆积提供了多种古地形条件，不同区域的构造演化历史成为控制黄土高原地貌分异的首要条件。从第四纪黄土堆积前新构造运动及古地形特征的角度，可将黄土高原划分为鄂尔多斯稳定地块、汾渭新生代裂谷和陇西盆地 3 个不同的新构造分区。3 个构造区的黄土地貌存在明显分异，可划分为相应的 3 个一级黄土地貌分区：鄂尔多斯黄土地貌区、陇西黄土地貌区、汾渭裂谷黄土地貌区（图 7.1），对它们的特征简述如下。

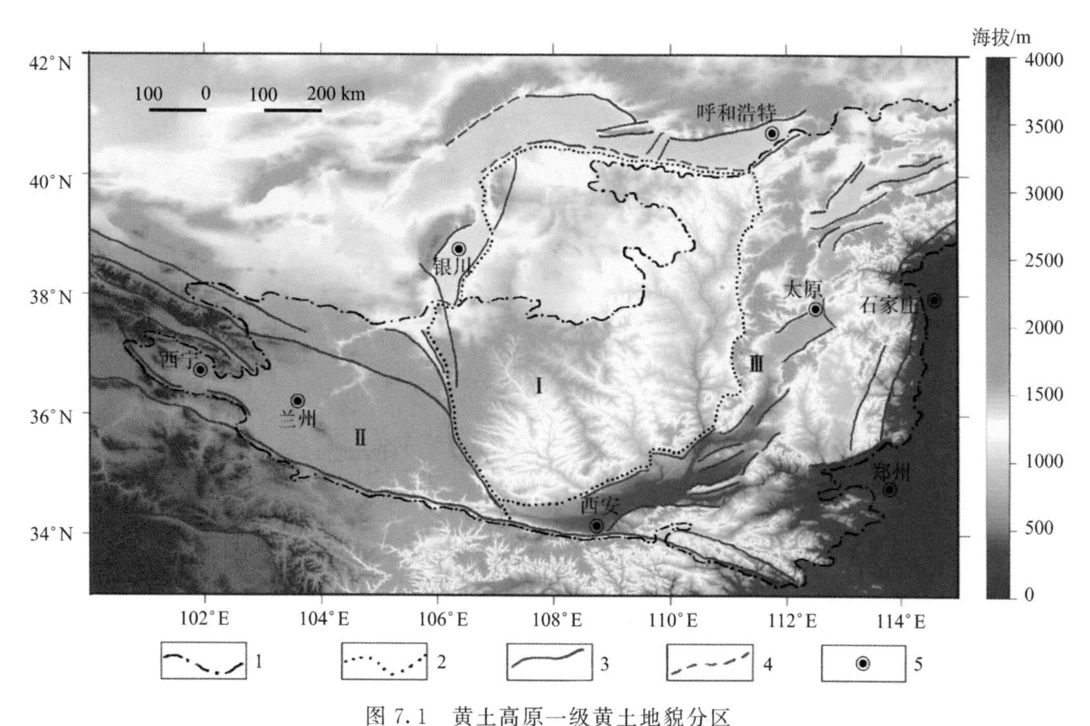

图 7.1 黄土高原一级黄土地貌分区

1. 黄土高原界线；2. 黄土高原一级黄土地貌分区界线；3. 断裂；4. 隐伏断裂；5. 城市

Ⅰ. 鄂尔多斯黄土地貌区；Ⅱ. 陇西黄土地貌区；Ⅲ. 汾渭裂谷黄土地貌区

1. 鄂尔多斯黄土地貌区

鄂尔多斯稳定地块东界吕梁山西麓，西至六盘山及银川盆地，北界河套盆地，向南止于渭河地堑盆地。它是中国大陆最早形成的陆核的一部分，大约 26 亿前已克拉通化（程裕淇，1990）。鄂尔多斯地块内部地壳厚度 42～44km，莫霍面起伏仅 1～2km（邓起东和范福田，1980），是新生代稳定的轻微抬升区，成为黄土高原的主体。

鄂尔多斯地块基底由高级变质的绿岩建造组成（李继亮等，1980），古生代沉积陆表海碳酸盐及泥砂沉积，石岩系为海陆交互相含煤碎屑建造，二叠系为陆相盆地沉积。中生代鄂尔多斯地块以北的内蒙古地槽和以南的秦岭地槽褶皱隆起，其东西两侧为山西隆起和阿拉善—祁连山隆起带，使鄂尔多斯地块成为四周隆起的大型山间盆地（张裕明和汪良谋，1980），三叠纪至白垩纪盆地中沉积了厚层的砂岩、砂砾岩和页岩等稳定型内陆盆地沉积。

新生代初鄂尔多斯地块构造运动发生逆转，白垩纪末古近纪初，鄂尔多斯地块稳定抬升，遭受长期剥蚀，形成合缓起伏的准平原地貌。古近纪末新近纪初，东亚季风系统开始形成，鄂尔多斯地区出现新生界堆积，沉积过程分为两个阶段。

第一阶段：新近纪风成黄土堆积期。

新近纪前，鄂尔多斯地块只在西北部形成不厚的渐新世棕红色含石膏的砂质黏土沉积，称为清水营组。新近纪初东亚季风系统出现，鄂尔多斯地块的合缓古地形之上开始接受大气粉尘堆积。当时气候比较湿热，成土作用较强，粉尘堆积被风化成为棕红或紫红色黏土。有的剖面可呈现新近纪风成黄土—古土壤序列，一部分被改造成为流水沉积的红色黏土。不同地区它们的命名不同，如甘肃系、保德红土、三趾马红土、静乐红土等，虽然它们的时代有所不同，但都是新近纪风成堆积或改造风成堆积形成的沉积物。

鄂尔多斯地块新近系红土遭受过两次较强侵蚀，侵蚀过程受古黄河与古渭河的控制，每次地块的抬升或渭河—三门峡盆地的下陷，都引起支流的下切和溯源侵蚀。第一次侵蚀大致出现在中新世后期，黄土高原地区整体抬升，红土堆积遭受侵蚀。当侵蚀出露基岩后，基岩就成为当地的侵蚀基准面，基岩之上的红土得以保存，成为红土梁、红土峁（袁宝印等，2007）。随后的地壳稳定时期使支流下游以侧蚀为主，出现小型基岩盆地，基岩盆地中后期又堆积了不厚的红土；这些红土盆地后来被第四纪黄土覆盖，形成现今的黄土塬。这次侵蚀大致相当于唐县侵蚀期。第二次侵蚀出现在上新世后期，汾渭裂谷强烈下沉，鄂尔多斯地块相对整体抬升，流水侵蚀强烈，黄河及其一级支流下切基岩可达 80～150m 深。这次侵蚀在华北称为汾河侵蚀期，新近纪红土堆积遭受进一步切割、侵蚀，形成红土梁、红土峁等第四纪前的古地形。

第二阶段：第四纪风成黄土堆积期。

第四纪初，全球气候变冷，两极冰盖出现，东亚季风进一步加强，鄂尔多斯地块接受了更多的大气粉尘堆积，它们超覆在第四纪前的地层和古地形之上，形成现在黄土高原的黄土梁、黄土峁、黄土塬等基本地貌类型。后期的侵蚀使黄土地貌更加破碎，呈现出千沟万壑的地貌景观。由于第四纪黄土覆盖了所有古地形面，现在只有在冲沟侵蚀较强的地段，可以看到第四纪黄土下伏的红土地层。

实际上现在黄土地貌也受到基岩的保护，凡是溯源侵蚀尚未出露基岩的地段，都未受到黄河溯源侵蚀的影响。只有气候变得温湿，降雨增加时，黄土地貌变得不稳定，黄土坡地出现沟谷侵蚀。由于黄土高原区从西北向东南雨量逐渐增加，黄土地貌的沟谷侵蚀也是从西北向东南增强。根据黄土地貌形态和侵蚀强度的变化，黄土地貌一级分区中又可进一步划分出二级地貌分区，它们主要显示黄土坡面流水侵蚀的强度。

新生代上述两个阶段堆积过程，使得该区基岩面之上的黄土地貌不论有多复杂，组成地貌体的地层均具有双层结构，下部为新近纪红土，上部为第四纪黄土。红土地层既有风成堆积，具有黄土地—古土壤序列，又有流水改造后再沉积的坡积或冲洪积红土甚至湖相沉积。第四纪黄土堆积在红土古地形之上，成为黄土梁、黄土峁或黄土塬地貌（图 7.2）。

另外，由于第四纪全球气候进一步变冷和干旱化，鄂尔多斯地块西北部成为风蚀地区，发育大片沙漠与沙地，很少堆积黄土。因此，鄂尔多斯地块这一部分不属于黄土分布区，沙漠的东南部边缘构成黄土地貌区的西北边界（图 7.1）。

2. 陇西黄土地貌区

六盘山以西属黄土高原西部地区，其主体为陇西盆地。盆地向西可延至青海日月山，南界秦岭北麓，北界乌鞘岭。西秦岭北麓发育武山-天水断裂，为中、晚三叠纪扬子板块碰撞造山作用形成的商丹板块主缝合线的一部分（张国伟等，2001）。断裂以北

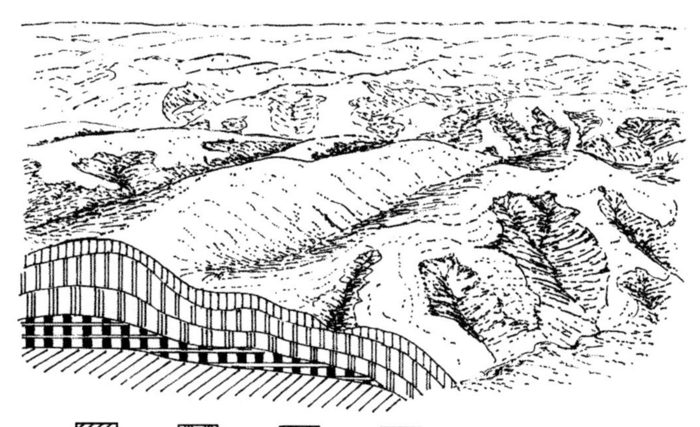

1.基岩；2.午城黄土；3.离石黄土；4.马兰黄土；5.新近纪红土

图 7.2 鄂尔多斯地块黄土地貌典型结构示意图

地区属祁连山褶皱带，形成于志留纪末期秦祁昆古海洋板块俯冲增生作用（李春昱等，1978；张国伟等，2001；杜远生等，2004）。一些学者认为从中生代至新生代初，祁连山褶皱带处于剥蚀和准平原化阶段，基岩古地形十分合缓、平坦（万天丰，2004）。

古近纪初，秦岭山地抬升，武山-天水断裂重新活动，秦岭山地剥蚀的碎屑物质搬运至断裂以北的准平原地区，堆积成为冲洪积平原（葛肖虹和刘俊来，1999；万天丰，2004）。古近纪末，新近纪初，我国北方经历了一次巨大的构造变动，陇西盆地内早期的北西向断裂重新活动，发生较强的左旋走滑运动，导致古近纪冲洪积平原的解体，形成一系列拉分盆地和挤压山脊（万天丰，2004；张岳桥等，2005）。中祁连隆起从华家岭向东南，经王甫梁至中山镇，形成一条 NW-SE 向的基岩台地，顶面平坦，两侧为相对下陷的长条形盆地（张岳桥等，2005）。此时，陇西盆地出现了基岩台地和沉陷盆地相间的地貌景观。

新近纪初的构造运动不仅使我国地貌格局发生剧烈变化，也使西北地区干旱化，至少从 22 个百万年前起，已开始出现风尘堆积。陇西盆地接受气流搬运的粉尘，隆起的基岩台地上堆积中新世风成堆积，构成具黄土—古土壤序列的红土。降落于盆地的粉尘被流水作用改造成为河湖相沉积。这些沉积大多以红棕色粉砂质黏土为主，统称为“甘肃系”，实际上包含了风成堆积与河湖相沉积等多种沉积类型的地层，沉积厚度可达 260 多米。

新近纪末，第四纪初，陇西盆地也经历了一次较强烈的构造抬升运动，汾河期侵蚀有明显的表现，河流迅速下切，基岩下切 100 余米，形成峡谷。基岩之上的甘肃系受到切割侵蚀，但是由于基岩的保护，甘肃系红土只被切割成长梁状地形，梁顶平坦而狭窄。进入第四纪时期，气候进一步向干冷发展，陇西盆地成为第四纪风成黄土最先的堆积区，大量粉尘堆积于红土梁的顶面。可是顶面过于狭窄，第四纪黄土堆积厚度只能达到 50m 左右，绝大部分粉尘被河流搬运至下游地区。因此，陇西地区实际以红土地貌为主体，第四纪风成黄土堆积很薄，对古地形的改造并不显著，只起到一定的修饰作用。

该区新生代沉积也具有双层结构，下部为新近纪红土，上部为不厚的第四纪黄土。典型的地貌主体为红土梁地貌，只是梁顶覆盖少许第四纪风成黄土（图 7.3）。该区沟谷侵蚀并不强烈，第四纪黄土未能形成独立的地貌单元，因此二级地貌区只能依据红土地貌类型和构造地貌特征来划分。

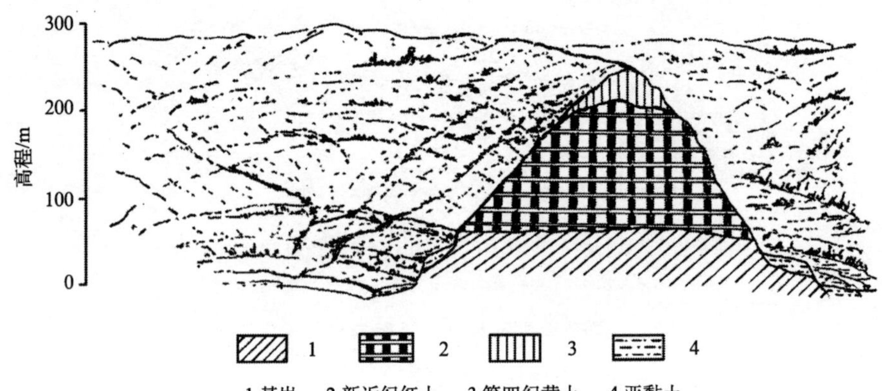

1.基岩； 2.新近纪红土； 3.第四纪黄土； 4.亚黏土

图 7.3 陇西盆地黄土地貌典型结构示意图

3. 汾渭裂谷黄土地貌区

鄂尔多斯地块以南和以东被汾渭裂谷带所包围，该裂谷带是黄土高原东南部非常特殊的新构造单元。渭河谷地以北的北山和山西西部的吕梁山西麓为裂谷带与鄂尔多斯地块的分界，太行山东麓和秦岭北麓则是黄土高原的东部和南部边界。

中生代初期，秦岭褶皱成山，侏罗纪末燕山运动时期，由于地幔物质上涌，汾渭裂谷区地壳减薄并隆起。喜马拉雅运动初期，渭河流域至三门峡一带，首先发生剧烈沉陷，拗陷盆地内堆积厚达 3000m 的古近纪河湖相沉积物（表 7.1），裂谷带的其他地区仍以隆起为主（刘锁旺和甘家思，1981），古新纪晚期裂谷系的北端桑干河断陷开始沉降。上新世至早更新世为汾渭裂谷主要发育时期，裂谷盆地整体大幅度沉降，盆地中堆积了厚层的河湖相沉积，至中更新世末，裂谷处于稳定—收缩期（王景明，1986；张保升，1987；邢作云等，2005）。

表 7.1 鄂尔多斯地块周缘盆地新生界厚度表（据刘锁旺和甘家思，1981）

年代	银川盆地	河套盆地	岱海拗陷	山西断裂	渭河盆地	三门峡盆地
Q	2000m	2400m	400m	600m	1352m	700m
N	2500m	4500m	100m（N_2）	3200m（N_2）	3900m（N_{1+2}）	850m（N_2）
E	3800m（E_{2+3}）	2600m（E_3）			3000m（E_{2+3}）	3000m（E_{2+3}）
下伏地层	Ar. O	K	Ar	C. P. O	Z	Ar

汾渭裂谷自始新世以来，一直处于引张应力场作用之下，垂直于裂谷纵轴的引张应力成为汾渭裂谷发展与新构造运动的基本动力（王景明，1986）。盆地下沉伴随裂谷两侧山

地与河流两侧台地的上升，盆地内出现湖相沉积台地与河流阶地。第四纪时期风成黄土在汾渭裂谷区降落时，会堆积于山麓、台地与河流两侧的阶地面上，成为黄土台塬地貌。降落于裂谷两侧山地的粉尘则遭受冲刷被搬运至下游，山地则无黄土堆积（图 7.4）。

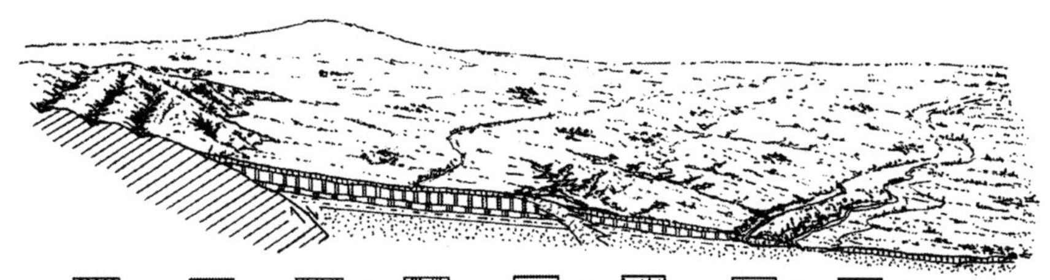

1 2 3 4 5 6 7 8

1.基岩； 2.马兰黄土； 3.离石黄土； 4.午城黄土； 5.亚黏土； 6.细砂 ； 7.砂砾； 8.坡积物

图 7.4 汾渭裂谷黄土地貌典型结构示意图

黄土台塬的新生界沉积层为双层结构，下部为河湖相沉积，上部为第四纪风成黄土，顶面平坦，类似冲积平原。由于盆地狭窄，河流两侧很少发育巨大的支流，使得台塬的切割不甚强烈。该区黄土地貌实际是黄土塬地貌的一种特殊类型，对它们进一步分区比较困难，只能依据时代和高度不同进一步划分二级区。

该区山麓较平坦地区第四纪黄土之下有时也可见到坡积或冲洪积红土（三趾马红土），但分布范围很小，很难构成单独地貌区。

综上所述，黄土高原不同地区的构造演化过程和新生代沉积历史存在显著的差别，它们强烈地控制其上黄土地貌的特征。根据构造演化历史和新生代地层结构的不同，黄土高原可以清楚地划分为 3 个一级地貌分区。汾渭裂谷区和陇西盆地黄土地貌类型比较单一，变化较少。鄂尔多斯地区作为黄土高原的主体，黄土地貌最为复杂多样，也是侵蚀最为强烈的地区，应是环境治理和保护的重点地区。应用数字高程技术对这些地貌区进行详细划分是今后重要的研究方向。

7.1.2 黄土高原区黄河河道的发育

黄河发育历史是中国地学界争论最多、研究难度最大，研究进展最为缓慢的科学问题之一。黄河中游为何形成向北突出的“几”字形大转折，黄河何时东西贯通入海，呈现目前的面貌？迄今为止，中外学者对这些问题尚未取得一致的认识。黄河发育历史经过 100 多年的研究，主要出现过以下几种看法。

1）古黄河自河套以东，取道黑水、岱海流入洋河，为今天洋河、永定河的上游。此说为 R. Pumplly 于 1868 年在我国调查时首先提出，后来翁文灏和曹树声（1919）、丁骕（1952）均赞同此说。近年来，葛肖虹和王敏沛（2010）的研究也得到相同的认识。

2）古黄河在兰州以东，经临洮进入渭河，是现在渭河的上游。此说由 Clapp 于 1914 年调查陕北石油时首先提出，后来丁骕（1952）表示赞同。杨钟健（1965）等表示反对。

3）古黄河曾一度经泾河入渭河，此说由德国库勒（Kohler，1929）提出，王恭睦（1946）、高钧德（1934）、陈梦熊（1947）等均提出质疑。

4）张伯声（1958）认为古黄河从中卫盆地经环县流入陕此盆地，盆地淤满黄土后，许多大小不同的盆地连接起来出现目前的黄河河道，此说主张黄土为河流和湖泊所淤积（李容全，1991）。

5）20世纪90年代，黄土高原综合考察期间，李容全（1991）研究了黄河发育历史，认为上新世黄河已形成并注入黄海，但在第四纪早、中期曾经历了长时间内流期，黄河被截为数段分别汇入银川、河套、汾渭—三门盆地，三门峡以东河段独自入海。至中更新世末，距今0.3～0.25Ma三门峡被切穿，黄河恢复外流。

6）德日进和杨钟健（1930）根据河曲、保德附近新生代地层研究，认为黄河晋陕段形成时间不晚于保德期，王乃樑（1956）支持德日进和杨钟健的观点。李四光（1954）研究中国西部大地构造时认为山西陆台的隆起与黄河在托克托附近忽然改向南流有关。

袁宝印和王振海（1995）研究三门峡峡谷段河流阶地时，认为上新世黄河已从三门峡入海。

以上是中外学者对黄河发育历史的基本认识和主要争论问题，但迄今都未进行多学科综合调查研究，尤其是缺乏应用新的年代学和地球化学方法开展年代地层学与沉积物物源研究，使黄河发育历史一直扑朔迷离，莫衷一是。黄河这样巨大的河流，形成历史一定很长，它的发育必然主要受构造运动的制约。20世纪70年代开始，我国地质学家应用板块构造学说的理论研究华北地区新生代构造运动，取得了巨大进展，为探讨黄河发育历史提供了有效的方法和途径。

白垩纪末，古近纪初，黄河流域处于地壳稳定时期，广泛接受剥蚀作用而准平原化（万天丰，2004）。这时的黄河尚未出现，当时水系面貌也难于复原。

燕山运动时期，山西已开始隆起，鄂尔多斯地块则比较稳定，推测现今吕梁山以西地区的地表水当时应沿晋陕峡谷一带河道排出，只是峡谷并未形成。至始新世，由于地幔物质上涌，导致银川盆地、河套盆地、渭河—三门峡盆地下陷（王景明，1986；邢作云等，2005；张保升，1987），它们因地形低洼一定会成为当时河流的通道或形成汇水的湖泊。如果这些湖泊为内陆湖，汇入湖泊的河水量与湖面蒸发水量平衡才能保持湖面的稳定，否则湖面会上升引起外泄。长期保持内陆湖也将使湖水变咸，湖内出现盐类沉积。由于古近纪中国北方气候湿热，上述盆地湖泊汇水面积广大，很难维持内陆湖的局面。况且这些盆地湖泊的沉积中除银川盆地外尚未发现可观的盐类沉积，湖相沉积中的软体动物化石主要为淡水蚌类，它们不应为内陆湖，但当时水系格局仍需深入研究。至晚在上新世，汾渭裂谷以及银川、河套盆地进入快速发展时期，这些裂谷大幅度沉陷的同时，伴随着两侧山地的上升。汾河裂谷西侧吕梁山呈南北向隆起，鄂尔多斯地块的西北部也因银川盆地、河套盆地沉陷的耦合作用而抬升。于是现在的晋陕峡谷区成为鄂尔多斯地块的主要排水通道，也就是目前可以确认的古黄河河道。现在青铜峡、灵武以东的山麓、鄂尔多斯市以北台地以及米脂县城东北高地上都发现磨圆度很好的砾石层，砾石成分除砂岩、石英砂岩外，还有燧石、碧玉等，表明是较大河流形成的河床沉积物。再考虑到德日进和杨钟健报道的保德火山黄河阶地剖面和袁宝印报道的渑池以北黄河阶地剖面，都是这些地区存在上新世黄河阶地的证据（德日进和杨钟健，1930；袁宝印和王振海，1995），他们比较一致地证明晋峡谷一带上新世古黄河已流经现今黄河河道，而且上游至少可以到达青铜峡一带。

上新世末，早更新世初，汾渭裂谷活动剧烈，三门峡、泥河湾都出现较大范围湖泊，它们均为淡水湖泊，因此推测早更新世三门湖东侧有泄水通道。渭河—三门峡盆地的强烈下陷引起鄂尔多斯地块相对上升，黄河从禹门口溯源侵蚀，河道下切形成晋陕峡谷，两岸基岩陡壁高达 150m 多，这个侵蚀期即所谓的“汾河侵蚀期”，时代为上新世末，早更新世初。

上述证据说明，汾渭裂谷和鄂尔多斯地块新近纪构造演化塑造的古地形格局，对黄河发育具有控制作用，使古黄河只能流经晋陕峡谷一线。汾渭裂谷下沉，山地上升，导致黄河溯源侵蚀，晋陕峡谷得以形成。黄河晋陕段东岸流域面积小，支流短而深，西岸流域面积大，发育了较长较多的支流，它们是黄土高原切割侵蚀的主要来源。

如果上述推论是正确的，那么古黄河经临洮进入渭河是不可能的。因为黄河主流从兰州经临洮入渭河，那么晋陕峡谷向上至河套、银川的古河道只能是古黄河的支流，而且河道长度远大于兰州—三门峡的距离，其下切能力不可能袭夺自己的主流。认为古黄河曾是泾河的上游，也存在同样的问题。此外，古黄河曾进入洋河的推测在理论上是可能的，但需更多实际证据的支持。

刘东生等对黄土高原黄土堆积的研究已证实它们主要为风成黄土，并得到国内外学者的肯定。那么，张伯声认为黄土为河湖相沉积及其相应的黄河发育历史的推测意见自然应被摒弃。

7.1.3 小结

通过对黄土高原地区新生代构造演化和沉积过程的分析与综合研究，发现它们对黄河发育及黄土地貌形成具有控制作用，并获得以下认识。

1）黄土高原东西横跨 3 个不同的新构造单元，它们的新生代构造演化历史不同，可划为 3 个新构造分区。中部为鄂尔多斯稳定地块，西部为陇西沉积盆地，其东部和南部为汾渭新生代裂谷。

2）黄土高原 3 个新构造分区的新生代沉积过程存在明显差异，导致第四纪黄土前古地形特征的重大分异。鄂尔多斯黄土地貌区第四纪黄土堆积于红土梁、峁和红土盆地古地形之上，形成复杂多样的第四纪黄土地貌。陇西盆地地貌格局主要显示红土地貌形态，第四纪黄土堆积仅起到少许点缀作用。汾渭裂谷则是第四纪黄土堆积于河流两侧阶地或台地之上形成的特殊黄土塬地貌区，可称为黄土台塬区。

3）从始新世开始，鄂尔多斯地块周边形成银川盆地、河套盆地和渭河—三门峡盆地，当时的古水系虽然难以恢复，但这些盆地一定是古水系河道所经之处。最晚在上新世，汾渭裂谷发展进入鼎盛时期，吕梁山隆起和鄂尔多斯地块西北部抬升，导致古黄河出现，并且经银川、河套盆地进入晋陕峡谷地区，出禹门口后经三门峡入海。上新世末至中更新世末，黄河流域曾长期处于河湖并存阶段。中更新世末，黄河溯源侵蚀使三门峡以下河道畅通，湖水泄干，现今黄河的基本面貌开始形成。

7.2 基于DEM的黄土高原重点流失区地貌演化的继承性研究

黄土高原是经过200余万年的黄土堆积和搬运，在风力和水力的交互作用下，按特有的发育模式形成了当今复杂多样且有序分异的地貌形态组合。然而，黄土地貌又是在承袭了下伏古地貌基础之上发育、演化完成的。下伏古地貌的形态及分布特征，在相当程度上控制着当今黄土地貌的空间组合与分布格局。研究黄土地貌这种继承性特征，是正确解读黄土高原形成与黄土地貌发育的基础，具有重要的意义。黄土高原古地形面是指第四纪黄土堆积以前的古近-新近纪原始地形面。研究黄土沉积前古地形对于了解黄土沉积的地质环境和发育历史，分析黄土沉积与古地形的关系，即黄土地貌对原始地形继承性的特征与规律问题，正确计算黄土的堆积厚度和侵蚀量，分析黄土地貌的发育受基岩的抑制与控制作用，展望黄土地貌发育的趋势与态势，都具有极为重要的意义。

以往在黄土高原地貌的研究中，通过对个别黄土剖面的黄土沉积前的古地形形态、发育历史以及覆盖其上的黄土剖面的对比分析，也曾得出黄土沉积和古地形的继承关系。刘东生（1985）认为：现代黄土高原的地貌形态，具有很大的继承性，它继承了第四纪以前复杂多样的格式。黄河中游的黄土，自第四纪时起，即开始沉积在基岩山地和山间凹地中，埋藏了中生代及新生代受剥蚀的起伏丘陵及喀斯特式凹地，黄土地形基本上继承或反映了下伏的古地形特征。在黄河中游地区，不同形态的古地形基本上没有影响黄土分布的连续性，现代黄土地貌的"塬"、"梁"、"峁"地形和古地形的形态关系密切。黄土堆积虽然缓和了古地形的外貌，但基本上还是反映了其地形起伏形态。袁宝印等（2007）、乔彦松等（2006）、邓成龙和袁宝印（2001）研究认为：黄土堆积前的古地形特征，决定了黄土能否沉积，沉积厚度以及黄土地貌形态。上新世末，第四纪初，黄土高原古地形主要有基岩山地、沉降盆地、基岩丘陵、上升盆地、河谷阶地、基岩盆地等。根据古地形的区域差异，将黄土高原划分成7个古地形区。然而，郭力宇（2002）、桑广书等（2003，2007）对洛川塬和延安-安塞黄土梁状丘陵沟壑区的基底岩层构造，洛川塬区、黄土梁区和黄土峁区的古地形都做了相应的分析研究，却没有发现显著的继承性。其他学者也相应采用了定性及半定量方法来描述黄土地貌的侵蚀状态与发育阶段（励强等，1990；陆中臣等，1991，2003；刘秉正和吴发启，1993；夏正楷，1999；程彦培等，2010）。可见，前人研究中对黄土地貌演化的沉积过程是否存在继承性尚存在一定争议，且由于数据及方法的局限，都属于定性描述或半定量分析研究，并没有给出定量的、区域性的黄土下伏古地貌特征。近年来，随着数据获取手段的突飞猛进及数字地形分析方法的日趋完善，这为地貌演化的量化研究及机理探索提供了新的契机，也相应取得诸多成果（Perron et al.，2009；Bowman et al.，2010；Kyungrock，2011；Paik，2012）。但是，对黄土地貌演化的量化分析及其继承性研究相对鲜见。

本节以地质图数据、早期实测的黄土厚度分布图、高清遥感影像及DEM数据为基础，通过对黄土高原重点流失区的基岩出露点密集采样，构建该地区黄土下伏古地形

DEM。通过与地表地形起伏特征的多剖面对比分析，在宏观尺度上定量研究与揭示当今黄土高原地形与古地形的关系特征。

7.2.1 实验基础

1. 实验数据

1）DEM：采用 SRTM 90 m 分辨率数据作为基本高程信息源，其精度足以保证大区域尺度的表达与制图。

2）地质图：采用中国科学院地质与物理研究所提供的 1∶20 万比例尺的地质图，作为古地形基岩出露点位判读的数据源。

3）遥感影像：实验采用高清影像图实现对地质图出露基岩点位的位置精校正。

4）钻井资料及黄土等厚度分布图（黄河上中游管理局，2012）：167 个钻井资料。由于地质图中标记有新近纪红土及更早期的基岩区域，因此，加入黄土等厚度分布数据对新近纪红土地形进行精密加控。

2. 实验方法

（1）数据预处理

SRTM 数据为全球分幅，每幅数据的格网分辨率存在一定的偏差。为统一 DEM 数据的分辨率，本实验对所有的 SRTM 数据拼接后进行重采样，得到整个实验区 100m 分辨率的 DEM 数据。

（2）基岩出露点采样

本实验对地质图中所标注的不同地质年代及岩石类型的出露基岩点位，采集其坐标位置及海拔高度。采样方法为：首先，在地质图中找出在沟谷中的基岩出露点；其次，采用影像图对得到的基岩点位进行位置精校正；最后，得到所有基岩出露点位（图 7.5）。由于该点位为基岩点位，还不能完全代表新近纪红土地形的趋势，本实验加入早期实测的黄土厚度数据及其黄土厚度分布等值线图，对新近纪红土地形进行加密控制。所有样点分布如图 7.5 所示。依据地质图中的基岩出露分布，采样点密集分布区恰在黄土高原重点流失区内，因此，本实验以该范围作为实验区。

7.2.2 实验结果与分析

1. 古地形模拟

实验区内共有采样点 1739 个。为提高数据模拟结果的精度，对黄河及其二级支流进行加密采样。对于样区内存在的石质山地地区，如子午岭、黄龙山等，直接将该区域的 DEM 加入到基岩古地形表面的模拟当中。基于上述基岩出露点，通过曲面内插方法得到实验区范围的古地形 DEM。在插值方法上（Royle et al.，1981；Sibson，1981；Wason and Philip，1985；McBratney and Webster，1986；Mitas and Mitasova，1988；

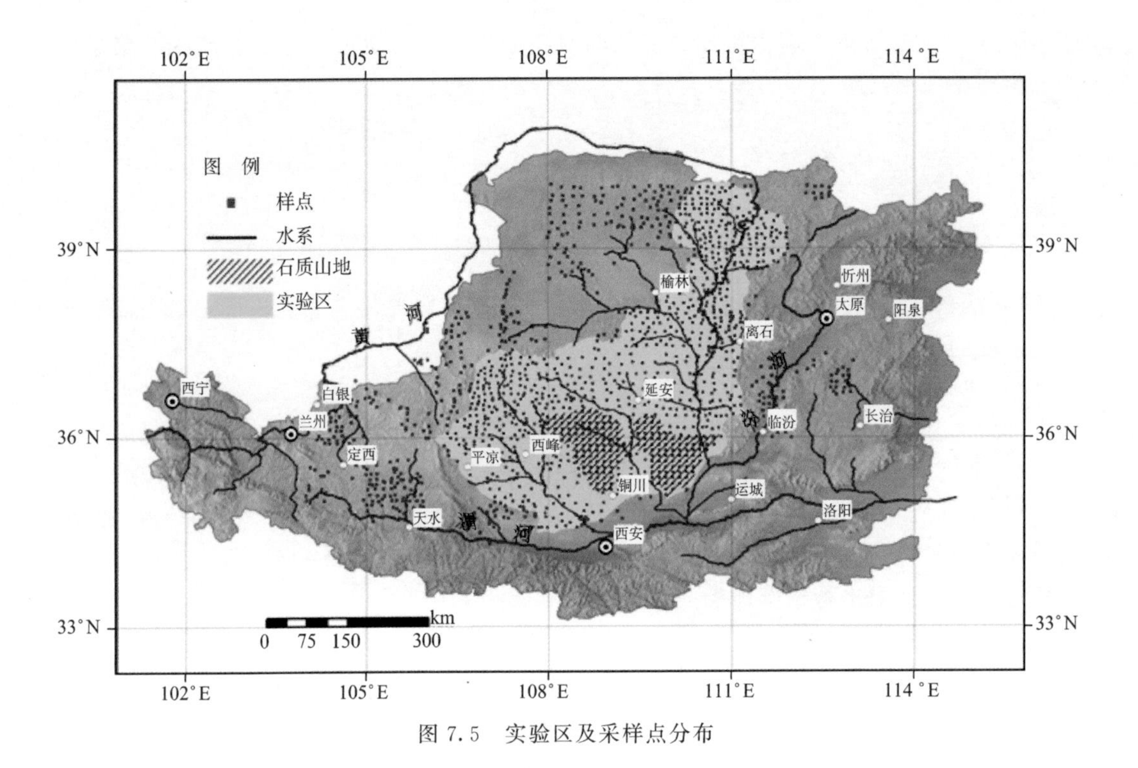

图 7.5 实验区及采样点分布

Oliver，1990；Press et al.，1992)，通过对各种方法的对比分析，选择了中误差最小且变化相对平稳的样条函数插值方法进行古地形面的模拟（中误差值为 36.5m，相对误差小于 12%）。其中 80%的样点作为内插数据，20% 的点位作为中误差检测数据，其内插结果如图 7.6（b）所示。

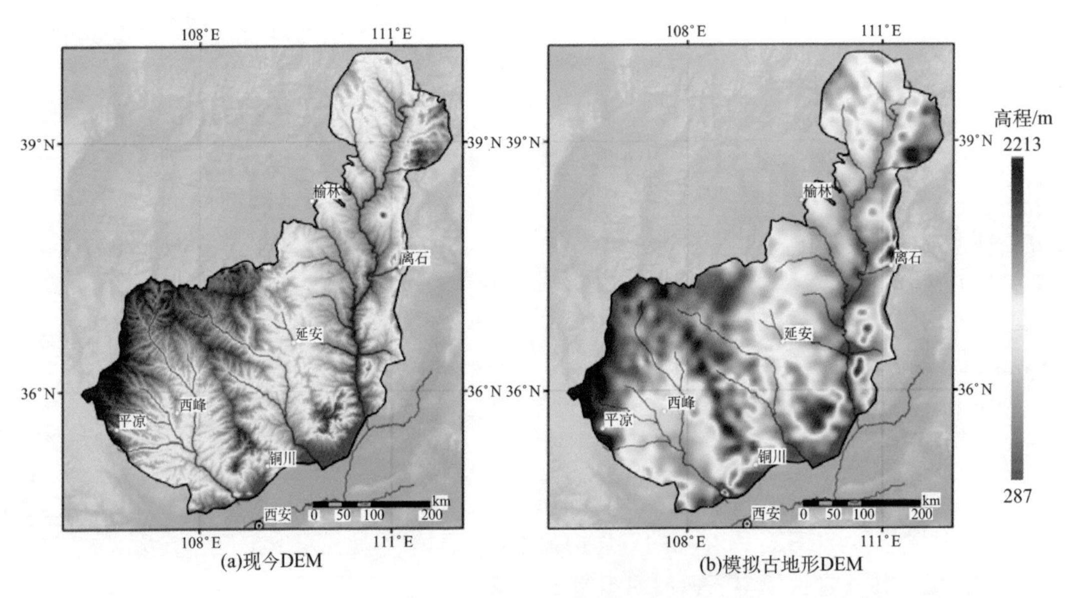

图 7.6 实验区 DEM 与古地形 DEM 对比图

2. 黄土地貌继承性分析

本实验采用定性与定量相结合的方法，揭示黄土地区地表面与古地形的继承性关系，将所揭示的区域地貌的宏观特征及整体效应，作为进行黄土地貌综合辨识与系统评价的基础。其中，核心工作是选择能够反映地貌继承性特征的指标。通过对已有的大量指标对比分析，本节遴选出高程点位 XY 散点图和能够反映地貌发育阶段的高程积分值，作为黄土地貌继承性在区域尺度的分析指标，而采用固定断面的剖面比降及抛物线指数（凹度）作为微观尺度的分析指标。

（1）XY 散点图分析

在 XY 散点图中，X 代表古地形面高程，Y 代表当今地表面高程。通过现今 DEM 与古地形面 DEM 的高密度点对，在 XY 坐标系中呈现的空间分布态势，揭示古地形面与现今地表面是否存在显著的相关关系。如果两者的变化在统计上呈现 $Y=a+bX$ 的线性关系，且如果 b 等于 1，说明黄土的堆积表面高程与下伏地形的起伏保持相对一致，即如图 7.7 中 p_2 所示；如果 b 大于 1，说明与古地形面相比，黄土的堆积过程加剧了地表面的起伏，即地表高程增加的幅度随着古地形高程的增加而增加，如图 7.7 中 p_1 所示；如果 b 小于 1，则说明与古地形面相比，黄土的堆积过程缓和了地表面的起伏，即地表高程增加的幅度随着古地形的高程增加而减少，如图 7.7 中 p_3 所示。

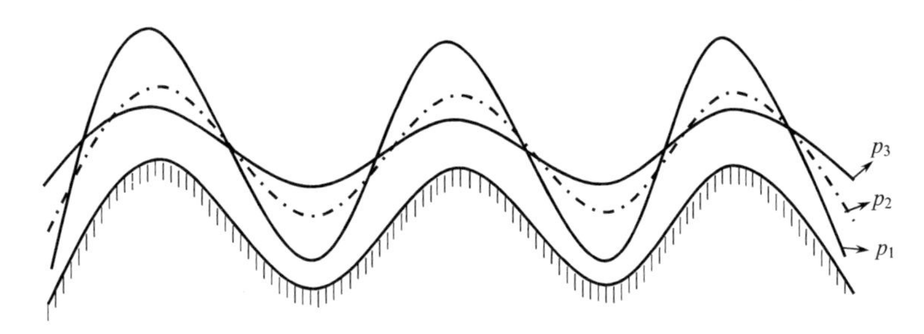

图 7.7　古地形面与地表面的结构关系示意图

图 7.8 为实验所获得的 XY 散点图。总数据量达到 157 万个，散点分布呈现显著的线性相关关系，其线性拟合方程为 $f(x)=0.94x+141.7$ ($R^2=0.90$)，系数略小于 1。这说明，一方面黄土表面继承于古地形面；另一方面也显示出这种继承关系偏向于在黄土堆积过程中缓和了地表面的起伏，即属于图 7.7 中 p_3 的态势。该结果既能反映黄土地貌的继承性特征，同样，也揭示了黄土现今地表缓和古地形起伏的态势。

为揭示黄土地貌继承性特征的区域差异性，本实验以黄土高原地区的地貌分区（黄河上中游管理局，2012）（图 7.9）为基本统计单元，分别计算分析各区域内的古地形面与现今地表面的相关关系，用以进一步反映实验区内黄土地貌继承性的空间分异。实验区内各分区按照 $Y=a+bX$ 计算得到的参数见表 7.2。由表 7.2 可以看出，黄土地貌的继承性存在显著的区域差异性特征。继承性的显著性依次为黄土丘陵沟壑第 2 副区、黄土丘陵沟壑第 1 副区、黄土高塬沟壑区和黄土丘陵沟壑第 5 副区，但各区在黄土的堆积过程中都表现为缓和了原始地形面的特征。

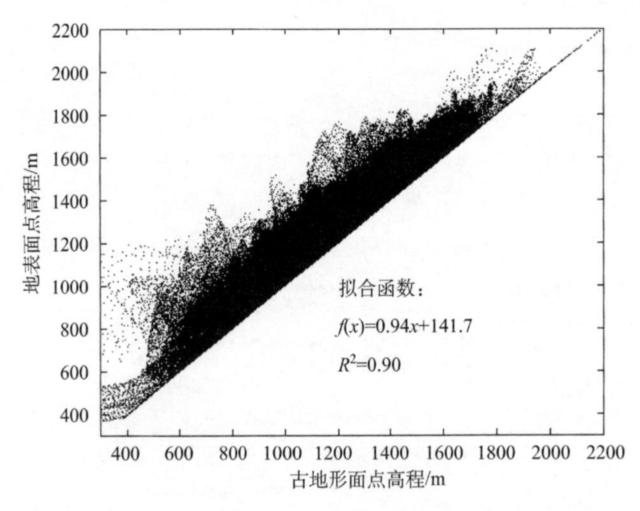

图 7.8　XY 散点图

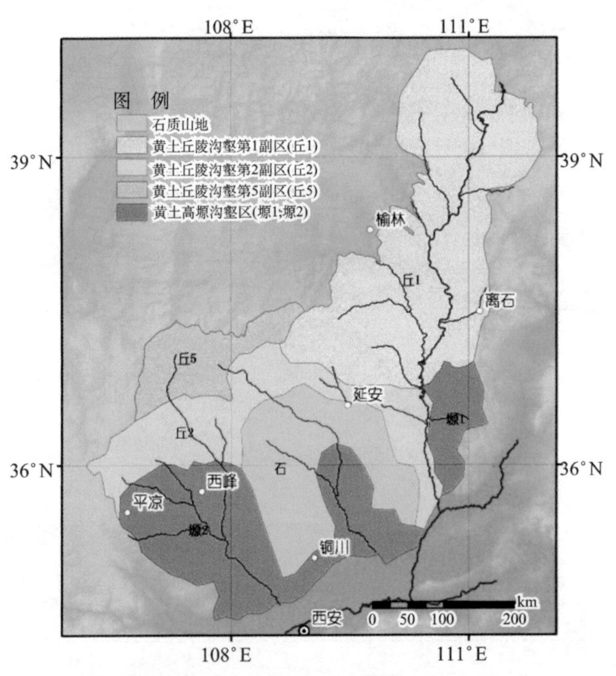

图 7.9　实验区内地貌分区图

表 7.2　XY 散点图分区拟合结果

区域	斜率 b	相关系数 R^2	RMSE	截距 a
黄土丘陵沟壑第 1 副区（丘 1）	0.91	0.89	58	169.3
黄土丘陵沟壑第 2 副区（丘 2）	0.97	0.95	65	112.2
黄土丘陵沟壑第 5 副区（丘 5）	0.67	0.45	67	599.7
黄土高塬沟壑区（塬 1）	0.86	0.83	76	202.2
黄土高塬沟壑区（塬 2）	0.92	0.80	100	196.6
整个实验区	0.95	0.90	77	141.7

(2) 高程积分分析

高程积分是反映地貌发育阶段的地学模型，其对应高程积分曲线指实验样区内水平断面面积与其高出河口的相对高程之间的关系曲线。该指标提出基于地貌发育是内外营力相互作用和时间函数的原理，根据高程积分曲线换算得到的高程积分值，用于反映地貌的可被侵蚀程度（励强等，1990；景可，1983）。其计算方法为：以高程曲线的上、下端点为顶点的矩形被高程曲线一分为二，下部分面积与矩形总面积之比，即为面积高程积分值。

依据上述计算方法，分别计算得到现今地表面与古地形面的面积高程积分值，图7.10为其相应面积高程积分曲线。古地形面高程积分值为0.47，现今地表面为0.43。这说明整个实验区内的侵蚀状态为壮年期。由图7.10可以看出，地表面的面积高程曲线是由古地形表面曲线平行式上升的，其高程曲线趋势极其相似，符合黄土沉积过程中的继承性特征。

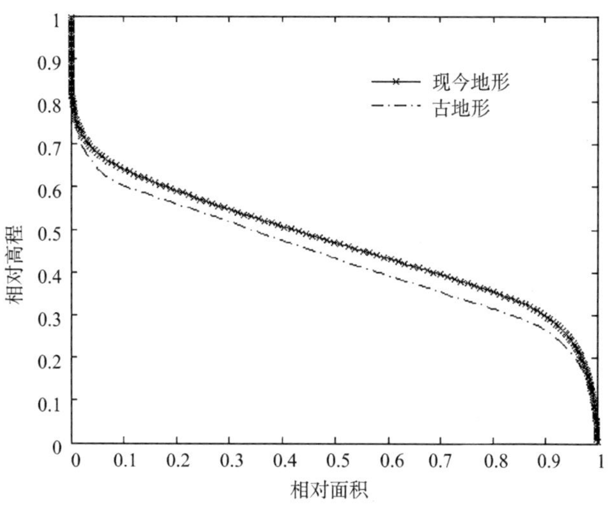

图7.10 面积高程积分曲线

(3) 剖面分析

通过所获得的古地形面DEM与现今地表面DEM上一组剖面线的套绘，可以直观反映两者之间的空间关系与分布格局。在实验区从8个方向分别采集东—西（a1，a2，a3）、南—北（b1，b2，b3）、东南—西北方向（c1，c2，c3）、东北—西南方向（d1，d2，d3）共12条地形剖面（图7.11），获得地表剖面与古地形剖面套绘图（图7.12）。由图7.5中的基岩山地与水系分布可以看出，图7.11中的剖面a1、d3经过黄龙山、子午岭等石质山地，a2、a3、b1、c3、d2横穿黄河，其他几个断面也相应横穿黄河的二级支流（如泾河）及其他支流。

根据所得到的12个剖面图可以看出，古地形剖面走势较为平缓，表面相对平滑；而现今地表面较为破碎，地形较为复杂。但是在整体上，现今地表面与古地形表面的走势是趋于一致的，体现出黄土堆积过程显著的继承性关系。

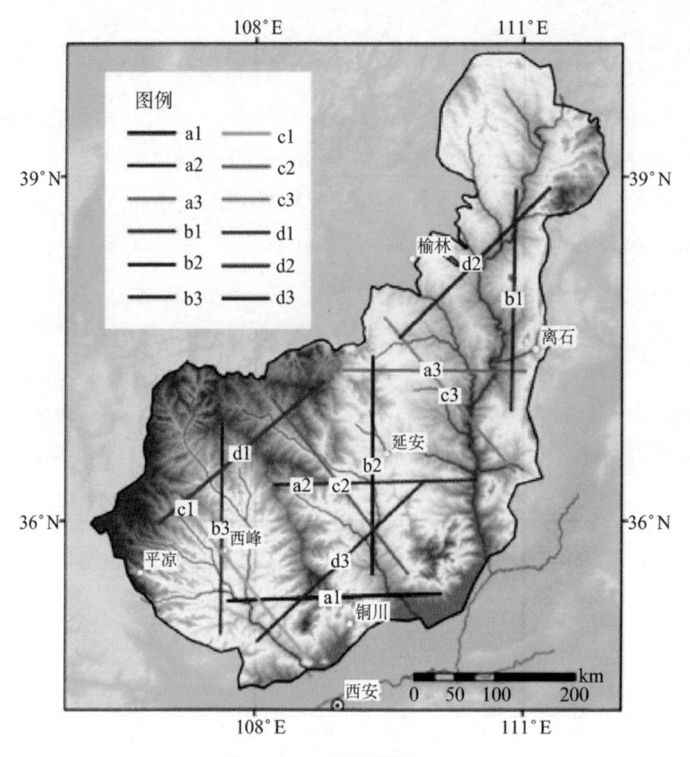

108°E
111°E
39°N
36°N
图例
a1
a2
a3
b1
b2
b3
c1
c2
c3
d1
d2
d3
榆林
d2
b1
离石
a3
c3
延安
d1
b2
a2
c2
c1
b3
西峰
平凉
d3
a1
铜川
西安
km
0 50 100 200

图 7.11 典型剖面布局

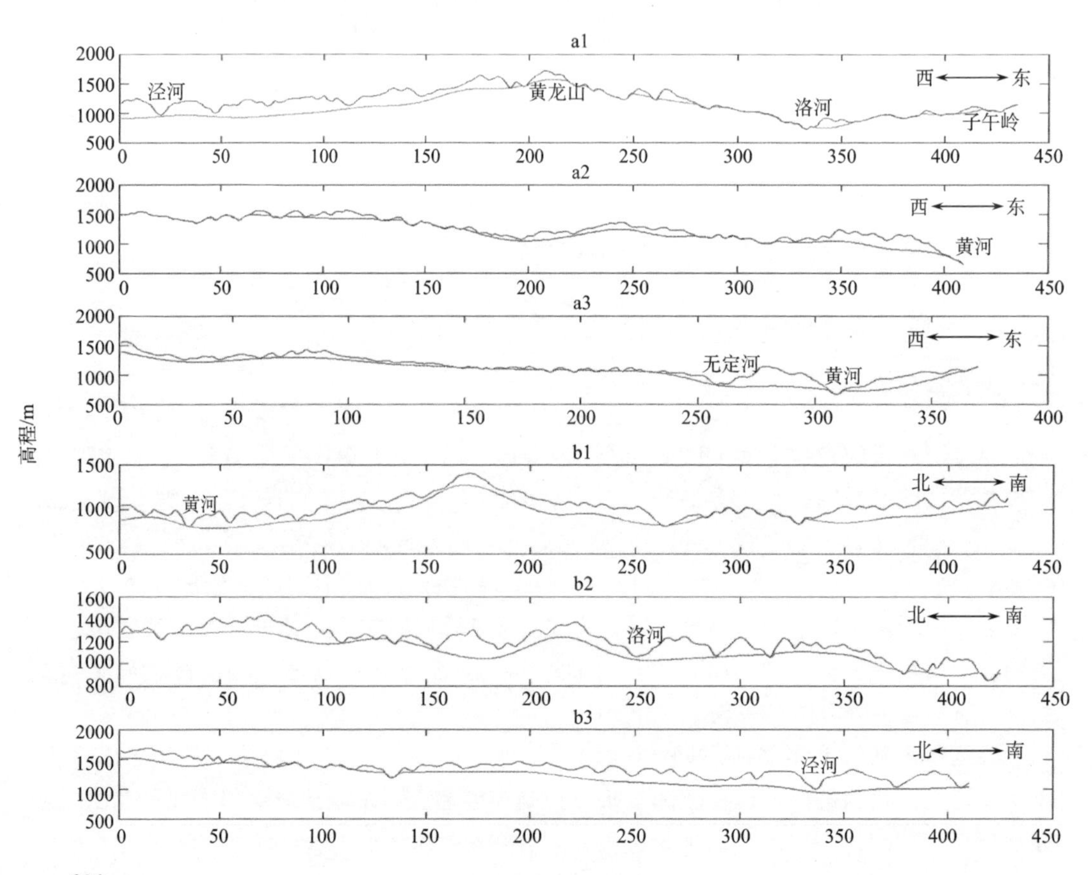

高程/m
a1
泾河
黄龙山
洛河
子午岭
西 东
a2
西 东
黄河
a3
西 东
无定河
黄河
b1
北 南
黄河
b2
北 南
洛河
b3
北 南
泾河

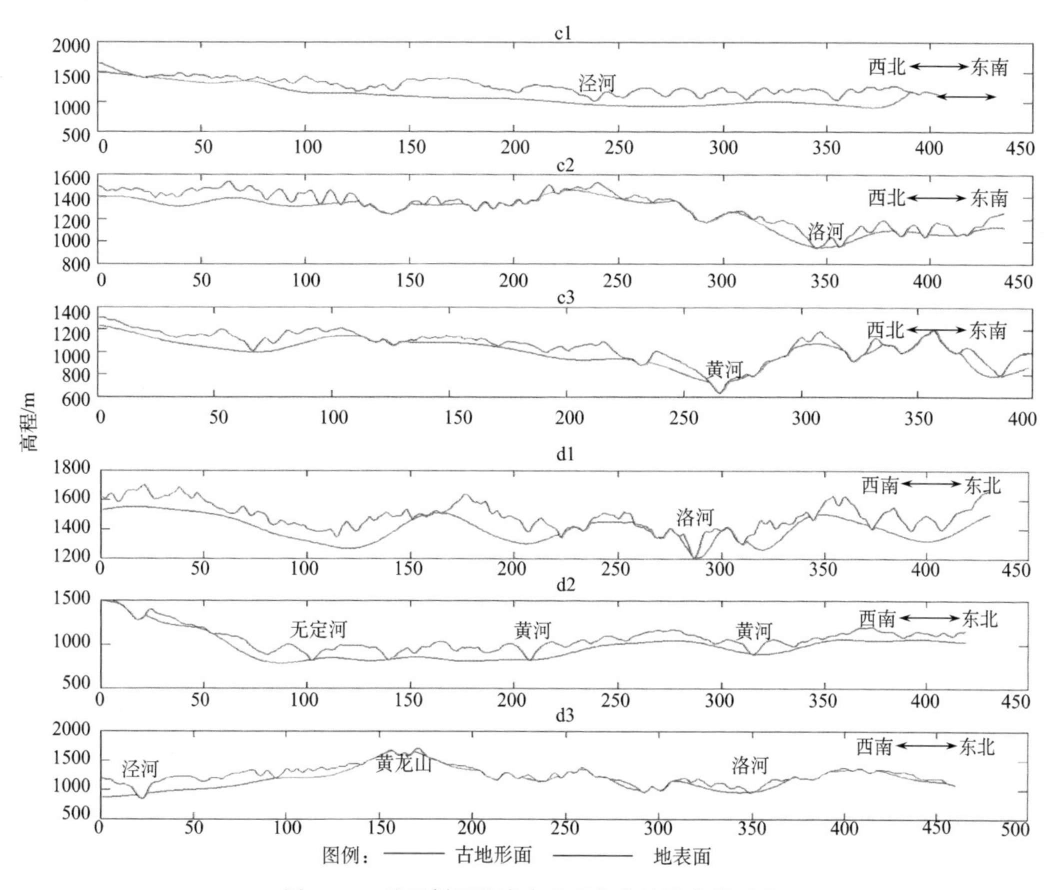

图 7.12 基于剖面的当今地面与古地形高程对比

剖面比降与剖面凹度是对剖面线的定量化描述，它能够有效地反映出剖面线的量化特征。在计算剖面的凹度与比降的方法上，采用最小二乘法对比降与凹度的计算结果进行微分单元划分的方法修正。同时，据詹蕾（2010）的研究结果，SRTM 100m 分辨率的 DEM 数据在黄土高原地区高程精度的绝对中误差为 10 米级，不影响统计型的指标凹度和比降的计算，能够满足区域地形分析的需要。通过对地表面剖面线与古地形剖面线的数值特征对比，本节以进一步揭示黄土地貌的继承性特征。

采用最小二乘法计算比降，其公式为

$$J = \frac{p\Sigma xy - \Sigma x \Sigma y}{p\Sigma x^2 - (\Sigma x)^2} \tag{7.1}$$

式中，J 为比降；p 为断面号；x 为相等的断面间距（km）；y 为断面高程（m）。

所谓凹度就是剖面线下凹的程度，具体地说，就是抛物线方程的指数 n，在此作为剖面线的形态指标，其方程的形式为

$$h = H\left(\frac{l}{L}\right)^n \tag{7.2}$$

式中，h 为剖面线上某点的高程（m）；H 为最高点高程（m）；l 为某一点距河口的距离（km）；L 为剖面线的水平距离（km）。

n 值的确定方法：即把全段剖面线或某段剖面绘制成图后，通过上下两端点作矩形，而剖面线将矩形分成上下两半，用上下两部分面积之比，其比值即是剖面线的形态指标 n。其物理意义为：当形态指标 $n>1$ 时，剖面线为凹型；$n<1$ 时为凸型，$n=1$ 时，则剖面为直线型，当得到不同发育阶段的相同剖面线 n 值后，即可比较剖面线的相似性或继承性。

表 7.3　不同剖面比降与凹度值

类型		剖面序号												
		a1	a2	a3	b1	b2	b3	c1	c2	c3	d1	d2	d3	平均
比降	古地形面	−0.27	−3.26	−3.1	−0.16	−1.68	−2.75	−2.22	−1.65	−1.12	−0.42	−0.29	−0.36	−1.35
	现今表面	−1.51	−2.72	−2.78	−0.1	−1.66	−2.03	−1.63	−1.84	−1.31	−0.48	−0.24	−0.3	−1.37

类型		剖面序号												
		a1	a2	a3	b1	b2	b3	c1	c2	c3	d1	d2	d3	平均
凹度	古地形面	1.31	0.61	0.87	2.11	0.63	1.15	2.06	0.62	0.62	0.74	2.71	1.37	1.23
	现今表面	1.12	0.5	0.93	1.69	0.66	1.03	1.44	0.62	0.59	0.75	1.76	1.1	1.02

根据以上计算方法，分别得到每一剖面中地表面与古地形表面的比降与凹度。由表 7.3 和图 7.13 可以看出，古地形面与地表面的比降与凹度具有在空间变化态势上的同步性与相似性，反映现今地表面对古地形面良好的继承性关系。如图 7.13(a) 所示，地表面与古地形面的剖面比降呈现自东向西及自南向北的逐步增加，并且自西北向东南及自西南向东北的逐步减少趋势，但减少幅度相对有所减弱。如图 7.13(b) 所示，地表面与古地形面的剖面凹度呈现自东向西、自南向北及自西南向东北的先减少后增加的趋势，且明显程度逐步降低，而在自西北向东南方向上呈现先增加后减少的变化。

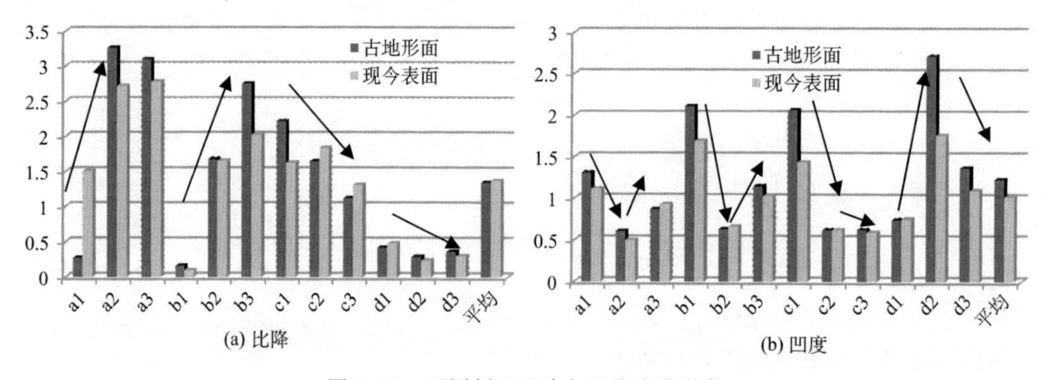

图 7.13　不同剖面比降与凹度变化趋势

另外，由表 7.3 显示，古地形面与地表面的比降和凹度极为相似。采用线性相关的方法对二者进行相关关系分析，分析结果如图 7.14 所示。地表面比降 $g(m)$ 与古地形面比降 m 的线性拟合关系为

$$g(m) = 0.69m - 0.44 \qquad R^2 = 0.85 \tag{7.3}$$

地表面凹度 $h(n)$ 与古地形面凹度 n 的线性拟合关系为

$$h(n) = 0.59n + 0.29 \qquad R^2 = 0.95 \tag{7.4}$$

由拟合结果中的 R^2 可进一步表明古地形面与地表面显著的继承性关系特征。

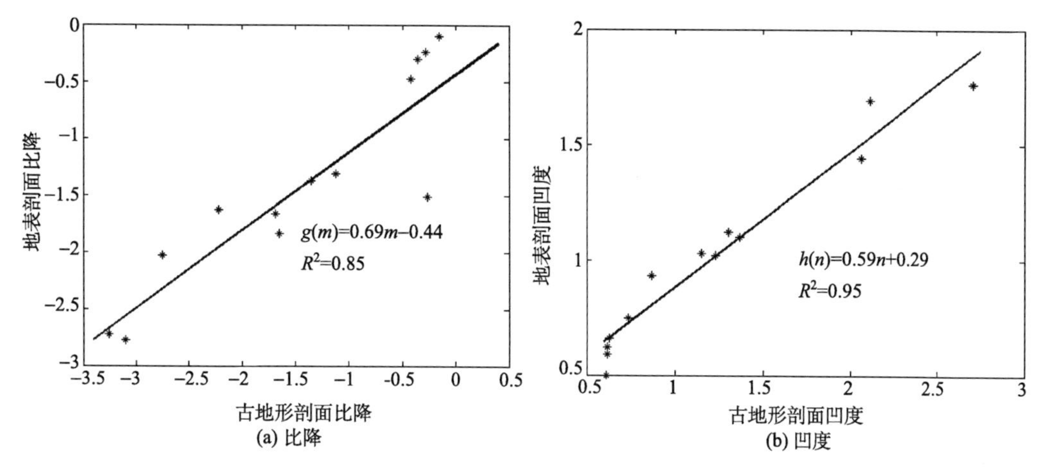

图 7.14　地表面与古地形面剖面比降与凹度相关性

7.2.3　小结

1）下伏古地形与现今地表 DEM 的对比分析方法，对揭示黄土地貌的继承性具有重要的作用。所提出的高程散点图、面积高程积分曲线、剖面套绘、剖面比降与凹度等分析方法与指标，对于定量描述黄土地貌的继承性特征具有较好的效果。该方法也可望在其他尺度的黄土地貌继承性研究中得以应用。

2）多种指标均显示黄土表面与古地形表面呈现显著的继承关系，且显现出在黄土的堆积趋势面上存在着缓和原始古地形起伏的特征；地貌分区统计结果显示：实验区内黄土地貌的继承性存在显著的区域差异性。继承性的显著性依次为黄土丘陵沟壑第 2 副区、黄土丘陵沟壑第 1 副区、高塬沟壑区和黄土丘陵沟壑第 5 副区，但各区在黄土的堆积过程中都表现为缓和了原始地形面的特征；高程积分结果显示地表面的高程曲线是由古地形表面曲线平行式上升的，其高程曲线趋势极其相似，符合黄土沉积过程中的继承性特征；剖面分析结果显示古地形表面起伏较为平缓，且在相当程度上控制着地表面的走势。

3）虽然本节采用 GIS 数字地形分析的方法，但由于采样方法及采样密度等方面的诸多不足，模拟结果还只能是宏观层面的。现代物探技术的发展为今后进行更精细尺度的黄土地貌继承性研究提供了良好的条件。今后还可选择较好的样区，进行地表面与马兰、离石、午城黄土表面的 DEM 构建，深化对黄土地貌成因与发育机理的认识。

7.3 基于元胞自动机的黄土小流域地形演变模拟

黄土高原地貌呈现出以沟沿线为界的正地形和负地形两种最基本的地貌形态。正、负两种地形的地貌成因机理有着显著的差异，沟沿线以上的正地形基本上保持着黄土堆积后的原始坡面态势，坡面侵蚀以面蚀为主，仅发育着纹沟、细沟；沟沿线以下的负地形以沟道侵蚀和重力侵蚀为主，各种重力地貌广为发育。正负地形区域上的植被覆盖、土地利用方式和侵蚀方式等都有明显的差异，野外调查和定量分析表明正负地形可以被认为是描述不同黄土地貌类型的地貌演化、地貌成因和空间分布规律的有效线索。由于流水搬运及重力坍塌作用，使得黄土高原地貌正地形逐渐减少、负地形面积逐渐增加（Zhou et al.，2010）。小流域是黄土高原生态环境治理的基本单元，小流域地形演变是黄土高原地貌形态发育的缩影，其地形演变模拟研究具有重要的科学价值。

许多学者对小流域侵蚀过程进行了模拟研究，对小流域位移场和应力场进行数值模拟（于国强等，2009）；建立小流域系统数值离散模型（高佩玲和雷廷武，2010）；建立基于 DEM 的强风化花岗岩小流域水文过程模拟模型（付丛生等，2010）；采用分布式流域水文模型与修正的土壤侵蚀模型，对黄土高原典型小流域侵蚀产沙进行空间分布模拟（王盛萍等，2010）；对黄土高原小流域降雨径流进行模拟和验证（高建恩等，2005）。同时，一些学者进行了人工降雨实验模拟研究，在室内小流域模型上进行了人工降雨试验，实时观测了模型流域各沟道的产流过程（屈丽琴等，2008）；进行小流域降雨侵蚀中地面坡度的空间变异分析（王春等，2005）；定量研究黄土小流域地貌形态发育过程，分析流域侵蚀产沙与水系发育过程间的非线性关系（金德生等，2000）；利用稀土元素（Rare Earth Element，REE）示踪法研究小流域泥沙来源，分析人工降雨条件下小流域侵蚀产沙过程（石辉等，1997a）；利用近景摄影测量和 GIS 技术，对流域模型不同空间部位的侵蚀强度及其随流域所处发育阶段的动态变化进行了研究（肖学年等，2004；崔灵周等，2006a，2006b）。这些研究成果对现代侵蚀作用下黄土高原流域地貌形态发育过程研究具有重要的理论和实践意义。但是，黄土流域发育过程的动态性、复杂性和多样性，使得黄土流域形态发育过程中各要素间的相互关系很难用数学公式准确表达。

近年来，国内外许多学者利用元胞自动机（Cellular Automata，CA）开展了地理现象的过程模拟研究，包括土地利用演变（White and Engelen，1993；王丽萍等，2012）、城市空间扩展（Batty et al.，1999）、交通流模拟（Barlovic et al.，1998）、森林火灾蔓延（Karafylidis，2004）、土壤侵蚀（原立峰和周启刚，2005）、水土流失（Ambrosio et al.，2001）、泥石流模拟（Ambrosio et al.，2003）等。元胞自动机是一种时空离散的局部动力学模型，通过微观个体的局部相互作用形成宏观格局，特别适合用于空间复杂系统的时空动态模拟研究。元胞自动机是模拟地理复杂现象十分有用的工具，然而，利用元胞自动机建模方法进行黄土小流域正负地形演变模拟的研究鲜有报道，本节将尝试使用元胞自动机建模方法，进行黄土小流域正负地形演变模拟研究。

7.3.1 基于 Fisher 判断的元胞转换规则

转换规则是元胞自动机模型的核心，学者们已经尝试应用人工神经网络（Li and Yeh，2002；Almeida et al.，2008）、数据挖掘（Li and Yeh，2004）、遗传算法（Li et al.，2007）、核函数（Liu et al.，2008）、支持向量机（Yang et al.，2008）、Fisher 判别（刘小平和黎夏，2007）等方法智能挖掘了元胞自动机转换规则。其中，Fisher 判别分析作为元胞自动机的智能转换规则之一，能自动快速获取元胞自动机模型参数值。本节使用 Fisher 判断方法从流域地形数据中挖掘出元胞自动机的转换规则。

Fisher 判别方法根据类间均值与类内方差总和之比为极大的决策规则，将数据投影到某一个方向，通过 Fisher 判别函数将数据分类。李秀珍等（2009）依据 Fisher 判别分析的理论和方法，建立了潜在滑坡的判识模型；陈科等（2010）提出了基于寻找更多样本特征的遥感影像 Fisher 判别分类方法。本节使用 Fisher 判别方法自动获取元胞自动机转换规则，进行黄土小流域正负地形演变模拟研究，模拟过程如图 7.15 所示。首先获取实验区域的 DEM、沟沿线、坡度、坡向、坡长等地形空间变量，经过处理生成相应的栅格数据。然后，分别在正地形区域和负地形区域对这些空间变量进行采样，并用 Fisher 判别方法自动获取转换规则，同时补充随机扰动和单元约束条件共同构成元胞自动机转换规则。最后，将模拟的正负地形栅格数据与真实的正负地形数据进行比较，评价是否满足精度要求，如果精度达到要求，模拟结束；否则，重新进行数据采样从而获取转换规则，重复上述过程直到精度满足要求。

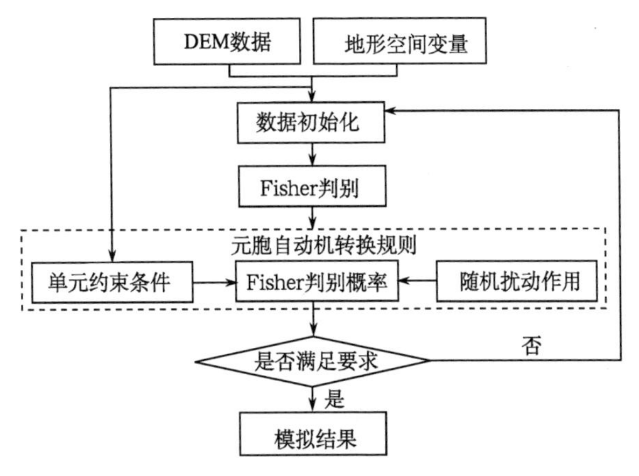

图 7.15　元胞自动机模型原理

在用元胞自动机模拟黄土小流域地形演变时，主要考虑小流域侵蚀中正地形向负地形区转变的过程，元胞分为地形发生转变和不发生转变两种状态，利用 Fisher 判别分析得到两个判别函数如下：

$$\begin{cases} U_{\text{dev}} = a_{0\text{dev}} + a_{1\text{dev}} X_1 + a_{2\text{dev}} X_2 + \cdots + a_{m\text{dev}} X_m + \varepsilon_{\text{dev}} \\ U_{\text{undev}} = a_{0\text{undev}} + a_{1\text{undev}} X_1 + a_{2\text{undev}} X_2 + \cdots + a_{m\text{undev}} X_m + \varepsilon_{\text{undev}} \end{cases} \tag{7.5}$$

式中，U_{dev}，U_{undev}分别为地形发生转变和不发生转变的判别函数；X_1，X_2，…，X_m为所选取的影响地形演变的空间变量，如坡度、坡向、到沟沿线的距离、汇流累积量等；$a_{0\,dev}$，$a_{1\,dev}$，$a_{2\,dev}$，…，$a_{m\,dev}$和$a_{0\,undev}$，$a_{1\,undev}$，$a_{2\,undev}$，…，$a_{m\,undev}$分别为地形发生转变和不发生转变的空间变量的系数；ε_{dev}，ε_{undev}为地形发生转变和不发生转变两个判别函数的随机变量。

根据离散选择模型，计算元胞变为负地形的 Fisher 判断转换概率如下：

$$P_{fisher}=\frac{\exp(U_{dev})}{\exp(U_{dev})+\exp(U_{undev})} \tag{7.6}$$

式中，P_{fisher}为元胞转变为负地形的 Fisher 判断转换概率。

元胞自动机的转换规则由 3 部分组成：Fisher 判断转换概率、随机扰动作用和单元约束条件，可表示为

$$P=R\times P_{fisher}\times\mu=(1+[-\ln(r)]^{\alpha})\times P_{fisher}\times\mu \tag{7.7}$$

式中，R 为随机扰动作用；r 为随机变量函数产生 [0，1] 范围的随机数；α 为控制随机变量R 取值范围的参数，通常取值为 5；μ 为单元约束条件，设定试验只考虑小流域侵蚀中负地形区向正地形区的蚕食过程，将限定初始负地形元胞的状态不变，令其单元约束条件 $\mu=0$。

模拟过程中，转换规则主要是从两期地形数据上挖掘出来的，地形数据的观察时间间隔 ΔT 往往比元胞自动机模拟的迭代间隔 Δt 大很多，需要通过迭代 $K=\Delta T/\Delta t$ 次完成正负地形的演变模拟。因为局部相互作用对产生实际的流域正负地形形态非常重要，太少的迭代次数使得模拟过程中的空间细节无法涌现出来，增加迭代次数有助于产生更加精确的模拟结果（Li et al.，2004）。

7.3.2 模型应用及分析

1. 实验数据获取及处理

本次实验是在黄土高原土壤侵蚀与旱地农业国家重点实验室的模拟降雨侵蚀试验大厅内完成。依据过程相似原理，对黄土高原典型小流域进行分析、抽象和概化，设计室内黄土小流域模型（图 7.16）。该流域所填土壤为陕西杨凌附近的塿土，实测投影面积 31.49m^2，流域模型长度为 9.1m，最大宽度为 5.8m，周长为 23.3m，流域高差为 3.15m，填土单位体积质量控制为 1.39g/cm^3。

图 7.16　黄土小流域模型示意图

DEM 清晰地再现了模拟坡面在降雨作用下由初始的缓坡状态发育为地形破碎、沟壑纵横的侵蚀地貌景观的渐进演化过程。为监测人工降雨作用下小流域的 DEM，在室内流域四周固定脚手架，采用精密立体

摄影机低空近景摄影获取立体像对，经过数字摄影测量工作站软件处理，获取流域10mm空间分辨率的DEM。本次模拟实验选取沟壑形态变化较为明显的两期DEM数据作为数据源（图7.17），实验期间人工降雨参数见表7.4。

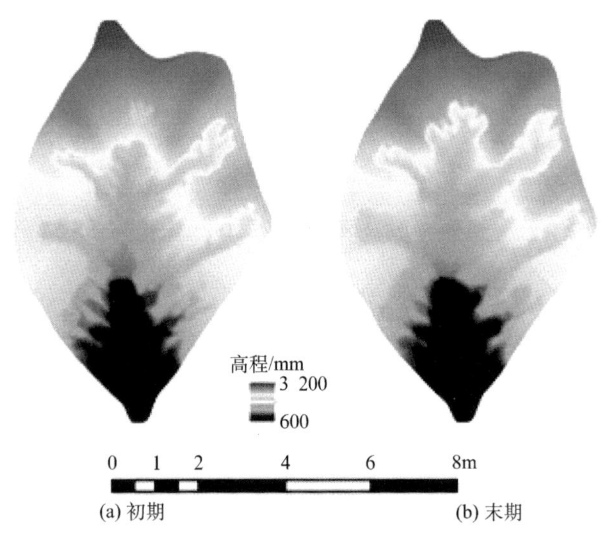

图7.17　黄土小流域DEM

表7.4　试验降雨特征数据

降雨场次	设计雨强/(mm/min)	率定雨强/(mm/min)	降雨历时/min	降雨总量/mm
1	0.5	0.52	62.94	31.896
2	0.5	0.58	61.53	35.96
3	0.5	0.56	60.83	34.29

2. 模型应用

黄土地貌的侵蚀过程与降雨径流、地貌条件、地表物质、植被和人类活动等影响因素有关，本次实验的黄土小流域为室内模拟区，人工降雨侵蚀过程主要受地貌形态的影响。因此，本节主要选取坡度、坡向、坡长、汇流累积量等地形因子作为模型空间变量(图7.18)。模型各空间变量的获取方式见表7.5，主要是利用ArcGIS软件的空间分析功能，提取模型各空间变量。其中，汇流累积量的计算过程需要分两步完成：首先，利用ArcGIS水文分析工具集（Hydrology）中的水流方向（Flow Direction）工具，计算水流方向数据；然后，利用水文工具集中的汇流累积量（Fill Accumulation）工具，基于水流方向数据计算得到汇流累积量。

为了空间样本数据进行Fisher判断，将在该时期发生地形转变的元胞编码为1，没有发生地形转变的元胞编码为0。本次实验均匀抽取25 000个空间样本，每个空间样本数据包括：元胞的11个空间变量X和目标变量Y的数值，将所有空间样本数据导入

表 7.5 模型空间变量

空间变量	获取方式	空间变量	获取方式
目标变量（Y）	ArcGIS 栅格工具集	平面曲率（X_6）	ArcGIS 三维分析工具集
坡度（X_1）	ArcGIS 三维分析工具集	剖面曲率（X_7）	ArcGIS 三维分析工具集
坡向（X_2）	ArcGIS 三维分析工具集	地形起伏度（X_8）	ArcGIS 三维分析工具集
坡长（X_3）	ArcGIS 三维分析工具集	到沟沿线的距离（X_9）	ArcGIS 欧氏距离工具
坡度变率（X_4）	ArcGIS 三维分析工具集	汇流累积量（X_{10}）	ArcGIS 水文分析工具集
坡向变率（X_5）	ArcGIS 三维分析工具集	邻域负地形单元数（7×7）（X_{11}）	C＃函数计算

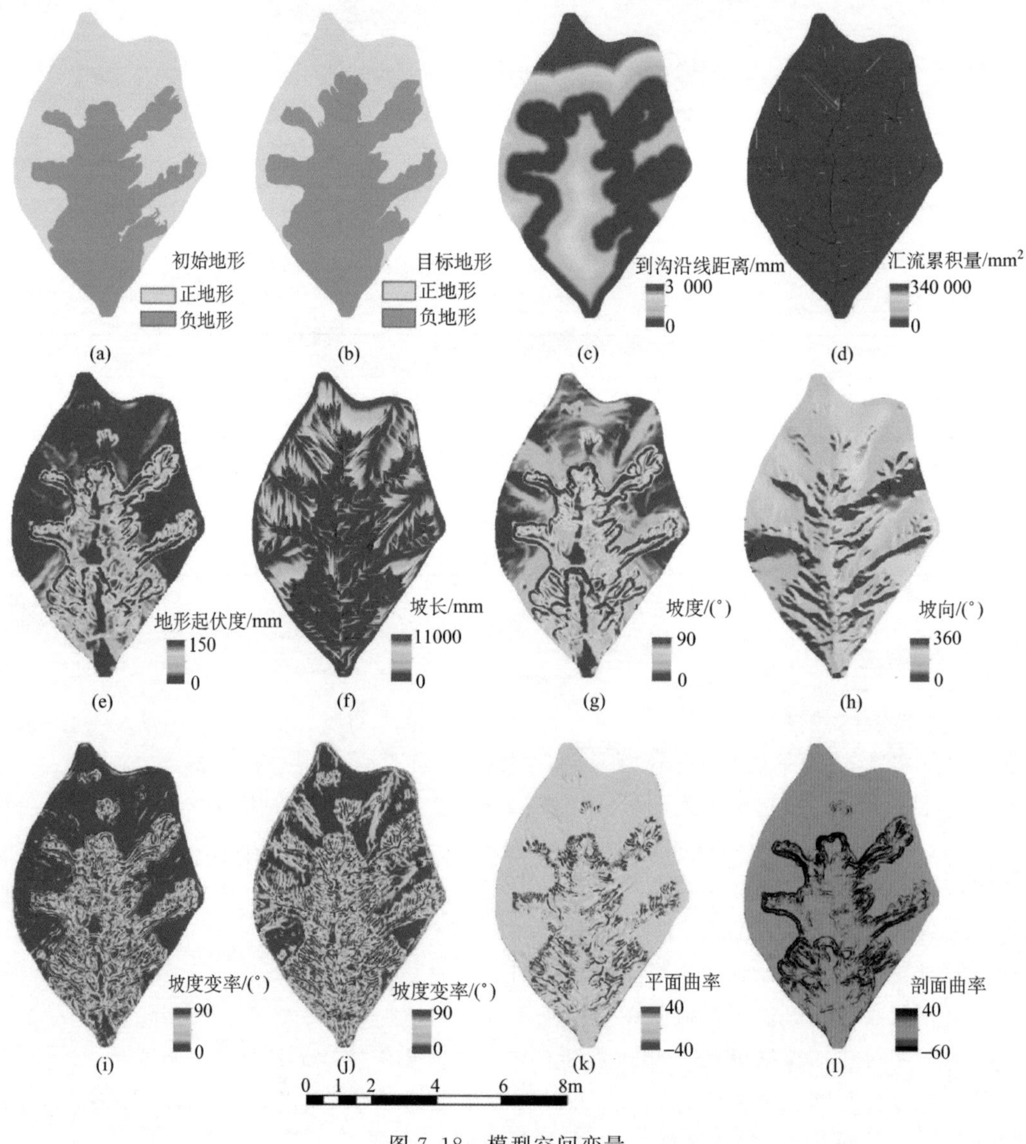

图 7.18 模型空间变量

SPSS 统计分析软件，对样本数据进行 Fisher 判别，可以计算得到判别函数各空间变量对应的系数，代入式（7.5），得到元胞的 Fisher 判别函数如下：

$$
\begin{cases}
U_{\text{dev}} = -11.574 - 0.04X_1 + 0.148X_2 - 0.002X_3 + 0.685X_4 + 0.365X_5 \\
- 0.214X_6 + 0.002X_7 + 0.527X_8 + 0.058X_9 + 0.006X_{10} + 0.044X_{11} + \varepsilon_{\text{dev}} \\
U_{\text{undev}} = -13.699 - 0.097X_1 + 0.15X_2 - 0.001X_3 + 0.464X_4 + 0.004X_5 \\
- 0.355X_6 + 0.004X_7 + 0.574X_8 + 0.08X_9 + 0.003X_{10} - 0.086X_{11} + \varepsilon_{\text{undev}}
\end{cases}
\tag{7.8}
$$

获取 Fisher 判别函数后，代入式（7.6）求得元胞的 Fisher 判别转换概率，结合随机扰动作用和单元约束条件，可以得到元胞的地形转变概率。按照图 7.15 的模拟流程 100 次循环迭代运算，利用元胞局部的相互作用模拟黄土小流域正负地形的演变过程，部分迭代结果如图 7.19 所示，可以看出从迭代次数 $K=20$ 开始，在中间沟头的附近出现了黄土陷穴现象，这与实际情况很吻合。

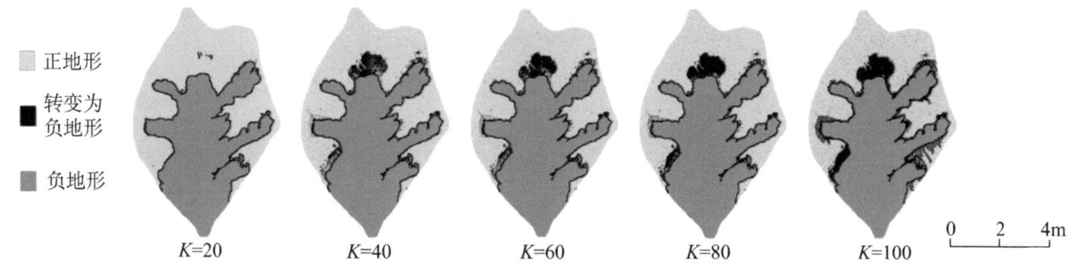

图 7.19　黄土小流域地形演化模拟过程

3. 模拟结果分析

黄土流域地貌形态发育是复杂系统的演变过程，受许多不确定因素影响，完全定量准确模拟其演变过程非常困难。运用元胞自动机模型进行地表流模拟时，需对其模拟结果进行精度评价和误差分析。建立实验模拟结果与实际结果对比的混淆矩阵见表 7.6，实验中有 9118 个正地形元胞被误判为负地形元胞，3405 个负地形元胞被误判为正地形元胞，考虑实验中有 160 322 个初始负地形元胞在实际模拟中没有发生变化，因此应剔除初始负地形元胞，实际模拟的正确率为 75.01%。

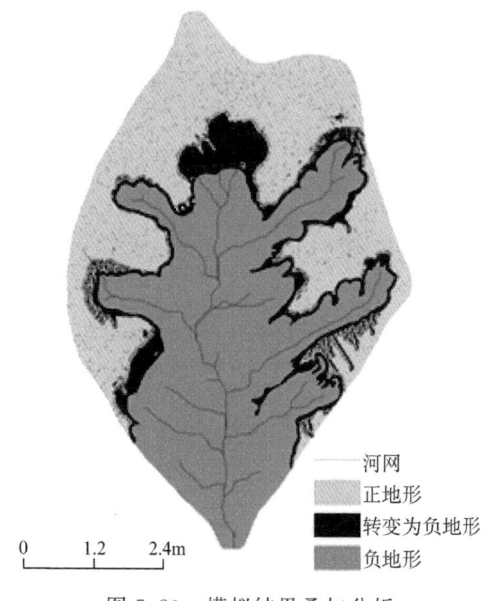

图 7.20　模拟结果叠加分析

为观察模拟结果的空间分布，将模拟结果、实际正负地形以及沟谷河网叠加，如图 7.20 所示，可以看出，由于随机扰动的作用，在正地形区域出现了正地形元胞被误判为负地形元胞的现象。在正负地形交界处，还有一些负地形元胞被误判为正地形元胞。同时，模拟侵蚀过程基本上是沿着河网水系的延伸方向进行的，具有一定的溯源侵蚀特征，在空间分布上取得较好的模拟效果。

表 7.6 模拟精度分析

元胞数	模拟正确元胞个数	模拟错误元胞个数	共计
实际正地形元胞个数	137 670	9 118	146 788
实际负地形元胞个数	187 692	3 405	191 097
精度	(187 692－160 322) / (196 810－160 322) ＝75.01％		

7.3.3 小结

1）构建室内黄土小流域模型，以人工降雨作为流域地貌发育的主要驱动力，采用数字摄影测量方法，获取黄土小流域动态地形数据。

2）使用元胞自动机建模方法，进行黄土小流域正负地形演变模拟研究，正负地形的模拟正确率为 75.01％，且与实际地形有较好的空间吻合效果，模拟迭代过程形象逼真地刻画了黄土小流域地貌的正负地形演化过程。

3）基于元胞自动机的小流域地形演化模拟实验采用了 100 次迭代，微观相互作用形成了小流域的地形格局，迭代过程反映了黄土小流域的正负地形演化过程，并且从第 20 次迭代开始出现了黄土陷穴现象。通过叠加模拟地形与真实地形、河网比较，模拟效果较好，有一定的溯源性。

本次实验是在室内的黄土小流域地形演化模拟，如果能够在野外实地选择实验区域，进行人工降雨条件下流域地貌发育过程的监测，将会更好地反映元胞自动机建模方法在黄土小流域地形演变模拟中应用的可行性。

7.4 黄土模拟小流域降雨侵蚀中地面坡谱的空间变异

7.4.1 引言

中国黄土高原由于其在世界上独有的地理景观特征，以及强烈的土壤侵蚀给该地区自然环境、经济和社会带来了极大危害，多年来备受国内外地学界，特别是我国地学工作者的关注，应用数理统计、相关分析、物理过程模拟、形态特征分析等定量方法，对其成因与特点进行广泛、深入的研究。包括确定了黄土地貌的成因并对黄土地貌的成因类型进行了科学划分，提出了以塬、梁、峁为基本地貌单元特征的黄土地貌类型划分系统与空间分异格局，利用遥感方法对黄土高原资源环境状况及三北防护林状况进行了大规模的调查与系列制图，利用地学信息图谱的研究方法研究黄土高原基本地貌单元，以及以水土流失监测及水土保持为目的，对该地区土壤侵蚀规律及其侵蚀地貌的进行深入研究等，都取得了可喜的研究成果。但是，总体来讲，目前研究的着眼点还是集中在黄土的成因、黄土的微观物质特性、基于黄土的古地理环境的恢复以及黄土的土壤学特征与土壤侵蚀特征，虽然陆中臣等（1991）曾对黄土高原沟壑的演化规律进行了相关探讨，但总体而言对黄土地貌在宏观尺度和时间尺度的空间分异规律的深入研究，是明显缺乏的。因此，以高精度的DEM为信息源，利用现代GIS技术与地学定量分析模拟技术，既定性又定量地，在更宏观空间尺度和高分辨的时间尺度上揭示黄土地貌形成与发育的外在条件与内在机理，科学有效地模拟地表过程的发育与演化模式，对黄土高原的深入研究具有重要的现实意义。

黄土地貌的发育具有复杂性和演化的长期性，一个研究者的个人时间与流域地貌演化的时间相比非常短暂，通常不可能亲眼目睹某一地貌演化的全过程。因此，仅以径流小区或小流域为基础，采用野外定时监测、遥感监测、摄影测量，以及外业地貌调查等手段时，客观自然地貌是它们唯一的信息源，地貌的发育主要依靠自然演化，在时间尺度上，很难满足研究的需要。流域地貌模拟实验虽然和实际地貌发育存在出入，但该方法能抓住主要影响因素，忽略次要因素，在较短的时间内复演某一地貌的发育过程、发育趋势，从而有效弥补时间和空间尺度的不足，备受地学研究者青睐。国外在20世纪中叶就已开始这方面研究，取得了很有应用价值的成果（Schumm，1956；Smart，1973；Veneziano and Niemann，1999）。相比而言，我国在这方面的研究起步较晚，约开始于20世纪60年代，主要利用人工模拟降雨研究雨滴特性，坡面溅蚀、片蚀和细沟侵蚀规律。90年代以来，模拟实验得到较快发展。石辉等（1997b）通过室内小流域模拟实验研究流域侵蚀产沙过程、产沙部位及小流域泥沙来源；蒋定生等（1994）利用建立的小流域正态整体模型，研究了小流域水沙调控规律及不同水保措施下的减水减沙效益；雷阿林（1996）对模拟降雨条件下坡沟侵蚀链的形成过程、物理能量迁移转化过程等作了深入研究；金德生等（2000）基于地貌演化类比性法则及系统论模型原理建立了流域地貌过程响应模型。研究证明，流域地貌模拟实验在其建立过程中只要充分分析、吸收和借鉴前人研究相关成果，并综合考虑主要影响因子特征和现有室内模拟实验条件等多方面因素，尽可能克服了其几何、运动和动力相似性不统一现象，实验结果与实际地貌具有极大的相似性和可用性。

因子分析法是进行地貌形态定量化研究的主要手段。坡度因子是描述坡面空间形态的主要因子，也是水土侵蚀中最为重要的地形因子之一，在影响水土流失的诸多地形因素之中，坡度起着决定性和控制性作用，地面坡度的大小，直接制约着地貌形态、地表径流及土壤侵蚀的形成和发展，影响着土壤的演化、植被的立地条件与土地质量。汤国安等（2003）研究结果显示，黄土地貌地面坡度及其组合形态能有效反映黄土地貌空间分异规律，一定的坡度组合形态对应着一定的地貌类型，映射着形成该种地貌类型的物质组成、地面侵蚀特征和地貌发育阶段。直观的假设是，在黄土坡面被侵蚀，逐步发育成沟壑交错的黄土流域地貌的时序中，特定的发育阶段应对应特定的坡度组合形态。因此，本节运用近景数字摄影测量方法，获得在不同人工降雨时段黄土模拟小流域高精度、高分辨率的DEM数据，并以地面坡度及其组合形态的变化为切入点，通过对比分析和理论验证，探讨黄土小流域降雨侵蚀过程中地面坡度的变化特征，在更宏观空间尺度和高分辨的时间尺度上，揭示黄土地貌形成与发育的外在条件与内在机理。

7.4.2 实验条件和过程概述

模拟实验是在黄土高原土壤侵蚀与旱地农业国家重点实验室的模拟降雨侵蚀试验大厅下喷式雨区完成的。实验从2001年2月中旬开始，于2001年12月中旬结束，历时10个月。模拟小流域是在对黄土高原典型小流域特征进行宏观统计分析的基础上，对其进行抽象和概化，依据过程相似原理设计（崔灵周，2002）。主要几何形态特征指标见表7.7。

表7.7 模拟小流域几何形态特征指标

投影面积/m^2	流域长度/m	流域最大宽度/m	流域周长/m	流域高差/m	流域纵比降/%	平均坡度/(°)	沟网级别	沟网分支比
31.49	9.1	5.8	23.3	2.57	28.24	15	2级	4

资料来源：崔灵周，2002

实验供试土壤为陕西杨陵附近的黑垆土。填土采用以5cm为单位水平分层填土并夯实一次，在填入下一层土时，用分齿耙将上一次填土的夯实面耙松，然后填入新土再夯实，以确保相邻两层接合紧密。填土容重控制为1.39g/cm³。完成第一次填土后进行了4场降雨预备实验。通过预备实验，肯定了第一次填土的有效性，同时对模拟小流域地貌微形态做了雕刻改进，使其形成与黄土高原丘陵区小流域相似的沟网。在此基础上，进行了第二次流域模型填土并开始正式实验。模拟实验和正式实验的雨强、历时和降雨场次的安排，主要根据黄土性质和黄土高原降雨侵蚀规律确定。

近景摄影测量在正式实验阶段进行，相邻两次拍摄间隔时间为一周左右，降雨为2～5场，共拍摄9次。工作程序主要有控制测量（基准点测量、像控点测量）、低空近景摄影测量。控制测量中基准点有3个，是建立独立坐标系和完成像控点测量的基础，建有专用仪器墩，并在其上安置了强制归心装置，保证整个实验过程中基准点的稳定性。像控点18个，模型边缘的水泥护栏上按2m间隔设置12个，模拟小流域内山脊处设置6个，以保证每个像对不少于6个像控点。控制测量采用2″级高精度电子经纬仪完成。低空近景摄影测量是在模型周围搭起10m×7m×9m的低空摄影架上方，用钢管搭建临时摄影专用轨道，采用SMK－120立体摄影测量仪正直拍摄，完成像对处理后，使用JX4全数字摄影测量工作站完成模型的数据采集工作，构成TIN，再内插生成GRID格式的DEM数据。DEM数据主要技术指标为：比例尺1∶20，DEM格网大小为10mm，高程中误差≤2mm。

7.4.3 地貌形态发育过程再现

在ArcGIS 8.3软件平台上，基于前期制作的DEM数据，生成模拟小流域不同发育时期地貌形态的空间立体模型。这些影像清晰地再现了模拟小流域在降雨作用下，由初始的缓坡状态，发育为地形破碎、沟壑纵横的侵蚀地貌景观渐进的演化过程。根据

W. M. Davis 等地形发育阶段定量划分理论：面积高程积分值＞60％时为幼年期地形，60％＞面积高程积分值＞35％时为壮年期地形，面积高程积分值＜35％时为晚年期地形。根据该模拟小流域的面积高程积分值（表 7.8），该模拟小流域地形为幼年期地形（1～4 期）到壮年期地形（5～9 期）过渡型地形，侵蚀变化较剧烈。主沟和各支沟的沟头溯源后退、沟长增加、沟壁横向扩展、沟谷变宽、河床下切和沟谷深度增加。主沟和各级支沟发育的空间形态存在较大差别且局部变化非常复杂和极不规则，主要表现为沟缘线的空间形态由初期的多小弯曲不规则曲线，甚至支沟上部尚未形成明显的陡坎状沟沿，逐渐发育成较为光滑的曲线形态。沟底线基本上呈现出围绕发育相对稳定期（第 8、9 期）沟底线的位置左右摆动变化，由不稳定逐步趋于稳定。

表 7.8　模拟实验过程中流域高程积分值统计表

期数	1	2	3	4	5	6	7	8	9
高程积分值/％	63.967	63.199	62.794	61.218	59.387	59.022	57.232	56.648	55.580

7.4.4　地面坡度提取及结果分析

以前期完成 GRID 格式 DEM 数据为基础，在 ArcGIS 8.3 软件平台上提取模拟小流域的坡度信息（图 7.21）。这些影像清晰地反映了黄土降雨侵蚀中地面坡度的空间变化特征。

1. 平均坡度变异规律

计算其坡度平均值（图 7.22）和相邻两期坡度平均值变化幅度（图 7.23），横坐标 $j-i$ 表示用第 j 期的平均坡度值减去第 i 期的平均坡度值，如 2－1 表示用第 2 期的平均坡度值减去第 1 期的平均坡度值。

从图 7.22 和图 7.23 可以看出，模拟流域平均坡度的变化总体趋势为：地貌发育幼年期（第 1～5 期），平均坡度呈加速增长趋势，到了壮年期（第 6～9 期），平均坡度增加趋势呈递减性变化，到第 9 期甚至出现负增长。在这个总体趋势中，第 2 期和第 6 期的平均坡度变化出现很大异常，第 2 期平均坡度值急剧增加，第 6 期却出现反常的微弱增加。结合表 2.3 分析可以发现，平均坡度的变化和降雨侵蚀中的雨强、降雨历时，以及总降水量存在密切的相关关系。初步研究显示，这种相关关系是复杂的非线性耦合关系，有待进一步深入研究。

2. 坡度组合形态变异规律

按 3°等间距分级提取各期的坡度组合图（图 7.24）。坡度组合指以该模拟实验的模拟小流域为统计区，以地面坡度为自变量，其对应的地面面积占样区总面积的百分值为因变量所构建的统计图表或模型。可以清楚地看出，模拟小流域地面坡度组合以 27°为轴点呈持续的逆转变化规律。究其原因，主要是由于该模拟小流域为幼年期地形到壮年期地形过渡型地形，地貌发育中主要以面蚀、沟头溯源侵蚀为主，中间伴随少量重力侵

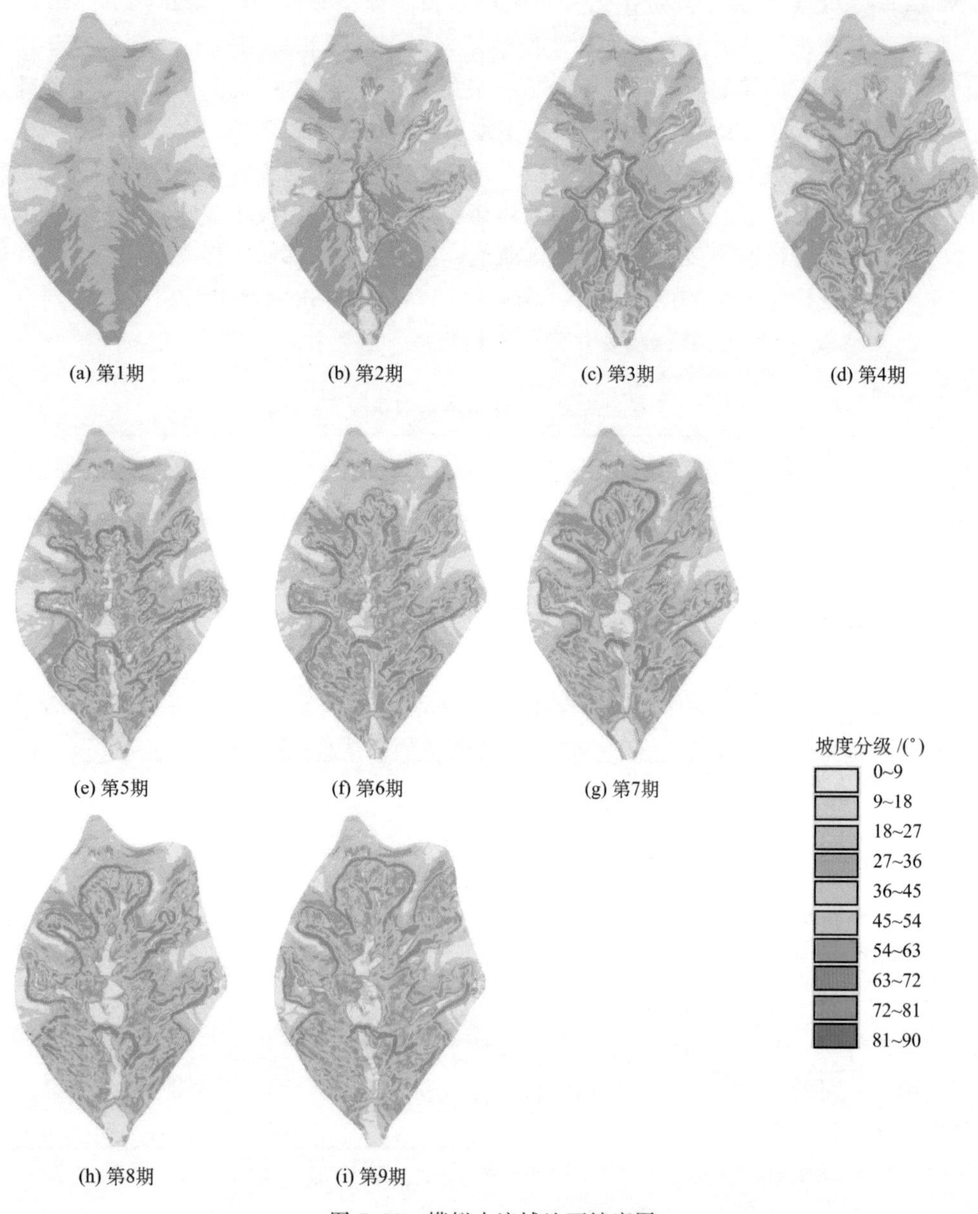

图 7.21　模拟小流域地面坡度图

蚀（沟坡地部位）和堆积（沟道中）。发育初期主要是整个坡面的薄层水流侵蚀，中间较低部位被随机下切，小坡度区域所占比例不规则迅速下降，变化较紊乱，大坡度区域所占比例整体增大；发育活跃期，沟头溯源侵蚀加快，沟沿线迅速后退，沟间地范围减少，沟道迅速下切。小坡度区域所占比例逐步较均匀下降，大坡度区域所占比例缓慢增大，逐渐出现峰值；发育稳定期，流域侵蚀仍以沟头溯源侵蚀为主，但沟沿线后退速度逐渐减缓，沟坡地部位出现重力侵蚀，沟道被缓慢下切，且出现局部堆积。小坡度区域所占比例下降缓慢，大坡度区域所占比例迅速增大，峰值明显且开始向小坡度方向偏移。

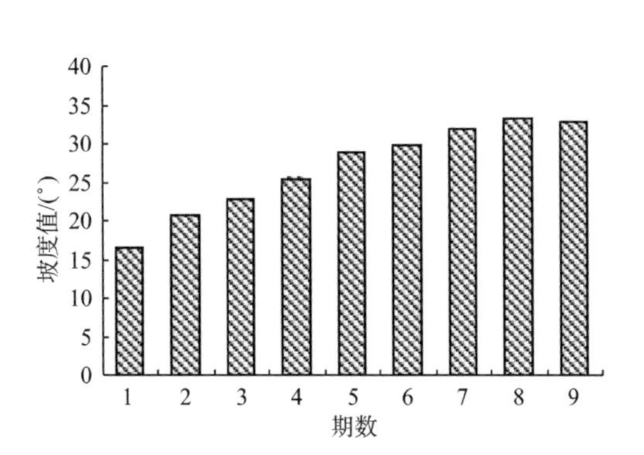

图 7.22 模拟流域 1～9 期平均坡度

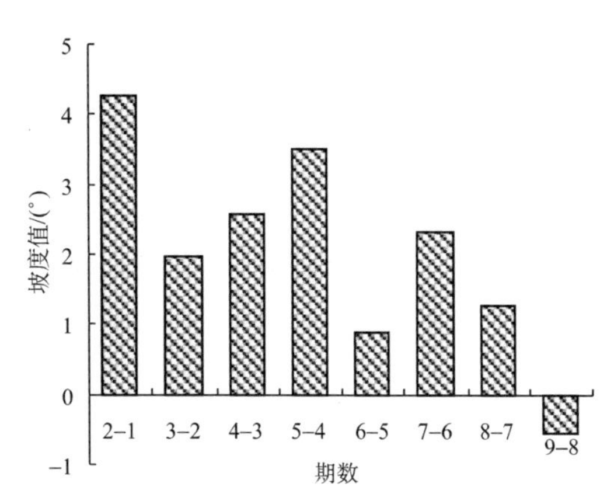

图 7.23 模拟流域 1～9 期平均坡度变化

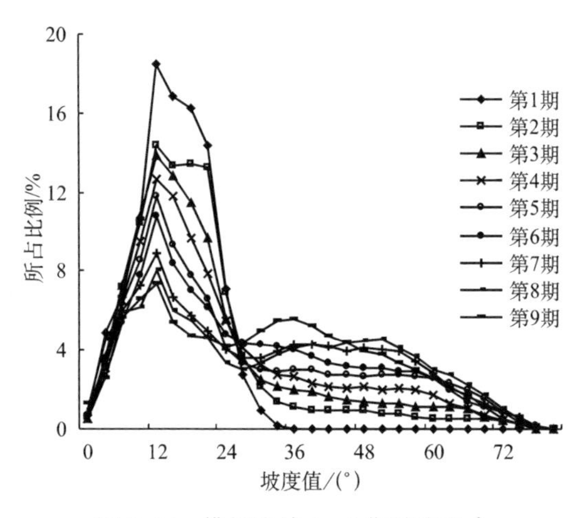

图 7.24 模拟流域 1～9 期坡度组合

分析各期的地面坡度空间分布图（图 7.21）发现，坡度在 27°左右（27°±3°）的坡面单元基本沿沟缘线和坡脚线分布，并且大于 27°的坡面单元基本均分布在沟坡地部位。靳长兴等研究显示，在以面蚀为主的黄土地貌发育过程中，侵蚀临界坡度大概在 20°～30°（胡世雄等，1999）。由此可以初步判定，模拟流域地面坡度组合基本以坡面侵蚀临界坡度为轴点做逆转变化。但这究竟是巧合，还是规律所在，还有待于更多的实验数据或实际观测资料的进一步检验。可以肯定的是，模拟流域地面坡度组合的这种变异特征，正是黄土土壤性质及其降雨侵蚀特征的反映。

3. 不同地貌部位坡度变异规律

以近景摄影所得的影像和 DEM 数据为基础，提取模拟小流域沟间地、沟坡地和沟底地范围。在此基础上，获取沟间地、沟坡地和沟底地的投影面积信息和地面坡度信息。研究发现，黄土在降雨侵蚀过程中，虽然沟间地与沟坡地面积持续减少，沟底地面积基本保持稳定（图 7.25）。但是对于沟间地、沟坡地和沟底地，无论是平均坡度，还是坡度组合形态，都保持大体稳定状态（图 7.26）。沟间地和沟底地坡度组合具有明显的负偏态，基本以缓坡面单元为主。反之，沟坡地坡度组合略显正偏态，坡面单元主要以陡坡为主。如果以沟间地、沟坡地和沟底地的面积所占流域总面积的百分比为权重，则整流域的平均坡度、坡度组合，均是沟间地、沟坡地和沟底地的平均坡度，以及坡度组合的加权值之和。地面坡度的这种变异特征表明，在降雨侵蚀过程中，黄土地面坡度的变化，一方面，是地表物质被侵蚀和迁移的结果；另一方面，也是沟间地、沟坡地和沟底地空间面积，以及地表可侵蚀物在沟间地、沟坡地和沟底地重新分配的结果，但这种分配并不改变它们自身的宏观地貌特征。

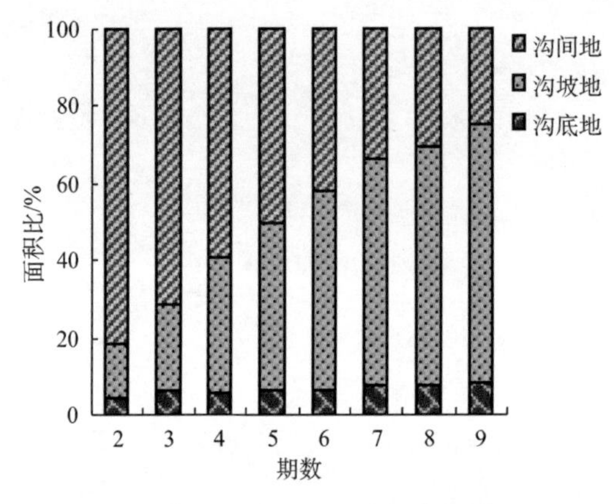

图 7.25　模拟流域不同地貌部位投影面积比

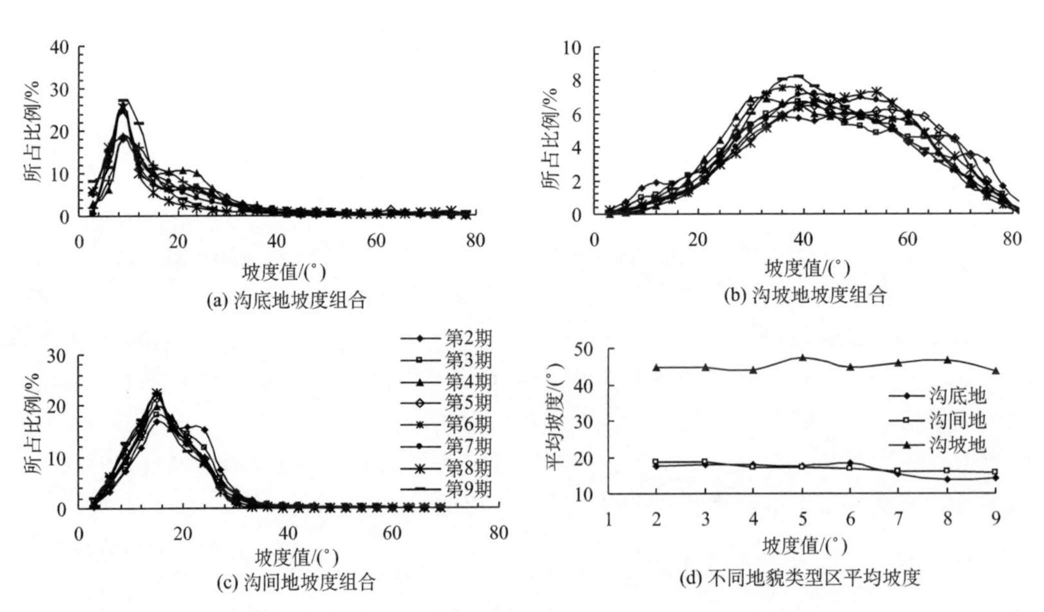

图 7.26　模拟流域不同地貌部位地面坡度组合和平均坡度

7.4.5 小结

1）在较好地维持黄土的土壤结构与抗蚀特征，较真实地模拟自然降雨的条件下，模拟流域地面的变化能很好地反映自然地面的发育进程。数字摄影测量和GIS技术结合，可以快速、准确地获取土壤侵蚀形态肢体、局部，甚至细部的空间动态变化特征数据，提供研究所需的较为全面的信息源，并可以三维模型再现小流域模型发育不同过程的空间形态，同时可以进行多种相关的空间分析和计算，从而进一步拓展和完善了土壤侵蚀模拟实验的观测和分析手段。这种方法也可延伸应用于野外的实地相关研究工作中。

2）在降雨侵蚀过程中，黄土小流域平均坡度在地貌发育幼年期呈加速增长趋势，到了壮年期增长幅度呈递减性变化。坡度组合以侵蚀临界角度为轴点呈持续逆转变化，在发育初期和中期，以侵蚀临界坡度为中心，小坡度地区面积逐渐减少，大坡度地区面积缓慢增大；到了发育稳定期，小坡度地区面积逐渐趋于稳定，大坡度面积出现波状起伏且向侵蚀临界坡度靠拢的趋势。侵蚀临界坡度单元所占面积基本保持稳定。

3）地面坡度的变化，一方面受地表物质被侵蚀和迁移程度的影响；另一方面，也是沟间地、沟坡地和沟底地空间面积重新分配的结果。本次实验所采用的数据为实验室模拟实验数据，实验结果能否充分代表实际黄土地貌的降雨侵蚀规律，有待于进一步实践检验。有一点可以肯定，该模拟实验在其建立过程中充分分析、吸收和借鉴了前人研究的相关成果，并综合考虑了流域侵蚀产沙过程、主要影响因子特征和现有室内模拟实验条件等多方面因素，尽可能克服了其几何、运动和动力相似性不统一现象，实验结果与实际地貌发育具有极大的相似性和可用性。

7.5 基于DEM的黄土高原面积高程积分研究

面积高程积分是研究区域水平断面面积与其高程的关系。在19世纪晚期，面积高程积分已经初步应用于对地球表面特征与形状的刻画与理解。它首先将地球作为一个整体评估地表地形和海底地形。紧接着，有些学者认识到高程积分的潜在价值在评估侵蚀、地壳均衡、构造在地貌发育中所扮演的角色。Strahler（1952）首先将面积高程积分曲线用于对比独立的小流域，他将W. Davies地貌发育模式定量化，根据面积高程积分值将地貌发育分为3个阶段：幼年阶段（大于0.6），壮年阶段（大于0.35且小于0.6），老年阶段（小于0.35）。自此，该方法就成为地貌定量分析中的一部分。

在对面积高程积分进行细致的数学特征分析后（Harlin，1978），20世纪80年代早期，欧洲陆地的高程分布情况首先得到关注，学者们分析了区域性面积高程积分特征（Harrison et al.，1981，1983）。从形态与物质组成上看，河网密度（Willgoose et al.，1998）、沉积物和径流（Masek et al.，1994；Montgomery et al.，2001）的差异都对面积高程积分计算结果有重要影响。同时，面积高程积分的尺度效应以及不同尺度下面积高程积分的分布得到了一定的研究（陈彦杰等，2005；Walcott and Summerfield，2008）。此外，众多学者从地质学的角度，研究了岩性与构造对高程积分的影响（Lifton and Chase，1992；Hurtrez et al.，1999；Azor et al.，2002；Chen et al.，2003），以天山为例，探讨了面积高度积分对再生造山带新构造活动的指示意义以及其北麓流域的地貌发育过程（赵洪壮等，2009，2010）。在黄土地貌的研究中，艾南山（1987）、艾南山和岳天祥（1988）在高程积分的基础上提出了侵蚀流域系统的信息熵，将线性非平衡态熵引入了流域系统研究。励强等（1990）在高程积分的基础上发展了侵蚀积分，从而从侵蚀的角度重新对流域发育阶段进行了特征分析。信忠保等（2008）制作了高程积分值的空间分异图，得出随着DEM分辨率变化，高程积分值基本保持稳定（100m为起点）；而分析窗口逐渐扩大，高程积分值以幂函数下降。廖义善等（2008）认为面积高程积分能反映流域的地貌现状与侵蚀趋势，且其大小和变化趋势与流域最低点是否达到基岩有关。

基于流域的面积高程积分，具有明确的物理含义与地貌学意义，已有的研究成果显示了其在地学研究中所具有的重要作用。然而，作为一种宏观指标，面积高程积分的表现形式只有积分值和积分曲线两种，难以从细节上区分流域之间的差异。黄土高原地貌对象丰富，如正负地形、沟沿线、沟谷网络等。以流域内各种地貌对象作为研究的对象，即一个流域内，不仅具有整体的面积高程积分，同时也具有各种地形特征要素的面积高程积分，有望在相当程度上补充面积高程积分表达的单一性，从而丰富了面积高程积分的表达体系，为深入分析黄土高原地貌形态空间分异特征提供了一种新思路。

7.5.1 研究基础

1. 研究区与实验数据

(1) 研究区概况

本实验所涉及的区域是黄土高原水土流失最为剧烈的黄土高原重点水土流失区（黄河中上游管理局，2012）。该区域面积约为160 000km²，高程分布区间是352～2913m，平均高程约1264m。区域内地貌类型以黄土地貌为主，中部分布有部分石质山岭、高原平地、盆地，北部邻接风沙—黄土过渡地貌区。区内黄土塬、梁、峁及沟壑等地貌发育十分典型。其中，本节选择了8个典型样区作为重点分析对象（榆林、绥德、延长、延安、宜君、淳化、西峰、环县，如图2.2所示）。

(2) 实验数据

本节采用国家测绘部门标准化生产的典型样区1：10 000比例尺5m分辨率DEM数据，展开重点区域的面积高程积分特征分析；采用美国太空总署和国防部国家测绘局联合测量的全区域3" 分辨率SRTM（网址为http：//srtm.csi.cgiar.org/）数据为基本数据源，展开全区尺度的分析。

2. 面积高程积分计算方法

面积高程积分的计算是将流域的高差无限细分，分别求取大于每一细分单元高程值的流域面积，并将其均一化后，作为 x 值，即

$$x_i = \frac{a_i}{A} \tag{7.9}$$

式中，x_i为大于第 i 分级高程的面积百分比；a_i为大于第 i 分级高程的面积；A 为流域总面积。

高差细分的高程均一化值（一种相对高程的表达）作为 y 值，即

$$y_i = \frac{h_i}{H} \tag{7.10}$$

式中，y_i为第 i 分级相对高差百分比；h_i为第 i 分级高程与流域最低点的相对高差；H 为流域内高差。

将各点展布到直角坐标系中，形成一条曲线，即

$$y = f(x) \tag{7.11}$$

在此基础上求取 0～1 范围内的定积分值，即

$$s = \int_0^1 f(x)\,\mathrm{d}x \tag{7.12}$$

则得到面积高程积分值，它的值域区间也是 0～1。同时，在坐标系中绘制的曲线则是面积高程积分曲线。在此利用 Matlab 编写程序，通过输入分级数、DEM 数据，实现面积高程积分的计算。

7.5.2 面积高程积分的地学含义及指标拓展

1. 地学含义

面积高程积分的地学含义主要包括流域内物质相对总量的反映、流域发育进程的指示和流域势能的描述 3 个方面。

(1) 流域内物质相对总量的反映

无量纲量一般代表的是一种量与量之间关系的物理量。流域面积高程积分的积分值是在高程归一化和面积归一化后计算得到的，一种面向宏观分析的无量纲值。从表面看，是高程组合的一种统计表达。然而，由于其高程的归一化处理，在计算中，实际的绝对高程已转化为基于流域最低点的相对高程统计。多数学者认为，对一个流域而言，其侵蚀基准面是在一定的海平面高程限制下，流域根据其流量、沙量和泥沙组成，最终将调整到流域出水口，沟底泥沙处于相对静止或相对平衡状态的流域口高程。从这个角度来分析，流域口即为该区域临时侵蚀基准面。一般而言，流域口又是流域内高程的最低点，于是，面积高程积分统计的高程信息，就是相对于流域临时侵蚀基准面的相对高程信息，从整体上反映了流域内高于侵蚀基准面高程的相对物质总量。

（2）流域发育进程的指示

流域的变化呈现一定的模式与规律。流域的发育，充分体现了在各种内、外营力作用影响下对地表的再塑造的结果。在黄土地貌区域，黄土地层较为稳定，松散且厚的黄土覆盖了大部分的地表，物质相对均一，而侵蚀动力基本源于地表径流作用。从某种意义上说，流域的发育过程就是其黄土被侵蚀的过程。随着年复一年的降雨侵蚀，黄土随着径流从流域的上部被搬运到流域的中下部，乃至流出整个流域，这种侵蚀过程主导了现代黄土高原地区流域的基本发育模式。若以最高高程为起算点，面积高程积分值为1时，则面积高程积分的积分值就代表了现在还留存的，高于侵蚀基准面的物质的量，也就是说是现阶段剩余物质的总量。该量就从某种程度上指示了流域发育的进程。

（3）流域势能及潜在侵蚀的描述

地表实际上处于一种“亚平衡”状态，即呈现出一种重力平衡状态。一般情况下，没有外界环境的干扰，地表的物质是不会发生输移的。当降雨等外力作用后，原有的平衡状态就被打破，物质就随着径流的产生开始移动。而此时，除了地形因子中坡度的影响，物质的高程属性也对其输移的启动具有一定的影响。高程在一定程度上代表了物质的势能，相对高度越高，势能越大，产生输移的可能性就增加。当面积高程积分的积分值较大时，表明流域内相对高程大的区域面积较大，流域的整体势能较强，在物质上具备更容易发生侵蚀的条件，也就是说，其潜在的侵蚀能力较大。从这个角度来看，面积高程积分反映了流域内物质的势能情况，可以表现流域潜在侵蚀的强烈程度。

2. 指标拓展

流域面积高程积分的表达形式主要有积分曲线和积分值两种，相对较为单一。而流域是一个复杂系统。对于某一个流域而言，它是其下一级子流域的集合，也是其上一级流域的子集。在黄土小流域内，同时具有多种地貌对象，从典型性角度分析，主要有山顶点、山脊线、沟沿线、沟谷线、流域边界线、主沟谷线、正地形和负地形等。在流域内部组成上，各种地貌对象集合起来有机形成一个整体，即为流域，在一定程度上可以认为地貌对象与流域是一种整体与部分的关系。从整体上来说，面积高程积分反映了流域的发育阶段，是流域物质相对量的表达，也是一种总体势能的体现；而在部分上，各个地貌对象从各个角度来揭示不同地貌部位的高程组合特征，从而以一种总-分的形式来表达流域的发育特征。本节以小流域内的多种地貌对象为分析对象，分别构建相应的面积高程积分值，通过相关性实验，遴选出典型的地貌对象，从而形成系列化的流域面积高程积分指标体系，拓展面积高程积分的分析方法。

7.5.3 面积高程积分计算的影响因素

基于DEM的面积高程积分计算中，其影响因素包括DEM分辨率和地域稳定面积两方面。

1. DEM 分辨率对 HI 的影响

不同分辨率的 DEM 代表了其对地表描述的综合程度。信忠保等（2008）以 100m 分辨率为起点，得出随着 DEM 分辨率的增加，面积高程积分值基本不变的结果。本节以高精度的 5m 分辨率 DEM 为初始数据，利用 ArcToolBox 中的 ReSample 工具，以 10m 作为等间距采样间隔，重采样 8 个样区的小流域，依次得到 15～195m 的 19 幅 DEM 数据，探求面积高程积分在不同分辨率内的尺度依赖性（图 7.27）。每个小流域的面积高程积分值基本稳定，随分辨率的变化均较小。属于黄土塬区的西峰样区和淳化样区，总体积分值较高；其余处于黄土丘陵沟壑区的 5 个小流域，面积高程积分值差异不大，基本在 0.5 上下浮动。对比不同分辨率积分值的标准差（表 7.9），延长和淳化样区略大，约大于 1/100；而西峰样区为 1/10000。虽然随着分辨率的扩大，各小流域的积分值都有几个微小波动，但从统计上都呈现出一种较为稳定的态势。从而可以得到，随着分辨率的扩大，小流域面积高程积分值基本稳定，采用 3 弧秒（约 90m）分辨率的 SRTM 数据展开全区域的面积高程积分计算的精度可以得到保证。

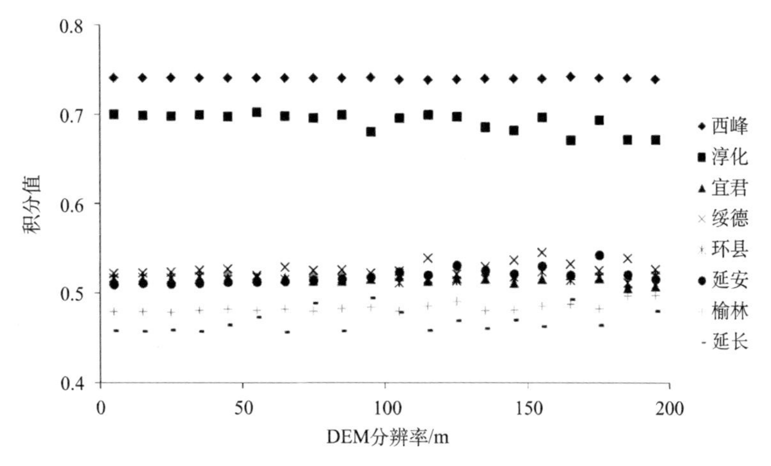

图 7.27　各样区不同 DEM 分辨率的高程面积积分对比

表 7.9　各样区流域面积高程积分统计

样区	地貌类型	平均值	最大值	最小值	标准差
榆林	黄土峁梁	0.484	0.497	0.478	0.005
绥德	黄土峁	0.528	0.545	0.520	0.007
延长	黄土峁梁	0.471	0.507	0.456	0.015
延安	黄土梁	0.519	0.542	0.509	0.008
环县	黄土梁	0.516	0.524	0.511	0.003
宜君	黄土残塬	0.515	0.520	0.506	0.003
西峰	黄土塬	0.740	0.742	0.738	0.001
淳化	黄土塬	0.692	0.702	0.671	0.010

2. 地域稳定面积对 HI 的影响

面积高程积分作为一种统计型分析指标，需要一定的样本给予基本支撑；在本节中，这种样本数量对应的就是分析区域的面积，一般而言，面积越大，DEM 栅格数量越多，则样本越多。在区域尺度的分析中，以完整流域作为分析对象计算积分值。具体做法是：将小流域以一定阈值分割成若干子流域（图 7.28），利用 Strahler 分级，按沟谷网络级别，赋予子流域相应等级；按等级提取完整子流域，计算面积高程积分值。

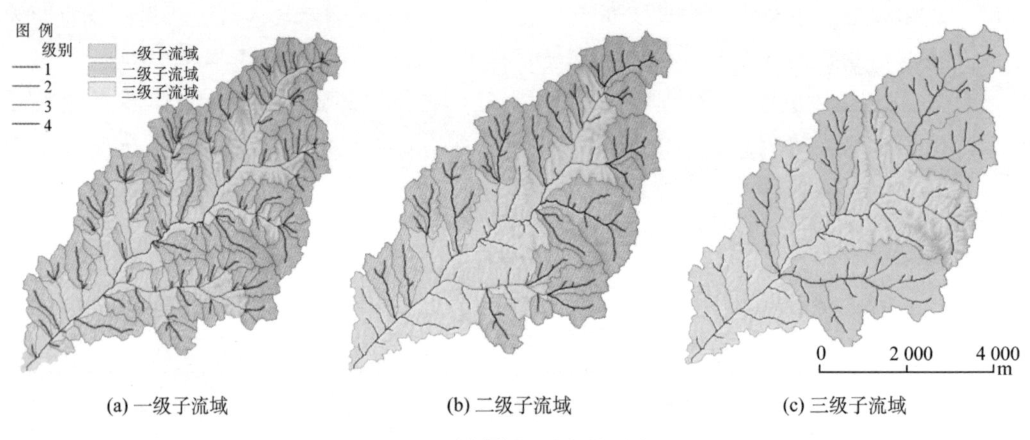

图 7.28　不同等级子流域示意图

分别计算各级别子流域的面积高程积分值，并与其面积值制作散点图（图 7.29）。由图 7.29 可知，子流域面积较小时，积分值值域分布非常宽，峁区积分值位于 0.4～0.6 的区间内；梁区积分值位于 0.45～0.6 的区间内；塬区积分值位于 0.65～1 的区间内。塬区的积分值分布区间最大，意味着塬区子流域面积高程积分值不确定性最大。随着子流域面积的增大，其积分值呈现一种收敛的态势。从各级别子流域积分值的分布来看，本节中的一级子流域积分值最为松散；随着子流域级别的上升，在一定程度上也代表了分析面积的扩大，积分值逐渐收拢。综合以上实验结果，本节设定 $10km^2$ 作为黄土地貌小流域面积高程积分的稳定阈值，即：一般情况下，在同一地貌类型区小于 $10km^2$ 的小流域面积高程积分值差异较大，在全区域的空间分异分析中，不参与计算。

7.5.4　面积高程积分空间分异与分区

1. 面积高程积分空间分异

面积高程积分计算影响因素的分析结果表明，DEM 分辨率对于面积高程积分值影响较小，当面积阈值达到 $10km^2$ 时，黄土小流域的面积高程积分基本稳定。故而，本节首先以 $10km^2$ 为阈值，基于 SRTM 数据，利用 ArcGIS 9.3 中的水文分析模块提取研究区内的小流域。划分出的流域有两种，分别是完整流域和域间流域（陆中臣等，

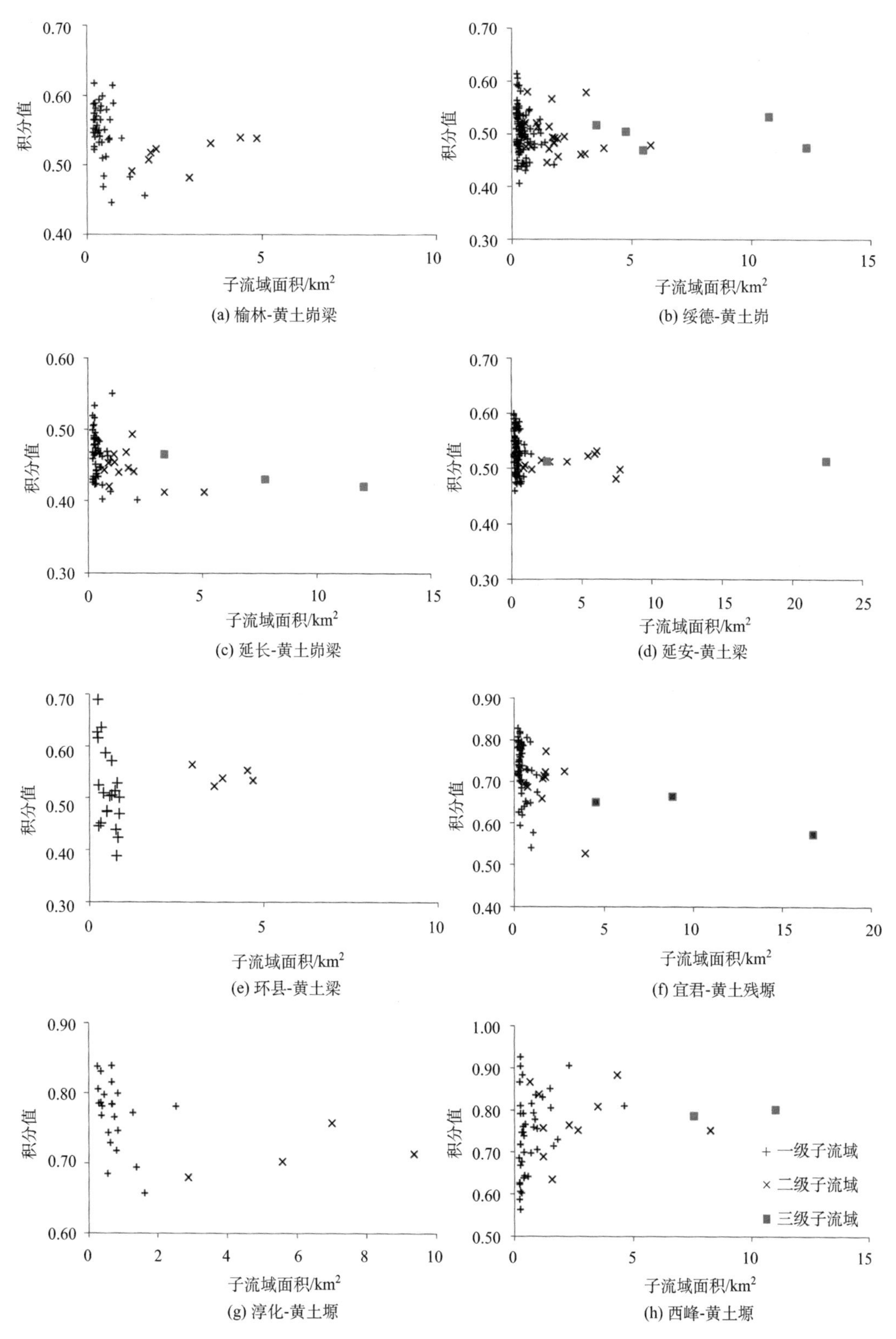

图 7.29 各级别子流域积分值与面积的散点分布图

1991)。而域间流域不是真正意义上的完整流域，因而，在本节中主要选择完整流域展开分析。通过前期的数据处理，一共有4520个完整流域参与计算分析，得到了小流域面积高程积分空间分异图（图7.30）。

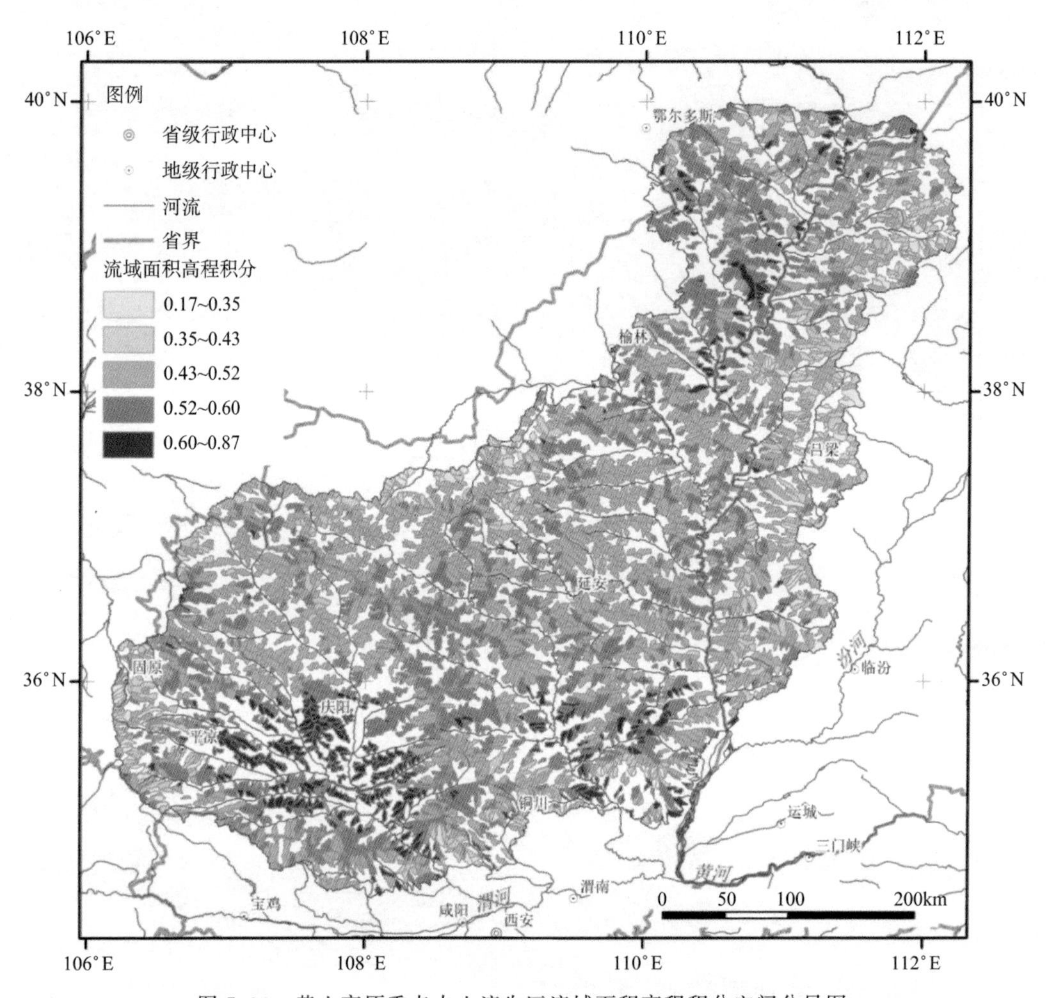

图7.30 黄土高原重点水土流失区流域面积高程积分空间分异图

从面积高程积分与流域发育阶段的关系来看，绝大部分小流域的面积高程积分在0.35～0.6，表明黄土高原大多数区域处于地貌发育的壮年期；研究区的西南部，以董志塬为核心的区域存在大片积分值大于0.6的区域，处于地貌发育的幼年期，该区域基本属于黄土塬区范围，积分值普遍较大。仅有少量小流域的积分值小于0.35，其中研究区东部和西部边界分布略为集中。东部区域毗邻吕梁山，西部区域靠近六盘山，从地表物质组成上来看，其黄土覆盖相对较薄。虽然在研究区北部，也存在零星的处于流域发育老年期的流域，但总体上看，黄土高原地区的小流域仍然处于流域地貌发育的中期阶段。在该阶段，地面起伏变化大，并具有大量的可被侵蚀的物质，水土流失治理的工作仍然十分艰巨。

从总体上看，研究区中部黄土丘陵沟壑区的面积高程积分值要大于边缘部分。其中，积分值的峰值主要集中在研究区的西南部和中南部的黄土塬区及残塬区，该区堆积了大量黄土；此外，研究区中北部到黄土斜梁区积分值也体现出较大的态势。从壮年期的小流域分布来看，积分值的地域差异性从北到南，存在大—小—大的趋势。从地貌类型上看，主要是北部区域属于黄土梁区，中部以黄土峁区居多，再往南则是以黄土梁占主导的地貌形态。

2. 流域内不同地貌对象面积高程积分相关性分析

流域面积高程积分从整体上反映了黄土高原流域地貌发育阶段，而地貌对象的面积高程积分从其他方面来突出与补充流域的特征。不同地貌对象由于在空间上存在拓扑的关联性，其面积高程积分也必然存在一定的相关性。这里首先选择位于各典型地貌类型区的 8 个小流域，分析其中的面积高程积分相关性特征，从而遴选出面积高程积分相关性较低的地貌对象，展开空间分异研究。

表 7.10 为典型样区积分值计算结果，表 7.11 为各地貌对象面积高程积分相关性分析的 R^2 值。

表 7.10 典型样区地貌对象面积高程积分序列

样区	地貌类型	流域面	流域边界	山顶点	山脊线	正地形	沟沿线	负地形	沟谷网络	主沟谷线
榆林	黄土峁梁	0.50	0.74	0.63	0.62	0.57	0.49	0.40	0.22	0.19
绥德	黄土峁	0.52	0.69	0.59	0.58	0.58	0.53	0.46	0.34	0.30
延长	黄土峁梁	0.46	0.68	0.57	0.56	0.51	0.45	0.40	0.25	0.20
延安	黄土梁	0.51	0.74	0.64	0.61	0.57	0.49	0.43	0.30	0.24
宜君	黄土残塬	0.51	0.57	—	—	0.62	0.51	0.39	0.30	0.26
淳化	黄土塬	0.70	0.76	—	—	0.76	0.62	0.50	0.39	0.34
西峰	黄土塬	0.74	0.79	—	—	0.87	0.73	0.51	0.35	0.28
环县	黄土梁	0.52	0.72	0.63	0.61	0.55	0.52	0.48	0.29	0.17

表 7.11 各地貌对象的面积高程积分 R^2 值

	流域面	流域边界	山顶点	山脊线	正地形	沟沿线	负地形	沟谷网络	主沟谷线
流域面	1.00	0.34	0.37	0.44	0.95	0.95	0.67	0.60	0.44
流域边界	0.34	1.00	0.93	0.82	0.23	0.31	0.47	0.06	0.02
山顶点	0.37	0.93	1.00	0.90	0.40	0.16	0.05	0.00	0.06
山脊线	0.44	0.82	0.90	1.00	0.44	0.26	0.06	0.01	0.10
正地形	0.95	0.23	0.40	0.44	1.00	0.95	0.49	0.49	0.41
沟沿线	0.95	0.31	0.16	0.26	0.95	1.00	0.67	0.53	0.35
负地形	0.67	0.47	0.05	0.06	0.49	0.67	1.00	0.63	0.25
沟谷网络	0.60	0.06	0.00	0.01	0.49	0.53	0.63	1.00	0.77
主沟谷线	0.44	0.02	0.06	0.10	0.41	0.35	0.25	0.77	1.00

根据相关性分析，R^2 大于 0.8 的地貌对象组合有流域面-正地形、流域面-沟沿线、山顶点-流域边界、山脊线-流域边界、山顶点-山脊线、沟沿线-正地形。同时，主沟谷线和

沟谷网络的 R^2 约为 0.77。这些地貌对象面积高程积分的相关性都较强。此外，R^2 大于 0.5 的组合有流域面-负地形、流域-沟谷网络、沟谷网络-沟沿线、沟谷网络-负地形。其他的组合相关性系数均小于 0.5，呈现较弱的相关性。总结一系列地貌对象的面积高程积分相关性分析，可以得出两组面积高程积分相关性较强的地貌对象：流域面-正地形-沟沿线、山顶点-山脊线-流域边界。基于这种相关性分析，本节从中遴选出几种典型的地貌对象，包括流域面、流域边界、沟谷网络和主沟谷线，展开全区域的空间分异研究。

3. 分区结果与分析

根据选取的地貌对象，分别计算研究区内完整小流域 4 种地貌对象的面积高程积分，同时，计算流域面-沟谷网络、沟谷网络-主沟谷线、流域边界-流域面、流域面-主沟谷线面积高程积分之间的差值，得到 8 个流域面积高程积分因子指标。由于域间流域的特殊性，并未纳入面向一级小流域的空间分异分析，导致在研究区域内出现空洞，即呈河网状分布的无数据区。本节考虑采用空间插值的方法，依据周围小流域的属性值来插补研究区内的数据空洞，以分析覆盖全区的面积高程积分空间格局。

本节获得的小流域数据是矢量面，首先需要将其转换成样本数据。具体的做法是：将各完整小流域通过中心点的求取，转换成矢量点数据；从中随机挑选 10%，即 452 个样点作为内插模型的验证数据，对余下的 4068 个样点进行克里格内插。在此利用 ArcGIS 的地统计分析模块（Geostatistic Analysis）展开黄土高原重点水土流失区的各要素面积高程积分内插实验，以获得全区域无缝的面积高程积分空间分布格局。具体步骤如下：①样点数据统计特征探索。对数据进行统计分析，考察数据的分布情况，使各项指标数据成正态分布；②选择合适的内插参数及模型，进行克里格内插，其中，这里采用了 Simple Kriging 插值方法；③用交叉验证法检验所选拟合模型的合理性以及预测的精度。其中，误差评价指标主要包括：平均误差、标准平均值、平均标准误差、均方根误差以及标准均方根（表 7.12）。

表 7.12　空间预测精度评价参数表

	平均误差	标准平均值	平均标准误差	均方根误差	标准均方根
流域面	0.0010	0.0184	0.0601	0.0521	0.8796
流域边界	−0.0003	−0.0215	0.0705	0.0591	0.7909
沟谷网络	0.0005	0.0209	0.0598	0.0547	0.9075
主沟谷线	0.0004	0.0160	0.0569	0.0550	0.9492
全流域-沟谷网络	−0.0002	−0.0098	0.0468	0.0403	0.8569
沟谷网络-主沟谷线	0.0004	0.0225	0.0382	0.0332	0.8743
流域边界-流域面	−0.0002	−0.0123	0.0364	0.0316	0.8632
流域面-主沟谷线	0.0003	0.0061	0.0610	0.0553	0.9027

在 ArcGIS 的 Geostatistical Analyst 模块支持下，基于内插曲面，生成了等值线数据，得到 8 种典型地貌对象面积高程积分图（图 7.31）。其中每一要素都从不同侧面反映了流域地貌的形态特征。

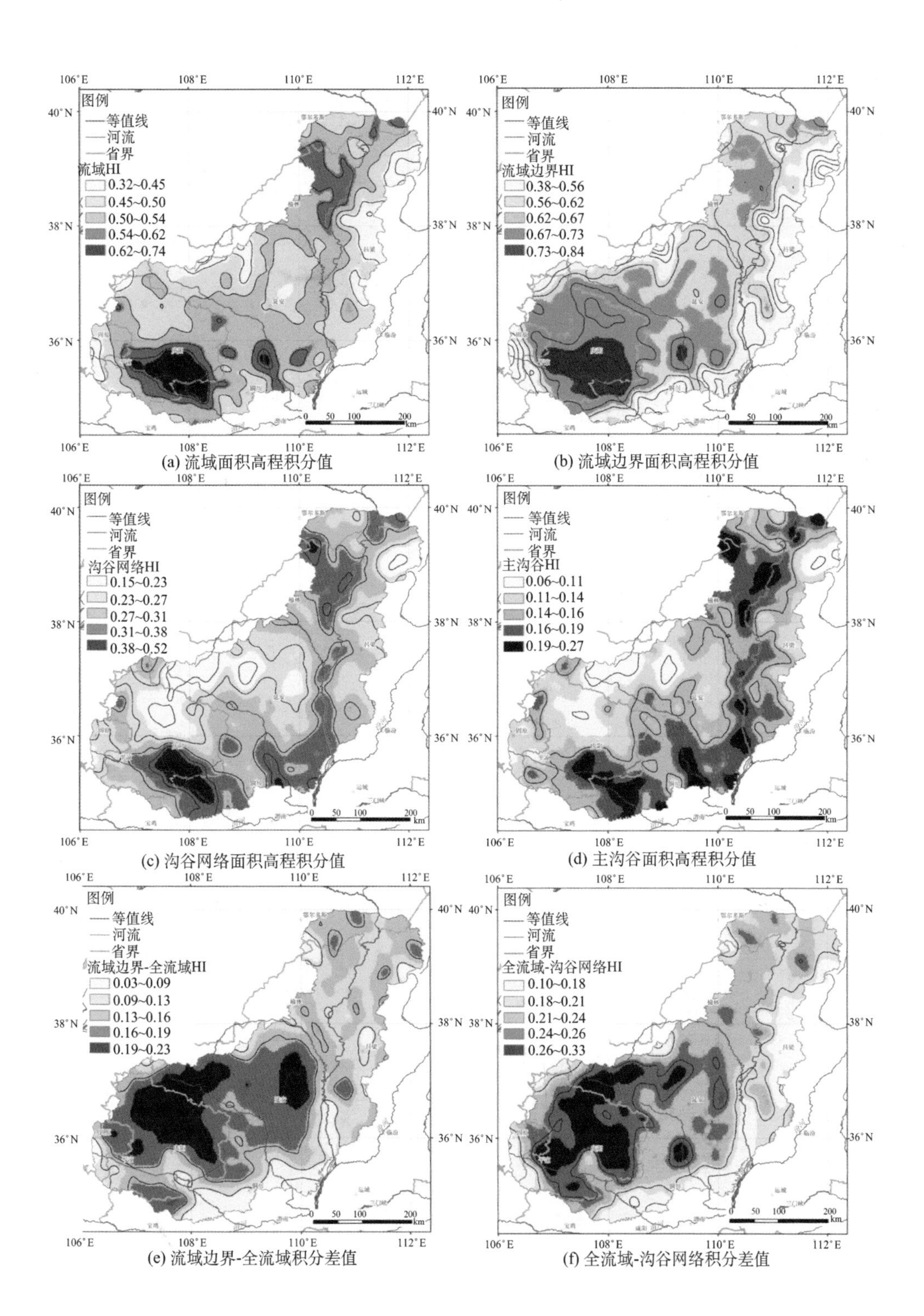

(a) 流域面积高程积分值

(b) 流域边界面积高程积分值

(c) 沟谷网络面积高程积分值

(d) 主沟谷面积高程积分值

(e) 流域边界-全流域积分差值

(f) 全流域-沟谷网络积分差值

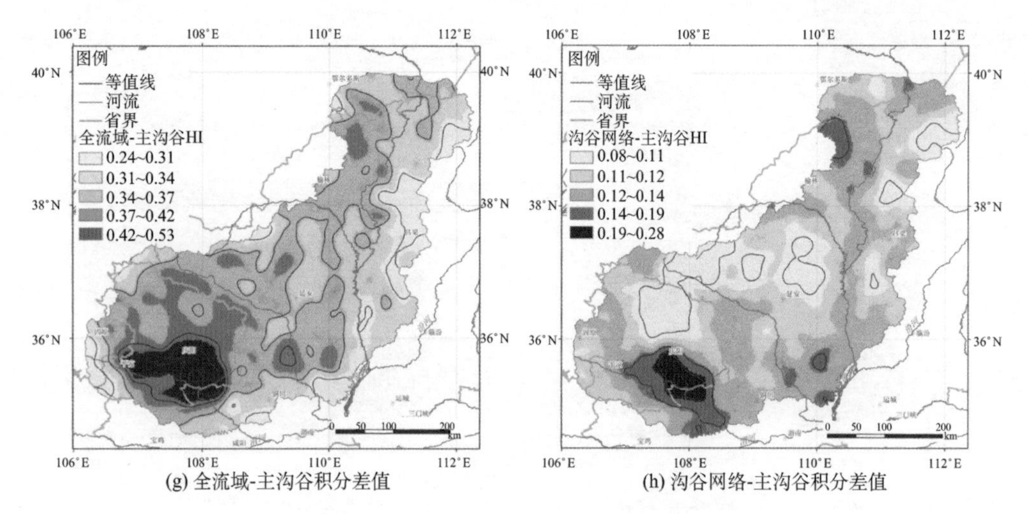

(g) 全流域-主沟谷积分差值　　(h) 沟谷网络-主沟谷积分差值

图 7.31　流域面积高程积分各要素空间分异

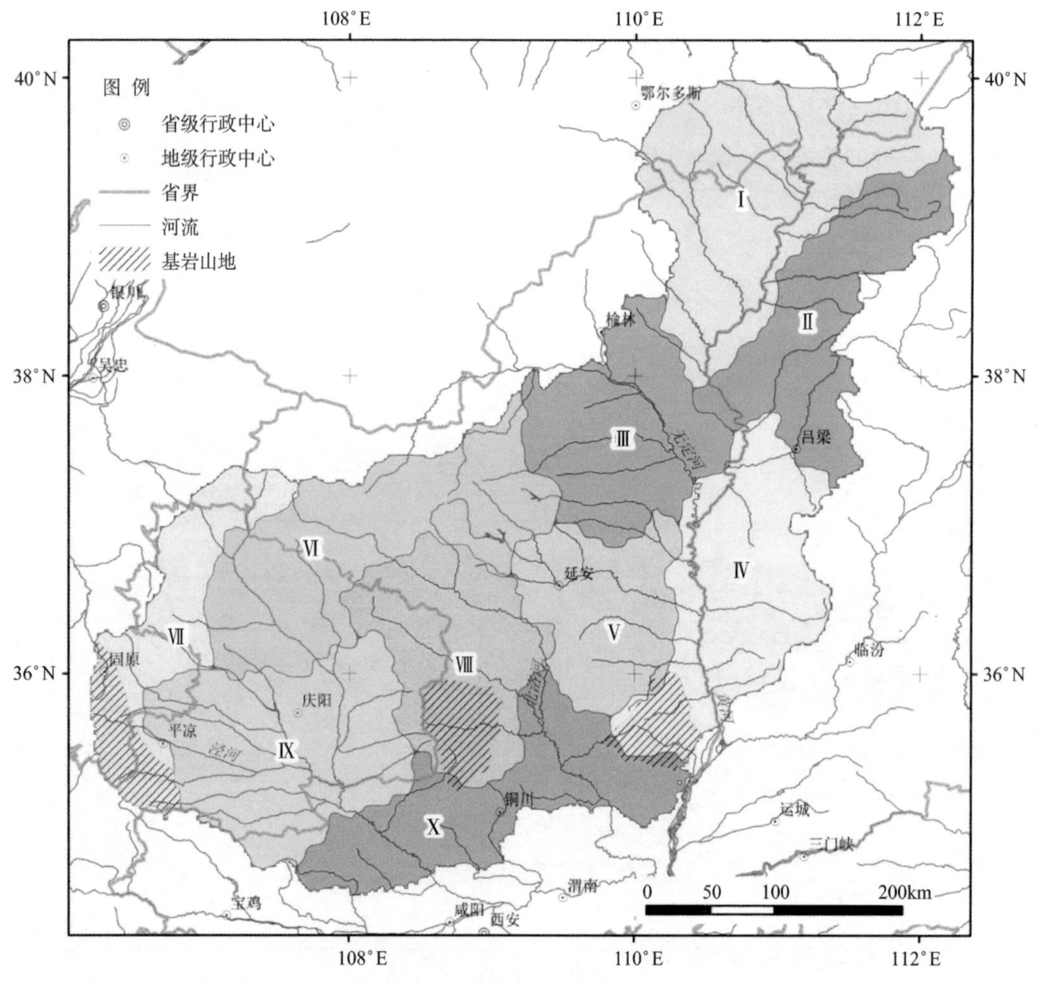

图 7.32　基于流域面积高程积分的黄土高原重点水土流失区分区图

基于各地貌对象面积高程积分空间分异数据，利用 eCognition 8.7，采用面向多尺度分割（Multiresolution Segmentation）的方法，设置各因子权重（Image Layer Weight）为 1，尺度参数（Scale Parameter）为 10，形状（Shape）为 0.01，紧凑度（Compactness）为 0.5，实现了对黄土高原重点水土流失区的地貌分区，得到图 7.32。

将黄土高原重点水土流失区分成 10 个区域，对比李吉均（2006）等编制的 1∶100 万地貌类型图，得出了各分区内地貌类型的分布情况。分区的基本概况与所含地貌类型情况见表 7.13。

结合区划内主要地貌类型与地理范围，本节制定了分区的命名，见表 7.14。

以上 10 个地貌分区中，环县-靖边黄土斜梁区与固原-定边黄土斜梁区、庆阳-长武黄土塬区与淳化-洛川黄土塬区较为接近，其主要分布地貌类型与次要分布地貌类型一致。它们的差异主要体现在：固原-定边黄土斜梁区包含了六盘山一部，最大高程明显较大；淳化-洛川黄土塬区接近关中平原，最小高程明显较小。佳县-河曲黄土峁梁区与临县-五寨黄土峁梁区的主要地貌类型一致；而次要地貌类型中，临县-五寨黄土峁梁区在东部位置包含了部分山地。从总体上看，10 个分区在地貌类型与地形高程信息方面，各具差异，在一定程度上表明了黄土高原重点水土流失区的地貌格局特征。

表 7.13　基于面积高程积分的地貌分区特征表

分区编号	最大高程/m	最小高程/m	平均高程/m	主要分布地貌类型	次要分布地貌类型	其他情况
Ⅰ	1904	697	1180.3	黄土峁梁	黄土斜梁	东部分布中山，西部分布沙地
Ⅱ	2791	657	1380.1	黄土峁梁	黄土覆盖及喀斯特中山（吕梁山）	分布有较多河谷平原与河流阶地
Ⅲ	1482	632	1110.4	黄土峁	黄土峁梁	北部分布有部分沙丘
Ⅳ	2037	377	1090.5	黄土塬	侵蚀剥蚀及黄土覆盖中山（黄龙山）	东部分布有喀斯特地貌，北部部分分布黄土峁
Ⅴ	1619	679	1146.7	黄土峁梁	黄土覆盖中山（黄龙山）	东部分布有部分黄土塬、残塬
Ⅵ	1895	1073	1448.9	黄土斜梁	黄土峁梁	北部分布有部分沙丘，志丹县北部分布有部分中山
Ⅶ	2913	1246	1724.5	黄土斜梁	黄土峁梁	西南部分布有中山，为六盘山一部，东北部分布有部分黄土塬
Ⅷ	1835	861	1359.6	中山（子午岭）	黄土斜梁	北部分布有部分黄土峁梁
Ⅸ	1839	829	1287.3	黄土塬	黄土斜梁	东北部与南部分布有部分中山
Ⅹ	1834	352	1027.3	黄土塬	黄土斜梁	中部分布中山，为子午岭一部

表 7.14　基于面积高程积分的地貌分区命名

分区编号	分区命名	分区编号	分区命名
Ⅰ	佳县-河曲黄土峁梁区	Ⅵ	环县-靖边黄土斜梁区
Ⅱ	临县-五寨黄土峁梁区	Ⅶ	固原-定边黄土斜梁区
Ⅲ	子长-绥德黄土峁区	Ⅷ	华池-富县黄土覆盖中山区
Ⅳ	吉县-吴堡黄土残塬区	Ⅸ	庆阳-长武黄土塬区
Ⅴ	安塞-延长黄土峁梁区	Ⅹ	淳化-洛川黄土塬区

对比《黄土高原地区水土流失分区图》(黄河上中游管理局，2012)，本分区结果在一定程度上细化了黄土丘陵沟壑第1副区，将其主要分成佳县-河曲黄土峁梁区和临县-五寨黄土峁梁区。从地貌类型角度看，佳县-河曲黄土峁梁区、临县-五寨黄土峁梁区和子长-绥德黄土峁区在一定程度上反映了第1副区内的地貌格局特征。而庆阳-长武黄土塬区和淳化-洛川黄土塬区的集合对应了黄土高原沟壑区。黄土丘陵林区的分布主要对应了华池-富县黄土覆盖中山区和安塞-延长黄土峁梁区，以及吉县-吴堡黄土残塬区南部部分区域。黄土丘陵沟壑第5副区则大致表示为环县-靖边黄土斜梁区及固原-定边黄土斜梁区的北部。在这里，黄土丘陵沟壑第2副区分布较为复杂，包括了吉县-吴堡黄土残塬区、安塞-延长黄土峁梁区、环县-靖边黄土斜梁区和固原-定边黄土斜梁区的部分区域。总体而言，本分区在一定程度上符合了原水土流失分区结构，同时，又依据面积高程积分的指标，对其有一定的细化。

依据《黄土高原地区输沙模数分区图》(黄河上中游管理局，2012)，佳县-河曲黄土峁梁区和临县-五寨黄土峁梁区的共同边界较为贴近于输沙模数20 000t/(km^2 · a) 的分区界；而其南部与子长-绥德黄土峁区、吉县-吴堡黄土残塬区的边界也较为符合15 000～20 000t/(km^2 · a)的界线。华池-富县黄土覆盖中山区的北部与环县-靖边黄土斜梁区的边界较接近于10 000～15 000t/(km^2 · a)的边界。而庆阳-长武黄土塬区则完整包含了南部塬区10 000～20 000t/(km^2 · a) 的区域。总体上，这两种分区具有一定的耦合关系。

7.5.5　小结

1) 面积高程积分是一种具有明确物理含义与深刻地貌学意义的宏观地形指标，对于指示流域地貌的发育阶段具有重要作用。研究表明，黄土高原重点水土流失区总体上处于流域地貌发育阶段的壮年期。基于面积高程积分的地貌区域划分结果，较好地体现了与水土流失分区和输沙模数分区的耦合关系，对于认识黄土高原空间分异格局具有重要意义。

2) DEM分辨率对面积高程积分影响较小，其积分值普遍较为稳定。随着小流域的面积从小增大，面积高程积分值体现出一种收敛的态势。在黄土高原，一般10km^2阈值的小流域面积高程积分达到基本稳定。本节提出以地貌对象作为面积高程积分的分析对象，发现流域面-正地形-沟沿线、山顶点-山脊线-流域边界这两组组内面积高程积分值具有较强的相关性。流域边界、沟谷网络和主沟谷线3类地貌对象的面积高程积分，可对完整流域面积高程积分分析的理论与方法进行有效补充。

3）流域地貌的发育受到多种要素的综合影响，以面积高程积分为主要指标所进行的黄土地貌分区，只从一个侧面来反映黄土高原地貌形态的空间分异，但为从整体上研究黄土地貌的空间格局及发育特征提供了重要理论与方法支撑。

参考文献

艾南山，岳天祥. 1988. 再论流域系统的信息熵. 水土保持学报，2（4）：1-9

艾南山. 1987. 侵蚀流域系统的信息熵. 水土保持学报，1（2）：1-8

陈科，张保明，谢明霞. 2010. 改进 Fisher 判别分类的遥感影像变化检测. 测绘科学，35（4）：160-162

陈梦熊. 1947. 甘肃中部地文，地质评论，12：545-556

陈彦杰，郑光佑，宋国城. 2005. 面积尺度与空间分布对流域面积高度积分及其地质意义的影响. 地理学报（中国台湾），39：53-69

程彦培，石建省，杨振京，等. 2010. 古地形对黄土区岩土侵蚀趋势的控制作用. 干旱区地理，33：334-339

程裕淇. 1990. 中国区域地质概论. 北京. 地质出版社

崔灵周，李占斌，朱永清，等. 2006a. 流域地貌分形特征与侵蚀产沙定量耦合关系试验研究. 水土保持学报，20（2）：1-4

崔灵周，李占斌，朱永清，等. 2006b. 流域侵蚀强度空间分异及动态变化模拟研究. 农业工程学报，22（12）：17-22

崔灵周. 2002. 流域降雨侵蚀产沙与地貌形态特征耦合关系研究. 杨凌：西北农林科技大学博士学位论文

德日进，杨钟健. 1930. 山西西部陕西西北部蓬蒂期后黄土期之前地层观察. 地质专报，甲种、第三号：29-31

邓成龙，袁宝印. 2001. 末次间冰期以来黄河中游黄土高原沟谷侵蚀-堆积过程初探. 地理学报，56：92-98

邓起东，范福田. 1980. 华北断块区新生代、现代地质构造特质. 见：中国科学院地质研究所，国家地震局地质研究所. 华北断块区的形成与发展. 北京：科学出版社：192-205

丁骕. 1952. 黄河流域之地形变迁及水系演进，黄河研究资料汇编第 3 种. 南京：中央人民政府水利部南京水利实验处：1-10

杜远生，朱杰，韩欣，等. 2004. 从弧后盆地到前陆盆地—北祁连造山带奥陶纪—泥盆纪的沉积盆地与构造演化. 地质通报，23（9-10）：911-917

付丛生，陈建耀，曾松青，等. 2010. 基于原型观测与 DEM 的强风化花岗岩小流域水文过程模拟. 农业工程学报，26（10）：90-98

高建恩，吴普特，牛文全，等. 2005. 黄土高原小流域水力侵蚀模拟试验设计与验证. 农业工程学报，21（10）：41-45

高钧德. 1934. 黄河概况. 黄河水利月刊，4：203

高佩玲，雷廷武. 2010. 小流域土壤侵蚀动态过程模拟模型. 农业工程学报，26（10）：45-50

葛肖虹，刘俊来. 1999. 北祁连造山带的形成与背景，地学前缘，6（4）：223-230

葛肖虹，王敏沛. 2010. 西去泥河湾——解读古人类与燕山隆升的历史. 自然杂志，32（5），294-299

郭力宇. 2002. 陕北黄土地貌南北纵向分异与基底古样式及水土流失构造因子研究 . 西安：陕西师范大学博士学位论文

胡世雄，靳长兴. 1999. 坡面土壤侵蚀临界坡度问题的理论与实验研究. 地理学报，54（4）：347-356

黄河上中游管理局. 2012. 黄河流域水土保持图集. 北京：地震出版社

蒋定生，周清，范兴科，等. 1994. 小流域水沙调控正态整体模型模拟试验. 水土保持学报，8（2）：25-30
金德生，陈浩，郭庆伍. 2000. 流域物质与水系及产沙间非线性关系实验研究. 地理学报，55（4）：
景可，陈永宗. 1983. 黄土高原侵蚀环境与侵蚀速率的初步研究. 地理研究，2：1-11
雷阿林. 1996. 坡沟系统土壤侵蚀链动机制模拟实验研究. 西安：中国科学院水土保持研究所黄土高原土壤侵蚀与旱地农业国家重点实验室博士学位论文
李春昱，刘仰文，朱宝清，等. 1978. 秦岭及祁连山构造发展史. 见：国家地质总局书刊编辑室，国际交流地质学术论文集（一）区域地质、地质力学. 北京：地质出版社：174-187
李吉均. 中华人民共和国地貌图集（1：100 万）. 北京：科学出版社，2009
李继亮，从柏林，张雯华. 1980. 华北断块区内地壳早期演化的探讨. 见：中国科学院地质研究所，国家地震局地质研究所. 华北断块区的形成与发展. 北京：科学出版社：23-35
李容全. 1991. 黄土高原水系变迁. 见：中国科学院黄土高原综合科学考察队. 黄土高原地区自然环境及其演变. 北京，科学出版社：70-84
李四光. 1954. 旋卷构造及其有关中国西北部大地构造体系复合问题. 地质学报，34（4）：1-20
李秀珍，王成华，宋刚. 2009. 基于 Fisher 判别分析法的潜在滑坡判识模型及其应用. 中国地质灾害与防治学报，20（4）：23-26
励强，陆中臣，袁宝印. 1990. 地貌发育阶段的定量研究. 地理学报，45：110-120
廖义善，蔡强国，秦奋，等. 2008. 基于 DEM 黄土丘陵沟壑区不同尺度流域地貌现状及侵蚀产沙趋势. 山地学报，26（3）：347-355
刘秉正，吴发启. 1993. 黄土塬区沟谷系统的侵蚀发展研究. 水土保持学报，7：33-39
刘东生，孙继敏，吴文祥. 2001. 中国黄土研究的历史、现状和未来. 第四纪研究，21（3）：185-207
刘东生. 1985. 黄土与环境. 北京：科学出版社
刘东生. 1965. 中国的黄土堆积. 北京：科学出版社
刘东生. 2000. 黄土与干旱环境. 北京：科学出版社
刘锁旺，甘家思. 1981. 汾渭裂谷系. 地壳形变与地震，（3）：110-123
刘小平，黎夏. 2007. Fisher 判别及自动获取元胞自动机的转换规则. 测绘学报，36（1）：112-118
陆中臣，周金星，陈浩. 2003. 黄河下游河床纵剖面形态及其地文学意义. 地理研究，1：30-38
陆中臣，贾绍凤，黄克新，等. 1991. 流域地貌系统. 大连：大连出版社
乔彦松，郭正堂，郝青振，等. 2006. 中新世黄土-古土壤序列的粒度特征及其对成因的指示意义. 中国科学：地球科学，36：646-653
屈丽琴，雷廷武，赵军，等. 2008. 室内小流域降雨产流过程试验. 农业工程学报，24（12）：25-30
桑广书，陈雄，陈小宁，等. 2007. 黄土丘陵地貌形成模式与地貌演变. 干旱区地理，30：375-380
桑广书，甘枝茂，岳大鹏. 2003. 元代以来黄土塬区沟谷发育与土壤侵蚀. 干旱区地理，26：355-360
陕西省地质矿产局第二水文地质队. 1986. 黄河中游区域工程地质. 北京：地质出版社
石辉，田均良，刘普灵，等. 1997a. 小流域侵蚀产沙空间分布的模拟试验研究. 水土保持研究，4（2）：75-84
石辉，田均良，刘普灵. 1997b. 小流域坡沟侵蚀关系的模拟试验研究. 土壤侵蚀与水土保持学报，3（1）：30-42
汤国安，赵牡丹，李天文，等. 2003. DEM 提取黄土高原地面坡度的不确定性. 地理学报，58（6）：824-830
万天丰. 2004. 中国大地构造纲要. 北京：地质出版社
王春，汤国安，张婷，等. 2005. 黄土模拟小流域降雨侵蚀中地面坡度的空间变异. 地理科学，25（6）：683-689

王恭睦. 1946. 陕西汾县永寿油页岩区地质. 地质论评，11（23）：329-346
王景明. 1986. 论汾渭裂谷. 西安地质学院学报，8（3）：36-49
王丽萍，金晓斌，杜心栋，等. 2012. 基于灰色模型-元胞自动机模型的佛山市土地利用情景模拟分析. 农业工程学报，28（3）：237-242
王乃樑. 1956. 对于张伯声先生从黄土线说明黄河河道发育一文的意见. 科学通报，（7）：67-72
王盛萍，张志强，唐寅，等. 2010. MIKE-SHE与MUSLE耦合模拟小流域侵蚀产沙空间分布特征. 农业工程学报，26（3）：92-98
翁文灏，曹树声. 1919. 绥远地质矿产报告. 地质汇报第一号，15-50
夏正楷. 1999. 黄土高原第四纪期间水土流失的地质记录和基本规律. 水土保持研究，6：49-53
肖学年，崔灵周，王春，等. 2004. 模拟流域地貌发育过程的空间数据获取与分析. 地理科学，24（4）：439-443.
信忠保，许炯心，马元旭. 2008. 黄土高原面积高程分析及其侵蚀地貌学意义. 山地学报，26（3）：356-363
邢作云，赵斌，涂美义，等. 2008. 汾渭裂谷系与造山带耦合关系及其形成机制研究. 地学前缘：12（2）：247-262
杨钟健，卞美年. 1937. 甘肃皋兰永登区新生代地质. 中国地质学会会志，16：221-260
杨钟健. 1965. 有关黄河上游的几个地质问题. 北京：中国地质学会会讯
于国强，李占斌，李鹏，等. 2009. 黄土高原小流域重力侵蚀数值模拟. 农业工程学报，25（12）：74-79.
袁宝印，巴特尔，崔久旭，等. 1987. 黄土区沟谷发育与气候变化的关系（以洛川黄土塬区为例）. 地理学报，42：328-227
袁宝印，郭正堂，郝青振，等. 2007. 天水-秦安一带中新世黄土堆积区沉积-地貌演化. 第四纪研究，2：161-171
袁宝印，王振海. 1995. 青藏高原隆起与黄河地文期. 第四纪研究，（4）：353-359
原立峰，周启刚. 2005. 元胞自动机在模拟土壤侵蚀时空演化过程中的应用. 水土保持研究，12（6）：58-60
詹蕾，汤国安，杨昕. 2020. SRTM DEM高程精度评价. 地理与地理信息科学，26（1）：34-36
张保升. 1987. 黄河河道地形的发育. 见：西北大学地理系黄土高原地理研究室. 黄土高原地理研究. 西安：陕西人民出版社：33-42
张伯声. 1958. 陕北盆地的黄土及山陕间黄河河道发育的商榷. 中国第四纪研究，1（1）：88-106
张国伟，张本仁，袁学诚，等. 2001. 秦岭造山带与大陆运动学. 北京：科学出版社
张裕明，汪良谋. 1980. 华北断块区中、新生代构造特征及其动力学问题. 见：中国科学院地质研究所，国家地震局地质研究所. 华北断块区的形成与发展. 北京：科学出版社：143-156
张岳桥，马寅生，杨农，等，2005. 西秦岭地区东昆仑—秦岭断裂系晚新生代左旋走滑历史及其向东扩展. 地球学报，26（1）：1-8
赵洪壮，李有利，杨景春，等. 2009. 天山北麓流域面积高度积分特征及其构造意义. 山地学报，27（3）：285-292
赵洪壮，李有利，杨景春，等. 2010. 面积高度积分的面积依赖与空间分布特征. 地理研究，29（2）：271-282
周成虎. 2006. 地貌学辞典. 北京：中国水利水电出版社
Almeida C M，Gleriani J M，Castejon E F，et al. 2008. Using neural networks and cellular automata for modeling intra-urban land-use dynamics. International Journal of Geographical Information Science，22（9）：943-963

Ambrosio D, Gregorio S, Gabriele S, et al. 2001. A cellular automata model for soil erosion by water. Physics and Chemistry of the Earth (B), 26 (1): 33-40

Ambrosio D, Gregorio S, Iovine G. 2003. Simulating debris flows through a hexagonal Cellular Automata model: SCIDDICA $S_{3\text{-hex}}$. Natural Hazards and Earth System Sciences, 3: 545-559

Azor A, Keller E A, Yeats R S. 2002. Geomorphic indicators of active fold growth: South Mountain-Oak Ridge anticline. Ventura basin, southern California. Geological Society of America Bulletin, 114: 745-753

Barlovic R, Santen L, Schadschneider A, et al. 1998. Metastable states in cellular automata for traffic flow. The European Physical Journal B - Condensed Matter and Complex Systems, 5 (3): 793-800

Batty M, Xie Y C, Sun Z L. 1999. Modeling urban dynamics through GIS-based cellular automata. Computers, Environment and Urban Systems, 23 (3): 205-233

Bowman D, Svoray T, Devora Sh, et al. 2010. Extreme rates of channel incision and shape evolution in response to a continuous, rapid base-level fall, the Dead Sea, Israel. Geomorphology, 114: 227-237

Chen Y C, Sung Q, Cheng K. 2003. Along-strike variations of morphotectonic features in the Western Foothills of Taiwan: tectonic implications based on stream-gradient and hypsometric analysis. Geomorphology, 56: 109-137

Clapp F G. 1922. The Huang ho, Yellow River. The Geographical Review, 12 (1): 1-18

Couclelis H. 1997. From cellular automata to urban models: New principles for model development and implementation. Environment and Planning (B): Planning and Design, 24 (2): 165-174

Harlin J M. 1978. Statistical moments of the hypsometric curve and its density function. Mathematical Geology, 10 (1): 59-71

Harrison C G A, Brass G W, Saltzman E, et al. 1981. Sea level variations, global sedimentation rates and the hypsographic curve. Earth and Planetary Science Letters, 54: 1-16

Harrison C G A, Miskell K J, Brass G W, et al. 1983. Continental hypsography. Tectonics, 2: 357-377

Hurtrez J E, Sol C, Lucazeau F. 1999. Effect of drainage area on hypsometry from an analysis of small-scale drainage basins in the Siwalik Hills (central Nepal). Earth Surface Processes and Landforms, 24: 799-808

Jin D S. 1995. A study on fluvial dynamic geomorphology and its experiment and simulation. The Journal of Chinese Geography, 5 (3): 55-68

Karafyllidis I. 2004. Design of a dedicated parallel processor for the prediction of forest fire spreading using cellular automata and genetic algorithms. Engineering Applications of Artificial Intelligence, 17 (1): 19-36

Kohler G. 1929. Der Huanghe, Eine Physiographic, 203: 76

Kyungrock P. 2011. Optimization Approach for 4-D Natural Landscape Evolution. IEEE Trans Evol Comput, 15: 684-691

Li X, Yang Q S, Liu X P. 2007. Genetic algorithms for determining the parameters of cellular automata in urban simulation. Science in China Series (D): Earth Sciences, 50 (12): 1857-1866

Li X, Yeh A G O. 2002. Neural-network-based cellular automata for simulating multiple land use changes using GIS. International Journal of Geographical Information Science, 16 (4): 323-343

Li X, Yeh A G O. 2004. Data mining of cellular automata's transition rules. International GJournal of Geographical Information Science, 18 (18): 723-744

Lifton N A, Chase C G. 1992. Tectonic, climatic and lithologic influences on landscape fractal dimension and hypsometry: implications for landscape evolution in the San Gabriel Mountains, California. Geomorphology, 5: 77-114

Liu X P, Li X, Shi X, et al. 2008. Simulating complex urban development using kernel-based non-linear cellular automata. Ecological Modeling, 211 (1/2): 169-181

Masek J G, Isacks BL, Gubbels T L, et al. 1994. Erosion and tectonics at the margins of continental plateaus. Journal of Geophysical Research, 99: 13941-13956

McBratney A B, Webster R. 1986. Choosing functions for semi-variograms of soil properties and fitting them to sampling estimates. Journal of Soil Science, 37: 617-639

Mitas L, Mitasova H. 1988. General variational approach to the interpolation problem. Computer Mathematics with Applications, 12: 983-992

Montgomery D R, Balco G, Willet S D. 2001. Climate, tectonics, and the morphology of the Andes. Geology, 29: 579-582

Oliver M A. 1990. Kriging: A method of interpolation for geographical information systems. International Journal of Geographical Information Science, 4: 313-332

Paik K. 2012. Simulation of landscape evolution using a global flow path search method. Envionmental Modelling & Software, 33: 35-47

Perron J T, Kirchner J W, William E D. 2009. Formation of evenly spaced ridges and valleys. Nature, 460: 502-505

Press W H, Teukolsky S A, Vetterling WT, et al. 1992. Numerical Recipes in C, The Art of Scientific Computing. New York: Cambridge University Press

Royle A G, Clausen F L, Frederiksen P. 1981. Practical universal kriging and automatic contouring. Geoprocessing, 1: 377-394

Schumn S A. 1956. The role of creep and rainwash on the retreat of badland slope. American Journal of Science, 254: 693-706

Sibson R. 1981. A Brief Description of Natural Neighbor Interpolation. New York: John Wiley & Sons

Smart J S. 1973. The Random Model in Fluvial Geomorphology . State Univ. of New York Binghamton.

Strahler A N. 1952. Hypsometric (area-altitude) analysis of erosional topography. Geological Society of America Bulletin, 63: 1117-1142

Veneziano D, Niemann J D . 1999. Self-similarity and multifractality of topography surface at basin and subbasin scale. Journal of Geophysical Research, 104 (12): 797-812

Walcott R C, Summerfield M A. 2008. Scale dependence of hypsometric integrals: An analysis of southeast African basins. Geomorphology, 96: 174-186

Watson D F, Philip G M. 1985. A refinement of inverse distance weighted interpolation. Geoprocessing, 2: 315-327

White R, Engelen G. 1993. Cellular automata and fractal urban form: a cellular modeling approach to the evolution of urban land-use patterns. Environment and Planning (A), 25 (8): 1175-1199

Willgoose G, Hancock G. 1998. Revisiting the hypsometric curve as an indicator of form and process in transport limited catchments. Earth Surface Processes and Landforms, 23: 611-623

Yang Q S, Li X, Shi X. 2008. Cellular automata for simulating land use changes based on support vector machines. Computers and Geosciences, 34 (6): 592-602

Zhou Y, Tang G A, Yang X, et al. 2010. Positive and negative terrains on northern Shaanxi Loess Plateau. Journal of Geographical Sciences, 20 (1): 64-76